FRIEDRICH ANDREAS / KARLHEINZ GRÖBE

PROPYLENCHEMIE

PROPYLENCHEMIE

von

DR. FRIEDRICH ANDREAS
Leuna

und

DR. KARLHEINZ GRÖBE
Leuna

Mit 80 Abbildungen, davon 3 Abbildungen als Ausschlagtafeln, und 174 Tabellen, davon eine als Ausschlagtabelle

AKADEMIE-VERLAG · BERLIN
1969

Erschienen im Akademie-Verlag GmbH, 108 Berlin, Leipziger Straße 3—4

Lizenznummer: 202 · 100/519/69
Gesamtherstellung: VEB Druckhaus „Maxim Gorki", 74 Altenburg
Bestellnummer: 5712 · ES 18 C 5/ 20 M 1

Vorwort

Die organisch-chemische Industrie hat sich bei ihrer stürmischen Entwicklung während der letzten 35 Jahre in hohem Maße die in der Erdölindustrie zum Teil als Nebenprodukte in großer Menge anfallenden niederen Olefine, wie Äthylen, Propylen, die Butene usw., als Bausteine für den Aufbau von Verbindungen verschiedenster Molekülgrößen und Zusammensetzung zunutze gemacht.

Daraus resultiert in allen Industrieländern der Welt ein fortlaufend wachsender Bedarf an diesen Olefinen.

Auf diese Weise sind aus ehemals unbequemen Nebenprodukten wichtige petrolchemische Rohstoffe geworden.

So hat z. B. der sprunghaft angestiegene Bedarf beim Äthylen die Petrolchemie veranlaßt, unter Verwendung von Rohstoffen aus der Erdölindustrie neue Verfahren für die Herstellung der benötigten Äthylenmengen zu entwickeln.

Die neuen Verfahren erlauben allen Industrieländern, die erforderlichen Äthylenmengen herzustellen.

Auch beim Propylen ist ein schneller Anstieg des Bedarfs zu verzeichnen.

Das vorliegende Buch soll allen Fachkollegen, die sich mit diesen Problemen beschäftigen, Hinweise über die Entwicklung der „Propylenchemie" geben.

Ferner soll es fortgeschrittenen Studierenden und interessierten Fachleuten verwandter Berufszweige eine schnelle und, soweit möglich, auch eine umfassende Orientierung auf diesem, für die zukünftige petrolchemische Entwicklung wichtigen Gebiet verschaffen.

Dabei wird sowohl über die Herstellung bzw. Gewinnung von Propylen als auch über seine mannigfaltige Verwendung berichtet.

Zahlreiche Abbildungen und Übersichtstabellen ergänzen den Text. Ein umfangreiches Literaturverzeichnis soll die Möglichkeit geben, sich schnell in Originalarbeiten einen weiteren Einblick in die Probleme zu verschaffen.

Für Ratschläge und Anregungen sowie Hinweise auf etwaige Fehler sind die Verfasser allen Fachkollegen sehr dankbar.

Allen Mitarbeitern, die uns insbesondere bei der Anfertigung der Zeichnungen unterstützt haben, sei hier nochmals recht herzlich gedankt.

Leuna, im Mai 1969

F. Andreas
K. Gröbe

Inhalt

1. Einleitung

Im Jahre 1795 wurde als erste Verbindung aus der Reihe der Olefine durch Wasserabspaltung aus Äthanol mit konz. Schwefelsäure das Äthylen erhalten [1], das wegen seiner Eigenschaft, mit Chlor ein flüssiges Additionsprodukt zu bilden, das sog. „Öl der holländischen Chemiker" [2], zum Namensgeber für die gesamte Reihe der einfach ungesättigten aliphatischen Kohlenwasserstoffe wurde (Olefine = Ölbildner).

Erst etwa 50 Jahre später wurde das nächste Homologe dieser Reihe, das Propylen, von REYNOLDS [3] gefunden. Er beobachtete es, als er Fuselöl durch glühende Röhren leitete.

Propylen blieb jedoch für die nächsten Jahrzehnte nur eine Laboratoriumssubstanz, für das zwar geeigente Darstellungsmethoden entwickelt wurden, insbesondere aus n- oder Isopropanol, für das aber noch kein Verfahren existierte, es großtechnisch herzustellen.

2. Gewinnung und Herstellung von Propylen

Erst zu Beginn des 20. Jahrhunderts, als die Erdölverarbeitung für die Gewinnung steigender Mengen Treibstoffe ständig an Umfang zunahm und man damit begann, die in den Raffinerien anfallenden Abgase nutzbringend zu verarbeiten, gelang es, auch Propylen in größeren Mengen, wenn zwar noch stark verunreinigt, zu gewinnen.

Die Möglichkeit, aus solchen gereinigten Abgasgemischen Propylen in 80 bis 90%iger Schwefelsäure verhältnismäßig leicht zu absorbieren und über die dabei entstehende Propylschwefelsäure zum Isopropylalkohol zu gelangen, führte zum ersten petrolchemischen Produkt. In den USA kam bei der Standard Oil Company gegen Ende 1920 die erste Anlage hierfür in Betrieb. Von diesem Zeitpunkt an nahm das Interesse an Propylen ständig zu.

Nachstehende Aufstellung (Tab. 1) enthält die Zahl der chemischen Verbindungen, die von einer amerikanischen Firma aus Äthylen und Propylen in den dreißiger Jahren hergestellt und auf den Markt gebracht wurden [4]. Die Aufstellung zeigt, daß in der Zeit von 1934 bis 1939 aus Propylen 12 neue Produkte entwickelt wurden, während es beim Äthylen nur 6 Produkte waren. Inzwischen dürfte die Zahl noch erheblich größer geworden sein.

Einen Überblick über wichtige Übersichtsartikel zum Thema Propylen geben die Literaturangaben [5—31, 119, 124].

Tabelle 1:

Zahl der von 1926—39 von der amerikanischen Firma Carbon und Carbide Chemicals aus Äthylen und Propylen hergestellten Produkte

Jahr	Produkte aus Äthylen	Produkte aus Propylen
1926	5	2
1929	15	4
1934	35	15
1939	41	27

Folgende Propylengewinnungsmöglichkeiten haben sich im Laufe der letzten 30 Jahre entwickelt:

a) Gewinnung von Propylen aus Raffinerie- und Crackgasen
b) Anfall von Propylen bei der FISCHER-TROPSCH-Synthese und in Schwelereien sowie Kokereien
c) Herstellung von Propylen aus C_3-Verbindungen
d) Gewinnung von Propylen aus anderen gasförmigen Kohlenwasserstoffen
e) Herstellung von Propylen aus höheren Kohlenwasserstoffen.

2.1. Gewinnung aus Raffinerie- und Crackgasen

Bei der rein physikalischen Aufarbeitung von Erdöl bzw. Erdgas fallen Olefine nicht an. In den modernen Raffinerien entstehen olefinhaltige Abgase bei der Erzeugung hochwertiger Benzine durch Reformier- bzw. Crackprozesse. Wie die nachfolgende Aufstellung zeigt, haben die Gase je nach der Arbeitsweise der Anlagen eine weit voneinander abweichende Zusammensetzung (vgl. Tab. 2).

Tabelle 2:

Gasanfall beim thermischen bzw. katalytischen Cracken

Bestandteile	Thermisches Cracken (%)	Katalytisches Cracken (%)
Wasserstoff	8,0	29,6
Methan	33,4	18,0
Äthan	22,1	8,0
Äthylen	2,1	4,0
Propan	7,0	15,0
Propylen	7,0	8,0
n-Butan	5,0	3,0
Isobutan	1,0	7,5
n-Butylen	8,0	5,2
Isobutylen	1,8	1,7
C_5- und höhere Kohlenwasserstoffe	—	—

Die Gesamtausbeuten belaufen sich beim Gemischtphasecracken auf 10—12%, beim Gasphasecracken auf 20—25%, beim thermischen Reformieren auf 15—20% und beim katalytischen Cracken auf 8—12 Gew.-% vom Einsatzprodukt.

Bezogen auf das in die Raffinerie eingehende Rohöl wird im allgemeinen mit einem Gasanfall von 4,5—5,5% gerechnet. Ein typisches, in einer modernen Raffinerie anfallendes Gasgemisch besitzt nach CURTISS folgende Zusammensetzung [32]:

Tabelle 3:
Zusammensetzung von Raffineriegas

Bestandteil	Mol-%
Inertgase (N_2,O_2, CO)	4,1
Wasserstoff	6,1
Methan	39,1
Äthylen	7,3
Äthan	17,5
Propylen	8,9
Propan	9,4
Butane	2,6
Pentane	1,4
Schwefelwasserstoff	3,0
Kohlendioxid	0,6

Nachfolgend wird die Propylengewinnung in einer modernen Raffinerie beschrieben [33].

Das Raffineriegas wird in mehreren Stufen unter Kühlung komprimiert, die sauren Gase — hauptsächlich H_2S und CO_2 — durch Äthanolamin absorbiert und das Gas anschließend alkalisch gewaschen. Nach Kühlung und weiterer Kompression schließt sich eine Entwässerung (früher mit Al_2O_3, neuerdings mit Molsieben) an. Durch Tieftemperaturfraktionierung erfolgt eine Auftrennung in Äthan, Äthylen, Propan, Propylen und Brenngas. Äthan und Propan werden in Röhrenöfen in Gegenwart von Wasserdampf weiter zu zusätzlichem Äthylen und Propylen aufgespalten und nach Komprimieren sowie Kühlen die erhaltenen Gase wieder in die Gastrennung (Abb. 16) eingeschleust. Acetylen wird durch katalytische Hydrierung entweder aus dem Gesamtraffineriegas oder erst aus der Äthylenfraktion entfernt. Die Propan-Propylen-Trennung kann entweder destillativ erfolgen oder die nachfolgenden Reaktionen werden, soweit es möglich ist, mit dem Gemisch durchgeführt. Die Kosten einer Anlage zur Produktion von 90000 t Äthylen und 43000 t Propylen aus Raffineriegasen betragen 9,9 Mio $; der Preis 0,0241 $ pro lb. Äthylen bzw. Propylen.

2.2. *Anfall bei der* Fischer-Tropsch-*Synthese*

Auch bei der unwirtschaftlich arbeitenden Fischer-Tropsch-Synthese fällt Propylen an. Seine Menge ist vom verwendeten Katalysator und den Reaktionsbedingungen abhängig. Bei Verwendung von Kobaltkontakten entsteht bei Arbeiten unter Normaldruck bei 175—210°C eine C_3- und C_4-Fraktion, die 43% Olefine [35] enthält. Beim Arbeiten bei 100°C und 10 at (Mitteldruck) liegt der Olefingehalt in der gleichen Größenordnung. Beim Arbeiten im Kreislauf, wobei die Verweilzeiten wesentlich niedriger liegen, steigt der Olefingehalt bis auf 65% an [37].

Wird mit Eisenkatalysatoren gearbeitet, so steigt der Olefingehalt weiter an. Mit Eisenpulver, das in einem Öl aufgeschlämmt ist, durch das das Synthesegas geleitet wird, fallen bei 250°C und 20 at Druck in der C_3-C_4-Fraktion 75–80% Olefine an. Nach Literaturangaben hat der Anfall der FISCHER-TROPSCH-Synthese folgende Zusammensetzung:

Tabelle 4:

Zusammensetzung der gasförmigen FISCHER-TROPSCH-*Produkte*

Produkt	Gew.-%
Methan	8,9
Äthan	4,3
Äthylen	3,0
Propan	1,4
Propylen	8,9
Butan	2,8
Butene	5,2
C_5-Fraktion	6,5
C_6-C_{10}-Fraktion	16,7
$C_{11}-C_{17}$-Fraktion	9,3
Paraffingatsch	5,9
Hartparaffin	13,6
niedere Alkohole	4,0
höhere Alkohole	1,5
Ester	7,1

FISCHER-TROPSCH-Synthese an Eisenkontakt bei maximal 225°C und 10 at (Verfahren der IG. Farbenindustrie).

2.3. Gewinnung aus Schwel- und Kokereigasen

Bei der Verschwelung von Steinkohle bei 500–600°C fallen ca. 10% eines Gases an, das 1–8% Propylen enthält. Wird die Verkokung bei 1000°C durchgeführt, so entstehen zwar 25% Gas, diese enthalten aber nur 0,36% Propylen [36]. Nach der Abtrennung von Wasserstoff aus dem Kokereigas fällt ein Flüssiggas an (Ruhrgasol), das zu 54% C_3- und C_4-Olefine enthält und als Propylenquelle dienen kann.

2.4. Darstellung aus C_3-Verbindungen

Die Dehydrierung von Äthan und n-Butan zu Äthylen bzw. Butylen spielen eine große Rolle. Beim Propan wird die Dehydrierung technisch nur in unbedeutendem Umfange durchgeführt, da die bei anderen Prozessen – insbesondere Pyrolyse – als Nebenprodukt anfallenden Propylenmengen in den meisten Industrieländern den Bedarf an Propylen weit überschreiten. Dies ist der Fall, obwohl das durch katalytische Dehydrierung von Propan hergestellte Propylen billiger anfällt als das bei der Pyrolyse anfallende Propylen.

Nachfolgend wird daher nur kurz über die thermische und katalytische Dehydrierung von Propan berichtet:

2.4.1. Thermische Dehydrierung von Propan

Im technischen Maßstab wird die thermische Dehydrierung nur beim Äthan und Isobuten durchgeführt. Sie führt beim Äthan zum Äthylen und beim Isobutan zum Isobutylen.

Erhitzt man dagegen Propan kurzzeitig auf höhere Temperaturen, so bilden sich nur untergeordnete Mengen an Propylen, da die Crackreaktionen (1) und (2) gegenüber der Dehydrierung (3) bevorzugt ablaufen:

$$C_3H_8 \rightarrow CH_4 + C_2H_4 \qquad - 16{,}1\ \text{kcal/Mol} \qquad (1)$$

$$2\,C_3H_8 \rightarrow C_2H_6 + C_3H_6 + CH_4 \qquad (2)$$

$$C_3H_8 \rightleftharpoons C_3H_6 + H_2 \qquad - 30{,}0\ \text{kcal/Mol} \qquad (3)$$

Insbesondere Gleichung (1) spielt eine entscheidende Rolle beim thermischen Cracken von Propan.

Die in hohem Maße eintretende Äthylenbildung ist darauf zurückzuführen, daß die für die Spaltung einer C-C-Bindung benötigte Energie wesentlich geringer (62,5 kcal/Mol) [38] ist als die zur Sprengung einer C-H-Bindung (87 kcal/Mol für eine primäre C-H-Bindung, für sekundäre bzw. tertiäre C-H-Bindungen liegt der

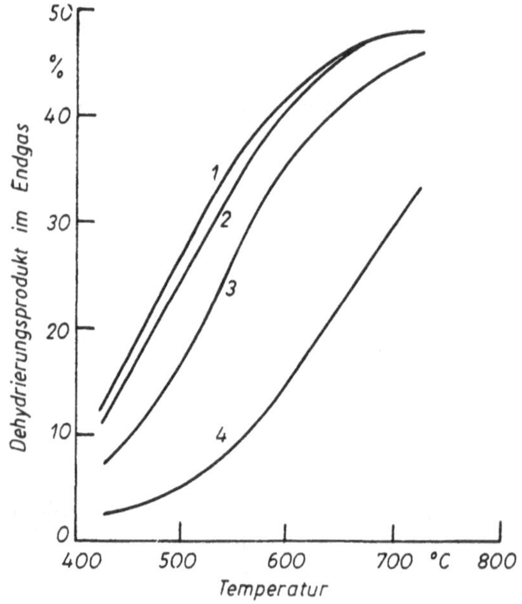

Abb. 1: Berechnete Gleichgewichtskonzentration bei der Dehydrierung der gasförmigen Paraffinkohlenwasserstoffe nach PFITZER [39]

1 – Isobutan; *2* – n-Butan; *3* – Propan; *4* – Äthan

Wert um 1,2 bzw. 4 kcal/Mol niedriger). Die Dehydrierungsreaktion ist eine Gleichgewichtsreaktion, bei der das Gleichgewicht mit steigender Temperatur nach rechts verschoben wird.

Nach K. S. PFITZER [39] ergeben sich theoretisch die in Abb. 1 angegebenen Gleichgewichtsverhältnisse zwischen Propan und Propylen, die sich jedoch wegen der eintretenden Crackreaktionen nicht verwirklichen lassen. Tabelle 5 gibt vergleichsweise das Dehydrierverhalten verschiedener C_2—C_4-Paraffine wieder.

Tabelle 5:

Gleichgewichtskonzentration an Olefinen bei der Dehydrierung verschiedener Paraffinkohlenwasserstoffe bei unterschiedlichen Temperaturen

Temperatur	Äthylen	Propylen	n-Butylen	Isobutylen
427 °C	1.6	6.5	11.4	12.5
450 °C	2.4	9.1	15.2	16.4
500 °C	4.9	16.4	24.5	26.3
525 °C	—	—	29.2	28.7
550 °C	—	26.1	34.3	35.9
575 °C	—	31.1	—	—
600 °C	15.2	35.3	41.9	42.7
727 °C	34.5	47.3	48.7	48.7

Hierfür sind die von F. E. Frey et al. [40, 41] über die rein thermische Dehydrierung von Propan eingehend durchgeführten Untersuchungen eine gute Bestätigung. In Quarzröhren erhielten sie bei 575°C (u. Normaldruck) die in Tab. 6 zusammengestellten Ergebnisse.

Tabelle 6:

Thermische Crackung von Propan bei verschiedenen Verweilzeiten

Druck	739 mm	760 mm
Temperatur	575 °C	575 °C
Verweilzeit	74 sec	4 min
N_2	0,5%	0,7%
H_2	4,1	8,0
CH_4	4,6	11,7
C_2H_4	4,0	8,2
C_2H_6	0,5	3,2
C_3H_6	4,5	9,1
C_3H_8	81,8	58,9

Die Ergebnisse zeigen, daß bei erheblicher Verlängerung der Verweilzeiten sich zwar der Propylengehalt erhöht, aber gleichzeitig unerwünschte Nebenreaktionen stärker in den Vordergrund treten, so daß die Ausbeute, bezogen auf eingesetztes Propan, absinkt. Abb. 2 gibt den Umsatz von Propan bei der thermischen Dehydrierung wieder [120].

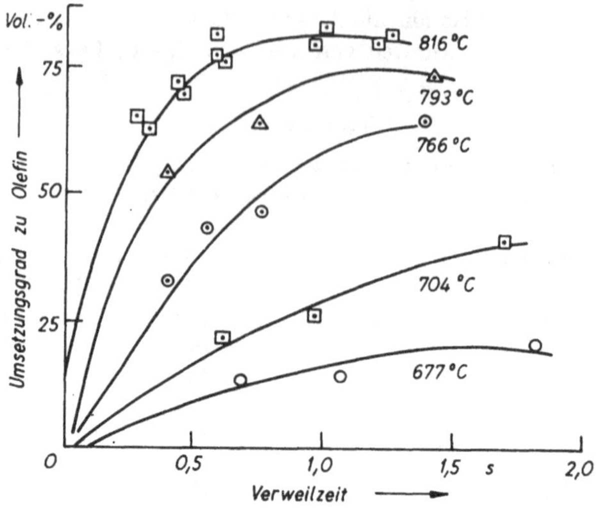

Abb. 2: Umsetzungsgrad des Propans in Abhängigkeit von Verweilzeit und Reaktionstemperatur nach SULLIVAN, RUTHRUFF und KUENTZEL [120]

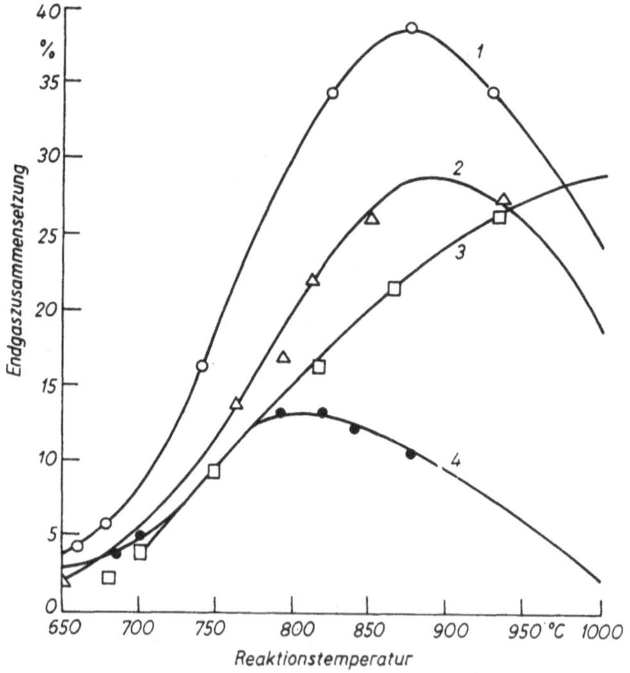

Abb. 3: Temperaturabhängigkeit der Endgaszusammensetzung bei der Propanpyrolyse

1 – Gesamtolefine; *2* – Äthylen; *3* – Wasserstoff; *4* – Propen

Bei der im technischen Maßstab durchgeführten thermischen Dehydrierung (Crackung) von Propan zu Äthylen kann der Propylenanfall durch Veränderung der Reaktionsbedingungen bis zu einem Verhältnis Äthylen: Propylen = 1:1 gesteigert werden, so daß auf diese Weise ebenfalls größere Propylenmengen erhältlich sind (Abb. 3).

2.4.2. Katalytische Dehydrierung von Propan

Falls beabsichtigt ist, Propylen durch Dehydrierung von Propan herzustellen, ist die Verwendung von geeigneten Katalysatoren notwendig, um die verhältnismäßig große C-H-Bindungsenergie (87,3 kcal/Mol) in möglichst kurzer Zeit zu überwinden. Die Verwendung eines wirksamen Dehydrierkatalysators bewirkt eine beträchtliche Beschleunigung der Dehydrierung, und man erhält bei kurzen Verweilzeiten nur eine ganz geringe Menge von unerwünschten Nebenprodukten, weil die Nebenreaktionen langsamer verlaufen (vgl. Tab. 7).

Tabelle 7:

Vergleich der Zusammensetzung der Produkte, die bei der katalytischen bzw. thermischen Dehydrierung von Propan entstehen

Parameter		Thermische Dehydrierung	Katalytische Dehydrierung
Temperatur °C		592	600
Druck (mm Hg)		600	760
Verweilzeit (sec)		252	2,7
Umsatz in Gew.-%		25,0	25,0
Zusammensetzung der Produkte (Mol-%)	Wasserstoff	18,5	50,0
	Methan	33,5	1,0
	Äthylen	20,2	0,0
	Äthan	7,2	0,0
	Propylen	20,5	49,0

Wie die Ergebnisse der Tab. 7 zeigen, kann in einem nichtkatalytischen Prozeß die hohe C-H-Bindungsenergie nur durch lange Verweilzeiten bei hohen Temperaturen überwunden werden, wodurch jedoch vor allem die Zersetzungsreaktionen gefördert werden.

Geeignete Katalysatoren für die katalytische Dehydrierung von Propan sind Cr_2O_3, MoO_3, V_2O_5, TiO_2 und CeO_2 [42]. Von ihnen hat sich Cr_2O_3, das zur Vermeidung von Rekristallisationen auf einem Träger von γ-Al_2O_3 angewandt wird, am besten bewährt. In der Technik arbeitet man bei Temperaturen oberhalb von 500 °C. Beim Arbeiten bei 600 °C und 1 at erhielten A. V. Grosse und V. N. Ipatieff [13] bei verschiedenen Verweilzeiten die in der Tab. 8 angebebenen Propylenausbeuten (*Reaktionsbedingungen*: Katalysator: 90% Cr_2O_3, 10% Al_2O_3, Temp. 600 °C, Druck: 1 at):

Tabelle 8:
Propylenausbeuten bei der katalytischen Dehydrierung von Propan bei verschiedenen Verweilzeiten

Komponenten	Verweilzeit des Propans auf dem Katalysator in sec. 2,7	8,9	17,5	36,0
	Analyse des Ofenaustrittgases in Vol.-%			
Propan	59,0	41,0	32,0	6,0
Propylen	20,0	21,0	14,0	9,0
Wasserstoff	20,5	24,0	27,5	29,0
Äthylen	0,0	0,3	0,2	1,0
Äthan	0,0	5,0	7,5	29,0
Methan	0,5	3,0	13,5	19,0

Die Ergebnisse zeigen, daß eine im wesentlichen nebenreaktionsfreie Dehydrierung nur bei niedrigen Umsätzen und kurzen Reaktionszeiten erreichbar ist.

Aus der Gleichung $C_3H_8 \rightleftharpoons C_3H_6 + H_2$ geht hervor, daß die Dehydrierung unter Volumenzunahme abläuft. Bei theoretischem Ablauf der Reaktion tritt eine 100%ige Volumenzunahme ein. Deshalb muß bei der als Gleichgewichtsreaktion ablaufenden Dehydrierung die Anwendung von Unterdruck die Propylenbildung begünstigen.

Kearby [43] hat den Druckeinfluß bei der Dehydrierung von n-Butan zu n-Butenen bei 527 °C untersucht und kam zu folgenden Ergebnissen (Tab. 9):

Tabelle 9:
Druckeinfluß auf die Dehydrierung von n-Butan bei 527 °C

	Druck in Atm. 0,01	0,1	1,0	10,0	100,0
Umsetzung von n-Butan zu n-Butenen in Gew.-%	97	80	38,5	13,0	4,0

Die Ergebnisse zeigen einen deutlichen Einfluß des Druckes auf den Ablauf der Dehydrierung.

L. Nowakowski [44] empfiehlt auf Grund eingehender Untersuchungen für die katalytische Dehydrierung von Propan die Verwendung eines Katalysators folgender Zusammensetzung: 93,5% Al_2O_3, 5% Cr_2O_3 und 1,5% K_2O. Für die Reaktionstemperatur empfiehlt er beim Arbeiten im Quarzreaktor 610–660 °C bei einer Katalysatorbelastung von 300 *l* Propan/l · h und in einem Metallreaktor 570–600 °C bei einer Katalysatorbelastung von 400–700 *l*/l · h.

Zur Herstellung der Katalysatoren tränkt man Al_2O_3 mit wässrigen Lösungen von CrO_3, $Cr(NO_3)_3$, $(NH_4)_2Cr_2O_7$ oder $(NH_4)_2CrO_4$ [45]. Besonders aktiv sollen jedoch gemeinsam gefällte Cr_2O_3-Al_2O_3-Katalysatoren sein [46].

Nach GROLL und BURGIN [47] erhält man bei Verwendung eines Katalysators mit Cr_2O_3 bei 575 °C 95% Propylen, die Ausbeute bleibt also über einen weiten Bereich hinweg konstant, der Umsatz beträgt jedoch nur 25,8%.

2.5. Gewinnung von Propylen aus anderen gasförmigen Kohlenwasserstoffen

2.5.1. Gewinnung aus Äthylen und Äthan

Beim Erhitzen von Äthylen in Gegenwart von Sauerstoff auf Temperaturen von 377–600 °C [48] entsteht neben anderen Verbindungen (in der Hauptsache C_4-Verbindungen) auch Propylen.

Ebenso wird Propylen gebildet, wenn Äthan auf 800–880 °C erhitzt wird [49, 50]. Propylen soll hierbei in der Hauptsache durch Reaktion des primär entstehenden Butylens mit Äthylen entstehen. In Gegenwart von Sauerstoff soll bei einer Verweilzeit von 3 sec und einer Reaktionstemperatur von 490 °C eine maximale Ausbeute von 91% erreicht werden [51].

2.5.2. Gewinnung aus Butan und Isobutan

Bei der Pyrolyse von n-Butan, die technisch durchgeführt wird, erfolgt Spaltung zu Äthylen und Äthan bzw. zu Propylen und Methan. Die Dehydrierung zu den entsprechenden Butylenen oder zum Butadien tritt gegenüber der Propylenbildung in viel geringerem Maße auf. Dies wird verständlich, wenn man die Wärmetönung der einzelnen Reaktionen betrachtet.

$$C_4H_{10} \rightarrow C_3H_6 + CH_4 \qquad -17{,}6 \text{ kcal/Mol}$$
$$C_4H_{10} \rightarrow C_2H_4 + C_2H_6 \qquad -17{,}0 \text{ kcal/Mol}$$
$$C_4H_{10} \rightarrow C_4H_8 + H_2 \qquad -30{,}0 \text{ kcal/Mol}$$

Die Zusammensetzung der Endgase bei der Pyrolyse von n-Butan in Abhängigkeit von der Temperatur wurde von P. K. FROHLICH [52] untersucht.

Dem Diagramm ist zu entnehmen, daß der Gesamtolefingehalt bei 690 °C ein Maximum erreicht, während die maximale Propylenausbeute bereits bei 650 °C liegt.

Die Primärprodukte der n-Butanpyrolyse setzen sich nach NEUHAUS und MARECK [53] wie folgt zusammen (vgl. Tab. 10).

Tabelle 10:

Primärprodukte der n-Butanpyrolyse

Produkt	Mol pro 100 Mol umgesetztes n-Butan bei 600 °C	bei 650 °C
Methan u. Propylen	48,5	48,0
Äthan u. Äthylen	34,5	37,7
Wasserstoff u. Butylen	16,0	12,3
Propan	0,0	1,0 (?)

Von großem Vorteil ist, daß die bei der Pyrolyse von n-Butan anfallende C_3-Fraktion kaum Propan enthält, so daß eine Propan-Propylen-Trennung nicht erforderlich ist und sehr reines Propylen erhalten wird.

Auch für die n-Butan-Pyrolyse werden verschiedene Varianten beschrieben, von denen ein katalytisches Verfahren, das bei 600 °C in Gegenwart eines SiO_2-ZrO_2-Al_2O_3-Katalysators arbeitet [54], von besonderem Interesse ist. Außerdem werden Verfahren beschrieben, bei denen die Pyrolyse in Gegenwart von Sauerstoff [55] oder Wasserdampf [56] vorgenommen wird.

Für die Durchführung der n-Butan-Pyrolyse im technischen Maßstab hat sich der Pebbles-Heater-Prozeß bewährt. Dabei werden bei einer Temperatur von 943 °C (Wärmeträger erhitzte Steine) 100 kg n-Butan bei einmaligem Durchgang zu 91% umgesetzt, daraus werden 44,1 kg Äthylen und 12,5 kg Propylen erhalten neben anderen Pyrolyseprodukten. Wird jedoch vor allem auf Propylen Wert gelegt, so erfolgt die Pyrolyse zweckmäßig im Röhrenerhitzer.

Die Dehydrierung von Isobutan [57] ohne Katalysator, die schon großtechnisch durchgeführt wurde, liefert bei 650—730 °C und 4,2—5,6 atü bei einem Umsatz von 20—30% neben 50% Isobutylen 25% Propylen. Bei einer Reaktionstemperatur von 600—650 °C entstehen nach MAREK und NEUHAUS [53, 58] sogar 63 Mol-% Isobutylen und 34,5—36 Mol-% Propylen.

2.6. Gewinnung von Propylen durch Pyrolyse von Kohlenwasserstoffen; Beschreibung einzelner Crackverfahren

Die Pyrolyse von Kohlenwasserstoffen, wie z. B. Äthylen, Butylen, Benzin, Petroleum bzw. anderen Erdölfraktionen, hat sich zu einem der modernsten und auch sehr wirtschaftlichen Verfahren zur Herstellung der für die organisch-chemische Industrie so wichtig gewordenen Olefine [59] entwickelt. Die Herstellung der gasförmigen Olefine soll sich in großen Pyrolyseanlagen billiger ermöglichen lassen als ihre Abtrennung aus den billig anstehenden Raffineriegasen.

Beim Pyrolyseprozeß kann es in Abhängigkeit von der Temperaturhöhe, Art des Katalysators und der Crackdauer zu zahlreichen chemischen Veränderungen der Molekülstruktur kommen [60]:

a) Geradkettige Kohlenwasserstoffe werden in niedrigmolekulare Bruchstücke zerlegt, wobei die Spaltung je nach den Bedingungen an verschiedenen Stellen des Moleküls erfolgt. Ein großer Teil der Bruchstücke erhält dabei ungesättigten Charakter.

b) Ketten und Ringe ergeben durch Abspaltung von Wasserstoffatomen einfach und doppelt ungesättigte Verbindungen.

c) Ringparaffine ergeben aromatische Ringe.

d) Aus verzweigten Ringkohlenwasserstoffen werden unter Olefinbildung Seitenketten abgespalten.

e) Aromatische Verbindungen werden gesprengt unter starker Koksbildung.

f) Verzweigte Ketten werden weitgehend in naphthenische und aromatische Ringe umgewandelt.

g) Geradkettige Kohlenwasserstoffe unterliegen sehr stark der Isomerisierung zu verzweigten Ketten.
h) Niedrigmolekulare Bruchstücke polymerisieren bzw. kondensieren zu höhermolekularen Kohlenwasserstoffen von veränderter Struktur.

Der zur Spaltung einer C-C-Bindung notwendige Energieaufwand sinkt mit steigender Kettenlänge. Er beträgt bei der Spaltung von n-Butan in Äthan und Äthylen 32 kcal/Mol, bei der Spaltung von n-Decan zu Pentan und Penten 29 kcal/Mol und liegt bei der Spaltung von n-Eikosan zu Decan und Decen bei 12 kcal/Mol. Die Spaltung von Olefinen erfordert einen größeren Energieaufwand, z. B. sind für die Spaltung von n-Butylen zu Äthylen 41 kcal/Mol notwendig, und für die Spaltung von n-Decen zu Penten werden 30 kcal/Mol benötigt.

Zwischen Rohstoff, Pyrolysedauer, -temperatur und -druck bestehen folgende Beziehungen [60]:

a) Rohstoff (Crackstock):

Höhermolekulare Verbindungen sind leichter als niedermolekulare zu spalten (vgl. Tab. 11), wobei n-Paraffine die größte Zerfallsneigung zeigen; in abnehmender Reihe folgen: Isoparaffine, Olefine, Naphthene und Aromaten.

Tabelle 11:

Spalttemperaturen für die verschiedenen Pyrolyserohstoffe

Äthan	820–850 °C
Propan	750–820 °C
Leichtbenzin (100 °C)	760–790 °C
Benzin (160 °C)	750–800 °C
Rohöl	730–760 °C

b) Pyrolyse:

Bei niedriger Temperatur (ca. 410 °C) werden C—C-Bindungen vor allem in der Molekülmitte gespalten, mit steigender Temperatur wandern die Bruchstellen zum Kettenende unter Bildung längerkettiger Olefine und leichtsiedender Anteile, außerdem wird durch Dehydrierung zunehmend Wasserstoff abgespalten. Oberhalb 550 °C tritt immer mehr die Aromatisierung in den Vordergrund. Sie erreicht bei 700—900 °C ein Maximum. Bei diesen Temperaturen setzt auch die Gas- und Koksbildung ein. Koks und CO_2 sind oberhalb 1000 °C die einzigen Endprodukte.

c) Verweilzeiten bei der Pyrolyse:

Die Pyrolyse ist ein endothermer Prozeß, bei dem laufend Wärme zugeführt werden muß. Die Verweilzeiten verlängern sich hierbei zwangsläufig, dadurch wiederum werden Sekundärreaktionen begünstigt. Dies äußert sich bei niedrigen Temperaturen in verstärkter Isomerisierung sowie in der Bildung niedrigmolekularer Olefine, bei mittleren Temperaturen kommt es zu verstärkter Dehydrierung (Bildung von Diolefinen) sowie Aromatisierung und bei hoher Temperatur werden vermehrt Gas und Koks gebildet.

Tabelle 12:

Pyrolyseprozesse und Rohmaterial [59]

Charakterisierung und Bezeichnung des Pyrolyseverfahrens	C_2	C_3	C_4	Benzol u.a.	Benzin	Dieselöl	Schweröl	Rückstand	Rohöl
1. Nichtkatalytische Verfahren									
Direktes Erhitzen:									
Röhrenerhitzer	×	×	×	×	×				
Indirektes Erhitzen									
Korundkugeln (Phillips)	×	×	×						
Korundstückchen (Thermofor)	×	×	×	×	×	×	×	×	×
Kokskugeln (Hoechst)						×	×	×	×
Sand (Lurgi)	×	×	×	×	×	×	×	×	×
Kokspulver (Lavrovski-Brodskij)	×	×	×	×					
Dampf (Kellogg)	×	×	×	×					
Verbrennungsgase (Eastman)	×	×	×	×					
2. Katalytisches Verfahren									
Kupfer (Cataról)				×	×				
Siliciumdioxid (Tsutsumi)		×	×	×	×	×			
Koks (AzNIJ-Aliev)						×	×	×	×
3. Oxydative Verfahren									
Autotherme Dehydrierung (Bartholomé)	×	×							
Autotherme Pyrolyse (BASF)							×	×	×

d) Pyrolysedruck:

Bei niedrigen Drücken (1—2 at), Dampf- oder Gemischtphasecracken, entstehen mehr und stärker ungesättigte Kohlenwasserstoffe neben verstärkter Gas- und Koksbildung. Bei hohem Druck (bis zu 70 at) — Flüssigphasecracken — entstehen weniger Gas und ungesättigte Verbindungen.

Zahlreiche Arbeiten [61—64] haben sich mit den Grundlagen der Spaltung von Kohlenwasserstoffen zu Olefinen beschäftigt. Über den Reaktionsmechanismus der Spaltung von gasförmigen und flüssigen Kohlenwasserstoffen hat M. Gerhold [65] ausführlich berichtet. Abb. 3 gibt die Pyrolyseprodukte des Propans in Abhängigkeit von der Temperatur wieder.

Eine Übersicht über die modernen Crack- und Pyrolyseprozesse gibt eine aus Arbeiten von C. C. Debie übernommene Zusammenstellung (vgl. Tab. 12 und 13) [59].

Im folgenden soll auf einige der Verfahren näher eingegangen werden.

Die verschiedenen Spaltverfahren unterscheiden sich durch die Art und Weise der Wärmezufuhr, der angewandten Spalttemperatur, der Verweilzeit sowie der Einsatzrohstoffe. Die Ziele sind bei allen Verfahren, möglichst billig die für die moderne Petrolchemie benötigten Grundchemikalien, insbesondere Olefine und Aromaten, zu erhalten.

Der Rohstoffeinsatz kann von Land zu Land verschieden sein. In den USA wird beispielsweise für die Äthylenherstellung das aus den in Texas billig anstehenden Erdgasen gewonnene Äthan bevorzugt eingesetzt. In Westdeutschland und Japan dagegen, wo Benzin reichlich zur Verfügung steht und Erdgas in ausreichender Menge fehlt, wird Benzin eingesetzt.

Nach H. Holzrichter [66] ergeben sich beim Einsatz von Äthan bzw. Benzin die in Tab. 14 zusammengestellten Daten:

Tabelle 14:

Ausbeuten bei der Pyrolyse von Äthan und Benzin (in t)

	Äthan	Benzin
Rohstoff-Einsatz	129500	513000
Produkte der Pyrolyse:		
Äthylen	100000	100000
Wasserstoff, Methan	26600	90000
Propylen	—	90000
Butadien	—	15500
Butene	—	35500
Benzol	—	28800
Toluol	—	17500
Xylole	—	6500
Brennstoffe, Kraftstoffe	—	86900
Rückstandöle	—	25000
Sonstiges und Verlust	3000	16700

Je nach der technischen Lösung der Wärmezufuhr für die Spaltung lassen sich die Pyrolyseverfahren wie folgt einteilen:

a) Spaltverfahren mit Hilfe von Röhrenöfen
b) Verfahren mit fest angeordneten Wärmeträgern (z. B. Regenerativspaltverfahren)
c) Verfahren mit bewegtem, körnigem Wärmeträger (z. B. Fluid-bed-Verfahren, Moving-bed-Verfahren)
d) Verfahren mit gasförmigem Wärmeträger (Spaltung in homogener Phase, z. B. Dampfpyrolyseverfahren, Oxydationspyrolyseverfahren, autotherme Spaltung, Rauchgaspyrolyseverfahren)
e) Verfahren mit flüssigem Wärmeträger.

Anschließend sollen die einzelnen Spaltverfahren, bei denen in mehr oder weniger großen Mengen neben dem gewünschten Hauptprodukt auch Propylen entsteht, kurz beschrieben werden.

2.6.0. Röhrenpyrolyse

Die Röhrencrack- bzw. -pyrolyseverfahren (s. Abb. 4) sind die am meisten verbreiteten Verfahren zur thermischen Spaltung leichter und mittlerer Kohlenwasserstoffe. Die Anlagen entwickelten sich aus den Destillationsapparaturen, jedoch wird hier die Wärmezuführung so gewählt, daß das Einsatzprodukt schnell aufgeheizt werden kann und anschließend kürzere oder längere Zeit bei höheren Temperaturen verbleibt.

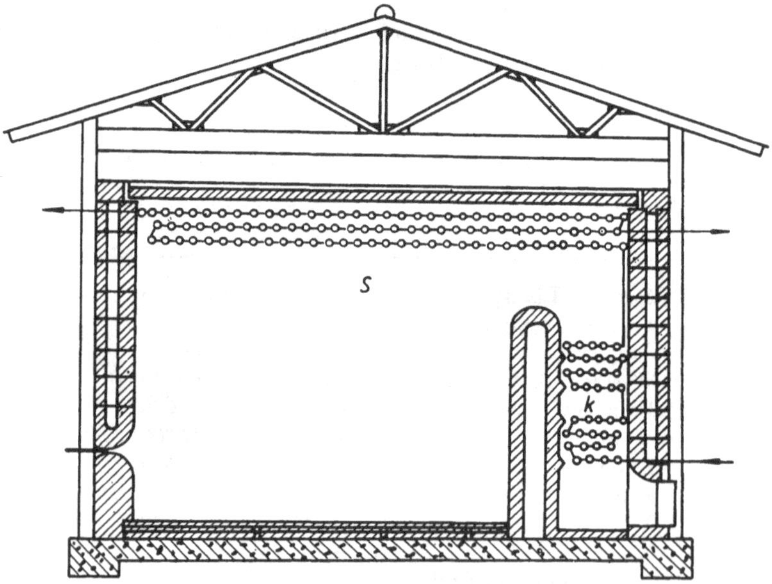

Abb. 4: Einfacher Röhrenerhitzer mit Konvektions- (*k*) und Strahlungszone (*s*) nach THORMANN [121]

Das Einsatzprodukt wird zunächst außerhalb des Ofens durch Wärmeaustauscher auf ca. 300–350 °C vorgeheizt, kommt in die Konvektionszone des Ofens, in der es durch die heißen Verbrennungsabgase auf ca. 400–500 °C aufgeheizt wird und gelangt schließlich in die Strahlungszone, wo es durch direkte Beheizung der Rohre durch Verbrennen von Heizöl oder -gas die endgültige Pyrolysetemperatur erreicht. Bei Einsatz von Propan werden Temperaturen von 780–800 °C, bei Einsatz von Leichtbenzin 720–750 °C angewandt. Als Rohrmaterial werden hochlegierte Chrom-Nickel-Stähle sowie an den heißesten Stellen Kupfer- oder Chromlegierungen eingesetzt.

Nachteilig ist bei den Röhrenöfen die Unterbrechung der Fahrperiode durch das von Zeit zu Zeit erforderliche Abbrennen des Kokses, wodurch auch der Einsatz höhersiedender Kohlenwasserstoff-Fraktionen verhindert wird. (Es gibt jedoch spezielle Crackverfahren, die im Hinblick auf die Koksbildung arbeiten, wobei wechselweise in den Kammern gecrackt und in anderen Kammern vom Koks befreit wird.) Ein weiterer Nachteil ist die Temperaturbegrenzung innerhalb der Röhren auf maximal 830 °C sowie infolge der hohen Beanspruchung die begrenzte Lebensdauer der Rohre.

Trotz der Nachteile sind die Röhrenöfen wegen ihrer einfachen Bedienung sehr verbreitet.

In jüngster Zeit zeichnet sich die Tendenz ab, bei der Röhrenpyrolyse zu höheren Reaktionstemperaturen überzugehen und die Verweilzeiten stark zu verringern [122, 123]. Die Entwicklung war insbesondere möglich durch die Entwicklung hochtemperaturfester Edelstähle (z. B. Incoloy Alloy 800 mit 100000 Std. Standzeit bei 1050 °C). Diese Pyrolyseöfen erlauben eine wesentlich höhere Belastung, die Ausbeuten an Äthylen sind gegenüber den Propylenausbeuten im normalen Röhrenspaltöfen erhöht (bis auf 34,5%). K.-H. Eisenlohr [123] gibt die Abhängigkeit der Ausbeute an den verschiedenen Pyrolyseprodukten von den Fahrbedingungen an:

Eintrittstemperatur (°C)	580	596	598
Austrittstemperatur (°C)	780	807	830
Verhältnis Dampf/Benzin (kg/kg)	0,7	0,7	0,7
Äthylenausbeute (Gew.-%)	22,9	27,6	29,7
Propylenausbeute	18,3	19,1	16,8
Verhältnis Äthylen/Propylen	0,8	0,68	0,56
Methanausbeute	12,1	15,4	17,2
Summe C_4-Produkte	12,6	11,8	10,0
Butadienausbeute	4,3	5,0	4,9
Pyrolysebenzin	27,0	18,9	16,7
Heizölausbeute	1,3	1,6	2,8

(Verweilzeit 0,5 Sek.; Dämpfegeschwindigkeit 300 m/Sek.; Heizflächenbelastung 60000 kcal/m^2 · Std.; Feuerraumtemperatur 1000–1100 °C)

Bisher wurden folgende Kurzzeit- bzw. Hochtemperatur-Pyrolyse-Verfahren bekannt:

a) Short-Residence-Time-Cracking (SRT-Verf.) der Lummus,
b) High-Severity-Cracking (HSC-Verf.) der Kellogg,
c) Gradiation-Pyrolysis-Furnace von Selas,
d) Multi-Zone-Pyrolyse-Ofen von Foster-Wheeler,
e) Ultra-Selective-Cracking (USC-Verf.) von Stone & Webster,
f) Lurgi-Kurzzeitpyrolyse.

2.6.1. Pebbles-Heater-Process der Phillips Petroleum Co.

Die Verwendung indirekter Wärmeüberträger ermöglicht die Übertragung einer wesentlich größeren Wärmemenge in der gleichen Zeit und damit eine erhebliche Steigerung der Raum-Zeit-Ausbeute [66].

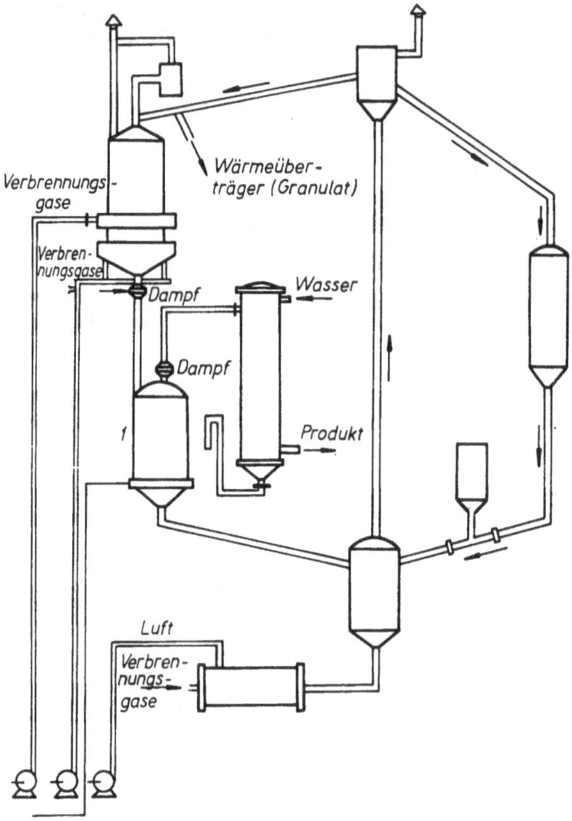

Abb. 5: Nichtkatalysierte Pyrolyse mit granuliertem, beweglichem Wärmeüberträger, pneumatischer Transport (*Phillips-Prozeß*)
1 – Vorerhitzer; *2* – Elevator; *3* – Reaktor

Der Phillips-Prozeß (vgl. Abb. 5) arbeitet mit Korundkugeln oder Quarzbrocken von ca. 1 cm Durchmesser, die in einem Vorerhitzer auf 800–1000 °C aufgeheizt werden, langsam durch ein Rohr fallen und dem Reaktor zugeleitet werden.

Die Pyrolyse wird im Gegenstrom in dem Reaktor zwischen 900—980 °C (Reaktoreingang) und 795—825 °C (Reaktorausgang) durchgeführt. Der Umsatz bei der Pyrolyse beträgt bis zu 95% bei Verweilzeiten von 0,1—0,3 sec. Die abgekühlten Kugeln werden anschließend mittels eines heißen Luftstromes wieder in den Vorerhitzer gefördert und der gebildete Koks (ca. 1%) dort abgebrannt. Die Ausbeute nach dem Pebbles-Heater-Prozeß liegt um 25% über der des Röhrenreaktors.

Bei der n-Butanpyrolyse [67] fällt bei diesem Verfahren folgendes Reaktionsgemisch an (vgl. Tab. 15).

Tabelle 15:

Anfallendes Reaktionsgemisch bei der n-Butanpyrolyse

Komponente	Eingang (Mol-%)	Pyrolysegas (Mol-%)
Wasserstoff		16,6
Methan		30,5
Acetylen		1,2
Äthylen		37,3
Äthan		2,0
Propylen		6,7
Propan	0,3	0,1
Butadien		0,6
Butylene		0,5
Isobutan	4,7	0,3
n-Butan	94,6	3,5
andere KW-Stoffe	0,4	0,7
n-Butanumsatz in %		91,0

2.6.2. Hoechster Koker-Verfahren

Als Verfahren zur kontinuierlichen Pyrolyse von Rohölen, Erdölrückständen, Benzin u. a. wurde in den Farbwerken Hoechst ein Pyrolyseprozeß entwickelt [66—70], der 1956 unter dem Namen „Hoechster Koker" bekannt wurde (vgl. Abb. 6).

Mittels Fördergas (Stickstoff) werden Kokskugeln von 3—15 mm Durchmesser aus einem Lifttopf auf etwa 75 m Höhe in ein Kokstrenngefäß gefördert. Das vom Koks getrennte Fördergas gelangt über Zyklone zur Grob- und Feinabscheidung von Koks zum Lifttopf zurück. Es wird durch die Kokskugeln auf ca. 600 °C erhitzt. Letztere werden anschließend einem Vorerhitzer zugeleitet, wo die Kokskugeln bis auf ca. 740 °C aufgeheizt werden. In der Mischzone wird das vorgeheizte Rohöl eingespritzt und im anschließenden Reaktor erfolgt die Pyrolyse.

Hierbei stellt sich die Temperatur auf etwa 690 °C ein. Diese Temperatur wird beim Einsatz von Rohöl oder von Leichtöldestillaten angewandt, während bei Erdöldestillationsrückständen die Spaltung bei etwa 580 °C vorgenommen wird.

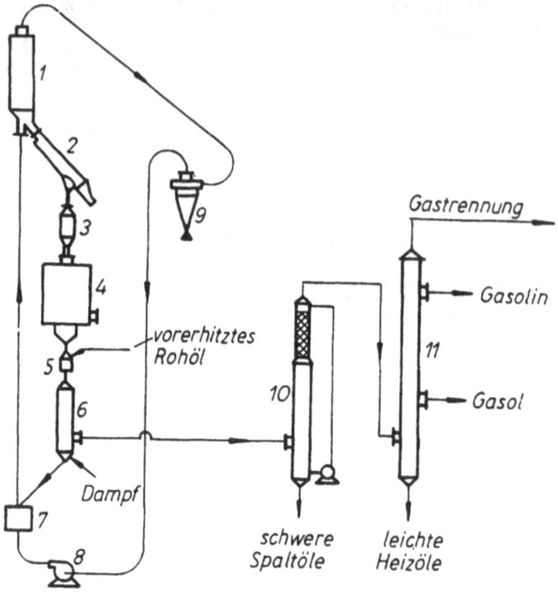

Abb. 6: Schema des Höchster Kokers nach KREKELER [69]

1 – Koksabscheider; *2* – Kokssichtung; *3* – Zwischengefäß; *4* – Koksaufheizer; *5* – Mischzone; *6* – Reaktor; *7* – Lifttopf; *8* – Heißgasgebläse; *9* – Zyklon; *10* – Abschreckung und Abstreifung; *11* – Fraktionierkolonne

Tabelle 16:

Reaktionsanfall im Hoechster Koker beim Einsatz von Rohöl bei 760 °C

Komponente	Anfall, bezogen auf Rohöl (Gew.-%) ohne C_2/C_3-Spaltung	mit C_2/C_3-Spaltung
CO	0,1	0,1
H_2	0,4	0,9
CH_4	12,1	12,5
C_2H_2	0,1	0,1
C_2H_4	17,7	23,8
C_2H_6	6,8	—
C_3H_6	13,7	13,9
C_3H_8	1,1	—
C_4-KW-Stoffe	6,0	6,2
Spaltgas	58,0	57,5
Leichtes Spaltöl	18,7	19,2
schweres Spaltöl	20,8	20,8
Koks	2,5	2,5
C_2-C_3-C_4-Olefine	37,2	43,7

Während der Spaltung scheiden sich auf den Kokskugeln weitere Koksmengen schalenförmig ab, wodurch die Korngröße wächst. In einer Brechanlage mit anschließender Windsichtung wird die erforderliche Korngröße in benötigter Menge wieder hergestellt und erneut der Anlage zugeführt. Der Koks braucht während des gesamten Betriebes nicht erneuert zu werden, da neu gebildete Kokskugeln reichlich die Menge an Kokskugeln, die durch Abrieb verloren gehen, ersetzen.

Die Ergebnisse einer Spaltung bei 760 °C, Verhältnis Rohöl : Wärmeträger = 1:30, Vorheizen des Rohöls auf 380 °C, werden in der Tab. 16 wiedergegeben [70].

2.6.3. *Rohölspaltung im Wirbelschichtverfahren (BASF-Verfahren)*

Für die Durchführung von Crackreaktionen in der Wirbelschicht ist es erforderlich, die für die Pyrolyse erforderliche Wärmeenergie von außen her dem System zuzuführen. Hierfür gibt es zwei Möglichkeiten — entweder der Wärme-

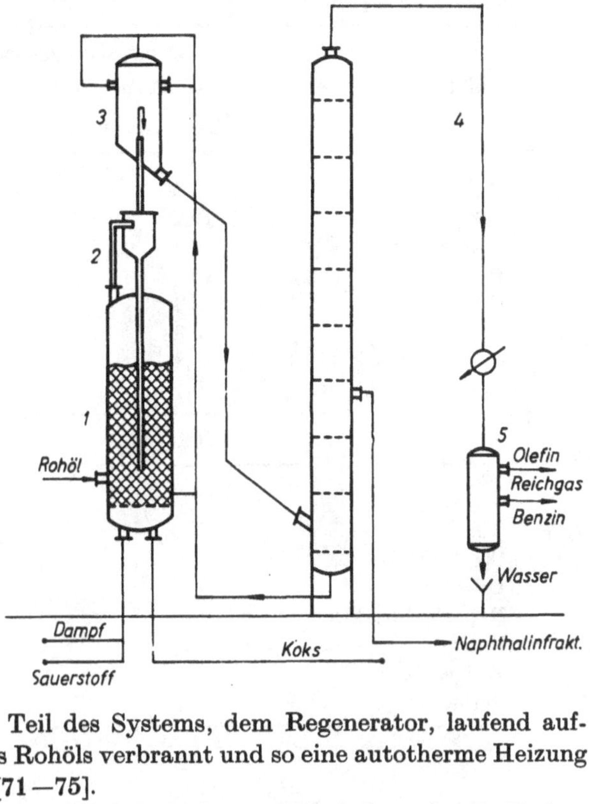

Abb. 7: Oxydative Pyrolyse, granuliertes Bewegbett (Koks) (*BASF-Wirbelschichtpyrolyse*)
1 — Reaktor; 2 — Zyklon; 3 — Kühler; 4 — Fraktionierkolonne; 5 — Abscheider

träger wird in einem anderen Teil des Systems, dem Regenerator, laufend aufgeheizt oder es wird ein Teil des Rohöls verbrannt und so eine autotherme Heizung der Wirbelschicht ermöglicht [71—75].

Die zweite Möglichkeit nutzt die Wirbelschichtpyrolyse-Anlage der Badischen Anilin- und Sodafabrik, die 1959 in Betrieb genommen wurde.

Nachfolgend sollen Aufbau und Arbeitsweise der Anlage kurz beschrieben werden (vgl. Abb. 7).

Der Wirbelschichtgenerator enthält eine Wirbelschicht aus Petrolkokskörnchen vom Durchmesser 0,1—1 mm. Das Wirbelgut wird durch ein von unten eingeführtes Gemisch aus Wasserdampf mit einer kleinen Menge Sauerstoff (Temperatur 500 °C) in Bewegung gehalten. Oberhalb des Verteilerrostes für den Gasstrom wird das Rohöl mit 300—400 °C eingedüst. Die Temperatur im Generator ist auf 720 °C eingestellt. Der bei dem Prozeß laufend durch Koksabscheidung in der Menge zunehmende Petrolkoks kann nach unten aus der Wirbelschicht abgezogen werden. Die abziehenden Gase werden nach Durchströmen eines Zyklons durch Einspritzen von Kolonnensumpföl auf 300 °C abgekühlt und die noch flüchtigen Produkte in einer Kolonne fraktioniert.

Tab. 17 zeigt in einer Mengenbilanz [73] die Pyrolyseergebnisse nach diesem Verfahren.

Tabelle 17:

Produktanfall bei der Rohölspaltung nach dem Wirbelschichtverfahren (BASF-Verfahren)

Anfallkomponente	Zusammensetzung des Gasanfalls — Vol.-% (ohne CO und CO_2)	Anfall in kg/t Rohöl
C_2H_4	32,3	230
C_3H_6	11,7	125
C_4-Fraktion	4,3	60
H_2	15,8	8
CH_4	29,3	120
C_2H_6	5,9	45
C_3H_8	0,6	7
C_2H_2	0,1	1
	100,0	596
CO_2		395
CO		100
Leichtöl		140
Naphthalinfraktion		40
Koks		45
Wasser		64
Verlust		20
Summe		1400

Die Bilanz weist einen verhältnismäßig hohen Anteil an Propylen aus. Der Schwefelgehalt der Rohöle erwies sich für den Prozeß als unwesentlich. Bei Zusatz von Alkalisalzen als katalytisch wirksamen Verbindungen zur Wirbelschicht ging der gebundene Schwefel völlig in Schwefelwasserstoff über.

Besondere Vorteile besitzt das autotherme Verfahren, wenn in Verbundwirtschaft gleichzeitig eine Ammoniakerzeugungsanlage betrieben wird (Herstellung von 2 t NH_3 auf 1 t C_2H_4 möglich). Von Nachteil ist der Bedarf an reinem Sauerstoff, welcher vorher hergestellt werden muß. Will man ohne Sauerstoff auskommen, so ist die 1. Variante anzuwenden. In diesem Falle muß ein inerter Wärmeträger verwendet werden, von dem der Koks im Regenerator wieder abgebrannt wird (Wirbelfließverfahren).

Beim Wirbelfließverfahren [76] (vgl. Abb. 8) werden endotherme Spaltreaktionen und exotherme Verbrennung räumlich getrennt. Dadurch ist es möglich, mit Luft statt mit O_2 zu arbeiten. Gleichzeitig können auch leichtere Erdölfraktionen eingesetzt werden, da es hier nicht auf die Produktion von Petrolkoks ankommt.

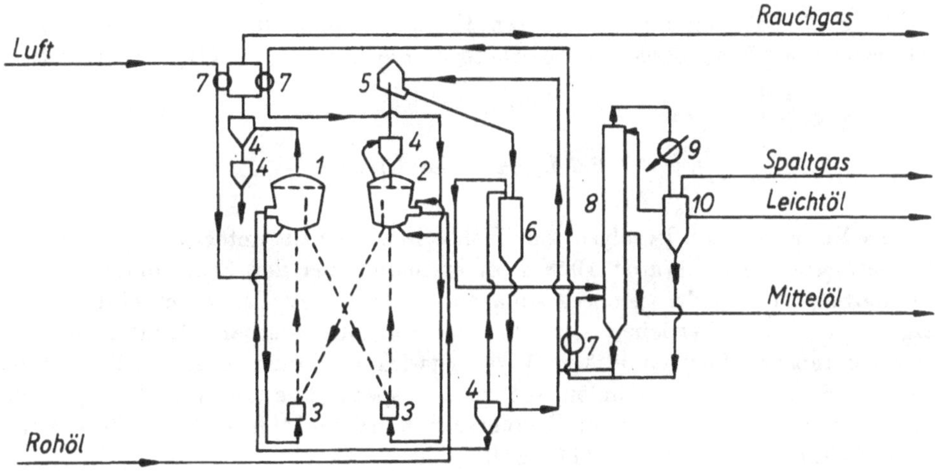

Abb. 8: BASF-Wirbelfließ-Verfahren

1 – Regenerator; *2* – Reaktor; *3* – Dosiergefäße; *4* – Zyklone; *5* – Quencher; *6* – Abscheider; *7* – Abwärmeverwertung; *8* – Destillierkolonne; *9* – Kühler; *10* – Trenngefäß

Aus dem Reaktor wird ständig ein bestimmter Anteil des mit Ruß und Petrolkoks beladenen Wärmeträgers abgezogen und in einem Regenerator mit vorgewärmter Luft durch Abbrennen und teilweises Verbrennen von Rückstandsöl auf 900 °C aufgeheizt. Im Reaktor selbst herrschen Temperaturen von 760 bis 790 °C, Verweilzeit ~ 1 Sekunde. Die den Reaktor verlassenden Gase werden über einen Zyklon geführt und anschließend mit Schweröl auf 250 °C abgeschreckt.

Ausbeuten einer Wirbelfließanlage in kg/t Einsatzöl:

Äthylen	220–250
Propylen	100–115
Butylen + Butadien	50– 60
Äthan	30– 45
Pyrolysebenzin	175–225

Das gereinigte Spaltgas hat etwa folgende Zusammensetzung:

Tabelle 18:

Zusammensetzung des Spaltgases nach dem Wirbelfließverfahren

Äthylen	34 Vol.-%
Äthan	5 „
C_3-KW-Stoffe	10 „
C_4-KW-Stoffe	4 „
CO	0,5 „
H_2	14 „
CH_4	33 „

Das nach Abtrennung der höheren Kohlenwasserstoffe verbleibende Restgas ist geeignet als Vorprodukt zur Synthesegaserzeugung (1,3 t NH_3/t Einsatzöl).

2.6.4. Lurgi-Sandcracker

Das Verfahren zur Pyrolyse von Rohöl bzw. Benzin unter Verwendung von hocherhitztem Sand wurde 1958 zum erstenmal bei der Erdölchemie GmbH, Dormagen, angewandt, weitere 4 Anlagen sind fertiggestellt, davon wird eine Anlage in Leuna II betrieben. Der von der Lurgi-Gesellschaft, Ruhrchemie, zusammen mit den Farbenfabriken Bayer entwickelte Sandcracker wurde zunächst für die Spaltung von Rohölen entwickelt, später konnten jedoch wegen der günstigeren Situation auf dem Erdölmarkt Benzinfraktionen des Siedebereiches 40—165 °C eingesetzt werden [77—81].

Anhand eines einfachen Fließschemas (vgl. Abb. 9) soll das Verfahren kurz erläutert werden.

Das Einsatzprodukt wird, nachdem es im Vorerhitzer auf 350—400 °C erwärmt wurde, zusammen mit überhitztem Dampf in den Reaktor (*7*) eingespritzt, worin sich ein Wirbelschichtbett aus Quarzsand von 0,4—1,2 mm Korngröße befindet. Der Sand wurde vorher durch Berührung mit heißen Rauchgasen sowie durch direkte Aufheizung mittels verbrennendem Heizöl während der pneumatischen Förderung auf Temperaturen bis zu 1000 °C gebracht und gelangt über einen Sammelbehälter (*5*) mit ca. 850 °C in den Reaktor. Dort wird das Einsatzprodukt je nach Fahrbedingungen aufgeheizt und verweilt ca. 0,3—0,5 sec im Reaktor.

Die Reaktionstemperaturen betragen bei Einsatz von

Äthan	820—850 °C
Propan	750—825 °C
Leichtbenzin (Kp. 100 °C)	760—790 °C
Schwerbenzin (Kp. 160 °C)	750—800 °C
Rohöl	730—760 °C

Die Reaktionsprodukte gelangen nach Quenchung mit Benzin über einen Zyklon (*3*), wo der Sand abgetrennt wird, in einen Abhitzekessel (der zur Erzeugung des benötigten Dampfes dient) und anschließend in einen Einspritz-

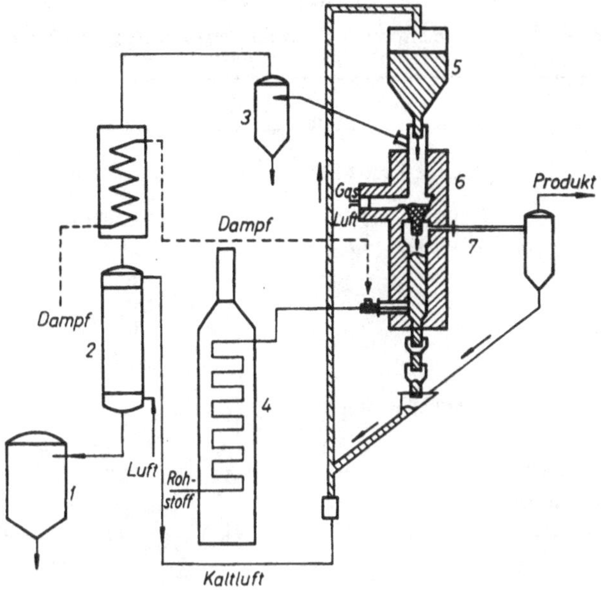

Abb. 9: Nichtkatalysierte Pyrolyse mit indirekter Erhitzung, beweglicher granulierter Wärmeüberträger (Sand) (LURGI-*Ruhrgas-Sandcracker*)

1 — Multizyklon; *2* — Luftvorerhitzer; *3* — Zyklon; *4* — Brennkammer; *5* — Vorratsbehälter; *6* — Erhitzer; *7* — Pyrolysereaktor

kühler (*2*), wo die Anfallprodukte auf 150 °C abgekühlt werden. Im Restgas verbleibende Nebeltröpfchen werden elektrostatisch oder durch Multizyklon (*1*) abgeschieden. Das Leichtöl, das bis etwa 300 °C siedet, wird destilliert, das Schweröl geht als Heizöl zur Aufheizung in den Prozeß zurück. Der während der Pyrolyse gebildete Koks scheidet sich auf dem Sand ab und wird während der Aufheizung abgebrannt.

Vorteilhaft ist die Flexibilität des Verfahrens, insbesondere die Möglichkeit, sehr hohe Temperaturen anwenden zu können, sowie die gute Wärmeübertragung auf das Einsatzprodukt durch die Wirbelschicht und schließlich die Möglichkeit, abgeschiedenen Koks schnell zu beseitigen.

Der Sandverlust liegt bei etwa 0,15% der umgewälzten Sandmenge/Stunde, bedingt durch das Zerreiben des Sandes. Durch eine möglichst geringe Fördergeschwindigkeit in der pneumatischen Steigleitung zur Sandförderung können die Mauererosionen sehr weitgehend eingeschränkt werden, so daß die innere Steinauskleidung der Förderleitung erst nach ca. 4—5 Jahren erneuert werden muß.

Die mit dem Sandcracker bei verschiedenen Betriebsperioden unter verschiedenen Bedingungen erhaltenen Ergebnisse werden in der Tab. 19 zusammengestellt.

Tabelle 19:

Übersicht über die im Lurgi-Sandcracker bei verschiedenen Bedingungen erhaltenen Ergebnisse

	I	II	III	IV	V	VI
	Einsatz-Rohstoff (Benzin)					
Dichte d^{20}	0,702	0,701	0,691	0,689	0,697	0,708
Siedebereich (°C)	41—162	43—165	36—151	36—153	44—165	44—162
Paraffine (Vol.-%)	73—86					
Naphthene (Vol.-%)	10—20					
Aromaten (Vol.-%)	4— 5					
Olefine (Vol.-%)	0— 0,2					
	Betriebsbedingungen					
Rohstoffmenge (t/h)	8,3	8,1	8,4	7,9	7,6	7,6
mittlere Spalttemp. (°C)	719	720	721	735	747	770
Reaktions-Wasserdampf (Gew.-% vom Rohst.)	39	46	41	45	47	66
	Ausbeute (Gew.-% vom Rohstoff)					
Äthylen	16,2	18,6	21,0	24,7	25,1	28,4
Propylen	14,8	15,2	14,9	15,0	13,5	10,9
C_4-Olefine und Butadien	10,6	10,4	8,6	8,3	7,7	5,6
Summe C_2—C_4-Olefine	41,6	44,2	44,5	48,0	46,3	44,9
Sonstige Gasfraktionen	16,6	16,9	20,0	22,4	22,6	24,8
Crackbenzin 200°C	40,0	35,3	30,1	25,0	25,9	25,0
Schweröl 200°C	1,0	2,5	2,8	3,7	4,9	4,0
Summe	99,2	98,9	97,4	99,1	99,4	98,7

Die Resultate zeigen, daß mit Erhöhung der Temperatur und der Menge des Dampfes die Ausbeute an Äthylen ansteigt. Von besonderer Bedeutung ist das Quenchen der den Reaktor verlassenden Reaktionsgase, um Sekundärreaktionen zu verhindern.

2.6.5. *Kellogg-Dampfpyrolyse-Prozeß*

Das von der W. M. Kellogg Co., New York, entwickelte Verfahren (vgl. Abb. 10) setzt für die Pyrolyse vorwiegend eine Schwerbenzinfraktion oder Gasöl als Rohstoff ein. Das Einsatzprodukt wird in einem Röhrenerhitzer in Gegenwart von wenig Wasserdampf auf 590—680 °C vorerhitzt. Hierbei findet bereits eine gewisse Crackung statt. Das den Röhrenvorerhitzer verlassende Einsatzprodukt wird nun mit in einem getrennten Überhitzer auf eine Temperatur von etwa 930 °C gebrachten Wasserdampf innig vermischt und die Pyrolyse in einem (Verweilzeit soll 1 sec nicht überschreiten) isolierten Rohr durchgeführt. Der zugegebene Dampf

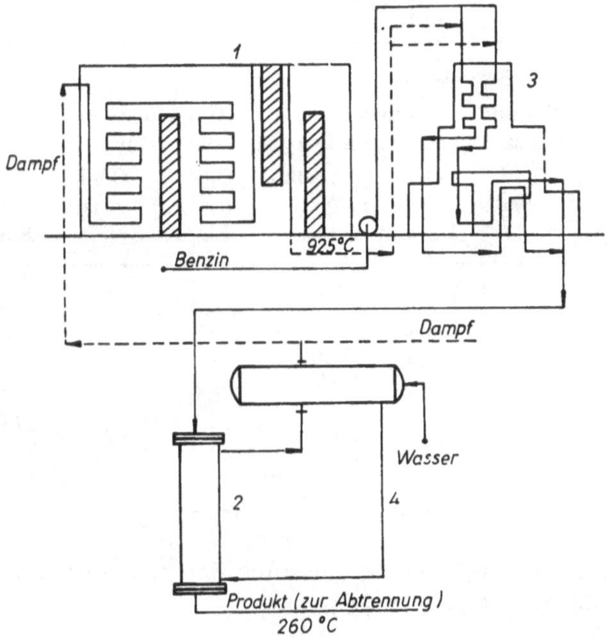

Abb. 10: Nichtkatalysierte Pyrolyse, gasförmig (Dampf) (*Kellogg-Dampfpyrolyse*)
1 – Verdampfer für überhitzten Dampf; *2* – Kühler; *3* – Pyrolysevorheizer; *4* – Dampferzeuger (525 – 675 °C, 1,4 at)

liefert die erforderliche Wärme für die Pyrolyse und hat die Aufgabe, durch Herabsetzen des Partialdruckes der Kohlenwasserstoffe die Sekundärreaktionen herabzusetzen. Außerdem wird durch die Dampfzugabe die Koksabscheidung stark vermindert. Durch die Menge des zugesetzten Dampfes zu den Öldämpfen wird der Umfang der Pyrolyse bestimmt. Nach erfolgter Pyrolyse passieren die Gase einen Abhitzekessel zur Erzeugung von Hochdruckdampf. Im Abhitzekessel werden sie sofort auf 200—260 °C abgekühlt. Durch ausgezeichneten Wärmeaustausch wird der Prozeß, der sehr viel Dampf benötigt, technisch tragbar. Die Gase gelangen nach dem Abhitzekessel in den Fraktionierturm, in dem ein Rückstand, der als Heizöl verwendet wird, anfällt. Am Kopf des Turmes gehen Wasserdampf, leichte Kohlenwasserstoffe und Gas ab. Ein Teil der Kohlenwasserstoffe kondensiert mit dem Wasserdampf. Er wird als Rückfluß in der Kolonne verwendet, der Rest wird abgeführt. Das Gas gelangt in die Kompressionsanlage und wird dort wie üblich aufgearbeitet. Die Tab. 20 gibt einen Überblick über den Pyrolyseanfall [82—86].

Tabelle 20:

Gasförmiger Pyrolyseanfall bei der Verarbeitung von Schwerbenzin und Gasöl nach dem Kellogg-Dampf-Pyrolyse-Verfahren

Gasförmige Produkte	Schwerbenzin: Arbeitsweise mit hohem Durchs. Gew.-% bez. auf Einsatz	Olefin-gehalt	Schwerbenzin: Arbeitsweise mit niedrigem Durchs. Gew.-% bez. auf Einsatz	Olefin-gehalt	Gasöl: Arbeitsweise mit hohem Durchs. Gew.-% bez. auf Einsatz	Olefin-gehalt	Gasöl: Arbeitsweise mit niedrigem Durchs. Gew.-% bez. auf Einsatz	Olefin-gehalt
Wasserstoff	0,4		0,8		0,2		0,5	
Methan	6,2		10,9		6,1		9,0	
Äthylen	11,8	80 (Äthylen + Äthan)	22,5	90 (Äthylen + Äthan)	11,0	78,5 (Äthylen + Äthan)	21,3	87 (Äthylen + Äthan)
Äthan	3,0		2,4		4,0		3,1	
Propylen	10,5	96 (Propylen + Propan)	12,0	97 (Propylen + Propan)	10,6	92 (Propylen + Propan)	14,6	96 (Propylen + Propan)
Propan	0,4		0,4		0,9		0,6	
Summe	32,3		49,0		32,8		49,1	

Die Resultate zeigen, daß bei Verschärfung der Pyrolysebedingungen in der Hauptsache der Äthylenanfall ansteigt.

2.6.6. Thermofor-Pyrolyse-Prozeß

Mit dem Pebbles-Heater-Prozeß (Abb. 5) vergleichbar, jedoch stärker variabel, ist der von der Socony-Vacuum Oil Co. entwickelte Thermofor-Pyrolyse-Prozeß [87—90], der sog. T. P. C.-Prozeß. Das kalte oder vorerhitzte Kohlenwasserstoffgemisch, wobei sowohl gasförmige wie auch flüssige Kohlenwasserstoffe eingesetzt werden können, wird im Gegenstrom zusammen mit Wasserdampf einem inerten Material, z. B. Kieselsteinchen (Pebbles) bestimmter Größe, entgegengeschickt. Dieses inerte Material dient als Wärmeträger. Man verwendet jetzt wegen der großen Wärmeaufnahmefähigkeit gesinterten Korund.

Die Verweilzeit im Reaktor beträgt 1—2 sec, die Temperatur der Pebbles schwankt je nach Einsatzprodukt zwischen 810 und 840°C. Die aus dem Reaktor austretenden Pebbles werden mittels Elevator in den Erhitzer zurückgeführt und dort durch Abbrennen von abgeschiedenem Koks befreit sowie gleichzeitig auf die gewünschte Reaktortemperatur aufgeheizt.

Die Tab. 21 gibt einen Überblick über die beim T. P. C.-Prozeß erhaltenen Pyrolyseprodukte. Die bei diesem Prozeß erhaltenen Propylenausbeuten sind nur mäßig.

Tabelle 21:

Pyrolyseprodukte beim T.P.C.-Verfahren

	Rohstoff					
	Äthan		Propan	Michigan-Rohöl	Slaughter Duggan-Rohöl	Mirando-Rohöl
Dichte	—		—	0,856	0,870	0,926
Siedebereich (°C)			—	105—535	66—493 (75%)	116—490
Steintemperatur (°C)	830	966	820	843	816	816
Verweilzeit (sec)	2,3	0,12	1,2	—	—	—
Wasserstoff (Gew.-%)	5,7	5,7	2,0	0,9	0,7	0,7
Methan	12,8	10,2	26,2	14,8	15,3	13,0
Acetylen	0,7	3,8	0,0	—	—	—
Äthylen	49,2	56,2	37,5	28,8	17,9	12,5
Äthan	18,2	11,6	3,5	3,5	4,5	3,0
Propylen	0,7	1,0	12,2	6,4	8,0	6,8
Propan	1,1	0,7	7,9	0,7	0,6	0,6
Butadien	1,6	3,2	2,3	2,5	1,0	1,6
Butene	1,8	0,4	1,1	1,4	1,7	2,9
Butane	1,0	0,3	0,0	0,9	1,2	0,2
C_5- und höhere KW-Stoffe	6,7	6,1	6,8	37,4	45,5	27,4
Koks	0,5	0,8	0,5	2,7	3,6	1,7

2.6.7. *Lawrowski-Brodskij-Verfahren*

Von K. P. Lawrowski und A. M. Brodskij [91, 92] wurde ein Verfahren entwickelt (vgl. Abb. 11), das ähnlich wie das Lurgi-Verfahren im Wirbelbett arbeitet. Als Wärmeträger werden hierbei jedoch Kokspartikel eingesetzt. Die Koksteilchen werden in einem Vorerhitzer mit heißen Verbrennungsgasen, die durch Verbrennen von Öl mit Luft in einer vorgeschalteten Verbrennungskammer erzeugt werden, erhitzt und zusammen mit Wasserdampf in den Reaktor geleitet. Kurz vor Eintritt in den Reaktor wird das Einsatzprodukt (gasförmige oder leichtflüchtige Kohlenwasserstoffe) zugeführt und im Gleichstrom mit den Kokspartikeln bewegt. Nach Austritt aus dem Reaktor werden die Koksteilchen wieder pneumatisch in den Vorerhitzer gefördert.

Bei Verwendung von Äthan als Einsatzprodukt beträgt die Eintrittstemperatur in dem Reaktor etwa 1000 °C, die Verweilzeit im Reaktor ist sehr kurz, sie liegt bei 0,01—0,02 sec. Das Verhältnis Koks: Einspritzprodukt beträgt ca. 20:1. Ausgehend vom Äthan können über 90% in gasförmige Produkte umgewandelt werden, die 60–65% Äthylen enthalten. Propylen entsteht bei diesem Prozeß, der hauptsächlich für die Verarbeitung von Äthan eingerichtet ist, nur in Mengen von 1–5%.

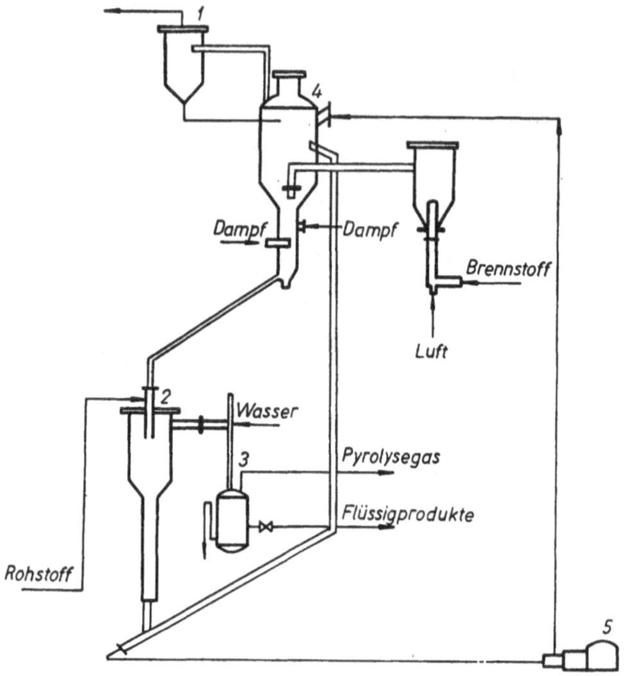

Abb. 11: Nichtkatalysierte Bewegtbettpyrolyse mit pulverförmigem Träger (Koks) (LAVROVSKIJ-BRODSKIJ-*Verfahren*)

1 – Zyklon; *2* – Reaktor; *3* – Separator; *4* – Vorheizer für Wärmeträger; *5* – Kompressor

2.6.8. Autotherme Pyrolyse nach BARTHOLOMÈ

Das schon lange bekannte Verfahren (vgl. Abb. 12) zur autothermen Dehydrierung von Äthan zu Äthylen wurde neuerdings für die Dehydrierung von Erdgasen erweitert [93]. Bei dem Verfahren werden in einem mit keramischem Material ausgekleideten Reaktor als Wärmeträger Porzellankugeln verwendet. Die für die Pyrolyse eingesetzten Gasgemische aus Äthan und Propan werden mit reinem Sauerstoff in den Reaktor eingeführt und dort bei 850–900 °C unvollständig verbrannt. Die entstehenden Reaktionsprodukte sind Äthylen, Propylen, Methan, Kohlenmonoxid und -dioxid. Die Reaktionsbedingungen sind 850–900 °C, 0,6 at und Verweilzeit 1 sec.

Von großem Vorteil ist bei diesem Verfahren, daß Koks nur in sehr geringen Mengen gebildet wird. Von Nachteil ist die relativ niedrige Ausbeute an Alkenen einerseits und der große Verbrauch an reinem Sauerstoff andererseits.

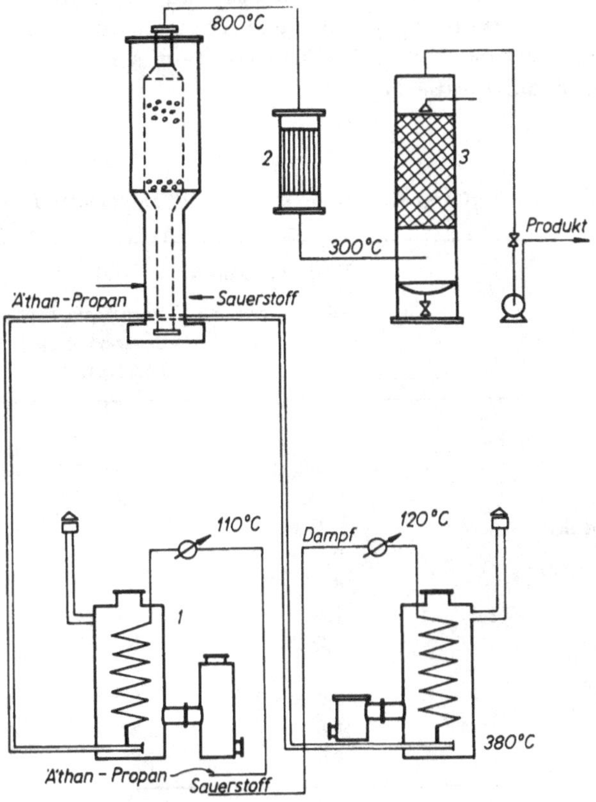

Abb. 12: Oxydative Pyrolyse (autotherm), Wärmeüberträger in Form von Kugeln im Festbett (Bartholomé-*Verfahren*)

1 – Vorerhitzer; 2 – Reaktor; 3 – Kühler

2.6.9. Catarol-Prozeß

Der von C. Weizmann und Mitarb. in England 1941 entwickelte Catarol-Prozeß [94–97] verwendet als Katalysator Kupfer. Eine Catarol-Anlage arbeitet bei der Petrochemicals Ltd. in England. Das verdampfte, vorerhitzte Ausgangsmaterial, hauptsächlich mittlere Erdölfraktionen (Kp. 100–260 °C), wird zunächst in einem Röhrenreaktor bei 400–500 °C und unter 1,5–3,5 atü sowie einer Verweilzeit von 3 sec thermisch gecrackt. Die Crackprodukte gelangen ohne Auftrennung in einen mit Kupferspiralen gefüllten zylindrischen Röhrenreaktor. Bei

650 °C und einer Verweilzeit von $^1/_2$—2 min sowie einer Kontaktbelastung von 0,3—0,4 *l*/h kommt es zu einer starken Aromatenbildung durch Dehydrierung der Naphthene sowie durch Cyclokondensation von Olefinen.

Dieses Verfahren wird weniger zur Gewinnung von Olefinen ausgenutzt, es dient vielmehr der Gewinnung aromatischer Grundchemikalien.

Die Zusammensetzung der Reaktionsprodukte in Abbhängigkeit von Ausgangsmaterial veranschaulicht die Tab. 22.

Tabelle 22:

Zusammensetzung der beim Catarol-Prozeß anfallenden Produkte

	Einsatzprodukte		
	Texas-Naphtha	Paraffinisches Schwerbenzin aus Iran	Paraffinisches Petroleum aus Iran
Siedebereich nach ENGLER von 5 bis 95%	90—205 °C	113—185 °C	175—261 °C
Dichte bei 20 °C	0,799	0,756	0,796
Gasförmige Produkte:			
Wasserstoff	0,5	0,9	0,5
Methan	18,3	24,0	13,7
Äthylen	7,4	11,6	11,6
Äthan	6,5	9,6	7,4
Propan	9,6	10,6	10,9
Propen	1,9	1,3	1,4
Butene	4,8	4,5	3,9
Butane	1,3	0,8	0,5
Gasförmige Produkte, Summe	49,8	62,4	49,4
davon Olefine	21,8	26,7	26,4
Flüssige Produkte, Summe	50,0	37,0	50,0

Die Ergebnisse veranschaulichen, daß dieser Prozeß für die Gewinnung von Propylen ungeeignet ist.

2.6.10. TSUTSUMI-*Verfahren*

Das TSUTSUMI-Verfahren (vgl. Abb. 13) ist ein Wirbelschichtverfahren [98 bis 100], dient zur Spaltung schwerer Erdölfraktionen, insbesondere Kerosin (Siedebereich 200—300 °C), und arbeitet im Vakuum bei ca. 200 mm Hg. In einem Vorheizer wird der Katalysator, granuliertes Siliciumdioxid von hoher spezifischer Oberfläche, auf etwa 1200 °C aufgeheizt. Das Rohöl tritt im Gegenstrom zusammen mit überhitztem Wasserdampf (Verhältnis ca. 1,0:1,3) und einer Temperatur von 450 °C in den Reaktor ein. Bei einer Pyrolysetemperatur von 850–900 °C entstehen aus Kerosin etwa 70% gasförmige Produkte, die ca. 50–60% Olefine enthalten. Ferner entstehen 28% flüssige Produkte mit einem Aromatengehalt von 25%. Um die Koksbildung zu verhindern, wird in dem Reaktor eine Wasserstoffatmosphäre aufrechterhalten.

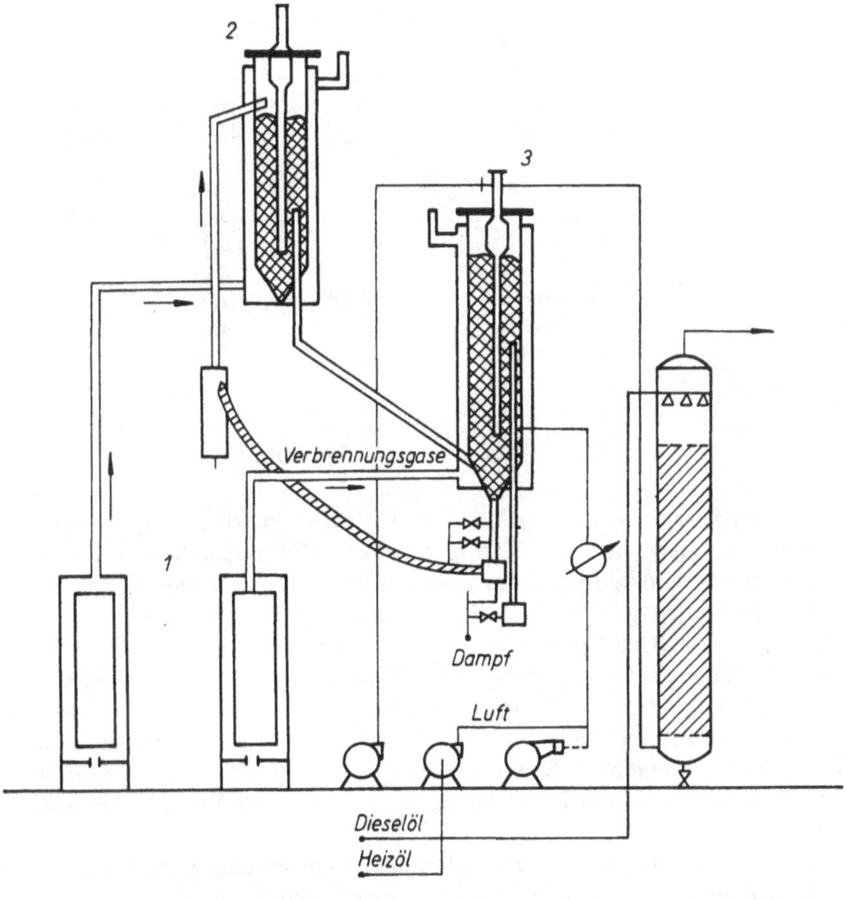

Abb. 13: Katalytische Pyrolyse mit Wirbelbettkatalysator (Koks) (TSUTSUMI-*Verfahren*)
1 – Pyrolyseöfen; *2* – Regenerator; *3* – Reaktor

Das Verfahren arbeitet mit guten Ausbeuten, doch erscheint der Aufwand etwas hoch. Es wurde auch eine Festbettvariante des Verfahrens entwickelt.

Beim Einsatz von Kerosin (Kp. 200–310 °C) in einer Pilotanlage werden die in Tab. 23 zusammengestellten Ergebnisse erhalten [100].

Tabelle 23:

Pyrolyseresultate beim TSUTSUMI-*Verfahren*

Einsatzmenge (kg)	3240
Dampfmenge (kg)	4010
benötigte Wärmemenge (kcal)	$9 \cdot 10^6$
Katalysatorumlauf (kg/h)	200
Gasförmige Produkte (Gew.-%)	70,1
Wasserstoff	1,1
Methan und wenig Äthan	11,4
Äthylen	34,2
Propylen	23,4
Flüssige Produkte (Gew.-%)	29,2
Benzol	5,8
Toluol	2,9
Xylol	2,9
Aromatenfraktion 150—200 °C	7,0
Naphthalin	3,8
Schweröl	6,8

2.6.11. AZNJJ-Aliev-Verfahren

In der Sowjetunion wurde ein Verfahren speziell zur Spaltung höhersiedender Erdölfraktionen entwickelt. Als Katalysator wird eine solche Qualität von Petrolkoks in Pulverform eingesetzt, die eine starke dehydrierende Wirkung ausübt. Es wird daher ein sehr hoher Anteil an Alkenen in den gasförmigen Reaktionsprodukten erhalten. Das Verfahren arbeitet in der Wirbelschicht bei 700 °C unter geringem Überdruck (~ 1,2 atü). Das Einsatzprodukt wird zusammen mit Wasserdampf eingespritzt. Die Kontaktbelastung liegt bei 4—5 $l/l \cdot$ h und die Verweilzeit schwankt zwischen 5 und 12 sec. Reaktor sowie Koksregenerator sind mit Heizmänteln umgeben. Beide Aggregate werden von außen, also indirekt, beheizt. Die hierfür erforderliche Wärme wird in speziellen Verbrennungskammern erzeugt.

Die Ausbeute an Äthylen und Propylen nach dem vorliegenden Verfahren übersteigt 25%. Acetylen entsteht bei diesem Prozeß nicht.

2.6.11.1. Cracken mit Hilfe von Molsieben

In den Wirbelschichtcrack- und -pyrolyseanlagen werden in jüngster Zeit in immer größerem Ausmaße Molsiebkatalysatoren angewandt, in den Crackanlagen der USA soll sich der Anteil bereits auf 50% belaufen [101—103].

2.6.12. Koppers-Hasche-Wulff-*Verfahren*

Bei dieser Arbeitsweise handelt es sich um ein Hochtemperaturpyrolyse-Verfahren, das vor allem zur Erzeugung von Acetylen und Äthylen dient. Die Hochtemperaturpyrolyse arbeitet bei Temperaturen zwischen 900 und 1600 °C [104 bis 109].

Beim Koppers-Hasche-Wulff-Verfahren wird zur Erzeugung der erforderlichen hohen Temperaturen das Regenerativofenprinzip angewandt. In einem Ofen einer Ofeneinheit, die mit feuerfesten Steinen gefüllt ist, wird durch Verbrennen von Heizgas mit vorgewärmtem Luftüberschuß die erforderliche Reaktionstemperatur erzeugt.

Nach etwa $^1/_2$—2 min wird die Kammer umgeschaltet und der vorgewärmte Kohlenwasserstoff zusammen mit Wasserdampf in das System eingebracht. Nach einer Verweilzeit von weniger als 0,03 sec verlassen die Reaktionsprodukte den Ofen, kühlen sich bis auf ~ 370 °C ab und werden durch Einspritzen von Wasser abgeschreckt.

Durch Variation der Ofentemperatur kann das Verhältnis Acetylen zu Äthylen stark variiert werden, wie die Tab. 24 zeigt. (Als Einsatzprodukte werden nur gasförmige Kohlenwasserstoffe eingesetzt).

Tabelle 24:

Pyrolyseergebnisse [70] beim Koppers-Hasche-Wulff-*Verfahren*

Ausgangsgas	Äthan	Propan	Propan	Propan
Reaktionstemp. °C	954	1010	1240	1343
Druck (at)	1,05	1,05	1,05	0,63
Dampf (kg/kg Einsatz)	0	0	4,4	6,2
Ausbeute (Gew.-%)				
Äthylen	50,7	34,3	32,6	13,4
Acetylen	4,1	2,1	16,1	28,3
Propylen	$C_3H_6 + C_3H_8$ 3,0	8,4	—	—

Die Resultate zeigen, daß die Propylenausbeute bei diesem Verfahren sehr niedrig liegt.

2.6.13. Hoechster Hochtemperaturpyrolyse

In der Anfang 1960 in den Farbwerken Hoechst in Betrieb genommenen Hochtemperaturpyrolyse [104, 110—113] wird zur Erzeugung der erforderlichen Temperaturen ein bei der Pyrolyse im Hoechster Koker anfallendes Restgas, im wesentlichen aus Methan und Wasserstoff bestehend, mit reinem Sauerstoff in einem mit Druckwasser gekühlten Metallbrenner verbrannt. Durch Eindüsen von Sekundärdampf in die Brennkammer wird die Flammentemperatur auf das gewünschte Maß reduziert und anschließend das zu spaltende Leichtbenzin eingespritzt. In dem anschließenden dampfgekühlten Reaktor verbleibt das Spaltgas ca. $2-3 \cdot 10^{-3}$ sek und wird durch Eindüsen von Wasser abgeschreckt. Gesamtausbeute an Äthylen + Acetylen 50—54%, Verhältnis Acetylen zu Äthylen zwischen 80:20 und 30:70 variabel.

2.6.14. BASF-Acetylensynthese

Die Acetylensynthese der Badischen Anilin- und Sodafabrik [114—116] arbeitet mit einem Brenner, in dem auf 600 °C vorgeheizter Kohlenwasserstoff, insbesondere Methan, zusammen mit einem Unterschuß an auf 600 °C vorgeheiztem Sauerstoff partiell verbrannt wird und die Spaltgase durch Eindüsen von Wasser abgeschreckt werden.

2.6.15. BASF-Tauchflammenverfahren

Das Tauchflammenverfahren (Abb. 14) dient vor allem der Acetylen- und Synthesegaserzeugung aus Rohöl [117]. Eine mit Sauerstoff gespeiste Flamme wird hierbei unter der Oberfläche eines Ölsumpfs gebrannt, die durch Teilverbrennung

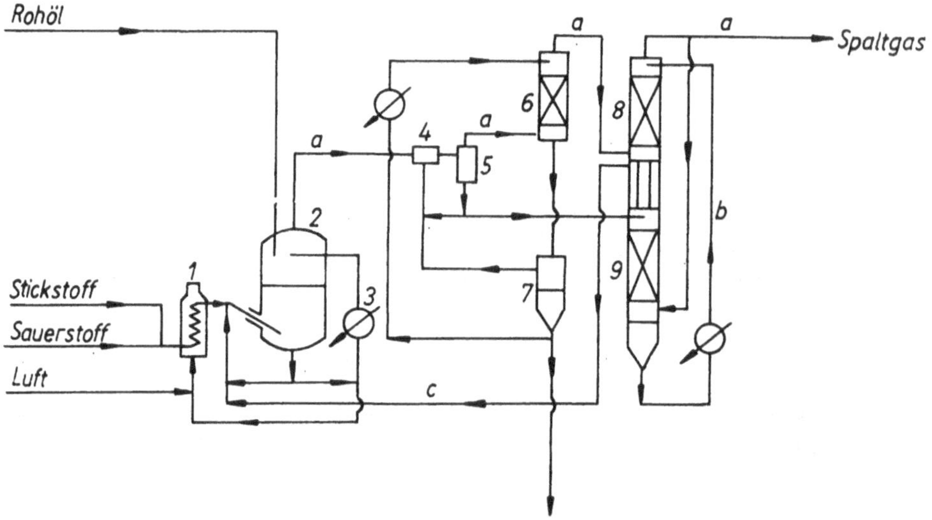

Abb. 14: BASF-Tauchflammenverfahren

1 — Sauerstoffvorwärmung; *2* — Reaktor; *3* — Abhitzekessel; *4* — Wäscher; *5* — Zyklon; *6* — Kühler; *7* — Wasserabscheider; *8* — C_4-Absorber; *9* — C_4-Stripper *a*) Spaltgas, *b*) Benzinkreislauf; *c*) C_4-Rückführung

und Spaltung entstehenden etwa 1500°C heißen Gase werden durch den etwa 250°C warmen Ölsumpf sofort abgeschreckt. Die Hauptmenge des gebildeten Rußes wird vom Ölsumpf festgehalten und zusammen mit den flüssigen Spaltprodukten dem Tauchbrenner zugeführt. Etwa 10% des Heizwertes des Einsatzproduktes gehen verloren, 6% werden als Dampf gewonnen, 80—85%, davon 18% im Acetylen, sind im Spaltgas enthalten. Die Zusammensetzung des Spaltgases ist vom Rohstoff weitgehend unabhängig und schwankt nur leicht mit dem Druck.

Tabelle 25:

Reaktionsprodukte des BASF-Tauchflammenverfahrens

CO_2	7— 9 Vol.-%
CO	40—45 Vol.-%
H_2	23—30 Vol.-%
CH_4	4— 5 Vol.-%
N_2	0,5— 1 Vol.-%
Acetylen	7— 8 Vol.-%
Äthylen	6— 7 Vol.-%
Propylen	1— 2 Vol.-%
Höhere Olefine	0— 5 Vol.-%
Höhere Acetylene	0,5— 1 Vol.-%

Es können 3,5 t NH_3 pro t Acetylen gewonnen werden.

2.6.16. Überblick über die derzeitige Produktionsanlage in den USA

1965 stammten etwa 88% des in den USA verbrauchten Propylens aus Crackanlagen zur Herstellung von Benzin und die restlichen 12% aus Äthylenspaltanlagen, der Anteil aus den Spaltanlagen zur Herstellung von Äthylen dürfte bis 1970 auf 20—50% ansteigen. Gegenüber 1955 dürfte der Propylenverbrauch bis 1970 auf das Zwölffache ansteigen. In den anderen Staaten ist der Anteil des Propylens aus den Äthylenanlagen wesentlich höher, da dort wesentlich weniger katalytische Crackanlagen arbeiten. In keinem Falle wird bisher Propylen um seiner selbst dargestellt, es ist z. Z. lediglich Nebenprodukt [30].

Aus Crackanlagen fällt Rohpropylen in folgenden Qualitäten an [118]:

Tabelle 26:

Qualität des Rohpropylens

Komponente (in Gew.-%)	Hochtemperatur-Cracken	Mitteltemperatur-Cracken
C_2-Fraktion	0,25	0,25
Methylacetylen	2,50	0,55
Propadien	1,80	0,50
Propylen	92,60	93,60
Propan	2,55	4,80
C_4-Fraktion	0,30	0,30
Summe	100,00	100,00

Wie bereits erwähnt, fällt Propylen bei fast allen Pyrolyseverfahren, welche die Herstellung von Äthylen zum Ziel haben, als Nebenprodukt an. Ebenso wird Propylen in großen Mengen bei der Aufarbeitung der in den Raffinerien bei den Crack- und Reformierprozessen anfallenden Gasgemische gewonnen. Die Tabellen am Ende des Buches, welche eine Übersicht über die Entwicklung des Propylenbedarfs bzw. der Propylenkapazität in den verschiedenen Ländern geben, zeigen überall eine steigende Tendenz der Propylenproduktion (s. auch Ausschlagtafel „Verwendungsmöglichkeiten des Propylens", Abb. 15).

Trotzdem besteht durch die laufende Steigerung der Äthylenproduktion, bei der Propylen bekanntlich als Zwangsfall entsteht, in den meisten Industrieländern ein Überschuß an Propylen.

Wie bereits erwähnt, betrug dieser Überschuß in den USA im Jahre 1963 bei einem Verbrauch von Propylen in der Petrolchemie von 1,54 Mio t etwa 8 Mio t Propylen. Dieser große Überschuß wurde in den USA im wesentlichen zu Treibstoff-Fraktionen verarbeitet.

Es werden jedoch Stimmen laut [31], die nach 1970 mit einer Verknappung von Propylen in den USA rechnen.

Literatur

[1] Deimann, Trostwyk, Bondt und Louwrenburgh: Crells Chemische Annalen **1795**, 2, 195, 310, 430
[2] Ibid., Crells Chemische Annalen **1795**, *2*, 200
[3] Reynolds: Liebigs Ann. Chem. **77** (1851), 118
A. Cahours: Compt. rend. T. **21** (1850), 143–45
[4] US Tariff. Commission report, Census of production, Synthetic Organic Chemicals
[5] W. Grimme: Brennstoffchemie **33** (1952), 40–42
[6] Kirk-Othmer: „*Encyclopedia of Chemical Technology*", New York 1953, Bd. 11, S. 153
[7] P. Ferrero: Ind. chim. belge **20** (1955), 247–56
[8] Sh. Noguchi: J. Soc. org. synth. Chem. (jap.) **13** (1955), 395–405
[9] R. Coomans: Metano [Padova] **9** (1955), 317–22
[10] N. I. Popova: Tr. Vost.-Sibirsk. Filiala Akad. Nauk SSSR, Ser. chim. **1956** (*4*), 37–57
[11] L. W. Hatch: Petr. Refiner **38**, *8* (1959), 107–14
[12] R. F. Messing und J. W. Bradley: Chem. Engng. **67**, *18* (1960), 60–70
[13] M. Fourez: Ind. chim. belge **25** (1960), 649–56
[14] A. F. Millidge: J. Inst. Petroleum **46**, *443* (1960), 353–66
[15] P. W. Sherwood; Ind. Chemist **36** (1960), 497–502, 542–546, 595–598
[16] J. W. Bradley: Chem. Engng. **36**, *4* (1958), 88–92
[17] Ullmann: „*Enzyklopädie der technischen Chemie*", München 1958, Bd. 10, S. 136–48
[18] Chem. Engng. News **41**, *19* (1963), 92–105; Chem. Industrie **15** (1963), 551–54
[19] N. J. Lewis: Oil Gas J. **61**, *23* (1963), 202–06
[20] Chem. Engng. News **44**, *24* (1966), 34–36; Chem. Industrie **18** (1966), 544
[21] J. Bathory und E. Földes: Magyar Kemikusok Lapja **20** (1965), 119–24
[22] P. W. Sherwood: Chim. ee Ind. [Milano] **85** (1961), 401–08, 576–87
[23] J. Jand: Ropa Uhlie 8, *2* (1966), 39–43

[24] G. Geiseler, R. Kuschmiers und H. Reinhardt: Chem. Technik **11** (1959), 656—61
[25] P. W. Sherwood: Ind. Chemist **38** (1962), 55—58
[26] F. Wetter: Rev. Assoc. franc. techn. petrole **1966** (*179*), 37—51
[27] R. Dobrowolski: Przemysl Chem. **45** (1966), 457—60
[28] G. F. Borisovich, P. A. Kokryakov und R. A. Rosina: Khim. Prom. **1963** (*8*), 561—66
[29] E. Boye: Chemiker-Ztg. **85**, *9* (1961), 302—06
[30] R. B. Stobaugh: Hydrocarbon Processing **46**, *1* (1967), 143—54
[31] N. E. Ockerblom: Chem. Industrie **19** (1967), 757—60
[32] E. O. Curtiss: Chem. and Ind. **1953** (Aug.), S 18—S 23
[33] Petroleum Processing **1956** (6), 91—93
[34] E. Egloff: Royal Inst. of Chem. Symposium, St. Andrews 1947
[35] F. Martin und E. Weingaertner: in Winnacker-Weingaertner „*Chemische Technologie—Organische Technologie*", I., S. 835 (München 1952)
[36] W. Scheer: Feuerungstechnik **29** (1941), 283
[37] F. Asinger: „*Chemie und Technologie der Paraffinkohlenwasserstoffe*", S. 122 (Berlin 1956)
[38] H. A. Skinner: Trans. Faraday Soc. **41** (1945), 645—62
[39] K. S. Pfitzer: J. Chem. Phys. **5** (1937), 473—79
[40] F. E. Frey und H. J. Hepp: Ind. Engng. Chem. **25** (1933), 441—49
[41] F. E. Frey und D. F. Smith: ibid. **20** (1928), 949
[42] A. V. Grosse und V. N. Ipatieff: Ind. Eng. Chem. **32** (1940), 268—72
[43] K. K. Kearby: in „*Chemistry of Hydrocarbons*", Vol. 2, S. 226, New York (1955)
[44] L. Nowakowski und J. Nepter: Przemysl Chem. **40** (1961), 696—98
[45] V. N. Ipatieff: Ber. dtsch. chem. Ges. **34** (1901), 3589; **35** (1902), 1047; J. Russ. Phys. Chem. Soc. **34** (1902), 182; **40** (1908), 500
[46] V. I. Komarewsky und C. H. Riesz: Oil Gas J. **42**, *7* (1943), 90—93
[47] U.S.P. 2184234 — 35 (1934), Shell Development Co. (H. P. A. Groll und J. Burgin)
[48] H. H. Storch: J. Amer. chem. Soc. **56** (1934), 376; **57** (1935), 2601
[49] C. G. Silcoks: Proc. Roy. Soc. **A 233** (1956), 465—79
[50] A. M. Brodskij, R. A. Kalinenko, K. P. Lawrowski und L. W. Strawelkowa: Kinetika i Kataliz **5**, *1* (1964), 49—59
[51] U.S.P. 2000964 (1933), Du Pont de Nemours and Co.
[52] P. K. Frohlich und P. J. Wiezevich: Ind. Engng. Chem. **27** (1935), 1055—62
[53] M. Neuhaus und L. F. Marek: ibid. **24** (1932), 400—02
[54] B. S. Greensfelder und H. H. Voge: Ind. Engng. Chem. **37** (1945) 516
[55] S. R. Wasiljew und N. A. Lapides: Novosti Neft i Gaz. Tekhn. Neftepererabotka i. Neftekhim. **1961** (*4*), 22—25
[56] S. R. Wasiljew, N. W. Lawrow und N. A. Lapides: Tr. Inst. Gorynch. Iskop. Akad. Nauk SSSR **1961** (*16*), 59—65
[57] P. M. Arnold: Oil Gas J. **44**, *9* (1945), 87—89
[58] L. F. Marek und M. Neuhaus: Ind. Engng. Chem. **25** (1933), 516—19
[59] N. C. Debie und V. Schorr: Brit. Chem. Engng. **9**, *1* (1964), 24—31
[60] Ullmann: „*Enzyklopädie der technischen Chemie*", Bd. 6, S. 625—34 (Berlin-München 1955)
[61] F. Asinger: „*Chemie und Technologie der Monoolefine*", Akademie-Verlag Berlin, 1957
[62] G. Egloff: „*The Reactions of pure Hydrocarbons*", Reinhold Publ. Co., New York, 1937

[63] Ch. Ellis: „*The Chemistry of Petroleum Derivatives*", Reinhold Publ. Co., New York, 1937
[64] P. W. Sherwood: Petroleum Refiner **30**, *9* (1951), 220–25
[65] M. Gerhold: Erdöl u. Kohle **9** (1956), 24–29, 93–98, 157–62, 228–33
[66] H. Holzrichter: Chem. Industrie **15** (1963), 290
[66] M. O. Kilpatrick und Mitarb.: Oil Gas J. **53**, *1* (1954), 162–65; Petroleum Refiner **33**, *4* (1954), 171–74
[67] F. Asinger: „*Einführung in die Petrolchemie*", Berlin 1958, S. 63
[68] K. Winnacker: Chemie-Ing.-Techn. **27** (1955), 399
[69] H. Krekeler: Petroleum Refiner **34**, *10* (1955), 139–41
[70] H. Kamptner: Erdöl und Kohle Erdgas Petrochemie **14** (1961), 346–54
[71] A. Steinhofer und O. Frey: Chemie-Ing.-Techn. **32**, *12* (1960), 782–88
[72] A. Steinhofer: ibid. **36**, *9* (1964), 894–98
[73] A. Steinhofer: ibid. **32**, *12*, (1960), 787
[74] A. Steinhofer: Erdöl und Kohle **16**, *6-I* (1963), 540–47
[75] A. Steinhofer: Petroleum Refiner Hydrocarbon Processing **42**, *7* (1963) 119–24
[76] E. Th. Herpers: Gas Wärme International **16** (1967), 308
[77] Chemical Engng. **66**, *13* (1959), 37
[78] Chemical Engng. **66**, *17* (1959), 66
[79] W. Bayer: Erdöl und Kohle Erdgas Petrochemie **15** (1962), 799–802
[80] P. Schmalfeld: Petroleum Refiner Hydrocarbon Processing **42**, *7* (1963), 145–48
[81] P. Schmalfeld: Erdöl und Kohle Erdgas Petrochemie **14**, *7* (1961), 537–41
[82] C. C. King und J. Warburton: Oil Gas J. **51**, *31* (1952), 92–94
[83] C. C. King und J. Warburton: Petr. Refiner **30**, *7* (1951), 122–23
[84] Petroleum Processing **1956** (*2*), 87–88
[85] Oil Gas J. **54**, *35* (1956), 113–14
[86] Petr. Refiner **36**, *11* (1957), 246
[87] S. C. Eastwood und A. E. Potas: Petroleum Engng. **19**, *12* (1948), 43–46
[88] S. C. Eastwood und A. E. Potas: Oil Gas J. **47** (26. 8.) (1948), 104
[89] S. C. Eastwood und A. E. Potas: Petr. Refiner **27**, *9* (1948), 468
[90] P. W. Sherwood: Petroleum [London] **19**, *161* (1956), 309
[91] B. K. Americ et al.: „*Processes for continuous Thermocontact Treatment of Oil Stocks on Coke*", Proc. 5th World Petrol. Congr. 5/30-6/5 (1959)
[92] K. P. Lavrovski und A. M. Brodskij: Dokl. Akad. Nauk SSSR **72** (1950), 745–48
[93] E. Bartholomè und H. Nonnenmacher: „*Cracking of Gaseous Hydrocarbons by partial Oxydation*", Proc. 5th World Petrol. Congr. 5/30-6/5 (1959)
[94] Petr. Refiner **28**, *4* (1949), 130
[95] ibid. **31**, *7* (1952), 154
[96] Anonym, Oil Gas J. **50** (20. 12.) (1951), 201
[97] M. Ruhemann und H. Steiner: Petroleum [London] **11** (1949), 112
[98] S. Tsutsumi: J. Fuel Soc. Japan **34** (1955), 356
[99] S. Tsutsumi: ibid. **35** (1956), 560
[100] S. Tsutsumi: Petr. Refiner **36**, *9* (1957), 287
[101] Oil Gas J. **65**, *22* (1967), 91
[102] ibid. **64**, *46* (1966), 194–97
[103] ibid. **65**, *6* (1967), 101–12
[104] H. Kamptner: Erdöl und Kohle Erdgas Petrochemie **16**, *6-I* (1963), 547–51
[105] R. L. Hasche: Chem. metallurg. Engng. **1942** (*7*), 78–83

[106] G. L. FLEMING: Chem. Engng. Progr. **52**, *6* (1956), 249
[107] P. W. SHERWOOD: Petroleum **1956** (*9*), 309—12
[108] I. F. FARNSWORTH, M. MANES, G. V. MCGURL und G. M. BRETZ: Ind. Engng. Chem. **47** (1955), 1517—22
[109] H. KAMPTNER: Erdöl und Kohle Erdgas Petrochemie **14** (1961), 349
[110] K. WINNACKER: Kunststoffe **47** (1957), 397—403
[111] Chem. Week vom 18. 5. 1957
[112] ULLMANN: „*Enzyklopädie der technischen Chemie*", Bd. 10, München 1958, S. 146—47
[113] H. K. KAMPTNER, W. R. KRAUSE und H. P. SCHILKEN: Hydrocarbon Processing Petroleum Refiner **45**, *4* (1966), 187—93
[114] H. SACHSSE: Chem.-Ing.-Technik **21** (1949), 129
[115] E. BARTHOLOMÈ: ibid. **26** (1954), 253—58
[116] ULLMANN: „*Enzyklopädie der technischen Chemie*", Bd. 10, München 1958, S. 133
[117] E. TH. HERPERS: Gas Wärme International **16** (1967), 306—07
[118] A. D. PLAISTOWE und M. R. WYNN: European Chemical News, Supplement **9** (23. 2.) (1966), 10—13
[119] Marshall Sittig, Chemicals from Propylen, Noyes Development Corp., Park Ridge, N.J. 1965
[120] F. W. SULLIVAN JR., R. F. RUTHRUFF und W. E. KUENTZEL: Ind. Engng. Chem. **27** (1935), 1027—33
[121] K. THORMANN: Chem. Apparatur **27**, *17* (1940), 113, 131
[122] R. A. DUCKWORTH: Chem. Process Engng. **1968**, (2) 67—77
[123] K.-H. EISENLOHR, K. NAUMBURG und H.-G. ZENGEL, Erdöl Kohle Erdgas Petrolchemie 20, *2* (1967), 82—89
[124] F. ANDREAS und K. GRÖBE. Chem. Technik **20** (1968), 151—59, 289—97

3. Abtrennung von Propylen aus den bei den verschiedenen Prozessen anfallenden Reaktionsprodukten und Herstellung von reinem Propylen

Zur Zerlegung von olefinhaltigen Gasgemischen in C-Zahl-Fraktionen oder zur Reindarstellung von Olefinen gibt es drei prinzipiell verschiedene Möglichkeiten:

a) Tieftemperatur-Druckdestillation
b) Absorption
c) Adsorption

Als das häufigste Verfahren zur Auftrennung der bei den verschiedenen Prozessen anfallenden Reaktionsgase nach C-Fraktionen hat sich die Druckdestillation, so wie sie sich vorwiegend bei der Auftrennung der in den Erdölraffinerien anfallenden Gasgemische bewährt hat, entwickelt. Da in den meisten Reaktionsanfällen noch Wasserstoff und Methan enthalten sind, muß die Druckdestillation bei niedrigen Temperaturen durchgeführt werden (Abb. 16).

Eine ausführliche Beschreibung dieser Arbeitsweise erfolgte bereits im Abschnitt „Gewinnung von Propylen aus Raffineriegasen".

Beim Absorptionsverfahren können niedrigere Drücke und wesentlich höhere Temperaturen zur Anwendung kommen. Bei diesem Verfahren wird das Gasgemisch unter Druck im Gegenstrom mit einem Waschöl unter Bedingungen in Berührung gebracht, bei denen sich alle Kohlenwasserstoffe, die mehr als 2 Kohlenstoffatome aufweisen, darin auflösen, während Wasserstoff und Methan nicht absorbiert werden und die Anlage als Abgas verlassen. Aus dem Waschöl werden dann die gasförmigen Kohlenwasserstoffe ausgetrieben und für sich durch Destillation getrennt, was nach der Abscheidung von Wasserstoff und Methan unter wesentlich einfacheren Bedingungen erfolgen kann. Das vom Kohlenwasserstoffgemisch befreite Waschöl kehrt in die Anlage zurück. Die Austreibung der Gase aus dem Waschöl kann auch so vorgenommen werden, daß dabei bereits eine Auftrennung nach C-Zahlen erreicht wird. Die weitere Zerlegung in Einzelindividuen läßt sich dann noch leichter durch Destillation bewerkstelligen. Vielfach genügt aber die bei der fraktionierten Austreibung erzielte Reinheit schon für die Weiterverarbeitung. Große Vorteile bietet die Absorptions-Methode, wenn es gilt, Gase mit geringem Gehalt an olefinischen Kohlenwasserstoffen aufzukonzentrieren.

Ein neueres Verfahren zur Abtrennung von Methan und Wasserstoff bei gleichzeitiger Auftrennung der restlichen Kohlenwasserstoffe ist das kontinuierlich betriebene Adsorptions-Desorptions-Verfahren mit Hilfe von A-Kohle, der Hypersorptionsprozeß. Er erfordert relativ große Einrichtungen, aber man kommt dabei

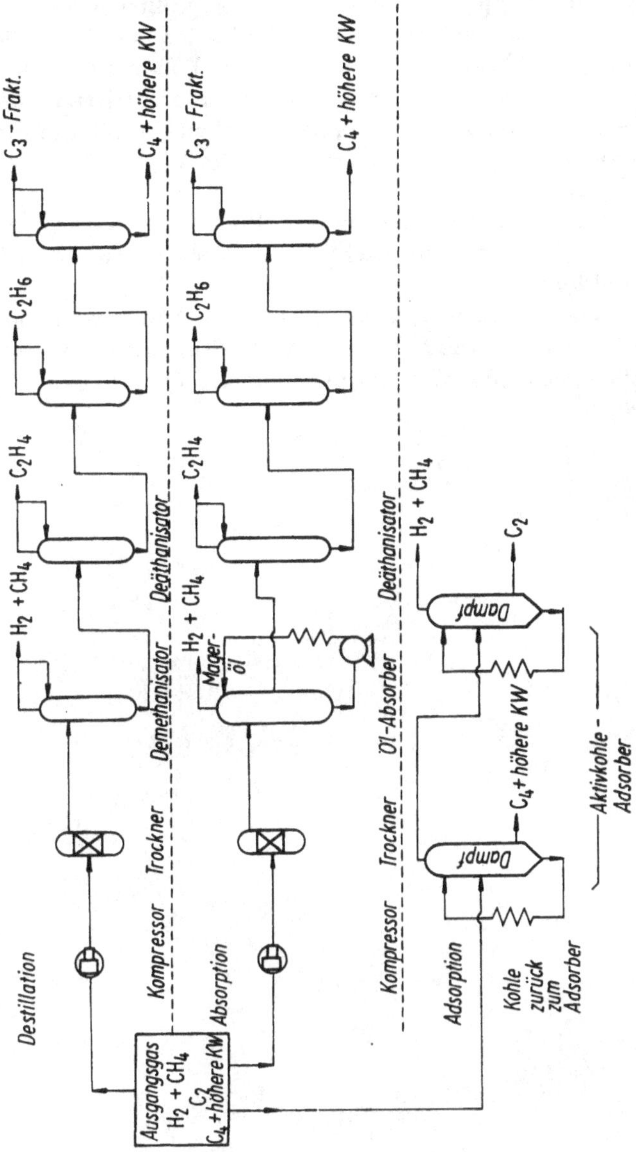

Abb. 17: Schema der Trennungsmöglichkeiten gasförmiger Kohlenwasserstoffe nach MURPHREE
(vgl. E. V. MURPHREE: Le Petrole Metière Première pour L'Industrie Chimique, Semaine Technique de L'A.F.T.P. 20. – 25. 6. 1949, S. 302)

ohne Kompressions- und Tiefkühlanlagen aus. Der Adsorptionsprozeß ist ausgezeichnet zur Beseitigung bzw. Gewinnung von Spurenkomponenten geeignet.

Abb. 17 zeigt ein Prinzipschema der wichtigsten großtechnischen Möglichkeiten zur Auftrennung von Gasgemischen, die in Raffinerien und Spaltanlagen anfallen.

Entsprechend der steigenden Bedeutung von Polymerisations- und anderen Prozessen, die die Verwendung weitgehend aufkonzentrierter Olefinindividuen erfordern, haben in letzter Zeit Tieftemperatur-Druckdestillationsprozesse gegenüber den Tieftemperatur-Absorptionsverfahren im Weltmaßstab immer mehr an Bedeutung gewonnen.

Außerdem ist es einfacher, die für die Weiterverarbeitung störenden Verunreinigungen bei den petrolchemischen Primärprodukten zu entfernen als bei den Fertigprodukten.

Die Abb. 16 zeigt das Schema einer Anlage zur Auftrennung des gasförmigen Anfalls einer Spaltanlage. Die dabei anfallende Propylenfraktion enthält je nach den Spaltbedingungen 80—95% Propylen neben Propan und einigen anderen Verunreinigungen.

4. Herstellung von reinem Propylen

Bei der Propylengewinnung [1–4] aus Raffineriegasen fällt vorwiegend ein Propan-Propylen-Gemisch an, das ca. 40–60% Propylen enthält. Bei der Auftrennung der Spaltgase durch Tieftemperatur-Druckdestillation wird eine Propylenfraktion mit einem Propylengehalt von 80–95% erhalten. Während ein Großteil der chemischen Synthesen auf Basis Propylen mit diesem Propan-Propylen-Gemischen durchgeführt werden kann, z. B. die Herstellung von Isopropylalkohol, die Herstellung von Propylenoxid nach dem Chlorhydrinierungsverfahren, die Oxosynthese, die Alkylierung sowie die Oligomerisierung usw., zwingen einige Synthesen, z. B. die Herstellung von Polypropylen, Acrylnitril, Acrolein, Allylchlorid, dazu, ein hochreines Propylen darzustellen.

Insbesondere für die immer mehr an Bedeutung gewinnende Erzeugung von Polypropylen und Äthylen-Propylen-Mischpolymerisat wird ein besonders reines Propylen benötigt. So werden die bei der Polypropylenherstellung verwendeten Katalysatoren vergiftet durch im Propylen enthaltenen Sauerstoff, Kohlenmon- sowie Kohlendioxid, Schwefelverbindungen und Wasser. Die Kristallinität und das Molekulargewicht werden durch anwesende Olefine stark verändert. Nach amerikanischen Literaturangaben [1] sind die für die Reinigung von Propylen aufzuwendenden Kosten sehr hoch. Sie betragen in den USA pro kg installierte Kapazität etwa 3 Cent, wobei die eingesetzte Propylenfraktion im allgemeinen folgende Zusammensetzung hat:

C_2-Kohlenwasserstoffe	2– 3%
C_4- ,,	3– 4%
Propan	35–53%
Rest auf 100%	Propylen

Die gereinigte Propylenfraktion enthält etwa 99,5–99,7% Propylen und folgende Verunreinigungen:

Sauerstoff	4 ppm
Schwefelkohlenstoff	2 ppm
Kohlensäure	1 ppm
Äthan	50 ppm
Propan	0,3%

Für die Herstellung von reinem Propylen gibt es folgende 3 Möglichkeiten:

a) Extraktivdestillation
b) Zwei-Kolonnen-Destillation
c) Dampf-Rekompressionsdestillation

4.1. Extraktivdestillation

Bei der Extraktivdestillation [5], Distex-Prozeß, wird das Verhältnis der relativen Flüchtigkeiten von Propan und Propylen durch Zusatz einer dritten Komponente so verändert, daß eine erfolgreiche destillative Trennung möglich ist. Die hierbei verwendeten Lösungsmittel müssen polarer Natur sein. Die Tab. 27 zeigt derartige Lösungsmittel und die dabei erzielten Verschiebungen der Flüchtigkeitsverhältnisse bei 28 °C.

Tabelle 27:
Übersicht über einige Lösungsmittet, die die relative Flüchtigkeit von Propan-Propylen verändern

Lösungsmittel	Mol-% C_3 im Gemisch	Flüchtigkeit C_3H_8/C_3H_6
ohne	100	0,83—0,87
Aceton	40	1,03
Furfurol	15—18	1,19
Furfurol mit 4% Wasser	12—15	1,23
Acrylnitril	26—34	1,29
Acetonitril	14—19	1,35
Acrylnitril-Acetonitril (1:1)	15—25	1,72

Es wird das normale Flüchtigkeitsverhältnis umgekehrt, ein propanreicher Strom geht am Kopf der Kolonne weg. Trotz einer wirksamen Trennung wird der Distexprozeß im vorliegenden Falle nicht großtechnisch angewandt, da die Abtrennung des Extraktionsmittels einen zusätzlichen Aufwand erfordert. Er besitzt jedoch große Bedeutung bei der Auftrennung der C_4-Fraktion in die einzelnen Komponenten.

4.2. Zwei-Kolonnen-Destillation

Beim Zwei-Kolonnen-Verfahren [1] wird nach Entfernung der Schwefelverbindungen durch eine Lauge- und Äthanolaminwäsche eine restlose Entfernung der C_2-Fraktion angestrebt. Für diesen Zweck wird eine 40-Bodenkolonne eingesetzt, hiermit kann der Gehalt der C_2-Fraktion von 2% auf unter 150 ppm. abgesenkt werden. Die Fraktionierung des verbleibenden Propan-Propylengemisches, bestehend aus 43% Propylen, 54% Propan und 3% C_4-Fraktion, wird in zwei hintereinander geschalteten Kolonnen, von denen die erste 62 und die zweite 78 Böden enthält, durchgeführt. Das reine Propylen wird mit Calcium-

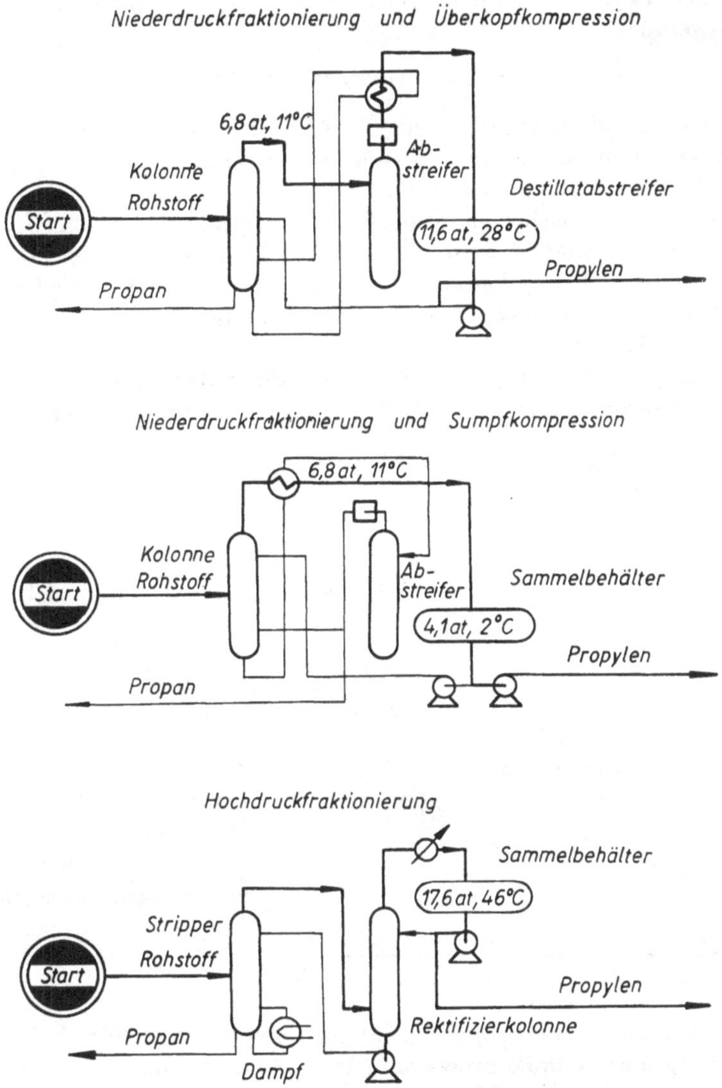

Abb. 18: Fraktionierungsschemata für Propylen zur Polymerisation

a) Niederdruckfraktionierung und Überkopfkompression

b) Niederdruckfraktionierung und Sumpfkompression

c) Hochdruckfraktionierung

aluminiumsilikat (Molsiebe) nachgetrocknet bis zu einem Wassergehalt von 10 ppm. Die Regeneration der Trockner kann mit erhitztem Naturgas vorgenommen werden.

4.3. Rekompressions-Destillation

Die Rekompressions-Destillation [2], Abb. 18*a*, arbeitet bei 7—14 at und erfordert nur 1 Kolonne mit 80—100 Böden. Das Einsatzpropylen, welches weniger als 2% C_2- und C_4-Fraktion enthält, kann leicht erhalten werden in Raffinerien und chemischen Anlagen. Wird 90%iges Propylen, das bei der Butancrackung anfällt, eingesetzt, so kann reines Propylen erhalten werden durch Einsatz einer 70-Boden-Kolonne, die bei 21 at arbeitet. Die Vor- und Nachbehandlung müßte jedoch in gleicher Weise vorgenommen werden wie bei der Zwei-Kolonnen-Destillation.

Nach dem geschilderten Verfahren arbeiten die in den USA von der Fa. Sun Oil errichteten Anlagen (Kapazität 60000 bzw. 90000 t/a Propylen rein).

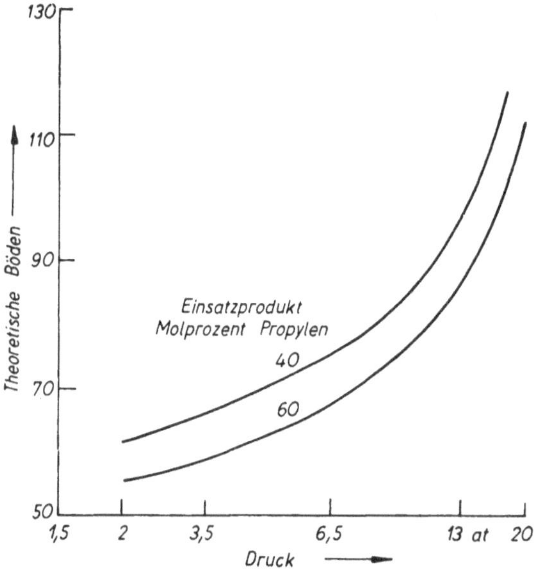

Abb. 19: Zahl der theoretischen Böden für die Propan-Propylen-Trennung

Rückflußverhältnis: 1,2facher Minimalwert, Reinheit des Propylens: 99%, Rückgewinnung von Propylen: 90%

Weitere Verfahren zur Propylenreindarstellung arbeiten mittels Niederdruckfraktionierung und Sumpfkompression (Abb. 18*b*) sowie nach dem Verfahren der Hochdruckfraktionierung (Abb. 18*c*).

Einen Überblick über die notwendige Anzahl theoretischer Böden zur Herstellung eines 99%igen Propylens (bei gleichzeitig 90%iger Rückgewinnung) gibt Abb. 19.

Im Jahre 1958 belief sich die Kapazität zur Herstellung von sehr reinem Propylen in den USA auf 22700 t und stieg bis 1962 auf 386000 t an. Auch in anderen Ländern wird die Herstellung von mindestens 99%igem Propylen ständig gesteigert. Bevorzugte Technologie ist hierbei die Destillation.

4.4 Trennung von Propan und Propylen an Molsieben

In neueren Patenten wird die Trennung von Propan und Propylen an Molsieben beschrieben. Hierfür wird Zeolith A [6] sowie ein 5 Å-Molsieb empfohlen [7]. Im letzteren Falle wird als Desorber ein C_6—C_7-Paraffin vorgeschlagen.

4.5. Trennung mittels Schwefelsäure

Für die Extraktion von Propylen aus Propan-Propylen-Gemischen und für die Gewinnung von Isobutylen aus C_4-Gemischen kann die Absorption in Schwefelsäure herangezogen werden. Technisch wird dieses Verfahren jedoch nur bei der Gewinnung von Isobutylen durch die Standard Oil [8] eingesetzt.

Ein französisches Patent [9] gibt an, daß Propan und Propylen nach Verflüssigung bei 40 °C in 75%ige Schwefelsäure eingeleitet werden, wobei nur Propylen als Hydrogensulfat festgehalten und später durch Hydrolyse mit Wasser bei 80 °C wieder ausgetrieben werden kann.

4.6. Ökonomische Betrachtung zur Herstellung von hochreinem Propylen

Die Kosten zur Konzentrierung von Propylen durch Destillation werden in der Tab. 28 unter der Voraussetzung betrachtet, daß 22700 t 99%iges Propylen aus einer C_3-Fraktion mit 50:50% C_3H_6 und C_3H_8 durch Destillation bei 7, 14 bzw. 21 at gewonnen und 90% des Propylens zurückgewonnen werden sollen [1].

Unter *IV* werden die Kosten aufgeführt, die sich bei Einsatz von 90%igem Propylen errechnen.

Tabelle 28:

Übersicht über die Kosten der Herstellung von sehr reinem Propylen

Variante	I	II	III	IV
Destillationsdruck (at)	7	14	21	21
Tatsächliche Bodenzahl	70	90	120	70
Abstand zwischen den Böden (cm)	46	41	46	46
Kolonnendurchmesser (m)	1,68	1,83	1,98	1,68
Kompressorenkraft (PS)	1100	500	—	—
Prozeßdampf (*t*/h)	0	0	6100	5200
Elektrizität (KW)	20	25	35	20
Verfahrenskosten ¢/*l* C_3H_6				
direkt	0,40	0,37	0,46	0,28
indirekt	0,25	0,22	0,21	0,12
Gesamt	0,65	0,59	0,67	0,40
Investitionskosten pro 1000 $ Produktion	720	636	520	288

Es ergibt sich insgesamt, daß die Kosten zur Herstellung von 99%igem Propylen etwa 0,5 cents pro pound unter denen von 95%igem Äthylen liegen; jedoch kann der Preis natürlich in Abhängigkeit von den lokalen Gegebenheiten schwanken. Der Kostenaufwand beträgt bei der Reinigung von 95%igem Propylen nur 60% der Kosten, die erforderlich sind, um reines Propylen herzustellen aus einer Fraktion, die neben 50% Propan nur 50% Propylen enthält.

Literatur

[1] J. A. Sherred und J. R. Fair: Ind. Engng. Chem. **51,** *3* (1959) ,249—52
[2] R. A. Labine: Chem. Engng. **67,** *11* (1960), 78—81
[3] P. W. Sherwood: Petroleum **27,** *5* (1964), 226—28
[4] P. W. Sherwood: Brennstoffchemie **43** (1962), 209—12
[5] U.S.P. 2588056 (1952), Sinclair Refining Co. (J. W. Teter, E. W. Shand)
[6] U.S.P. 3076636 (1963), Union Carbide Co. (R. M. Milton)
[7] F.P. 1303028 (1962), Esso Res. Engng. Co.
[8] Petr. Refiner **36,** *11* (1957), 302
[9] F.P. 865398 (1949), Usines de Melle

5. Eigenschaften des Propylens

Im folgenden soll eine tabellarische Übersicht über die verschiedensten physikalischen Eigenschaften des Propylens gegeben werden [1–4]:

Tabelle 29:

Eigenschaften des Propylens

Eigenschaft	Wert
Schmelzpunkt bei 1 Atm. (°C)	–185
Siedepunkt bei 760 mm Hg (°C)	–47,70
Tripelpunkt (°C)	–185,25
Dichte bei –150 °C (g/ml)	0,729
–100 °C (g/ml)	0,671
– 50 °C (g/ml)	0,6116
– 47 °C (g/mt)	0,6095
+ 20 °C (g/ml)	0,5139
+ 25 °C (g/ml)	0,5053
Dampfdichte (Luft = 1,0)	1,49
Viskosität (Centipoise)	
bei –185 °C	15
–150 °C	1,29
–110 °C	0,44
–100 °C	0,37
Kritische Temperatur (°C)	91,9
(°K)	365,1
Kritischer Druck (atü)	45,4
Kritisches Volumen (g/ml)	0,233
Molvolumen (flüssig) (ml/Mol) bei 20 °C	81,88
25 °C	83,27
Schmelzwärme kcal/Mol	0,7176
cal/g	16,7
Verdampfungswärme bei –47 °C kcal/Mol	4,402
cal/g	104,62
Bildungswärme für den gasförmigen Zustand	
bei 25 °C (kcal/Mol)	4,879
Entropie bei 25 °C (cal/Grad/Mol)	63,80
Freie Bildungsenergie (kcal/Mol)	14,990

Fortsetzung von Tabelle 29

Eigenschaft	Wert
Verbrennungswärme bei 25 °C	
und konstantem Druck (kcal/Mol)	460,428
(cal/g)	10942,3
Spezifische Wärme (kcal/kg °C)	
bei −150 °C	0,501
−100 °C	0,498
−50 °C	0,520
25 °C (cal/Mol °C)	15,27
Entflammbarkeitsgrenzen in Luft	
bei 20°/760 mm/Obere Grenze (Vol.-%)	11,1
Untere Grenze (Vol.-%)	2,0
Zündtemperatur (VDE 0173) (°C)	540
Flammtemperatur in Luft bei 18 °C	
theoretisch (°C)	2200
tatsächlich (°C)	1935
VAN-DER-WAALS-Konstanten	
a (atm. l^2/Mol^2)	8,379
b (l/Mol)	0,08272
Löslichkeit ml C_3H_6/100 ml Lsgm. bei 20 °C	
und 1 atm	
Wasser	44,6
Äthanol	1250
Essigsäure	524,5
Dampfdruck	
10 mm Hg bei (°C)	−112,11
50 mm Hg bei (°C)	−93,70
100 mm Hg bei (°C)	−84,12
250 mm Hg bei (°C)	−69,46
500 mm Hg bei (°C)	−56,50
740 mm Hg bei (°C)	−48,28
750 mm Hg bei (°C)	−47,99
760 mm Hg bei (°C)	−47,70
1000 mm Hg bei (°C)	−41,48
1500 mm Hg bei (°C)	−31,55
Konstanten der ANTOINEschen Gleichung	
$\log p = A - B/(C + t)$	
A	6,81960
B	785,00
C	247,00

Literatur

[1] KIRK-OTHMER: „*Encyclopedia of Chemical Technology*", Bd. 11, New York 1953
[2] ULLMANN: „*Enzyklopädie der technischen Chemie*", München-Berlin 1958, Bd. 10, S. 49
[3] R. W. GALLANT: Hydrocarbon Processing Petroleum Refiner **44**, *8* (1965), 127−33
[4] L. W. CANJAR, CH. R. JONAS und F. S. MANNING: ibid. **44**, *9* (1965), 219−22

6. Isopropylalkohol

Isopropylalkohol [1], Isopropanol, Propanol-(2) wurde von M. Berthelot [2] im Jahre 1855 entdeckt, als er Propylen mit konz. Schwefelsäure behandelte und das Reaktionsprodukt durch Verdünnung mit Wasser zersetzte.

Die bei der Umsetzung von Propylen mit Schwefelsäure und Wasser möglichen Reaktionen sind:

$$CH_3-CH{=}CH_2 + H_2SO_4 \rightarrow (CH_3)_2CH-OSO_3H \qquad (1)$$

$$(CH_3)_2CH-OSO_3H + H_2O \rightarrow CH_3-CHOH-CH_3 + H_2SO_4 \qquad (2)$$

Mit Propylen reagiert Isopropylschwefelsäure weiter zum Diisopropylsulfat gemäß:

$$CH_3-CH{=}CH_2 + (CH_3)_2CH-OSO_3H \rightarrow [(CH_3)_2CH]_2SO_4 \qquad (3)$$

Diisopropylsulfat wiederum ergibt mit Wasser Isopropylschwefelsäure und Isopropylalkohol

$$[(CH_3)_2CH]_2SO_4 + H_2O \rightarrow (CH_3)_2CH-OSO_3H + CH_3-CHOH-CH_3 \qquad (4)$$

Außerdem reagiert Isopropylalkohol mit Diisopropylsulfat zu Diisopropyläther und Isopropylschwefelsäure:

$$[(CH_3)_2CH]_2SO_4 + CH_3-CHOH-CH_3 \rightarrow (CH_3)_2CH-OSO_3H + \qquad (5)$$

$$(CH_3)_2CH-O-CH(CH_3)_2 \qquad (6)$$

Dies zeigt, daß bei dieser einfachen Reaktion auch mit der Bildung einiger Nebenprodukte zu rechnen ist, z. B. Diisopropyläther.

Auch mit der Bildung polymerer Nebenprodukte (vgl. Kapitel „Oligomerisierung des Propylens“) muß gerechnet werden.

Die Reaktion von Propylen mit Schwefelsäure ist bis heute die Grundlage für die großtechnische Erzeugung von Isopropylalkohol geblieben.

Die erste Pilotanlage, in der diese Technologie, welche Ellis [3] in den USA entwickelte, ausgeübt wurde, kam 1918—19 bei der Melco Chemical Co. in Betrieb. Schon 1920 nahm die erste Großanlage, gebaut von der Standard Oil Co. (New Jersey), die Produktion in der Bayway-Raffinerie auf [4]. Damit kann Isopropylalkohol (Petrohol) als das erste petrolchemische Erzeugnis angesehen werden.

Die gleiche Technologie wird auch heute noch bevorzugt angewandt, um Isopropylalkohol großtechnisch herzustellen, obwohl das Verfahren eine Reihe von Mängeln aufweist wie beispielsweise hohe Korrosivität.

Der Verbrauch an Isopropylalkohol ist seit Aufbau der ersten technischen Anlage laufend angestiegen, weil dieser niedrigsiedende Alkohol, der preisgünstig herzustellen ist und keinerlei fiskalischen Überwachungsmaßnahmen unterliegt, vielseitig verwendbar ist [5,105].

6.1. Herstellung von Isopropylalkohol

6.1.1. Gewinnung durch Gärung von Kohlenhydraten

Isopropylalkohol entsteht in geringer Menge neben n-Butanol bei der Gärung von Kohlenhydraten [6].

6.1.2. Herstellung aus Propylen durch Umsetzung mit Schwefelsäure

Über die Grundlagen der Reaktion von Propylen mit Schwefelsäure, insbesondere über den Einfluß von Druck, Temperatur, Säurekonzentration und Reaktionsdauer, haben verschiedene Autoren berichtet [7—20]. Von besonderem

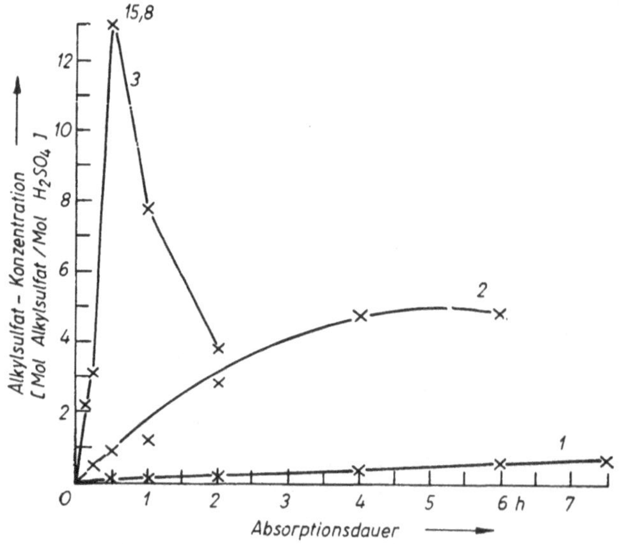

Abb. 20: Alkylsulfat-Konzentration in Abhängigkeit von der Säurestärke und der Absorptionsdauer

1 – 75%ige H_2SO_4; *2* – 85%ige H_2SO_4; *3* – 95%ige H_2SO_4

Interesse sind die von G. R. Schultze und Mitarb. [21, 22] durchgeführten Untersuchungen. Die folgenden Ergebnisse werden hierbei erhalten (vgl. Abb. 20—24). Propylen wird von 60—75%iger Schwefelsäure selbst bei 8 at und langer Verweilzeit nur wenig absorbiert. Der absorbierte Anteil liegt dabei vollständig

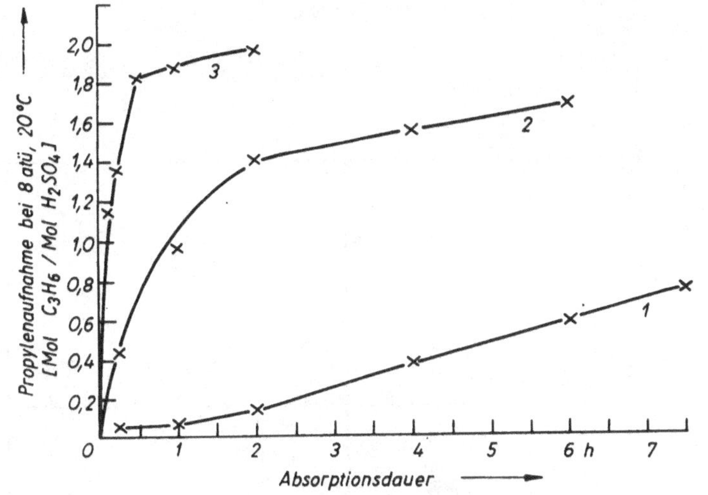

Abb. 21: Propylenaufnahme bei konstantem Druck und konstanter Temperatur in Abhängigkeit von der Absorptionsdauer

1 – 75%ige H_2SO_4; *2* – 85%ige H_2SO_4; *3* – 95%ige H_2SO_4

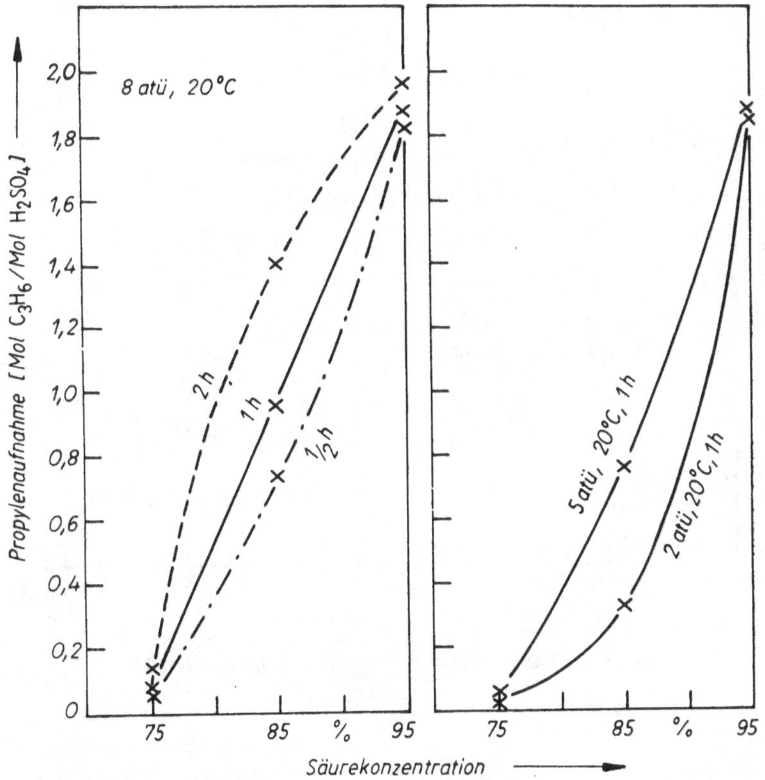

Abb. 22: Propylenaufnahme in Abhängigkeit von der Säurekonzentration

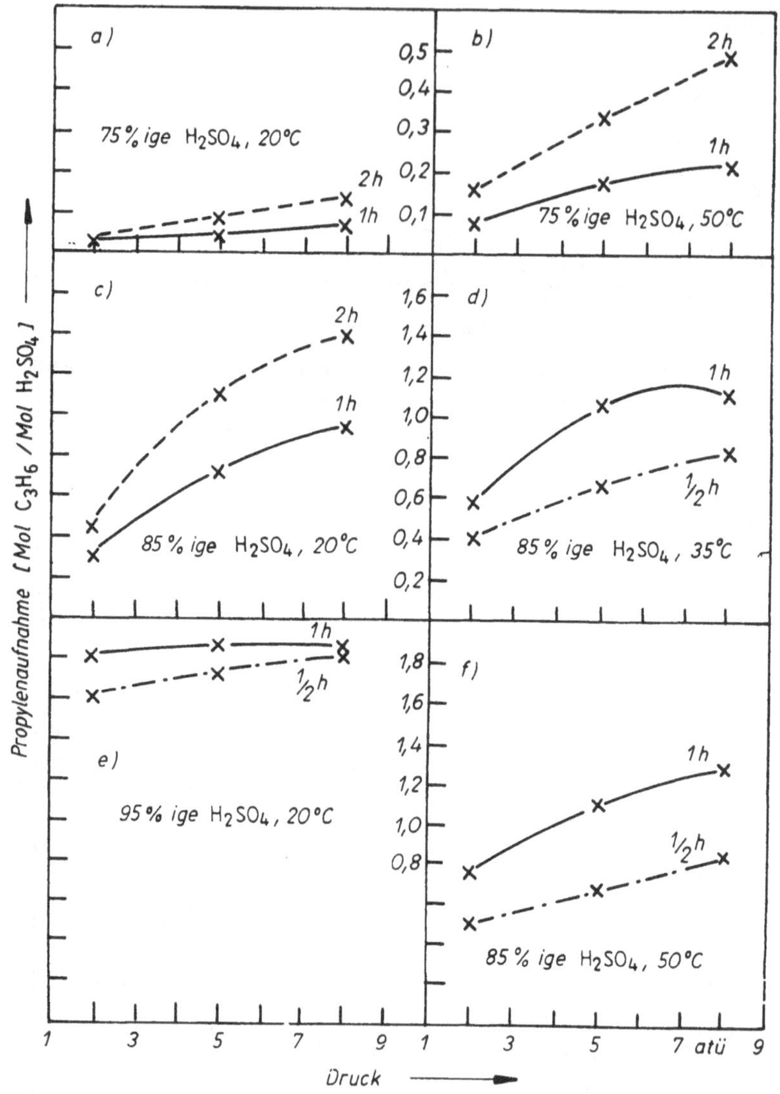

Abb. 23: Abhängigkeit der Propylenaufnahme vom Druck

als Isopropylschwefelsäure vor. Eine 85%ige Schwefelsäure absorbiert bei 20 °C und 8 at nach 6 Stunden maximal 1,68 Mol Propylen pro Mol Schwefelsäure. In diesem Falle liegen nur 76% des umgesetzten Propylens als Isopropyl-, der Rest liegt als Diisopropylsulfat (neben geringen Mengen an Nebenprodukten) vor. 95%ige Schwefelsäure nimmt Propylen sehr schnell auf. Die Absorption ist in diesem Falle praktisch druckunabhängig, wie überhaupt der geschwindigkeitsbestimmende Faktor bei der Absorption in erster Linie die Säurekonzentration ist. Druck und Temperatur spielen erst in zweiter Linie eine Rolle.

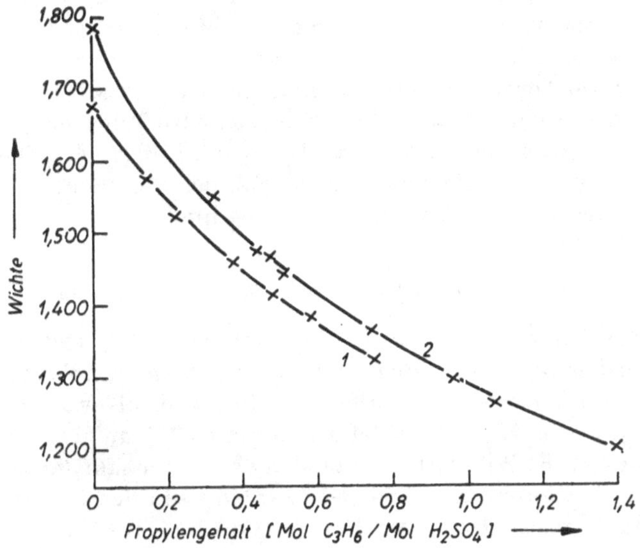

Abb. 24: Wichte der Absorptionslösungen in Abhängigkeit vom Propylengehalt

1 – 75%ige H_2SO_4; *2* – 85%ige H_2SO_4

Von S. G. Entelis und Mitarb. [23, 24] wurden Untersuchungen über die Kinetik der Propylenhydratation durchgeführt. Außerdem ermittelten sie die Reaktionskonstanten der Teilreaktionen.

S. N. Kazarnovskij [25] führt an Hand von Labormodellen einer Industrieanlage Extraktuntersuchungen durch. Er findet bei Einsatz von etwa 75%iger Schwefelsäure bei 65–70 °C 25,3% freie Schwefelsäure, 32,9% Isopropylsulfat, 25,6% Isopropylalkohol, 9,2% Wasser, 2,8% Diisopropyläther und 2,6% polymere Produkte.

Die zahlreichen Untersuchungen führten bei der Hydratisierung von Propylen mit Hilfe von Schwefelsäure zu zwei verschiedenen Verfahren:

a) Starksäure-Verfahren,
b) Schwachsäure-Verfahren.

Das erste Verfahren arbeitet im Prinzip wie das beim Äthylen angewandte Verfahren. Es werden Propylen oder solches enthaltende Gase unter Druck in 94%iger Schwefelsäure bei 20 °C absorbiert. Das dabei entstehende Gemisch aus Mono- und Diisopropylsulfat wird nach Verdünnen mit Wasser verseift und anschließend werden der entstandene Isopropylalkohol sowie der als Nebenprodukt entstandene Diisopropyläther mit Wasserdampf abgetrieben. Die dabei verdünnte Säure wird einem Regenerationsprozeß unterworfen und in den Prozeß zurückgeführt.

Das Schwachsäure-Verfahren hingegen arbeitet mit einer etwa 70%igen Schwefelsäure bei 60 °C unter einem Druck von ca. 25 atü, wobei die Addition von Propylen, aber auch gleichzeitig eine Verseifung des gerade entstandenen Isopropylsulfats stattfindet.

In einem zweiten Turm, der unter vermindertem Druck arbeitet, werden Alkohol und Äther abdestilliert, während die Schwefelsäure in den ersten unter Druck arbeitenden Turm zurückgedrückt wird. Der Vorteil dieser Arbeitsweise liegt in der bequemeren Wärmeabfuhr und dem Wegfall der Regeneration der Säure.

Nachfolgend werden beide Verfahren kurz beschrieben.

6.1.2.1. Herstellung nach dem Starksäure-Verfahren

Stabilisatorgase aus Crackanlagen, die etwa 20—24% Propylen enthalten, werden zunächst in Waschern vom Schwefelwasserstoff befreit [26]. Anfänglich mußten durch fraktionierte Destillation die höheren Kohlenwasserstoffe entfernt und das Propylen zur Hydration auf mindestens 50% aufkonzentriert werden. M. D. Mann und R. R. Williams [27] fanden aber bereits im Jahre 1921, daß die Propylenabsorption wesentlich verbessert werden kann durch Verwendung eines Absorptionsöles — meist Gasöl. Der Einsatz von Absorptionsöl gestattet auch die glatte Verarbeitung niederprozentigen Propylens. Außerdem wird bei Verwendung von hochkonzentriertem Propylen durch das Öl die Polymerisationstendenz weitgehend herabgesetzt.

Die Absorption wird im Gegenstrom in einer Extraktionskolonne (vgl. Abb. 25), die 8 Böden besitzt, unter einem Druck von 8—10 Atm. in 92%iger Schwefelsäure bei 20 °C durchgeführt. Jeder Boden enthält eine Schicht Absorptionsöl. Nach erfolgter Extraktion wird die Schwefelsäure entspannt. In einem Absitzbehälter scheidet sich hierbei Öl ab, das von dort wieder in die Kolonne zurückgeht. Der Extrakt enthält auf 1 Mol Schwefelsäure etwa 1,1—1,3 Mol Propylen. Der Säureverbrauch beträgt ca. 12 kg auf 10 *l* 100%igen Isopropylalkohol, der Propylenverbrauch liegt bei 39 m³ (Theorie 32 m³).

Die Temperatur in der Extraktionskolonne darf bei den einzelnen Böden 20 °C nicht wesentlich überschreiten, da sonst erhebliche Propylenverluste durch Polymerisation auftreten.

Aus dem Absetzbehälter gelangt der Extrakt in einen verbleiten, mit einem Turbomischer ausgerüsteten Rührbehälter (Hydrolyseur) und wird dort mit so viel Wasser versetzt, daß eine etwa 40%ige Lösung entsteht, die für etwa 1 Std.

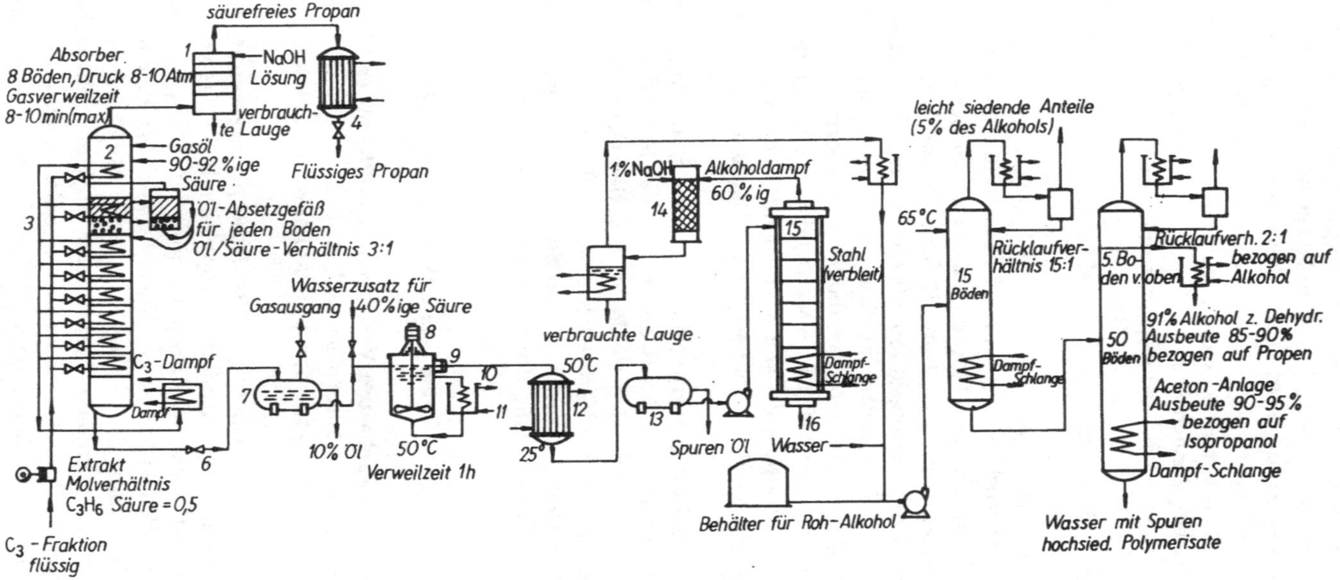

Abb. 25: Kontinuierliche Herstellung von Isopropylalkohol nach dem Starksäure-Verfahren

1 – Laugenwäscher; *2* – Absorber; *3* – Kühlschlangen aus V_2A; *4* – Kühler für Propan; *5* – Propen–Propan-Gemisch zur Absorption; *6* – Drosselventil; *7* – Trennbehälter; *8* – Turbomischer, verbleit (Hydrolyseur); *9* – Schauglas; *10* – Kühler; *11* – Kühlwasser; *12* – Kühler für Hydrolyseprodukt; *13* – Absetzbehälter; *14* – Kolonne zur Laugenwäsche; *15* – Abtreibekolonne (6 Böden – Atmosphärendruck); *16* – 50%ig. H_2SO_4 zur Regeneration bei 50 °C gerührt wird. Nach weiterem 4stündigem Stehen werden der Alkohol sowie als Nebenprodukt gebildeter Diisopropyläther mit Wasserdampf ausgetrieben. Der Alkohol-Äther-Dampf wird mit 1%iger Natronlauge gewaschen. Das abgetriebene Kondensat bleibt nach Verdünnen mit Wasser zu einer 15%igen Lösung einige Tage stehen zur Abscheidung von entstandenem Polymerisat. Bei der Rektifikation werden zunächst ca. 2% leichter siedende Bestandteile abgetrennt, in einer 2. Kolonne wird Isopropylalkohol zu einem 91,3%igen Azeotrop aufkonzentriert, das bei 80,4 °C siedet. Bei dieser Arbeitsweise wird Isopropylalkohol in 85–90%iger Ausbeute, bezogen auf eingesetztes Propylen, gewonnen.

Zur Herstellung von wasserfreiem Isopropylalkohol wird das Azeotrop mit Benzol oder Diisopropyläther, seltener mit Diäthyläther, als Schleppmittel entwässert. Das sich in der Vorlage in zwei Schichten trennende Kopfprodukt wird teils (obere Schicht, bestehend aus Isopropylalkohol und Schleppmittel) auf den Kolonnenkopf zurückgegeben, teils (untere Schicht aus wäßrigem Isopropylalkohol) in eine Aufkonzentrierungskolonne gegeben, um die letzten Mengen an Isopropylalkohol und Schleppmittel zurückzugewinnen. Der wasserfreie Isopropylalkohol ($>$ 99%) wird am Kolonnenboden abgezogen.

Die mit der verdünnten Schwefelsäure während des Verfahrens in Berührung kommenden Apparateteile sind entweder verbleit oder aus Kupfer, nach Wäsche mit 1%iger Natronlauge ist Stahl das geeignetste Baumaterial für Tanks, Rohre und Kolonnen.

Wirtschaftliche Betrachtungen ergeben, daß beim Starksäure-Verfahren auf den Schwefelsäureverbrauch und die Regeneration der Schwefelsäure etwa 22% und auf die Kühlung während der Reaktion 8% der Gesamtkosten entfallen. Dieser hohe Kostenanteil für den Verbrauch bzw. die Regeneration von Schwefelsäure führten zu zahlreichen Versuchen, diese Situation zu verbessern. Diese Bemühungen führten zur Entwicklung des Schwachsäure-Verfahrens.

6.1.2.2. Herstellung nach dem Schwachsäure-Verfahren

Propylen wird beim Schwachsäure-Verfahren [28–35] unter 25 at Druck bei 65°C in 70%iger Schwefelsäure absorbiert (vgl. Abb. 26). Es kommt hierbei nicht zur Bildung von Diisopropylsulfat. Isopropylalkohol wird ohne anschließende Verdünnung mit Wasser direkt gewonnen.

In die mit 70%iger Schwefelsäure gefüllte Absorptionskolonne, welche keine Böden enthält, wird vorher komprimiertes propylenhaltiges Crackgas eingepreßt. Die Schwefelsäure nimmt etwa 1 Mol Propylen pro Mol H_2SO_4 auf. Das ursprünglich ca. 20–25% Propylen enthaltende Crackgas wird bis zu einem Restgehalt von 5–6% absorbiert und das Restgas in einer Glockenbodenkolonne mit frischer, aus der Verseifungskolonne kommender 70%iger Schwefelsäure bis zu einem Restgehalt von 1% Propylen extrahiert. Die Schwefelsäure mit 0,2% Propylen durchläuft dann die Kolonne ohne Böden. In der Abtreibekolonne und Verseifungskolonne wird dem Schwefelsäure-Isopropylsulfat-Gemisch Wasser zu-

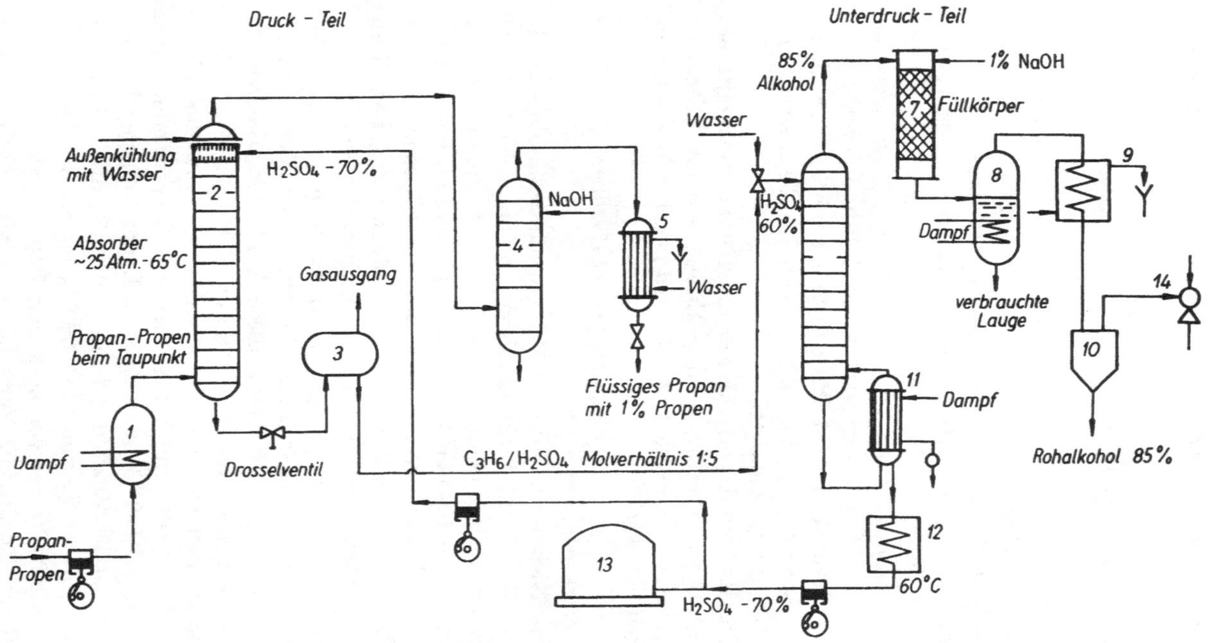

Abb. 26: Kontinuierliche Herstellung von Isopropylalkohol nach dem Schwachsäure-Verfahren

1 – Verdampfer; *2* – Absorber (14 Teller); *3* – Behälter für Propylsulfat-Schwefelsäure-Gemisch; *4* – Propan-Wäscher; *5* – Kühler; *6* – Kolonne zur Alkohol-Destillation (12 Teller; *7* – Wäscher; *8* – Verdampfer; *9* – Kühler; *10* – Vorlage; *11* – Verdampfer; *12* – Kühler; *13* – Behälter für 70%ige Schwefelsäure; *14* – Vakuum-Dampfstrahler gesetzt, bis eine 60%ige Lösung entsteht und das Isopropylsulfat verseift. Isopropylalkohol wird als 85%iges Produkt abgetrieben. Als Sumpf fällt eine 70%ige Schwefelsäure an, die sofort wieder für den nächsten Kreislauf einsatzfähig ist.

6.1.3. Weitere Hydrationsverfahren in flüssiger Phase

Zur Gewinnung von Isopropylalkohol u. a. aus nur in kleinen Mengen anfallendem Propylen kann ein diskontinuierliches Verfahren Verwendung finden [36—39]. Die Absorption durch die 75%ige Schwefelsäure erfolgt bei ca. 45°C unter Druck im Rührautoklaven. Die nach Beendigung der Reaktion erhaltene Schwefelsäureschicht wird zunächst unter Kühlung bis auf 30% verdünnt und anschließend durch Einblasen von Wasserdampf bei 85°, 90° und 100°C hydrolysiert. Diese Variante läßt sich auch in Gegenwart von Butenen durchführen.

Ferner läßt sich die Hydratation von Propylen auch mit 0,1—15%iger Schwefelsäure in Kupferapparaturen unter Druck und bei hohen Temperaturen, beispielsweise bei 150—300°C, ermöglichen [40].

Auch soll der Einsatz von Katalysatoren die Hydratation mittels Schwefelsäure stark beschleunigen. Hierfür werden Eisen-, Kobalt-, Nickel-, Kupfer-, Platin- und Silbersalze vorgeschlagen [41, 42]. In gleicher Weise sollen Wismutverbindungen wirken [43, 44].

Silbersulfat [45, 46] sowie Kupfersalze [47—49] sollen die Hydrolyse der Schwefelsäureester stark beschleunigen.

In Verbindung mit Nickel- und anderen Schwermetallsulfaten wird der Einsatz von Borhalogeniden oder Boraten als Katalysatoren empfohlen [50]. Die hierfür erforderlichen Reaktionsbedingungen wurden von V. A. Popov [51] ermittelt.

Unter hohem Druck und bei hoher Temperatur sollen auch die Sulfate organischer Basen, wie z. B. Isopropylamin-, Anilin-, Naphthylamin-, Chinolin-sulfat [52], sowie die Sulfate und Halogenide von Zink, Magnesium, Beryllium [53] und Aluminium [54] katalytisch wirken. Für Aluminiumsalze wurde gefunden, daß sie schon bei hohem Druck und niedriger Temperatur in wäßriger Lösung katalytisch wirken. Schließlich werden noch Silicium- oder Borwolframsäure und deren Salze empfohlen [55], doch leiten diese Verfahren, die bei 200—300°C unter Druck arbeiten, schon zu den Arbeiten in gasförmiger Phase über.

Außer Schwefelsäure läßt sich als hydratisierende Säure ebenfalls verdünnte Phosphorsäure bei 165—290°C und hohem Druck [56] verwenden. Ebenso wirkt 90%ige Phosphorsäure bei 120°C und mittlerem Druck [57], gegebenenfalls unter Zusatz von Nickeloxid oder Zinkchlorid oder auf SiO_2 als Trägermaterial [58].

Auch ein Gemisch gleicher Volumenteile 99,5%iger Schwefelsäure und Eisessig wird nach Verdünnen mit Wasser vorgeschlagen [59].

Als sehr variabel erweist sich die Verwendung von 20—30%iger Fluorwasserstoffsäure. Man arbeitet hierbei vorzugsweise bei 90—120°C und > 1 at [60].

Neuerdings wird schließlich vorgeschlagen, perfluorierte Carbonsäuren einzusetzen, die bei 150—200°C und mittleren Drücken wirksam ist [61, 62].

6.1.4. *Die Hydratisierung von Propylen in der Gasphase an Katalysatoren*

Das klassische Flüssigphase-Verfahren zur Herstellung von Isopropylalkohol weist, wie schon erwähnt, eine Reihe von Nachteilen auf. So sind die Säureverluste nicht unerheblich und die Kosten ihrer Wiedergewinnung beträchtlich. Es entstehen außerdem große Schwierigkeiten durch die von der Schwefelsäure verursachte Korrosion.

Es ist daher naheliegend, daß zahlreiche Versuche unternommen wurden, um an Olefine in Gegenwart eines Festbettkatalysators direkt Wasser anzulagern.

Diese Bemühungen wurden beim Äthylen 1948 von Erfolg gekrönt, als die Shell Chemical Co. in Houston (USA) die erste Anlage für diese Arbeitsweise in Betrieb nahm, wobei Phosphorsäure auf Celite (Kieselgur) Verwendung fand.

Die Imperial Chemical Industries Ltd. sollen in Wilton (Großbritannien) seit 1951 eine Anlage zur Herstellung von Isopropylalkohol durch Hydratation in der Dampfphase betreiben (Abb. 27).

Die direkte Umsetzung der Olefine zum Alkohol ist eine Gleichgewichtsreaktion, die durch niedrige Temperatur, hohen Druck und hohes Dampf/Olefin-Verhältnis begünstigt wird.

$$R{-}CH{=}CH_2 + H_2O \rightarrow R{-}\underset{\displaystyle OH}{\underset{|}{CH}}{-}CH_3$$

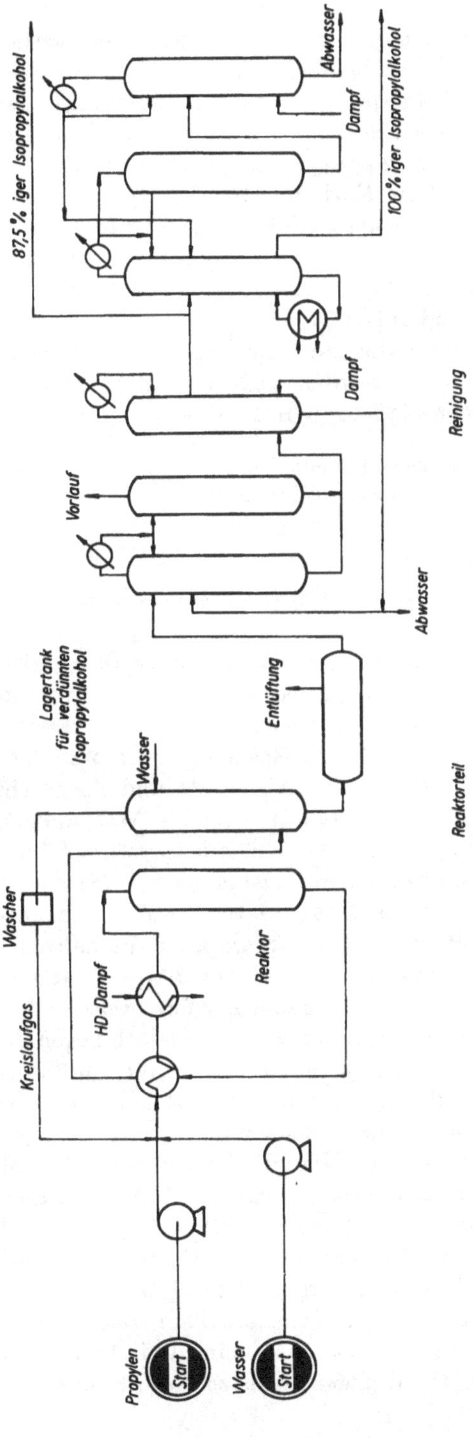

Abb. 27: Isopropylalkohol durch Direkthydratisierung (*Hibernia-Chemie GMBH*)

Thermodynamische Überlegungen verlangen zur Erzielung maximaler Umsetzung bei beliebiger Temperatur, bei einem Druck zu arbeiten, der nur wenig unterhalb des Sättigungspunktes liegt. Ist diese Bedingung erfüllt, kann die Temperatur zwischen weiten Grenzen unter verhältnismäßig geringer Einwirkung auf die Lage des Gleichgewichtes variiert werden.

Die freie Enthalpie für die Hydratisierung von Propylen in der Gasphase beträgt -8900 cal/Mol $+ 37{,}5\,T$ (für $T = 300-600\,°K$) und die Reaktionsenthalpie ΔH etwa $+9000$ cal/Mol. Die ungünstige Gleichgewichtslage kann durch Druckerhöhung verschoben werden, da die Reaktion mit einer Volumkontraktion verbunden ist [63].

Für die direkte Umsetzung von Olefinen mit Wasser sind viele Katalysatoren empfohlen worden, jedoch sind nur zwei Kontakte für den Einsatz im technischen Maßstab von Interesse:

a) Phosphorsäure mit Träger,
b) Wolframoxid mit Promotor.

6.1.4.1. Die Hydratisierung an wolframhaltigen Kontakten

Die ersten Versuche, Propylen durch Hydratisierung in der Gasphase in Isopropylalkohol zu überführen, wurden im Jahre 1929/30 bekannt [64, 65]. Von der Shell Development Co. erschien ein Patent, in dem die Hydratisierung von Propylen bei 300°C in Gegenwart von Metallen der Platingruppe sowie Au, Ag, Cu, Fe, Ni, Co, Cr, Ta, V, W, Mo und Mn geschützt wurde. Als besonders vorteilhaft wurde die Kombination $CuO + WO_3$ auf Aktivkohle beschrieben.

Während des II. Weltkrieges wurden besonders wolframhaltige Kontakte eingehend untersucht. Dabei erwies sich als besonders günstig ein durch Zinkoxid aktiviertes und auf aktives Kieselgel aufgetragenes Wolframoxid. Bei Anwendung von Propylen:Wasserdampf im Verhältnis 1:10, einer Temperatur von 230 bis 240 °C und einem Druck von 200—250 at konnte bei einem Umsatz von Propylen von 50% bei einmaligem Ofendurchsatz Isopropylalkohol in einer Endausbeute von 95% gewonnen werden. Jedoch liegen die Raum-Zeit-Ausbeuten sehr niedrig: 0,8 kg Isopropylalkohol/*l* Kontakt/Tag [66].

Als Katalysatoren haben sich niedere Wolframoxide, wie WO, WO_2, W_4O_{11} und W_2O_5, als besonders günstig erwiesen [67—72]. W_2O_5 kann durch Reduktion von WO_3 mit Äthanol oder Isopropylalkohol bei 250 °C erhalten werden. Die mit diesem Katalysator erzielten Umsätze liegen bei 230 °C bei 6,5%, bei 250 °C erreichen sie 10% und bei 270 °C betragen sie 14,5%. Auch ein Zusatz von Graphit als Reduktionsmittel von WO_3, das selbst nur ungenügende katalytische Aktivität entfaltet, wird vorgeschlagen [73].

Anstelle von Wolframoxiden sollen auch Wolfram- und Nickelsulfide vorteilhaft verwendbar [74] sein. Bei Anwendung solcher Verbindungen sollen bei 270,5 °C und 256,6 at bis zu 43,7% Isopropylalkohol entstehen.

Wolframnitrid oder Molybdännitrid [75] ergeben nach Literaturangaben bei 250 °C und 120 at Druck nach 12 Std. aus 80 g Propylen und 540 g Wasserdampf 54 g Isopropylalkohol, während 36 g Propylen unumgesetzt bleiben.

Anstelle von Wolframoxiden kann auch Silicowolframsäure Verwendung finden [76]. Dieser Katalysator arbeitet optimal bei 175—190°C und ca. 20 at Druck. Ähnlich wirken Borwolframsäure und ähnliche Heteropolysäuren [77].

Sehr umfangreiche Untersuchungen führten 1952/53 F. Runge u. Mitarb. durch [78, 79]. Die Arbeiten hatten das Ziel, geeignete Katalysatoren für die Hydratation von Propylen zu finden.

Es wurden zu diesem Zweck saure Katalysatoren auf den verschiedensten Trägern, wie H_2SO_4, Naphthalinsulfonsäure, H_3PO_4, saure Phosphate sowie durch Säuren aktivierter Montmorillonit und schließlich Wolframoxide (mit und ohne Promotoren und Träger) untersucht.

Die Autoren fanden dabei, daß Schwefelsäure-Katalysatoren wegen der Instabilität ungeeignet sind, Phosphatkatalysatoren zeigen nur geringe Aktivität. Phosphorsäure auf Trägern gab bei mittleren Säuregraden maximale katalytische Aktivität, wobei ein grobporiger Silicagelträger am günstigsten war. Die Raum-Zeit-Ausbeute betrug 0,52 kg Isopropylalkohol/100 *ml* Katalysator/Tag. Der Umsatz erreichte 5,1% Propylen bei erhöhter Temperatur und erhöhtem Druck. Montmorillonit zeigt mit wachsender Acidität steigende katalytische Wirksamkeit. Eine Druckerhöhung ergab hierbei keine Vorteile. Optimalste Katalysatoren waren Wolframoxide mit Promotoren.

Tabelle 30:

Umsetzung von Propylen in Gasphase bei verschiedenen Drücken, Temperaturen und Wasseranteilen (thermodynamisches Gleichgewicht)

Temp. (°C)	Druck (at)	% Wasser im Anfangsgas	Propylen-Umwandlung in %
100	1	50	8,9
150	1	50	2,8
200	1	50	1,0
250	1	50	0,4
100	2,0	50	17,5
150	9,7	50	20,2
200	31,7	50	21,5
250	81,0	50	22,5
300	175,0	50	23,3
275	202,0	30	18,3
275	152,0	40	21,2
275	121,0	50	22,9
275	101,0	60	24,0
275	86,6	70	25,0

F. RUNGE hat bei der Hydratation von Propylen in der Gasphase die in Tab. 30 zusammengestellten Resultate erhalten.

Die Ergebnisse zeigen, daß sich ein hohes Wasser/Propylen-Verhältnis und hoher Druck günstig auf den Propylenumsatz auswirken. Die Höhe des erforderlichen Druckes hängt jedoch von der Höhe der Temperatur ab, da für maximale Umsetzungen auf Grund thermodynamischer Überlegungen der Druck nur wenig unterhalb des Sättigungspunktes liegen darf. Die Höhe der Temperatur ist wiederum abhängig von der Aktivität des Katalysators.

Der Katalysator ist mithin die variable Größe, vor der alle anderen abhängen.

RUNGE und Mitarb. haben eine große Zahl von Katalysatoren für die Wasseranlagerung leistungsmäßig untersucht. Von rund 120 überprüften Katalysatoren fand RUNGE Wolframoxid mit Promotor als am vielversprechendsten.

Katalysatoren dieses Typs behalten ihre optimale Aktivität noch nach mehr als 1000 Betriebsstunden. Ein Umsatz von 8,8% und eine Ausbeute von 94% waren bei 80 bis 200 Atm. und 260 bis 320 °C ohne weiteres erreichbar. Der Reaktionsanfall enthielt bis zu 34% Alkohol. Überraschenderweise bestand ein wesentlicher Teil des Nebenproduktes neben dem erwarteten Diisopropyläther und Polymeren auch aus n-Propylalkohol.

Die Erfahrungen, die RUNGE beim Betrieb einer Pilotanlage machte, bestätigten seine Wahl von Wolframoxid mit Promotor als bestem Katalysator. Als technisch am günstigsten erwies sich hierbei ein Katalysator aus 20% Wolfram- und 5% Zinkoxid auf einem besonders vorbereiteten Träger aus Silicagel [79], auch 5–50% Chromoxid erwiesen sich zusammen mit blauem Wolframoxid als günstig [80].

6.1.4.2. Die Hydratisierung an molybdänhaltigen Kontakten

In mehreren Patenten wird die Verwendung von molybdänhaltigen Kontakten für die direkte Hydratisierung des Propylens vorgeschlagen, jedoch sind derartige Kontakte im Vergleich zu wolframhaltigen Katalysatoren weniger gut wirksam.

Berichtet wird über einen Katalysator, der durch Reduktion von Phosphormolybdänsäure bzw. deren Ammoniumsalz erhalten werden kann [81]. Ferner fand ein reduziertes Molybdänoxid ($\sim MoO_{2,75}$), das bei 271 °C und 256,6 bis 258,4 at wirksam ist [82], mit Erfolg Verwendung für die Gasphase-Hydratation von Propylen. Schließlich wurde ein Katalysator, der 10% MoO_3 auf einem Träger aus 75% SiO_2 und 25% Al_2O_3 enthält, eingesetzt [83]. Der Umsatz erreicht bei dem letztgenannten Katalysator bei 260 °C 30,6%.

6.1.4.3. Die Hydratisierung an phosphorhaltigen Kontakten

Die Hydratation von Propylen läßt sich bei 200 °C und 100 at Druck ebenfalls an Borphosphat als Katalysator ermöglichen. Die Ausbeute beträgt 98–99%, jedoch ist der Umsatz sehr niedrig [84]. Das Verfahren kann unter Druck in der flüssigen Phase durchgeführt werden. Noch günstiger soll es in der Gasphase ablaufen.

Auch die Verwendung von Phosphaten oder Phosphorsäure selbst wurde in Vorschlag gebracht, wobei die verschiedensten Träger Verwendung fanden. So wurde vorgeschlagen, einen Katalysator auf einem kohlenstoffhaltigen Träger, der bei 100—350 °C und 20—100 at arbeitet, einzusetzen [85]. Die Verwendung eines Silicageltrágers (170—180 °C; 8,5—10 at; Ausbeute 96%; Umsatz 5,7% sowie eines Trägers aus Diatomeenerde und erhöhter Festigkeit; 4% Umsatz) sowie verschiedene SiO_2-, $Al_2(SO_4)_3$- und Al_2O_3-haltige Träger wurden empfohlen [86—89].

6.1.4.4. Die Hydratisierung an aluminium- und siliziumhaltigen Katalysatoren

Die Hydratisierung von Propylen gelingt bei 310 °C und 105,46 at ebenfalls an einem Kontakt aus 90% SiO_2 und 10% Al_2O_3, die Selektivität beträgt 99%, der Umsatz bei Raumgeschwindigkeiten von 1—5 erreicht 12% [90]. Katalysatoren auf der Basis von Aluminiumhydroxid werden von der Montecatini Soc. vorgeschlagen. Sie sollen bei ca. 250 °C und 250 at hydratisierend wirken [91].

Die hydratisierende Wirkung von Katalysatoren auf Al_2O_3-SiO_2-Basis wird durch eine vorherige Behandlung mit einem H_2S-H_2-Gemisch verstärkt, bei einer Belastung von 1 Vol.-Gasgemisch C_3H_6 : Wasserdampf = 15:1 pro Vol. und Std. wird bei 520 °F und 3675 p.s.i.g. ein 45%iger Umsatz bei einer Selektivität von 98% erhalten [92].

6.1.4.5. Hydratisierung mittels Ionenaustauschern

Vorteilhaft hat sich der Einsatz von Ionenaustauschern bei der Hydratation des Propylens erwiesen. Bei 171—177 °C und 70,3 at wurde an sauren Austauschern aus 88—96% Styrol und 4—12% Divinylbenzol mit freien Sulfonsäure-, Schwefelsäure- oder Phosphorsäuregruppen, z. B. Dowex 8 × 50 bei 171 °C ein Umsatz von maximal 34,7% bei einer Selektivität von 55%, bei 177 °C ein Umsatz von 25,4% und eine Selektivität von 71% erzielt [93—95], Nebenprodukte sind $< 1\%$ Diisopropyläther, 1—2,5% Aceton und 10—35% Polymere. Es ist weiterhin möglich, Propylen zur Entfernung von polymerisierbaren Verbindungen zunächst über ein Gemisch aus 90% SiO_2 und 10% Al_2O_3 und anschließend über einen Ionenaustauscher zu leiten [96]. Von J. R. Kaiser [97] wird eine umfangreiche Untersuchung über die optimalen Bedingungen zur Hydratisierung an Ionenaustauschern durchgeführt.

Die Autoren untersuchten das Wasser-Olefin-Verhältnis, Druck und Kontaktzeit an den Ionenaustauschern Amberlyst 15 und IR-120. Sie fanden, daß Umsätze und Selektivität ähnlich den anorganischen Katalysatoren erreicht werden können. Der maximale Umsatz lag bei 72,9% bei einer Raum-Zeit-Geschwindigkeit von

0,6 LHSV und einer Selektivität von 96,4%. Es wird ferner gezeigt, daß die Reaktion nach einer Pseudo-1.-Ordnung verläuft und stark druck- und temperaturabhängig ist.

6.1.4.6. Hydratisierung nach unterschiedlichen Verfahren

In der Literatur werden schließlich außer den schon genannten Katalysatoren auch noch die folgenden beschrieben:

Ein aus TiO_2 und Sb_2O_5 sowie ein aus TiO_2 und Al_2O_3 und ein aus TiO_2 und Fe_2O_3 bestehendes System, die nach 4 Std. Reaktionsdauer bei 270 °C und 250 at maximal 7,8% Isopropylalkohol liefern sollen [98].

Unter der Einwirkung stiller elektrischer Entladungen (~ 20000 V) soll ebenfalls eine Hydratisierung möglich sein [99].

Schließlich wird noch eine indirekte Hydratisierung beschrieben, bei der Olefine mit einem Gemisch aus CO und H_2 in Gegenwart geeigneter Katalysatoren umgesetzt werden [100] bzw. Olefine mit CO und Wasserdampf in Gegenwart von Rhodiumchlorid und Pyridin zur Reaktion kommen [101].

6.1.4.7. Ökonomischer Vergleich zwischen der Hydratation in der Flüssig- und der Gasphase

Günstig für die Flüssigphasehydratation [102] von Propylen unter Einsatz von Schwefelsäure ist die Möglichkeit, verdünntes 30–40%iges Propylen einzusetzen. Das Verfahren arbeitet bei niedrigem Druck und hohen Umsätzen, Isopropylalkohol fällt bei höherer Konzentration als in der Gasphase an.

Nachteilig bei der Flüssigphasehydratation ist die Verwendung von Schwefelsäure mit den damit verbundenen Korrosionsproblemen, ferner die Notwendigkeit zur Rückkonzentrierung der Säure und schließlich der Verbrauch an Säure. Obwohl der Aufwand außerhalb der eigentlichen Reaktion größer als bei der Gasphasehydratation ist, hat sich dennoch bisher die Flüssigphasehydratation als ökonomisch günstiger behaupten können.

6.2. Eigenschaften des Isopropylalkohols

Tabelle 31 [103]:

Schmelzpunkt (°C)			−98,5
Siedepunkt (760 mm Hg) (°C)			82,4
Dichte D_4^{20} (g/cm³)			0,789
Bechungsindex n_D^{20}			1,37723
Dampfdruck	0 °C	(mm Hg)	8,9
	10 °C	(mm Hg)	17,0

(Fortsetzung von Tabelle 31)

Dampfdruck	30 °C	(mm Hg)	59,1
	50 °C	(mm Hg)	176,8
	82,4 °C	(mm Hg)	760
	90 °C	(mm Hg)	1020,7
Viskosität bei 20 °C (cP)			2,43
Oberflächenspannung bei 20 °C (dyn/cm)			21,7
Kritische Temperatur (°C)			234,9
Kritischer Druck (at)			53
Spezifische Wärme	0 °C	(cal/g)	0,563
	30 °C	(cal/g)	0,677
	50 °C	(cal/g)	0,740
Schmelzenthalpie beim Fp.		(cal/g)	21,08
		(kcal/Mol)	1,284
Latente Verdampfungsenthalpie beim Kp. (cal/g)			160
Latente Verdampfungsenthalpie bei 25 °C (kcal/Mol)			11,05
Verbrennungsenthalpie		(cal/g)	7970
		(kcal/Mol)	478,9
Bildungsenthalpie (kcal/Mol)			76,4
Kubischer Ausdehnungskoeffizient			0,001075/°C
Thermische Leitfähigkeit bei 0 °C (cal/sec. cm² · °C/cm)			$3{,}683 \cdot 10^{-4}$
Flammpunkt (geschlossene App.) (°C)			15
Untere Explosionsgrenze mit Luft (Vol.-%)			2,5
Selbstentzündungstemperatur (°C)			456
Dielektrizitätskonstante bei 20 °C			26

Ein Überblick über binäre und ternäre Azeotrope wird von M. LECAT [104] gegeben.

6.3. Verwendung von Isopropylalkohol

Die Hauptmenge an Isopropylalkohol wird technisch zur Acetonherstellung eingesetzt, diese Menge nimmt jedoch ab, da die Cumol-Phenol-Synthese hier ein ernsthafter Konkurrent geworden ist. Während früher 95% des Acetons aus Isopropylalkohol erhalten wurden, waren es 1963 in den USA nur noch 72,6%, während schon 20,4% nach dem Verfahren der Cumol-Phenol-Synthese erzeugt wurden.

Isopropylalkohol wird als Lösungsmittel für die verschiedensten Zwecke, für Fette, Natur- und Kunstharze, Nitrolacke (in Verbindung mit anderen Lösungsmitteln), für Alkaloide, Proteine, Chlorophyll u. a. eingesetzt. Auch als Komponente in Reinigungsmitteln (Transparentseifen) wird es verwendet.

Neben der Synthese von Aceton wird Isopropylalkohol zur Synthese verschiedener Ester, z. B. Isopropylacetat als Lacklösungsmittel, zur Einführung der Isopropylgruppe in verschiedene Verbindungen (Thymol, Isopropylphenol) eingesetzt. Sein Xanthat ist ein wichtiges Flotationsmittel. Ein wichtiges Derivat ist das Aluminiumisopropylat, das zur Reduktion von Aldehyden nach MEERWEIN-PONNDORF dient.

Isopropylalkohol dient als Ersatz für Äthanol in vielen kosmetischen und pharmazeutischen Präparaten, da es nicht der Steuerpflicht unterliegt. Er ist jedoch lediglich zur äußeren Anwendung, z. B. zur Desinfektion, nicht dagegen für Arznei- und Lebensmittel, zugelassen.

Große Mengen Isopropylalkohol dienen in modernen Industrieländern zur Qualitätsverbesserung von Kraftstoffen. Bei Benzinen können im Vergaserbereich des Motors bei Temperaturen von −8 bis +13°C und relativen Luftfeuchtigkeiten von ca. 60−100% Vereisungen auftreten, die zu Startschwierigkeiten bzw. Motorstillstand (stralling) führen. Ein Zusatz von 1,5−3% Isopropylalkohol genügt, um diese unliebsamen Eigenschaften wirksam zu verhindern.

Neuerdings findet Isopropylalkohol auch als Enteisungsmittel für Flugzeugflügel und -propeller sowie ein Gemisch von Äthylenglykol und Isopropylalkohol zum Enteisen von Start- und Landebahnen auf Flughäfen Verwendung.

Literatur

[1] L. F. HATCH: „*Isopropylalkohol*", New York 1961

[2] M. BERTHELOT: Ann. Chim. et Phys. **43**, *3* (1855) 391

[3] C. ELLIS: „*The Chemistry of Petroleum Derivatives*", Reinhold, N.Y., 1937, Vol. II, S. 346

[4] C. ELLIS: Chem. Metallurg. Engng. **23** (1920), 1230

[5] Chem. Industrie **17**, (1965) 118

[6] U.S.P. 1725083 (1927), Eastern Alcohol Corp.; Brit.P. 293015 (1928), Dehydag; Brit.P. 401284 (1932), IG Farbenindustrie; F.P. 743530 (1932), IG Farbenindustrie; U.S.P. 2420998 (1947), Publicker Industries, Inc.

[7] B. T. BROOKS: Chem. Rev. **1925** (*2*), 369

[8] B. T. BROOKS: Ind. Engng. Chem. **27**, (1935) 282

[9] C. O. GURME: Chem. Metallurg. Engng. **25** (1921) 1049

[10] H. C. FULLER: ibid. **29** (1923) 588

[11] S. D. KIRKPATRIK: ibid. **33** (1926) 402

[12] W. W. CLOUGH und C. O. JOHNS: Ind. Engng. Chem. **15** (1923), 1030

[13] V. V. PIGULEWSKI und N. V. RUDAKOWA: Trans. Exptl. Res. Labor. „Khemgas", Materials on Cracking and Chem. Treatment of Cracking Products (UdSSR) **3** (1936), 234−60, ref. C. A. **31** (1937), 5549^2

[14] S. S. KHAIN und S. A. NAZAROV: ibid. **3** (1936), 455−74, ref. C. A. **31** (1937), 6188^2

[15] V. S. GUTYRYA, M. A. DALIN und A. GEVORKYAN; Azerbaid. Neftyanoe Khoz. **1936** (7), ref. C. A. **31** (1937), 8163^7

[16] V. S. GUTYRYA und V. L. BUINITSKAYA: Ž. prikl. Khim. **10** (1937), 882−86, ref. C. A. **31** (1937), 7034^6

[17] Refiner **18** (1939), 83

[18] B. T. BROOKS und J. W. HUMPHREY: Refiner **13** (1934), 248

[19] B. T. BROOKS und J. W. HUMPHREY: Refiner **11** (1932), 224

[20] V. V. Pigulewski, N. V. Rudakowa und Guliajewa, Arb. VI allruss. Mendelejew Kong. Theor. angew. Chemie **1932**, ref. C. **1936 II**, 2061
[21] R. G. Schultze, J. Moos und K. D. Ledwoch: Erdöl und Kohle **6** (1953), 687
[22] R. G. Schultze, J. Moos und K. D. Ledwoch: Erdöl und Kohle **8** (1955), 402–06
[23] S. G. Entelis, V. E. Petrakovich, G. V. Kosovina, N. M. Chirkov; Doklady Akad. Nauk SSSR **114** (1957), 848–51
[24] S. G. Entelis, G. V. Kosovina und N. M. Chirkov: Doklady Akad. Nauk SSSR **134** (1960), 856–59
[25] S. N. Kazarnovskij, V. N. Koslov, S. N. Shvetsova, T. A. Shukovskaya und L. A. Neopikhanova: Trudy Khim in Khim. Tekhnol. **1** (1958), 431–38; ref. C. A. **54** (1960), 6517a
[26] F. Asinger: „*Chemie und Technologie der Monoolefine*", Berlin 1957, S. 581–84; I. G. Park und C. M. Beamer: in Kirk-Othmer „*Encyclopedia of Chemical Technology*", Bd. 11, S. 185–87, New York 1953
[27] U.S.P. 1365043 (1921), M. D. Mann jr. und R. R. Williams
[28] U.S.P. 2473224 (1949), Standard Oil Devel. Co. (H. G. Schneider und V. F. Mistretta)
[29] F.P. 799076 (1936); U.S.P. 1988611 (1935), Standard Oil Co. of Calif. (W. H. Shiffler, M. M. Holm und W. P. Anderson)
[30] Brit. P. 652624 (1951); D.B.P. 938547 (1956); U.S.P. 2541673 (1950), Standard Oil Devel. Co. (E. H. Amick jr.)
[31] Brit. P. 715483 (1954); U.S.P. 2609400 (1954), Esso Res. Engng. Co. (E. H. Amick jr.)
[32] W. H. Shiffler, M. M. Holm und L. F. Brooke: Ind. Engng. Chem. **31** (1939), 1101
[33] B. T. Brooks: ibid. **27** (1935), 286
[34] F.P. 1135432 (1957); F.P. 1377276 (1964), Usines de Melles
[35] Brit. P. 830369 (1960), N. V. de Bataafsche Petroleum Maatschappij
[36] W. Grimme: Angew. Chem. **60** (1948), 213
[37] W. Grimme: Bergbau-Arch. **9** (1948), 114
[38] M. A. Mathews und L. W. Wood: B.I.O.S. Target Nr. C_{22} Final Rept. Nr. 13 und 22
[39] E. Reinmuth: Chemiker-Ztg. **76**, *11/12* (1952), 248
[40] D. R. P. 681268 (1939), N. V. de Bataafsche Petroleum Maatschappij
[41] F. P. 695707 (1930), N. V. de Bataafsche Petroleum Maatschappij
[42] Brit. P. 978926 (1965); Ind. P. 92082 (1964), Usines de Melle
[43] F. P. 799704 (1935), Usines de Melle
[44] Brit. P. 324897 (1930); F. P. 662968 (1930), IG Farbenindustrie AG
[45] U. S. P. 2050444 (1934), Air Reduction Co.
[46] J. K. Remis: Ž. prikl. Khim. **9** (1936), 705–06
[47] U. S. P. 1995908 (1932); F. P. 695707, Shell Devel. Co.
[48] U. S. P. 2139953 (1936), Usines de Melle
[49] U. S. P. 2210316 (1937), Dow Chemical Co. (R. R. Dreisbach)
[50] U. S. P. 2135455 (1935), E. I. du Pont de Nemours und Co.
[51] V. A. Popov: Tr. Nauk Stud. Obščestva, Gorkov Politekn. Inst. im. A. A. Shdanova **1957** (1), 90–94; ref. C. A. **54** (1960), 22319a
[52] U. S. P. 2036317 (1934), Shell Devel. Co. (F. A. Bent und S. N. Wik)
[53] U. S. P. 2107515 (1933), Shell Devel. Co. (F.A. Bent)
[54] U. S. P. 2148288 (1936), Shell Devel. Co. (F. A. Bent): D. R. P. 640556 (1932); D. R. P. 681268 (1934), N. V. de Bataafsche Petroleum Maatschappij
[55] F. P. 865020 (1937); U. S. P. 2162913 (1935), Carbide and Carbon Chemical Corp.
[56] F. M. Majewski und L. F. Marek: Ind. Engng. Chem. **30** (1938), 205

[57] U. S. P. 2107194 (1933), Universal Oil Products Co. (V. IPATIEFF und V. KOMAREVSKY)
[58] D. A. S. 1249845 (1967); Jap. A. S. 5373/66, Scholven-Chemie
[59] D. R. P. 567117 (1930), ICI Ltd.
[60] U. S. P. 2583413 (1952), Phillips Petroleum Co. (P. H. CARNELL)
[61] U. S. P. 2858331 (1958), Esso Res. Co. (M. R. FENSKE und J. H. JONES)
[62] U. S. P. 2830091 (1958), Sinclair Refining Co. (B. S. FRIEDMAN und F. L. MORRITZ)
[63] ULLMANN: *„Enzyklopädie der technischen Chemie“*, München 1963, Bd. 14, S. 391
[64] U. S. P. 1999620 (1930); E. P. 335551 (1929), Shell Devel. Co.
[65] D. R. P. 569019 (1930), N. V. de Bataafsche Petroleum Maatschappij
[66] K. KAMMERMEYER und G. B. CARPENTER: FIAT Final Rept. 968 P. B. 78 (1947), 277
[67] Brit. P. 622937 (1949); U. S. P. 2536768 (1951), ICI Ltd. (R. W. REYNOLDS und D. M. GRUDGINGS)
[68] W. HUNTER und A. C. TAYLOR: Brit. Int. Object. Subcommittee, Final Rept. 1558, 22
[69] Brit. P. 646284 (1950); F. P. 951860 (1949); F. P. 952096 (1949); U. S. P. 2683753 (1954), ICI Ltd. (N. LEVY und R. K. GREENHALGH)
[70] Brit. P. 680865 (1952); U. S. P. 2725403 (1955), ICI Ltd. (M. A. E. HODGSON)
[71] Brit. P. 727665 (1955), ICI Ltd. (A. C. TAYLOR)
[72] Brit. P. 699088 (1953); U. S. P. 2751420 (1956), ICI Ltd. (D. W. HUEBNER)
[73] Belg. P. 611845 (1962), ICI Ltd.
[74] Brit. P. 996780 (1965); D. A. S. 1249844 (1967); U. S. P. 3006970 (1961); Gulf Res. and Devel. Co. (H. BENTHER, R. C. ODIOSO, R. K. SCHMID und R. C. ZABOR)
[75] D. B. P. 922585 (1955), BASF (W. REPPE)
[76] J. MULLER und H. J. WATERMAN: Brennstoff-Chem. 38 (1957), 357
[77] F. P. 865020 (1937); U. S. P. 2162913 (1935), Carbide and Carbon Chemical Corp.
[78] F. RUNGE, O. BANKOWSKI und G. HOFFMANN: Brennstoff-Chem. 34 (1953), 330—33
[79] D. P. [DDR] 12356 (1956), O. BANKOWSKI und G. HOFFMANN
[80] F. P. 1481464 (1967), Japan Gasoline Co. Ltd.
[81] U. S. P. 2825704 (1958), E. I. du Pont de Nemours (H. R. ARNOLD, F. S. FAWCETT und W. W. GILBERT)
[82] U. S. P. 2995609 (1958), Gulf Res. Devel. Co. (K. J. FRECH, R. C. ODIOSO, R. C. ZABOR)
[83] U. S. P. 3076036 (1963), Socony Mobil Oil Co., Inc. (W. H. HANSEN)
[84] D. R. P. 574275 (1932); U. S. P. 1977634 (1932); Brit. P. 378865, ICI Ltd.
[85] U. S. P. 2051144 (1933) 2232610 (1937), Distillers Co., Ltd. (W. P. JOSHUA, H. M. STANLEY und J. B. DYMOCK)
[86] M. A. DALIN, V. M. MAMEDOVA und A. S. KASPAROV: Chim. Prom **1959**, 385—87
[87] U. S. P. 2496621 (1950), Union Oil Co. of Calif. (R. F. DEWING)
[88] F. P. 1385123 (1965), Kurashaki Rayon Co., Ltd. (A. MITSUTANI, Y. HAMAMOTO)
[89] N. OHTA: J. Chem. Soc. Japan, Ind. Chem. Sect. **51** (1948), 141
[90] Brit. P. 692800 (1953); U. S. P. 2658924 (1953), Socony Vacuum Oil Co. (S. J. LUKASIEWICZ, W. J. DENTON)
[91] Ind. P. 68947 (1962); It. P. 611444 (1959), „Montecatini“ Societa Generale Per l'Industria Mineraria e Chimica
[92] Brit. P. 966917 (1965); U. S. P. 3129253 (1964), Gulf Res. and Devel. Co. (R. C. ODIOSO, R. K. SCHMID und R. C. ZABOR)
[93] Brit. P. 788883 (1958); Brit. P. 809318 (1959); U. S. P. 2813908 (1957); U. S. P. 2861045 (1958), Esso Res. Co. (D. W. YOUNG und A. W. LANGER jr.)

[94] D. A. S. 1210768 (1965), Esso Res. Engng. Co. (J. H. Staib)
[95] U. S. P. 3140322 (1964), Socony Mobil Oil Co. (V. J. Frilette und P. B. Weisz)
[96] U. S. P. 2845463 (1958), Sinclair Refining Co. (B. S. Friedman und F. L. Morritz)
[97] J. R. Kaiser, H. Bentler, L. D. Moore und R. C. Odioso; Ind. Engng. Chem. Product Res. Development **1** (1962), 296–302)
[98] Brit. P. 710006 (1954); Brit. P. 718723 (1954); U. S. P. 2769847 (1956), ICI Ltd. (D. A. Dowden)
[99] Brit. P. 695076 (1953), N. V. de Bataafsche Petroleum Maatschappij
[100] U. S. P. 2671814 (1954), Standard Oil Devel. Co. (J. K. Mertzweiller)
[101] U. S. P. 3020314 (1962), E. I. du Pont de Nemours u. Co.
[102] P. W. Sherwood: Ind. Chemist **36** (1960), 499
[103] Kirk-Othmer: „*Enzyclopedia of Chemical Technology*", New York 1953, S. 182–83; Ullmann: „*Enzyklopädie der technischen Chemie*", München 1963, Bd. 14, S. 390
[104] M. Lecat: „*Tables azeotropiques*", Brüssel 1949; Beilstein, „*Handbuch der Organischen Chemie*", Bd. III/1, S. 1446, Berlin 1958
[105] Chem. Engng. News **41**, *19* (1963), 99

7. Propylenoxid

Propylenoxid wurde von OSER [1] entdeckt, als er 1-Chlorpropanol-(2) mit Kalilauge behandelte. Zum gleichen Resultat kam KRASSUSKI [2] durch Behandeln von 1-Chlorpropanol-(2) mit Bleioxid und Wasser

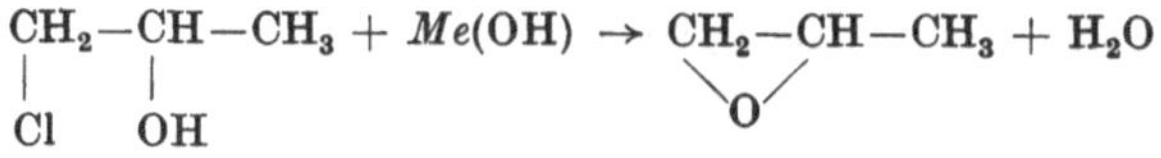

Ausführlich berichtet erstmals über Propylenoxid H. SCHRADER [3]. Neuerdings wurden zusammenfassende Arbeiten von G. KIDDOO [4], H. TOKUNO [5], H. SHINGU [6], J. BIGEON [7], A. C. FYVIE [8], A. MAY und K.-H. FRANKE [9] veröffentlicht.

Für die Herstellung von Propylenoxid gibt es zur Zeit zwei Möglichkeiten: Einmal ist es der Weg über das Propylenchlorhydrin und zum anderen kann man auch durch Direktoxydation von Propylen zum Propylenoxid gelangen. Großtechnisch wird Propylenoxid bisher nur über das Chlorhydrinverfahren hergestellt.

Diese Arbeitsweise wird zur Zeit noch bevorzugt, weil die Ausbeute besser ist. Sie erreicht bis zu 85–90%, während die Ausbeute bei der Direktoxydation von Propylen nur bei etwa 35% liegt. Außerdem können durch die Umstellung der Äthylenoxidherstellung von der Chlorhydrinierung auf die Direktoxydation die freigewordenen Anlagen für die Erzeugung von Propylenoxid eingesetzt werden.

7.1. Herstellung von Propylenoxid über das Propylenchlorhydrin

Über das noch jetzt gebräuchlichste Verfahren zur Herstellung von Propylenoxid durch Addition von unterchloriger Säure an Propylen wurde erstmals ausführlich von MARKOWNIKOW [10] berichtet.

Formelmäßig läßt sich der klassische Weg wie folgt darstellen:

I. $Cl_2 + H_2O \rightleftharpoons HOCl + HCl$

II.

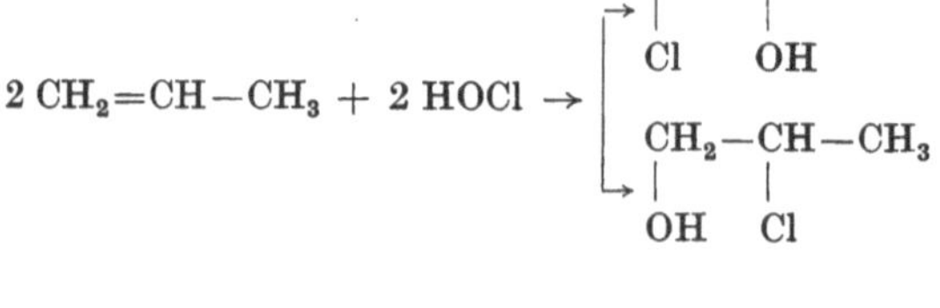

III.

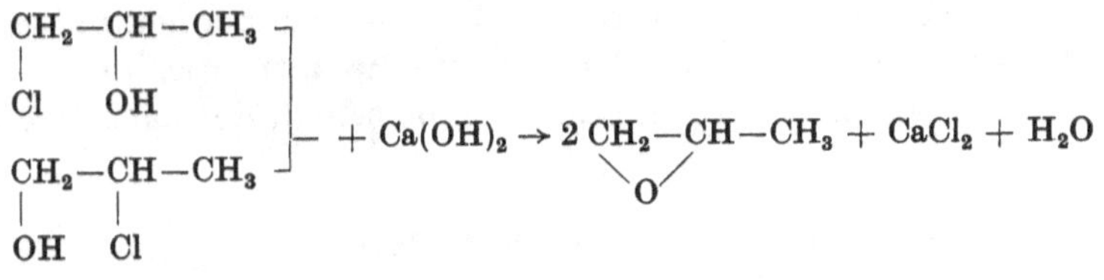

Als Nebenprodukte entstehen Dichlorpropan und Dichlordiisopropyläther durch Einwirkung von elementarem Chlor auf Propylen und Chlorhydrin gemäß

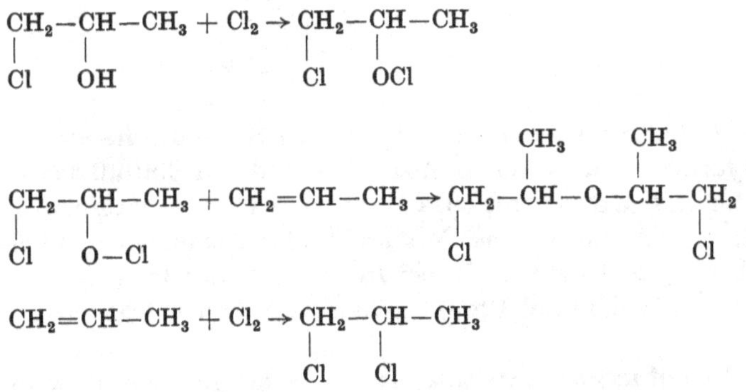

α- und β-Propylen-chlorhydrin entstehen hierbei im Molverhältnis 9:1.

Da die Addition von Chlor unvergleichlich schneller anläuft als die Addition von unterchloriger Säure [11], muß man Sorge tragen, daß die Reaktion von Chlor mit dem Propylen nach Möglichkeit zu unterbinden ist. Dies läßt sich dadurch erreichen, daß Chlor mit Wasser in einer getrennten Kolonne zur Reaktion gebracht wird. In einer nachgeschalteten zweiten Kolonne findet dann die eigentliche Chlorhydrinierung statt. Guter Kontakt zwischen Flüssigphase und Kohlenwasserstoff ist von großer Wichtigkeit. Man wählt also zweckmäßig eine Zweikammeranlage.

Nach Untersuchungen von Israel lagert sich stets die undissoziierte Säure an die Doppelbindung an. In Gegenwart eines Boratpuffers (pH = 10) bildet sich praktisch kein Chlorhydrin, wohingegen im sauren Milieu (pH = 4,7) Chlorhydrinierung eintritt.

Die Zunahme der Dissoziation ist also gleichbedeutend mit einer Abnahme der Hydrinausbeute.

Da der Dissoziationsgrad schwacher Säuren der Temperatur proportional zunimmt, muß prinzipiell bei höherer Temperatur die Chlorhydrinierung ungünstiger ausfallen.

Die Dissoziationskonstante von HOCl liegt bei 25°C bei $1{,}05 \cdot 10^{-7}$. Wird mit Hilfe thermodynamischer Kennzahlen der Wert der Dissoziationskonstanten für 65 °C bestimmt, so kann man feststellen, daß eine Änderung um etwa eine Zehnerpotenz eintritt, also recht geringfügig ist und praktisch nicht ins Gewicht fällt.

Bei theoretischem Verlauf der Umsetzung sollte erwartet werden, daß auf ein Mol HCl ein Mol Chlorhydrin anfällt. Die analytische Untersuchung des Prozesses zeigte indessen regelmäßig einen Salzsäureüberschuß, der nach folgendem Mechanismus entstehen sollte:

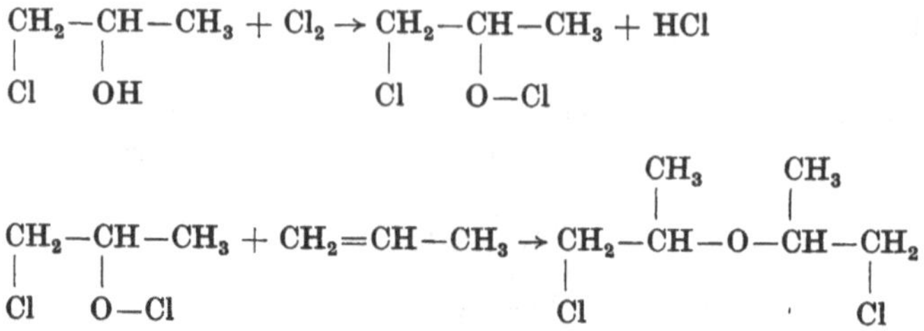

Das Verhältnis Propylenchlorhydrin zu Salzsäure hängt von der Temperatur und Hydrinkonzentration ab. Außerdem sind von Einfluß das Verhältnis Propylen zu Chlor, die Konzentration von Propylen im Einsatzgas und die apparative Gestaltung des Verfahrens. Mit steigender Temperatur wächst der Überschuß an Salzsäure und kann z. B. bei 75—80 °C etwa 50% erreichen. Bei 40 °C bewegt sich der Überschuß bei Propylenchlorhydrinkonzentrationen von 50 g/*l* zwischen 6 bis 10%.

Die Verseifung des Hydrins erfolgt in der gleichen Weise wie beim Äthylenchlorhydrin, sie verläuft jedoch etwa zwanzigmal schneller.

Die Abnahme der Geschwindigkeitskonstanten k im Laufe der Umsetzung muß größtenteils sekundären Reaktionen zugeschrieben werden. Tatsächlich reagiert das Propylenoxid unter Bildung einer Zwischenverbindung, die dann langsamer verseift wird.

Die ist insofern von Bedeutung, als man bei der technischen Gewinnung darauf achten muß, das gebildete Propylenoxid rasch aus der Reaktionslösung zu entfernen [12].

Die technische Durchführung des Verfahrens erfolgt am zweckmäßigsten in einem Doppelkammerreaktor, so wie er bei der Umsetzung von Äthylenchlorhydrin Verwendung findet [13, 14].

Unter vergleichbaren Arbeitsbedingungen ergab sich dabei eine Ausbeute von 87,5% Propylenchlorhydrin, wobei gleichzeitig 11,0% Propylendichlorid und 1,5% Dichlordiisopropyläther gebildet wurden. Im Gegensatz hierzu ergab die Einkammeranlage eine Produktausbeute von nur 69,2%, wobei gleichzeitig 21,6% des umgesetzten Propylens als Propylendichlorid anfielen und ferner 9,2% zu Dichlordiisopropyläther umgesetzt wurden. Diese Untersuchung erwies somit einwandfrei die Überlegenheit des Zweikammersystems für die Umsetzung von Propylen zu seinem Chlorhydrin. In der ersten Kammer einer derartigen Anlage wird Chlor zusammen mit entsprechend neu zugegebenem Wasser im umlaufenden, mit Wasser verdünnten Propylenchlorhydrin gelöst. Nach Aufgeben des Chlors gelangt das Stoffsystem in die 2. Kammer, in der es mit einem Propylenstrom zusammentrifft und sich die Umsetzung vollzieht.

Die Bildung von Nebenprodukten bei der Chlorhydrinierung von Propylen ist nicht zu vermeiden, da in der Chlorhydrinlösung neben freier HOCl noch freie HCl und freies Cl_2 gelöst vorliegen. Cl_2 bewirkt durch Reaktion mit Propylen die

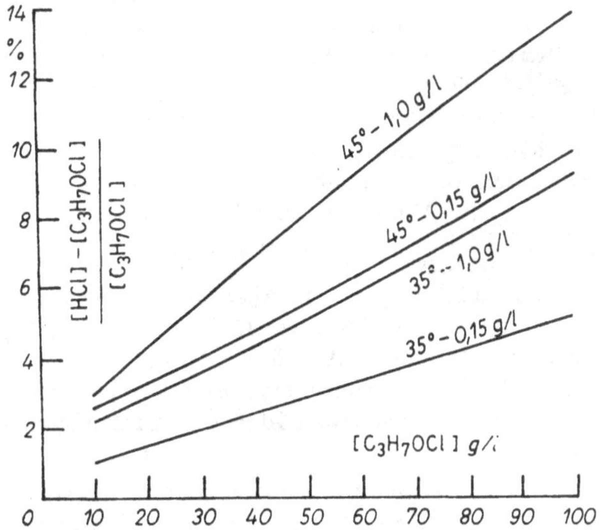

Abb. 28: Einfluß des HCl-Überschusses auf die Bildung von Propylenchlorhydrin

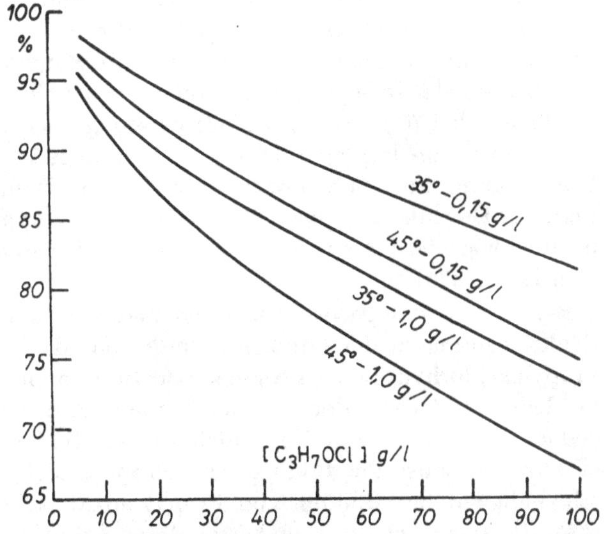

Abb. 29: Ausbeute an Propylenchlorhydrin, bezogen auf Cl_2 in Abhängigkeit von der Endkonzentration an Propylenchlorhydrin

Bildung von 1.2-Dichlorpropan, durch Reaktion mit Propylenchlorhydrin die Bildung von Dichlordiisopropyläther.

Wie beim Äthylenchlorhydrin machen eintretende Nebenreaktionen es wünschenswert, bei Temperaturen unterhalb 50—60 °C zu arbeiten. Unter diesen Bedingungen kann Äthylendichlorid weitgehend mit dem abziehenden Gasstrom über

Kopf abgenommen werden, und der Ausbildung einer zweiten Phase im Reaktor ist dann vorgebeugt. Bei der Umwandlung des Propylens läßt das schwerere Dichlorid es nicht zu, mit einem reinen Propyleneinsatzstrom zu arbeiten, was Vorteile bieten würde. Jedoch läßt sich das Dichlorid während einer bei 50 bis 60 °C stattfindenden Umsetzung auch dann abstreifen, wenn ein Kohlenwasserstoffstrom mit nicht mehr als 45 % Propylen Verwendung findet. Der Rest kann aus Inertgas, wie Methan, Äthan, Propan oder Stickstoff, bestehen. Nach FERRERO [13] darf die wäßrige Phase nicht mehr als 0,5 g/l Chlor beim Zusammentreffen mit dem Propylenstrom enthalten. Auch die Konzentration der Chlorhydrinlösung selbst darf nicht zu sehr ansteigen, um die Nebenreaktionen nicht zu sehr zu begünstigen. Abbildung 28 gibt die Variation des Verhältnisses überschüssige HCl $\left\{\frac{[HCl]-[C_3H_7ClO]}{[C_3H_7ClO]}\right\}$ als Funktion der Konzentration an Propylenchlorhydrin an und Abbildung 29 die Ausbeute an Propylenchlorhydrin, bezogen auf verbrauchtes Cl_2, bei 35 bzw. 45 °C in Abhängigkeit von der Konzentration an Propylenchlorhydrin. Aus diesem Grunde ist es nicht möglich, im geraden Durchgang die Produktkonzentration auf einen wirtschaftlich tragbaren Wert zu bringen, und man gebraucht daher ein Umlaufsystem der schon oben beschriebenen Art.

Auf die erzielbare Ausbeute ist die Konzentration an Propylenchlorhydrin beim Verlassen des Reaktors von Einfluß, und zwar in höherem Maße als bei der Umsetzung von Äthylen. Bei 45°C und mit einer Chlorkonzentration von 0,15 g/l beim Zusammentreffen mit Propylen wurden 97% verwertbares Produkt erhalten, wenn die Gesamtkonzentration an Propylenchlorhydrin unterhalb 5 g/l gehalten wurde. Dagegen fiel die Ausbeute bei einer Konzentration von 50 g/l auf 89,5% und bei 70 g/l = 7% auf etwas weniger als 87% des theoretischen Wertes. Temperaturerniedrigung auf 35°C zeigte eine geringe Ausbeuteerhöhung. Weitere Erniedrigung der Temperatur unter diesen Punkt führte jedoch zu keinem weiteren Gewinn, und bei 15 °C verursachten apparative Schwierigkeiten Ausbeuteverluste in der Art, wie sie schon bei der Bildung von Äthylenchlorhydrin angedeutet wurden.

Beim Zweikammersystem benötigt man zur Erzeugung des Chlorhydrins einen Reaktionsraum in der Größenordnung von rd. 1,2 m³/tato. Die Verseifung des Propylenchlorhydrins zu Propylenoxid führt man unter Bedingungen durch, die in der Hauptsache der entsprechenden Bildung von Äthylenoxid gleichen. Jedoch darf hierbei nur Kalkmlich Einsatz finden, die nicht mehr als 1 % MgO enthält, da sonst die Bildung von Propionaldehyd überhand nimmt. Die Geschwindigkeit der Bildung von Propylenoxid ist wesentlich geringer, und zwar etwa 10mal, als bei der schon betrachteten Äthylenoxiderzeugung. Man hat jedoch gefunden, daß die Produktbildung im Falle des Propylens hauptsächlich durch die Gegenwart von Produkt im Reaktionsmedium gebremst wird. Es ist deshalb möglich, die Reaktion zu beschleunigen und schließlich in technisch brauchbare Grenzen zu bringen, indem man die Abtrennung des Produktes aus dem System so schnell, wie es sich bildet, ermöglicht und vollzieht.

In einem französischen Patent wird ein zweiteiliger Reaktionsturm empfohlen [16], dabei werden 93,5% Propylenchlorhydrin neben 6% 1,2-Dichlorpropan erhalten. Ferner wird vorgeschlagen, Chlor und Propylen an verschiedenen Stellen eines Reaktionsturmes in wäßrige HOCl einzuleiten [15, 17]. Auch das Hintereinanderschalten mehrerer Reaktoren in Kaskade wird empfohlen, wobei in den 1. Reaktor Wasser sowie Chlor und in die jeweils folgenden das Reaktionsgemisch des vorhergehenden Reaktors und Propylen geleitet werden. Auf diese Weise können gute Ausbeuten erhalten werden [18]. Ein Verfahren, bei dem gleichzeitig Chlor,

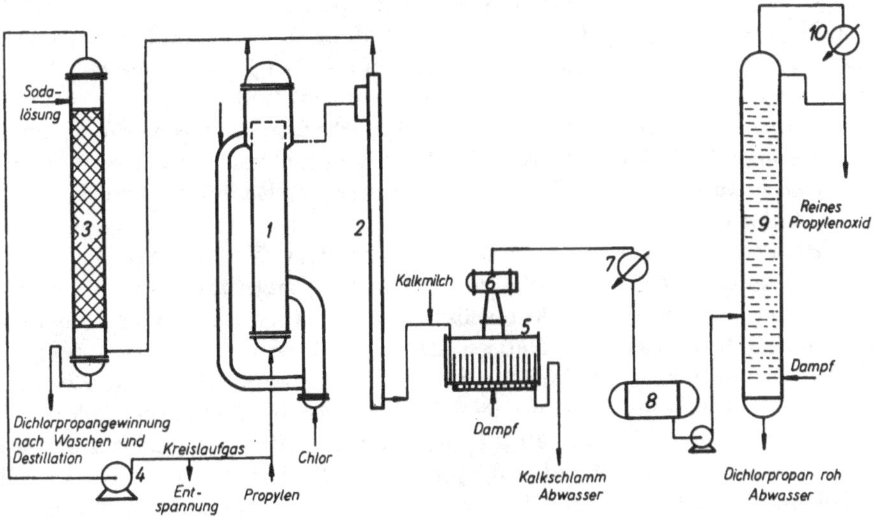

Abb. 30: Schema einer Propylenoxid-Anlage

1 — Chlorhydrin-Kolonne; *2* — Entgasung; *3* — Sodawäsche; *4* — Kompressor; *5* — Verseifung; *6* — Dephlegmator; *7* — Kondensator für rohes Propylenoxid; *8* — Lager für rohes Propylenoxid; *9* — Bodenkolonne; *10* — Kondensator für reines Propylenoxid

Wasser und Propylen aufeinander einwirken, wird von V. S. Etlis [19] sowie in Patenten der BASF [20] und der Shell [21] beschrieben.

Ein Überblick über Laborversuche zu Herstellung von Propylenchlorhydrin wird von A. May und K. H. Franke [9] gegeben.

Es ist nicht erforderlich, reines Propylen für die Chlorhydrinierung einzusetzen, eine Verdünnung mit Propan kann sogar günstig sein [22—25].

Nach Angaben eines amerikanischen Patentes läßt sich die Reaktion von Propylen mit Chlor sogar in 20—80%iger Schwefelsäure bei 10—11°C durchführen [26].

Nach Literaturangaben [27] ist es ferner möglich, Propylenoxid auch bei gemeinsamer Chlorhydrinierung von Äthylen und Propylen zu gewinnen, da gebildetes Propylenchlorhydrin etwa 20mal schneller in Kalkmilch verseift wird als Äthylenchlorhydrin.

Ferrero verbesserte die Zweikammeranlage dadurch, daß er einen Teil der wäßrigen Chlorhydrinlösung als Rücklauf wieder in den Turm zurückführte.

Nach Untersuchungen von S. Myskowski [28] ist für die Richtung der HCl-Abspaltung aus Propylenchlorhydrin der pH-Wert von entscheidender Bedeutung: Bei pH 9—12 wird Propylenoxid, bei pH 5—7 Propylenglykol und in stark saurem Medium Aceton gebildet. Eine Erhöhung des Molverhältnisses $Ca(OH)_2$ zu Propylenoxid von 1:1 auf 2:1 erhöht die Ausbeute an Propylenglykol, senkt die Ausbeute an Propylenoxid und beeinflußt die Ausbeute an Carbonylverbindung nicht. Als optimale Parameter der Propylenoxidherstellung wurden ermittelt: ~ 100 °C, höchstmögliche Konzentration an Propylenchlorhydrin; Konzentration an $Ca(OH)_2$ ~ 200 g/*l*; pH 9—12; Wärmezufuhr 500 kcal/Mol Propylenchlorhydrin. Die maximale Ausbeute an Propylenoxid lag bei 91 Mol-% (neben 7 Mol-% Propylenglykol und 2 Mol-% Carbonylverbindungen) [28].

Die Propylenoxidherstellung nach dem Chlorhydrinverfahren erfolgt im einzelnen wie folgt (vgl. Abb. 30). Zur Herstellung von unterchloriger Säure wird in eine säurefest ausgekleidete Kolonne *1* am untersten Ende über eine Fritte gasförmiges Chlor eingeleitet.

Gasförmiges Propylen wird gemeinsam mit dem Kreislaufgas im geringen Überschuß an einer anderen Stelle der Kolonne (*1*) zugeführt. Aus der gefüllten Kolonne wird ein Teil der Reaktionslösung zur Weiterverarbeitung in den ebenfalls säurefest ausgekleideten Entgasungsturm (*2*) abgeleitet. Der größere Teil jedoch wird über einen Überlauf im Kreislauf umgewälzt. Am oberen Ende des Kreislaufs wird Frischwasser in dem Maße zugegeben, daß die Chlorhydrinkonzentration in der Kolonne 40 g/*l* nicht überschreitet und außerdem soll der Gehalt an freiem Chlor nicht über 0,3 g/*l* liegen. Die Reaktionstemperatur soll in der Kolonne auf 40—45 °C gehalten werden. Das am oberen Ende der Kolonne und im Entgasungsturm (*2*) entweichende nicht umgesetzte Propylen und Propan sowie entweichender Chlorwasserstoff vermischt mit Dichlorpropan werden unter geringem Vakuum von unten in den mit Raschigringen gefüllten Waschturm (*3*) geleitet. Mit Sodalösung, die oben zugegeben wird, erfolgt die Neutralisation und gleichzeitig die Entfernung von mitgerissenem Dichlorpropan. Das neutralisierte Propan-Propylengemisch wird über das Gebläse (*4*) in den Kreislauf zurückgeführt. Für die Aufrechterhaltung eines konstanten Inertgasanteiles ist eine laufende Entspannung kurz vor Wiedereintritt in die Reaktion erforderlich. Es lassen sich optimale Resultate erzielen, wenn der Propylengehalt beim in die Kolonne (*1*) einzuführenden Gase 40 Vol-% nicht unterschreitet. Aus dem Entgasungsturm (*2*) gelangt das Reaktionsgemisch durch einen Überlauf, wo 10 bis 20%ige Kalkmilch zugemischt wird, in den Verseifer (*5*). Letzterer besteht aus einem liegenden eisernen Behälter, der mit Schikanen versehen ist. In jede durch die Schikanen gebildete Zelle wird Dampf eingeblasen und so das Reaktionsgemisch auf 60—80°C aufgeheizt. Dabei erfolgt momentane Umsetzung des Propylenhydrins zum Propylenoxid. Dieses entweicht im Gemisch mit Wasser und gebildetem Dichlorpropan über den Dephlegmator (*6*), wo ein Teil des abdestillierenden Wassers kondensiert und zurückgeführt wird.

Im Kühler (*7*) wird das Destillat gekühlt und im Zwischenbehälter (*8*) gelagert. In der Fraktionskolonne (*9*), die 50 theoretische Böden aufweist, wird das rohe Propylenoxid fraktioniert. Oben destilliert bei 34°C ein über 98%iges Propylenoxid ab, während im Sumpf Wasser, Dichlorpropan verunreinigt durch geringe Mengen von Dichlordiisopropyläther, Propionaldehyd und Propylenglykol verbleiben. Aus dem Sumpf wird das Dichlorpropan nach Trocknung mit Calciumchlorid in diskontinuierlicher Fahrweise herausdestilliert. Die Ausbeute liegt, berechnet auf eingesetztes Chlor, bei 80%. Die Anlage wird voll kontinuierlich betrieben und hat trotz kleiner Aggregate eine große Leistung.

7.2. Herstellung von Propylenoxid durch Direktoxydation

Während sich beim Äthylenoxid die Direktoxydationsverfahren unter Verwendung von Silberkontakten gegenüber dem klassischen Chlorhydrinverfahren längst durchgesetzt haben, basiert die gegenwärtige Produktion von Propylenoxid noch auf dem klassischen Verfahren über Propylenchlorhydrin. Bei Propylenoxid erhielt man bisher unter diesen Bedingungen nur unzureichende Ausbeuten, obwohl sich die Untersuchungen zur Direktoxydation von Propylen, wie nachstehende Aufstellung zeigt, bereits über 30 Jahre hinziehen.

1935 — Societe Francaise de Catalyse [32]
(Katalytische Oxydation über Gold, Silber-Gold- und Gold-Silber-Mangan-Legierung)
1936 — V. Pigulewski (UdSSR) [36]
(Propylen über NH_4VO_3-Katalysator)
1950 — Union Carbide, Linde Air
(Propylenoxydation ohne Katalysator in mit Raschigringen gefüllten Türmen)
1952 — General Aniline und Film Corp.
(Olefingemisch im Wirbelbett mit Silber, Silber-Platin und Silber-Gold-Mangan)
1954 — Celanese Corp. of America
(Dampfphaseoxydation von Olefinen oder Olefin-Paraffingemischen über Katalysatoren)
1957 — National Research Corp.
(Olefingemische mit Manganpropionat)

Dennoch hat es gerade in jüngster Zeit nicht an Versuchen gefehlt, die Direktoxydation von Propylen zu Propylenoxid mit günstigeren Ausbeuten zu ermöglichen. Wenn auch viele Arbeitsrichtungen bisher noch nicht den gewünschten Erfolg brachten, so ist doch zu erwarten, daß sich auch hier eines Tages die Direktoxydation erfolgreich durchsetzt.

7.2.1. Oxydation von Propylen zu Propylenoxid in flüssiger Phase unter Druck

Die ersten Versuche, Propylenoxid durch Direktoxydation von Propylen in flüssiger Phase herzustellen, werden 1957 in einem amerikanischen Patent beschrieben [38]. Hiernach wird entweder reines Propylen bei 21,1 at oder ein Gemisch von Propylen und Propan (1:1) bei 52,7 at in Gegenwart von Manganpropionat, gelöst in Benzol, bei 175—225 °C bzw. 160—180 °C oxydiert. Das Arbeiten in dem inerten Lösungsmittel ist erforderlich, um die Hydrolyse von Propylenoxid zu Propylenglykol zu vermeiden. Die Ausbeuten betrugen, bezogen auf verbrauchtes Propylen, 40% Propylenoxid und 20% Propylenglykol neben Säuren, CO und Methylformiat. Der Zusatz von Propan steigert die Ausbeute, günstig ist außerdem ein Zusatz von Nitrobenzol, um Polymerisationen während der Oxydation zu unterdrücken. Als Lösungsmittel werden Verbindungen eingesetzt, die gegenüber Sauerstoff und Propylenoxid inert, mit Wasser nicht mischbar sind und größere Mengen Propylen lösen (neben Benzol vor allem Isooctan, Neopentan, Isododecan usw.). Eine Oxydation bei höherer Temperatur (210—230°C) in Toluol ist möglich, wenn ein wss. Phosphatpuffer (pH 6,5) zugesetzt wird [39].

Die Oxydation von Propylen in aromatischen Kohlenwasserstoffen wird günstig beeinflußt, wenn man dem Reaktionsgemisch zur Neutralisation der gebildeten Säuren Na_2CO_3 oder eine andere basische Verbindung [40] oder K_2CO_3 [41] zusetzt. Nach dem ersten Verfahren werden bei einem Umsatz von 12,5% 28,8 Mol-% Propylenoxid und 18 Mol-% Propylenglykol neben Säuren und Estern erhalten, zur Initiierung der Reaktion erscheint es vorteilhaft, eine carbonyl- bzw. carboxylgruppenhaltige Verbindung, z. B. Propionaldehyd oder Acetaldehyd, zuzusetzen. Nach [41] erhält man durch eine spezielle gestaltete Reaktionskammer einen hohen Umsatz (94,2%) und hohe Raum-Zeit-Ausbeuten: 100 g/h Propylenoxid und 50 g/h Propylenglykol.

Umfangreiche Untersuchungen zur Flüssigphaseoxydation von Propylen wurden von J. Imamura et al. [42, 43] durchgeführt. Die Autoren fanden bei Untersuchung zwischen 145° und 220 °C sowie bei 2—10 at, daß Mangannaphthenat der günstigste Katalysator ist in bezug auf die Selektivität im Hinblick auf die Bildung von Propylenoxid. Die Induktionsperiode wird durch Erhöhung des O_2-Partialdruckes und der Konzentration an Propylen sowie durch Zusatz von Oxydat vorausgegangener Ansätze verkürzt, die Erhöhung der Reaktionstemperatur hat den gleichen Effekt (Dauer der Induktionsperiode bei 145 °C 6 Std., bei 220 °C 1 Min.). Die Oxydation verläuft radikalisch, als Kettenabbrecher fungieren Peroxyverbindungen der Struktur $CH_2{=}CH{-}CH_2O_2$. Unterhalb 190 °C liegt die Aktivierungsenergie bei 16,1 kcal/Mol, oberhalb 190 °C bei 0 kcal/Mol. Unterhalb 190 °C ist die Geschwindigkeit der Sauerstoffabsorption geschwindigkeitsbestimmend. Sie ist unabhängig vom Sauerstoffpartialdruck (bei 2—5 at) und proportional der 1,3. bis 1,4. Potenz des in Benzol gelösten Propylens, ein Propanzusatz ist ohne Einfluß.

F. Lanos [44] fand, daß bei 10—15% Umsatz im Hinblick auf Propylenoxid und Propylenglykol die Selektivität am höchsten ist. Maximal wurden bei 22 bis 30 at auf 1000 g verbrauchtes Propylen 700 g Propylenoxid und -glykol erhalten.

Neuerdings wird von der Distillers Comp. berichtet [45], daß sich Propylen in Lösung auch ohne Katalysator zum Propylenoxid umsetzen läßt. Die Arbeitsweise einer solchen Anlage soll anhand eines einfachen Schemas beschrieben werden (vgl. Abb. 31). Sauerstoff bzw. Luft wird in den Reaktor (*2*), der mit einer Lösung von Propylen in Kohlenwasserstoff gefüllt und auf die gewünschte Reaktionstemperatur angeheizt ist, eingeführt. Das den Reaktor verlassende Umsetzungsgemisch wird im Wärmeaustauscher (*3*) auf etwa 10—20 °C abgekühlt und nach Verlassen des Wärmeaustauschers werden die bei Oxydation entstandenen sauren Anteile, wie Fettsäuren usw., durch Behandeln mit wäßriger Alkalilösung neutralisiert. Im Trenngefäß (*4*) wird der wäßrig alkalische Extrakt unten abgetrennt. Die hier verbleibende Kohlenwasserstofflösung wird in den Extrakteur (*5*) weiter-

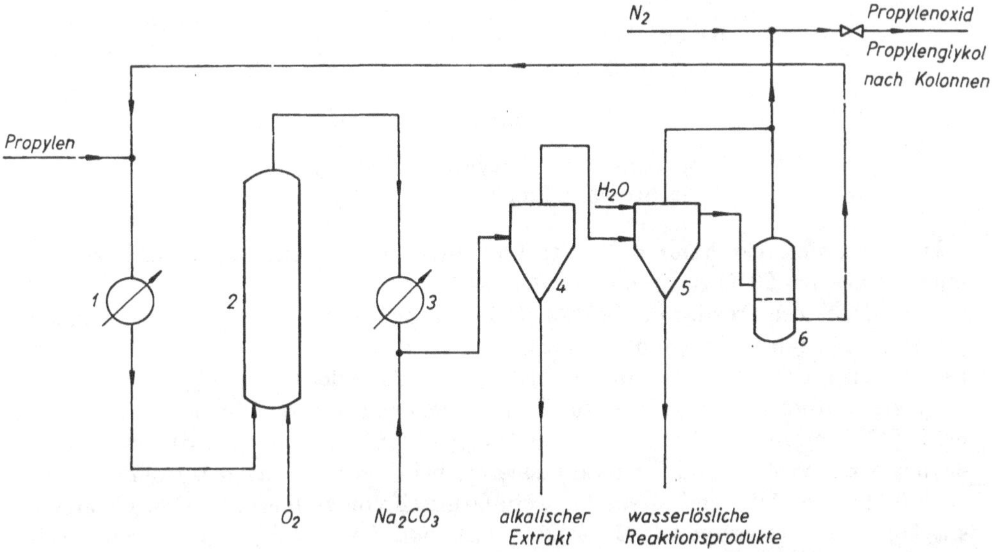

Abb. 31: Schema einer Anlage zur Herstellung von Propylenoxid durch Direktoxydation

1 — Vorerhitzer; *2* — Reaktor; *3* — Wärmeaustauscher; *4* — Scheidevorrichtung; *5* — Extrakteur; *6* — Behälter; *7* — Kontrollventil

geleitet, um dort bei 10—20 °C mit Wasser extrahiert zu werden. Hierbei werden mindestens 50—70% des entstandenen Propylenoxids und Propylenglykols vom Wasser aufgenommen. Der wäßrige Extrakt wird aus dem Extrakteur entspannt und in den Kolonnen fraktioniert destilliert, wobei reines Propylenoxid und Propylenglykol gewonnen werden. Der für die Reaktion eingesetzte Kohlenwasserstoff wird über den Trennbehälter (*6*) in den Vorheizer zurückgeführt. Ebenso wird das nichtumgesetzte Gas im Kreislauf geführt. Das regulierbare Kontrollventil (*7*) regelt den gewünschten Druck in der Anlage, bei der mit Ausnahme der Destillationskolonnen alle Aggregate unter Betriebsdruck gefahren werden.

Die Anlage wird bei folgenden Reaktionsbedingungen betrieben:

Reaktionsbedingungen:

Druck (atü)	= 56
Temperatur (°C)	= 167—179

Einspritzung:

Sauerstoff (Volumteile/h)	=	216
Propylen (Gewichtsteile/h)	=	233
Kaliumcarbonatlösung 3%ig (Gewichtsteile/h)	=	1437
Extraktion bei 10 °C (Wasser-Gewichtsteile/h)	=	5400

Umsatz:

Sauerstoff %	99,8
Propylen %	94,2

Ausbeute:

Propylenoxid und Propylenglykol 46,3%;
Anteil hierbei an Propylenoxid = 70%

Das Propylenoxid kann nach der Oxydation durch Extraktion mit Wasser unter Druck bei 20 °C gewonnen werden [45].

Eine drucklose Oxydation bei 200 °C ist in mehreren Lösungsmitteln möglich (Dimethylphthalat, Siliconöl, Fluorkohlenwasserstoffe, Dibutylsebacat u. a.), jedoch beträgt der Umsatz nur 1,0—1,5%/Std., die Selektivität lag bei 55—60% [46], als weitere Lösungsmittel zur Druckoxydation werden Nitrile, z. B. Acetonitril [47], empfohlen (bei 200 °C und 725 p.s.i. 18% Propylenoxid) sowie polyacylierte Ester, wie Propylenglykoldiacetat, bei dieser Reaktion lag der Umsatz nach 5 Min. bei 20% und es entstand ein Gemisch von 44,6 Mol-% Propylenoxid; 4,2 Mol-% Acetaldehyd, 10,2 Mol-% Methanol, 1,8 Mol-% Essigsäuremethylester, 2,2 Mol-% Aceton, 0,4 Mol-% Ameisensäure, 16,5 Mol-% Essigsäure und 12,6 Mol-% Wasser [48].

Für die Oxydation in flüssiger Phase werden die verschiedensten Katalysatoren vorgeschlagen, z. B. von R. S. Aries [49] in der Hitze zersetzliche Salze von Co, Cu, Mn, V oder Cr, wobei Bleicarbonat oder -acetat bzw. Bariumcarbonat oder -acetat als Promotoren dienen können. Nach 10minütiger Oxydation bei 200°/800 lb/s.q.i. in Benzol wurde aus 465 g Propylen erhalten: In Gegenwart von Kobaltacetat 265 g Propylenoxid und 61 g Propylenglykol; in Ggw. von $PbCO_3$ allein: 190 g + 73 g; Co-acetat + $PbCO_3$: 312 g + 62 g; Co-acetat + $BaCO_3$: 307 g + 65 g; Mn-acetat + Ba-acetat: 298 g + 60 g.

Bei der Druckoxydation in Benzol wird der Zusatz von Kobalt-, Nickel- und besonders Kupferphthalocyanin empfohlen [50] (bei 175 °C nach 10 Min. 40,1% Propylenoxid und 2,2% Propylenglykol).

Als weitere Lösungsmittel werden Borsäureester in Gegenwart von Quecksilberacetat (180 °C; 50 p.s.i.) [51] sowie Co-Katalysatoren (Co-caprylat) und ein mit Wasser teilweise mischbares Lösungsmittel (z. B. Gemisch von Chlorbenzol und Aceton) vorgeschlagen (150 °C; 49 at: 62,4% Propylenoxid neben Propylenglykol u. a.) [52].

Wie schon kurz hingewiesen, vermögen Zusätze von Aldehyden die Induktionszeiten stark zu verkürzen, damit können die Reaktionstemperaturen herabgesetzt werden, z. B. können Propylen und Acetaldehyd bei 100 °C/80 at cooxydiert werden: Umsatz an C_3H_6 43%; an Acetaldehyd 88%. — Ausbeute an Propylenoxid 57 Mol-%; an Essigsäure 70 Mol-% [53]. Die Oxydation von Propylen in Methylacetat in Gegenwart von Acetaldehyd [54] bei 200 °C ergab 49,4 Mol-% Propylenoxid. Die Oxydation in Gegenwart von Acetaldehyd kann durch Ultraviolettbestrahlung oder Peroxyalkyl- bzw. -acylverbindungen beschleunigt werden [55], die Oxydation kann außerdem durch Zusatz von Wasserstoffperoxid oder Alkylhydroperoxiden in Gegenwart von Cu-, Mn-, Ni- oder Co-Salzen begünstigt werden [56].

In einigen Patenten wird vorgeschlagen, die Oxydation von Propylen zu Propylenoxid in Analogie zur Epoxydation nach PRILESCHAJEW mit Peroxyverbindungen durchzuführen, z. B. mit Aldehydmonoperacylaten (Acetaldehydmonoperacetat) bei 70 °C [57], mit Peressigsäure bei 30—80 °C unter Druck in Essigsäure-Aceton oder Methylal [58], mit tert.-Butylperoxid in tert.-Butanol bei 80 °C/28 at in Gegenwart von Mo-naphthenat [59] (86% Propylenoxid) oder MoO_3 bei 110 °C [60] (Selektivität 86,7%), mit Aralkylhydroperoxiden in Gegenwart von Mo-, V- oder W-Katalysatoren [61] (in Gegenwart von Cumolhydroperoxid und Mo-naphthenat bei 90 °C nach 1 Std. Umsatz 92,7%, Selektivität 98,0%), mit in situ aus Acetaldehyd gebildeter Peressigsäure ohne Katalysator [62, 63] oder in Gegenwart von $CoCl_2$, $FeCl_3$ oder $CuBr_2$ (21 bzw. 42 at und 56—200°C, maximal 73,5% Propylenoxid) [64], durch vorherige Peroxydation von Cyclohexanol in Gegenwart von $CaCO_3$ und Cyclohexanonperoxid bei 120°C und Reaktion mit Propylen in Gegenwart von Phthalsäureanhydrid [65]. Schließlich ist es auch möglich, C_3H_6 mit einer organischen Verbindung, die fähig ist, ein Hydroperoxid zu bilden (z. B. Alkan, Alkylbenzol, Carbonylverbindung), zusammen zu oxydieren [66] (z. B. mit Acetaldehyd bei 80°C/50 at, der in Essigsäure übergeht). Die direkte Epoxydation von Propylen gelingt auch mittels H_2O_2 bei 50—70 °C in Gegenwart von Essigsäure und Silicophosphorsäure [67].

Bei der Monsanto Co. ist eine Pilotanlage in Betrieb, in der in 60%iger Ausbeute Propylen durch Peressigsäure zu einem Gemisch von Propylenoxid und Propylenglykol oxydiert wird.

7.2.2. Oxydation von Propylen zu Propylenoxid in der Gasphase

Versuche, Propylen an Silberkatalysatoren in ähnlich guten Ausbeuten zu Propylenoxid zu oxydieren wie Äthylen zu Äthylenoxid, sind bisher noch nicht geglückt. Untersuchungen von GHOROKOVATSKIJ [29, 30] ergaben bei 130 bis 260 °C und Kontaktzeiten von 0,6—6 sec weniger als 0,07% Propylenoxid. Hauptumsetzungsprodukte waren jeweils CO_2 und Wasser. Durch Zugabe von Promotoren sollen sich die Ausbeuten verbessern lassen. Hierfür eignen sich Zusätze an CuO zu einem Katalysator aus Ag_2O. Derartige Kontakte sollen bei

160—180 °C Propylenoxid ergeben. Bei höheren Temperaturen dagegen entsteht Acrolein [31]. Weiterhin werden Katalysatoren auf der Basis Ag/Au und Ag/Au/Cu vorgeschlagen [32]. Auch Kontakte auf der Basis von Silberoxid/BaO_2 auf verschiedenen Trägern sollen nach kurzer Vorbehandlung mit Chlor bei Reaktionstemperaturen von 220 °C einen Umsatz von 36% ergeben. Die Ausbeute wird hierbei mit 18% angegeben [37]. Beim Arbeiten in der Wirbelschicht bei 220 bis 260 °C mit und ohne Promotoren sollen Ag-Katalysatoren günstig wirken [34].

Bi-P-Mo-oxidkatalysatoren geben neben Acrolein geringe Anteile Propylenoxid [35]. Vanadatkatalysatoren sind wirkungslos bei der Propylenoxidbildung aus Propylen [36]. In einer Reihe von Patenten wird die Direktoxydation von Propylen zu einem Gemisch verschiedener Produkte, darunter Propylenoxid, beschrieben. Nach Y. Kamiya [33] entstand bei 330—370 °C bei Drücken bis zu 5 at bei einem Umsatz von 12,8% neben anderen Produkten Propylenoxid, in einer Ausbeute von 24 Mol-%, bei 315 °C wurden im Ausgangsgas neben 3,4% Acetaldehyd und 0,7% Acrolein nur noch 2,7% Propylenoxid festgestellt. Der Zusatz halogenhaltiger Verbindungen wirkte günstig.

Nach den Angaben einer Patentanmeldung der Farbenfabriken Bayer [68] werden in einem Oxydationsreaktor, der aus einem Vorheizelement, einer Reaktionskammer von 0,8 *l* Inhalt und einem Kühler besteht, bei einem Druck von 8 atü stündlich 20 m³ eines Gasgemisches geleitet, das 45 Vol.-% Propylen und 5 Vol.-% Sauerstoff enthält. Der Rest besteht vorwiegend aus Stickstoff, Kohlenoxid und Kohlendioxid.

Die Temperatur im Vorheizelement wird auf 280—300 °C gehalten. Die Temperatur steigt dann in der Reaktionskammer auf 430—450 °C an. Infolge der eintretenden Oxydationsreaktionen sinkt der Sauerstoffgehalt auf 0,5—1,0 Vol.-%. Die den Reaktionsofen verlassenden Reaktionsgemische werden gekühlt und einer Druckwasserwäsche unterworfen.

Aus den gasförmig verbleibenden Anteilen, die neben Propylen vor allem Sauerstoff, Stickstoff, Kohlenoxid und Kohlendioxid enthalten, wird Kohlenoxid zu CO_2 konvertiert und dieses dann mit einer alkalischen Waschflüssigkeit entfernt. Im verbleibenden Gasstrom werden verbrauchtes Propylen und Sauerstoff ergänzt und das Gemisch über einen Kompressor dem Oxydationsreaktor wieder zugeleitet.

Bei der destillativen Aufarbeitung des Extraktionswassers werden auf 1000 kg verbrauchtes Propylen folgende Oxydationsprodukte erhalten:

270 kg Propylenoxid
330 kg Acetaldehyd
24 kg Äthylenoxid
25 kg Propionaldehyd
73 kg Acrolein
16 kg Aceton
62 kg Gemisch höhersiedender Stoffe

Die Raum-Zeit-Ausbeute an Propylenoxid beträgt 400—450 g pro Liter und Stunde.

Ähnlich werden nach einem amerikanischen Patent [69] Propylen und Propylen-Propangemische bei 340 °C (Temperaturanstieg auf 450—510 °C) oxydiert und Ausbeuten von 8—11,5 Mol-% Propylenoxid neben Propionaldehyd, Acrolein und Hydroxyaceton erhalten. Als Verdünnungsmittel wird für die Oxydation von D. M. Newitt [70] Wasserdampf vorgeschlagen, dabei wurden bei 215 bis 260 °C 19,7% eines Gemisches von Propylenoxid und -glykol erhalten. Die Ausbeuten bei der einfachen Luftoxydation von Propylen an Alkoholen, Aldehyden und Propylenoxid können unter dem Einfluß hochenergetischer ionisierender Strahlung erhöht werden [71]. Auch durch Oxydation von Propan allein [72] ist es möglich, neben anderen Produkten Propylenoxid zu erhalten.

Aus England wird mitgeteilt, daß sich bei der ICI eine Versuchsanlage zur Direktoxydation von Propylen in Betrieb befindet [73].

Größte Beachtung muß kürzlich erschienenen Veröffentlichungen [74—84] und Patenten, bei denen ein Verfahren zur gleichzeitigen Herstellung von Propylenoxid und Styrol beschrieben wird, geschenkt werden.

Vom Äthylbenzol und Propylen ausgehend spielen sich bei diesem interessanten Prozeß folgende Umsetzungen ab: Äthylbenzol wird bei 130 °C und unter 3,5 at mit Mo-Naphthenat als Katalysator unter Sauerstoffeinwirkung zu α-Äthylbenzolhydroperoxid umgesetzt. Bei einmaligem Durchgang werden 13% Umsatz und eine Ausbeute von 84% erreicht. Aus α-Äthylbenzolhydroperoxid entsteht beim Umsatz mit Propylen bei 110 °C unter Verwendung von Mo-naphthenat als Katalysator Phenylmethylcarbinol und Propylenoxid. Aus Phenylmethylcarbinol entsteht durch Wasserabspaltung Styrol. Bei Verwendung von TiO_2 als Katalysator und Durchführung der Reaktion bei 182—282 °C (optimal 200—250 °C) entsteht in 80—95%iger Ausbeute Styrol.

Folgender Reaktionsablauf spielt sich hierbei ab:

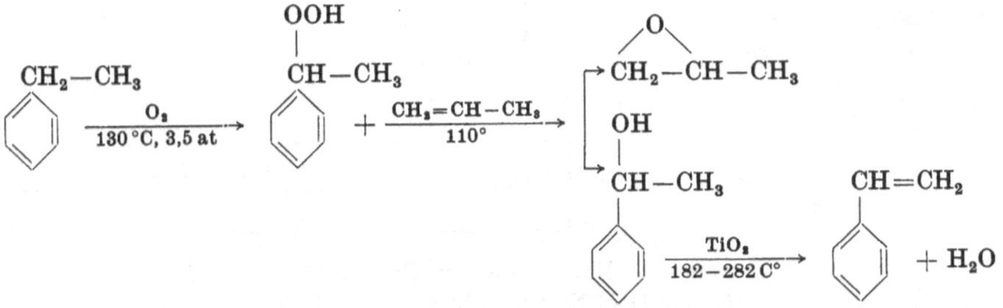

Etwa die gleichen Ergebnisse werden erhalten, wenn Cumolhydroperoxid Verwendung findet. Hierbei wird α-Methylstyrol erhalten.

Einzelheiten über dieses Verfahren werden von R. Landau [74] berichtet. Hiernach ergibt die Reaktion zwischen einem Hydroperoxid und Propylen nur wenig Propylenoxid. Erst ein Katalysatorzusatz bringt hierbei eine wesentliche Verbesserung, wie die Tab. 32 der Reaktion von α-Äthylbenzolhydroperoxid und Propylen in Äthylbenzol bei 110 °C zeigt.

Tabelle 32:

Reaktion von α-Äthylbenzolhydroperoxid und Propylen bei 110 °C

Katalysator (0,002 Mol/Mol ROOH als Naphthenat)	Umsatz in %	% Selektivität Mol Propylenoxid pro Mol umgesetztes ROOH	% Selektivität Mol Propylenoxid pro Mol umgesetztes Propylen
Mo	97	71	95
W	83	65	
Ti	54	55	
Nb	22	20	
Re	25	23	
Ta	100	10	

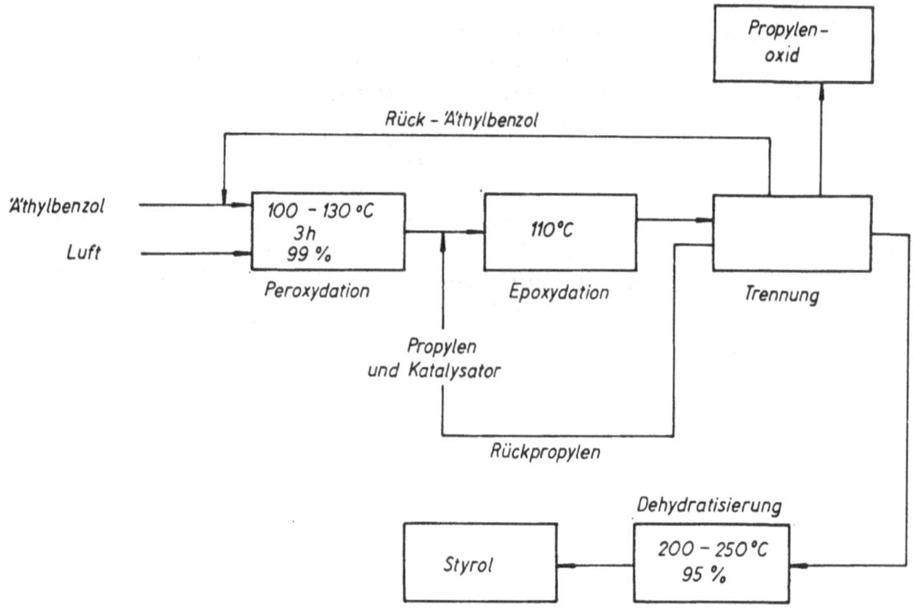

Abb. 32: Gemeinsame Darstellung von Propylenoxid und Styrol (HALCON INTERNATIONAL, INC.)

Unter den Molybdänverbindungen sind sowohl lösliche als auch unlösliche geeignet. Ebenso können außer α-Äthylbenzolhydroperoxid auch Cumolhydroperoxid, tert.-Butylhydroperoxid u. a. eingesetzt werden. Die optimalen Bedingungen für die Reaktion sind 80—130 °C, Reaktionsdauer 2—3 Stunden, Druck 17,5—70 at, Verhältnis Olefin/Hydroperoxid 2—6:1 sowie Katalysatorkonzentration 0,001 bis 0,006 Mol Katalysator pro Mol Hydroperoxid. Die Reaktion verläuft nach einem ionischen Mechanismus.

Abb. 32 gibt schematisch das Verfahren wieder. Anlagen für die kombinierte Propylenoxid-Styrol-Synthese sollen in den USA in Bayport, Tex. [82] (80000 t) und in Spanien (24000 t) [83] errichtet werden.

Das analog arbeitende Verfahren zur Herstellung von tert.-Butanol neben Propylenoxid mit Hilfe von tert.-Butylhydroperoxid wurde von der Arco-Halcon [84] zur Betriebsreife entwickelt.

7.3. *Eigenschaften des Propylenoxids*

Molgewicht		58,08
Schmelzpunkt (°C)		−112,1
Siedepunkt 760 mm (°C)		34,2
Dichte D_4^{20} (g/cm³)		0,8313
Brechungsindex n_D^{25}		1,363
Viskosität bei 25° (cP)		0,28
Verbrennungswärme (der flüssigen Substanz		
bei konst. Vol.)	kcal/Mol	453,1
	cal/g	7771,3
Flammpunkt (°C)		−44
Optische Drehung der (+)-Form $[\alpha]_D^{20}$		11,6°
Kritische Temperatur T_K (°C)		209,1
Kritischer Druck D_K (atü)		50,2
Ausdehnungskoeffizient (°C)		0,00151
Dipolment (Debye)		2,00
absolute Viskosität (cP)		0,38
spez. Wärme (cal/g °C)		0,51
Verdampfungswärme am Siedepunkt (kcal/Mol)		6,6
Explosionsgrenze im Gemisch (Vol.-%)		
mit Luft		2,8−36,8

Dampfdruck von Propylenoxid bei verschiedenen Temperaturen vgl. [85] und [86].

Mit den gebräuchlichen organischen Lösungsmitteln ist Propylenoxid unbegrenzt mischbar. In Wasser von 20 °C lösen sich 40,5 Gew.-% Propylenoxid und Propylenoxid löst bei 20 °C 12,8 Gew.-% Wasser. Bei tieferen Temperaturen kristallisiert ein Hydrat $C_3H_6O \cdot 16\,H_2O$ aus (Erstarrungspunkt −3 °C). Bei erhöhtem Druck bilden sich azeotrope Gemische mit Siedepunktminimum z. B. bei 2,1 atü mit 0,1% Wasser und bei 4,2 atü mit 0,2% Wasser.

Propylenoxid verhält sich in seinen chemischen Eigenschaften weitgehend analog dem Äthylenoxid. Wie dieses reagiert es mit Verbindungen, die aktive Wasserstoffatome enthalten, z. B. mit Wasser zu Propylenglykol. Die Hydratation von Propylenoxid gelingt leicht bei gewöhnlicher Temperatur in Gegenwart von Oxalsäure als Katalysator, wobei anschließend Oxalsäure leicht als Calciumoxalat abgetrennt werden kann. Diese Reaktion, für die die Hauptmenge von Propylenoxid Verwendung findet, verläuft in saurer Lösung fast fünfmal schneller als mit Äthylenoxid.

Nachstehende Tab. 33 gibt die Hydrolysegeschwindigkeiten von Äthylen- und Propylenoxid bei 20 °C an:

Tabelle 33:

Konz. an $(COOH)_2 \cdot 2\,H_2O$ in g/100 ml	pH	K Propylenoxid Mol/l · Min	K Äthylenoxid Mol/l · Min
0,1	2,22	$10 \cdot 10^{-3}$	$2 \cdot 10^{-3}$
0,3	1,82	$32 \cdot 10^{-3}$	$6 \cdot 10^{-3}$
0,5	1,64	$52 \cdot 10^{-3}$	$10 \cdot 10^{-3}$
0,7	1,54	$73 \cdot 10^{-3}$	$13 \cdot 10^{-3}$

Bei allen anderen Reaktionen ist Propylenoxid meist reaktionsträger als Äthylenoxid. Das Verhältnis der dabei gebildeten Mono-, Di- und Triglykole hängt vom Verhältnis Wasser/Propylenoxid ab. Tab. 34 gibt in Abhängigkeit von diesem Verhältnis die gebildeten Mengen an.

Tabelle 34:

Verhältnis Wasser/Propylenoxid	Konz. der Lösung in % Propylenoxid	Umwandlung von Propylenoxid in % in Glykole			Zusammensetzung des Reaktionsproduktes (in Gew.-%)		
	(g/100 ml)	Mono	Di	Tri	Mono	Di	Tri
5:1	48	60,0	26,0	14,0	63,5	24,0	12,5
9:1	31	73,5	21,0	5,5	76,0	19,0	5,0
12:1	26	79,0	18,0	3,0	81,0	16,5	2,5
20:1	18	87,0	12,0	1,0	88,5	10,5	1,0
25:1	15	90,0	9,0	1,0	91,0	8,0	1,0

Durch den unsymmetrischen Molekülbau ergeben sich beim Propylenoxid größere Reaktionsmöglichkeiten.

Während das aus Propylen und unterchloriger Säure hergestellte Chlorhydringemisch zu 95% aus $CH_3-CHOH-CH_2Cl$ und zu 5% aus $CH_3-CHCl-CH_2OH$ besteht, erhält man durch Anlagerung von Salzsäure an Propylenoxid etwa 75% $CH_3-CHOH-CH_2Cl$ und 25% $CH_3-CHCl-CH_2OH$. Bei der Reaktion von wäßrigem Ammoniak mit Propylenoxid bildet sich dagegen nur das eine isomere Monoisopropanolamin $CH_3-CHOH-CH_2NH_2$ und daneben, je nach den Mengenverhältnissen, mehr oder weniger Di- und Triisopropanolamin (Abb. 31).

Die durch Alkali katalysierte Addition von Alkoholen und Phenolen ergibt fast ausschließlich primäre Monoäther des Propylenglykols $CH_3-CHOH-CH_2-OR$. Bei der säure- bzw. nichtkatalysierten Reaktion dagegen entstehen daneben auch sekundäre Äther $CH_3-\underset{\underset{OR}{|}}{CH}-CH_2OH$ des Propylenglykols.

Die Polymerisation des Propylenoxids führt zu Polypropylenglykolen.

An Kontakten wie z. B. Alaun, Cr_2O_3—$CdCl_2$—CdO, Cr_2O_3—WO_3—Fe_2O_3 oder Cr_2O_3—WO_3 kann Propylenoxid ohne Schwierigkeiten zu Propionaldehyd isomerisiert werden.

Mit Li_3PO_4 [87—96] oder Li_3AsO_4 [94] läßt sich Propylenoxid zu Allylalkohol umlagern.

Weitere Katalysatoren für die Umlagerung von Propylenoxid in Allylalkohol bzw. Propionaldehyd werden von A. G. Polkovnikova [97] ausgeprüft (Tab. 35).

Tabelle 35:

Katalysator	Umlagerungstemperatur (°C)	Kontaktzeit (sek)	Umsatz (%)	davon Allylalkohol (%)	Propionaldehyd (%)	Verhältnis Allylalkohol: Propionaldehyd
UO_3	400	32	5,4	42	13	3,2:1
U_3O_8	400	30	33	16	7	2,3:1
MoO_3	350	28	21	18	5	3,6:1
Cr_2O_3 + SnO_2	350	26,5	25	52	7	7,4:1
Cr_2O_3 + NiO	300	35	31	48	17	2,8:1
CeO_2	400	8	11	12	18	0,7:1
CoO	400	10	10	35	11	3,2:1
FeO	400	22,5	90	11	20	0,5:1
B_4C	400	12	19	14	28	0,5:1
Koks	400	17,5	19	31	15	2:1

7.4. Verwendung von Propylenoxid

Einen Überblick über die Verwendung von Propylenoxid in den USA gibt Tab. 36 [98].

Tabelle 36:

Verwendungszweck	Propylenoxidverbrauch in 1000 t 1959	1960
Propylenglykol	59	70,3
Polypropylenglykole und Propylenoxidaddukte zur Urethanschaumherstellung	20,4	31,8
Polypropylenglykole als Bremsflüssigkeiten	9,05	9,5
Herstellung oberflächenaktiver Stoffe	5,45	5,9
Verschiedene (Isopropanolamine, Dipropylenglykol u. a.)	11,3	12,7
Gesamt	105,2	130,2

Hauptverwendung für Propylenglykol liegt bei der Polyesterherstellung, wie die folgende Tab. zeigt [98]:

Tabelle 37:

Verwendungszweck	Propylenglykolverbrauch in 1000 t 1959	1960
Polyester	19,5	24,5
Weichmacher	2,7	2,7
Bremsflüssigkeit	4,5	4,5
Weichmacher für Cellophan	8,2	9,1
Export	6,7	6,7
Pharmazeutische und kosmetische Zwecke	15,0	15,9
Verschiedenes (z. B. Tabakbefeuchtung)	5,0	5,5
Summe	61,6	68,9

Polypropylenglykole (Molgewichtsbereich 400–2000) [99], dargestellt durch alkalische oder saure Polymerisation von Propylenoxid, sind wichtige Zwischenprodukte zur Herstellung von Polyurethanschäumen, weiterhin zur Darstellung von Alkydharzen, Emulgatoren, Emulsionsbrechern und Schmiermitteln bzw. Bremsflüssigkeiten, Dipropylenglykol wird in der Druckfarbenindustrie sowie zusammen mit Diäthylenglykol als hydraulische Flüssigkeit von niedrigem Erstarrungspunkt eingesetzt. Der Einsatz von Propylenglykolen ist gegenüber den Äthylenglykolen vorteilhaft wegen ihrer sehr geringen Toxizität, die ihren Einsatz in der pharmazeutischen, kosmetischen und Lebensmittelindustrie gestattet. Gemischte Polyäthylen-polypropylenglykole sind interessante Ausgangsstoffe zur Herstellung nichtionogener Detergentien und bilden eine Grundlage von Spezialschmierölen.

Wie schon erwähnt, führt die Reaktion von Propylenoxid mit Ammoniak bei 50–100 °C zu Mono-, Di- und Triisopropanolaminen [100]. Die Menge an gebildetem Mono-, Di- und Triisopropanolamin hängt vom Verhältnis Propylenoxid/wäßrigem Ammoniak ab, die Reaktion verläuft stufenweise unter Bildung eines Gleichgewichts. Die Reaktionsgeschwindigkeit der Bildung von Mono- und Diisopropanolamin ist ähnlich der von Mono- und Diäthanolamin, während Triisopropanolamin wesentlich langsamer als Triäthanolamin entsteht. Durch Zugabe von Mono- und Diisopropanolamin zum Reaktionsgemisch kann bevorzugt Triisopropanolamin gebildet werden. In Abb. 33 werden diesbezügliche Untersuchungen erläutert. Die hierbei zuzugebende Menge an Mono- und Diisopropanolamin ist sehr hoch und der Menge an freiem Ammoniak und Monoisopropanolamin proportional [13].

Die Isopropanolamine sind interessante Zwischenprodukte zur Synthese von Netzmitteln, Farbstoffen, Pharmazeutika und eventuell zur Herstellung von Polyesteramiden.

Die mögliche Isomerisierung von Propylenoxid durch Li_3PO_4 oder Li_3AsO_4 zu Allylalkohol [101] und zu Propionaldehyd [102] deutet ebenfalls auf technische Aspekte hin, beispielsweise ist von der Olin Mathieson Chemicals Ltd. auf dieser Basis eine Glycerinsynthese entwickelt worden.

In neuerer Zeit erlangt die Polymerisation von Propylenoxid zu Polypropylenoxid zunehmende Bedeutung.

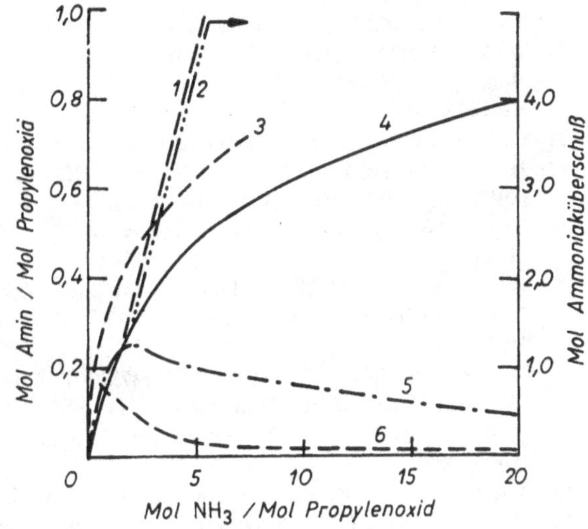

Abb. 33: Herstellung von Triisopropanolamin unter Zurückdrängen der Bildung von Mono- und Diisopropanolamin
1 – Zugabe von Monoisopropanolamin für weiteren Umsatz; *2* – Ammoniak; *3* – Zugabe von Diisopropanolamin für weiteren Umsatz; *4* – Monoisopropanolamin *5* – Diisopropanolamin; *6* – Triisopropanolamin

Durch Copolymerisation von Propylenoxid mit einem anderen ungesättigten Epoxid (Butadienmonoepoxid, Allylglycidäther, Vinylcyclohexenmonoxid u. a.) in Gegenwart eines Katalysators erhält man ein kautschukartiges Polymer, das für viele Spezialzwecke einsetzbar ist [103, 104].

Literatur

[1] Oser: Liebigs Ann. Chem. Spl. **1** (1861), 255
[2] K. Krassuski: Journ. russ. phys.-chem. Ges. **34** (1902), 287–315; ref. C. **1902 II**, 19
[3] H. Schrader: Angew. Chem. **42** (1929), 541–46
[4] G. Kiddoo: Chem. Engng. **59**, *9* (1952), 149–68
[5] H. Tokuno: Yukagaku **14**, *8* (1965), 454–62; ref. C. A. **64** (1966), 672h
[6] H. Shingu: ibid. 8 (1959), 355–61
[7] J. Bigeon: L'Ind. chim. **40, 433** (1953), 221
[8] A. C. Fyvie: Chem. and Ind. **1964** (*10*), 384–88
[9] A. May und K.-H. Franke: Chem. Technik **12** (1960), 59–60
[10] W. Markownikow: Ztschr. für Chemie **1870**, 423; Liebigs Ann. Chem. **153** (1870), 251; A. Michael: J. Präp. Chem. [2] **60** (1899), 454
[11] G. C. Israel: J. Chem. Soc. [London] **1950**, 1282–86
[12] Brit. P. 292066 (1927), IG. Farbenindustrie AG
[13] M. P. Ferrero, L. R. Flamme und M. Fourez: Ind. Chim. belge **19** (1954), 133
[14] K. E. Murray: J. Council Sci. Ind. Research **17** (1944), 213–21

[15] L. Smith und S. Skyle: Acta chem. Scand. **4** (1950), 39; ibid. **5** (1951), 1415—16
[16] F. P. 982969 (1951), Bruay-Progil S. a. r. l.
[17] F. P. 983910 (1951), Bruay-Progil S. a. r. l.
[18] Brit. P. 1016359 (1966); D. A. S. 1168406 (1963); F. P. 1357443 (1964), Farbenfabriken Bayer AG und Erdölchemie GmbH, ähnlich Brit. P. 974462 (1964): D. A. S. 1156394 (1963), Erdölchemie GmbH und Farbenfabriken Bayer AG (O. Jübermann, H. Le Blanc, Chr. Wegner)
[19] V. S. Etlis und L. N. Grobov; Ž. priklad. Chim. **32** (1959), 874—77
[20] D. A. S. 1063140 (1959), BASF (W. Münster und H. Pachaly)
[21] Belg. P. 630446 (1963); D. A. S. 1211140 (1966); U. S. P. 3277189 (1966), Shell Intern. Res. Maatschappij
[22] U. S. P. 2566355 (1951), Jefferson Chemical Ind. (M. Neuhaus)
[23] H. Tokuno, H. Yamamoto, M. Soga, M. Tsutomi und H. Harada: Yukagaku **12** (1963), 97—102; ref. C. A. **59** (1963), 7453a
[24] Brit. P. 738171 (1955), Société carbochimique, S. A. (P. Ferrero, L. R. Flamme, M. Fourez)
[25] Belg. P. 633518 (1963), Farbenfabriken Bayer AG und Erdölchemie GmbH
[26] U. S. P. 2436591 (1948), Standard Oil Devel. Co (Ch. E. Morrell, J. K. Small und H. L. Yowell)
[27] D. Porret: Helv. chim. Acta **30** (1947), 701—06; U. S. P. 2417685 (1947), Wyandotte Chemicals Corp. (J. R. Heard jr.)
[28] J. Myskowskij, A. Z. Zielinski und J. Raszkiewice: Chem. stosowana Ser. **A 10** (1966), 325
[29] Ya. B. Ghorokovatskij und M. Ya. Rubanik: Ukrain. Chim. Ž. **24** (1958), 63—67
[30] B. V. Suvorov, P. K. Sembajew und S. R. Rafikov; Dokl. Akad. Nauk SSSR **172** (1967), 1096—98
[31] U. S. P. 2985668 (1961), (H. Shingu)
[32] Brit. P. 451130 (1936): F. P. 785149 (1935), Société francaise de catalyse généralisée
[33] Belg. P. 592446 (1960), Union chim. Belge S. A.
[34] U. S. P. 2600444 (1952), F. W. Sullivan jr.; U. S. P. 2628965 (1953), General Aniline and Film Corp. (F. W. Sullivan jr.)
[35] C. C. McCain und G. W. Godin: Nature **202** (1964), 692—93
[36] V. V. Pigulewski und E. Ya. Yarzhemskaja; Trans. Exptl. Res. Labor. „Khemgas", Materials on Cracking and chemical Treatment of Cracking Products (USSR) **3** (1936), 178—85
[37] Y. Kamiya: Kogyo Kagaku Zasshi **64** (1961), 1513—14
[38] Brit. P. 786301 (1957), 917926 (1963); D. A. S. 1043311 (1958); U. S. P. 2780634, 2780635, 2784202 (1957), Escambia Chemical Corp. (N. C. Robertson, J. H. Gardner, Ch. J. Tewksbury)
[39] U. S. P. 2824119 (1958), Escambia Chemical Corp. (J. H. Gardner, N. C. Robertson, Ch. J. Tewksbury)
[40] Brit. P. 950669 (1964): D. A. S. 1192172 (1965), Institut Francaise des Carburants et Lubrificants, ähnlich F. P. 1376471 (1964)
[41] F. P. 1334158 (1963), Distillers Co., Ltd. (A. R. Graham, A. F. Millidge und W. J. Ball)
[42] J. Imamura, N. Ota, M. Hirata und I. Kawase: Tokyo Kogyo Shikensho Hokoku **59**, *10* (1964), 447—57
[43] J. Imamura, N. Ota, I. Kawase und M. Hirata: Kogyo Kagaku Zasshi **67**, *7* (1964), 1026—31

[44] F. Lanos, G. M. Clement und F. Poulignen: Chim. et Ind. [Paris] **91** (1965), 47–56
[45] D. A. S. 1192171 (1965), Distillers Co., Ltd. (A. R. Graham, A. F. Millidge und W. J. Ball)
[46] F. W. Meadow und K. U. Ingold: Can. J. Chem. Engng. **42**, *2* (1964), 86–87
[47] U. S. P. 3210380 (1965), Monsanto Co. (D. B. Sharp und St. L. Reid)
[48] Belg. P. 628810 (1963): F. P. 1424689 (1966), Monsanto Chemical Co. (D. B. Sharp und R. C. Binning)
[49] Brit. P. 933548 (1963): D. A. S. 1150060 (1963); U. S. P. 3071601 (1963), R. S. Aries jr.
[50] Jap. P. 22575 (1965), Japan. Bureau of Ind. Techn. (N. Ota, T. Imamura, M. Hirata und I. Kawase)
[51] U.S.P. 3210381 (1965), Monsanto Co. (V. W. Gash)
[52] D.A.S. 1242588 (1967); F.P. 1386354 (1965), Shawinigan Chemicals Ltd. (R. Lanthier)
[53] Niederld. A. S. 6504592 (1965), ICI Ltd.
[54] F.P. 1367762 (1964), Monsanto Co. (St. L. Reid, D. B. Sharp und V. W. Gash)
[55] Brit. P. 963430 (1964), ICI Ltd. (R. S. Coffey und H. G. Lawley)
[56] F.P. 1323787 (1963), ICI Ltd.
[57] Brit. P. 735974 (1955), Union Carbide and Carbon Corp.
[58] Brit. P. 900836 (1962), Brit. Celanese Ltd. (J. A. John und D. J. P. Braddock)
[59] Belg. P. 641452 (1964), Halcon Internat., Inc. (J. Kollar)
[60] Niederld. A. S. 6402137 (1964), Halcon Internat., Inc.
[61] Niederld. A. S. 6500118 (1965), Halcon Internat., Inc.
[62] D.A.S. 1240515 (1967), Knapsack AG
[63] D.A.S. 1225175 (1966), FMC Corp.
[64] F.P. 1377981 (1964), Shawinigan Chemicals Ltd. (A. Rustin, J. Varjavandi und E. R. Hayes)
[65] Belg. P. 638162 (1964), Halcon Internat., Inc. (R. E. Lidov); D.A.S. 1212057 (1966)
[66] F.P. 1397611 (1965), Inst. of Chem. Physics
[67] F.P. 1292304 (1961), Universal Oil Products (H. S. Block)
[68] Belg. P. 623552 (1963); D.A.S. 1161551 (1964), Farbenfabriken Bayer AG (Chr. Wegner, H. Haberland, H. Heinz, D. Hüllstrung, K. Sigwart und R. Haupt)
[69] Brit. P. 718603 (1954); U.S.P. 2689253 (1954), Celanese Corp. of America (N. C. Robertson und R. L. Mitchell)
[70] D. M. Newitt und P. S. Mene: J. Chem. Soc. [London] **1946**, 97–100
[71] Brit. P. 882863 (1961), Brit. Petroleum Co. (R. Turner und R. J. Mieville)
[72] U.S.P. 3132156 (1964), Union Carbide Corp. (R. C. Lemon, Ph. C. Johnson und J. M. Berty)
[73] Chem. Industrie **17**, 309 (1965)
[74] R. Landau, D. Brown, J. L. Russell und J. Kollar: „*Proc. 7th World Petrol. Congr.*“, Mexiko 1967, Volume 5, S. 67–72
[75] Belg. P. 657838 (1966); Niederld. A. S. 6515037 (1966), Halcon International, Inc.
[76] F.P. 1462198 (1966), Halcon International, Inc.
[77] F.P. 1462490 (1966), Halcon International, Inc.
[78] F.P. 1460573 (1966), Halcon International, Inc.
[79] F.P. 1495694 (1967), Halcon International, Inc.
[80] F.P. 1464239 (1967), The Atlantic Refining Co.
[81] F.P. 1487076 (1967), Halcon International, Inc.

[82] Chem. Engng. **73** (23) (1966), 102–03
[83] Chem. Engng. News **45** (16) (1967), 17; ibid. **43** (43) (1965), 40–42
[84] European Chemical News [London] **11** (284) (1967), 34
[85] T. R. Bott und H. N. Sadler: J. Chem. Engng. Data **11** (1966), 25
[86] R. W. Gallant: Hydrocarbon Processing **46**, *3* (1967), 143–50
[87] L. G. Lundstedt, E. C. Jakobs, E. J. Schwoegler und Th. H. Vaughan: Ind. Engng. Chem. **43** (1951), 728–30
[88] P. G. Sergeew, L. M. Bukreeva und A. G. Polkovnikowa: Chim. Nauka i Prom. **2** (1957), 133
[89] U.S.P. 2986585 (1961), Olin Mathieson Chemical Corp. (W. I. Denton)
[90] Brit. P. 902953 (1962), Olin Mathieson Chemical Corp.
[91] Can. P. 690646 (1964); D.A.S. 1197077 (1965); F.P. 1271563 (1962); Schwz. P. 403742 (1966), Progil S.A. (A. Thizy, M. E. Degeorges, E. Charles), vgl. auch Zusatzpatent F.P. 79905 (1963)
[92] D.A.S. 1251308 (1967); F.P. 1344311 (1964), Progil S. A. (G. Schneider)
[93] U.S.P. 3238264 (1966), Jefferson Chemical Co., Inc. (R. L. Rowton)
[94] U.S.P. 3209037 (1965), Shell Oil Co. (R. W. Fourie, R. L. Maycock und G. H. Riesser)
[95] F.P. 1316720 (1963), Sicedison S.p.A. (J. Herzenberg und P. Giattoni)
[96] F.P. 1496221 (1966), Ministerul Industriei Chimice (C. Nenitescu, E. Danciu und F. Tanase)
[97] A. G. Polkovnikowa und L. A. Iwanowa: Chim. Prom. **42**, *1* (1966), 16–19
[98] Chem. Engng. News **38**, *41* (1960), 20
[99] Kirk-Othmer: „*Encyclopedia of Chemical Technologie*", Bd. 7, S. 261–62, New York 1951
[100] U.S.P. 1988225 (1935), Carbide and Carbon Chemicals Corp. (J. N. Wickert)
[101] U.S.P. 2426264 (1947), Carbide and Carbon Chemicals Corp. (G. W. Fowler und J. T. Fitzpatrick)
[102] U.S.P. 2435460 (1948), Pennsylvania Salt Mfg. Co. (C. I. Parrish); U.S.P. 2521170 (1949), Wyandotte Chemicals Corp. (E. C. Jacobs und L. G. Lundstedt)
[103] E. E. Gruber, D. A. Meyer, H. G. Swart und K. V. Weinstock: Ind. Engng. chem. Product Res. Development **3** (1964), 194–99; Rev. gen. Cautchouc Plastiques **41** (1964), 1811–17
[104] L. Marker, S. L. Aggarval, R. E. Holle und W. I. Kollar: Kautschuk, Gummi, Kunststoffe **19** (1966), 337

8. Acrolein

Acrolein [1—4], der einfachste ungesättigte Aldehyd, besitzt durch die Gegenwart zweier funktioneller Gruppen — einer Aldehydgruppe und einer Doppelbindung — eine außerordentliche Reaktionsfreudigkeit.

Er wurde erstmals vor etwa 100 Jahren von J. Redtenbacher [5] bei der trockenen Destillation von Fetten beobachtet. Jahrelang war das Verfahren, Glycerin in Gegenwart wasserabspaltender Stoffe zu destillieren, das einzige Verfahren, um zum Acrolein zu gelangen [6—7]. Über 50 Jahre hat man versucht, unter Verwendung der verschiedensten Katalysatoren (Borsäure, Phosphorsäure, Phosphate, Aluminiumoxid u. a.) sowohl in flüssiger als auch in der Gasphase dieses Verfahren technisch einzuführen, es scheiterte jedoch am hohen Preis des Glycerins und an den niedrigen Ausbeuten, die 50% nicht überschritten.

Auch die Darstellung durch Pyrolyse von Diallyläther bei 500—550 °C, der seit etwa 1945 als Nebenprodukt der Allylalkoholsynthese aus Allylchlorid anfällt [8—10], blieb auf dem Maßstab einer 100-jato-Pilotanlage, die die Shell von 1946 bis 1948 betrieb, beschränkt.

Ausführlich berichteten über Herstellung, Eigenschaften und Verwendung von Acrolein H. Schulz und H. Wagner [1], S. A. Ballard et al. [2] sowie N. G. Koralnik [3].

Im Jahre 1962 erschien von C. W. Smith et al. eine Monographie über Acrolein und seine Derivate [4].

Danach läßt sich Acrolein auf folgenden Wegen herstellen:

a) Aus Glycerin:

$$\underset{OH}{\underset{|}{CH_2}}-\underset{OH}{\underset{|}{CH}}-\underset{OH}{\underset{|}{CH_2}} \xrightarrow[190\,°C]{H_2SO_4} CH_2{=}CH-CHO + 2\,H_2O$$

b) Aus Diallyläther:

$$CH_2{=}CH-CH_2-O-CH_2-CH{=}CH_2 \xrightarrow[\text{ohne Kat.}]{515\,°C} CH_2{=}CH-CHO + CH_2{=}CH-CH_3$$

c) Aus Allylalkohol [11]:

$$CH_2{=}CH-CH_2OH \xrightarrow[200\,°C]{O_2} CH_2{=}CH \cdot CHO$$

d) Aus Tetrahydrofurfurylalkohol [12]:

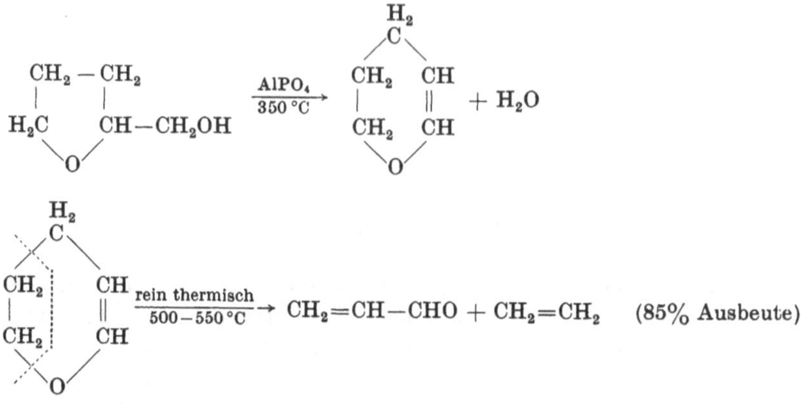

e) Aus Formaldehyd und Acetaldehyd:

$$HCHO + CH_3CHO \xrightarrow[SiO_2]{300-320\,°C} CH_2{=}CH \cdot CHO + H_2O$$

f) Aus Propylen [26]:

$$CH_2{=}CH{-}CH_3 \xrightarrow[\text{Katalysator}]{O_2} CH_2{=}CH{-}CHO$$

Volkswirtschaftliche Bedeutung haben nur die beiden zuletzt genannten Verfahren erlangt. Hierüber sollen weitere Einzelheiten berichtet werden.

8.1. Acroleinsynthese aus Formaldehyd und Acetaldehyd

$$HCHO + CH_3CHO \rightarrow CH_2{=}CH{-}CHO + H_2O + 19{,}5\ \text{kcal}$$

Dieses Verfahren wurde von der Degussa ausgearbeitet, und dort erfolgte ab 1942 im technischen Maßstab die Erzeugung von Acrolein nach diesem Verfahren. Ab 1955 nahm die Union Carbide die Produktion von Acrolein ebenfalls nach diesem Verfahren auf.

Bei dieser Arbeitsweise wird 30%ige wäßrige Formaldehydlösung mit äquimolekularen Mengen Acetaldehyd bei 300–320 °C über Silicagel, das mit 10% Natriumsilikat imprägniert ist, geleitet. Der Umsatz beträgt 45–52% und die Ausbeute erreicht 70–80% [13–15]. Nicht umgesetzte Aldehyde werden vom Acrolein destillativ abgetrennt und in den Prozeß zurückgeführt.

Anhand eines einfachen Schemas (vgl. Abb. 34) sei die Arbeitsweise einer solchen Anlage beschrieben.

Reiner Acetaldehyd und 30%ige wäßrige Formaldehydlösung gelangen aus den Vorratsbehältern (*1*) und (*2*) in den mit Rührer ausgerüsteten Mischbehälter (*3*), der zur Speisung des Verdampfers (*4*) dient. Von hier aus gelangen die Aldehyddämpfe über den Überhitzer (*5*) in den Röhrenkontaktofen (*6*). Überhitzer können mit den verschiedensten Medien, wie Öl, Diphenyl oder Gas, beheizt werden. Die Dämpfe des Umsetzungsgemisches gelangen über den Kondensator (*7*) in die Kolonne (*10*). Nach dem Kühler (*7*) wird entspannt und die Entspannungsgase werden mit Wasser gewaschen, um mitgerissene Aldehyde aus dem Abgas zu entfernen. Das Wasser wird ebenfalls mit in die Kolonne (*10*) zur Destillation gegeben. Das bei der Kolonne (*10*) anfallende Destillat, welches wiedergewonnenen Acetaldehyd und entstandenen Crotonaldehyd enthält, wird in das obere Drittel

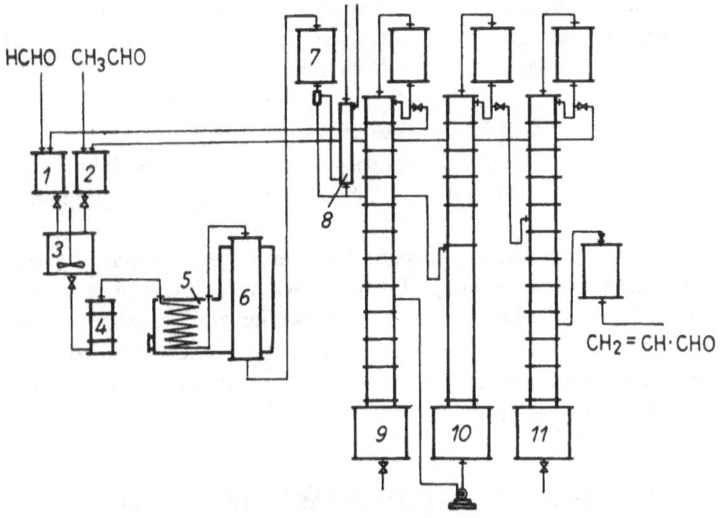

Abb. 34: Fabrikationsschema für Acrolein

1 und *2* – Vorratsbehälter; *3* – Mischbehälter; *4* – Verdampfer; *5* – Überhitzer; *6* – Kontaktofen; *7* – Kondensator; *8* – Wascher; *9*, *10* und *11* – Kolonnen

der Kolonne (*11*) eingetragen, dabei destilliert Acetaldehyd ab, während unten Acrolein abgenommen wird. Der Sumpf der Kolonne (*10*), der aus nicht umgesetztem, ca. 10%igem Formaldehyd besteht, wird in Kolonne (*9*) gegeben und dort unter Druck destilliert, wobei aufkonzentrierter Formaldehyd übergeht, während unten das Reaktions- und das durch die Formalinlösung eingebrachte Wasser abläuft. Die nicht umgesetzten Aldehyde gelangen über die Vorratsbehälter (*1*) und (*2*) in die Reaktion zurück.

Als Katalysator wird ein mit 10% Natriumsilicat imprägniertes Silicagel verwendet, dieser Kontakt arbeitet optimal zwischen 300 und 320 °C. Da die Acroleinbildung exotherm verläuft, ist es erforderlich, einen Röhrenofen als Kontaktofen einzusetzen.

Die bei der Reaktion nicht völlig zu verhindernden Verharzungen machen eine periodische Regeneration des Katalysators nach etwa 150 Stunden erforderlich. Die Regeneration wird mit Hilfe von Wasserdampf und Luft durchgeführt, dabei kann die Temperatur ohne Schädigung auf 500–550 °C gesteigert werden. Die Regenerationsdauer beträgt 24 Stunden.

Der durchschnittliche Umsatz während einer Reaktionsperiode beläuft sich für Formaldehyd auf 50—52% und für Acetaldehyd auf 44—46%. Bei Einsatz äquimolekularer Mengen Formaldehyd und Acetaldehyd wird eine Raum-Zeit-Ausbeute von 3,5 Mol/*l* Kontakt/h erreicht.

Die Ausbeuten sind:

72—75% d. Th., bezogen auf Formaldehyd
79—82% d. Th., bezogen auf Acetaldehyd

Als Nebenprodukte entstehen in untergeordneten Mengen Methylalkohol, Crotonaldehyd und ein Abgas. Die Nebenprodukte lassen sich ohne Schwierigkeiten abtrennen. Zur Vermeidung von Polymerisations-Reaktionen von Acrolein bei der Aufarbeitung ist es erforderlich, die Destillationskolonnen (*10*) und (*11*) kontinuierlich mit einem Inhibitor zu beschicken.

Nach Zusatz von 0,1% eines phenolischen Inhibitors wie Hydrochinen oder Brenzkatechin ist Acrolein jahrelang stabil, ohne feste Abscheidungsprodukte zu bilden.

Als weitere Kondensationskatalysatoren werden vorgeschlagen: Bleiacetat [16], Lithiumcarbonat auf Silicagel [17], Titandioxid und KOH auf SiO_2 [18], ein kationenhaltiger Diatomit [19] sowie ein sehr stabiler Katalysator durch Calcinieren eines Gemisches von MoO_3 sowie MgO mit ZnO u. a. als Promotoren [20]. Untersuchungen über die Kinetik der Kondensation von St. Malinowski [21—23] zeigten, daß CsOH besonders geeignet ist.

8.2. Acrolein durch Direktoxydation von Propylen

In den Jahren 1936 bis 1939 wurde erstmals festgestellt [24], daß bei der Oxydation von Propylen in Gegenwart von Quecksilbersulfat in schwefelsaurer Lösung in kleinsten Mengen Acrolein entsteht.

8.2.1. Acrolein durch Oxydation von Propylen an Kupferkatalysatoren; theoretische Untersuchungen über die Propylenoxydation zu Acrolein an kupferhaltigen Katalysatoren

Um 1942 fanden amerikanische Forscher [25], daß beim Überleiten von Propylen über Kupfer(I)oxid und Silberselenit auf Asbest bei 295°C Acrolein in größerer Ausbeute entsteht.

Diese Erkenntnis führte im Laufe der Jahre 1946—1947 zur Entwicklung eines Verfahrens durch G. W. Hearne und M. L. Adams [26] (Shell Development Co.). Propylen wurde mit Luft und Wasserdampf bei 370—400°C unter geringem Druck in Gegenwart von 0,03 Mol.-% Isopropylchlorid über einen Kupfer(I)oxid-Katalysator auf Siliziumcarbid geleitet. Maximal wurden hierbei 51% Acrolein erhalten. Bei höheren Sauerstoffdrücken soll die Ausbeute an Acrolein auf 68 bis 81% ansteigen [27]. Technisch soll bei 368°C mit 4,4 Volumteilen Propylen,

4,7 Volumteilen Wasserdampf und 1 Volumteil Sauerstoff an einem Katalysator mit 0,4% Kupfer(I)oxid auf Siliziumcarbid ein Propylenumsatz von 14% erreicht werden. Die Ausbeute an Acrolein schwankt dabei von 65—85% [28].

Die Acroleinbildung konkurriert mit der vollständigen Verbrennung zu Kohlendioxid und Wasser, wobei Katalysatoren von hohem Kupfergehalt eine derartige oxydative Zerstörung begünstigen. Bei der Reaktion entstehen außerdem als Nebenprodukte Formaldehyd und Acetaldehyd, Kohlenmonoxid, organische Säuren, Carbonylverbindungen und Polymere.

Bei der Untersuchung des Reaktionsmechanismus wurde festgestellt, daß Cu_2O der eigentlich wirksame Katalysator ist, während CuO zur völligen Oxydation von Propylen zu CO_2 führt und metallisches Kupfer inaktiv ist. Bei einer Untersuchung an einer Reihe von Metalloxiden fanden 1956 L. Ya. Margolis, S. Z. Roginski und T. A. Gračeva [29], daß Cu_2O der einzige Katalysator ist, der selektiv oxydiert. An V_2O_5, WO_3, MoO_3 und Cr_2O_3 auf Bimsstein, besonders an V_2O_5 und WO_3, wurden zwar erhebliche Mengen an Acrolein gebildet, doch verlief die Reaktion nicht selektiv [30]. An Kupfer, das auf Aluminiumoxid, Silicagel, Bimsstein und Siliciumcarbid aufgetragen war, wurde festgestellt, daß 1—1,5% Katalysator am günstigsten sind. Bei höheren Konzentrationen lag am Katalysator teilweise metallisches Kupfer vor, das eine CO_2-Bildung begünstigte [31—35]. Unabhängig von der anfangs vorliegenden Form bildet sich ein ganz bestimmtes Cu-Cu_2O-CuO-Gemisch [36—40], das allein vom Verhältnis Propylen zu O_2 abhängt, z. B. wird beim technisch angewandten Verhältnis $C_3H_6 : O_2 = 7{,}5 : 1$ und 1,5% CuO auf Siliciumcarbid ein Gemisch von 70% Cu_2O und 30% CuO gebildet, beim Verhältnis 30:1 kann es durch Kupferbildung zu einem Abfall der Ausbeute an Acrolein kommen. Besonders geeignete Trägermaterialien sind poröses Glas [41], Bimsstein und Siliciumcarbid [39], von denen letzteres am günstigsten ist [42]. Auch poröses Kupfer wurde bei 300 °C empfohlen (Umsatz 2,5%; Ausbeute 54%), der Umsatz nimmt mit steigender Katalysatoroberfläche zu [43]. Normales Al_2O_3 ist nicht als Träger geeignet, da es die CO_2- bzw. Wasserbildung begünstigt, dagegen wird ein Katalysator aus 1,5% CuO auf inaktiviertem Al_2O_3 vorgeschlagen, der durch Zusatz von Fe_2O_3, ThO_2 oder MoO_3 noch weiter verbessert werden kann [44].

Als Promotor können dem Cu_2O-Katalysator (auf Tonerde oder SiC) 10^{-4} bis 10^{-6} Mol Brom, Jod, HBr, HJ oder brom- bzw. jodhaltige Kohlenwasserstoffe zugesetzt werden, maximal werden bei 391 °C und Jodzusatz 73% Acrolein erhalten [45]. Analog ist es möglich, dem CuO-Katalysator (auf Silicagel) Cu-Halogenide, bes. $CuBr_2$, zuzumischen (Ausbeute 12,5%; Selektivität 30—40%) [46]. Analog dürfte auch der Zusatz eines Gemisches aus Alkalioxiden und -halogeniden (z. B. Na_2O und NaCl) wirken [47].

Auf Grund von Arbeiten der Distillers Co., Ltd., wurden kupferhaltige Katalysatoren bekannt, die als wirksamen Zusatz Selen oder selenhaltige Verbindungen enthielten. Untersuchungen sowjetischer Autoren [48] zeigten, daß Selen als Sauerstoffüberträger fungiert, wobei Se und SeO_2 zusammen mit CuO und Cu_2O einen Redoxcyclus bilden [49] und die Bildung von CO_2 unterdrücken. Als Katalysatoren werden CuO, $CuSO_4$ und $CuSeO_3$ auf Al_2O_3, Silicagel, SiC, Bimsstein und Glaspulver empfohlen, die mit Selendampf begast wurden. Optimale Bedingungen an Katalysatoren mit 12–16% Cu waren 325 °C, Kontaktzeit 2–2,5 Sek. (Ausbeute 81–82%; Umsatz 90–95%).

1949 erschien das erste Patent der Distillers Co., Ltd. [50], das einen Katalysator aus Ag_2Se und CuO auf Asbest vorschlug (350 °C; 15% Ausbeute) sowie einen CuO-Se-Kontakt (12% Ausbeute) [51]. Man kann auch den Propylendampf vor seiner Oxydation über Selen streichen lassen. Die mitgerissenen Selenspuren reichen für eine katalytische Wirkung aus. Bei 320 °C werden derart mit CuO-Al_2O_3 77% Acrolein erhalten (Umsatz 84%) [52]. Mit CuO auf Silicagel erhöht sich die Acroleinausbeute von 3,5 auf 23%, wenn Selenspuren oder SeO_2 [53] anwesend sind [54]. Außer CuO werden noch andere Metalloxide [55] sowie verschiedene Kupfersalze (Chromat, Molybdat, Sulfat, Wolframat und Vanadat) in Gegenwart von Selen als Katalysatoren vorgeschlagen [56], mit $CuSO_4$-Al_2O_3 entstanden 62% Acrolein. Eine Steuerung des Verfahrens ist dadurch möglich, daß man das Einsatzprodukt zunächst über CuO leitet, das bei 1000 °C inaktiviert wurde und erst anschließend über einen aktiven Katalysator [57].

Ähnlich wie selenhaltige Verbindungen werden in einem Patent noch Schwefeldampf sowie CuS, Ag_2S, Sb_2S_3 bzw. Fe_2S_3 als Promotoren für einen Kupfersilikatkontakt empfohlen [58]. Im Zusammenhang mit den selenhaltigen müssen tellurhaltige Katalysatoren genannt werden, die jedoch erst später besprochen werden, da für diese Kupfer kein notwendiger Bestandteil ist.

Nach Patenten und Veröffentlichungen der Montecatini Soc. wird empfohlen, die Oxydation von Propylen zu Acrolein in Röhrenreaktoren durchzuführen, die entweder aus Kupfer- oder aus kupferplattierten Rohren bestehen. Optimale Bedingungen waren 390 °C; 4 at; 0,5 sec Kontaktzeit (Selektivität 91%; Umsatz 78%) [59–62].

Als weitere Verfahrensvariante wird die Durchführung der Propylenoxydation zu Acrolein an einem CuO-Kontakt auf einem Träger in der Wirbelschicht beschrieben [63].

Folgende Aktivierungsenergien wurden für die Oxydation von Propylen zu Acrolein an Cu-Katalysatoren ermittelt:

In Anwesenheit von Wasserdampf 20 $\pm$ 1 kcal/Mol [64]
in Abwesenheit von Wasserdampf 30 kcal/Mol (36 $\pm$ 2,5 kcal/Mol) [65, 66].

Für die Bildung von CO_2 ergaben sich Aktivierungsenergien von 35 bzw. von 36 kcal/Mol. Es zeigte sich, daß der Zustand des Kupfers auf den Katalysator einen gewissen Einfluß besitzt. Beträgt der Anteil von Cu(II) am Gesamtkupfer 60–70%, liegt die Aktivierungsenergie bei 17–18 kcal/Mol, liegen dagegen nur 20–50% als Cu(II) vor, ergibt sich ein niedrigerer Wert: 11–12 kcal/Mol [67]. Die zur Herstellung selektiver Kontakte erforderliche Kupfermenge hängt vom Trägermaterial ab [68].

Die Oxydation von Propylen mit CuO auf SiC ist von 1. Ordnung in bezug auf Sauerstoff und von nullter Ordnung in bezug auf Propylen [69], daher steigt die Oxydationsgeschwindigkeit mit der Sauerstoffkonzentration [64] an. Die Selektivität der Bildung von Acrolein steigt mit zunehmender Propylenkonzentration [64–66]. A. M. GARNISH u. a. [70] zeigen, daß Wasserdampf als Verdünnungsmittel günstiger als Propan oder Stickstoff [71] wirkt (optimal erhielten die Autoren bei 6% Umsatz 70% Ausbeute). Die CO_2-Bildung verringert sich bei Zugabe von Wasserdampf. Damit erhöht sich auch die Selektivität, wobei sich optimal eine Konzentration von 10% Propylen ergab [72]. Der beste Verdünnungszusatz von Wasserdampf liegt (bei 340–400 °C) bei 40%, oberhalb dieses Wertes wird der Katalysator instabil [73].

Zusatz von Metallen, die geringere Elektronegativitäten als CuO besitzen und damit als Elektronendonatoren wirken können (Alkali- oder Erdalkalimetalle), erhöhten die Aktivität und erniedrigten die Selektivität, Elektronenacceptoren, wie Cl^-, SO_4^-, S, P erhöhten umgekehrt die Selektivität und verminderten die Aktivität [74, 75].

Weitere Untersuchungen zur Oxydation von Propylen an kupferhaltigen Kontakten vgl. S. Z. ROGINSKI [76], O. V. ISAJEV [77] und A. G. POLKOVNIKOVA [78].

Untersuchungen der Propylenoxydation mit Cu_2O und $Bi_2(MoO_4)_3$ zeigten, daß an beiden Katalysatoren identische Mechanismen vorliegen, zunächst wird ein H-Atom aus der CH_3-Gruppe abgespalten, anschließend ein weiteres H-Atom [79]; Acrolein ist stets Zwischenprodukt bei der Weiteroxydation zu CO_2 und Wasser [80].

Heterogene Kupferkatalysatoren erwiesen sich als günstiger als homogene [81].

Die direkte katalytische Oxydation des Propylens wird erst ab 1959/60 großtechnisch durchgeführt. Die Shell Chemical Co. in Norco (Louisiana) (Kapazität 15000–20000 t/a) und die Union Carbide Co. waren die ersten Firmen, welche Acrolein nach diesem Verfahren herstellten. Beide setzten Kupferkontakte ein.

Auf Grund der erfolgreichen Durchführung dieser Arbeitsweise kann die klassische Synthese, die über die Kondensation von Formaldehyd und Acetaldehyd abläuft und bis 1959 die Grundlage für die technische Herstellung von Acrolein war, heute als veraltet betrachtet werden.

Als Katalysator für diese Reaktion diente anfänglich Kupfer(I)oxid, das in Mengen von 1–2% auf Siliziumcarbid aufgetragen wird. Dieser Katalysator ist sehr selektiv in bezug auf die Oxydation des Propylens zu Acrolein. Je nach der Zusammensetzung des Reaktionsgemisches und den Reaktionsbedingungen stellt sich im Katalysator der dynamische Gleichgewichtszustand $Cu \rightleftharpoons Cu_2O \leftrightarrows CuO$ ein. Von diesen 3 Formen ist nach Literaturangaben das Kupfer(I)oxid der spezifische, selektiv wirkende Katalysator für die Oxydation des Propylens zu Acrolein. Kupferoxid soll die Reaktion der völligen Oxydation von Propylen zu CO_2 katalysieren und metallisches Kupfer soll inaktiv sein.

Eingehende Untersuchungen ergaben, daß bei der Oxydation von Propylen im wesentlichen folgende Umsetzungen möglich sind:

$$CH_2{=}CH{-}CH_3 + O_2 \rightarrow CH_2{=}CH{-}CHO + H_2O + 88{,}2\ \text{kcal}$$
$$CH_2{=}CH{-}CH_3 + O_2 \rightarrow CH_3CHO + HCHO + 79{,}9\ \text{kcal}$$
$$CH_2{=}CH{-}CH_3 + {}^1/_2\, O_2 \rightarrow CH_3CH_2CHO + 54{,}0\ \text{kcal}$$
$$CH_2{=}CH{-}CH_3 + 3\, O_2 \rightarrow 3\, CO + 3\, H_2O + 259{,}9\ \text{kcal}$$
$$CH_2{=}CH{-}CH_3 + 4{}^1/_2\, O_2 \rightarrow 3\, CO_2 + 3\, H_2O + 462{,}7\ \text{kcal}$$

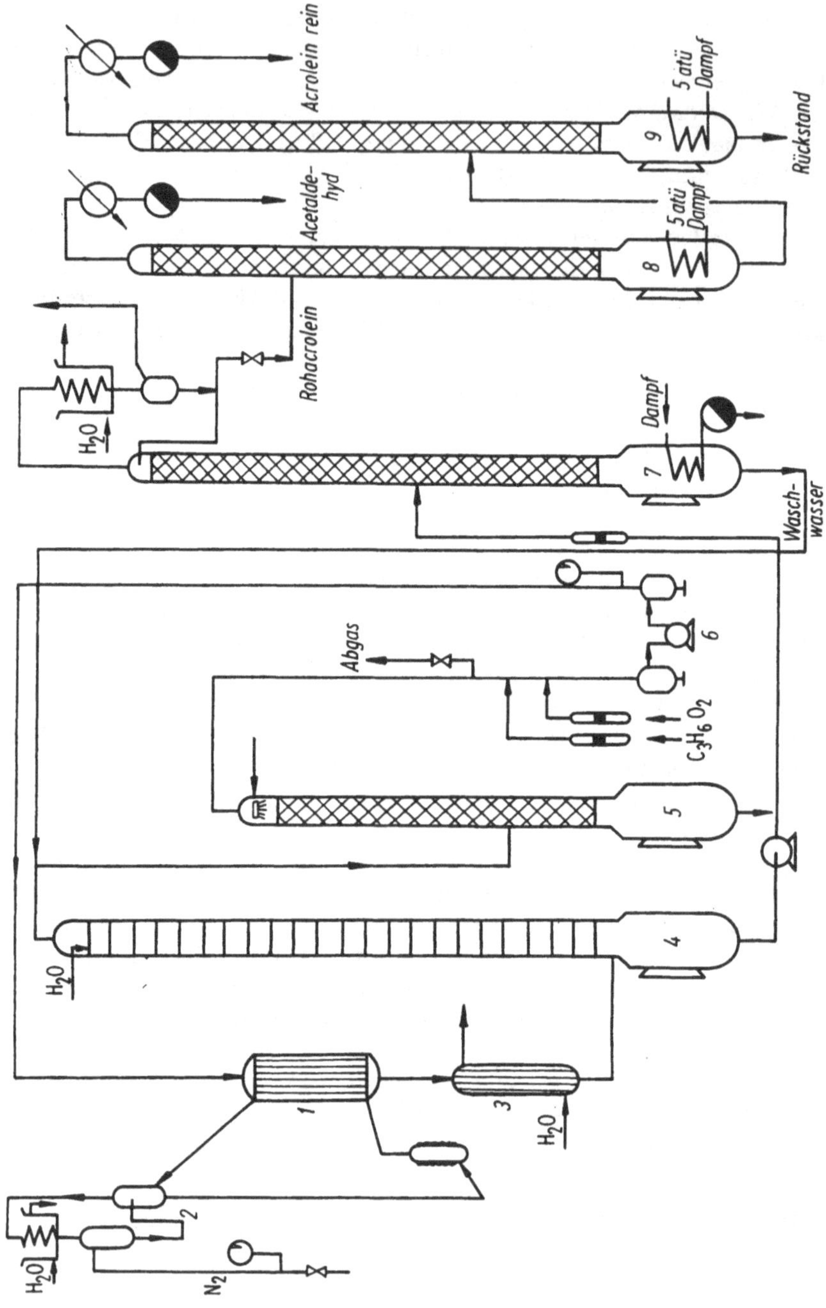

Abb. 35: Schema einer Anlage zur Herstellung von Acrolein durch Propylenoxydation

1 — Röhrenreaktor; *2* — Heizsystem; *3* — Kühler; *4* — Waschturm; *5* — Kolonne zur CO_2-Wäsche; *7* — Destillationskolonne; *8* — Kolonne; *9* — Kolonne

In geringerem Umfang entstehen außerdem organische Säuren, Carbonylverbindungen und Polymere.

Abb. 35 zeigt ein einfaches Schema zur Herstellung von Acrolein durch Oxydation von Propylen.

Dabei werden Propylen und Sauerstoff bzw. Luft gemeinsam nach dem Karbonisierungsturm dem Kreislauf über einen Abscheider und dem Gebläse (7) sowie einem weiteren Abscheider zugeführt. In einem dem Reaktor vorgeschalteten Vorheizer wird das Gemisch auf 250—350 °C angeheizt, um im mit Kontakt gefüllten Röhrenreaktor (*1*) zur Umsetzung zu gelangen. Zur Aufrechterhaltung einer konstanten Reaktionstemperatur dient das Heizsystem (*2*). Das gebildete Gemisch wird im Kühler (*3*) auf 50—80 °C abgekühlt und in den Waschturm (*4*) weitergeleitet. Hier werden die entstandenen Reaktionsprodukte durch Waschen mit Wasser entfernt. Das unten anfallende Waschwasser wird in den Primärstripper (*7*) gegeben, wo die entstandenen Oxydationsprodukte abgetrieben werden. Das hier als Sumpf anfallende Wasser enthält geringe Mengen Säuren (Acrylsäure, Essigsäure usw.). Nach Neutralisation wird es wieder für die Wasserwäsche in den Turm (*4*) zurückgeführt. In den Kolonnen (*8*) und (*9*) erfolgt die Reindestillation des Acroleins.

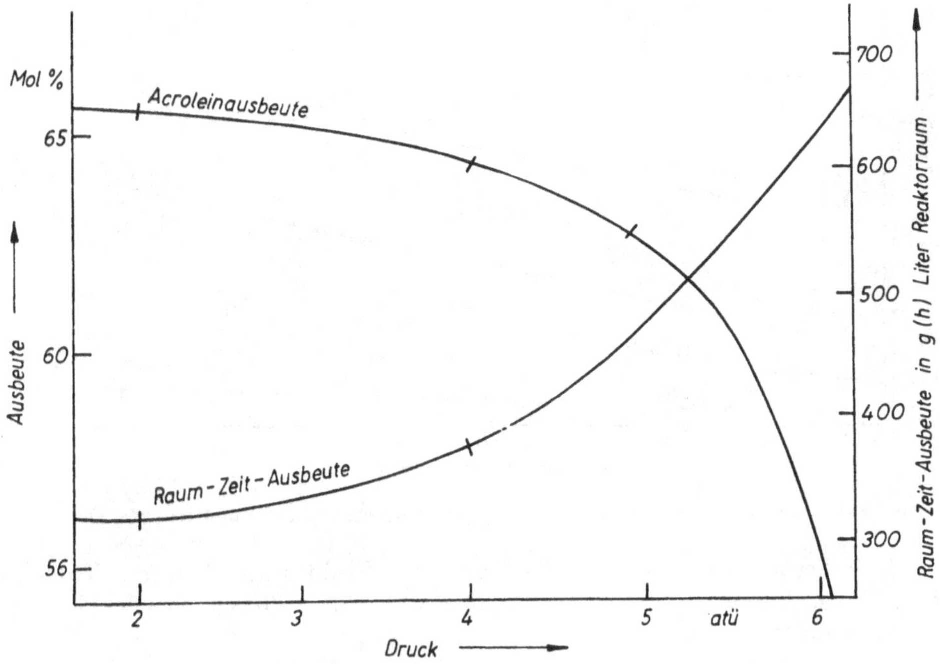

Abb. 36: Acrolein aus Propylen (Ausbeute in Abhängigkeit vom Druck)

Die im Waschturm (*4*) entweichenden Restgase enthalten neben nicht umgesetztem Propylen noch Stickstoff, Sauerstoff, Kohlenoxid und Kohlendioxid.

Zur Entfernung von Kohlendioxid wird das Gemisch über den Dekarbonisierungsturm (*5*) geleitet, um anschließend erneut zur Reaktion eingesetzt zu werden.

Abb. 36 gibt die Ausbeute, Abb. 37 die Produktzusammensetzung in Abhängigkeit vom Druck wieder.

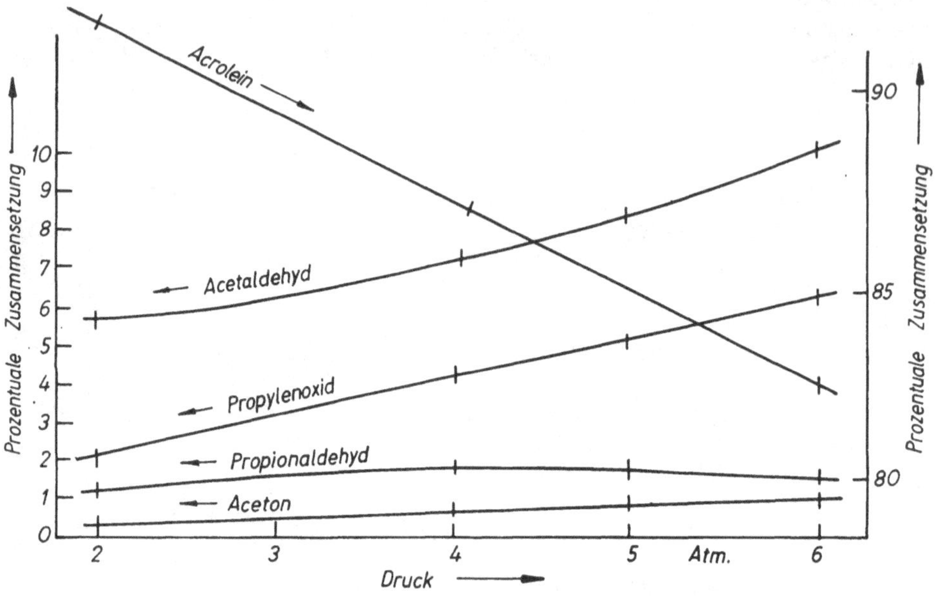

Abb. 37: Acrolein aus Propylen (Produktzusammensetzung als Funktion des Druckes)

Die Isolierung des reinen Acroleins aus dem Reaktionsgemisch ist nicht einfach. Nach Literaturangaben erhält man beim Shell-Prozeß als Destillat im Primärstripper ein Gemisch von:

80—90 Gew.-% Acrolein	2—5 Gew.-% Aceton
3—10 Gew.-% Acetaldehyd	1—2 Gew.-% hochsiedende Stoffe.
0,5 — 3 Gew.-% Propionaldehyd	

Die Entfernung kleinster Mengen Propionaldehyd, der fast den gleichen Siedepunkt wie Acrolein hat (Propionaldehyd 49 °C, Acrolein 50 °C), gelingt nur durch Extraktivdestillation mit Wasser bei erhöhtem Druck in einer weiteren Kolonne.

8.2.2. Acrolein durch Oxydation von Propylen an Katalysatoren aus Wismut-Phosphormolybdat (Sohio)

Die Bemühungen, das für die moderne Petrolchemie dringend benötigte Acrylnitril direkt aus Propylen durch katalytische Oxydation herzustellen, zeigten auch Möglichkeiten für eine weitere, noch wirtschaftlichere Acroleinsynthese aus Propylen.

Umfangreiche Untersuchungen führten zur Entwicklung eines wirtschaftlich zufriedenstellend arbeitenden Verfahrens zur Herstellung von Acrylnitril. Die besten Ergebnisse lieferte ein Katalysator aus Wismut-Phosphormolybdat auf Kieselsäure.

Im Jahre 1960 nahm die Firma Sohio (Lima in Ohio) [82] die erste technische Anlage für dieses Verfahren zur Acrylnitrilherstellung in Betrieb. Es zeigte sich hierbei, daß nach diesem Verfahren ebenso erfolgreich Acrolein im technischen Maßstab hergestellt werden kann.

Auf diese Weise wurden im Laufe der letzten 8 Jahre folgende Verfahren zur technischen Reife entwickelt [83—84] (vgl. Tab. 38).

Tabelle 38:

Die verschiedenen Verfahren zur Acroleinsynthese aus Propylen

Verfahren	Katalysator	Temp. °C	Verw.-zeit sec	Gaszusammensetzung	Umsatz
1. Shell	Cu_2O auf SiC oder Al_2O_3 Jod als Promotor	370—400	0,2	4,4 Vol. Propylen 1 Vol. Sauerstoff 4,7 Vol. Wasserdampf	Umsatz pro Durchgang 14%; Propylenrückführung Ausbeute 68—81%
2. Sohio	Wismut-Phosphormolybdat auf Kieselsäure	425—480	1,6	1 Vol. Propylen 9,3 Vol. Luft 3,5 Vol. Wasserdampf	Umsatz je Durchgang 56%; Acroleinausbeute 70%, wenn Propylen zurückgeführt wird
3. Distillers	CuO auf Al_2O_3 oder Silicagel oder Bimsstein Selen als Promotor	320—350	2—2,5	2% Propylen	Hohes Sauerstoff-Propylenverh. erforderlich, um hohe Umsätze zu erzielen. Umsatz 90—95%, Ausbeute 81—82%. Keine Propylenrückführung
4. Montecatini	Mit Kupfer plattierte Rohrspiralen	390	0,5—4atü	42 Vol. Propylen 8 Vol. Sauerstoff 50 Vol. Wasserdampf	Umsatz 78% Ausbeute 91%

Tab. 39 gibt einen Überblick über in der Literatur zur Oxydation von Propylen zu Acrolein beschriebene Katalysatoren.

Tabelle 39:
Oxydation von Propylen zu Acrolein
(In der folgenden Tabelle wird eine Übersicht gegeben über alle sonstigen

Katalysator	Einsatzprodukte (in %) Propylen	Luft (oder O_2)	Wasserdampf	Reaktionstemp. (°C)
Metalloxide (Fe, Co, Ni, Cu, Zn) und säurebildende Metall- und Übergangselementoxide (B, P, Cr, Mo, W, V): z. B. $CuO + P_2O_5$/Silicagel	9	36	55	480
$CuO + BPO_4$	3	32	65	460
$Fe_{1-10}\ Bi_{1-10}\ P_{0-6}\ Mo_{12}O_{39-81}$ z. B. $Fe_7\ Bi_2\ PMo_{12}O_{52}/SiO_2$	12,7	6,5 (O_2)	5,0	400
Bi-Mo-B-Si-P-oxid	—	—	—	—
Bi-phosphomolybdat ($Bi_9PMo_{12}O_{52}$)	9	36	55	445
Bi-molybdat	9	36	55	445
$Cu_{2-10}Co_{2-10}(Mo,W,V)_{12}(P,Si)_{0,5-2}O_{40-70}$	—	—	—	—
Bi-molybdat auf SiO_2	15	Mit Wasserdampf gesättigte Luft: 85		395
Bi-molybdat	10	50	40	452
Bi-molybdat + $Te(TeO_2)$	10	50	40	452
$Bi_2O_3 \cdot 2\ MoO_3$ auf Korund	—	—	—	500
Bi-molybdat auf SiO_2	—	—	—	380
Bi-molybdat	10	16 (O_2)	—	500
Bi-molybdat + CuO	—	—	—	—
$6\ Bi_2O_3 \cdot 16\ MoO_3$ und $7\ Bi_2O_3 \cdot 16\ MoO_3$	—	—	—	—
Bi-molybdat + As_2O_3/SiO_2	13	87	—	480
Cu_2O/SiC + Bi-molybdat/SiO_2	10	25	65	420
MoO_3 oder Bi_2O_3 mit H_3PO_4 oder H_3BO_3	—	—	—	375
$Bi_{0,5-18}P_{0-5}Mo_{12}O_{36-76}$	8	61	31	427
$Bi_{0,5-18}P_{0-5}Mo_{12}O_{36-76}$ auf saurer Bleicherde, Bimsstein, Silicagel, Diatomit, Celit	1 Tl.	5—8 Tle.	3—10 Tle.	410—480

an verschiedenen Katalysatoren

Katalysatoren, die für die Propylenoxydation zu Acrolein vorgeschlagen wurden)

Reaktionsdauer (sek)	Umsatz (%)	Selektivität (%)	Ausbeute (%)	Bemerkungen	Lit.-Angabe
(Kreislauf)					[85]
—	12	—	—	—	
4 Std.	22	—	—	—	
0,1–2	94,4	89	83,7	Verfahren arbeitet kontinuierlich mit CO oder CO_2 als Verdünnungsmittel	[86]
—	—	—	—	—	[87]
3,1	56,9	71,9	41	—	
3,1	95	73,1	70	—	[88]
—	—	—	—	—	[89]
—	75–76	80	60–61	Druck 2,5 at	[90]
4	—	—	18,9	—	[91]
—	70	73	51	—	
—	45	—	—	Wirbelbettverfahren	[92]
—	70	—	—	Aufarbeitung beschrieben	[93]
—	37	43	16	Neben 50% Acrylnitril; es werden 10% NH_3 und 64% He zugesetzt	[94]
—	—	—	—	—	[95]
—	—	—	—	—	[96]
—	—	—	49	—	[97]
—	30	75	22,5	Zweistufiger Reaktor mit Cu_2O im 1. und Bi-molybdat im 2. Teil	[98]
—	—	—	—	Geringe Acroleinausbeute	[99]
5	3,2	51,2	1,6	Wirbelschichtverfahren; im Wirbelreaktor sind Platten aus Sb-U-oxid (8:1) angebracht	[100]
1,8	65,1–70,4	72,5–97	49,9–63,3	—	[101]

(Fortsetzung von Tabelle 39)

Katalysator	Einsatzprodukte (in %) Propylen	Luft (oder O_2)	Wasserdampf	Reaktionstemp. (°C)
Bi-molybdat und Bi-phosphomolybdat	8,7	52,2	39,1	445
Bi-phosphomolybdat auf SiO_2	10	59	31	430
Bi-phosphomolybdat auf Silicagel	—	—	—	—
Bi-phosphomolybdat + HBr	5,5	16,5	78	400
Kombination Bi-molybdat (1. System) und 80% MoO_3. P_2O_5, 6,2% Bi_2O_3, 3,8% MoO_3 + 9,5% SiO_2 (2. System)	—	—	—	490°/3,8 at und 467°/3,5 at
Bi-phosphomolybdat	1 Tl.	1 Tl. (O_2)	—	425
Bi-molybdat, Co-molybdat, Cu-phosphat, Cu-vanadat, Cu-wolframat u. ä.	—	—	—	—
Ca-Bi-molybdat	33	17 (O_2)	50	450
Erdalkalimolybdat	—	—	—	—
Bi-molybdat + MgO, Al_2O_3 oder Fe_2O_3	Propan	—	—	500
Cu-haltiger Katalysator (1. Reaktor) und Bi-, Ni-, Co-Wolframat oder -molybdat	—	—	—	350/7 at und 375—500/ 6—7 at
$H_8[x(Mo_2O_7)_6] + Bi_2O_3$; x = Seltenerdmetall, z. B. Dodecamolybdatocersäure	—	—	—	450
Bi-phosphomolybdat + H_2SO_4 oder Sulfate, Bi-molybdat + H_2SO_4	14	67	19	430
Co-bormolybdat	—	—	—	—
Cu-Bi-phospho- oder Silicomolybdat Mo:Cu:P:Si = 1:0,5:0,1:1 + Bi_2O_3	53	12 (O_2)	35	380—500
$(Cu,Ni,Cr)_9(Si,P)(Mo,W,V)_{12}O_{40-60}$, z. B. $Cu_9PMo_{12}O_{47,5}$/SiC	—	—	—	—
$Ni_{0-20}Co_{10-15}Fe_{0,1-7}Bi_{0,1-4}P_{0,1-2}Mo_{12} \cdot O_{35-85}$; z. B. $Ni_{10}FeBiPMo_{12}O_{57}$ u. ä.	—	—	—	—
CuO + Silicomolybdänsäure	10	50	40	440
Fe-Bi-phosphomolybdat	—	—	—	—

Reaktionsdauer (sek)	Umsatz (%)	Selektivität (%)	Ausbeute (%)	Bemerkungen	Lit.-Angabe
10	–	–	–	Kreislaufprozeß; Ausbeute nach 8,5 Std. 26,2%	[102]
–	60	70	42	Darstellung aus H_3PO_4, MoO_3 und $Bi(NO_3)_3$ beschrieben	[103]
–	–	–	–	Laboruntersuchungen	[104]
1,78	–	–	78	Begasen des Katalysators mit HBr	[105]
–	–	–	50% (1. Syst.) 24,3% (2. Syst.)	Verfahren dient der Darstellung von Acrylsäure	[106]
1	60	74	44,5	Wirbelschichtverfahren; Wasserdampf wird durch Reaktionswärme erzeugt	[107]
–	–	–	–	–	[108]
4	–	–	67	–	[109]
–	–	–	76	–	[110]
–	–	–	–	–	[111]
–	85	–	69–70	Zwei hintereinandergeschaltete Reaktoren	[112]
–	–	–	–	–	[113]
–	73	86	63	Darstellung beschrieben	[114]
–	–	hoch	52–60	Hohe Raum-Zeit-Ausbeute	[115]
0,12	–	52–60	–	Hohe Raum-Zeit-Ausbeute	[116]
–	–	–	–	–	[117]
–	–	–	–	–	[118]
10	40	40	16	–	[119]
–	–	–	79	–	[120]

(Fortsetzung von Tabelle 39)

Katalysator	Einsatzprodukte (in %)			Reaktions-temp. (°C)
	Propylen	Luft (oder O_2)	Wasser-dampf	
Fe-molybdat + Cr_2O_3	8	66	26	380
Fe-Ti-molybdat	—	—	—	—
Phosphomolybdänsäure + As_2O_3	—	—	—	—
Cr-Bi-phosphovanadat, z. B. $Cr(VO_3)_3$-$CrPO_4$-Bi_2O_3	25	25	50	—
Bi-arsenomolybdat, Bi-vanadowolframat, allgemein Bi-Sn-As-Mo-V-W-B-Kombinationen	—	—	—	440
$Bi(VO_3)_3$-$BiPO_4$-Bi_2O_3, Bi-phosphovanadat	—	—	—	475
Cu_2O + Molybdat oder Wolframat	—	—	—	300—360
Cu-molybdat	—	—	—	—
Phosphoborvanadat	—	—	—	475—650
Phosphovanadylmolybdat	—	—	—	—
Bi-vanadat, Bi-phosphovanadat	—	—	—	400—450
$Bi_{12}PW_{12}O_{56,5}$	13	13 (O_2)	20	500
Ag-, Sn- oder Bi-vanadat	10	49	41	480
Bi_2O_3 + Silicovanadylwolframsäure	10,5	57	32,5	430
TeO_2	—	—	—	—
TeO_2 + 5% Re_2O_7	—	—	—	345
$CoMoO_4$-TeO_2-$HReO_4$ (statt $CoMoO_4$ auch Ni- und Cu-molybdat bzw. -phosphat)	—	—	—	350—425
Bi-molybdat + TeO_2 (Te)	10	50	40	452
$CuMoO_4$ + Cu-tellurat	—	—	—	400
Mn-molybdat + TeO_2	10,6	52,1	37,3	525
$Mn_2P_2O_7$-MoO_3-TeO_2	16 (Propan)	41	43	385
Phosphomolybdat + TeO_2 auf TiO_2 oder Silicagel	10,0	52,5	37,5	480

Reaktionsdauer (sek)	Umsatz (%)	Selektivität (%)	Ausbeute (%)	Bemerkungen	Lit.-Angabe
8	82,5 (4std. Rk.)	52,6	43,4	15,6% Acrylsäure	[121]
—	—	—	—	Neben Essigsäure	[121 a]
—	—	—	—	Vorzugsweise zur Acrylsäureherstellung	[122]
—	7,6	67,2	5	—	[123]
—	—	85	—	—	[124]
—	74,8	—	9,8	Hohe Raum-Zeit-Ausbeute	[125]
—	—	—	—	Gegenüber Cu_2O erhöhte Selektivität	[126—127]
—	—	—	—	Vor allem zur Acrylsäureherstellung	[128]
—	—	—	—	—	[129]
—	—	—	—	—	[130]
—	—	—	—	—	[131]
—	56	59	33	54% Argon als Inertgas	[132]
—	8,6	—	—	—	[133]
—	gering	—	—	—	[134]
—	—	—	—	—	[135]
—	9,5	—	—	—	[136]
7—38	55—100	—	—	—	[137]
—	70	73	51	3% Acrylsäure	[91]
—	—	—	—	—	[138]
5	15	27	4	—	[139]
40,6	—	—	24,2	46% Acrylsäure	[140]
5	43	73	31,4	—	[141]

(Fortsetzung von Tabelle 39)

Katalysator	Einsatzprodukte (in %)			Reaktions-temp. (°C)
	Propylen	Luft (oder O_2)	Wasser-dampf	
Phosphomolybdat + TeO_2	15	71	14	480
TeO_3-6 MoO_3 sowie TeO_3-6 WO_3 u. a.	13	13 (O_2)	20	485
MoO_3-Cr_2O_3 u./oder WO_3 + TeO_2 + As-, Sb- u./oder Bi-oxid	—	—	—	400
Phosphormolybdat + 1% Te oder TeO_2	12	18 (O_2)	70	486
Phosphorvanado- oder Phosphor-wolframatomolybdänsäure + TeO_3	15	71	14	400
TeO_2, durch Cl_2, Br_2 oder J_2 aktiviert, auf Bentonit	—	—	—	—
$(Bi,Te)_{0,2-18}(Ce,Th)(Mo,W,V)_{12}O_{37-84}$	—	—	—	400—600
$Cu_{6-9}(Te,Se)_{0,5-1,6}(P,Si)_{0-1}(Mo,W)_{12}O_{40-60}$	—	—	—	—
Ni-telluromolybdat	—	—	—	—
Sb_2O_4-SnO_2 = 1:3—50	11,7	48,2	40,1	360
Sb_2O_4-SnO_2 auf SiO_2	—	—	—	—
Sb_2O_4-SnO_2 auf Graphit	10	70	20	452
Sb_2O_4-SnO_2 auf Ton, Porzellan, Glas-kugeln	10	56,5	33,5	497
Sb_2O_4-SnO_2 + Sb_2O_3	10	50	40	400
Sb_2O_4-SnO_2 unter Zusatz von Ca-, Fe(III)- oder Ba-Salzen	10	50	40	480
Sb_2O_4-SnO_2 auf SiO_2 (aus Äthylsilikat)	—	—	—	—
Sb_2O_4-SnO_2 + Bi-, Ni- oder Co-oxid	—	—	—	—
Sb_2O_4-SnO_2 (3,26:1)	10,6	49,6	39,8	411
Sb_2O_4-SnO_2	—	—	—	439—524 440—519 439—483
Sb_2O_4-SnO_2	10	50	40	467
Sb_2O_4-SnO_2	—	—	—	—
Sb-U-Oxid + Metalloxid (z. B. CuO)	5	55	34	480
Sb_2O_3 + Nebengruppenmetalloxide, z. B. Sb_2O_3-U_3O_8	8	62	30	480

Reaktionsdauer (sek)	Umsatz (%)	Selektivität (%)	Ausbeute (%)	Bemerkungen	Lit.-Angabe
1,25	38	84	32	—	[142]
1	—	—	—	Zusatz von 54% Ar	[143]
—	32	89	28,5	—	[144]
2,5	—	—	43,9	27,5% Acrylsäure	[145]
1,25	55	91	50	—	[146]
—	9	—	—	—	[147]
0,05—20	—	—	>60	—	[148]
—	max. 69	—	—	—	[149]
—	—	90	—	—	[150]
4	—	—	78,2	—	[151—153]
—	—	—	—	Verbesserte mechan. Stabilität	[154]
4	—	—	39,8	—	[155]
—	—	—	61	—	[156]
4	—	—	67,7—71,8	Verbesserte mechan. Stabilität durch Sb_2O_3-Zusatz	[157]
—	—	—	—	Verbesserte mechan. Stabilität	[158]
—	—	—	—	—	[159]
—	—	—	—	—	[160]
—	—	—	32	Patent über Katalysatorherst.	[161]
0,2	—	—	17	Verfahren mit 3 hintereinandergeschalteten Katalysatorbetten patentiert	[162]
—	—	—	30,9	Behandeln des Reaktors mit Na-antimonit	[108]
—	—	—	—	Abschrecken der Reaktionsgase	[163]
—	—	—	6	Vor allem zur Herstellung von Acrylnitril	[164]
6	75	68	51	—	[165—166]

(Fortsetzung von Tabelle 39)

Katalysator	Einsatzprodukte (in %) Propylen	Luft (oder O_2)	Wasserdampf	Reaktionstemp. (°C)
$Sb_2O_3 + Fe_2O_3$	—	—	—	—
Sb-Mn-oxid	—	—	—	—
Sb-vanadat, Sb-phosphat und Bi_2O_3 auf SiC	20	20	60	475
Sb-molybdat + Sn-, Ti- oder W-oxid	—	—	—	—
Sn-phosphovanadat	—	—	—	—
As-oxid unter Zusatz von Metalloxiden, z. B. As_2O_5-Fe_2O_3	9	77	14	390
MoO_3 oder andere Schwermetalloxide + $B_2O_3 + As_2O_5$ auf SiO_2	10	45	45	370—380
Fe-cermolybdat oder Ce-molybdat + As_2O_5	—	—	—	—
Wolframsäure + As_2O_5	—	—	—	—
Cu-arsenovanadat auf TiO_2	10	49	41	419
Phosphomolybdat + As_2O_5	14	71	15	400
Sb-titanat + W-, Mo- und/oder As-oxid	10	50	40	450
Ag-, Fe- und/oder Cu-phosphat	12	18 (O_2)	70	640
Cu-Au-oxid auf SiC	24	46	30	300

8.3. Theoretische Betrachtungen zur Propylenoxydation

Die Oxydation von Propylen zu Acrolein an Kupfer(I)oxid [26, 181] sowie an Wismutmolybdatkatalysatoren wird industriell durchgeführt. Über den Mechanismus ist bisher nur soviel bekannt, daß als erster Reaktionsschnitt eine oxydative Dehydrierung eintritt.

Voge und Mitarb. [182] zeigten am mittels ^{13}C-markierten Propylen, daß bei der Oxydation an Kupfer(I)oxid zunächst ein Wasserstoffatom von der CH_3-Gruppe abgespalten wird unter Bildung eines symmetrischen Zwischenproduktes

$$CH_2{=}CH{-}CH_3 \xrightarrow{-H} CH_2{\cdots}\dot{C}H{\cdots}CH_2 \xrightarrow{-H} \underset{\substack{\downarrow \\ \text{Acrolein}}}{CH_2{=}CH{-}CH} + {}^1/_2\, O_2$$

Das entstandene Zwischenprodukt kann an beiden Enden oxydiert werden. Propylenoxid wird als Zwischenprodukt nicht erwartet.

Reaktionsdauer (sek)	Umsatz (%)	Selektivität (%)	Ausbeute (%)	Bemerkungen	Lit.-Angabe
–	–	–	–	–	[167]
–	–	–	–	Besonders zur Butenoxydation	[168]
–	3,1	59	1,7	–	[169]
–	15	29	4	–	[170]
–	80–90	–	80–85	Mehrstufige Oxydation	[171]
2	13,4	–	–	–	[172]
–	14,4	36	5,2	37% Acetaldehyd	[173]
–	–	–	–	–	[174]
–	64	89	57	–	[175]
9,5	50	64	32	–	[176]
3	42	97	40	–	[177]
4	28	–	–	–	[178]
9,1	61	39,4	24	–	[179]
–	–	–	67	–	[180]

Adams und Jennings [79] dehnten die Versuche auf deuteriertes Propylen aus. Deuteriertes Propylen wurde an Kupfer(I)oxid und an Wismutmolybdat zu Acrolein oxydiert. Der Reaktionsmechanismus der Propylenoxydation ist an beiden Katalysatoren der gleiche. Es wird ein Wasserstoff oder Deuterium von der Methylgruppe abgespalten, und dann wird nochmals ein Wasserstoff oder Deuterium an einem der beiden Enden abgetrennt. Die Untersuchungen geben jedoch keinen Hinweis, durch welchen Mechanismus Sauerstoff in das Molekül eintritt.

Adams und Mitarb. [183] haben die Kinetik der Propylenoxydation an Wismutmolybdatkatalysatoren untersucht. Sie fanden, daß die Reaktion in bezug auf Propylen von erster Ordnung und unabhängig vom Sauerstoff und anderen Produkten ist. Die Aktivierungsenergie beträgt bei 350–500 °C etwa 20 kcal/Mol. Molekularer Wasserstoff hat keinen Einfluß auf die Acroleinbildung, er wird auch nicht oxydiert. Die beste Selektivität im Hinblick auf die Acroleinbildung liegt bei Verwendung von Wismutmolybdat-Katalysatoren bei 490–520 °C. Nebenprodukte sind Kohlensäure, Acetaldehyd und Formaldehyd.

8.4. *Verwendung von Acrolein*

Die mit den neuen Verfahren gegebene Verschiebung der Rohstoffbasis wirkte sich auch auf den Preis aus. Während Acrolein vor 1960 noch 46 cts/lb kostete, ist damit zu rechnen, daß sich der Preis auf mindestens 20 cts/lb und darunter ermäßigen wird. Größter Abnehmer für Acrolein ist zur Zeit die chlorlose Glycerinsynthese, bei der Acrolein zu Allylalkohol aufhydriert und letzterer mit Wasserstoffperoxid zum Glycerin umgesetzt wird. Die hierfür bei der Shell in Betrieb befindliche Glycerinanlage hat eine Kapazität von etwa 20000 t/a. Ähnliche Kapazitäten haben sicher auch die bei der Degussa, Union Carbide Co. usw. in Betrieb befindlichen Anlagen. Der sonstige Acroleinverbrauch in USA im Jahre 1961 wurde auf etwa 1000 t/a geschätzt.

Neben der Herstellung von Allylalkohol für die Glycerinsynthese war der Hauptverwendungszweck für Acrolein bisher die Synthese von Methionin. Hierzu wurde Acrolein mit Methylmercaptan in Gegenwart von Katalysatoren (Pyridin, Kupferacetat, Piperidin, Natriumäthylat) zu β-Methylmercaptopropionaldehyd umgesetzt, dieser mit HCN in 2-Hydroxy-4-methylmercapto-butyronitril überführt und das Reaktionsprodukt zu Methionin hydrolysiert [184].

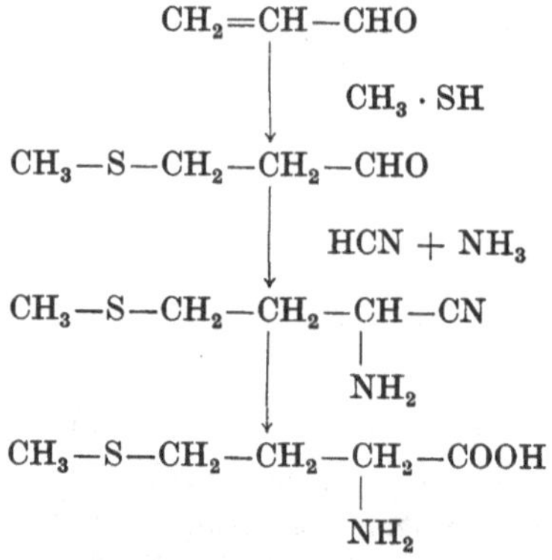

Trotz der großen Reaktionsfreudigkeit des Acroleins ist die Polymerisation zu einem technisch interessanten Produkt noch nicht gelungen. Dieses Problem wurde besonders durch R. C. Schulz et al. [185] genau untersucht im Hinblick auf eine technische Nutzung. Die Reaktion von Acrolein mit polyfunktionellen Verbindungen führt zu interessanten Kondensationspolymeren. Bekannt geworden sind hierbei besonders Polyacetale mit mehrwertigen Alkoholen. Das Kondensationsprodukt mit Pentaerythrit [186], unter dem Namen „Ultralon“ im Handel,

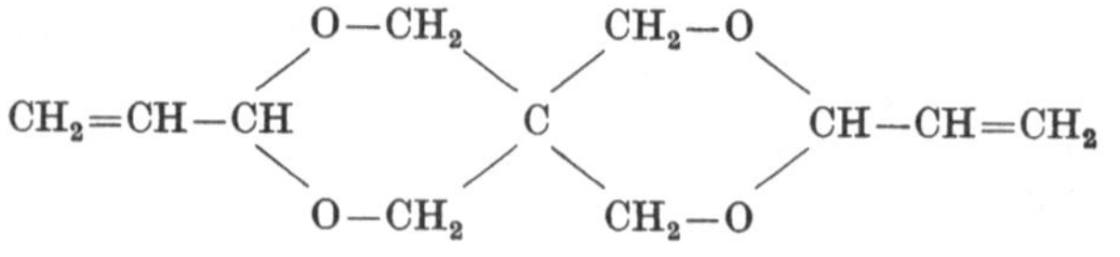

Tabelle 40:

Acrolein →

- H_2 → Allylalkohol; Propionaldehyd → Propylalkohol
- Cl_2 → α,β-Dichlorpropionaldehyd [194] $\xrightarrow{-HCl}$ α-Chloracrolein → α-Chloracrylatharze
- HOCl → Glycerinaldehyd [195]
- O_2 → Acrylsäure [196]
- H_2O → 1.3-Propandiol [197]; 4-Hydroxy-tetrahydropyran-3-carboxaldehyd [198]
- NH_3 → β-Picolin [199]
- Tischtschenko → Allylacrylat [200]

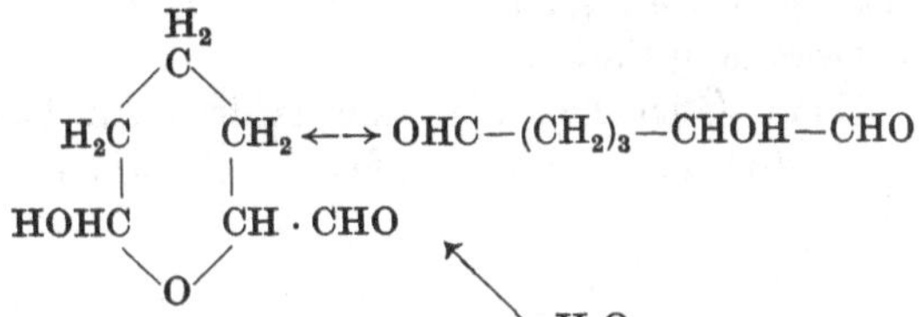

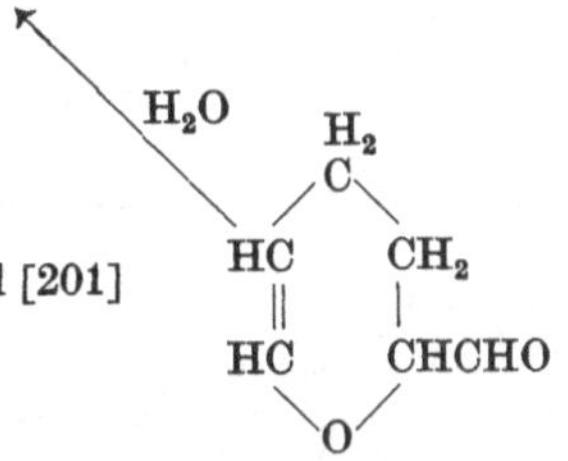

- Dimerisierung → 3.4-Dihydro-2-pyran-2-carboxaldehyd [201]
- Diels-Alder →

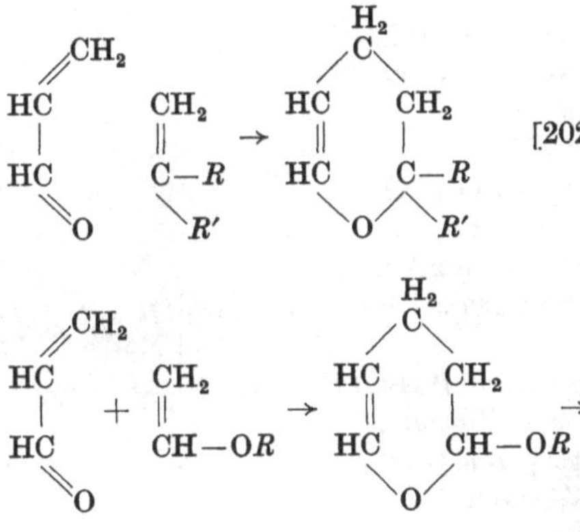

[202]

→ Glutardialdehyd [203]

- Polymerisation → Polyacroleine [204]
- Copolymerisation → Harze [205]
- CH_3SH, NH_4CN → Methionin [206]
- Harnstoff, Thioharnstoff → Harze [207]
- Pentaerythrit → Kondensationsprodukt [194]

kann zu Produkten von guter Zug-, Schlag- und Adhäsions-Festigkeit polymerisiert werden. Leider besitzen diese Produkte nur eine geringe Wärmebeständigkeit (65—104 °C).

Harzartige Kondensationsprodukte mit interessanten Eigenschaften ergeben Harnstoff und Formaldehyd (Acrisin, Textilausrüstungsharze, Klebstoffe, Beschichtungen, Holzschutzmittel) [187]. Auch mit Phenol [188], Thioharnstoff [189], Formaldehyd [190] u. a. Stoffen entstehen derartige Kondensationsprodukte.

Niedermolekulare Produkte aus Acrolein wurden von der Shell Development Co. und von der Union Carbide Chemical schon in größerem Maßstab entwickelt [191]. Durch Dimerisierung von Acrolein nach Diels-Alder entsteht 3.4-Dihydro-2-formyl-2-pyran [192], das durch Säuren zu 2-Hydroxyadipindialdehyd [193] hydrolysiert wird, dessen Hydrierung zum 1.2.6-Hexantriol führt, das als Weichmacher sowie als Komponente zur Herstellung von Alkyd- und Polyesterharzen Verwendung findet.

Einen Überblick über die zahlreichen Reaktionsmöglichkeiten des Acroleins vermittelt vorstehende Aufstellung (Tab. 40):

8.5. Eigenschaften des Acroleins

(Siehe auch [3])

Eigenschaft	Wert
Schmelzpunkt (°C)	−86,95
Siedepunkt (°C)	52,69
Dichte (g/cm³) bei 20°	0,8389
Dampfdichte (bezogen auf Luft 20°)	0,8402
Ausdehnungskoeffizient bei 20°	0,00143 pro °C
Brechungsindex n_{20}^{D}	1,4017
Viskosität bei 20°	0,393
Kritische Temperatur (°K)	510
Kritischer Druck (atm)	51,58
Kritisches Volumen (cm³/Mol)	189
Verdampfungswärme bei 760 mm Hg (cal/g)	129,5
(cal/Mol)	7260
Verbrennungswärme (flüssig) (kcal/g) 25°	6,95
Bildungswärme (gasförmig) (kcal/Mol) 25°	−17,79
Freie Bildungsenergie (gasf.) (kcal/Mol) 25°	−12,86
Spezifische Wärme (fl.) (cal/g °C) 17—44°	0,511
Spezifische Wärme (gasf.) (cal/Mol. °C) 300 °K	16,07
Spezifische Wärme (gasf.) (cal/Mol. °C) 500 °K	22,97
Spezifische Wärme (gasf.) (cal/Mol. °C) 700 °K	27,86
Elektrische Leitfähigkeit Ω bei 10 °C	$1{,}55 \cdot 10^{-7}$
Flammpunkt (geschlossenes Gefäß) °C	−25°
Explosionsgrenze mit Luft	
obere Grenze	31 Vol-% Acrolein
untere Grenze	2,8 Vol-% Acrolein

Acrolein-Wasser, Flüssig-Flüssig-Gemische vgl. Abb. 38.

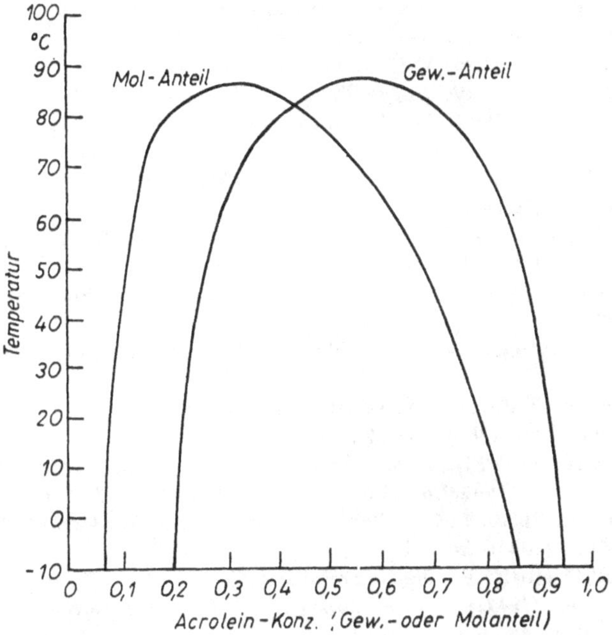

Abb. 38: Acrolein-Wasser. Flüssig-flüssig-Gleichgewicht

Literatur

[1] H. Schulz und H. Wagner: Angew. Chem. **62** (1950), 105–18

[2] S. A. Ballard, H. V. de Finch, B. P. Geyer, G. W. Hearne, C. W. Smith und R. R. Whetstone (Shell Development Co.): „*Proc. 4th World Petrol. Congr.*". Sect. IV, S. 141–54 (1955)

[3] N. G. Koralnik: Sbornik Nauchn.-Issled. Rabot, Chim. i Chim. Technol. Vysokomolekuljarnye Soedinenija, Taschkentsk. Tekst. Inst. **1964** (*1*), 5–83

[4] C. W. Smith: „Acrolein", J. Wiley and Sons, Inc., New York – London 1962

[5] J. Redtenbacher: Liebigs Ann. Chem. **47** (1843), 114

[6] E. Fischer und I. Tafel: Ber. dtsch. chem. Ges. **20** (1887), 3388

[7] H. Adkins und W. H. Hartung: Org. Syntheses, Vol. 6, S. 1 (1926)

[8] F. G. Watson: Chem. metallurg. Engng. **54**, *12* (1947), 106–09

[9] U. S. P. 2309576 (1943), Shell Development Co. (W. B. Converse)

[10] Angew. Chem. **B 20** (1948), 303; F. G. Watson: Chem. Engng. **54**, *12* (1947), 107–09

[11] P. V. Zimakow und V. A. Pokrowski: Doklady Akad. Nauk SSSR **63** (1948), 143–45

[12] J. G. M. Bremner, D. G. Jones und St. Beaumont: J. Chem. Soc. [London] **1946**, 1018–22; Brit. P. 547334 (1942), ICI Ltd. (J. G. M. Bremner und D. McNeil)

[13] U. S. P. 2245582 (1941); U. S. P. 2246037 (1941), Eastman Kodak Co. (M. Gallagher und R. L. Hasche)

[14] Schwed. P. 101032 (1938); 101145 (1938); U. S. P. 2288306 (1942), Degussa (H. WAGNER)

[15] T. ISHIKAWA: Rept. Govt. Chem. Ind. Res. Inst. [Tokyo] **50** (1955), 387—90

[16] U. S. P. 2294955 (1942), Eastman Kodak Co. (J. H. BRANDT)

[17] T. ISHIKAWA und T. KAMIO: Yuki Gosei Kagaku Kyokaishi **20** (1962), 56—61; T. ISHIKAWA und T. KAMIO: Tokyo Kogyo Shikensho Hokoku **58** (1963), 40—47

[18] Poln. P. 45675 (1962), Politechn. Warszawska, Zaklad Technol. Nieorganicznej (ST. MALINOWSKI und ST. BASINSKY)

[19] Poln. P. 45582 (1962), Politechn. Warszawska, Zaklad Technol. Nieorganicznej (ST. MALINOWSKI und ST. BASINSKY)

[20] D. A. S. 1203243 (1965), Esso Res. and Engng. Co. (R. N. WATTS, R. J. PORTER, J. A. WINGATE und J. A. HANAN)

[21] ST. BASINSKY un ST. MALINOWSKI: Roczniki Chem. [Ann. Soc. chim. Polonorum] **38** (1964), 635—41

[22] H. JABLCZYNSKA-JEDRZEJEWSKA, ST. MALINOWSKI und ST. PRZYBSZ: ibid. **33** (1959), 965—73

[23] ST. MALINOWSKI, H. JABLCZYNSKA-JEDRZEJEWSKA, ST. BASINSKY und S. BENEBEK: Chim. Ind. [Paris] **85** (1961), 885—96
ST. MALINOWSKI und ST. BASINSKY: Bull. Acad. polon. Sci., Ser. Sci. chim. **11** (1963), 55—61; vgl. auch J. Chem. Soc. [London], Sect. B, **1967**, 1013—20

[24] U. S. P. 2197258 (1936), E. I. du Pont de Nemours und Co.; U. S. P. 2270705 (1939); U. S. P. 2334091 (1938), Acrolein Corp.

[25] U. S. P. 2383711 (1942), Batelle Memorial Inst.

[26] U. S. P. 2451485 (1947); U. S. P. 2486842 (1946), Shell Development Co. (G. W. HEARNE und M. L. ADAMS)

[27] U. S. P. 2608585 (1951), Shell Development Co.

[28] Brit. P. 640383 (1950), N. V. de Bataafsche Petroleum Maatschappij

[29] L. YA. MARGOLIS, S. Z. ROGINSKI und T. A. GRAČEVA: Ž. obšč. Chim. **26** (1956), 1368

[30] O. V. ISAJEV, L. YA. MARGOLIS und S. Z. ROGINSKI: ibid. **29** (1959), 1522

[31] N. I. POPOVA, V. J. BELJAJEW und R. N. STUKOVA: Izvest. sibirskogo Otd. Akad. Nauk SSSR, Ser. chim. Nauk **7** (1957), 40

[32] O. V. ISAJEV, M. JA. KUŠNEREV und L. YA. MARGOLIS: Doklady Akad. Nauk SSSR **119**, *1* (1958), 104

[33] O. V. ISAJEV und M. JA. KUŠNEREV: ibid. **124**, *4* (1959), 858

[34] YA. B. GHOROKOVATSKIJ, E. N. POPOVA und M. YA. RUBANIK: Ž. prikl. Chim. **36**, *12* (1963), 2725—28

[35] L. P. SHAPOVALOVA, YA. B. GHOROKOVATSKIJ und M. YA. RUBANIK: Ukrainskij chim. Ž. **28**, *9* (1962), 1031—36

[36] N. I. POPOVA und E. E. VERMEL: Doklady Akad. Nauk SSSR **124**, *4* (1959), 842

[37] N. I. POPOVA, V. J. BELJAJEV und E. E. VERMEL: Izvest. vyssich ucebnych Zavedenij [Ivanovo], Chim. i chim. Technol. **2** (1959), 926—29

[38] E. E. VERMEL: Materialy Konf. molodykh Nauch. Sotrudnikov, Vost.-Sibir. Filiala Sibir. Otdel. Akad. SSSR, Blagovestschensk **1960**, *3*, 33—38

[39] YU. D. KERNOS und B. L. MOLDAVSKIJ: Ž. prikl. Chim. **33** (1960), 2593—97

[40] O. V. ISAJEV und M. JA. KUŠNEREV: Doklady Akad. Nauk SSSR **124** (1959), 858—60

[41] YA. B. GHOROKHOVATSKIJ, E. N. POPOVA und M. YA. RUBANIK: Kinetika i Kataliz **3** (1962), 230—36

[42] N. I. Popova, V. I. Beljajev, R. N. Stukova und E. E. Vermel: Trudy Vses. Sovešč. po chim. Pererabotke Neft-Uglevodorov v Poluprod. dlja Sinteza Volokon i Plast. Massy, Baku **1957**, 191–95 (publiziert 1960); N. I. Popova und E. E. Vermel: Izvest. sibirskogo Otd. Akad. Nauk SSSR **1957** (*9*), 74–85
[43] Ya. B. Ghorokovatskij, E. N. Popova und M. Ya. Rubanik: Kinetika i Kataliz **3** (1962), 133–38
[44] N. I. Popova, F. A. Milman, R. N. Stukova und K. P. Shdanova: Izvest. sibirskogo Otd. Akad. Nauk SSSR **1960** (*12*), 78–82
[45] D. A. S. 1001673 (1957); Holl. P. 95094; N. V. de Bataafsche Petroleum Maatschappij; U. S. P. 2879300 (1959), Shell Development Co. (H. A. Cheney und J. L. Breier)
[46] T. Ishikawa und T. Kamio: Tokyo Kogyo Shikensho Hokoku **59**, *5* (1964), 228–33
[47] D. A. S. 1240063 (1967); F. P. 1345265 (1963), Kanegafuchi Spinning Co., Ltd.
[48] B. D. Krutschalov, E. S. Šeštukin und A. M. Garnis: Kinetika i Kataliz **3** (1962), 247–51
[49] N. Kominami, A. Shibata und S. Minekawa: J. chem. Soc. Japan, ind. Chem. Sect. [Kogyo Kagaku Zasshi] **65** (1962), 1510–33
[50] Brit. P. 625330 (1949), Distillers Co., Ltd.
[51] Brit. P. 658240 (1951), D. R. P. 877450 (1953), Distillers Co., Ltd.
[52] Brit. P. 655210 (1951), 727318 (1954), 875160 (1961), U. S. P. 2670381 (1954), Distillers Co., Ltd.
[53] F. P. 1325538 (1963), Asahi Chem. Ind. Co.
[54] Brit. P. 658179 (1951), Distillers Co., Ltd.; UdSSR. P. 159515 (1963) (E. S. Šeštukin, V. R. Panus und L. M. Tiščenko)
[55] Brit. P. 678557 (1951), D. B. P. 806440 (1951), Distillers Co., Ltd.
[56] Brit. P. 694354 (1953), Distillers Co., Ltd.
[57] Brit. P. 706552 (1954), Distillers Co., Ltd.
[58] U. S. P. 3009960 (1958), Cities Service Res. and Development Co. (A. C. Shotts und A. H. Stephan)
[59] M. Agamennone: Petrol. Mater. Prima Ind. Chim. Mod., Comun. Giornata Chim. [Milano] **1961**, 209–25
[60] M. Agamennone: Chim. e Ind. [Milano] **4** (1961), 875–84
[61] G. Marullo und M. Agamennone: Chim. e Ind. [Milano] **46** (1964), 376–78
[62] Brit. P. 847564 (1960), D. A. S. 1103911 (1961), It. P. 580541 (1958), Montecatini Soc. (G. Marullo, M. Agamennone und L. Corsi)
[63] UdSSR. P. 136728 (1961), Nauchno-Issledovatelskij Inst. Sintet. Spirtovi i Organ. Prod.
[64] Ya. B. Ghorokovatskij und E. N. Popova: Kinetika i Kataliz **5** (1964), 134–43
[65] V. M. Beloussow, Ya. B. Ghorokovatskij und M. Ya. Rubanik: Kinetika i Kataliz **3** (1962), 221–29
[66] V. M. Beloussow, Ya. B. Ghorokovatskij, M. Ya. Rubanik und A. V. Gersingorina: Doklady Akad. Nauk SSSR **137** (1961), 1396–98
[67) N. I. Popova und K. P. Shdanova: Izvest. Sibirskogo Otd. Akad. Nauk SSSR **1961** (*12*), 48–52
[68] Ya. B. Ghorokovatskij, E. N. Popova und M. Ya. Rubanik: Ž. prikl. Chim. **36** (1963) 2725–28
[69] N. I. Popova, L. E. Latyseva, E. E. Vermel und F. A. Milman: Sintez i Svoistva Monomerov, Akad. Nauk SSSR, Inst. Neftekhim. Sinteza, Sb-Rabot 12-oi [Dvenatsatoi], Konf. po Vysokomolekul Soedinenija **1962**, 178–83 (publiziert 1964), ref. C. A. **62** (1965), 6387a

[70] A. M. Garnish, L. M. Shafranskij, N. P. Skvortsov, E. A. Zvezdina und V. F. Stepanovskaja: Kinetika i Kataliz **3** (1962), 257—60
[71] T. Ishikawa: Tokyo Kogyo Shikensho Hokoku **55** (1960), 82—86
[72] E. N. Popova und Ya. B. Ghorokovatskij: Doklady Akad. Nauk SSSR **145** (1952), 570—72
[73] A. G. Polkovnikova, B. D. Krutschalow, A. N. Satalova und L. L. Tseitina: Kinetika i Kataliz **3** (1962), 252—56
[74] E. K. Enikejev, O. V. Isajev und L. Ya. Margolis: Kinetika i Kataliz **1** (1960), 431—39
[75] L. Ya. Margolis, E. K. Enikejev, O. V. Isajev, A. N. Krylova und M. Ya. Kušnerev: Kinetika i Kataliz **3** (1962), 181—88
[76] S. Z. Roginski: Radioisotopes Sci. Res., Proc. Intern. Conf., Paris 1957, **2**, 1—20 (publiziert 1958); ref. C. A. **54** (1960), 56f.
[77] O. V. Isajev, L. Ya. Margolis und J. S. Sazonova: Doklady Akad. Nauk SSSR **129** (1959), 141—44
[78] A. G. Polkovnikova, A. N. Shatalova und L. L. Tseitina: Neftechimija **3**, *2* (1963), 246—53
[79] R. C. Adams und T. J. Jennings: J. Catalysis **2**, *1* (1963), 63—68
[80] O. A. Golovina. O. V. Isajev und M. M. Sacharov: Doklady Akad. Nauk SSSR **142** (1962), 619—22
[81] N. I. Popova, R. N. Stukova und V. P. Latysev: Izvest. Sibirskogo Otdel. Akad. Nauk SSSR **1961** (*8*), 78—82
[82] F. Veatch, J. L. Callahan, J. D. Idol jr. und E. C. Milberger: Petrol. Refiner **41**, *11* (1962), 187—90
[83] Anonym: Chemie-Ing.-Techn. **34** (1962), 334; World Petroleum **31** (1960), 60
[84] P. W. Sherwood: Chem. Rdsch. [Solothurn] **14** (1961), 394; Brennstoff-Chem. **38** (1959), 164
[85] Brit. P. 839808 (1960), D. A. S. 1079615 (1960), Farbenfabriken Bayer AG (A. Hausweiler, K. Schwarzer und R. Stroh)
[86] D. A. S. 1125901 (1962), 1133358 (1962), 1137427 (1962); Knapsack-Griesheim AG (K. Sennewald, K. Gehrmann, W. Vogt und St. Schäfer)
[87] D. A. S. 1223813 (1966), Standard Oil Co. (Ohio)
[88] Brit. P. 821999 (1959), U. S. P. 2941007 (1960), Standard Oil Co. (Ohio)
[89] F. P. 1362890 (1964], Chemical Investors S. A. (D. M. Coyne und R. P. Cahoy)
[90] Can. P. 677630 (1964), D. A. S. 1146046 (1963), Schwz. P. 406178 (1966), Ruhrchemie AG (O. Roehlen und W. Rottig)
[91] Brit. P. 963610 (1964), Distillers Co., Ltd. (E. J. Gasson und J. Bahemen)
[92] O. V. Isajev, L. A. Ruslanova, Va. A. Chlenov, L. Ya. Margolis und N. V. Michailov: Chim. Prom. **41** (1965), 71—72
[93] Can. P. 677762 (1964), D. A. S. 1160837 (1964), U. S. P. 3162514 (1964), Ruhrchemie AG (O. Roelen und H. Rottig), vgl. auch Brit. P. 1013379 (1965), D. A. S. 1155109 (1964) und Brit. P. 1016101 (1966), D. A. S. 1160858 (1964), Ruhrchemie AG
[94] Belg. P. 611378 (1962), F. Zusatz-P. zu F. P. 1281927: F.-Z.-P. 80776 (1963), Shell Internationale Res. Maatschappij (Ch. R. Adams und Th. J. Jennings)
[95] F. P. 1476377 (1967), Shell Internationale Res. Maatschappij
[96] UdSSR. P. 143385 (1962) (L. Ya. Margolis und O. V. Isajev)
[97] Brit. P. 881335 (1961), Union Chimique Belge S. A. (A. Hendrickx)

[98] Belg. P. 618222 (1962), D. A. S. 1251301 (1967), U. S. P. 3177257 (1965), Shell Internationale Res. Maatschappij (K. D. DETLING und H. H. VOGE)
[99] Belg. P. 620834 (1963), D. A. S. 1134979 (1962), Schwz. P. 406177 (1966), Ruhrchemie AG (O. ROEHLEN und W. ROTTIG)
[100] D. A. S. 1223358 (1966), F. P. 1375538 (1964), Standard Oil Co. (J. L. CALLAHAN)
[101] Belg. P. 642946 (1964), D. A. S. 1219917 (1966), F. P. 1393374 (1965), Sumitomo Chemical Co., Ltd.
[102] Brit. P. 963611 (1964), Standard Oil Co. (Ohio)
[103] F. VEATCH, J. L. CALLAHAN, E. C. MILBERGER und R. W. FOREMAN: „*Proc. Intern. Congr. Catalysis*", 2nd, Paris **1960**, Bd. 2, S. 2647–58, ref. C. A. **55** (1961), 24547e
[104] S. ŠERBAN: Rev. Chim. [Bukuresti] **18**, *2* (1967), 65
[105] Brit. P. 1018944 (1965); F. P. 1351913 (1964), Eastman Kodak Co. (H. J. HAGEMEYER jr. und M. STATMAN)
[106] Brit. P. 939713 (1963), Shell Internationale Res. Maatschappij N. V.
[107] Brit. P. 912686–88 (1962), Shell Internationale Res. Maatschappij N. V.
[108] Belg. P. 633024 (1963), Distillers Co., Ltd.
[109] F. P. 1639893 (1964), E. I. du Pont de Nemours (TH. A. KOCH)
[110] Brit. P. 985009 (1965), E. I. du Pont de Nemours
[111] UdSSR. P. 176878 (1965), Scientific Res. Inst. of synthetic Alcohols and Organic Products (L. A. IVANOVA, A. N. SHATALOVA, A. G. POLKOVNIKOVA und YU. B. GLUKOWSKAJA)
[112] Belg. P. 618223 (1962); Brit. P. 986853 (1965), Shell Internationale Res. Maatschappij N. V.; U. S. P. 3159680 (1964), Shell Oil Co.
[113] Brit. P. 1010423 (1965), D. A. S. 1197441 (1965). U. S. P. 3173957 (1965), Eastman Kodak Co. (E. L. MCDANIEL und H. S. YOUNG)
[114] Brit. P. 1038274 (1966), D. A. S. 1207367 (1965), Röhm und Haas GmbH (W. GRUBER)
[115] JU. D. KERNOS und B. L. MOLDAVSKIJ: Ž. prikl. Chim. **33** (1960), 2593–97
[116] J. OBLOJ, L. JAKUBOWICZ, L. BURCZYK, J. BERES, A. JAKUBOWSKA und J. PERKOWSKI: Przemysl chem. **42**, *7* (1963), 359–61
[117] F. P. 1366300 (1964), Chemical Investors S. A. (D. M. COYNE und R. P. CAHOY)
[118] Niederl. A. S. 6512930 (1966), Nippon Kayaku Co.
[119] F. P. 1372357 (1964), ICI Ltd.
[120] Belg. P. 613157 (1962), Farbwerke Hoechst AG
[121] F. P. 1410564 (1965), Mitsubishi Rayon Co.
[121a] Brit. P. 1019426 (1965), Stamicarbon N. V.
[122] U. S. P. 3190913 (1965), Shell Oil Co. (L. C. FETTERLY, K. F. KOETITZ und G. W. CONKLIN)
[123] Brit. P. 1015180 (1965), Niederl. P. 110366 (1964), Stamicarbon N. V. (B. PHIELIX und J. BONNEMA)
[124] Niederl. A. S. 6506246 (1965), Allied Chemical Corp.
[125] Aust. P. 255563 (1961), Brit. P. 950686 (1964), D. A. S. 1160838 (1964), D. P. [DDR] 44914 (1966), F. P. 1307222 (1963), Stamicarbon N. V. (B. PHIELIX und J. J. T. M. GEERARDS)
[126] N. I. POPOVA, R. N. STEPANOVA und R. N. STUKOVA: Kinetika i Kataliz 2 (1961), 916–19
[127] L. M. KALIBERDO, V. A. PILOSJAN und N. I. POPOVA: ibid. **3** (1962), 237–40
[128] UdSSR. P. 131347 (1960), B. L. MOLDAVSKIJ und YU. D. KERNOS

[129] U. S. P. 3029288 (1962), Petro-Tex Chemical Corp. (R. W. Etherington); F. P. 1494432 (1967) Rohm und Haas Co. (J. W. Nemec und F. W. Schlaefer)
[130] Brit. P. 1017599 (1965); U. S. P. 3230248 (1966), Institut of Physical and Chemical Res. (M. Yamagita, M. Kitahara und T. Mitsui)
[131] Belg. P. 611002 (1962), Stamicarbon N. V.
[132] D. A. S. 1161552 (1964), Shell Internationale Res. Maatschappij N. V. (Ch. R. Adams, Th. J. Hennings, L. B. Ryland und H. H. Voge)
[133] Brit. P. 873712 (1959), Distillers Co., Ltd. (J. L. Barclay, D. J. Hadlay und D. G. Stewart)
[134] U. S. P. 3260753 (1966), Eastman Kodak Co. (E. L. McDaniel und H. S. Young)
[135] U. S. P. 2648638 (1953), Socony Vacuum Oil Co.; U. S. P. 2753377 (1956), Socony Mobil Oil Co.
[136] U. S. P. 2662921 (1953), Socony Vacuum Oil Co.
[137] Niederl. A. S. 6500643 (1965), B. F. Goodrich Co.
[138] F. P. 1494431 (1967), Rohm und Haas Corp. (J. W. Nemec und F. W. Schlaefer)
[139] Brit. P. 989401 (1965); U. S. P. 3345406 (1967), ICI Ltd. (B. P. Whim und G. C. Fettis)
[140] Niederl. A. S. 6508659 (1966), vgl. auch Niederl. A. S. 6500418 (1965), F. P. 1491653 (1967), B. F. Goodrich Co.
[141] F. P. 1380884 (1964), Brit. P. 1014121 (1965), ICI Ltd. (G. Ch. Fettis)
[142] Niederl. A. S. 6511989 (1966), Societe Naz. des Petroles d'Aquitaine
[143] Brit. P. 1001505 (1965), F. P. 1342963 (1963), Shell Internationale Res. Maatschappij N. V. (H. H. Voge und W. E. Armstrong)
[144] Brit.P. 973375 (1964); D. A. S. 1197442 (1965); U. S. P. 3168572 (1965), Shell Internationale Res. Maatschappij N. V. u. Shell Oil Co.
[145] Brit. P. 967485 (1964); F. P. 1342962 (1963); U. S. P. 3192259 (1965), Shell Internationale Res. Maatschappij N. V. u. Shell Oil Co.
[146] D. A. S. 1253696 (1967), Societe Naz. des Petroles d'Aquitaine
[147] U. S. P. 2643269 (1953), Socony Vacuum Oil Co.
[148] D. A. S. 1243664 (1967); F. P. 1372397 (1964), Soc. Edison (Sicedison)
[149] F. P. 1367801 (1964), Chemical Investors S. A. (D. M. Coyne und R. P. Cahoy)
[150] Brit. P. 990831 (1965), ICI Ltd. (G. Ch. Fettis)
[151] Belg. P. 587605 (1960); Brit. P. 864666 (1961); Ind. P. 76718 (1960), Distillers Co., Ltd. (J. L. Barclay, J. R. Bethell, J. B. Beam, D. J. Hadley, R. J. Jenkins, D. G. Stewart und B. Wood)
[152] Brit. P. 906328 (1962), F. P. 1299139, Distillers Co., Ltd. (J. R. Bethell, J. D. Hadley und R. H. Jenkins)
[153] Brit. P. 962841 (1964), F. Zusatz-P. 83569 (1964), 83126 (1964), Distillers Co., Ltd. (J. L. Barclay, R. H. Jenkins, E. J. Gasson, D. J. Hadley, D. G. Stewart und B. Wood)
[154] Belg. P. 633502 (1963), Distillers Co., Ltd.
[155] Belg. P. 632411 (1963), F.-Zusatz-P. 84114 (1965), Distillers Co., Ltd. (J. L. Barclay, R. H. Jenkins und E. J. Gasson)
[156] F. P. 1360915 (1964), Distillers Co., Ltd. (F. C. Newman)
[157] Belg. P. 630159 (1963), Brit. P. 961361 (1964), Distillers Co., Ltd. (E. J. Gasson und R. J. Jenkins), vgl. auch Brit. P. 1011599 (1965), Distillers Co., Ltd. (J. L. Barclay, D. J. Hadley und D. G. Stewart)
[158] Belg. P. 614364 (1962), F. Zusatz-P. 81246 (1963), Distillers Co., Ltd. (F. C. Newman)
[159] F. Zusatz-P. 84020 (1965), Distillers Co., Ltd. (J. E. Gasson und R. H. Jenkins)

[160] F. Zusatz-P. 83722 (1965), Distillers Co., Ltd. (J. R. Bethell)

[161] Brit. P. 904602 (1962), Distillers Co., Ltd. (J. L. Barclay, D. J. Hadley und J. B. Bream), vgl. auch Brit.P. 1011599 (1965), Distillers Co., Ltd.

[162] Belg. P. 616979 (1962), Distillers Co., Ltd. (D. J. Hadley)

[163] Belg. P. 632663 (1963), Distillers Co., Ltd. (B. E. V. Bowen, W. A. Smart, St. K. Lachowicz und D. J. Hadley)

[164] Brit. P. 1007929 (1965), Belg. P. 651114 (1967), Niederl. A. S. 6411912 (1965), Distillers Co., Ltd.

[165] Brit. P. 991085 (1965), Distillers Co., Ltd. (W. T. van der Meer und B. Wood)

[166] U. S. P. 3198750 (1965), Standard Oil Co. (J. L. Callahan und B. Gertisser)

[167] Brit. P. 973338 (1964), D. A. S. 1232552 (1967), Standard Oil Co. (J. L. Callahan und B. Gertisser)

[168] U. S. P. 3257474 (1966), Standard Oil Co. (Ohio) (J. L. Callahan, B. Gertisser und R. Grasselli)

[169] Niederl. P. 106994 (1963), Stamicarbon N. V.

[170] Niederl. A. S. 6515741 (1966), Halcon International, Inc.

[171] D. A. S. 1221208 (1966), F. P. 1496072 (1967), Niederl. A. S. 6513729 (1966), Knapsack AG (K. Sennewald, A. Ohorodnik und W. Vogt)

[172] Belg. P. 617523 (1962), Union Chimie Belge S. A.

[173] F. P. 1438499 (1966), Usines de Melle (Cl. Falice und G. Gobron)

[174] Japan. A. S. 2134/1965, Kogyo Gizyutuin (T. Ishikawa)

[175] Brit. P. 972403 (1964), Union Chimique Belge S. A. (C. van Eygen, P. Lambert und A. Hendrickx)

[176] F. P. 1364810 (1964), ICI Ltd.

[177] Niederl. A. S. 6511736 (1966), Societe Naz. des Petroles d'Aquitaine

[178] Brit. P. 993921 (1965), F. P. 1395072 (1965), Distillers Co., Ltd. (E. J. Gasson und R. H. Jenkins)

[179] Niederl. A. S. 6500728 (1965), B. F. Goodrich Co.

[180] Japan. P. 23646 (1965), Mitsubishi Rayon Co., Ltd. (M. Sudo und Sh. Kusunoki)

[181] O. V. Isajev und L. Ya. Margolis: Kinetika i Kataliz **1** (1960), 237

[182] H. H. Voge, C. D. Wagner und D. P. Stevenson: J. Catalysis **2** (1963), 58

[183] C. R. Adams, H. H. Voge, C. Z. Morgan und W. E. Armstrong: J. Catalysis **3** (1964), 379–86

[184] U. S. P. 2485236 (1949), E. I. du Pont de Nemours und Co. (W. F. Gresham und C. E. Schweitzer);
J. R. Catch, A. H. Cook, A. R. Graham und J. Heilbron: J. Chem. Soc. [London] **1947**, 1609; Nature **159** (1947), 578;
E. Pierson, M. Giella und M. Tishler; J. Amer. chem. Soc. **70** (1948), 1450

[185] R. C. Schulz et al.: Kunststoffe **47** (1957), 303; **50** (1960), 568; Makromolekulare Chem. **29** (1959), 190; **21** (1956), 227; **30** (1959), 39; **24** (1957), 141; **32** (1959), 181, 197, 209; **28** (1958), 58, 157; **20** (1956), 162; **17** (1955), 62; Angew. Chem. **76** (1964), 357–64; **69** (1957), 163

[186] D. B. P. 837289 (1952), 852301 (1952), 855162 (1952), 881108 (1953), Dynamit AG (H. Orth)

[187] D. B. P. 802826 (1950), 824732 (1951), U. S. P. 2600780 (1952), 2650910 (1953), Brit. P. 679758 (1952), Degussa (F. Kohler); U. S. P. 2763579 (1956), Degussa (W. Schulenburg); U. S. P. 2307742 (1943), Acrolein Corp. (K. Herstein)

[188] U. S. P. 1607293 (1927) (E. Moureu und C. Dufraisse);
B. Maksarov und K. Adrianov: Ind. Engng. Chem. **24** (1932), 827; U. S. P. 2458408 (1948), Monsanto Chemical Co. (G. R. Owens)

[189] D. B. P. 733099 (1945), 737125 (1945), 740894 (1945), Röhm and Haas GmbH (F. Kohler)

[190] P. B. Stam: Amer. Dyestuff Reporter **40** (1955), 251

[191] H. J. Sanders, G. O. Walker, H. S. Edwards jr. und Th. J. Hall: Ind. Engng. Chem. **50** (1958), 854–58

[192] K. Alder und E. Ruden: Ber. dtsch. chem. Ges. **74B** (1941), 920–26

[193] U. S. P. 2639297 (1953), Shell Development Co. (R. R. Whetstone und S. A. Ballard)

[194] H. S. Sanders: Ind. Engng. Chem. **50** (1958), 854–60; Brit. P. 526122 (1940), Röhm und Haas Co.

[195] E. Waldmann und V. Prey: Mh. Chem. **84** (1953), 543–50; Brit. P. 763467 (1956), Distillers Co., Ltd.

[196] U. S. P. 2744928 (1956), Shell Development Co.;
D. B. P. 869950 (1953), Chem. Werke Hüls GmbH (W. Dietrich und B. Ritzenthaler);
F. P. 1088680 (1955), V. N. de Bataafsche Petroleum Maatschappij

[197] D. B. P. 922166 (1955), N. V. de Bataafsche Petroleum Maatschappij (L. F. Hatch und Th. Evans)

[198] U. S. P. 2434110 (1948), Shell Development Co. (L. F. Hatch und Th. Evans)

[199] U. S. P. 2520097 (1950), Shell Development Co. (G. W. Hearne und C. W. Bulls)

[200] U. S. P. 2516627 (1950), Shell Development Co. (G. W. Hearne und C. G. Schwarzer); Brit. P. 740005 (1955), Distillers Co., Ltd.

[201] D. B. P. 874313 (1953), N. V. de Bataafsche Petroleum Maatschappij

[202] R. I. Langley und W. S. Emerson: J. Amer. chem. Soc. **72** (1950), 3079

[203] C. W. Smith, D. G. Noron und S. A. Ballard; J. Amer. chem. Soc. **74** (1952), 2018

[204] R. C. Schulz: Kunststoffe **48** (1958), 257–61

[205] U. S. P. 2881088 (1959), Degussa; Brit. P. 751934 (1956), N. V. de Bataafsche Pertoleum Maatschappij;
D. B. P. 962824 (1957), Degussa; F. P. 871009 (1941), Röhm und Haas Co. (Darmstadt)

[206] C. D. Durd und L. L. Gershbein: J. Amer. chem. Soc. **69** (1947), 2328; J. R. Catch: J. Chem. Soc. [London] **1947**, 1609; Brit. P. 605311 (1945); U. S. P. 2485236 (1945), E. I. du Pont de Nemours und Co. (Wm. F. Gresham und C. E. Schweitzer)

[207] D. R. P. 733099 (1938), 748422 (1938), Röhm und Haas AG; D. R. P. 740894 (1940), 745422 (1939), 748842 (1942), Röhm und Haas AG; U. S. P. 2307742 (1942), Acrolein Corp. (K. Herstein)

9. Acrylnitril

Acrylnitril wurde 1893 von CH. MOUREU [1] entdeckt. Er erhielt es aus Äthylencyanhydrin (*I*) bzw. Acrylsäureamid (*II*) durch Wasserabspaltung mit P_2O_5.

$$I.\ \underset{\displaystyle OH}{CH_2}-CH-CN \quad \xrightarrow{-H_2O} \quad CH_2{=}CH \cdot CN$$

$$II.\ CH_2{=}CH \cdot CONH_2$$

Technische Bedeutung erlangte Acrylnitril erstmals um 1930, als aus ihm durch Mischpolymerisation ein öl- und treibstoffester künstlicher Kautschuk [2] erhalten wurde (Buna N oder Perbunan).

In einer Reihe von Übersichtsarbeiten wird über die Herstellung und Verwendung von Acrylnitril berichtet [3—21].

9.1. Herstellung von Acrylnitril

Hervorgerufen durch den ständig steigenden Bedarf an Acrylnitril für die Erzeugung des qualitativ hochwertigen, für die fortschreitende Industrialisierung unbedingt benötigten Kunststoffes „Perbunan N", wurden zahlreiche Möglichkeiten untersucht, für die technische Erzeugung von Acrylnitril wirtschaftliche Verfahren zu erarbeiten.

9.1.1. Herstellung von Acrylnitril über Äthylenoxid

Als erstes Verfahren erlangte die Herstellung über das Cyanhydrin gemäß

$$\underbrace{CH_2-CH_2}_{O} + HCN \rightarrow \underset{\displaystyle OH}{CH_2}-CH_2-CN \rightarrow CH_2{=}CH-CN + H_2O$$

technische Bedeutung.

Bei diesem Verfahren wird flüssige Blausäure in Gegenwart von Natronlauge und Diäthylamin als Katalysatoren in wäßrigem Medium [8, 22] mit flüssigem Äthylenoxid bei 50—60 °C umgesetzt. Äthylencyanhydrin ist auf diese Weise sehr leicht zugänglich.

Die erforderliche Blausäure kann durch Einwirken von 90%iger Schwefelsäure auf 25%ige Natriumcyanidlösung hergestellt werden.

Billiger und technisch eleganter erfolgt die Herstellung von Blausäure durch Dehydratisierung von Formamid gemäß:

$$HCONH_2 \xrightarrow{-H_2O} HCN$$

Die Dehydratisierung [23, 24] des Cyanhydrins (β-Oxypropionsäurenitril) wird auf katalytischem Wege in flüssiger Phase bei einer Temperatur von 200—280 °C oder in der Gasphase über aktivem Aluminiumoxid als Katalysator durchgeführt.

In der flüssigen Phase wird so gearbeitet, daß ein eisernes Dehydratisiergefäß, mit einem starken Rührer versehen, zur Hälfte mit technischem Cyanhydrin und 3% Magnesiumoxid oder Bauxit gefüllt und allmählich auf 280 °C angeheizt wird.

Wasser und entstandenes Acrylnitril destillieren dabei fortlaufend ab. In dem Maße, wie die beiden Komponenten abdestillieren, wird weiteres Äthylencyanhydrin zugegeben. Nach etwa 40stündiger Reaktionsdauer muß unterbrochen werden, um den Reaktionskessel zu reinigen. Danach erfolgt erneut in gleicher Weise die Dehydratisierung. Um das Verfahren vollkontinuierlich zu gestalten, sind häufig mehrere Reaktionskessel im Einsatz.

Das rohe Acrylnitril wird vom Wasser abgetrennt und unter Zusatz von Methylenblau und p-Phenylenblau als Stabilisatoren destilliert. Bei der diskontinuierlichen Destillation wird zuerst das azeotrope Gemisch Acrylnitril-Wasser erhalten. Das Gemisch wird getrennt und die Acrylnitrilschicht in die Destillationsblase zurückgeleitet, bis kein Wasser mehr abdestilliert. Auf diese Weise wird in etwa 75—78%iger Ausbeute, berechnet auf eingesetztes Cyanhydrin, reines Acrylnitril erhalten. Kupfermetall ist beim Destillieren streng auszuschließen.

9.1.2. Herstellung von Acrylnitril aus Acetylen und Blausäure

Die technische Herstellung von Acrylnitril über das Cyanhydrin wurde bereits ab 1942 durch das technisch elegantere Acetylen-Blausäure-Verfahren abgelöst,

$$CH{\equiv}CH + HCN \xrightarrow[Cu_2Cl_2\ +\ NH_4Cl]{80\ -\ 90\,°C} CH_2{=}CH{-}CN + 43{,}1\ kcal,$$

wofür bei Bayer Leverkusen [2] die erste technische Anlage in Betrieb genommen wurde. Dieses neue Verfahren führte zu einer ganz wesentlichen Verbilligung des Acrylnitrils, das von nun an in breitestem Umfang für technische Polymerisationen und Synthesen Verwendung fand.

Erste erfolgreiche Versuche wurden 1939 von P. Kurtz [25] bei Bayer Leverkusen durchgeführt.

Kurtz leitete die beiden Komponenten Blausäure und Acetylen bei etwa 75 °C in eine konzentriert wäßrige Lösung von Cu_2Cl_2 und Ammonchlorid (Nieuwland-Katalysator) ein. Er erhielt dabei das Acrylnitril in einer Ausbeute bis zu 85%.

Auf 1 Mol Acetylen sind etwa 0,8 Mol Blausäure erforderlich. Als Nebenprodukte entstehen u. a. Acetaldehyd, Mono- und Divinylacetylen. Durch Wasch- und Destillationsprozesse wird daraus reines Acrylnitril erhalten.

9.1.3. Weitere Prozesse zur Herstellung von Acrylnitril

Es ist auch versucht worden, durch katalytische Dehydrierung von Propionnitril [26]

$$CH_3-CH_2-CN \xrightarrow{-H_2} CH_2=CH-CN$$

zum Acrylnitril zu gelangen, aber die Ausbeute war so gering und das Endprodukt so unrein, daß dieses Verfahren ohne Bedeutung blieb.

Ebenso ist die Darstellung [27] aus $\underset{\displaystyle Cl}{\underset{|}{CH_2}}-CH_2-CN$ mit Natriumphenolat wegen der schlechten Ausbeuten uninteressant.

Ein origineller Weg ist die Oxydation von Allylamin bei 500 °C mit Luft [28]:

$$CH_2=CH-CH_2-NH_2 + 2\,O_2 \rightarrow CH_2=CH-CN$$

Technisch hat dieses Verfahren jedoch keine Bedeutung erlangt.

Ein wirtschaftlich interessantes Verfahren war die in der Zeit von 1955–1960 entwickelte Synthese aus Acetaldehyd und Blausäure über das Milchsäurenitril [29].

$$CH_3 \cdot CHO + HCN \longrightarrow CH_3\underset{\displaystyle OH}{\underset{|}{CH}}-CN \xrightarrow{-H_2O} CH_2=CH-CN$$

9.1.4. Acrylnitril aus Propylen, Ammoniak und Sauerstoff

Bereits 1949 berichtete die Allied Chemical and Dye Corp. [30] über die direkte Reaktion von Propylen, Ammoniak und Sauerstoff zu Acrylnitril gemäß der Reaktionsgleichung

$$CH_2=CH-CH_3 + NH_3 + {}^3/_2\,O_2 \xrightarrow{\text{Mo-oxid}} CH_2=CHCN + 3\,H_2O$$

Einige Jahre später veröffentlichte die Distillers Comp., Ltd. (Edinburgh) ein Verfahren [31] zur Umsetzung von Acrolein mit Ammoniak und Sauerstoff zu Acrylnitril. Das Acrolein wird durch Luftoxydation von Propylen erhalten.

Hierbei wird in einem Zweistufenverfahren aus den gleichen Komponenten wie bei dem von der Allied Chemical and Dye Corp. entwickelten Einstufenverfahren Acrylnitril erhalten.

Bei beiden Verfahren waren jedoch die Ausbeuten so gering, daß sie keine wirtschaftliche Verwertung fanden.

Anfang 1959 [32, 33] wurde ein Verfahren der Standard Oil of Ohio — USA — (Sohio-Verfahren) — bekannt. Bei dieser Arbeitsweise wurde aus den gleichen Rohstoffen — nämlich Propylen, Ammoniak und Luftsauerstoff — durch eine etwa 50%ige Umsetzung des Propylens und Ammoniaks Acrylnitril erzeugt.

Nach dem neuen Verfahren nahm bereits 1960 eine Großanlage bei der gleichen Firma in Lima die Produktion auf. Acrylnitril wird bei diesem Verfahren, das unter der Bezeichnung „Sohio-Prozeß" weltbekannt wurde, durch katalytische Oxydation (Wismut-Phosphormolybdat als Katalysator) von Propylen in Gegenwart von Ammoniak erhalten gemäß:

$$CH_2{=}CH{-}CH_3 + NH_3 + 1^1/_2\,O_2 \rightarrow CH_2{=}CH{-}CN + 3\,H_2O$$

Nach diesem erfolgreichen Anfang folgten viele andere Firmen, die ihre Produktion auf das neue Verfahren umstellten bzw. ähnlich arbeitende Arbeitsweisen entwickelten.

Von besonderem Interesse ist das von Du Pont entwickelte und in einer Großanlage in Beaumont praktizierte Verfahren unter Verwendung von NO [34—36]. Wie der nachstehenden Reaktionsgleichung zu entnehmen ist, wird hier anstelle von NH_3 Stickoxid eingesetzt.

$$4\,CH_2{=}CH{-}CH_3 + 6\,NO \rightarrow 4\,CH_2{=}CH{-}CN + N_2 + 6\,H_2O$$

Um die Ausbeute zu erhöhen, wird beim Sohio-Verfahren den Reaktanten — Propylen, Luft und Ammoniak — Dampf zugesetzt. Die Wirkung der Reaktionsparameter wurde von Dalin und Mitarb. [37] eingehend untersucht und beschrieben, und zwar in Gegenwart eines Katalysators, der nur als „Oxide von Metallen verschiedenartiger Wertigkeit" bezeichnet wurde. Ihre Ergebnisse erlaubten die nachstehenden Schlußfolgerungen:

a) Temperaturen unterhalb 350 °C ergeben eine unbedeutende Menge von Acrylnitril. Das beste Ergebnis wurde bei ungefähr 450 °C erzielt. Hierbei ergab ein Einsatzstoff, der Propylen, Ammoniak, Sauerstoff (in der Luft) und Dampf in einem Molekularverhältnis von 1:1:1,8:1 enthielt, bei einer Kontaktzeit von ungefähr 2 Sekunden eine Propylenumwandlung je Durchgang von 70% und eine Acrylnitril-Bildung von 65…68%.

b) Die Ammonoxydations-Reaktion ist hinsichtlich des Propylens von der ersten Ordnung und bezüglich des Ammoniaks und Sauerstoffs von der nullten Ordnung. Das bedeutet, daß das Verhältnis von NH_3 zu C_3H_6 mindestens 1,0 und das Verhältnis von O_2 zu C_3H_6 mindestens 1,5 betragen sollte. Unterhalb dieser Punkte treten infolge Bildung von Acrolein erhebliche Verluste bzw. eine ungenügende Umwandlung auf. Allerdings wird durch eine Erhöhung der Konzentration von NH_3 und O_2 beträchtlich über die stöchiometrischen Erfordernisse hinaus wenig gewonnen. Was das Propylen in dem Einsatzgas betrifft, so hat seine Konzentration bei gegebenem Druck und Temperatur eine lineare Wirkung auf die Reaktionsgeschwindigkeit.

Die obere Grenze wird durch die Erfordernisse der anderen Bestandteile des Einsatzgases und durch wirtschaftliche Erwägungen im Hinblick auf den Reinheitsgrad des zur Verfügung stehenden Propylens bestimmt.

Die verschiedenen Ammonoxydations-Verfahren werden bereits technisch durchgeführt. Es sollen kurze Erläuterungen zu einigen Verfahren gegeben werden.

9.1.4.1. „Sohio"-Verfahren (Standard Oil Company, Ohio)

In der ursprünglichen Version wurde als Katalysator für dieses Ammonoxydations-Verfahren konzentriertes (ungefär 50—60%iges) Wismutphosphomolybdat auf Siliciumdioxid verwendet. Bei späteren Arbeiten wurde Wismutmolybdat genommen; so teilt VEATCH [38] mit, daß der technisch angewendete Katalysator hauptsächlich auf Molybdän und Wismut beruht.

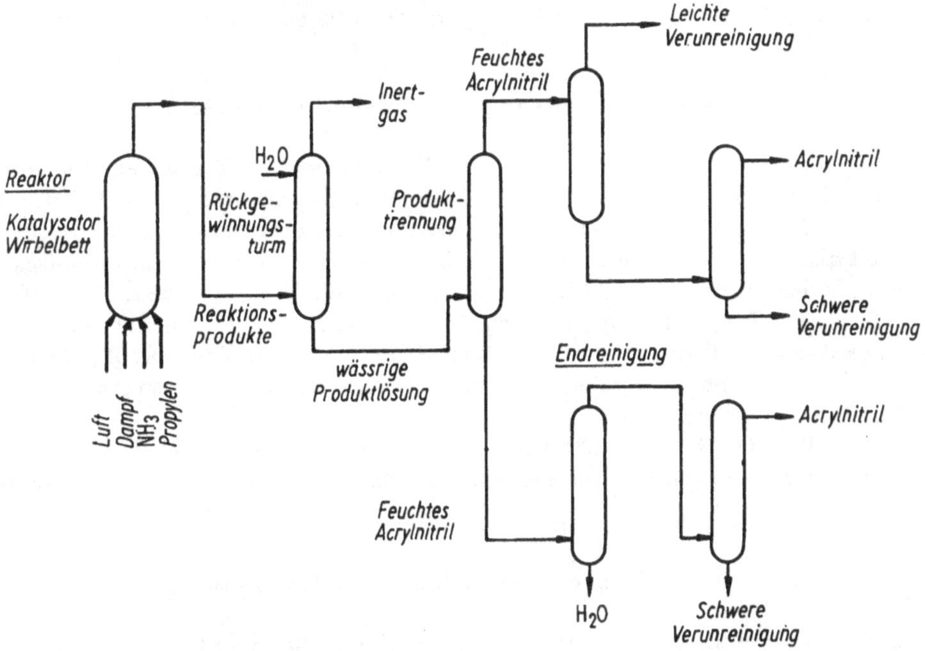

Abb. 39: Allgemeines Schema zur Herstellung von Acrylnitril

Luft wird als Oxydationsmittel benutzt. Das bevorzugte Sauerstoff-Propylen-Verhältnis liegt zwischen 1:1 und 2:1 und das Verhältnis von Ammoniak zu Propylen zwischen 1:1 und 2,5:1. Je Volumen Propylen wird ungefähr ein Volumen Dampf hinzugefügt. Die Betriebsbedingungen sind 425—510 °C, 2—3 Atmosphären Gesamtdruck und ungefähr 15 Sekunden Kontaktzeit. Sohio benutzt einen Fließbett-Reaktor (Abb. 39).

Das aus dem Reaktor austretende Produkt wird mit Wasser gewaschen, und die sich hieraus ergebende Lösung wird durch azeotropische und herkömmliche Fraktionierung verarbeitet. Da eine Reaktion zwischen dem nicht umgewandelten Ammoniak und Acrylnitril in der Flüssigphase stattfinden kann, wird angegeben, daß die Waschflüssigkeit unterhalb 15 °C gehalten wird und daß die anschließende Abstreifoperation mit der geringstmöglichen Verweilzeit durchgeführt wird.

Nach VEATCH ergibt jedes dem Reaktor zugeführte Kilogramm Propylen 0,73 kg Acrylnitril, 0,11 kg Acetonitril und 0,13 kg HCN. Ferner berichtet er, daß man durch neue Entwicklungen bei dem Katalysator und dem Verfahren erwarten kann, daß die Acrylnitril-Ausbeute auf 1,01 kg je Kilogramm Propylen ansteigt. Andere Stellen weisen darauf hin, daß eine Methode zur Erhöhung der Ausbeute darin besteht, einen Teil des als Nebenprodukt anfallenden Cyanwasserstoffs zurückzuführen.

Neuere Sohio-Anlagen arbeiten mit einem Katalysator auf Basis Uranoxid (Katalysator 21), der eine um 20% verbesserte Wirtschaftlichkeit aufweisen soll.

9.1.4.2. Verfahren der Imperial Chemical Industries Ltd.

Bei dieser Methode ist der Katalysator Wismutvanadowolframat auf Siliciumdioxid. Hierbei wird ebenfalls das Fließbettverfahren bevorzugt, um bei der in hohem Maße exothermen Reaktion eine bessere Temperaturkontrolle zu erreichen.

Die typische Reaktionstemperatur ist 450—470 °C. Bei Einsatz eines Gemisches von Propylen, Sauerstoff (als Luft), Ammoniak und Dampf in dem Molekularverhältnis 1:1,7:1,07:1,03 findet nach Berichten der ICI eine Umwandlung von einem Kilogramm Propylen in 0,3 kg Acrylnitril und 0,09 kg Acetonitril je Durchgang statt. Endgültige Angaben über die Ausbeute bei dieser Versuchsserie sind jedoch noch nicht erhältlich.

In der Tab. 41 (S. 152—163) wird ein Überblick gegeben über bisher in der Literatur vorgeschlagene Katalysatoren zur Überführung von Propylen in Acrylnitril.

9.1.5. Verfahren von E. I. du Pont de Nemours

Bei diesem Verfahren wird Propylen mit Stickoxid zur Reaktion gebracht. Das letztgenannte Produkt wird durch partielle Luftoxydation von Ammoniak erhalten, und das sich daraus ergebende, etwa 15% NO und 83—84% Stickstoff enthaltende Gemisch wird als solches benutzt, um mit Propylen zu reagieren und Acrylnitril zu ergeben. Insofern kann dieses Verfahren als zweistufige Abwandlung des Ammonoxydations-Verfahrens angesehen werden.

Der Katalysator für dieses Verfahren ist Silber (gegebenenfalls mit Calciumoxid als Promotor) auf Siliciumdioxid. Die Reaktion findet ohne Promotor bei 460 bis 500 °C statt, mit Promotor bei 420—460 °C.

Das beste Ergebnis wird bei Verwendung eines großen Propylenüberschusses erzielt. So ergab ein Versuch mit einem Einsatzgemisch von 4% NO, 12% Propylen und 84% Inerten bei 420—455 °C und 5,1 sec Kontaktdauer Acrylnitril mit einer Umwandlung von 10% je Durchgang und einer Ausbeute von 90%, bezogen auf Stickoxid.

Nicht nur das Stickoxid wird als verdünntes Gas zugeführt. Aus wirtschaftlichen Gründen wird das Propylen ebenfalls als ungefähr 15%iges Produkt eingesetzt, wobei der größte Teil der Restmenge Propan ist.

Auf diese Weise führt die Verwendung eines Propylenüberschusses und verdünnter Einsatzströme zu einem Reaktionsprodukt mit der folgenden typischen Zusammensetzung: 37 Vol.-% Propylen, 7% Propan, 51% Stickstoff und 5% Acrylnitril.

Hierdurch ergibt sich ein Problem in der Wiedergewinnungsstufe. Nach dem Abkühlen und Waschen mit Wasser zur Entfernung des Acrylnitrils sind die Rückstandsgase noch zu reich an nicht umgewandeltem Propylen, um sie abzublasen, und ihr Stickstoff- sowie Propangehalt ist zu hoch, um eine Rückführung zu erlauben.

Diese Reaktorgase können deshalb einer extraktiven Destillation entweder mit Benzonitril oder Acrylnitril als Lösungsmittel unterworfen werden. Das ermöglicht eine fast vollständige Entfernung des gesamten Stickstoffgehaltes und des überschüssigen Propans über Kopf.

9.1.6. Wirtschaftliche Betrachtungen zur Ammonoxydation von Propylen

Bei den neuen Verfahren liegen die Investitionskosten wesentlich niedriger als beispielsweise beim Acetylen-Blausäure-Verfahren. Sie liegen beim Sohio-Verfahren bei 340 Dollar je Tonne jährlich erzeugten Acrylnitrils. Beim Acetylen-Verfahren sind dagegen je Tonne jährlich hergestellten Acrylnitrils 840—1200 Dollar zu investieren.

Auch die Rohstoffkosten sollen bedeutend niedriger liegen. Die Wirtschaftlichkeit wird noch dadurch erhöht, daß auch ein Propylen-Propan-Gemisch mit Erfolg eingesetzt werden kann. Selbst bei einem Propylengehalt unter 40% werden noch ausgezeichnete Resultate erzielt.

Nach VEATCH [38] sollen unter optimalen Bedingungen bei der Ammonoxydation pro Kilogramm Propylen folgende Ausbeuten erreichbar sein:

1,01 kg Acrylnitril
0,09 kg Acetonitril
0,08 kg Blausäure.

Beste Ergebnisse werden bei Verwendung eines großen Propylenüberschusses erzielt. Nach Einführung der Ammonoxydation sank der Acrylnitrilpreis von 32 cts/lb 1961 auf 14,5 cts/lb 1962.

Für die technische Durchführung (vgl. Abb. 34) wird das Reaktionsgemisch (Luft, Ammoniak, Dampf, Propylen) unter einem Druck von 0,5—2 atü bei einer Reaktionstemperatur von 425—510 °C durch einen Wirbelbettreaktor geleitet. Die Verweilzeit beträgt 5—15 Sek. Der Reaktionsanfall wird zur Abtrennung der Reaktionsprodukte von den Inertgasen in einem Waschturm intensiv mit Wasser gewaschen. Das entstandene, noch stark verunreinigte Acrylnitril verläßt am unteren Ende den Turm und in 5 nachgeschalteten Kolonnen wird das entstandene Acrylnitril vom Acetonitril und Cyanwasserstoff getrennt. Die großtechnische Einführung des Ammonoxydationsprozesses führte zu einer spontanen Produktionssteigerung, die von 1961 zu 1962 44% erreichte. Die jährliche Wachstumsrate wird beim Acrylnitril in den USA mit 8—10% angenommen.

Ende 1962 hatte die USA Kapazitäten an Acrylnitril in Höhe von 227000 t/a.

Die europäische und japanische Kapazität erreichte Ende 1962 100000 t/a und soll bis 1967 insgesamt 136000 t/a erreichen. Den schnellen Anstieg der Acrylnitrilproduktion in den USA veranschaulicht Tab. 42, und über die praktizierten Verfahren gibt Tab. 43 Auskunft.

Tabelle 42:

Entwicklung der Acrylnitrilproduktion in den USA (in 1000 t)

1959	1960	1961	1962	1963	1964	1965	1966	1967
130	140	160	205	230	265	350	415	475*)

*) geschätzt

Tabelle 43:

US-Produzenten von Acrylnitril (in 1000 t) (1966)

Firma	Ort	Verfahren	Kapazitäten
American	Fortier, La.	Acetylen-HCN	50
Cyanamide		Propylen-NH_3	54
Du Pont	Beaumont, Tex.	Propylen-NO	57
	Memphis, Tenn.	Acetylen-HCN	45
Goodrich	Calvert City, Ky.	Propylen-NH_3	20
Monsanto	Alvin, Tex.	Propylen-NH_3	127
	Texas City, Tex.	Acetylen-HCN	64
Sohio	Lima, Ohio	Propylen-NH_3	127
Union Carbide	Institute, W.Va.	Äthylencyanhydrin	41
		Gesamt	585

Tab. 44 zeigt die Acrylnitrilerzeugung auf der Welt.

Tabelle 44:
Acrylnitrilkapazitäten in der Welt
(siehe auch [154])

	Kapazität in 1000 jato 1966	geplant	Verfahren
USA			
American Cyanamid	50	104	Sohio
Du Pont	90	113	Sohio
Goodrich	32		Sohio
Monsanto	173		Sohio
Sohio	36	128	eigenes Verf.
Union Carbide	41		
Kanada			
Imperial Oil Co.	14		Sohio
Frankreich			
Ugilor	30	70	Distillers
Westdeutschland			
Erdölchemie	25	65	Bayer
Italien			
Sicedison	17		
ANIC		15	ENI
Acrylsarda		15	
Niederlande			
DMS/Sohio		90	Sohio
Nederlandse Stickstoff Maatschappij		40	
England			
Border Chemicals Ltd.	40		Distillers
Japan			
7 japanische Firmen	110	211	Sohio
Indien			
Indian Government		16	
Sozialistische Staaten			
DDR	5	30	Sohio
Rumänien	5	10	
Polen	10		Ugine
Bulgarien		20	
UdSSR		75	Sohio
China		10	ÖSW-Lurgi
Mexiko			
Pemex		24	Distillers
Insgesamt	678	1036	

Tabelle 41:

Katalysator	Einsatzprodukte (in %) Propylen	Luft oder O_2	Ammoniak	Wasserdampf	Reaktionstemp. (°C)
MoO_3 auf Al_2O_3	11,1	26,9	3,5	58,5	480
MoO_3 (15%) auf Al_2O_3	30	70	10	—	500
Mo-Oxid auf Al_2O_3, Promotor Na- oder K-Salze	11,5	31,3	3,9	53,5	480
MoO_3 oder Cr_2O_3 auf SiO_2	—	—	—	—	—
Bi-molybdat auf SiO_2 (Bi-silicomolybdänsäure)	—	—	—	—	—
10,7% MoO_3, 12,7% Bi_2O_3 auf 76,7% SiO_2	62	—	38	—	377
Bi-molybdat auf gebrochenem Granit	10	80	10	—	470
Bi-molybdat	9	14 (O_2)	9	—	500
Bi-molybdat, Promotor 1—5% BaO und 1—10% SiO_2	—	—	—	—	—
Bi-molybdat, Promotor CaO oder SrO	9	73	9	9	480
Bi-molybdat, Promotor Be-, Li-, Na- oder Ag-oxid	—	—	—	—	465
Bi-molybdat, Promotoren Be-, Ca-, Sr-, Ba-, Zn-, Cd-, Li-, Na- u./oder Ag-oxid	—	—	—	—	400—500
$Pb_{0,08-0,75}Bi_{0,1-0,8}$-molybdat	—	—	—	—	—
Bi-molybdat unter Zusatz von wenig Fe_2O_3 und P_2O_5	10, 5	79	10,5	—	500
Bi-, Sn-, Sb-molybdat und -phosphomolybdat, Bi-wolframat	7,4	76,4	7,4	8,1	455
Bi-molybdat, als Promotoren Überzug von B-, P- u./oder Mn-oxid	—	—	—	—	—
Bi-, Sn-, Sb-molybdat, -phosphomolybdat u. ä.	—	—	—	—	—
Sn-molybdat, Sn-paramolybdat	—	—	—	—	—
Sn-molybdat	—	—	—	—	—

Reaktionsdauer (sek)	Umsatz (%)	Selektivität (%)	Ausbeute (%)	Bemerkungen	Lit.-Angabe
3,2	8,1	—	—	—	[39, 40]
—	—	—	22,2	—	[41]
3,9	23	35,2	8,2	—	[42]
—	—	—	—	—	[43]
—	—	80	—	—	[44, 45]
—	80	—	—	Zumischen von wasserdampfgesättigter Luft	[46]
—	—	—	70	—	[47, 48, 154]
—	37	50	18,5	Neben 43% Acrolein; Zusatz von 59% He + 9% H_2	[49]
—	77	—	—	—	[50–52]
—	—	—	60	—	[53]
—	—	—	64	Stabile Festbettkatalysatoren	[54]
—	—	—	—	Festbettkatalysatoren	[55]
—	—	—	—	—	[56]
1,3	83,8	77,5	65	Erhöhte mechanische Stabilität	[57]
—	65	61,1	40	Zusatz von HCN zum Einsatzprodukt, verminderte HCN-Bildung	[58]
—	—	—	—	—	[59]
—	—	—	—	—	[60–61]
—	—	—	—	—	[62]
—	—	—	—	—	[63]

(Fortsetzung von Tabelle 41)

Katalysator	Einsatzprodukte (in %) Propylen	Luft oder O_2	Ammoniak	Wasserdampf	Reaktionstemp. (°C)
Bi-phosphomolybdat/Korund	9,5	71,5	9,5	9,5	465
Bi-phosphomolybdat	—	—	—	—	—
18,3% Bi_2O_3; 14,8% MoO_3; 6,3% Fe_2O_3 und 0,9% P_2O_5 auf SiO_2	8	56	8	28	450
Fe-Bi-phosphomolybdat	7,5	57	7,5	28	400
Fe-phosphomolybdat, Promotor NiO	6,5	53	6,5	34	425
Bi-silicophosphomolybdat	7,7	76,9	7,7	7,7	482
Phosphorsäuren und Borphosphorsäuren des Ti, Mn, Fe, Co, Ni, Cu, Zn, Ag, Cd, Sn, Ce, Bi, Pb, Th u./oder U, z. B. Cu-phosphat auf Kieselgel	11	54	2	33	480—490
Bi-molybdat, -phosphomolybdat, -wolframat, -phosphowolframat auf BPO_4, z. B. 10% Bi-phosphomolybdat auf BPO_4	9	42,5	6	42,5	550
Bi-phosphomolybdat auf 1% $H_3BO_3 + SiO_2$	9	73	9	9	454
Sn-bormolybdat (auch unter Zusatz von weiterem B_2O_3, MoO_3, B-Mo-oxid, Sn-B-oxid u./oder Sn-molybdat)	—	—	—	—	—
Bi-phosphomolybdat auf Titanphosphomolybdat	6,7	49,5	4	39,8	520
Cu-, Ti-, Fe-, Co- u./oder Ni-oxid auf BPO_4, z. B. Cu-phosphomolybdat/BPO_4	8	40	7	45	515
Bi-molybdat oder Bi-wolframat auf $AlPO_4$	10,5	79	10,5	—	480
Bi-molybdovanadat	29	42 (O_2)	29	—	450
Bi-wolframatovanadat/SiO_2	14,8	76,3	3,2	5,7	400—460
Bi-wolframat	8	76	16	—	570

Reaktionsdauer (sek)	Umsatz (%)	Selektivität (%)	Ausbeute (%)	Bemerkungen	Lit.-Angabe
—	60	—	—	4% Acetonitril	[64]
—	—	—	—	O_2-Zusatz im Einsatzprodukt zur Verbesserung der Katalysatorlebensdauer	[65]
—	—	—	74,3	Wirbelschichtkatalysator	[66]
—	—	—	69	Katalysatordarstellung	[67]
5,5	—	—	61,3	1,6% Acetonitril; 26,3% HCN	[68]
7	—	—	74,8	Wirbelbettkatalysator	[69]
3,75	18	80	14,4	10% Acetonitril, 4% HCN	[70]
1,9	42	63,8	27	17,2% Acetonitril; 10,2% HCN	[71]
7,6	58	83,3	48	Wirbelbettkatalysator	[72]
—	—	—	—	—	[73]
1	55	66	36	5% Acetonitril; 13% HCN	[71]
—	40,5	69	28	Katalysatordarstellung 10% Acetonitril; 5% HCN	[74]
—	57	88	50	—	[75]
—	—	—	—	—	[76]
—	—	—	—	Wirbelbettkatalysator	[77]
0,2	89	72	64	—	[78]

(Fortsetzung von Tabelle 41)

Katalysator	Einsatzprodukte (in %) Propylen	Luft oder O_2	Ammoniak	Wasserdampf	Reaktionstemp. (°C)
Bi-vanadat	24	24 (O_2)	28	24	450
Bi_2O_3 + Dodekamolybdatocersäure	9,5	71,5	9,5	9,5	485
Cer-molybdänsäure, La- oder Th-molybdänsäure	—	—	—	—	—
Bi_2O_3 + Hexamolybdatochromsäure	9,5	71,5	9,5	9,5	495
Co-molybdat	10	50	6	34	447
Bi-arsenomolybdat/SiO_2 oder SiC	11,4	65,2 (N_2)	23,4	—	480
As_2O_3 + Bi-vanadylmolybdat, Bi-vanadylwolframat, Bi-wolframatomolybdat oder Bi-molybdat (Arsenoheteropolysäuren)	14,7	75,2	3,1	7,0	430—490
Co-molybdat + TeO_2 (1:1)	2	94	4	—	400
Co-molybdat + 50% TeO_2	10	50	6	34	400
Arsenowolframatomolybdat	—	—	—	—	—
$(Bi,Te)_{0,1-18}(Ti,Zr)Mo_{12}O_{39-75}$; $(Bi,Te)_{0,1-18}(Mn,Co,Ni)Mo_9O_{39-75}$; $(Bi,Te)_{0,1-18}(Cr,Al,Fe)Mo_{12}O_{39-75}$, z. B. $Bi_4[TiMo_{12}O_{40}]_3$	8,2	61	7,3	23,5	470
TeO_2-MoO_3-$Mn_2P_2O_7$ (5:15:3)	10,5	31	13,4	45	440
Bi-phosphomolybdat/TeO_2/$HReO_4$ (100:30:1) auf SiO_2 sowie $Cu_2P_2O_7$/TeO_2/$HReO_4$ auf SiO_2	—	—	—	—	400—450
TeO_2 auf Silicagel	5	90	5	—	400
Phosphomolybdänsäure + TeO_2/Al_2O_3	7,1	85,6	7,3	—	410
Certellurit	—	—	—	—	—
Vanadylmolybdat + TeO_2 auf Kaolin (daneben Ni-Te-molybdat, Sn- oder Ni-tellurophosphomolybdat)	8,3	83,4	8,3	—	—

Reak-tionsdauer (sek)	Umsatz (%)	Selek-tivität (%)	Ausbeute (%)	Bemerkungen	Lit.-Angabe
—	—	—	20	—	[79]
—	—	—	47,9	—	[80]
—	—	—	—	—	[81]
—	—	82,6	—	—	[82]
4,1	35,5	50,1	17,8	—	[83]
9	—	70	—	8% Acetonitril; Zufuhr von O_2 während Katalysatorregenerierung	[84]
—	—	—	16	—	[85]
—	54,8	58,6	32,1	—	[86]
—	93,5	58	53		
—	—	—	—	—	[87]
0,6	—	84,8	—	5,9% Acetonitril; 2,6% Acrolein	[88]
38	100	86,4	86,4	Verwendung eines Spezialreaktors	[89]
10	84,1	65,5	55	—	[90—91]
—	—	—	—	—	[92]
—	—	—	64,3	Katalysatordarstellung	[93]
—	—	—	—	Träger Kieselsäure, Porendurchmesser 40—200 A	[94]
—	25,0	58,6	14,6	—	[95]

(Fortsetzung von Tabelle 41)

Katalysator	Einsatzprodukte (in %) Propylen	Luft oder O_2	Ammoniak	Wasserdampf	Reaktionstemp. (°C)
WO_2-TeO_2 (7:1) auf SiO_2; außerdem Phosphorwolframsäure + Te oder TeO_2	7,7	84,3	8,0	—	400
Bi- oder Te-Salz einer Ce- oder Th-Vanadomolybdänheteropolysäure, allgemein $(U,Sb,Sn,Cu,Te)_a \cdot (Ce,La,Th)_b, (Mo,V)_cO_d$, z. B. $H_8CeMo_{10}V_2O_{41}$	8,8	63,1	6,2	21,9	423
Cd-molybdat + TeO_2/SiO_2	—	—	—	—	450
Phosphomolybdowolframat + TeO_2/SiO_2	—	—	—	—	400–500
Zn-molybdat + TeO_2/SiO_2	—	—	—	—	400–500
Pb-molybdat + TeO_2	—	—	—	—	400–500
Ag-molybdat oder Ag-phosphomolybdat + TeO_2	—	—	—	—	400–500
Ag-Wolframat	—	—	—	—	—
Bi-Wolframatomolybdat	5	55	6	34	480
Sb-Wolframatomolybdat	5	55	6	34	480
(Cu,Ti,Fe,Co,Ni)-wolframate oder -phosphowolframate gemeinsam mit Phosphaten oder Borphosphaten	10	20 (O_2)	7	63	500
Sn-Sb(IV)-oxid	5	55	6	34	481
Sn-Sb(IV)-oxid (1:3,26)	2	94	4	—	411
Sn-Sb(IV)-oxid (1:4) auf Ton, Porzellan oder Glaskugeln	5	55	6	34	480
SnO + Sb_2O_3	5	55	6	34	460–470
Sn-Sb-oxid (1:4)	5	55	6	34	—
Sn-Sb-oxid	2	87	3	8 (N_2)	421
Sn-Sb-oxid	5	54	6	35	470
Sn-Sb-oxid, Promotor Cu-oxid	5	55	6	34	490
Sb-oxid, promotiert durch Cr-, Co-, Cu-, Mn-, Ni- u./oder Ti-oxid, z. B. Sb-Co-oxid	5	55	6	34	480

Reaktionsdauer (sek)	Umsatz (%)	Selektivität (%)	Ausbeute (%)	Bemerkungen	Lit.-Angabe
—	—	—	50	—	[96]
0,6	—	80,1	—	—	[97]
—	—	—	—	—	[98]
—	—	—	—	—	[99]
—	—	—	—	—	[100]
—	—	—	—	—	[101]
—	—	—	—	—	[102]
—	—	—	—	—	[103]
4	71	46,5	33	8% Acrolein; 1% HCN	[104]
4	—	—	33	3% Acrolein; 5% HCN	
5	—	-	max. 76	—	[105]
4	65,5	71,5	47	SnO im Überschuß	[106]
—	47,7	—	—	—	[107—111]
4	96	62,5	60	1% Acrolein	[112—113]
—	51—52	—	—	Tempern des Katalysators vor der Reaktion < 300 °C	[114]
—	—	—	61	Katalysatordarstellung	[115]
2	74,3	—	—	Katalysatordarstellung	[116]
1	—	—	60	Katalysatordarstellung	[117]
4	—	62	—	3% Acrolein	[118]
4	85	62,5	53	—	[119]

(Fortsetzung von Tabelle 41)

Katalysator	Einsatzprodukte (in %)				Reaktionstemp. (°C)
	Propylen	Luft oder O_2	Ammoniak	Wasserdampf	
Sn-Sb-oxid (1:4), promotiert durch U-oxid	5	55	6	34	450
Sb_2O_5-U_3O_8-CuO	5	55	6	34	480
Sb-U-oxid	—	—	—	—	—
Sb-U-oxid, als Promotoren Bi-, Sn-, Pt-, As-, W-, P-, Mg-oxid u. a., z. B. $USb_{4,6}O_{11,8}$ + 2,5% MgO auf SiO_2	—	—	—	—	—
Fe-Sb-oxid + 1,73% Re_2O_7 auf SiO_2	7	86	7	—	470
Sb-Bi-Fe-vanadat	—	—	—	—	450
Mn-Sb-oxid	7	86	7	—	427
Mn-Sb-oxid auf SiC	7	86	7	—	427
Fe-Sb-oxid	—	—	—	—	—
Sb-vanadat	—	—	—	—	—
Sn-vanadat auf SiO_2 oder Al_2O_3	14	44	14	28	500
Sn-phosphovanadat auf SiO_2; Aktivatoren Ba-, Al-, Ti-, W-, Sb-, Cr-, Pb-oxid	6,5	77,4	6,6	9,5	520–540
Sn-vanadat auf SiO_2	9,5	71,5	9,5	9,5	540
V_2O_5 auf SiO_2	9	68,5	13,5	9	540
Sb-Cr-vanadat	4,8	54,5	5,9	34,8	458
Co-stannat (außerdem Cu-, Ni-, Mn- u./oder Cr-stannat)	10		← 90 →		480
Sn-wolframat auf SiC	—	—	—	—	622
Sn-bormolybdat auf SiO_2	6,3	47	6,3	40,4	510
CuO, V_2O_5, MoO_3, Phosphomolybdänsäure, Bi_2O_3, Fe_3O_4 u./oder TeO_2 mit Se, SeO_2 oder Seleniten (besonders Ag_2SeO_3), z. B. CuO + Phosphomolybdänsäure auf SiO_2	65	25 (O_2)	10	—	330
Cu_2O + Se/MoO_3	—	—	—	—	400
CuO + Luft (selengesättigt)	2,3	← 97,7 →		—	400

Reaktionsdauer (sek)	Umsatz (%)	Selektivität (%)	Ausbeute (%)	Bemerkungen	Lit.-Angabe
4	—	—	61	2% Acrolein; 4% HCN	[120]
3,6	92	78	72	6% Acrolein	[121]
—	—	—	—	—	[122–123]
—	—	79,5	—	—	[124]
—	70	—	—	—	[125–127]
—	—	—	—	—	[128]
3	—	—	48,6	—	[129]
3	—	—	61,9	20% Acetonitril	
—	—	—	—	—	[130]
—	15	—	—	—	[131]
3,5	92	36	33,8	—	[132–133]
4–5	95–98	67	65	1% Acetonitril; 10% HCN	[134]
2	—	—	23	13% Acetonitril;	[135]
2	—	—	31	7% Acetonitril	
—	65	91	59	—	[136]
4	85	37,5	32	—	[137]
—	42,5	64	27,2	Einsatzprodukt Propan, O_2 und NH_3. Katalysatordarstellung	[138]
1,3	82,8	66,5	55	4,6% Acetonitril; 7,8% HCN	[139]
—	75–80	74,3	56–60	1,4% Acetonitril; 1,2% Acrolein Zusatz von LiCl vorteilhaft	[140]
—	—	—	—	Zweistufige Synthese in Zweikammerofen	[141]
—	—	—	1,65	Aufarbeitung des Se beschrieben	[142]

(Fortsetzung von Tabelle 41)

Katalysator	Einsatzprodukte (in %) Propylen	Luft oder O_2	Ammoniak	Wasserdampf	Reaktionstemp. (°C)
CuO/Bimsstein + MoO_3/Al_2O_3	—	—	—	—	450
Cu-tripolyphosphat	—	—	—	—	350–450
Ni- oder Co-silikat	—	—	—	—	250–400
Fe-phosphat oder Fe-arsenophosphat	10,5	16	10,5	63	480
As-oxid + Fe-, Bi-, Al-, Sn-, Zr-,	8,9	80,4	10,7	—	480
Cr-, Co-oxid, z. B. Fe(III)-arsenat	8,9	80,4	10,7	—	340
Hexamolybdatochromsäure + As_2O_5 auf SiO_2	9	73	9	9	500
Hexamolybdatocersäure + As_2O_3, Phosphomolybdänsäure + As_2O_5	—	—	—	—	—
Dodekamolybdatocersäure + MnO + As_2O_5	9	73	9	9	472
Nb- oder Ta-phosphat, Promotoren Cu-, Ag-, Fe-, Co-, Ni-, Ce-, Pb-, Bi-, Mo- oder W-oxid, z. B. Nb_2O_5 + CuO auf BPO_4	8	43,8	4,4	43,8	520–530
Cu-vanadomolybdat und Se-Dampf	—	—	—	—	—
Mo- oder W-oxid auf Al_2O_3	—	—	—	—	—

9.2. Eigenschaften des Acrylnitrils

Acrylnitril ist eine wasserhelle Flüssigkeit von stechendem Geruch, die rasch polymerisiert und sich durch Kupferoleat, Dioxyphenyl und andere Inhibitoren stabilisieren läßt. Acrylnitril ist außerordentlich giftig.

Eigenschaft		Wert
Schmelzpunkt	°C	$-82 \pm 1°$
Siedepunkt	°C	77,6–77,7
Dichte	D_4^{20}	0,8060
	D_4^{25}	0,8004
Brechungsindex	n_D^{20}	1,3907
	n_D^{25}	1,3884

Reaktionsdauer (sek)	Umsatz (%)	Selektivität (%)	Ausbeute (%)	Bemerkungen	Lit.-Angabe
—	—	—	37,5	Rohstoff Propylen oder Acrolein; Zweistufige Synthese in Zweikammerofen	[143]
10	—	—	—	—	[144]
—	—	—	—	Reduktive Vorbehandlung des Katalysators erforderlich; Nebenprodukt Propionitril	[145]
—	—	55	—	—	[146]
5,8	83,5	67,4	56,3	Wirbelschichtverfahren	[147]
6,2	46,7	89,5	41,8	Wirbelschichtverfahren	
2,0	38,3	60,5	23,2	12,5% Acetonitril	[148]
—	—	—	—	—	[149]
1,6	—	—	42,6	—	[150]
—	40	78	31	6,9% Acetonitril; 8,2% HCN	[151]
—	—	—	40,3	Einsatzprodukt Propan, O_2 und NH_3	[152]
—	—	—	—	Einsatzprodukt Propan	[153]

Eigenschaft		Wert
Molrefraktion		15,6
Verbrennungswärme	kcal/Mol	420,5
	cal/g	7925
Verdampfungswärme	kcal/g	0,1361
Spezifische Wärme	cal/g	0,50 ± 0,03
Zündtemperatur	°C	0 ± 2,5
Explosionsgrenze mit Luft		
	untere Grenze	3 Vol.-%
	obere Grenze	17 Vol.-%
Polymerisationswärme	kcal/Mol	17,3 ± 0,5
Dielektrizitätskonstante		38
Dipolmoment		$3{,}88 \cdot 10^{-18}$

Azeotrope Gemische:

2. Komponente	Prozent	Siedepunkt des Azeotrops (°C)
Wasser	12	71°
Tetrachlorkohlenstoff	79	66,2°
Methanol	61,3	61,4°
Isopropylalkohol	44	71,7°
Benzol	53	73,3°

Löslichkeit von Acrylnitril in Wasser und umgekehrt:

Löslichkeit von Acrylnitril in Wasser		Löslichkeit von Wasser in Acrylnitril	
Temperatur [°C]	Acrylnitril	Temperatur	Wasser
24°	8,0%	0°	2,3%
41°	8,4%	32°	4,4%
70°	10,0%	48°	5,9%
84°	10,8%	54°	6,4%
		60°	8,5%

Dampfdrucktabelle:

t °C	−16,0	−14,5	−7,5	+0,15	2,3	4,2	15,8	20,0	30,9	32,0	48,0	60,0
mm Hg	12,5	13,7	21,1	31,4	34,8	38,9	69,5	86,9	139,7	146,2	260	405

t °C	72,0	78,8
mm Hg	620	771

9.3. Verwendung von Acrylnitril

Acrylnitril [155] dient auf Grund seiner großen Reaktionsfähigkeit als Ausgangsmaterial für zahlreiche organische Synthesen. Das erste große Verwendungsgebiet von Acrylnitril war der Synthesekautschuksektor. 1930 wurden die Mischpolymerisate mit Butadien entwickelt, die unter dem Namen Perbunan ab 1934 auf den Markt kamen. Die Haupttypen waren Perbunan (72% Butadien; 28% Acrylnitril) und Perbunan extra (60% Butadien, 40% Acrylnitril). Die Nitrilgruppe macht die Vulkanisate beständig gegen Öle und aliphatische Kohlenwasserstoffe, jedoch gehen die elastischen Eigenschaften mit steigender Acrylnitrilmenge zurück.

Die größten Mengen an Acrylnitril werden jetzt für die Herstellung von Polyacrylnitril, Grundlage für die Polyacrylnitrilfaser, eingesetzt. Die Polymerisation von Acrylnitril für Faserzwecke wird radikalisch meist in Gegenwart von Redoxsystemen, z. B. Peroxodisulfate mit Disulfiten, Dithioniten, Thiosulfat u. a. durchgeführt [156]. Die Verarbeitung zu Fasern erfolgt stets in Lösung, Schmelzspinnen ist wegen des hohen Schmelzpunktes, der über dem Zersetzungspunkt liegt, nicht möglich. Etwa gleichzeitig wurde von H. Rein [157] und der Firma Du Pont [158] Dimethylformamid als Lösungsmittel zum Verspinnen vorgeschlagen. Weitere Lösungsmittel, die jedoch nicht dessen überragende Bedeutung erreichten, sind Dimethylacetamid, Lactone, Oxysäurenitrile, cyclische Sulfone, Dinitrile, Hexamethylphosphorsäuretriamid [159] u. a. Das Verspinnen erfolgt normalerweise nach dem Trockenspinnverfahren, während sich das Fällungsspinnverfahren wegen der schwierigen Rückgewinnung des Dimethylformamids nicht durchgesetzt hat. Polyacrylnitrilfasern sind u. a. unter dem Namen Dralon, Dolan, Redon, Orlon, Acrilan, Creslan, Wolpryla im Handel.

Polyacrylnitril als Kunststoff selbst hat keine Bedeutung erlangt. Eine Weiterentwicklung der schlagzähen Polystyrole, vor allem im Hinblick auf verbesserte Alterungsbeständigkeit, Lösungsmittelresistenz und noch höherer Zähigkeit, bilden Copolymerisate auf der Basis Acrylnitril, Butadien und Styrol, die sog. ABS-Polymere [160], sowie Polymere auf Basis Styrol und Acrylnitril (SAN-Polymere), deren Bedeutung laufend zunimmt.

Vielfältig ist der Einsatz von Acrylnitril bei der Cyanoäthylierung [161]. Sowohl an organische wie an anorganische Verbindungen kann es angelagert werden; Beispiele hierfür sind

NH_3 → Iminodipropionitril, Iminotripropionitril

H_2S, Na_2S → Thiodipropionitril

H_2O → Bis-[ω-cyanoäthyl]-äther,

weiterhin Alkohole (auch hochmolekulare, wie Polyvinylalkohol, Stärke, Cellulose u. a.), Amine, Amide usw. Besonders die Cyanoäthylierung einiger Naturstoffe erlangt steigende Bedeutung. Die addierende bzw. substituierende Halogenierung (nach Hydrierung zu Propionitril) mit nachfolgender Verseifung besitzt eine gewisse Bedeutung zur Synthese der Unkrautmittel α,α,β-Trichlorpropionsäure (Natriumsalz: Omnidel) und α,α-Dichlorpropionsäure (Natriumsalz: Dalapon, Omnidel spezial).

Neuerdings werden Verfahren beschrieben, um durch reduzierende Dimerisierung, beispielsweise auf elektrolytischem Wege, zum Adipinsäurenitril zu gelangen, dem Ausgangsmaterial der beiden Komponenten des Nylons-6,6, Hexamethylendiamin und Adipinsäure. Wachsende Bedeutung erlangt Polyacrylamid, durch Hydrolyse von Polyacrylnitril, als Mittel zur Reinigung von Wasser und Abwasser sowie zur Anreicherung von Uranmineralien.

Schließlich seien die Synthesen von β-Alanin (Ausgangsmaterial), von Dilaurylthiodipropionsäure (Antioxydans für Polypropylen) und von Pimelinsäure als speziellere Anwendungsgebiete genannt.

Literatur

[1] CH. MOUREU: Ann. chimie (7) *2*, **187—191** (1894)
[2] O. BAYER: Angew. Chem. **61** (1949), 229—41
[3] A. J. WEITH jr.: „*Acrylnitril*“, Chem. Engng. News **31** (1953), 2763—65
[4] SH. WAKE: „*Die Darstellung des Acrylnitrils*“, High Polymers (Jap.) **1** (1944), 47—54
[5] B. C. M. DORSET: „*Darstellung, Eigenschaften und Verwendung von Acrylnitril*“, Textile Mfrg. **80** (1954), 87—91
[6] Y. MAYOR: „*Die industrielle Bedeutung des Acrylnitrils*“, Ind. chimique **44** (1957), 98—100, 275—278; **45** (1958), 43—45
[7] M. A. MATTHEWS: BIOS Final Rept. Nr. 757; vgl. auch O. T. S. Rept. P. B. 178/3 und 47716;
L. H. SMITH: German Synthetic Fibre Development, O. T. S. Rept. P. B. 7416, S. 548 (1946)
[8] R. F. MERRING und R. L. JAMES: „*Die Herstellung von Acrylnitril in Deutschland und den USA*“, Chem. Ind. Weekblad **68**, *2* (1951), 19—24
[9] R. L. HANKE und J. G. MCNALLY: P. B. 34813 (FIAT Final Report 83b) „*The Production of Acrylnitrile in the I. G. Farbenindustrie Plants of Ludwigshafen*“, Hüls and Leverkusen, Technical Industral Intelligence Branch, U. S. Dept. of Commerie July 18, 1946
[10] S. S. BOBKOV: „*Die Herstellung von Acrylnitril und Cyanwasserstoff*“, Chim. nauka i prom. **2** (1957), 34—45
[11] P. W. SHERWOOD: „*Verbesserte Synthese von Acrylnitril*“, Ind. Chemist **34** (1958), 361—64
[12] P. W. SHERWOOD: „*Acrylnitril als Textilfaserrohstoff*“, Melliand Textilber. **43** (1962), 1183—84
[13] K'UN YUAN CH'IU: „*Acrylnitril und seine Polymere*“, Hua Hsueh Tung Pao **1962** (*5*), 32—38
[14] P. W. SHERWOOD: „*Neue Verfahren zur Acrylnitrilherstellung*“, Petro/Chem. Engr. **33** (1961), 610; **34**, *10* (1962), 48—51
[15] P. W. SHERWOOD: „*Neue Acrylnitril-Verfahren*“, Ind. Chemist. **39** (1963), 242—45
[16] M. SITTIG: „*Acrylonitril*“ (Monographie), Chemical Process Monograph, No. 14, Noyes Development Corp., Park Ridge, N. Y. 1965
[17] GH. FRUNZA und S. MATACHE: „*Herstellung von reinem Acrylnitril zur Fasergewinnung*“, Rev. Chim. [Bucuresti] **16**, *3* (1965), 134—38
[18] J. K. KOLCHIN und K. A. GUSKOW: „*Synthese von Acrylnitril durch oxydative Ammonolyse von Propylen*“, Chim. prom. **1965** (*12*), 881—87
[19] S. ŠERBAN und G. GOIDEA: „*Die oxydative Ammonolyse von Propylen zu Acrylnitril*“, Rev. Chim. [Bucuresti] **16**, *12* (1965), 537—42
[20] B. W. SUWOROW, S. R. RAFIKOW und A. D. KAGARLITZKI: „*Oxydative Ammonolyse organischer Verbindungen*“, Usp. chim. **34** (1965), 1526—49
[21] M. R. LICHTENBERGER: Rev. assoc. franc. techn. petrole **1967** (*183*), 29—35
[22] D. R. P. 561397, D. R. P. 570031 u. D. R. P. 577686;
F. ERLENMEYER: Liebigs Ann. Chem. **191** (1878), 273
[23] D. R. P. 299682 (1915) BASF, D. R. P. 679 256 (1932); F. P. 729 952 (1931)
[24] D. R. P. 496372 (1925), IG Farbenindustrie;
U. S. P. 2374051 (1941), Röhm u. Haas Co.
[25] P. KURTZ: Petroleum Refiner **32**, *11* (1953), 142—43; Liebigs Ann. Chem. **572** (1951), 23, 24, 38; D. R. P. 728767 (1939), IG Farbenindustrie AG (P. KURTZ)

[26] U. S. P. 2385552 (1941), Röhm und Haas Co.; D. R. P.-Anmeldung 51834 (1935), IG. Farbenindustrie

[27] F. P. 805563 u. It. P. 393682 (1941) (F. Fusco)

[28] L. M. Peters, K. E. Marple, F. W. Evans, S. H. McAllister und R. C. Castner: Ind. Engng. Chem. **40** (1948), 2046–53; U. S. P. 2375016 (1940), Shell Development Co.

[29] R. Burns, D. T. Jones und P. D. Ritchie: Chem. Soc. [London] **1935**, 400–406; U. S. P. 2417748 (1943): U. S. P. 2417749 (1943), Kodak Co.; Brit. P. 424885 (1933), U. S. P. 2183357 (1939) ICI Ltd. (R. Burns, D. T. Jones und P. D. Ritchie)

[30] U. S. P. 2481826 (1949), Allied Chemical and Dye Corp. (J. N. Cosby)

[31] Brit. P. 709337 (1954), D. R. P. 897560 (1953), U. S. P. 2691037 (1954), Distillers Co., Ltd. (F. Bellringer, Th. Bewley und H. M. Stanley)

[32] F. Veatch, J. L. Callahan, J. D. Idol jr. und E. C. Milberger: Chem. Engng. Progress **56**, *10* (1960), 65–67

[33] Aust. P. 243791 (1963), Belg. P. 571200 (1958), Brit. P. 867438 (1960), Can. P. 687664 (1964), D. A. S. 1127351 (1962), F. P. 1222460, Niederl. P. 120493 (1965), U. S. P. 2904580 (1959), Standard Oil Co. (Ohio) (J. J. Idol jr.)

[34] Brit. P. 729013 (1955), U. S. P. 2736739 (1956), E. I. du Pont de Nemours und Co. (D. C. England und G. V. Mock)

[35] U. S. P. 3023226 (1962), E. I. du Pont de Nemours und Co. (D. C. England und R. E. Foster)

[36] U. S. P. 3118927 (1964), E. I. du Pont de Nemours und Co. (R. E. Foster)

[37] M. A. Dalin, V. V. Lobkina, G. N. Abajew, B. R. Serebriakow und S. L. Plaksunova: Doklad. Akad. Nauk. SSSR **145** (1962), 1058–1060

[38] F. Veatch, J. L. Callahan, J. D. Idol jr. und E. C. Milberger: Hydrocarbon Processing **41**, *11* (1962), 187–190

[39] Brit. P. 965173 (1964), Standard Oil Co. (Ohio)

[40] Belg. P. 577691 (1959), Brit. P. 848924 (1960), F. P. 1219512 (1959), U. S. P. 3086041 (1963), Distillers Co., Ltd. (D. J. Hadley und D. G. Stewart)

[41] I. A. Korshunow, A. P. Batolow, I. G. Malenewa und G. A. Rostokin: Trudy po Chim. i Chim. Technol. **2** (1962), 445–49

[42] D. A. S. 1162830 (1964), Distillers Co., Ltd. (D. J. Hadley und D. G. Stewart)

[43] D. A. S. 1241437 (1967), Ruhrchemie AG

[44] Brit. P. 977114 (1965), Can. P. 684867 (1964), F. P. 1288404 (1962), Oe. P. 224098 (1962), Ruhrchemie AG

[45] Brit. P. 978267 (1964), Can. P. 684354 (1964), D. A. S. 1138753 (1962), F. P. 1308958 (1963), Oe. P. 226671 (1963), Ruhrchemie AG

[46] Can. P. 684355 (1964), F. P. 1288403 (1962), 1288405 (1962), Oe. P. 224099 (1962), Schwz. P. 392493 (1965), U. S. P. 3153665 (1964), Ruhrchemie AG (O. Roelen und W. Rottig)

[47] R. Schönbeck, H. König, K. Krzemicki und L. Kahofer: Chemie-Ing.-Techn. **38** (1966), 701–05

[48] R. Schönbeck: Hydrocarbon Processing **46**, *8* (1967), 124–26

[49] Belg. P. 611378 (1962), Shell Internationale Res. Maatschappij N. V. (Ch. R. Adams und Th. J. Jennings)

[50] U. S. P. 3186955 (1965), Standard Oil Co. (Ohio) (J. L. Callahan, J. J. Szabo und B. Gertisser)

[51] U. S. P. 3280166 (1966), Standard Oil Co. (Ohio) (J. L. Callahan, J. J. Szabo und B. Gertisser)

[52] Brit. P. 981005 (1965), Ind. P. 90913 (1963), U. S. P. 3230246 (1966), Standard Oil Co. (Ohio) (J. L. Callahan und E. C. Milberger)
[53] Oe. P. 248410 (1966), Österreichische Stickstoffwerke AG (H. König)
[54] Belg. P. 621685 (1961), F. P. 1323299 (1963), Oe. P. 228188 (1963), Österreichische Stickstoffwerke AG
[55] Oe. P. 235 257, 235264 (1964), Österreichische Stickstoffwerke AG (K. Krzemicki und H. König)
[56] Aust. P. 262794 (1965), Oe. P. 225 689 (1963), Österreichische Stickstoffwerke AG (K. Krzemicki)
[57] D. P. [DDR] 32976 (1964), F. P. 1367764 (1964), K. Smeykal, E. Heyner und H. Fischer
[58] Brit. P. 884437 (1961), D. A. S. 1180739 (1964), Schwz. P. 404640 (1966), U. S. P. 3050546 (1964), Standard Oil Co. (Ohio) (E. C. Milberger)
[59] Brit. P. 965200 (1964), Standard Oil Co. (Ohio)
[60] D. A. S. 1249257, 1249258 (1967), Ruhrchemie AG
[61] Brit. P. 933493 (1963), Distillers Co., Ltd. (D. J. Hadley)
[62] Belg. P. 623669 (1963), F. P. 1365889 (1963), U. S. P. 3009943 (1962), Distillers Co., Ltd. (D. J. Hadley und E. Downs)
[63] Belg. P. 684603 (1967), BASF
[64] Brit. P. 967878 (1964), D.P. [DDR] 35390 (1965), F. P. 1325486 (1963), Oe. P. 226672 (1963), Österreichische Stickstoffwerke AG (H. König, R. Schönbeck und F. Straberger)
[65] U. S. P. 3200141 (1965), Standard Oil Co. (Ohio) (E. C. Milberger), vgl. auch Schwz. P. 385192 (1965)
[66] Belg. P. 611239 (1961), Can. P. 679979 (1964), D. A. S. 1243175 (1967), Knapsack-Griesheim AG (K. Sennewald, W. Vogt, I. Kander, R. Sommerfeld und G. Sorbe)
[67] Brit. P. 977311 (1964), D. A. S. 1242599 (1967), Oe. P. 225688 (1963), U. S. P. 3135783 (1964), Knapsack-Griesheim AG (K. Sennewald, W. Vogt, I. Kandler und R. Sommerfeld)
[68] Belg. P. 616585 (1962), D. A. S. 1243176 (1967), Knapsack-Griesheim AG
[69] Niederl. P. 300817 (1965), Standard Oil Co. (Ohio)
[70] D. A. S. 1197446 (1965), Farbenfabriken Bayer AG (K. Schwarzer, A. Hausweiler und R. Stroh)
[71] Aust. P. 251950 (1964), Brit. P. 957022 (1964), D. A. S. 1206887 (1965), F. P. 1269382 (1961), Oe. P. 225687 (1963), U. S. P. 3280167 (1966), Farbenfabriken Bayer AG (K. Schwarzer, B. Scherhag, A. Hausweiler und R. Stroh)
[72] Belg. P. 631437 (1963), Standard Oil Co. (Ohio) (J. L. Callahan, J. J. Szabo und B. Gertisser)
[73] U. S. P. 3309395 (1967), Jap. P. 7215 (1966), BASF
[74] D. A. S. 1206886 (1965), Farbenfabriken Bayer AG (A. Hausweiler, K. Schwarzer, R. Stroh und B. Scherhag)
[75] F. P. 1343725 (1963), H. J. Zimmer-Verfahrenstechnik
[76] Eu. Guccione: Chem. Engng. **72**, *6* (1965), 150—52
[77] Brit. P. 904418 (1962), Imperial Chemical House (J. A. Corran und R. Roberts)
[78] Aust. P. 260108 (1965), Brit. P. 925495 (1963), Brit. P. 943374 (1963), Can. P. 677634 (1964), F. P. 1301077 (1963), Shell Internationale Res. Maatschappij N. V. (Th. J. Jennigs und W. E. Armstrong)
[79] Brit. P. 913832 (1962), F. P. 1355561 (1962) Asahi Chemical Industry Co., Ltd.

[80] Brit. P. 984370 (1965), F. P. 1311683 (1963), U. S. P. 3262962 (1966), 3316182 (1967), Eastman Kodak Co. (E. L. McDaniel und H. S. Young)
[81] U. S. P. 3226421 (1966), Soc. Edison
[82] Brit. P. 1012225 (1965), F. P. 1329910 (1963), Eastman Kodak Co. (E. L. McDaniel und H. S. Young)
[83] U. S. P. 3153085 (1964), Distillers Co., Ltd. (D. J. Hadley)
[84] Belg. P. 595544 (1961), Brit. P. 885422 (1961), Union Chimique Belge S. A., vgl. auch Brit. P. 972403 (1963), F. P. 1335166 (1963), Union Chimique Belge S. A.
[85] Brit. P. 929650 (1963), ICI Ltd. (B. G. Dutton, R. Roberts und J. A. Corran)
[86] Can. P. 685241 (1964), Brit. P. 874593 (1959), D. A. S. 1165015 (1964), Distillers Co., Ltd. (J. R. Bethell, J. B. Bream und D. J. Hadley)
[87] F. P. 1474661 (1967), BASF (S. Winderl, H. Hoffmann, C. Palm, H. Nohe, K. Bär und H. Harders)
[88] Belg. P. 637628 (1964), F. P. 1384635 (1963), Sicedison S. p. A. (G. Caporali, N. Giordano, N. Ferlazzo und Qu. Ottaviani)
[89] Niederl. A. S. 6500697 (1965), Belg. P. 686093 (1966), B. F. Goodrich Co.
[90] Niederl. A. S. 6500644 (1965), U. S. P. 3290354 (1966), B. F. Goodrich Co.
[91] U. S. P. 3322687 (1967), B. F. Goodrich Co. (J. S. Eden und Ch. E. Ziegler)
[92] Brit. P. 937380 (1963), Can. P. 683419 (1964), D. A. S. 1070170 (1961), F. P. 1292673 Ind. P. 73281 (1962), U. S. P. 3164628 (1965), Asahi Chemical Industry Co.
[93] Brit. P. 948014 (1964), D. A. S. 1247300 (1967), Asahi Chemical Industry Co.
[94] F. P. 1505213, 1505215 (1967), Montecatini Edison S. p. A.
[95] U. S. P. 3164626 (1965), Asahi Chemical Industry Co.
[96] Brit. P. 909907 (1962), D. A. S. 1248642 (1967), U. S. P. 3161671 (1964), Asahi Chemical Industry Co. (S. Minekawa, Sh. Hoshino, A. Shibata und N. Kominami)
[97] Belg. P. 636449 (1965), Brit. P. 1016031 (1965), Sicedison S. p. A. (N. Ferlazzo, G. Caporali, N. Giordano und P. Marinozzi); vgl. auch Chem. Industrie **19** (1967), 624
[98] Jap. A. S. 7772/66 (1966), Mitsubishi Rayon Co., Ltd.
[99] Jap. A. S. 7773/66 (1966), Mitsubishi Rayon Co., Ltd.
[100] Jap. A. S. 7774/66 (1966), Mitsubishi Rayon Co., Ltd.
[101] Jap. A. S. 7854/66 (1966), Mitsubishi Rayon Co., Ltd.
[102] Jap. A. S. 7855/66 (1966), Mitsubishi Rayon Co., Ltd.
[103] Can. P. 623383 (1961)
[104] Aust. P. 243315 (1964), D. A. S. 1165584 (1964), D. P. [DDR] 36656 (1964), Distillers Co., Ltd. (J. B. Bream, J. L. Barclay, J. D. Hadley, D. G. Stewart und B. Wood)
[105] D. A. S. 1211155 (1966), Farbenfabriken Bayer AG (A. Hausweiler, B. Scherhag, K. Schwarzer und R. Stroh)
[106] Brit. P. 876446 (1959), Can. P. 677475 (1964), D. A. S. 1203757 (1965), The Distillers Co., Ltd. (J. B. Bream, J. D. Hadley, J. L. Barclay und D. G. Stewart)
[107] Brit. P. 904602 (1962), U. S. P. 3152170 (1964), The Distillers Co., Ltd. (L. J. Barclay, D. J. Hadley und J. B. Bream)
[108] F. P. 1360915 (1964), The Distillers Co., Ltd. (F. C. Newman)
[109] Brit. P. 967134 (1964), The Distillers Co., Ltd. (E. J. Gasson und R. H. Jenkins)
[110] Brit. P. 961357 (1964), The Distillers Co., Ltd. (D. J. Hadley, D. G. Stewart und B. Wood)
[111] Brit. P. 968924 (1964), The Distillers Co., Ltd. (J. R. Bethell)
[112] Brit. P. 997490 (1965), The Distillers Co., Ltd. (E. J. Gasson und D. G. Stewart)

[113] Brit. P. 976008 (1964), The Distillers Co., Ltd. (J. L. Barclay, D. J. Hadley und D. G. Stewart)
[114] Brit. P. 978520 (1964), 981138 (1965), F. P. 1376430 (1964), The Distillers Co., Ltd. (F. C. Newmann)
[115] Brit. P. 1007685 (1965), The Distillers Co., Ltd. (D. J. Hadley)
[116] Brit. P. 897226 (1962), Can. P. 684273 (1964), F. P. 1272308 (1962), U. S. P. 3094552 (1963), The Distillers Co., Ltd. (B. Wood)
[117] Brit. P. 933070 (1963), D. A. S. 1231675 (1967), F. P. 1293088 (1962), Soc. d'Electrochimie, d'Electrometallurgie et des Acieries Electriques d'Ugine (J. Modiano)
[118] Belg. P. 661104 (1965), The Distillers Co., Ltd. (J. L. Barclay und E. J. Gasson)
[119] Belg. P. 646937 (1964), U. S. P. 3340291 (1967), The Distillers Co., Ltd. (J. L. Barclay, E. J. Gasson und D. J. Hadley)
[120] Niederl. A. S. 6408649 (1965), The Distillers Co., Ltd.
[121] Belg. P. 655056 (1965), Niederl. A. S. 6411912 (1965), The Distillers Co., Ltd., (W. J. Ball, J. L. Barclay, J. Bohemen, E. J. Gasson und B. Wood)
[122] Belg. P. 633450 (1963), Brit. P. 971038 (1964), D. A. S. 1205502 (1965), Standard Oil Co. (Ohio) (J. L. Callahan, R. K. Grasselli und B. Gertisser), vgl. auch U. S. P. 3308151 (1967), Standard Oil Co. (Ohio) (J. L. Callahan und B. Gertisser)
[123] Nitrogen **45,** *1* (1967), 44; Oil Gas J. **64** (47) (1966), 143
[124] Belg. P. 641142 (1964), Standard Oil Co. (Ohio) (J. L. Callahan, R. K. Grasselli und W. R. Knipple)
[125] Belg. P. 641143 (1964), U. S. P. 3338952 (1967), Standard Oil Co. (Ohio) (J. L. Callahan, R. K. Grasselli und W. R. Knipple)
[126] Belg. P. 616585 (1962), 622025 (1963), 648052 (1964), U. S. P. 3198750 (1965), Standard Oil Co. (Ohio)
[127] J. Takeo und M. Sumio: Bull. Japan Petrol. Inst. **2** (1960), 76
[128] Jap. P. 3616/66 (1966), Toyo Rayon Co., Ltd.
[129] U. S. P. 3200081 (1965), Standard Oil Co. (Ohio) (J. L. Callahan und B. Gertisser)
[130] Brit. P. 983755 (1965), Soc. Union Chimique Belge (A. Verheyden und C. van Eygen)
[131] Belg. P. 632797 (1963), Standard Oil Co. (Ohio)
[132] F. P. 1365889 (1964), Oe. P. 242678 (1965), Knapsack-Griesheim AG
[133] S. R. Rafikow, D. Ch. Sembajew und B. V. Suvorov: Ž. obšč. Chim. **32** (1962), 839
[134] Niederl. A. S. 6410205 (1965), Belg. P. 636567 (1965), Knapsack-Griesheim AG
[135] F. P. 1355561 (1964), Toyo Rayon Co.
[136] Niederl. A. S. 6516563 (1966), Distillers Co., Ltd.
[137] Niederl. A. S. 6404666 (1964), Distillers Co., Ltd.
[138] U. S. P. 3118928 (1964), E. I. du Pont de Nemours und Co. (W. E. Garrison)
[139] F. P. 1396962 (1965), U. S. P. 3309395 (1967), BASF (H. Nohe, Chr. Palm und R. Platz)
[140] Brit. P. 964613 (1964), D. A. S. 1205527 (1965), Asahi Kasei Kogyo Kabushiki Kaisha (S. Minekawa, Sh. Hoshino und A. Shibata)
[141] Brit. P. 875160 (1961), Distillers Co., Ltd. (E. J. Gasson)
[142] Jap. A. S. 12107 ('62) (1962), Asahi Chemical Ind. Co., Ltd.
[143] I. A. Korshunov, A. P. Batalov, M. R. Leonow und Z. P. Kusnetzowa: Trudy po Chim. i Chim. Technol. **2** (1962), 445–49
[144] Belg. P. 612136 (1962), F. P. 1255121 (1960), Esso Res. Engng. Co.
[145] Jap. A. S. 19471 ('61) (1961), Japan Catalytic Chemical Ind. Co., Ltd. (T. Yatani und S. Matsuda)

[146] Belg. P. 615298 (1962), 628287 (1963), Brit. P. 943374 (1962), F. P. 1366301 (1963), H.-J. Zimmer Verfahrenstechnik
[147] Belg. P. 617523 (1962), Brit. P. 1019372 (1965), Union Chimique Belge/Chemische Bedrijven
[148] U. S. P. 3293280 (1966), Eastman Kodak Co. (H. S. Young und E. L. McDaniel)
[149] U. S. P. 3287394 (1966), Eastman Kodak Co. (H. S. Young und E. L. McDaniel)
[150] U. S. P. 3293279 (1966), Eastman Kodak Co. (H. S. Young und E. L. McDaniel)
[151] D. A. S. 1211154 (1966), Farbenfabriken Bayer AG (B. Scherhag, A. Hausweiler, K. Schwarzer und R. Stroh)
[152] Brit. P. 913832 (1962), F. P. 1255121 (1962), Asahi Chemical Ind., Ltd.
[153] F. P. 1462595 (1966), Halcon International, Inc.
[154] F. Schönbeck: Österreich. Chemiker-Ztg. **68** (1967), 79–87
[155] D. W. McDonald, K. M. Taylor und D. M. Brown: Hydrocarbon Processing Petroleum Refiner **40**, 7 (1961), 149–54
[156] W. M. Thomas: Fortschr. Hochpolymerenforschg. **2** (1961), 401–41
[157] D. B. P. 915034 (1942), J. G. Casella (H. Rein)
[158] U. S. P. 2404713–2404728 (1943), Du Pont de Nemours und Co.
[159] U. S. P. 2487859 (1948), Eastman Kodak Co.; U. S. P. 2641585 (1950); 2643986 (1951), Chemstrand Corp.
[160] U. S. P. 2439202 (1946), US Rubber Co.
[161] H. A. Bruson: „*Organic Reactions*", Vol. V, S. 79, John Wiley and Sons, Inc., New York 1949

10. Aceton

Aceton, das einfachste und wichtigste Keton, wurde zuerst 1595 von LIBAVIUS bei der trockenen Destillation von Bleiacetat beobachtet. Jedoch wurde seine Natur und Zusammensetzung erst 1832 von A. DUMAS und J. LIEBIG genauer ermittelt. Bis 1914 gewann man Aceton fast ausschließlich bei der Holzverkohlung, der erhöhte Bedarf während des 1. Weltkrieges führte jedoch sehr schnell zur Entwicklung neuer Herstellungsverfahren.

10.1. Herstellung von Aceton

10.1.1. Ältere Herstellungsverfahren

Das älteste Verfahren zur technischen Acetongewinnung bestand in der trockenen Destillation eines Gemisches aus Calciumacetat und Graukalk, das bei der Neutralisation von Essigsäure aus der Holzverkohlung anfällt [1]. Das Verfahren wird nicht mehr durchgeführt, weil das erhaltene Aceton zu unrein ist und das Ausgangsmaterial in unzureichendem Umfang zur Verfügung steht. Aceton entsteht weiterhin bei der Butanol-Aceton-Gärung oder bei der Äthanol-Aceton-Gärung (Bact. acetoethylicus). Das zuletzt genannte Verfahren wird technisch nicht durchgeführt. Bei der Butanol-Aceton-Gärung, die nach dem Verfahren von CH. WEIZMANN [2] durchgeführt wird, arbeitet man mit Bacillus clostridium acetobutylicum und Stärke als Ausgangsmaterial bei 30—35 °C. Aceton und n-Butanol entstehen im Molverhältnis 2—3:1.

Neuerdings wird Melasse eingesetzt und mit Clostridium saccharoacetoperbutylicum gearbeitet [3—4].

Die fermentative Produktion von Aceton lag, wie nachfolgende Aufstellung zeigt, noch während und nach dem 2. Weltkrieg in den USA sehr hoch (Tab. 45):

Tabelle 45:

Aceton	1941	1944	1947
Synthetisch	99400	151200	162200
Durch Gärung	25400	23600	18200

Auch heute werden in den USA noch gewisse Mengen Aceton nach diesem Verfahren gewonnen.

In Deutschland wurde eine Arbeitsweise entwickelt, die von Essigsäure ausgeht [5]. Hierbei wird Essigsäure bei 400 °C über Cerkontakte

$$2\,CH_3{-}COOH \xrightarrow[\text{kont.}]{400\,°C} CH_3{-}CO{-}CH_3 + CO_2 + H_2O$$

geleitet. Auf diese Weise gewonnenes Aceton zeichnet sich durch besondere Reinheit aus.

Auch eine direkte Synthese, ausgehend von Acetylen, wurde entwickelt:

$$2\,CH{\equiv}CH + 3\,H_2O \rightarrow CH_3{-}CO{-}CH_3 + CO_2 + 2\,H_2 + 40\ \text{kcal/Mol}$$

Acetylen wird hierbei mit Wasserdampf in Gegenwart von Katalysatoren (insbesondere ZnO oder Fe_2O_3-ZnO) bei 450 °C umgesetzt [6].

In den USA wird von der Celanese Corp. Aceton neben anderen sauerstoffhaltigen Verbindungen (Formaldehyd, Acetaldehyd, Methanol, Äthanol, n- und Isopropylalkohol, Propionaldehyd, Acrolein, Essigsäure, Ester, Methyläthylketon u. a.) durch Oxydation eines Butan-Propan-Gemisches mit reinem Sauerstoff im Unterschuß bei 330—370 °C und 7—10 at erhalten. 5—7% des Gesamtoxydats liegen hierbei als Aceton vor [7]. Höhere Ausbeuten werden beim Einsatz von Isobutan erhalten.

10.1.2. Herstellung aus Isopropylalkohol

Bei weitem der größte Anteil des Acetons wird auch heute noch durch Dehydrierung von Isopropylalkohol gemäß

$$CH_3{-}CHOH{-}CH_3 \rightarrow CH_3{-}CO{-}CH_3 + H_2 - 15{,}9\ \text{kcal/Mol}$$

dargestellt [13, 14]. Die Dehydrierung verläuft bei etwa 350—400 °C in Gegenwart von Katalysatoren, wie einer Eisen-Kupfer-Zink-Legierung [8] oder Zinkoxid bzw. Zinkoxid mit 4,5% Natriumcarbonat [9] oder Kupfer, Blei u. a. [10].

Abb. 40 zeigt ein einfaches Schema einer Anlage zur Erzeugung von Aceton aus Isopropylalkohol [11]. Hierzu wird Isopropylalkohol mit Wasserstoff bei höheren Temperaturen begast, wobei der Wasserstoff etwa das gleiche Volumen Isopropylalkoholdampf aufnimmt. Das Gemisch strömt bei 380 °C durch einen aus Chrom-Nickel-Stahl-Rohren bestehenden Röhrenbündelreaktor, in dem der Katalysator in Form von Bimssteinstückchen untergebracht ist. Der Katalysator enthält etwa 7% Zinkoxid (Tränken des Bimssteins mit Zinkacetat). Die maximale Alkoholumwandlung liegt bei 97% [12]. Die Verweilzeit beträgt 1 Sek. Die Reaktorgase werden vorgekühlt, der entweichende Wasserstoff durch Gegenstromwäsche mit Wasser vom Aceton befreit und das anfallende 20%ige Aceton durch

Destillation aufkonzentriert und destillativ gereinigt. Der entweichende Wasserstoff ist 99%ig. Die Regeneration des Katalysators erfolgt nach etwa 10 Tagen. Hierbei werden die Verunreinigungen durch ein Gemisch von Stickstoff mit 2% Sauerstoff abgebrannt. Die Lebensdauer des Kontraktes erreicht etwa 6 Monate.

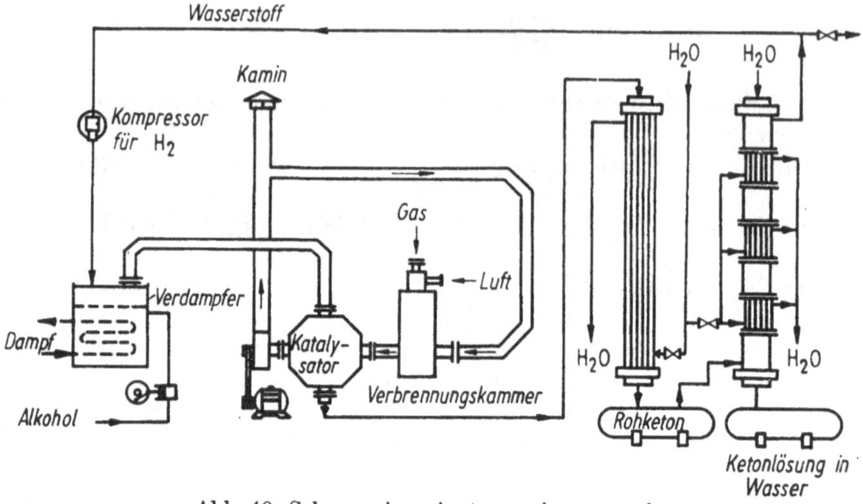

Abb. 40: Schema einer Acetongewinnungsanlage

Die Darstellung von Aceton durch Oxydation von Isopropylalkohol mit Luft gemäß

$$CH_3{-}CHOH{-}CH_3 + O_2 \rightarrow CH_3{-}CO{-}CH_3 + H_2O_2$$

wird neuerdings in immer stärkerem Umfange zur Erzeugung von Wasserstoffperoxid herangezogen.

Diese Arbeitsweise spielt bei der chlorlosen Herstellung von Glycerin eine besondere Rolle.

10.1.3. Herstellung aus Cumol

Die Möglichkeit zur Acetondarstellung über Cumol wird im Kapitel Cumolsynthese behandelt (S. 317—350).

10.1.4. Herstellung durch Direktoxydation von Propylen

Das für die Direktsynthese von Acetaldehyd aus Äthylen von Smidt [15—17] entwickelte und dort bereits im technischen Maßstab vielfach bewährte Verfahren

$$CH_2{=}CH_2 + PdCl_2 + H_2O \rightarrow CH_3CHO + Pd + 2\,HCl$$

kann auch für die Direktherstellung von Aceton aus Propylen angewandt werden.

Hierzu wird Propylen (oder propylenreiche Gasgemische) (vgl. Abb. 41) mit der Katalysatorlösung aus $PdCl_2$ und $CuCl_2$ in HCl bei 20 °C zur Reaktion gebracht und in der 2. Stufe die reduzierte Katalysatorlösung mit Luft reoxydiert.

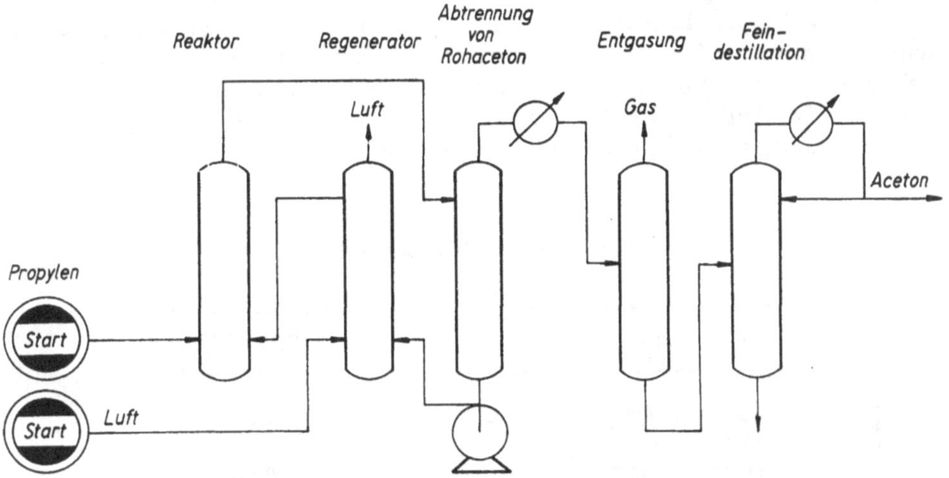

Abb. 41: Acetondarstellung (Aldehyd GMBH/HOECHST-UHDE Corp.)

Folgende Reaktionen finden dabei statt:

$$CH_2{=}CH{-}CH_3 + PdCl_2 + H_2O \rightarrow CH_3COCH_3 + Pd + 2\,HCl$$

$$2\,CuCl_2 + Pd \xrightarrow{H_2O} 2\,CuCl + PdCl_2$$

$$2\,CuCl + 2\,HCl + {}^1/_2\,O_2 \rightarrow 2\,CuCl_2 + H_2O$$

$$CH_2{=}CH{-}CH_3 + {}^1/_2\,O_2 \rightarrow CH_3COCH_3$$

Die Umsetzung erfolgt mit 92—94%iger Ausbeute bei 90—120 °C unter einem Druck von 9—12 at. Als Nebenprodukte entstehen 0,5—1,5% Propionaldehyd und etwa 2,0% Mono- und Dichloraceton. Es wird angenommen, daß die Umsetzung über den Komplex $[PdCl_2(OH)C_3H_6]^{(-)}$ abläuft. Dieser wird in Gegenwart von Wasser hydrolytisch gespalten in Aceton, Palladium und Salzsäure [18]. Neben $CuCl_2$ können auch $FeCl_3$ sowie Gemische beider Verbindungen als Reoxydationsmittel eingesetzt werden [19].

Die Reaktion kann bei Raumtemperatur durchgeführt werden. Günstig sind aber auch höhere Temperaturen [20]. Der pH-Wert der Lösung liegt meist um etwa 3—4.

Vorteilhaft ist die Anwendung von Druck. Normalerweise wird nur eine sehr verdünnte $PdCl_2$-Lösung (teilweise zusammen mit Kupferacetat) eingesetzt [21, 22]. Die Reaktion verläuft jedoch in konzentrierter $PdCl_2$-Lösung schneller.

Eine Direktoxydation von Propylen zu Aceton ist auch an modifizierten Acroleinkatalysatoren möglich. Es werden hierfür Kontakte auf der Basis MoO_3 oder Bi_2O_3 in Gegenwart von H_3PO_4 oder H_3BO_3 vorgeschlagen, die bei 375 °C neben

Acetaldehyd, Essigsäure, Formaldehyd, Äthylacetat und Acrolein auch Aceton liefern [23, 24], vorteilhaft wirkt hierbei ein Zusatz von Ag [25]. Auch ein Bi-phosphomolybdatkatalysator [26] auf Al_2O_3 sowie Phosphomolybdänsäure auf SiO_2 (260 °C, 1 sec) [27] sind geeignet.

Für die technische Erzeugung von Aceton haben die genannten Verfahren noch keine Bedeutung erlangt, weil die technische Erzeugung von Aceton auf die Dehydrierung des sehr preisgünstig zur Verfügung stehenden Isopropylalkohols eingestellt ist. Außerdem fällt Aceton in steigender Menge als Nebenprodukt bei der sich ständig ausweitenden Cumolsynthese an.

10.2. Eigenschaften des Acetons

Eigenschaft		Wert
Schmelzpunkt	°C	−94,9
Siedepunkt	°C	56,5
Dichten D_4^0		0,81378
D_4^{15}		0,79705
D_4^{30}		0,77986
Kritische Temperatur	°C	235
Kritischer Druck	at	47
Kritische Dichte	kg/Nm^3	0,268
Verdampfungswärme	cal/g (56,3 °C)	125,28
	cal/g (0 °C)	140,5
Spezifische Wärme	cal (20 °C)	0,5176
Dampfdichte (Luft 1)		2,0025
Brechungsindex	n_D^{20}	1,35998
Dielektrizitätskonstante		21,4
Flammpunkt	°C	−17
Dipolmoment	Debye	2,80
Explosionsgrenzen	% Aceton	1,6−15,3
Oberflächenspannung	dyn/cm (20 °C)	23,7
Molwärme	cal/Mol · Grad	29,9
Normalentropie	Cl/Mol	47,8
Bildungsenthalpie	kcal/Mol	56,2
Verbrennungswärme	kcal/Mol	430,9
Schmelzwärme	kcal/Mol (95 °C)	1,366

Dampfdruck des Acetons:

°C	20	30	40	50	60	80	100	140
mm Hg	179,63	281,00	420,15	620,86	860,48	1611,05	2797,27	6974,43

10.3. Aufkommen und Verwendung

Aceton wird in den USA nach folgenden Verfahren (Tab. 46) hergestellt:

Tabelle 46:
Verfahren zur Herstellung von Aceton

Verfahren	1963 in 1000 t	Anteil in %	1966 in 1000 t	Anteil in %
Aus Isopropylalkohol (Dehydrierung)	393	73	393	68
durch Cumol-Phenol-Synthese	110	20	146	25
durch Fermentation	23	4	23	4
durch Propan-Butan-Oxydation	16	3	16	3

Während in den USA 48% des Acetons für chemische Folgeprodukte eingesetzt werden, sind es in der DBR nur 5%, hinzu kommen jedoch noch 45% für Kunststoffvorprodukte (Methylmethacrylat, Bisphenol A).

K. Schmitt [28] gibt einen Überblick über die durch alkalische Kondensation von Aceton erhältlichen Folgeprodukte. Bei Temperaturen von 10–20 °C dimerisiert Aceton in Gegenwart geringer Mengen Alkali zu Diacetonalkohol, die

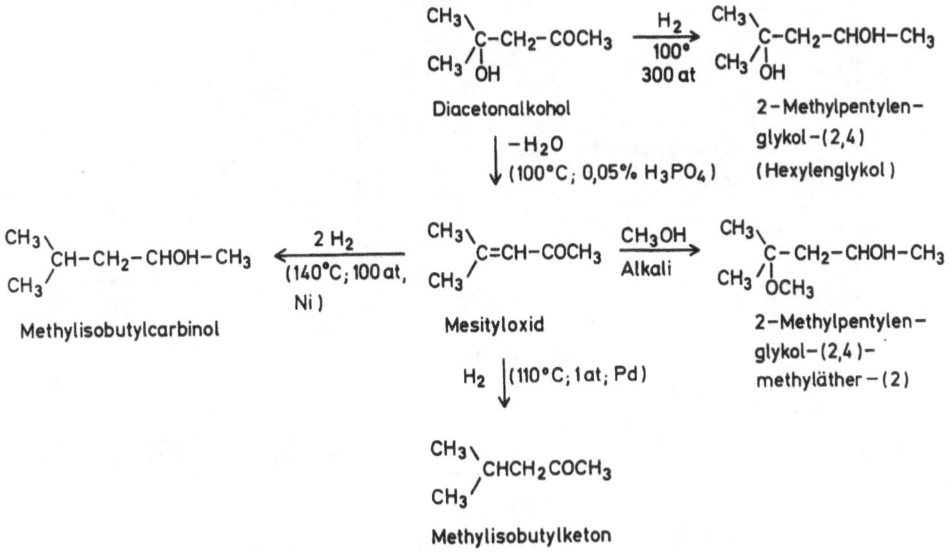

Abb. 42: Schema der Folgeprodukte des Diacetonalkohols

Reaktion wird mit verdünnter wäßriger oder methanolischer Lösung in homogener Phase durchgeführt.

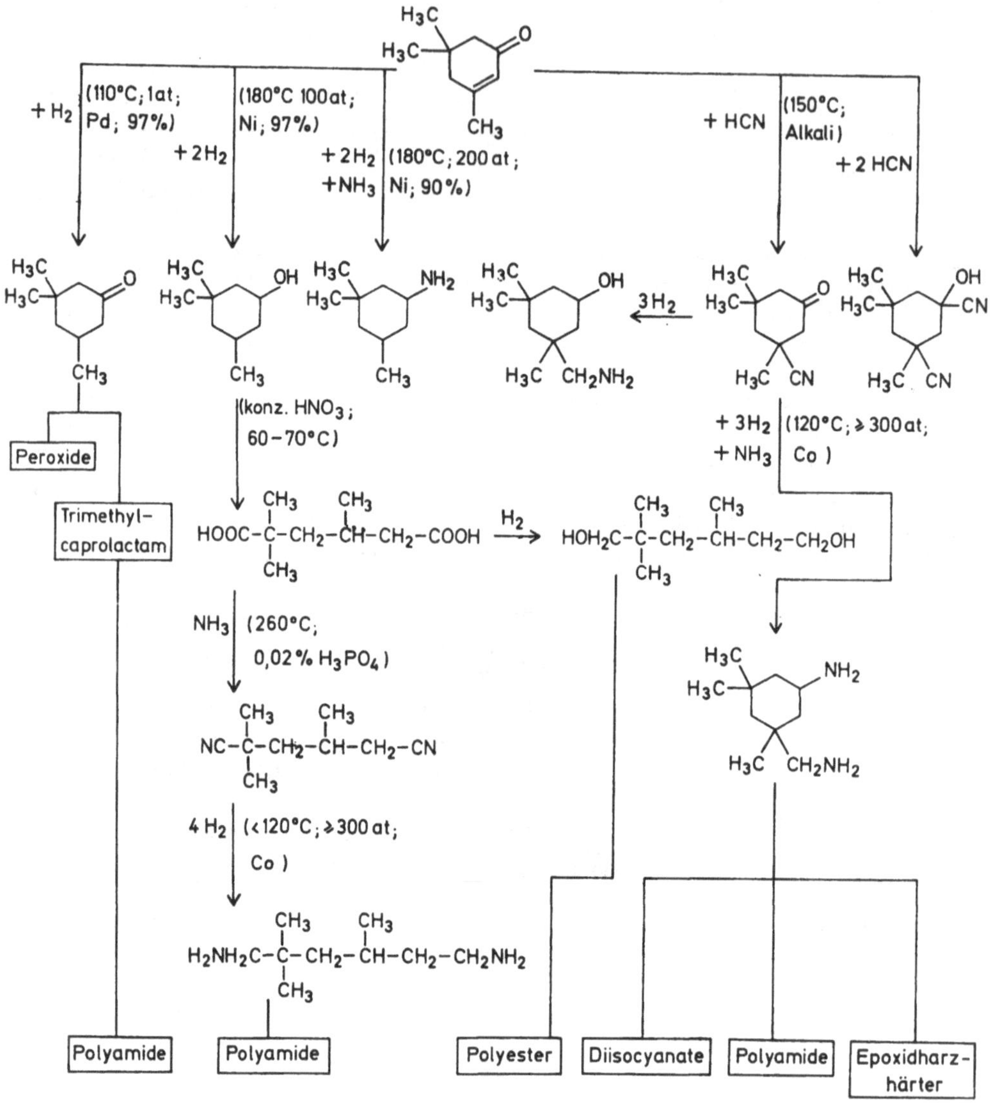

Abb. 43: Schema der Folgeprodukte des Isophorons

Hexylenglykol wird vornehmlich Treibstoffen zugesetzt. Das unter Wasserabspaltung entstehende Mesityloxid ist zu verschiedenen Anlagerungsreaktionen befähigt, beispielsweise kann bei Raumtemperatur in Gegenwart geringer Mengen Alkali Methanol zu einem Ketoäther angelagert werden. Bei der Hydrierung von Mesityloxid entsteht Methylisobutylketon, ein sehr wichtiges Lösungsmittel. Hydrierung unter schärferen Bedingungen liefert schließlich Methylisobutylcarbinol.

Methylisobutylketon und -carbinol sind hervorragende Lösungsmittel für PVC, dessen Mischpolymerisate, Cellulosederivate, Chlorkautschuk u. a. Sie sind in den meisten Fällen den Estern als Lösungsmittel überlegen.

Bei der basenkatalysierten Kondensation von Aceton bei 200 °C entsteht neben den sog. Isocyclitonen Isophoron, ein sehr vielseitiges Zwischenprodukt, dessen Stammbaum nebenstehend aufgeführt ist (Abb. 43).

Isophoron selbst hat bisher ausschließlich Verwendung als Lösungsmittel gefunden (Vinyllacke), es begünstigt in Einbrennsystemen Glanz, Verlauf und Haftung der Lacke. Die Weltkapazität beträgt 16000 t. Bei der schonenden Hydrierung wird 3.3.5-Trimethylcyclohexanon erhalten, es wird als Lösungsmittel und zur Herstellung von Peroxiden verwandt. Das durch vollständige Hydrierung erhältliche 3.3.5-Trimethylcyclohexanol ist selbst, besonders zusammen mit längerkettigen aliphatischen Mono- und Dicarbonsäuren, eine wichtige Komponente für Spezialweichmacher. Noch wichtiger ist jedoch sein Oxydationsprodukt mit Salpetersäure, $\alpha.\alpha.\gamma$-Trimethyladipinsäure. Diese Säure kann zu Spezialweichmachern verestert und über den Dimethylester durch energische Hydrierung in das 2.2.4-Trimethylhexandiol-(1.6) umgewandelt werden. Die Säure kann außerdem über das Dinitril durch Hydrierung in 2.2.4-Trimethylhexamethylendiamin überführt werden.

Eine weitere Möglichkeit, um vom Isophoron zu Diaminen zu gelangen, besteht in dessen Reaktion mit Cyanwasserstoff zum Isophoronnitril (3.3.5-Trimethyl-5-cyanocyclohexanon), das unter speziellen Bedingungen zum 1-Aminomethyl-1.3.3-trimethyl-5-aminocyclohexan (Isophorondiamin) reduziert werden kann.

Diese beiden Diamine sind einerseits leicht in Diisocyanate zu überführen und weiterhin als Epoxidharzhärter brauchbar. Besonders wichtig ist ihre Verwendung zur Herstellung von glasklaren Polyamiden, die wegen der Sperrigkeit des Moleküls nicht kristallin sind. Als Säurekomponente sind aliphatische und aromatische Dicarbonsäuren einsetzbar. Diese Polyamide sind als Harze, Lackbindemittel, Klebstoffe und hochwertige Kunststoffe verwendbar.

Literatur

[1] Ullmann: „*Enzyklopädie der technischen Chemie*", 2. Aufl., Bd. 1, S. 106, Verlag Urban und Schwarzenberg, München 1951
[2] U. S. P. 1329214 (1920), C. Weizmann und A. Hamlyn
[3] J. H. Northrop und Mitarb.: Ind. Engng. Chem. **11** (1919), 723
[4] W. H. Peterson, E. B. Fred und J. H. Verhulst: Ind. Engng. Chem. **13** (1921), 757

[5] D. R. P. 298851 (1916), Farbenfabriken Bayer AG
[6] Brit. P. 299048 (1928); 313897 (1928), 330350 (1929), IG. Farbenindustrie; Brit. P. 472093 (1936), Shawinigan Chemicals
[7] R. E. Meyer: Oil Gas J. **54** (7) (1956), 82
[8] U. S. P. 1952702 (1933), Shell Development Co. (M. D. Simo)
[9] U. S. P. 1895516 (1933), E. I. du Pont de Nemours u. Co. (W. A. Lazier)
[10] U. S. P. 1895528, 1895529 (1933), E. I. du Pont de Nemours und Co. (H. S. Taylor und W. A. Lazier)
[11] J. A. Mathews und L. W. Wood: BIOS Target C_{22} Final Rept. Nr. 131 item Nr. 22
[12] H. J. Kolb und R. L. Burwell: J. Amer. chem. Soc. **67** (1945), 1084
[13] Brit. P. 173539 (1920), U. S. P. 1365035, 1497817 (1918), S. B. Hunt
[14] Ullmann: „*Enzyklopädie der technischen Chemie*", 3. Auflage, Urban und Schwarzenberg, München-Berlin 1953, S. 38
[15] J. Smidt, W. Hafner, R. Jira, J. Sedlmeier, R. Sieber, R. Rüttinger und H. Kojer: Angew. Chem. **71** (1959), 176–82
[16] W. Hafner, R. Jira, J. Sedlmeier, J. Smidt, P. Fliegel, W. Friedrich und A. Trommet: Chem. Ber. **95** (1962), 1575–81
[17] J. Smidt und H. Krekeler: Erdöl und Kohle **16** (6–1) (1963), 560–63
[18] J. Smidt: Chem. and Ind. **1962**, 54–61
[19] D. A. S. 1142593 (1963), Brit. P. 884962 (1961), D. A. S. 1061767 (1960), Consortium für elektrochemische Industrie (GmbH) (J. Smidt, W. Hafner, R. Jira und J. Sedlmeier)
[20] D. A. S. 1183488 (1964), Farbwerke Hoechst AG
[21] D. A. S. 1145602 (1963), Farbwerke Hoechst AG (A. Steinmetz, H. Lenzmann, O. Probst und L. Hoernig)
[22] Brit. P. 878777 (1961), Consortium für elektrochemische Industrie (GmbH)
[23] D. A. S. 1197070 (1965), Ruhrchemie AG
[24] Belg. P. 620834 (1963), Ruhrchemie AG
[25] F. P. 1397639 (1965), Ruhrchemie AG (W. Rottig)
[26] U. S. P. 2874191 (1959), Standard Oil Co. (Ohio) (R. W. Foreman, J. L. Callahan und F. Veatch)
[27] It. P. 640465 (1962), Societa Edison S. p. A. (V. Gurdjan, N. Giordano und A. del Vesco)
[28] K. Schmitt, Chem. Industrie **18**, *4* (1966), 204–10

11. Acrylsäure

Acrylsäure [1—6] wurde erstmals von J. REDTENBACHER [7] dargestellt durch Oxydation von Acrolein an der Luft.

Die neuere Entwicklung der Acrylate begann mit den Untersuchungen von O. RÖHM [8] über Acrylate und Polyacrylate, deren Ergebnisse zur Aufnahme der technischen Produktion von Acrylaten durch die Firma Röhm & Haas im Jahre 1927 führten [9—12]. Bis zum gegenwärtigen Zeitpunkt stieg die Kapazität auf ca. 250000 t an Acrylsäure und Acrylaten an.

11.1. Darstellung von Acrylsäure nach verschiedenen Verfahren

Bisher haben sieben Verfahren zur Herstellung von Acrylsäure und Acrylaten Eingang in die Technik gefunden. Während die älteren zum großen Teil auf Acetylen als Ausgangsmaterial beruhen, werden vermutlich in der Zukunft die Verfahren auf der Basis Propylen (vgl. 11.2) an Bedeutung gewinnen. Im Folgenden sollen die Verfahren kurz charakterisiert werden. Es werden hierbei sowohl die Verfahren zur Herstellung von Acrylsäure wie die zur Herstellung von Acrylaten besprochen:

a) Das zur Zeit noch wichtigste Verfahren beruht auf Arbeiten von W. REPPE (Abb. 44) über die Anlagerung von CO und Wasser bzw. Alkoholen an Acetylen unter dem katalytischen Einfluß von $Ni(CO)_4$. Die Darstellung von Acrylaten verläuft bei 35—45 °C unter Druck stöchiometrisch nach der Gleichung

$$4\,C_2H_2 + 4\,ROH + Ni(CO)_4 + 2\,HCl \rightarrow 4\,CH_2{=}CH{-}COOR + NiCl_2 + H_2.$$

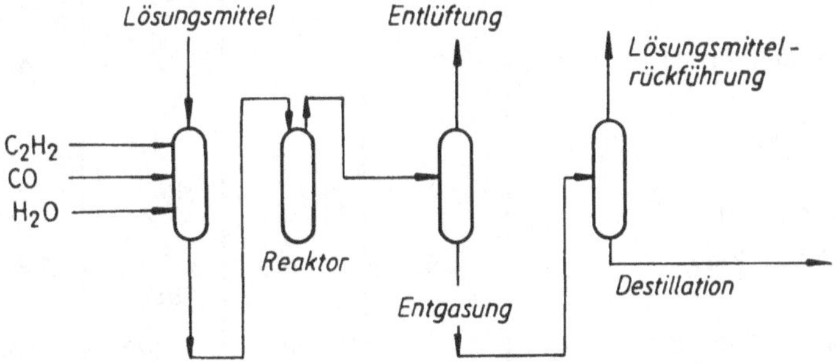

Abb. 44: REPPE-Verfahren zur Herstellung von Acrylsäure

Tabelle 47:

Katalysator	Einsatzprodukte (in %)				Reak-tionstemp. (°C)
	Propylen	Acrolein	Luft oder Sauerst.	Wasser-dampf	
MoO_3 auf SiO_2	—	13,5	43,2	43,2	376
Co-molybdat	—	10	54	36	351
Co-molybdat	—	×	×	×	—
Co-molybdat	—	×	×	×	—
Co-molybdat	—	3—5	25 + 30 bis 32 N_2	40	330—385
Co-molybdat	—	10	60	30	360
Co-molybdat mit Zusätzen	—	×	×	×	—
Co-molybdat mit Zusätzen	—	×	×	×	—
Co-molybdat mit Ni-Zusatz	—	×	×	×	—
Co-molybdat/Sb-Sn-oxid (daneben Sb-Sn-V-oxid und Sn-V-oxid	×	—	×	×	—
Phosphormolybdänsäure	—	20	10	60	425
Phosphormolybdänsäure	—	10,5	26,3	63,2	468
Bi-molybdat	—	9,5	61,8	28,7	400
Bi_2O_3/Phosphomolybdat + Fe_2O_3	26	—	27	46	—
Bi-phosphomolybdat	—	×	×	×	—
Bi-molybdat/1. Stufe	1 Tl.	—	1,5 Tle. (O_2)	5,8 Tle.	490°/ 3,8 at
Bi-phosphomolybdat/2. Stufe	—	×	×	×	467°/ 3,5 at

Kontakt-zeit (sec)	Umsatz (%)	Selek-tivität (%)	Ausbeute (%)	Bemerkungen	Lit.-Angabe
19,8	32,3	70	22,5	—	[44]
3,9	68	85,5	58,2	—	[45]
—	—	76,5	—	—	[46]
—	55—70	60—80	—	—	[47]
1—30	52—89	63—84	—	—	[48]
3,6	60	73	43,8	Verbesserung der mechanischen Stabilität durch Zusatz von Mn- oder Cd-molybdat	[49]
—	—	—	—	Zusatz 0,1—10% Mn-, Cr-, Cd-, Sn-, Al-, Zn-, Sb-, U- u./oder Th-molybdat	[50]
—	—	—	—	Ähnlich [50], Darstellung der Katalysatoren unter NH_3- oder Aminzusatz	[51]
—	—	—	—	—	[52]
—	—	—	41	Zweistufen-Verfahren; 1. Stufe an Sb-Sn-oxid; 2. Stufe an Co-molybdat	[53]
15	22,5	85	19,2	—	[54]
—	—	85,3	—	Verbesserung der mechan. Stabilität durch SiC-Träger	[55]
3,2	—	—	30,3	Daneben W-, Ni-, Ti-, Fe-, V-, Sn-, Sb- und Ce-molybdat vorgeschlagen	[56]
—	—	—	—	Zusatz von 0,2 Vol-% HBr; dadurch wird die Acroleinausbeute gegenüber der von Acrylsäure abgesenkt	[57]
—	—	—	—	—	[54]
0,4	72,3	—	—	1. Stufe: 50% Acrolein; 2,7% Acrylsäure	[58]
0,5	87 (bezogen auf Propylen)	—	23,6	2. Stufe: 24,3% Acrolein; Zweistufenverfahren	

(Fortsetzung von Tabelle 47)

Katalysator	Einsatzprodukte (in %) Propylen	Acrolein	Luft oder Sauerst.	Wasser-dampf	Reak-tionstemp. (°C)
Phosphomolybdat + 0,1–5% As-oxid auf SiO_2	1 Tl.	–	1,5 Tle.	6 Tle.	514
Co-molybdat + As_2O_5	10	–	50	40	450
Bi-Co-molybdat	–	10	54	36	350
Bi-Co-molybdat	×	–	× (O_2)	×	420–480
Li-phosphomolybdat und As-oxid	14	–	71	15	400
Sn-molybdat auf Porzellan	1 Tl.	–	1 Tl. (O_2)	2 Tle.	340
Sn-Mo-oxid (3:1)	–	–	–	–	–
Sb-Sn-molybdat (Sb-Sn-Mo-oxid 9:3:12)	–	×	×	×	435
Sn-phosphomolybdat	–	8,3	41,7	50	425
Silico- oder Sn-molybdänsäure in Form von V- oder Ce-Salzen	–	22	56,7	21,3	350
Sn-molybdat + As_2O_5	10	–	50	40	406
Tl-Sn-Co-molybdat	–	×	×	×	–
Fe-molybdat	13,3	–	33,4	53,3	270
Fe-molybdat sowie Cr-, V- und Ti-molybdat	–	×	×	×	–
Fe-Cr-phosphomolybdat	7 Tle.	–	60 Tle.	23 Tle.	380
Fe-Bi-phosphomolybdat	1 Tl.	–	1,5–3Tle. (O_2)	3–10 Tle.	350–450
$Fe_7Bi_2PMo_{12}O_{59}/SiO_2$	7,3	3,6	8,2 (O_2)	–	400
$FeCo_{0,3}Ni_{12}BiPMo_{12}O_{56}$	–	1 Tl.	8 Tle.	15 Tle.	340
Ti-molybdat auf Al_2O_3	–	10	50	40	275

Kontakt-zeit (sec)	Umsatz (%)	Selek-tivität (%)	Ausbeute (%)	Bemerkungen	Lit.-Angabe
0,5	—	23,9	—	Neben 24,1% Acrolein	[59]
36	47	44,6	21,0	—	[60]
5—8	70	72—95	—	Der Zusatz von 5% Bi_2O_3 erhöht die Selektivität von Co-molybdat	[61, 62]
—	—	—	—	Untersuchungen über die Reaktionskinetik	[63]
—	70	50—70	—	Neben 10—15% Acrolein. Durch den Zusatz von Li_2O verbesserte Selektivität	[64]
—	—	—	—	Untersuchungen über die Reaktion	[65]
—	—	—	—	Verhältnis SnO_2/MoO_3 = 3:1 am günstigsten für die Selektivität	[66]
2,5	85	63	53,5	—	[67]
12	60	60	36	Weiterhin vorgeschlagen Sb-phosphomolybdat	[54]
5	74,8	—	—	—	[68]
4	—	—	18,4	Neben 11,9% Acrolein	[69]
—	—	—	—	—	[70]
—	—	—	2,9	Neben 9,5% Acrolein und 36,5% Essigsäure	[71]
—	—	—	—	—	[72]
8	82,5	15,6	12,9	Neben 52,6% Acrolein	[73]
—	—	—	60	—	[74]
—	—	—	54,3	Verwendung von 53,0 Tl. CO_2, 19,9 Tl. CO und 8,0 Tl. H_2 als Verdünnungsgas	[75]
4,5	80	62,5	50	Allgemeine Zusammensetzung: $Fe_{1-3}\,Co_{0-7}\,Ni_{3-14}\,Bi_{1-3}\,P_1Mo_{12}O_{45}$	[76]
—	29	58	16,8	Weiterhin vorgeschlagen: Ti-W-molybdat und Ti-wolframat	[77]

(Fortsetzung von Tabelle 47)

Katalysator	Einsatzprodukte (in %)				Reaktionstemp. (°C)
	Propylen	Acrolein	Luft oder Sauerst.	Wasserdampf	
W-phospho- oder W-bormolybdat und 10% Aktivator	—	—	—	—	—
Borphosphomolybdat $B_{2,5-751}P_{3-571}Mo_{23-2296}(H_2O)_{0-250}$	—	10	51	60	427
Bi-borphosphomolybdat auf SiO_2	—	×	×	×	365
Fe-Bi-borphosphomolybdat	—	×	×	×	365
Sb-Sn-borphosphomolybdat $(Sn_{5-12}Sb_{5-12}B_{30-120}P_{30-120}Mo_{12}O_x)$	—	4,5	4,5 (O_2) 75,1 (N_2)	15,0	390
Co-bormolybdat	5,3	—	42,7	52	425
Schwermetall-Borphosphate, z. B. Cu-Bi-B-P-oxid	1,1 Tle.	—	8,25 Tle.	6 Tle.	440—460
Co-molybdat + Cu-tellurid (0,5—1%)	10	—	48	42	438
Schwermetall-Te-molybdat, z. B. Ti-Te-Mo-Oxid	10,7	—	59,3	30	400
Te-phosphomolybdat	—	10	50	40	394
	6,4	—	89,6	—	370
Phosphomolybdänsäure + TeO_2	7	—	52	41	486
Co-molybdat + 1% TeO_2	7	—	52	41	433
Ni-Te-phosphomolybdat	2	—	10 (O_2) 88 (N_2)	—	426
Mn-Te-phosphomolybdat	—	—	—	—	—
Te/Mo/$Mn_2P_2O_7$	1 Tl. (Propan)	—	2,6 Tle. (O_2)	2,69 Tle.	385

Kontakt-zeit (sec)	Umsatz (%)	Selek-tivität (%)	Ausbeute (%)	Bemerkungen	Lit.-Angabe
—	—	—	—	Aktivator: Fe-, Mn-, Cr-, Bi- oder V-Oxid	[78]
—	43,7	46	20	—	[79]
—	46	56	25,8	—	[80]
—	81	75	61	—	[80]
3,2	87,3	80,2	70	—	[81]
0,44	32	42	13,5	Außerdem Ni-bormolybdat sowie Co-phosphomolybdat und Co-V-molybdat	[82] [83]
1	40—45	40—42	—	Als Kationen werden vorgeschlagen: Cu, Ag, Fe, Co, Sb, Bi, Mo, W, U, Pb, Sn, Ce, Th, Nb, Ta, V und /oder Cr	[84]
2,9	27	43	11,6	33% Acrolein	[85]
9,3	75	18,5	13,6	69% Acrolein Als Kationen werden vorgeschlagen: Ti, Bi, Sn, Sb, W, V, Cr, Cu, Ni, Mn	[86]
3,75	30,6	72	22	—	[87]
5,3	—	—	25,3	Neben 26,6% Acrolein. Wirbelschichtverfahren, 4,0% Propan als Verdünnungsmittel	[88]
0,5	—	—	27,5	43,9% Acrolein	[89]
1	81	44,4	36	Neben 14% Acrolein. Außerdem wird Ni-molybdat/TeO_2 vorgeschlagen	[90]
2,6	—	—	19	Neben 21% Acrolein	[91]
—	—	44—55	—	Neben 10—35% Acrolein. Durch Mn-Zusatz verlängerte Lebensdauer	[92]
40,6	—	—	46	24,2% Acrolein	[93]

(Fortsetzung von Tabelle 47)

Katalysator	Einsatzprodukte (in %) Propylen	Acrolein	Luft oder Sauerst.	Wasser-dampf	Reak-tionstemp. (°C)
Mn-molybdat + TeO_2	—	10,6	52,1	37,3	446
Katalysator auf Basis $MnPO_4$, MoO_3 und TeO_2	1 Tl.	—	2,95 Tle. (O_2)	4,16 Tle.	378
Cu-phosphat/$HReO_4$/TeO_2	×	—	×	×	400
Co-Sn-Te-molybdat (7:1:12:2)	×	—	×	×	360
W-Sn-Te-molybdat	1	—	60	39	330
CrO_3 auf SiO_2	—	6,8 Tle.	8,8Tle.(O_2)	68,5 Tle.	250
Sn-Sb-oxid/Co-molybdat	×	—	×	×	—
Sn-Sb-, Sn-V-, Sn-Fe-oxid	×	—	×	×	—
Sb-vanadat, promotiert durch Schwermetalle, z. B. Fe-Sn-Sb-vanadat	7	—	63	30	370
Sb-Sn-vanadat mit Schwermetall-kation, z. B. Fe-Sb-Sn-V-oxid	5	—	60	35	315
Cu-Sb-Sn-V-oxid	5	—	50	45	355
Sb-oxid + 5—25% V_2O_5	—	6	47	47	350
Sb-vanadat auf SiO_2	—	10	50	40	381
Sb-phosphovanadat	—	10	50	40	381
Phosphovanadinsäure	—	8	37	53	377
Sn-phosphovanadat	—	8	37	53	377
Cu-phosphovanadat auf Al_2O_3 oder SiO_2	—	×	×	×	—
Mn-phosphovanadat	—	×	×	×	—
Cu-arsenovanadat (Cu-As-V-oxid 1:3:2)	10	—	49	41	386
Cu-phosphoarsenovanadat (Cu-As-P-V-oxid 1:2:2:2	10	—	49	41	450
V-molybdat (V-Mo-oxid 1:1)	—	×	×	×	—

Kontakt-zeit (sec)	Umsatz (%)	Selek-tivität (%)	Ausbeute (%)	Bemerkungen	Lit.-Angabe
—	—	—	2	Neben 4,5% Acrolein	[94]
54	—	46,8	—	Neben 39,5% Acrolein	[95]
2—70	—	—	—	Bildung von Acrylsäure und Acrolein; vorgeschlagen wird an Stelle von Cu-phosphat noch Ni-phosphat und Phosphormolybdänsäure	[96]
—	—	—	—	—	[97]
1,8	—	62,3	—	CoO-Zusatz ist möglich. Acrolein wird durch gleichen Katalysator quantitativ oxydiert	[98]
19	6,8	48,6	3,3	—	[44]
—	—	—	—	Zweistufenoxydation	[99]
—	—	—	—	—	[100]
3	—	—	26	Neben 44% Acrolein. Als Schwermetalle werden vorgeschlagen: Ti, Cr, Mn, Fe, Co, Ni, Cu, Mo, Sn, W	[101]
4	—	—	14,2	Neben 45,2% Acrolein	[102]
4	—	—	20	Neben 35% Acrolein	
3—4	—	—	73,5	—	[103]
3,75	62	78	48	—	[104]
—	—	—	—	—	[105]
0,5	33,2	64,7	21,5	—	[106]
2	47,5	—	—	—	[106]
—	—	—	—	Vor allem zur Oxydation von Methacrolein	[107]
—	—	—	—	Vor allem zur Oxydation von Methacrolein	[108] [109]
9,5	50	10	5	Neben 5% Acrolein	
2,5	54	4	2	Neben 24% Acrolein	[109]
—	—	66,9	—	—	[110]

(Fortsetzung von Tabelle 47)

Katalysator	Einsatzprodukte (in %)				Reak-tionstemp. (°C)
	Propylen	Acrolein	Luft oder Sauerst.	Wasser-dampf	
VO-molybdat und Zusätze	—	22	56,7	21,3	350
V_2O_5, Ag-vanadat oder Ag_2O	—	—	—	—	—
Phosphowolframsäure	—	10,4	54,2	35,4	371
Phosphomolybdowolframsäure	—	6,3	9,1	84,6	420

Gebildetes $NiCl_2$ wird wieder in $Ni(CO)_4$ überführt (Verfahren der „Röhm und Haas Co.“). Ähnlich arbeitet seit 1960 das ebenfalls auf REPPES Arbeiten beruhende Verfahren der „Dow Badische Chemical Co.“. Acetylen wird mit CO und H_2O bei 220 °C/100 at in Tetrahydrofuran als Lösungsmittel in Gegenwart löslicher Nickelverbindungen zu Acrylsäure umgesetzt, die dann später verestert wird [13].

b) Die Celanese Corp. arbeitet seit 1958 nach einem von der B. F. Goodrich Co. entwickelten Verfahren, das von Keten ausgeht [14—21]. Keten, dargestellt durch Pyrolyse von Essigsäure oder Aceton, wird mit Formaldehyd bei 10—20 °C in einem Lösungsmittel (Dialkyläther u. a.) in Gegenwart von $AlCl_3$ oder anderen Lewis-Säure-Katalysatoren in β-Propiolacton umgewandelt:

$$CH_2{=}C{=}O + HCHO \xrightarrow{AlCl_3} \begin{array}{l} CH_2-C{=}O \\ \;|\qquad\;\, | \\ CH_2-O \end{array}$$

Die Umlagerung von β-Propiolacton in Acrylsäure gelingt einerseits in der Gasphase in Gegenwart von Phosphorsäure [22] bei 150—180 °C, andererseits ist es möglich, Acrylsäure durch thermische Depolymerisation von Poly-β-propiolacton [23, 24] (das beim Stehen von β-Propiolacton gebildet und dessen Bildung durch Säuren, Basen oder Salze katalysiert wird) bei 150 °C zu erhalten.

Zur direkten Herstellung von Acrylaten kann ein modifizierter Weg eingeschlagen werden [25, 26]. Keten wird bei 70—110 °C mit Methylal umgesetzt zu 3-Methoxypropionsäuremethylester in Gegenwart von BF_3, TiF_4, HPF_6, $BF_3 \cdot 2(C_2H_5)_2O$ u. a. Katalysatoren. Letzterer wird bei 190—220 °C pyrolysiert in Gegenwart einer Säure unter Bildung von Methylacrylat [27, 28].

c) Ein von der „Union Carbide Corp.“ ausgeübtes Verfahren geht aus vom Äthylenoxid, das entweder oberhalb von 90 °C in Abwesenheit von Katalysatoren [29] oder bei 55—60 °C in Gegenwart von NaOH, CaO, $MgCO_3$ [30], Erdalkalicyaniden oder tertiären Aminen [31] zu Äthylencyanhydrin umgesetzt wird. Letzteres reagiert bei 150 °C mit 75—80%iger H_2SO_4 und Alkoholen unter Bildung von Acrylaten [17, 32—33]:

$$HOCH_2CH_2CN + ROH + H_2SO_4 \rightarrow CH_2{=}CH{-}COOR + NH_4HSO_4.$$

Kontakt-zeit (sec)	Umsatz (%)	Selek-tivität (%)	Ansbeute (%)	Bemerkungen	Lit.-Angabe
5	74,8	26,2	19,6	Als Zusätze werden empfohlen: Ce-Mo-heteropolysäure, Ag-, Fe(II)- oder Fe(III)-molybdat	[111]
—	—	—	—	—	[112]
9,3	84,3	50,2	42,4	—	[113]
—	—	53	—	Weiter wird vorgeschlagen: Phosphomolybdovanadylwolframsäure	[114]

Von der Diamond Alkali Co. [34] wird ein Verfahren der direkten Addition von CO an Äthylenoxid bei 120—250 °C/200—500 at in Gegenwart von $Co_2(CO)_8$ zu Acrylsäure vorgeschlagen.

d) Eine interessante, mittelbar vom Propylen ausgehende Variante für Firmen, die bereits Acrylnitril herstellen, besteht in dessen Verseifung nach folgenden Gleichungen [35—37] bei 110°C:

$$H_2C{=}CH{-}CN + H_2SO_4 + H_2O \rightarrow H_2C{=}CH{-}CONH_2 \cdot H_2SO_4$$

$$H_2C{=}CH{-}CONH_2 \cdot H_2SO_4 + ROH \rightarrow CH_2{=}CH{-}COOR + NH_4HSO_4$$

Nach diesem oder einem ähnlichen Verfahren arbeiten die französische Firma „Ugilor SA“ sowie die japanischen Firmen „Tokai Gas and Chemical Co.“ und „Toyo Koatsu Industries, Ltd.“ (Versuchsanlage), eine Versuchsanlage scheint auch bei der „Sohio Chemical Co.“ in Cleveland, Ohio, zu laufen.

e) Die Möglichkeit der Aldolkondensation von Formaldehyd mit Essigsäure in der Dampfphase an Kontakten aus Ca-Zeolith [38—39] bei 375—385 °C bzw. der gemeinsamen Umsetzung von Formaldehyd, Alkoholen und Essigsäure [40] sowie der Reaktion von Formaldehyd und Estern in Gegenwart von Alkalimetallsalzen von Carbonsäuren [41], von Na-oder K-Metaboraten [42] bzw. Zeolithen [43] zur Herstellung von Acrylaten wurde bisher technisch nicht ausgenutzt.

11.2. Darstellung von Acrylsäure aus Propylen oder Acrolein

Die Darstellung von Acrylsäure aus Propylen kann entweder durch einstufige Direktoxydation des Propylens erfolgen oder durch eine zweistufige Oxydation mit Acrolein als Zwischenstufe (Abb. 45), das entweder zunächst isoliert oder direkt in einem zweiten Reaktor zu Acrylsäure oxydiert wird.

Die ersten Großanlagen auf dieser Basis sind im Augenblick im Entstehen, so eine 90000-t-Anlage der „Union Carbide“ in Taft (Zweistufenverfahren) und eine 5900-t-Anlage der „Japan Catalytic Chemical Industry Co.“, Osaka (Einstufenverfahren), weitere Projekte werden sich anschließen.

Die Tab. 47 (S. 182–91) vermittelt einen Überblick über die für das Ein- und das Zweistufenverfahren vorgeschlagenen Katalysatoren sowie die Reaktionsbedingungen und Ausbeuten:

Außer den dort genannten werden in der Literatur noch die folgenden Verfahren zur Dampf- oder Flüssigphaseoxydation von Propylen oder Acrolein zu Acrylsäure beschrieben.

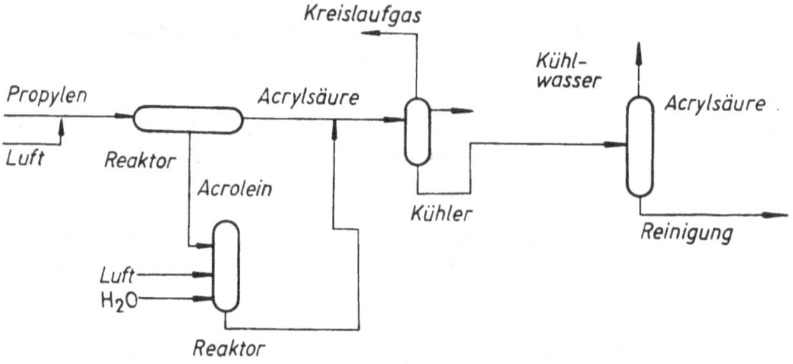

Abb. 45: Direktoxydation von Propylen zu Acrylsäure

Systematische Untersuchungen von N. Kominami [115] zeigten, daß unter allen geeigneten Metalloxiden MoO_3 die Oxydation von Acrolein am besten katalysiert.

Die Flüssigphaseoxydation von Acrolein ist möglich in alkalischer Lösung unter Verwendung von CuO bzw. $Cu(OH)_2$ [116], von Ag_2O [117] oder von CuO-Ag_2O-Katalysatoren [118], die Ausbeuten liegen bei maximal 98%. Die Oxydation verläuft bereits bei Raumtemperatur oder wenig erhöhter Temperatur [119], gelingt aber auch schon bei 4 °C [120] an Ag-Katalysatoren.

Die Oxydation von Acrolein in der Flüssigphase gelingt in Gegenwart von Co-naphthenat und Co-Chelaten [121, 122] sowie mit Mn- oder Ni-acetat in Essigsäure bei 200 °C/20 at in Gegenwart von HBr [123]. Bereits bei 20–34 °C ist eine Oxydation von Acrolein möglich mit Vanadinsäure in Essigsäure [124].

Trialkyl- oder Triarylphosphate sind wirksame Promotoren der Oxydation von Acrolein durch O_2. Zusammen mit Ni-stearat vermag Tributylphosphat Acrolein in Benzol bei 65 °C/6 at mit einem Umsatz von 28% und einer Selektivität von 87,5% zu Acrylsäure zu oxydieren [125]. Ebenso vermögen aromatische Nitroverbindungen eine Flüssigphaseoxydation mit O_2 zu promotieren, z. B. gelingt die Oxydation bei 50 °C/5 at in n-Hexan in Gegenwart von Nitrobenzol [126, 127]. Bei 75 °C wird auch ein Propan-Propylengemisch selbst oxydiert, wobei wahlweise Propylenoxid oder Acrylsäure als Hauptprodukte erhalten werden [128]. Als weitere Katalysatoren für die Flüssigphaseoxydation von Acrolein in Benzol werden Cu-molybdat (bei 50 °C/10 at O_2 67% Acrylsäure) und Ti-molybdat (62%) sowie Co-molybdat (64%) und Gemische der Molybdate vorgeschlagen [129], außerdem Jod [130], aber auch eine Druckoxydation bei 25–30 °C/5 at O_2 ohne Katalysatorzusatz (Umsatz 32%) ist möglich [131].

Als Oxydationsmittel wird außerdem H_2O_2 vorgeschlagen, das entweder in Gegenwart von Wolframsäure [132], einer Heteropolysäure auf Basis Wolfram [133], z. B. Seleno-12-wolframsäure oder SeO_2 [134] Acrolein zu Acrylsäure zu oxydieren vermag. Anstelle von H_2O_2 sind auch organische Hydroperoxide in Gegenwart von SeO_2 [135] oder CrO_3 [136] verwendbar. Die H_2O_2-Oxydation kann mit der Oxydation von Propylen gekoppelt werden, z. B. wird Propylen an einem Phosphorvanadylmolybdatkontakt zu Acrolein oxydiert und anschließend mit H_2O_2 in Anwesenheit von SeO_2 zu Acrylsäure [137].

Als Katalysator bei der Gasphaseoxydation von Propylen mit O_2 kann HBr dienen, bei 224 °C wird ein Gemisch von Säuren, darunter Acrylsäure, neben Allylbromid erhalten [138].

Ein Verfahren zur gleichzeitigen Darstellung von Acrylnitril, Acrolein und Acrylsäure wird von der Degussa [139] beschrieben, wonach das Reaktionsgemisch aus Stickoxiden und Wasserdampf, das bei 800–900 °C aus einem NH_3–H_2O–O_2-Gemisch an einem Pt-Rh-Sieb erhalten wird, bei 400–420 °C mit Propylen umgesetzt wird, schließlich ist es möglich, Propylen mit einem Se-NH_3-Gemisch zu oxydieren, wobei gleichzeitig Acrylnitril anfällt [140].

11.3. Theoretische Untersuchungen über die Oxydation von Acrolein oder Propylen zu Acrylsäure

Von N. Kominami [115] wurden Untersuchungen durchgeführt über die Aktivität verschiedener Oxide bei der katalytischen Oxydation von Acrolein. Sie fanden die nachstehende Reihenfolge ansteigender Aktivität: $MoO_3 > V_2O_5 > WO_3 > SeO_2 > TeO_2 > Nb_2O_5 > Ta_2O_5 > CrO_3$. Es zeigt sich, daß nur Katalysatoren mit einer Elektronegativität von über 2,93 für eine katalytische Oxydation geeignet sind. Die inaktiven Oxide Co_2O_3 und PbO_2 können durch Zugabe von H_3PO_4 aktiviert werden. Untersuchungen an V_2O_5 ergaben [141], daß stark elektronegative Zusätze (H_3PO_4, H_2SO_4, MoO_3, H_3BO_3, TeO_2, WO_3) auf die Acroleinoxydation aktivierend wirken, während Cr_2O_3, TiO_2 und SnO_2 sich indifferent verhielten. Optimal verhielt sich das System V_2O_5-H_3PO_4, das bei 500 °C Acrylsäure in 72%iger Ausbeute liefert.

Untersuchungen von B. V. Suvorov [142] über die Oxydation von Propylen an einem Katalysator aus V_2O_5 auf Al_2O_3 bei 240–320 °C ergaben, daß die Ausbeute an Acrylsäure mit steigender Temperatur absinkt und damit das Optimum bei 240–260 °C (16–18% Ausbeute) liegt. Auch die Menge der anderen gebildeten

Säuren (Propionsäure, Essigsäure) sinkt ab, während die gebildete Acroleinmenge mit 2—6% über den gesamten Temperaturbereich konstant bleibt und der Anfall an den sonstigen Produkten mit der Temperatur stark ansteigt.

Kinetische Untersuchungen über die Propylenoxydation mit Co-Bi-molybdat bei 420—480 °C wurden von I. M. BARYSHEVSKAYA [63] an Hand der Endprodukte Acrolein, Acrylsäure, CO und CO_2 durchgeführt.

Untersuchungen von V. I. LAZUKIN [66] und K. M. KHOLYAVENKO [65] über die Aktivität von SnO_2, MoO_3 und Sn-molybdat bei der Oxydation von Propylen zwischen 380 und 480 °C ergaben, daß bei der Oxydation an MoO_3 maximal ~ 90% Aldehyde (in der Hauptsache Acrolein neben 10—20% Acetaldehyd) entstehen, während an SnO_2 die Selektivität im Hinblick auf die Aldehydbildung lediglich bei 20—45% liegt. Optimal für die Aldehydbildung sind 430—450 °C, Säuren entstehen in Gegenwart der Oxide nicht. Für die Bildung von Acrylsäure ist dagegen ein Mischkatalysator der Zusammensetzung Sn-Mo-oxid (Verhältnis Sn/Mo = 3:1) günstig, während für eine optimale Acroleinbildung das Verhältnis Sn/Mo = 9:1 oder 1:9 am besten ist. Für die Acrylsäurebildung wurden 340 °C als optimale Temperatur ermittelt. Während die Acroleinausbeute mit der Temperatur anstieg, fiel die Menge an gebildeter Acrylsäure ab. Für die gemeinsame Produktion von Acrolein und Acrylsäure erweisen sich 360 °C als optimal, die Propylenkonzentration sollte bei 20—30% und das Verhältnis Propylen/O_2/Wasserdampf bei 1:1:2 liegen.

11.4. Eigenschaften der Acrylsäure

Eigenschaft		Wert
Schmelzpunkt	°C	13
Siedepunkt	°C	141
Schmelzwärme bei 13°C	kcal/Mol	2,66
Verdampfungswärme bei 136 °C	kcal/Mol	8,9
Bildungswärme	kcal/Mol	89,8
Verbrennungswärme Q_v	kcal/Mol	329
Dichte D_4^{16}	g/cm³	1,062
D_4^{20}	g/cm³	1,050
Dissoziationskonstante		$5{,}6 \cdot 10^{-5}$
Brechungsindex	n_D^{20}	1,4224

Dampfdruck

°C	0	20	40	60	100	120	141
mm Hg	2,35	7,76	22	54	249	475	760

11.5. Verwendung von Acrylsäure

Acrylsäure ist in der Hauptsache Zwischenprodukt zur Herstellung der Acrylsäureester, von denen Methylacrylat, Äthylacrylat, Butylacrylat und 2-Äthylhexylacrylat die wichtigsten sind, wie die folgende Tabelle für den Verbrauch in den USA für 1965 zeigt [5] (Tab. 48):

Tabelle 48:

Acrylat	Menge (t)
Äthylacrylat	45400
2-Äthylhexylacrylat	13600
Methylacrylat	6800
Butylacrylat	4500
Sonstige Acrylate	2300*)

*) darunter vor allem Isobutyl- und Isodecylacrylat

Hinzu kommt ein Bedarf in Höhe von 4500 t Acrylsäure selbst, von dem je 1360 t für die Herstellung anderer Ester und für Salze der Acrylsäure (Ammonium- und Natriumpolyacrylat) benötigt wurden. Die restlichen 1780 t wurden in der Textilindustrie, bei der Ölbohrung und als Flockungsmittel eingesetzt. Aus Acrylsäure und ihren Salzen [143] werden technisch in erster Linie wasserlösliche Polymerisate und Mischpolymerisate hergestellt, die als Schlichte-, Appretur-, Binde-, Verdickungs- und Dispergiermittel eingesetzt werden, auch Mischpolymerisate mit Acrylaten werden für diesen Zweck angewandt.

45% der Acrylate gehen in Form von Polymer-Dispersionen oder löslichen Polymeren in die Herstellung von Anstrichmitteln. Mit ihnen können sowohl Außen- wie Innenanstriche durchgeführt werden, die Anstriche sind abriebfest, schnelltrocknend und vergilben nicht. Gebräuchliche Grundkörper sind Äthylacrylat-Methylacrylat-Acrylsäure-Copolymer, Butylacrylat-Styrol-Copolymer, Butylacrylat-Vinylacetat-Copolymer sowie 2-Äthylhexylacrylat-Vinylacetat-Copolymer. Die Dispersionen machen 80% aller acrylathaltigen Anstrichmittel aus.

Lösliche Acrylatpolymere finden entweder als thermoplastische Lacke oder wärmehärtbare Lacke Anwendung zum Spritzen von Haushaltgeräten und Autokarosserien. Wärmehärtbare Lacke enthalten im allgemeinen weniger als 50% Acrylate, thermoplastische Lacke dagegen Acrylate als Hauptbestandteil. Neben diesen finden sich bei Einbrennlacken Styrol, Melamin- und Epoxidharze. Die Bedeutung dieser Lacke dürfte in der Zukunft stark ansteigen.

Weitere 19% der Acrylate fanden auf dem Textilhilfsmittelsektor Verwendung, wo sie als Dispersionen in vielen Fällen an die Stelle von Stärke oder Gummen traten. Im Gegensatz zu den billigeren Vinylemulsionen haben sie den Vorteil der besseren Waschechtheit und vergilben nicht. Die Dispersionen haben sich auch als Textilkleber und zur Kaschierung von Schaumstoffen bewährt. 65% des gesamten Methylacrylats wurden bei der Herstellung von Polyacrylnitrilfasern eingesetzt.

Weitere 6%, hauptsächlich Methyl- und Äthylacrylat, werden in Form von Copolymeren mit Methylmethacrylat oder Styrol in Glänzern für Fußbodenpflegemittel und hochwertigen Schuhcremes eingesetzt und haben dort teilweise die Wachse verdrängt.

In der Lederzurichtung finden weitere 6%, vornehmlich in Form von Acrylatdispersionen, Verwendung. Durch diese Dispersionen sollen Biegsamkeit und Haftfestigkeit von Überzügen auf dem Untergrund erhöht werden. Hierbei wird vor allem der Methylester, der weiche Filme liefert, für Lederbekleidungen, der Butylester dagegen für die Bearbeitung von schwerem Leder verwendet. Sollten sich die Ledererersatzkunststoffe (z. B. ,,Corfam" der Firma Du Pont) stärker auf dem Markt einführen, so würde der Acrylatverbrauch auf diesem Gebiet stärker ansteigen.

Die Papierindustrie in den USA nahm weitere 6% der Acrylatproduktion auf, während in Europa die Papierveredlungsindustrie der Hauptverbraucher ist. Acrylate werden hierbei hauptsächlich zum Streichen von Papieren und Pappen eingesetzt, um deren Bedruckbarkeit zu verbessern, aber auch zur Beschichtung und Kaschierung von Papier.

Schließlich gehen noch 3,5% in die Klebstoffindustrie. Äthyl-, Butyl- und 2-Äthylhexylacrylat werden als Bestandteile druckempfindlicher Klebstoffe eingesetzt, z. B. zur Produktion von Klebebändern. Für diesen Zweck werden die Acrylate häufig mit Styrol, Vinylacetat oder Vinyläthern kombiniert.

Spezielle Bedeutung hat ein Copolymer aus Äthylacrylat und Äthylen, das elastomere Eigenschaften besitzt.

Die Copolymerisate der Acrylate haben im allgemeinen größere technische Bedeutung. Von ihnen seien noch genannt:

a) Copolymere mit Vinylchlorid: Bei ihnen wirken die Acrylate als ,,innere Weichmacher".

b) Copolymere mit geringen Mengen Acrylnitril: Verbesserung der Beständigkeit der Acrylate gegenüber vielen Lösungsmitteln.

c) Copolymere mit Acrylsäure: Geringe Mengen Acrylsäure erhöhen die Polarität der Acrylate und damit die Adhäsionsfähigkeit und das Verdickungsvermögen wäßriger Dispersionen.

d) Copolymere mit reaktiven Gruppen: Durch die Copolymerisation mit Comonomeren mit Amid-, N-Methylolamid-, Melamin-, Amino-, Epoxy-, Chlorhydrin-, Chloralkyl- u. a. Gruppen werden reaktive Rohstoffe für Einbrennlacke, kalthärtende Lacke, Klebstoffe erhalten.

Tabelle 49 gibt einen Überblick über Eigenschaften von Acrylester-Homopolymerisaten [144]:

Tabelle 49:
Eigenschaften von Acrylester-Homopolymerisaten

Homopolymerisate aus	Filmbildung aus Dispersion bei Raumtemp.	Klebrigkeit	Härte	Dehnung	Reißfestigkeit	Wasseraufnahme	Einfriertemp. (°C)	Löslichkeitsverhalten löslich in	Löslichkeitsverhalten unlöslich in
Methylacrylat	+	—	mittelweich	mäßig	mäßig	mäßig	0—3	Estern, Aromaten, Ketonen	aliphat. KW-Stoffen Alkoholen
Äthylacrylat	+	+	weich	sehr hoch	niedrig	niedrig	—23 bis —29	Alkoholen, Estern, Aromaten, Ketonen	aliphat. KW-Stoffen,
n-Butylacrylat	+	+	sehr weich	sehr hoch	sehr niedrig	sehr niedrig	—45 bis —60	Estern, Aromaten, Ketonen, aliphat. KW-Stoffen	Alkoholen
2-Äthylhexylacrylat	+	+	extrem weich	sehr hoch	sehr niedrig	sehr niedrig	—	Estern, Aromaten, Ketonen, aliphat. KW-Stoffen	Alkoholen

Literatur

[1] T. P. Forbath: Chem. Engng. **69**, *5* (1962), 96—98
[2] Marshall Sittig: „*Acrylic acid and Esters*", Noyes Development Corp., Park Ridge, N. Y. 1965
[3] Y. Mayor: Ind. chimique **51** (1964), 343—46
[4] Europa-Chemie **1967** (*12*), 12
[5] A. Theurer: Chem. Industrie **19**, *6* (1967), 345—48
[6] Chem. Engng. News **45**, *7* (1967), 48—50
[7] J. Redtenbacher: Liebigs Ann. Chem. **47** (1843), 125
[8] O. Röhm: Dissertation Tübingen 1901: „*Über Polymerisationsprodukte der Acrylsäure*", vgl. auch Ber. dtsch. chem. Ges. **34** (1901), 427, 573
[9] D. R. P. 262707 (1912), Röhm und Haas
[10] D. R. P. 295340 (1915), Röhm und Haas
[11] D. R. P. 656421 (1928), Röhm und Haas

[12] D. R. P. 660634 (1928), Röhm und Haas
[13] W. Reppe: „*Chemie und Technik der Acetylen-Druck-Reaktionen*", Weinheim 1951, S. 94–104
[14] T. L. Gresham, J. E. Jansen und F. W. Shaver: J. Amer. chem. Soc. **70** (1948), 998
[15] U. S. P. 2356459 (1941), B. F. Goodrich Co. (F. Kung)
[16] U. S. P. 2844622 (1958), Celanese Corp. of America (G. J. Fisher)
[17] P. W. Sherwood, Ind. Engng. Chem. **54**, *10* (1962), 37–42
[18] U. S. P. 2469704 (1949), Eastman Kodak Co. (H. G. Stone)
[19] U. S. P. 2469110 (1949), Eastman Kodak Co. (H. J. Hagemeyer jr.)
[20] U. S. P. 2469690 (1949), Eastman Kodak Co. (H. J. Hagemeyer jr.)
[21] U. S. P. 3069433 (1962), Celanese Corp. of America (K. A. Dunn)
[22] U. S. P. 3176042 (1965), Celanese Corp. of America (A. W. Schnizer und E. N. Wheeler)
[23] U. S. P. 2361036 (1941), F. Kung
[24] U. S. P. 3002017 (1961), B. F. Goodrich Co. (N. C. Wearsch und A. J. de Paola)
[25] U. S. P. 3049560 (1962), Wacker-Chemie (E. Enk u. a.)
[26] U. S. P. 3134807 (1964), Wacker-Chemie (E. Enk u. a.)
[27] U. S. P. 2980730 (1961), The Distillers Co., Ltd. (K. R. Dobson)
[28] U. S. P. 3115522 (1963), Shell Oil Co. (H. J. Baumgartner u. a.)
[29] U. S. P. 2390519 (1945), American Cyanamid Co. (H. S. Davis und B. C. Redman)
[30] U. S. P. 2459430 (1949), American Cyanamid Co. (A. W. Jefts u. a.)
[31] U. S. P. 2453602 (1948), American Cyanamid Co. (E. L. Carpenter)
[32] J. Gordon: Hydrocarbon Processing Petroleum Refiner **40**, *9* (1961), 251–60
[33] U. S. P. 2890101 (1959), Soc. d'Electrochimie, d'Electrometallurgie et des Acieres Electriques d'Ugine (M. Borrel u. a.)
[34] U. S. P. 3024275 (1962), Diamond Alkali Co. (W. A. McRae und J. L. Eisenmann)
[35] European Chemical News **5**, *113*, 30 (vom 13. 3. 1964)
[36] U. S. P. 2759016 (1956), B. F. Goodrich Co. (H. G. Metzger und F. J. Held)
[37] U. S. P. 3067241 (1962), Knapsack-Griesheim AG (W. Vogt u. a.)
[38] J. F. Vitcha und V. A. Sims: Ind. Engng. Chem. Product Res. Development **5** (1966), 50–53
[39] U. S. P. 3247248 (1966), Cumberland Chemical Corp. (V. A. Sims und J. F. Vitcha)
[40] U. S. P. 3100795 (1963), Air Reduction Co. (R. K. Frantz und J. F. Vitcha)
[41] U. S. P. 3051747 (1962), Dow Chemical Co. (J. M. Leathers und G. E. Woodward)
[42] U. S. P. 3089901 (1963), Air Reduction Co. (J. F. Vitcha und V. A. Sims)
[43] U. S. P. 3089898 (1963), Air Reduction Co. (J. F. Vitcha und J. P. Russell)
[44] U. S. P. 2881213 (1959), Standard Oil Co. (Ohio) (D. Idol jr., J. L. Callahan und R. W. Foreman)
[45] Brit. P. 878802 (1961), The Distillers Co., Ltd. (J. R. Bethell und D. J. Hadley)
[46] F. P. 1299468 (1962), Ung. P. 150183, The Distillers Co., Ltd. (D. J. Hadley und R. H. Jenkins)
[47] Brit. P. 915799, 915800 (1963), The Distillers Co., Ltd. (D. J. Hadley, R. H. Jenkins und J. R. Bethell)
[48] F. P. 1393175 (1965), The Distillers Co., Ltd. (F. J. Bellringer)
[49] Brit. P. 924532 (1963), The Distillers Co., Ltd. (G. Calvin, B. Wood und R. H. Jenkins)
[50] Aust. P. 253809 (1964), The Distillers Co., Ltd. (G. Calvin, B. Wood und R. H. Jenkins)

[51] F. P. 1331932 (1963), The Distillers Co., Ltd. (G. CALVIN, B. WOOD und R. H. JENKINS)
[52] U. S. P. 3322693 (1967), The Distillers Co., Ltd.
[53] Brit. P. 1036957 (1966), Brit. P. 1034914 (1966), F. P. 1399498 (1967), The Distillers Co., Ltd. (CH. J. BROWN und F. C. NEWMAN), vgl. auch F. P. 1505085 (1967), The Distillers Co., Ltd. (W. BALL und E. GASSON)
[54] Brit. P. 822140 (1959), D. A. S. 1245363 (1967), U. S. P. 2881212 (1959), Standard Oil Co. (Ohio) (J. D. IDOL jr., J. L. CALLAHAN und R. W. FOREMAN)
[55] Belg. P. 625912 (1963), Standard Oil Co. (Ohio) (J. L. CALLAHAN)
[56] Brit. P. 903034 (1962), D. A. S. 1253703 (1967), The Distillers Co., Ltd. (J. R. BETHELL, D. J. HADLEY, E. J. GASSON und R. F. NEALE)
[57] U. S. P. 3293290 (1966), Union Oil of Calif. (D. L. FLINT und W. D. SCHAEFFER)
[58] Brit. P. 939713 (1963), Shell Internationale Res. Mij.
[59] Aust. P. 260939 (1965), Belg. P. 616690 (1962), Brit. P. 968056 (1964), F. P. 1320461 (1963), Shell Internationale Res. Mij. (L. C. FETTERLY, K. F. KOETITZ und G. W. CONKLIN)
[60] Belg. P. 630896 (1963), The Distillers Co., Ltd.
[61] B. V. KIRYAN und K. I. GROBOVA: Trudy Chim., Chim. Technol., **1965** (*3*), 210–14; ref. C. A. **66** (1967), 54985f
[62] UdSSR. P. 184839 (1966), State Allunion Scientific Res. Inst. of Chloroorganic Products and Acrylates; ref. C. A. **67** (1967), 73155x
[63] I. M. BARYSHEVSKAYA, K. M. KHOLYAVENKO und M. JA. RUBANIK: Ukrainskij chim. Ž. **33** (1967), 984–85
[64] F. P. 1433572 (1966), Soc. Naz. des Petroles d'Aquitaine (E. HESLAN)
[65] K. M. KHOLYAVENKO, I. M. BARYSHEVSKAYA, N. A. CHERNUKHINA und M. JA. RUBANIK: Katal. Katal., Akad. Nauk Ukr. SSR, Respubl. Mezhvedom Sb. Nr. 2 (1966) 64–71; ref. C. A. **66** (1967), 64828w
[66] V. I. LAZUKIN, M. YA. RUBANIK, YA. V. ZHIGAILO, A. A. KURGANOV und ZH. F. BUTEIKO: ibid. Nr. 2 (1966), 50–64; ref. C. A. **66** (1967), 75620y
[67] Belg. P. 614404 (1962), Shell Internationale Res. Mij. N. V. (H. H. VOGE, C. Z. MORGAN, W. M. H. SACHTLER und L. B. RYLAND);
U. S. P. 3259652 (1966), Shell Oil Co.
[68] Belg. P. 620549 (1963), Farbwerke Hoechst AG
[69] Belg. P. 630896 (1963), Brit. P. 961468 (1964), U. S. P. 3280182 (1966), The Distillers Co., Ltd. (E. J. GASSON und R. H. JENKINS)
[70] Jap. P. 21328/65 (1965), Nihon Shokubai Kagaku Co.
[71] Belg. P. 622753 (1963), Brit. P. 1014584 (1965), Can. P. 698243 (1964), F. P. 1346534 (1964), Stamicarbon N. V.
[72] Brit. P. 953763 (1964), The Distillers Co., Ltd. (CH. J. BROWN und A. F. MILLIDGE)
[73] F. P. 1410564 (1965), Mitsubishi Rayon Co.
[74] D. A. S. 1241817 (1967), F. P. 1315258 (1963), U. S. P. 3264347 (1966), Knapsack-Griesheim AG
[75] Belg. P. 611961 (1962), Knapsack-Griesheim AG
[76] F. P. 1462565 (1966), Niederld. A. S. 6515836 (1966), Nippon Kayaku Co., Ltd.
[77] Brit. P. 1007405 (1965), F. P. 1392718 (1965), Deutsche Gold- und Silberscheideanstalt
[78] F. P. 1366580 (1964), Ruhrchemie AG (W. ROTTIG)

[79] Belg. P. 625848 (1963), Brit. P. 964639 (1964), U. S. P. 3172203 (1965), Standard Oil Co. (Ohio) (J. L. CALLAHAN, E. C. MILBERGER und R. E. UTTER)
[80] Belg. P. 636618 (1964), Japan. P. 3695/66 (1966), Ruhrchemie AG
[81] F. P. 1446972 (1966), Niederld. A. S. 6512010 (1966), Asahi Chemical Ind. Co., Ltd.
[82] Brit. P. 893077 (1962), U. S. P. 3065264 (1963), E. I. du Pont de Nemours u. Co. (TH. A. KOCH, I. M. ROBINSON und W. L. WILEY)
[83] U. S. P. 3087964 (1963), E. I. du Pont de Nemours und Co. (Th. A. KOCH, I. M. ROBINSON und W. L. WILEY)
[84] Brit. P. 967241 (1964), D. A. S. 1204659 (1965), F. P. 1289710 (1962), Farbenfabriken Bayer AG (B. SCHERHAG, A. HAUSWEILER und K. SCHWARZER)
[85] F. P. 1470788 (1967), Niederld. A. S. 6604795 (1966), Röhm und Haas Co.
[86] F. P. 1447982 (1966), Mitsubishi Rayon Co.
[87] Brit. P. 1015415 (1965), Niederld. A. S. 6500362 (1965), ICI Ltd. (G. C. FETTIS und P. HURST)
[88] Niederld. A. S. 6513697 (1966), ICI Ltd.
[89] F. P. 1342962 (1963), Shell Internationale Res. Mij. N. V. (L. C. FETTERLY, K. F. KOETITZ und G. W. CONKLIN), U. S. P. 3192259 (1965), Shell Oil Co. (L. C. FETTERLY, K. F. KOETITZ und G. W. CONKLIN)
[90] F. P. 1335423 (1963), Shell Internationale Res. Mij. N. V. (L. C. FETTERLY, K. F. KOETITZ und G. W. CONKLIN)
[91] Brit. P. 1037002 (1966), ICI Ltd. (G. C. FETTIS, P. HURST und P. J. THOMAS)
[92] Belg. P. 686094 (1966), B. F. Goodrich Co.
[93] Niederld. A. S. 6508659 (1966), B. F. Goodrich Co.
[94] Brit. P. 989401 (1965), ICI Ltd. (B. P. WHIM und G. C. FETTIS)
[95] Niederld. A. S. 6500418 (1965), B. F. Goodrich Co.
[96] D. A. S. 1244147 (1967), B. F. Goodrich Co.
[97] Brit. P. 1035147 (1966), Japan Catalytic Chemical Ind. Co. (N. KURATA, T. OHARA und K. ODA)
[98] F. P. 1425871 (1966), Japan Catalytic Chemical Ind. Co.
[99] Brit. P. 996898 (1965), The Distillers Co., Ltd. (CH. J. BROWN und F. C. NEWMAN), vgl. auch [45]
[100] F. P. 1429477 (1967), The Distillers Co., Ltd.
[101] Niederld. A. S. 6603943 (1966), The Distillers Co., Ltd.
[102] Belg. P. 659233 (1965), F. P. 1471983 (1967), Niederld. A. S. 6515215 (1966), The Distillers Co., Ltd.
[103] F. P. 1412880 (1965), Mitsubishi Petrochemical Co., Ltd.
[104] Niederld. A. S. 6405674 (1964), ICI Ltd.
[105] Belg. P. 648235 (1967), Brit. P. 991836 (1965), Jap. P. 5604/66 (1966), ICI Ltd. (P. HURST)
[106] Brit. P. 1031821 (1967), D. A. S. 1252663 (1967), F. P. 1380324 (1964), Jap. P. 5446/66 (1966), Deutsche Gold- und Silberscheideanstalt
[107] U. S. P. 3238254 (1966), Petro-Tex Chemical Corp. (R. O. KERR)
[108] U. S. P. 3238253 (1966), Petro-Tex Chemical Corp. (R. O. KERR)
[109] F. P. 1364810 (1964), ICI Ltd.
[110] F. P. 1387693 (1965), Inst. of Physical and Chemical Research, vgl. auch Brit. P. 1007353 (1965), Union Chimique Belge (A. HENDRICKX)
[111] Belg. P. 620549 (1963), Farbwerke Hoechst AG
[112] U. S. P. 2881214 (1959), Standard Oil Co. (Ohio) (J. D. IDOL jr., J. L. CALLAHAN u. a.)

[113] U. S. P. 3021366 (1962), Standard Oil Co. (Ohio) (J. D. Idol jr., J. L. Callahan und R. W. Foreman)
[114] Belg. P. 610392 (1962), Farbwerke Hoechst AG
[115] N. Kominami und H. Nakajima: J. chem. Soc. Japan, ind. chem. Section [Kogyo Kagaku Zasshi] **69** (1966), 233–36
[116] Belg. P. 670431 (1966), Niederld. A. S. 6513085 (1966), Dynamit Nobel AG
[117] Belg. P. 656905 (1965), Dynamit Nobel AG
[118] Belg. P. 657745 (1965), Dynamit Nobel AG
[119] U. S. P. 2930801 (1960), Union Carbide Corp. (A. E. Montagna und L. V. McQuillen)
[120] G. N. Koshel und M. I. Farberov: Ž. prikl. Chim. **39**, *9* (1966), 2101–08
[121] U. S. P. 3155719 (1964), Cities Service Research and Development Co. (A. C. Shotts und J. R. Motes)
[122] A. Misono, T. Osa, Y. Ohkatsu und M. Takeda: J. chem. Soc. Japan, ind. Chem. Section [Kogyo Kagaku Zasshi] **69** (1966), 2129–33
[123] Brit. P. 904304 (1962), U. S. P. 3271447 (1966), E. I. du Pont de Nemours und Co. (M. A. Naylor jr.)
[124] U. S. P. 2341339 (1944), The Distillers Co., Ltd. (H. P. Staudinger und K. H. W. Tuerck)
[125] Brit. P. 1058328 (1967), Niederld. A. S. 6508269 (1965), Institut Francaise du Petrole, des Carburants et des Lubrificants (F. Lanos und G. M. Clement)
[126] F. P. 1397151 (1965), Niederld. A. S. 6408316 (1965), Institut Francaise du Petrole, des Carburants et des Lubrificants (F. Lanos und G. M. Clement)
[127] F. P. 86214 (1966), Zusatz zu F. P. 1397151, Institut Francaise du Petrole, des Carburants et des Lubrificants (F. Lanos und G. M. Clement)
[128] F. P. 86815 (1966), Zusatz zu F. P. 1401176, Institut Francaise du Petrole, des Carburants et des Lubrificants (F. Lanos und G. M. Clement)
[129] F. P. 1346534 (1964), Stamicarbon N. V.
[130] U. S. P. 3114769 (1963), Petro-Tex Chemical Corp. (B. J. Barone und W. F. Brill)
[131] D. B. P. 869950 (1953), Chem. Werke Hüls AG (W. Dietrich und B. Ritzenthaler)
[132] P. G. Sergeew und L. M. Bukreeva: Ž. Obšč. Chim. **28** (1958), 101–03
[133] U. S. P. 2744928 (1956), Shell Development Co. (C. W. Smith und R. T. Holm)
[134] C. W. Smith und R. T. Holm: J. Org. Chem. **22** (1957), 746–48
[135] Holl. P. 86505 (1957), N. V. de Bataafsche Petroleum Maatschappij N. V.
[136] Belg. P. 645825 (1966), Halcon International, Inc.
[137] U. S. P. 3230248 (1966), Institut of Physical and Chemical Research (M. Yamagita, M. Kitahara und T. Mitsui)
[138] Holl. P. 62760 (1949), N. V. de Bataafsche Petroleum Maatschappij N. V.
[139] Niederld. A. S. 6516585 (1966), Deutsche Gold- und Silberscheideanstalt
[140] D. A. S. 1229073 (1966), Asahi Kasei Kogyo Kabushiki Kaisha
[141] N. Kominami und H. Nakajima: J. chem. Soc. Japan, ind. Chem. Section [Kogyo Kagaku Zasshi] **69**, *2* (1966), 237–39
[142] B. V. Suvorov, D. Ch. Sembajew und R. S. Rafikow: Doklady Akad. Nauk SSSR **172**, *5* (1967), 1096–98
[143] D. R. P. 623404 (1930), IG Farbenindustrie (H. Fikentscher, H. Wappes, L. Eifflaender, C. Scholler und A. Schneevoigt)
[144] Ullmann: „*Encyklopädie der technischen Chemie*", Urban & Schwarzenberg, München 1963, Bd. 14, S. 271

12. Oxosynthese des Propylens

Bei der Oxosynthese, auch Roelen-Reaktion oder Hydroformylierung genannt, werden Kohlenoxid und Wasserstoff an Doppelbindungen unter Bildung von Aldehyden bzw. Alkoholen angelagert.

$$R{-}CH{=}CH_2 + CO + H_2 \rightarrow \begin{cases} R{-}CH_2{-}CH_2{-}CHO + H_2 \rightarrow R{-}CH_2{-}CH_2{-}CH_2OH \\ R{-}\underset{|}{\overset{CHO}{CH}}{-}CH_3 + H_2 \rightarrow R{-}\overset{CH_2OH}{CH}{-}CH_3 \end{cases}$$

Diese Reaktion, als Oxosynthese weltbekannt geworden, wurde 1938 von O. Roelen [1] entdeckt. In der ersten technischen Anlage wurden längerkettige $C_{11}-C_{17}$-Olefine eingesetzt, um durch Reduktion der gebildeten Aldehyde zu Alkoholen für die Erzeugung synthetischer Waschgrundstoffe zu gelangen (10000 t-Anlage der Ruhrchemie in Holten). Niedere Olefine, wie Äthylen und Propylen, wurden erst nach 1945 großtechnisch zur Oxosynthese eingesetzt. Heute existieren allerdings bereits in mehreren Ländern technische Anlagen für die Oxierung von Propylen [2]. Die ersten zur Oxosynthese benutzten Katalysatoren waren heterogene Kobaltkatalysatoren, wie sie beispielsweise bei der Fischer-Tropsch-Synthese Verwendung fanden. Später setzte sich die Verwendung von im Reaktionsmedium löslichen Kobalt-Katalysatoren (Co-Naphthenat, -Oleat, -Stearat, -Sulfat) [3—4] durch. Die eigentlich wirksamen Katalysatoren bei der Oxosynthese sind Dikobaltoctacarbonyl, $Co_2(CO)_8$ und Kobaltcarbonylwasserstoff $HCo(CO)_4$, die durch Einwirkung von Kohlenoxid und Wasserstoff auf Kobalt unter Druck und höherer Temperatur leicht gebildet werden. Über den genauen Reaktionsmechanismus der Oxosynthese gibt es verschiedene Ansichten. Besonders eingehend haben diese Probleme bearbeitet G. Natta [5], A. R. Martins [6], L. Marko [7] und R. F. Heck [8].

Die Formulierung der Reaktion kann wie folgt vorgenommen werden:

a) $[Co(CO)_4]_2 + H_2 \rightleftharpoons 2\,HCo(CO)_4$

b) $HCo(CO)_4 + R{-}CH{=}CH_2 \rightleftharpoons HCo(CO)_3 \cdot R{-}CH{=}CH_2 + CO$

c) $HCo(CO)_3 \cdot R{-}CH{=}CH_2 + HCo(CO)_4 \rightarrow R{-}CH_2{-}CH_2{-}C\overset{\displaystyle /\!\!/ O}{\underset{\displaystyle \backslash H}{}} + [Co(CO)_3]_2$

d) $2\,[Co(CO)_3]_2 \rightleftharpoons [Co(CO)_3]_4$

e) $[Co(CO)_3]_4 + 4\,CO \rightarrow 2\,[Co(CO)_4]_2$

Die Oxosynthese ist eines der wichtigsten Verfahren der petrolchemischen Industrie geworden. Dies ist in erster Linie auf die Vielseitigkeit sowie auf die weite Anwendbarkeit des Prozesses zurückzuführen.

Wie aus der Literatur bekannt geworden, können praktisch alle wirtschaftlich in Frage kommenden Olefine oder olefinhaltigen Rohstoffe mit Kohlenoxid und Wasserstoff umgesetzt werden. Dadurch wird die ganze Reihe der Aldehyde sowie Alkohole zwischen 3 und 20 Kohlenstoffatomen im großtechnischen Maßstab zugänglich. Der Reaktionsanfall ist selbst im Falle eines einheitlichen Olefinausgangsstoffes ein kompliziertes Gemisch, weil sich einmal gleichzeitig immer mehrere isomere Aldehyde bilden und andererseits, weil außer der Aldehydbildung stets auch Nebenreaktionen eintreten. Es ist deshalb von großer Bedeutung, die Synthese durch Wahl der geeigneten Reaktionsbedingungen so zu lenken, daß die unerwünschten Nebenreaktionen stark zurücktreten.

Nach dem Kriege hat das Verfahren in vielen Ländern ausgedehnte Anwendung gefunden. Die Oxokapazitäten der gesamten Welt dürften inzwischen auf etwa 750000 t angestiegen sein. In den USA erreichten Ende 1963 die Oxokapazitäten fast 300000 t.

Laut Literaturangaben [9] wird in England die ICI in Billingham die Kapazität ihrer Oxoanlage von 170000 t/a im Jahre 1965 auf 270000 t/a im Jahre 1967 erhöhen. Die übrigen Groß-Anlagen verteilen sich auf die deutschen Firmen BASF, Chemische Werke Hüls und Ruhrchemie, auf die französische Firma Kuhlmann sowie die italienischen Firmen Montecatini und Celene. In Japan erwarb die „Nissan Chemical Industries Ltd." für eine halbe Million Dollar das „know-how" von der französischen Firma Kuhlmann für eine Anlage mit einer Kapazität von 10000 t/a.

Das Oxoverfahren bietet gegenüber den anderen Alkoholsynthesen den Vorteil, daß sich entsprechend der jeweiligen Marktlage der Roh- und Endprodukte die Synthesebedingungen ohne große apparative Änderungen variieren lassen.

Der Hauptanteil der nach der Oxosynthese hergestellten Produkte entfiel 1962 in den USA auf die aus Propylen erhaltenen C_4-Verbindungen (vgl. Tab. 50).

Tabelle 50:

C_4-Verbindungen	150000 t
C_5-Verbindungen	9000 t
n-Äthylhexanol	36000 t
C_8-C_{13}-Verbindungen	59000 t
Insgesamt	254000 t

Unter den C_4-Verbindungen steht n-Butylalkohol an erster Stelle, obwohl hierbei das Oxoverfahren gewisse Schwierigkeiten hat, weil bisher neben 60%

n-Butylalkohol noch 40% Isobutylalkohol anfielen gemäß:

$$2\,CH_3-CH=CH_2 + 2\,CO + 4\,H_2 \rightarrow \begin{cases} CH_3-CH_2-CH_2-CH_2OH & [60\%] \\ CH_3-\underset{\displaystyle CH_2OH}{\underset{|}{CH}}-CH_3 & [40\%] \end{cases}$$

Systematische Untersuchungen über die Bildung der Isomeren wurden erstmals von V. L. Hughes [10—11] und P. Pino [12—13] durchgeführt und hierbei gezeigt, daß das Verhältnis von n-Aldehyd (*I*) zu α-Methylaldehyd (*II*)

$$R-CH=CH_2 + CO + H_2 \rightarrow R-CH_2-CH_2-CHO \qquad (I)$$

$$R-CH=CH_2 + CO + H_2 \rightarrow R-\underset{\displaystyle CHO}{\underset{|}{CH}}-CH_2 \qquad (II)$$

zumindest bei aliphatischen α-Olefinen stark von der Temperatur und vom CO-Partialdruck abhängig ist, wie in nachstehender Tab. 51 am Beispiel der Propylenhydroformylierung gezeigt wird:

Tabelle 51:

Temperatur °C	CO-Partial-druck	Lösungs-mittel	Verhältnis n-/i-Butyr-aldehyd	Höhere Konden-sationsprodukte auf 100 g Oxoprodukte	
180	146	Toluol	4,18	1%	[13]
180	7	Toluol	2,19	1%	[13]
180	102	Hexan	4,0	nicht bestimmt	[11]
180	102	Hexan	1,6	nicht bestimmt	[11]

Umfangreiche Untersuchungen zur Erarbeitung optimaler Bedingungen wurden von V. Macho [14—16] durchgeführt.

Versuche bei 150 °C und 180—190 at Gesamtdruck ($CO + H_2$) zeigten bei einstündiger Reaktionsdauer, daß mit steigender Kobaltkonzentration (0,1—0,8 Gew.-%) sich weder die Reaktionsgeschwindigkeit, das Verhältnis n- zu Isobutyraldehyd noch der Anteil an höhersiedenden Produkten merklich ändert. Bei Verlängerung der Reaktionszeit auf 3 Stunden nimmt dagegen die Menge an höhersiedenden Bestandteilen mit steigender Kobaltmenge (0,1—0,8 Gew.-% Co ≙ 20—40% hochsiedende Bestandteile) merklich zu. Das anwesende Kobalt scheint also die Bildung hochsiedender Produkte katalytisch zu beschleunigen (in Form des stark sauren Kobaltcarbonylwasserstoffes). Mit steigender Kobaltmenge verschiebt sich das Verhältnis n- zu Isobutyraldehyd etwas zugunsten von n-Butyraldehyd (0,1 Gew.-% ≙ 1,52, 0,8 Gew.-% ≙ 1,74). Außerdem erhöht sich die Menge an hochsiedenden Bestandteilen. Mit steigendem Synthesegasdruck steigt die Reaktionsgeschwindigkeit bis 200 at stark an, bleibt aber bei Drücken darüber konstant. Auch das Verhältnis von n- zu Isobutyraldehyd erhöht sich von 1,1 bei 100 at auf 1,4 bei 200 at und 1,8 bei 300 at. Die Menge an hochsiedenden Produkten betrug nach 1 Std. bei 120 °C etwa 45% und stieg bei 180 °C auf etwa 48%. Durch ansteigende Temperaturen wird das Verhältnis von n- zu Isobutyraldehyd ebenfalls ungünstig beeinflußt. Während es bei 120 °C bei 1,9 liegt, fällt es bei 140 °C auf 1,6, sinkt bei 160 °C auf 1,23 und bei 180 °C schließlich auf 0,85. Diese Ergebnisse zeigen, daß bei steigenden Temperaturen n-Butyraldehyd schneller weiteren Folgereaktionen unterliegt als Isobutyraldehyd.

Ein beachtlicher Anteil der hochsiedenden Nebenprodukte bei der Oxierung von Propylen wird von den bei der Hydrierung der Butyraldehyde entstehenden Butylalkoholen gebildet, weil die entstandenen Butanole weiterreagieren mit den Aldehyden unter Acetalisierung. Aber auch Aldolisierung, Dehydratisierungen, Trimerisierungen u. a., hauptsächlich katalysiert durch das stark saure $CoH(CO)_4$, werden beobachtet. Untersuchungen ergaben, daß in dem Oxogemisch n-Butanol, Isobutanol, 2-Äthyl-4-methylpenten-2-al, 2-Äthylhexen-2-al, 2-Äthyl-4-methylpentanol und 2-Äthylhexanol vorkommen.

Untersuchungen von V. Macho [15] mit verschiedenen Lösungsmitteln (Toluol-Äther, Ketone, Acetale) zeigten, daß die Bildung von n- und Isobutyraldehyd kaum beeinflußt wird. Auch die Reaktionsgeschwindigkeit wird nicht verändert. Eine Erhöhung des Lösungsmittelanteils verbessert den Umsatz.

Der amerikanischen Firma Shell soll es gelungen sein, die Oxosynthese beim Propylen so zu lenken, daß n-Butyraldehyd zu Isobutyraldehyd im Verhältnis 10:1 anfallen (Zusatz von Tri-n-butylphosphin). Diese Entwicklung hat der Oxosynthese zur Butanolgewinnung neuen Auftrieb gegeben. Auch für die Herstellung von n-Butyraldehyd, der wiederum Ausgangsstoff für die Herstellung von Buttersäure, 2-Äthylhexanol, Trimethylpropan und Butylaminen ist, ist die Oxosynthese von größter Bedeutung.

Über die voraussichtliche Entwicklung der Produktion von Oxoalkoholen, ausgehend von Propylen, in den USA während der Zeit von 1963 bis 1968, gibt Tab. 52 [17] Auskunft.

Tabelle 52:

Produktionsentwicklung 1963—1968 der Oxoalkohole, die aus Propylen und dessen Folgeprodukten in den USA hergestellt werden

Produkt	Produktion in 1000 t/a 1963 insgesamt	durch Oxosynthese	1968 insgesamt	durch Oxosynthese
n-Butylalkohol	147,5	44	185	92
2-Äthylhexanol	80	41	113	68
Isooctylalkohol*)	36	36	54	54
Decylalkohol	34	34	43	43
Tridecylalkohol	2,3	2,3	4,5	4,5

*) Isooctylalkohol wird erhalten durch Oxierung von Hepten, dieses wiederum entsteht durch Alkylierung von Propylen mit Butylen

Die Oxosynthese wird in 3 Reaktionsstufen durchgeführt. Nachfolgend werden die typischen Reaktionsbedingungen mitgeteilt.

a) Synthese (Umsetzung des Olefins zum Aldehyd):

Katalysatorgehalt, bezogen auf eingesetztes Olefin	
Druck	200–250 atü
Temperatur	170–175 °C
Verhältnis CO zu H_2	1,2:1,0
Katalysatorgehalt, bezogen auf eingesetztes Olefin	0,5–1% Kobalt
Verhältnis CO/H_2-Gemisch zu eingesetztem Olefin	etwa 1000:1
Olefinumwandlung	90–95%

b) Kobaltabtrennung

Temperatur	180 °C
Druck	20 atü

c) Hydrierung des erhaltenen Aldehyds:

Temperatur	150 °C
Druck	100 atü

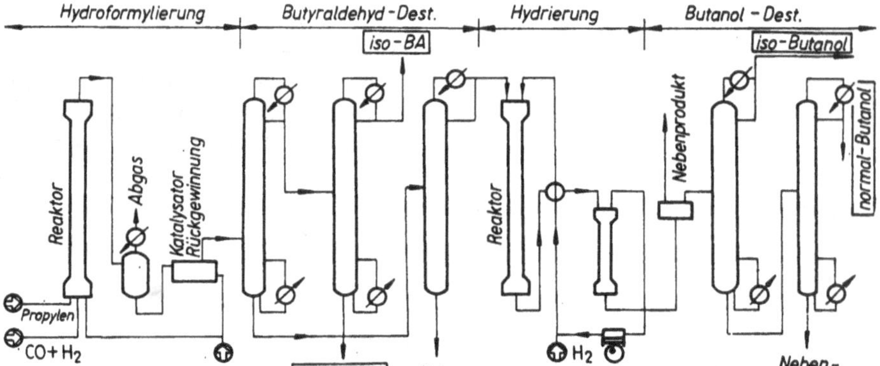

Abb. 46: Schema einer Oxo-Anlage

In Abb. 46 und 47 wird ein einfaches Schema einer Oxo-Anlage wiedergegeben. Katalysator, Olefin sowie Kohlenoxid und Wasserstoffgemisch werden in den Oxierungsreaktor eingeführt. Da die Oxierung unter starker Wärmetönung (34,4 kcal pro Mol Olefin) abläuft, muß stark gekühlt werden.

Das den Oxoreaktor verlassende Reaktionsgemisch wird nach Abtrennung des Kohlenoxid-Wasserstoff-Überschusses, der im Kreislauf gefahren wird, im Kobaltabtrenngefäß bei 180 °C und unter 20 atü mit Wasserdampf behandelt.

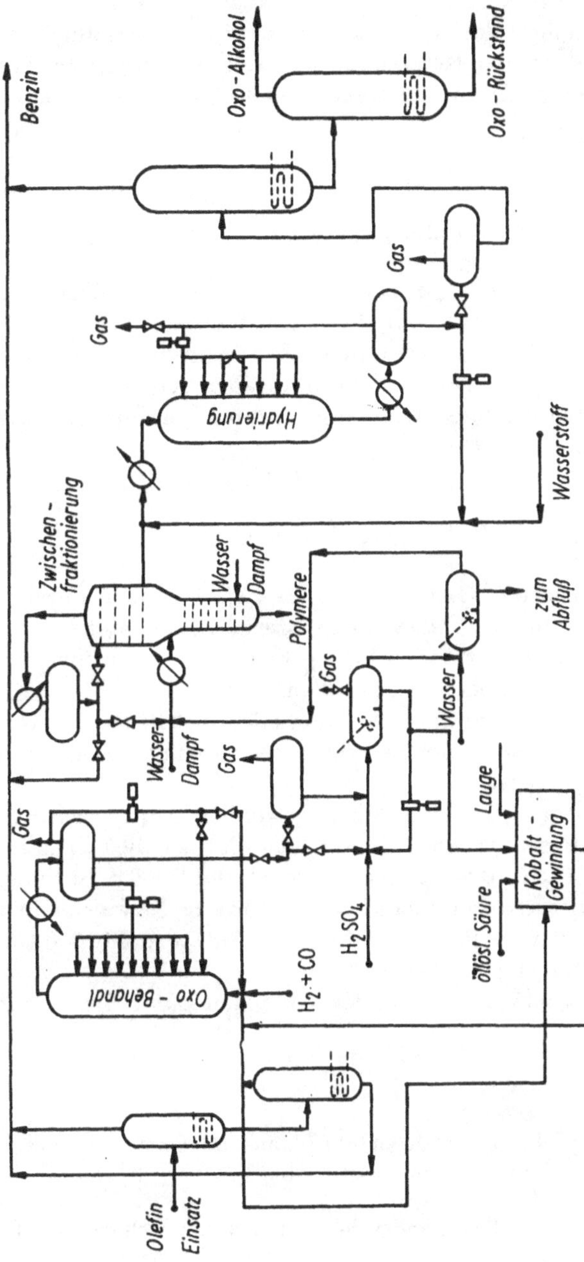

Abb. 47: Fließbild einer neuzeitlichen Oxo-Anlage

Das vom Kohlenmonoxid befreite Reaktionsprodukt wird im Hydrierreaktor zu den Alkoholen aufhydriert und schließlich destillativ getrennt.

Gegenwärtig sind einige Varianten der Oxosynthese bekannt, die sich im wesentlichen durch die Art der Herstellung und Regenerierung des Katalysators voneinander unterscheiden. Die am meisten verbreiteten Verfahren sind:

a) Festbett-Verfahren

b) Suspensionsverfahren

c) Salzverfahren (Katalysator ist Kobaltnaphthenat)

Nach Rudkowskij [18—19] liegen beim Salzverfahren die Selbstkosten bei der Herstellung von n-Butyraldehyd mit 82 Einheiten am niedrigsten — beim Festbett-Verfahren liegen sie bei 100 und beim Suspensionsverfahren sollen sie sogar 120 Einheiten erreichen. Nach Literaturangaben soll sich in den USA das Salzverfahren unter Verwendung von Kobaltnaphthenat als Katalysator bewährt haben.

12.1. Aldox-Verfahren

Durch einen modifizierten Oxo-Prozeß [20—23], bei dem durch Di- bzw. Trimerisierung usw., die bei der Oxosynthese intermediär entstehenden Aldehyde zu höheren Alkoholen umgesetzt werden, gelingt es, aus niedrigmolekularen Olefinen höhermolekulare Alkohole herzustellen.

Man verwendet bei diesem Verfahren den normalen Kobaltkatalysator der Oxo-Reaktion. Zur Erzielung der Dimerisierung werden geringe Mengen einer zinkhaltigen Verbindung zugesetzt.

Diese Variante, als Aldox-Prozeß bekannt geworden, wurde von der amerikanischen Firma Esso Research and Engineering Co. entwickelt. Eine Aldox-Anlage [25], in der jährlich 6000 t 2-Äthylhexanol und 3000 t Butylalkohol aus Propylen hergestellt werden, befindet sich seit 1964 in Kawasaki in Japan in Betrieb. Bis Ende 1965 wurde die Kapazität dieser Anlage auf 10000 t/a 2-Äthylhexanol und 5400 t/a Butylalkohol erhöht.

Ausgehend von etwa 90%igem Propylen entstehen unter den nachfolgenden Bedingungen

Druck	210 atü
Temperatur	149—175 °C
Katalysator	0,3% Kobalt und 0,2% Zink (in Form von Oleaten), bezogen auf den Gesamteinsatz
Verhältnis CO zu H_2	1:1,25 bis 1,45
Belastung	0,6 Flüssigkeitsvolumen pro Reaktorvolumen pro Stunde

etwa 45 Gew.-% C_8-Alkohole.

Abbildung 48 zeigt in einem einfachen Schema eine Aldox-Anlage.

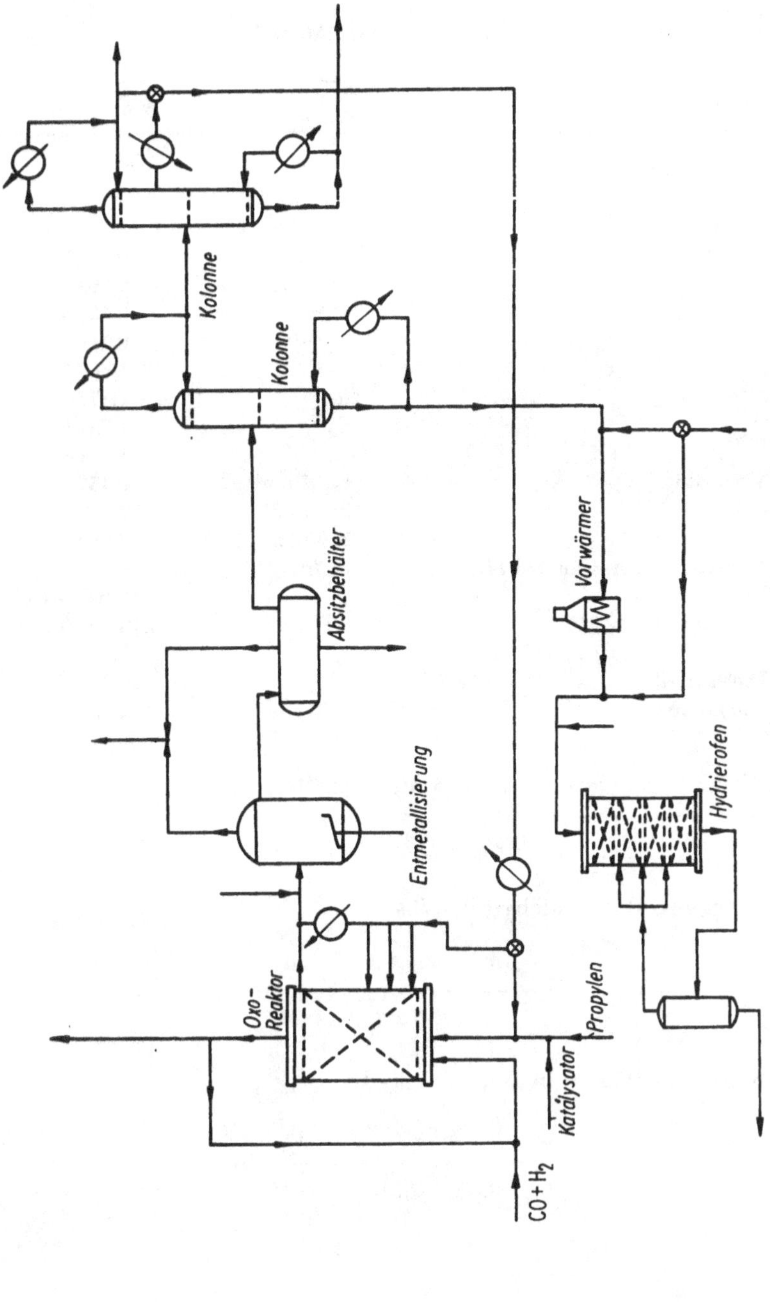

Abb. 48: Schema einer Aldox-Anlage

12.2. Eigenschaften der Butyraldehyde

12.2.1. n-Butyraldehyd

Eigenschaft		Wert
Schmelzpunkt	°C	−99
Siedepunkt	$Kp._{760}$ °C	74,78
Dichte	D_4^{-195} g/cm³	1,075
	D_4^0 g/cm³	0,8223
	D_4^{20} g/cm³	0,8040
	D_4^{25} g/cm³	0,7988
	$D_4^{72,2}$	0,7484
Brechungsindex	n_D^{20}	1,3807
	n_D^{25}	1,3750
	n_α	1,3811
	n_γ	1,3914
Viskosität	bei 20° cP	0,43
	bei 18,35° cP	0,4575
	bei 72,2° cP	0,2696
Verdampfungswärme bei 74,7°	cal/g	104,4
Flammpunkt	°C	−10 bis −12
Zündpunkt	°C	210−230
untere Zündgrenze mit Luft	%	2,5
Dielektrizitätskonstante bei 74,8°		10,78
Dipolmoment (Dampf)	Debye	2,72

Dampfdruckformel (zwischen −15 und +80 °C):

$$\log p = 7{,}959 - 1768{,}379/T$$

Löslichkeit von Butyraldehyd in Wasser:

0°	20°	40°
8,7%	7,1%	5,4%

Löslichkeit von Wasser in Butyraldehyd:

0°	20°	40°
3,0%	3,2%	3,4%

Azeotrop mit Wasser:

Kp. 68°, 6% Wasser.

12.2.2. Isobutyraldehyd

Eigenschaft		Wert
Schmelzpunkt	°C	−65,9
Siedepunkt	Kp_{760} °C	64,2−64,6
Dichte	D_4^0 g/cm³	0,8349
	D_{15}^{15} g/cm³	0,7972
	D_4^{20} g/cm³	0,7904
	D_{25}^{25} g/cm³	0,7879
Brechungsindex	n_D^{20}	1,3730
	n_α^{20}	1,3709
	n_γ^{20}	1,3817
Verbrennungswärme bei konstantem Druck	kcal/Mol	599,90
Flammpunkt	°C	−22

Isobutyraldehyd ist bei 20 °C löslich in 9 Vol. Wasser und bildet ein Azeotrop mit 5% Wasser, Kp. 60,5 °C.

12.3. Verwendung

Die wichtigsten Folgeprodukte von n- und Isobutyraldehyd sind n- und Isobutanol. Da die Abtrennung der Aldehyde aus dem Reaktionsgemisch nur schwer und verlustreich vonstatten geht, werden die Hydroformylierungsprodukte anschließend sofort hydriert. Hierfür wird das Kohlenoxid-Wasserstoff-Gemisch durch reinen Wasserstoff verdrängt und anschließend die Hydrierung bei 190 bis 200 °C und 200 at Druck durchgeführt. Die entstandenen Alkohole sind begehrte Lösungsmittel für Harze und Lacke. Ihre Phthalate und Phosphate finden ausgedehnte Verwendung als Weichmacher.

Die Oxydation von Butyraldehyd in Gegenwart von Mangansalzen liefert n-Buttersäure [24], deren wichtigster Verwendungszweck die Veresterung von Cellulose zu Cellulosebutyraten (Celluloseacetobutyrat) ist. Die Kondensation von n-Butyraldehyd mit Formaldehyd in Gegenwart von Kalkmilch führt zum 1.1.1-Trimethylolpropan, das als wichtige Komponente zur Herstellung von Alkydharzen, Polyestern, Polyurethanen und weiterhin als Ersatz für Glycerin sowie Pentaerythrit an vielen Stellen eingesetzt wird.

Die Aldolkondensation von n-Butyraldehyd führt über Butyraldol zum 2-Äthylhexanol, einer wichtigen Weichmacherkomponente (Phosphat, Phthalat), die auch nach dem Aldox-Prozeß direkt aus Propylen zugänglich ist.

Kondensation mit Polyvinylalkohol führt zum Polyvinylbutyral, das als Zwischenschicht bei Sicherheitsglas und als Textilhilfsmittel eingesetzt wird. Die reduktive Aminierung ergibt n-Butylamin.

Isobutyraldehyd wird hauptsächlich zu Isobutanol hydriert. Daneben hat die Oxydation zu Isobuttersäure eine gewisse Bedeutung erlangt. Die Kondensation mit Formaldehyd führt zu Dimethyldimethylolmethan

$$CH_3-\underset{\displaystyle CH_3}{\underset{|}{C}}HCHO + 2\,HCHO + 2\,H_2O \rightarrow CH_3-\underset{\displaystyle CH_3}{\underset{|}{C}}\begin{matrix} CH_2OH \\ CH_2OH \end{matrix} + HCOOH$$

(ähnlich Trimethylolpropan) und seine Aldolkondensation über Isobutyraldol zu 2.2.4-Trimethylpentandiol-(1.3).

Neuerdings wird auch die Dehydrierung zu Methacrylaldehyd als möglicher Verwendungszweck vorgeschlagen [25].

Literatur

[1] D. B. P. 849548 (Anm. 15. 9. 1938), F. P. 860289, U. S. P. 2327066 (1943), Ruhrchemie AG (O. Roelen)
[2] Chem. Engng. **57**, *2* (1950), 111; Petroleum Refiner **31**, *1* (1952), 149
[3] D. B. P. 877300 (1942), Chem. Verwertungsgesellschaft
[4] Brit. P. 736875 (1955), U. S. P. 2695315 (1950), Standard Oil Co.
[5] G. Natta, R. Ercoli und S. Castellano: Chim. Ind. [Milano] **37** (1955), 6
[6] A. R. Martins: Chem. and Ind. **1954**, 1536
[7] L. Marko, G. Bor, G. Almasy und P. Szabo: Brennstoff-Chem. **44** (1963), 184–87
[8] R. F. Heck und D. S. Breslow: „*2ème Congrés international de Catalyse*", Paris 1960; ibid. J. Amer. chem. Soc. **83** (1961), 4023–27
[9] Chem. Industrie **17**, *6* (1965), 309
[10] Ullmann: „*Encyklopädie der technischen Chemie*", Urban-Schwarzenberg München-Berlin 1962, Bd. 13, S. 65
[11] V. L. Hughes und I. Kirshenbaum: Ind. Engng. Chem. **49** (1957), 1999–2003
[12] P. Pino, F. Piacenti und P. P. Neggiani: Chim. Ind. [Milano] im Druck; ref. Ullmann: „*Encyklopädie der technischen Chemie*", München 1962, Bd. 13, S. 65
[13] P. Pino, F. Piacenti und P. P. Neggiani: Chem. and Ind. **1962**, 1400–01
[14] V. Macho: Chem. Zvesti **16** (1962), 667–72
[15] V. Macho, Ed. J. Mistrik und J. Stresinka: ibid. **13** (1963), 343–47
[16] Tschech. P. 111947 (1964) (V. Macho, Ed. J. Mistrik, J. Kostal, J. Stresinka und B. Novotny)
[17] Chem. Engng. News **41**, *19* (1963), 104
[18] D. M. Rudkovskij, A. G. Trifel und K. A. Aleksejeva: Chim. prom. **1959**, *8*, 652–58
[19] D. M. Rudkovskij, B. A. Brunstein und V. L. Klimenko: Chim. prom. **1961**, *5*, 335–38
[20] U. S. P. 2811567 (1957), Esso Res. Engng. Co. (R. B. Mason)
[21] Brit. P. 912974 (1962), D. A. S. 1190928 (1965), Esso Res. Engng. Co. (St. E. Jaros und Ch. Roming jr.)
[22] Chem. Engng. **68**, *25* (1961), 70–71
[23] Chem. Industrie **16** (1964), 302
[24] U. S. P. 2456549 (1947) (C. Weizmann)
[25] Ch. W. Hargis und H. S. Young: Ind. Engng. Chem. Product Res. Development **5** (1966), 72–75

13. Chlorierung

Die Chlorierung von Propylen ergibt je nach den Reaktionsbedingungen die verschiedensten Endprodukte.

a) Die Chlorierung bei niedrigen Temperaturen bis zu 250 °C führt wie ganz allgemein bei geradkettigen Olefinen vorwiegend zur Anlagerung von Chlor an die Doppelbindung gemäß:

$$CH_2{=}CH{-}CH_3 + Cl_2 \rightarrow CH_2Cl{-}CHCl{-}CH_3$$

b) Die Heißchlorierung bei 500—550 °C ergibt in der Hauptsache Substitutionsprodukte, z. B. Allylchlorid.

$$CH_2{=}CH{-}CH_3 + Cl_2 \rightarrow CH_2{=}CH{-}CH_2Cl + HCl$$

c) Die Perchlorierung von Propylen bei 450—550 °C führt zur Anlagerung von Chlor sowie Substitution, aber auch zur Spaltung des chlorierten Moleküls. Je nach Chlorierungsbedingungen entstehen aus einem Proapn-Propylen-Gemisch gemäß (Progil-Electrochimie-Process, Solvay, Frankreich) [1].

$$C_3H_n + \left(6 + \frac{n}{2}\right) Cl_2 \rightarrow 3\,CCl_4 + n\,HCl$$

$$2\,C_3H_n + (6 + n)\,Cl_2 \rightarrow 3\,C_2Cl_4 + 2n\,HCl$$

Perchloräthylen und Tetrachlorkohlenstoff.

13.1. Die Anlagerung von Chlor an die Doppelbindung

Das bei Temperaturen unter 250 °C durch Anlagerung von Chlor entstehende Dichlorpropan dient hauptsächlich als Lösungs- und Reinigungsmittel. Besondere Produktionsstätten für die Erzeugung von Dichlorpropan sind nicht erforderlich, da die bei der Herstellung von Propylenoxid nach dem Chlorhydrinverfahren bzw. von Allylchlorid als Nebenprodukt anfallenden Mengen höher liegen als der geringe Bedarf. Um überschüssige Dichlorpropanmengen nutzbringend unterzubringen, sind deshalb wiederholt Untersuchungen vorgenommen worden, das als Nebenprodukt anfallende Dichlorpropan durch Dehydrochlorierung [2] in Allylchlorid umzuwandeln.

13.2. Die substituierende Chlorierung (Heißchlorierung von Propylen)

13.2.1. Allylchlorid

13.2.1.1. Darstellung von Allylchlorid durch Heißchlorierung

Wie schon erwähnt, entstehen bei der Chlorierung geradkettiger Olefine bei Temperaturen bis zu 250 °C durch Anlagerung von Chlor an die Doppelbindung vorwiegend Dichloride. Anders liegen die Verhältnisse bei verzweigten Olefinen, wie z. B. beim Isobutylen, das ein tertiäres Kohlenstoffatom besitzt.

Hier erfolgt die substituierende Chlorierung unter Erhaltung der Doppelbindung bereits bei —40 °C, ohne daß merkliche Addition eintritt.

$$CH_2{=}\underset{\displaystyle CH_3}{\underset{|}{C}}{-}CH_3 + Cl_2 \rightarrow CH_2{=}\underset{\displaystyle CH_3}{\underset{|}{C}}{-}CH_2Cl + HCl$$

Erstmals gelang die substituierende Chlorierung von geradkettigen Olefinen unter Erhaltung der Doppelbindung STEWART und WEIDENBAUM [3] beim Penten-(2). Jedoch waren hierbei die Ausbeuten noch sehr gering.

Eine erfolgreich verlaufende substituierende Chlorierung ist bei den geradkettigen Olefinen möglich, wenn bei ausreichend hohen Temperaturen gearbeitet wird. Eingehende Untersuchungen am Propylen von GROLL und Mitarb. [4—5] bei der Shell Development Co. sowie von W. FLEMMING in Deutschland [6] zeigten, daß die substituierende Chlorierung auch hier mit guter Ausbeute möglich ist. Sie wiesen mit ihren Arbeiten den Weg zur technischen Ausnutzung dieser Möglichkeit. Nachdem 1942/43 bereits in Deutschland (Oppau) kleintechnische Anlagen liefen, wurde 1948 in Houston (Texas) die erste Großanlage zur Erzeugung von Allylchlorid, das zu Glycerin weiter verarbeitet wurde, in Betrieb genommen.

Die folgende Tab. 53 zeigt, wie mit Steigerung der Reaktionstemperatur die Additions- allmählich von einer Substitutionsreaktion abgelöst wird.

Tabelle 53:

Mittlere Reakt.-Temp. °C	Molverhältnis Propylen: Chlor	% Chlor für Additions-reaktion	% Chlor für Substitutions-reaktion	Chlorumsatz in g Chlor pro 100 cm^3 Reaktionsraum pro Minute
210	3,44:1	74,7	25,3	0,081
320	6,03:1	22,5	77,5	0,200
400	6,34:1	3,8	96,2	0,550
510	6,32:1	1,3	98,7	4,060
590	6,60:1	0,3	99,7	10,900

Bei der technischen Durchführung der Heißchlorierung ist eine genaue Kontrolle von Temperatur, Druck und Konzentration erforderlich [7—9].

Nachfolgend soll das technische Verfahren der Chlorierung von Olefinen kurz beschrieben werden (vgl. Abb. 49). In einem Vorheizofen werden auf ca. 350 bis 400 °C vorerhitztes reines Propylen und reines wasserfreies, nicht vorgeheiztes Chlor in einer kreuzförmigen Spezialmischdüse homogen vermischt. Um Chlorstauungen und damit verbundene Überchlorierungen zu vermeiden, strömt das Propylen durch die beiden Seitenarme, das Chlor durch das Hauptrohr ein. Das Reaktionsgemisch, Propylen und Chlor am günstigsten im Verhältnis 5:1 enthaltend, tritt nun in den Reaktor ein (Tankreaktor aus Stahl). Durch die bei der Chlorierung freiwerdende Reaktionswärme

$$C_3H_6 + Cl_2 \rightarrow C_3H_5Cl + HCl + 26\ \text{kcal}$$

stellt sich im Reaktor eine Temperatur von 500—530 °C ein. Die Verweilzeit in der heißen Zone beläuft sich auf 2—3 sec. Längere Verweilzeiten sind zu vermeiden, da sich Allylchlorid bei den erhöhten Temperaturen merklich zersetzt und die Zersetzungsprodukte, besonders der abgeschiedene Ruß, eine häufige Reinigung der Anlage erforderlich machen. Der bei der Reaktion abgeschiedene Glanzkohlenstoff wirkt katalytisch auf die Chlorierung. Der Reaktor muß möglichst nahe an seiner Maximalkapazität betrieben werden.

Das den Reaktor verlassende Reaktionsgemisch enthält Allylchlorid, unverändertes Propylen, ungesättigte Mono- und Dichloride, Chlorwasserstoff und in geringem Umfange auch höherchlorierte Produkte. Gesättigte Dichloride sollten bei genauer Einhaltung der Temperatur nur in geringen Mengen gebildet werden, da z. B. 1.2-Dichlorpropan bei 500 °C bereits wieder zersetzt wird.

Eine Übersicht über die bei der Heißchlorierung von Propylen möglichen Reaktionsprodukte enthält Tab. 54. (S. 217).

Nach Abkühlung des Reaktionsanfalls auf 50—120 °C kann die Aufarbeitung auf zwei Wegen durchgeführt werden:

a) Extraktionsmethode:

Der bei der Chlorierung entstandene Chlorwasserstoff wird durch Wasser in einem ausgemauerten Turm ausgewaschen. Der Dampfdruck der Chloride ist dabei so hoch, daß noch keine Kondensation eintritt. Nach der Wasserwäsche hat das Gas dann durchschnittlich folgende Zusammensetzung:

Tabelle 55:

Produkt	Gew.-%	Mol-%
Allylchlorid	24,8	15,8
2-Chlorpropen-(1)	0,7	0,4
Dichlorpropan Dichlorpropene	4,0	1,8
Propylen	70,5	82,0

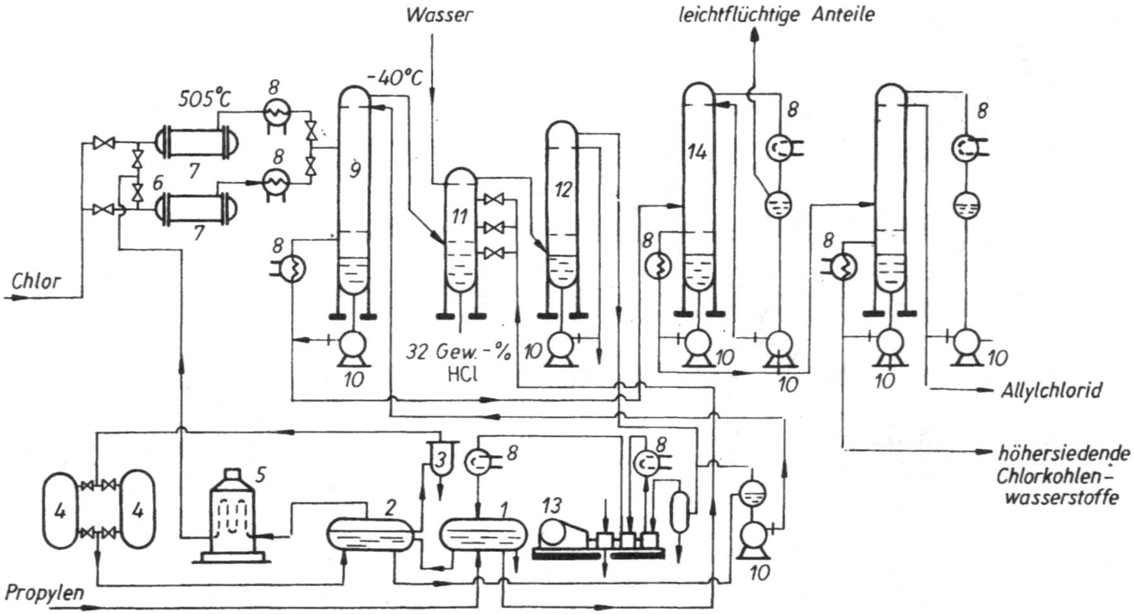

Abb. 49: Herstellung von Allylchlorid

1 – Behälter für feuchtes Propylen; *2* – Behälter für trockenes Propylen; *3* – Abscheider; *4* – Trockentürme; *5* – Vorheizer; *6* – Mischdüse; *7* – Reaktionsöfen; *8* – Kühler; *9* – Vorfraktionator; *10* – Umlaufpumpen; *11* – HCl-Absorber; *12* – alkalische Gaswäsche; *13* – Kompressor; *14* – Destillationskolonne 1 (Austreibekolonne); *15* – Destillationskolonne 2

Tabelle 54:

Zusammenfassung der bei der Heißchlorierung von Propylen möglichen Chlorierungsprodukte

$CH_2{=}CH-CH_3+Cl_2 \xrightarrow{500-530\,^{\circ}C}$

Verbindung	Formel	Kp °C	D_4^{20}	n_D^{20}	Durchschnittl. Ausbeute %
Allylchlorid, 3-Chlorpropen-(1)	$CH_2{=}CH-CH_2Cl$	44,6 bis 44,9	0,9374	1,415	83,0
2-Chlorpropen-(1)	$CH_2{=}CCl-CH_3$	22,5	0,9093 (15/4°C)	1,397	2,2
1-Chlorpropen-(1) (cis)	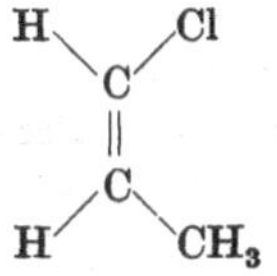	32,0 bis 32,5	0,932	1,4055	0,4
1-Chlorpropen-(1) (trans)	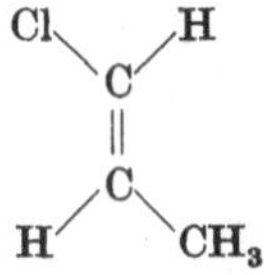	36,7 bis 37,0	0,930	1,4054	0,4
n-Propylchlorid	$CH_3-CH_2-CH_2Cl$	46	0,8919	1,3892	0,5
Isopropylchlorid	$CH_3-CHCl-CH_3$	36,5	0,8616	1,3811	0,7
1.3-Dichlorpropen-(1) (niedrigsiedend)	$CHCl{=}CH-CH_2Cl$	104,1	1,225	1,469	1,0
1.3-Dichlorpropen-(1) (hochsiedend)	$CHCl{=}CH-CH_2Cl$	112,1	1,226	1,475	6,5
3.3-Dichlorpropen-(1)	$CH_2{=}CH-CHCl_2$	84,4	1,170	—	0,7
2.3-Dichlorpropen-(1)	$CH_2{=}CCl-CH_2Cl$	93,8	1,211	1,4603	1,2
1.2-Dichlorpropan	$CH_2Cl-CHCl-CH_3$	96,6	1,156	1,4388	2,6
Trichlorpropane u. höhere Chloride	—	—	—	—	1,0
					100,0

In einem anschließenden Abscheider werden bei 7—10 °C 50% der Chloride kondensiert (Rohprodukt *I*), die restlichen noch im Propylenüberschuß verbleibenden Chloride werden mittels Kohlenwasserstoffen wie z. B. Octan absorbiert und die aufgenommenen Chloride (Rohprodukt *II*) aus der Absorptionsflüssigkeit abdestilliert. Als nicht absorbiertes Gas verläßt den Absorber ein mit Octanen gesättigtes Propylen, das nach einer Zwischenkühlung durch Sole wieder in den Kreislauf zurückkehrt. Aus den Rohprodukten *I* und *II* wird in 3—4 Spezialkolonnen — am zweckmäßigsten aus Nickel — diskontinuierlich oder kontinuierlich reines Allylchlorid abgetrennt.

b) Kondensationsmethode

Bei dieser Methode, die sich als die günstigste durchgesetzt hat, werden die Reaktionsgase des Chlorierungsreaktors direkt in einen sog. Vorfraktionator geleitet, wo die organischen Chloride durch Kühlung mit flüssigem Propylen bei —40°C abgeschieden werden und Propylen gemeinsam mit dem bei der Reaktion entstandenen Chlorwasserstoff als Kopfprodukt in einen HCl-Absorber überführt werden, wo durch intensive Wasserwäsche der gesamte

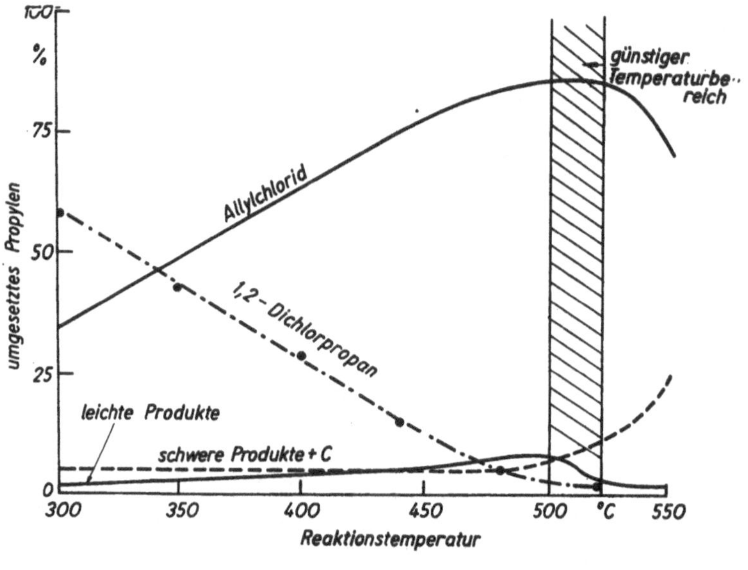

Abb. 50: Heißchlorierung von Propylen bei verschiedenen Temperaturen (Molverhältnis Propylen : Chlor = 4:1)

Chlorwasserstoff entfernt wird. Das Propylen wird nach einer alkalischen Wäsche in den Kreislauf zurückgeführt [10—11]. Die durchschnittlichen Produktausbeuten, berechnet auf verbrauchtes Propylen, werden in Abb. 50 angegeben in Abhängigkeit von der Temperatur beim Verhältnis Propylen: Chlor = 4:1.

Als besonders günstig erwies sich das Verhältnis Propylen:Chlor = 5:1. Ein geringeres Verhältnis führte zu höheren Anteilen an ungesättigten Dichloriden. Ein höheres Verhältnis Propylen zu Chlor verbessert zwar die Ausbeute an Allylchlorid, jedoch macht sich hierbei die erhöhte Belastung des Kreislaufs, besonders des Absorbers, nachteilig bemerkbar.

Der Einsatz von hochreinem Propylen und insbesondere von hochreinem und wasserfreiem Chlor ist sehr wichtig. Jede organische Verunreinigung wird in gewissem Grade unter Chlorverlust chloriert und führt zur Bildung von Nebenprodukten. Ebenso ist der Einsatz von Propan-Propylen-Gemischen unvorteilhaft, weil dies zur Bildung schwer abtrennbarer Monochloride führt [12].

Die Verwendung von gewöhnlichem Stahl für den Propylenvorheizer, die Mischdüse und den Reaktor ist möglich, da sich an den durch Chlor besonders gefährdeten Stellen ein Schutzfilm aus Glanzkohlenstoff abscheidet. Der zweckmäßigste Baustoff für den HCl-Absorber sind mit Natriumsilikat imprägnierte Ziegel oder noch besser gegen chemische Angriffe geschütztes Steinzeug. Auch Igurit und Keramik eignen sich hierfür. Baumaterial für die Destillation sind Hastelloy A und Durichlor, häufiger aber werden mit besonderem Erfolg noch Monelmetall und Nickel eingesetzt. Allylchlorid selbst kann, wenn es trocken ist, in Stahlbehältern gelagert werden, Aluminium ist als Werkstoff für Tanks weniger geeignet.

Das Verfahren wurde in seinen Grundzügen in den späteren Jahren nicht mehr abgeändert. Lediglich für die Konstruktion des Reaktors wurden neuerdings zahlreiche Vorschläge gemacht, um die Bildung von Additionsprodukten während der Vermischung von Propylen und Chlor weitestgehend zu vermeiden.

So empfiehlt z. B. KLUCOVSKY [13—15] einen neuen Reaktor vom Cyclontyp, der es gestattet, mit einem niedrigeren Propylen-Chlor-Verhältnis (3:1) zu arbeiten. Die beiden Gase werden hierbei getrennt auf den entgegengesetzten Seiten des Cyclons tangential in den Reaktor eingeführt. In weiteren Patenten werden kugelförmige, ellipsoide und ähnliche Reaktorformen vorgeschlagen, die ebenfalls eine gute Vermischung ohne tote Räume gestatten sollen und dabei Ausbeuten bis zu mindestens 80% ermöglichen [16—18].

Zur Verbesserung der Wärmebilanz wird ein doppelwandiger Reaktor vorgeschlagen, bei dem die Abgase das Frischgas schnell auf die optimale Temperatur von 382—494 °C aufheizen, bei 485 °C und einer Kontaktzeit von 2,13 sec werden 79,8 Mol-% Allylchlorid neben 3,04 Mol-% 1.2-Dichlorpropan erhalten [19].

Eine weitere Möglichkeit, die Vermischung der Reaktionskomponenten zu verbessern, besteht darin, in eine Chlorierungskammer das Chlor axial, das Propylen dagegen tangential einzuspritzen [20]. Schließlich wird noch eine Chlorierungsanlage vorgeschlagen, bei der mit einem vertikalen Reaktor unter Verwendung von Wärmeüberträgern gearbeitet wird [21].

Von L. A. REED [22] wurden Berechnungen durchgeführt nach der Gradienten-Methode, um Temperatur, Druck, Zusammensetzung des Einspritzproduktes und Reaktionszeit zu optimieren.

Eine Steigerung der Allylchloridausbeute ist erreichbar, wenn die Chlorierung in Gegenwart von 1.2-Dichlorpropan durchgeführt wird [23].

13.2.1.2. Weitere Verfahren zur Allylchloridherstellung

Allylchlorid wird auch erhalten durch Pyrolyse von 1.2-Dichlorpropan [24]. Es sollen dabei 55—70% Allylchlorid, 30—40% eines Gemisches der cis- und trans-Isomeren des 1-Chlorpropens-(1) sowie 5% 2-Chlorpropen-(1) entstehen.

E. GALITZENSTEIN [25] untersuchte diese Reaktion nochmals bei 250—400 °C in Gegenwart verschiedener Katalysatoren, ohne dabei allerdings eine bevorzugte Allylchloridbildung festzustellen, bei 560—640 °C soll der Anteil an Allylchlorid etwa 60% erreichen [26]. Für die Pyrolyse von 1.2-Dichlorpropan zu Allylchlorid werden als Katalysatoren $BaCl_2$, $CoCl_2$, $NiCl_2$, $ZnCl_2$, $MnCl_2$, $FeCl_3$ und $CuCl_2$ auf Aktivkohle, Silicagel oder Al_2O_3 vorgeschlagen [27].

Ebenso ist eine Chlorierung von Propan oder 1-Chlorpropan bei 500—700 °C in Gegenwart eines Katalysators möglich [28]. Schließlich kann bei der Heißchlorierung von Propylen statt Cl_2 auch ein Gemisch von HCl und O_2 oder Luft (LiCl, Edelmetalle oder Tellurverbindungen auf Bimsstein als Katalysator) eingesetzt werden [29].

Auch Diallyläther, der bei der Überführung von Allylchlorid in Allylalkohol als Nebenprodukt gebildet wird, kann durch Überleiten mit HCl über einen CuCl-Kontakt bei 15—40 °C unter Druck [30] bzw. bei 55 °C [31] mit 88%iger Ausbeute wieder in Allylchlorid überführt werden.

13.2.1.3. Eigenschaften von Allylchlorid

Eigenschaft				Wert
Siedepunkt		744 mm	°C	44,4—44,6
		751 mm	°C	44,9
		760 mm	°C	45,1
		772,5 mm	°C	46,0—47,5
Schmelzpunkt			°C	—136,4
Dichte	D_4^0			0,9637
	D_4^{15}			0,9442
	D_4^{20}			0,9379
	D_4^{25}			0,9311
	D_4^{30}			0,9245

Eigenschaft		Wert
Brechungsindex	n_D^{15}	1,4188
	n_D^{20}	1,4154
	n_D^{25}	1,4130
Kritische Temperatur T_k (°C)		~240,7
Viskosität 30 °C (P)		0,00336
Verdampfungswärme (latente) bei 760 mm Hg	cal/Mol	6940
Spezifische Wärme des Dampfes	cal/grad · g	
	bei −17,8 °C	0,222
	bei 37,8 °C	0,230
	bei 93,3 °C	0,224
	bei 149 °C	0,212
Spezifische Wärme	bei 30 °C	0,390
	bei 40 °C	0,395
Verbrennungswärme kcal/Mol		440,8
Zündgrenzen in Luft Vol.-%		3,28−11,51
Flammpunkt	(°C)	−26,7
Dipolmoment	(Debye)	2,02
Dielektrizitätskonstante des Dampfes bei 19,0 °C/1 at		1,0128
Dielektrizitätskonstante der Flüssigkeit bei 19,5 °C		7,3 (λ = 60 cm)

Dampfdruckkurve:

°C	0	5	10	15	20	25
mm Hg	119,3	151,8	191,3	238,8	295,5	362,5

°C	30	35	40	45	50	55
mm Hg	441,3	533,1	639,3	761,5	901,1	1060,0

Dampfdruckformel:

$$P \text{ (mm Hg)} = 20{,}89279 - 2132{,}8/T - 4{,}4182 \log T$$

Löslichkeit:

Wasser in Allylchlorid bei 20 °C	0,08 Gew.-T./100 Gew.-T.
Allylchlorid in Wasser bei 20 °C	0,36 Gew.-T./100 Gew.-T.

Binäre Azeotrope:

2. Komponente	Kp_{760}(°C)	Allylchlorid in Gew.-%
Wasser	43,0	97,8
Pentan	<35,5	>28
Cyclopentan	44,3	63
Methanol	39,85	90
Äthanol	43,5	95
Propylnitril	44,95	80
Isopropylalkohol	45,1	98
Methylal	41,4	20
Aceton	44,6	90
Ameisensäure	44,4	92,5
Äthylformiat	<45,2	>90
Schwefelkohlenstoff	41,2	50

13.2.1.4. Verwendung von Allylchlorid

Durch seine leichte Zugänglichkeit und große Reaktionsfreudigkeit hat Allylchlorid erhebliche Bedeutung erlangt. Es ist ein geeignetes Ausgangsmaterial, um die Allyl-Gruppe in andere Verbindungen einzuführen.

Zu nennen sind hier die Allylester, insbesondere Allylphthalat, Allylamine, Allylisothiocyanat ($CH_2{=}CH{-}CH_2{-}NCS$ künstliches Senföl). Durch Umsetzung von Allylchlorid mit Thioharnstoff entsteht das sog. Thiosinamin, das in der Photographie Verwendung findet. Der größte Teil des Allylchlorids wird jedoch zur Herstellung von Epichlorhydrin und Glycerin eingesetzt.

Ein gewisser Teil des Allylchlorids wird zu Allylalkohol hydrolysiert, ein weiteres wichtiges Folgeprodukt des Allylchlorids ist die Allylstärke.

Bei der Umsetzung von Allylchlorid mit Ammoniak, die am zweckmäßigsten im Rührautoklaven bei 100 °C unter Druck durchgeführt wird, ergibt sich, je nach der Menge NH_3, die zugesetzt wird, Monoallylamin [147], Di- und Triallylamin. Für die bevorzugte Herstellung von Monoallylamin wirkt sich ein Überschuß an Ammoniumchlorid sehr günstig aus [148]. Monoallylamin kann auch durch Hydrolyse von Allylsenföl mit Salzsäure, dargestellt aus Allylchlorid mit Alkali- oder Ammoniumrhodaniden, gewonnen werden [149]. Monoallylamin und Diallylamin sind Zwischenprodukte für chemische Synthesen.

Bedeutung hat neuerdings Allylstärke erlangt, die durch Umsetzung von Allylchlorid oder Allylbromid mit Stärke in Gegenwart von Alkali entsteht [150]. Allylstärke wird zur Herstellung von Überzugsmassen, Klebemitteln und plastischen Massen, zum Teil zusammen mit Kautschuk, eingesetzt [151]. Auch das Reaktionsprodukt aus Rohrzucker und Allylchlorid, Allylsaccharose, kann nach Polymerisation für Überzugsmaterialien eingesetzt werden [152].

Weiter wird Allylchlorid benutzt zur Synthese von Allylsilikonen [153] und zur Synthese von Allethrin (dl-2-Allyl-3-methyl-4-hydroxy-2-cyclopenten-1-on-ester der dl-cis.trans-Chrysanthemummonocarbonsäure), synthetisches Pyrethrum zur Schädlingsbekämpfung [154]. Allylchlorid selbst kann in Gegenwart von FRIEDEL-CRAFTS-Katalysatoren polymerisiert werden [155], die Polymeren finden Verwendung zur Imprägnierung von Papier, Holz u. a., Polymerisation in Gegenwart radikalischer Katalysatoren (Dibenzoylperoxid) führt zu Polymeren, die als Weichmacher, Klebe- und Schmiermittel sowie zur Herstellung von Lacken und Imprägnierungen Verwendung finden [156]. Beim Erhitzen von Allylchlorid mit wasserlöslichem Polysulfid entstehen schließlich thiokolähnliche Produkte [157], ebenso aus einem Gemisch von 1.2.3-Trichlorpropan und Allylchlorid [158].

Das als Nebenprodukt bei der Heißchlorierung von Propylen anfallende Gemisch aus Dichlorpropan und Dichlorpropenen wird technisch unter der Bezeichnung „D-D" als wertvolles Bodenräucherungsmittel zur Bekämpfung von Nematoden eingesetzt (250–500 kg/ha) [159–160].

Abb. 51 zeigt die verschiedenen Möglichkeiten zur Synthese von Epichlorhydrin und Glycerin aus Allylchlorid.

13.2.2. Epichlorhydrin

13.2.2.1. Darstellung von Epichlorhydrin

Wie aus Abb. 51 ersichtlich, ist Epichlorhydrin eine wichtige Zwischenstufe in der Glycerinsynthese. Epichlorhydrin wurde 1854 von BERTHELOT und LUCA [32] bei der Reaktion von Glycerin mit Chlorwasserstoff unter Bildung von Glycerindichlorhydrin sowie anschließender Reaktion mit Natronlauge entdeckt. Dieses

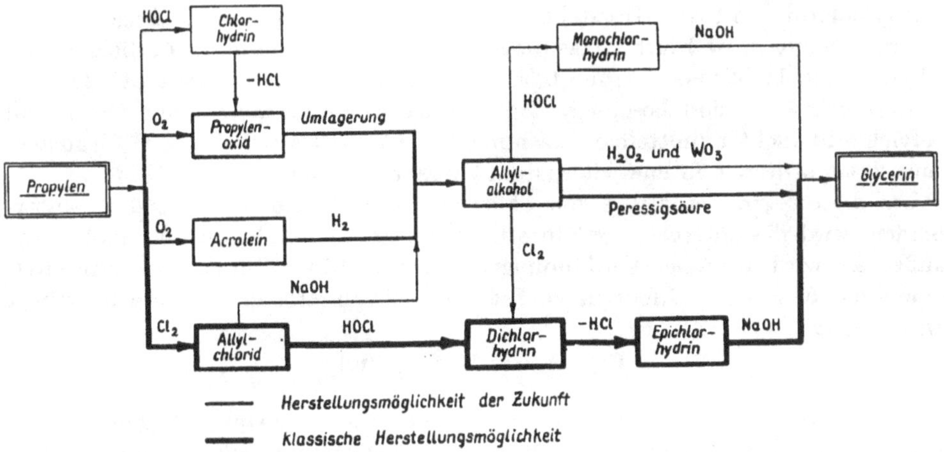

Abb. 51: Darstellungsmöglichkeiten von Glycerin aus Propylen

Verfahren blieb auch in der Folgezeit das wichtigste Verfahren zu seiner Darstellung [2].

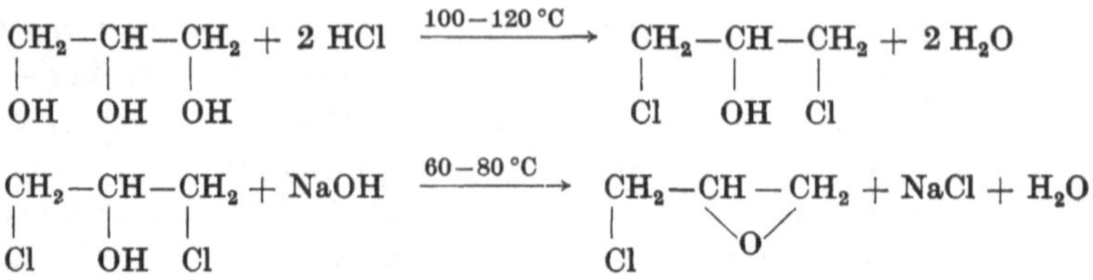

Aus Allylchlorid entsteht es nach Anlagerung von unterchloriger Säure über das Dichlorhydrin (*I*). Letzteres ergibt nach Abspaltung von Salzsäure mit Kalkmilch das Epichlorhydrin [33] (*II*).

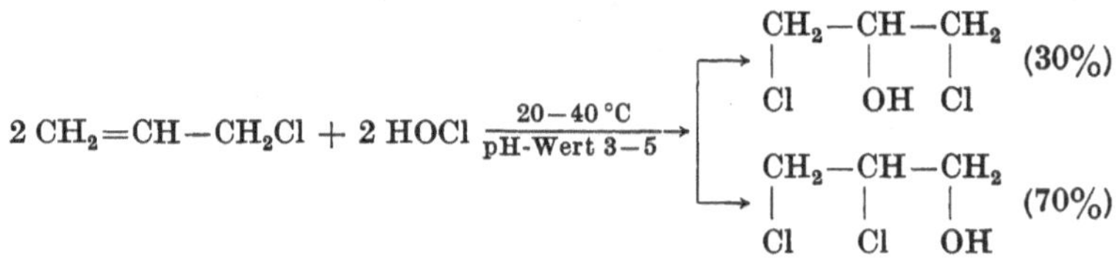
(*I*)

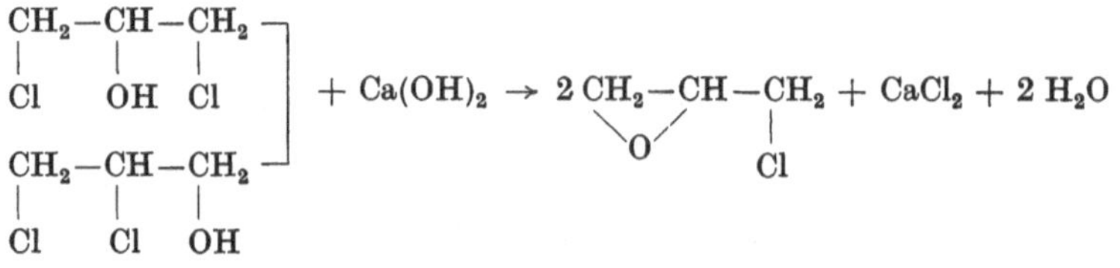
(*II*)

Die technische Umsetzung von Allylchlorid zum Epichlorhydrin wird in Abb. 52 dargestellt.

Allylchlorid wird zur Herstellung von Dichlorhydrin mit wäßriger unterchloriger Säure in wäßriger Phase umgesetzt. Wegen der geringen Löslichkeit des Allylchlorids in Wasser — nur 0,36 Gew.-% Allylchlorid werden bei 20 °C in Wasser gelöst — sind besondere Maßnahmen vorzunehmen, damit Chlor und Allylchlorid nicht unmittelbar zusammentreffen, weil sonst durch Chloranlagerung Trichlorpropan in unerwünschtem Umfange entsteht.

Um die direkte Berührung von Chlor und Allylchlorid weitgehend zu unterbinden, wird die unterchlorige Säure in einem getrennten Turm hergestellt, und außerdem wird in großer Verdünnung und bei niedriger Temperatur gearbeitet, damit das eingeleitete Chlor möglichst restlos in unterchlorige Säure überführt wird gemäß

$$Cl_2 + H_2O \leftrightharpoons HOCl + HCl$$

Die unterchlorige Säure wird in einem säurefest ausgekleideten Turm durch laufende Einführung einer 1—2%igen Natronlauge und Chlor hergestellt und verläßt kontinuierlich den Turm am oberen Ende, um anschließend mit Allylchlorid innig vermischt und umgewälzt zu werden. Dabei findet die Chlorhydrinierung statt. Aus dem Kreislauf wird die gleiche Menge an Reaktionsgemisch herausgenommen wie unterchlorige Säure aus dem Turm zufließt.

Die Reaktionsmischung wird über ein Trennrohr geleitet, um dort entstandenes Trichlorpropan und Tetrachlordiisopropyläther abzutrennen. Nach Vermischen mit etwa 15%iger Kalkmilch in einem Rührbehälter erfolgt die Umsetzung in der Reaktionskolonne zum Epichlorhydrin und gleichzeitig wird das Azeotrop mit Wasser abdestilliert. Die wäßrige Schicht wird zurückgeführt in die Reaktionskolonne, während das rohe Epichlorhydrin in einer weiteren Kolonne rein destilliert. Die Ausbeuten liegen bei dieser Arbeitsweise über 90%.

Eine Möglichkeit, um direkt vom Allylchlorid ohne die Zwischenstufe des Glycerindichlorhydrins zum Epichlorhydrin zu gelangen, besteht in der Oxydation von Allylchlorid mit Peroxyverbindungen. Dieses Verfahren wird jedoch bisher nicht technisch durchgeführt.

Als Oxydationsmittel werden hierfür beschrieben: Peressig- oder Perpropionsäure [34], H_2O_2 in Gegenwart von WO_3 [35], Sauerstoff und Acetaldehyd [36], Peroxycarboximinosäuren [37], aromatische Nitroverbindungen [38] sowie eine katalytische Luftoxydation an vorher durch Überleiten von Wasserstoff und Stickstoff aktiviertem Silberoxid auf einem Träger von schwammigem Aluminium [39].

Derzeitig werden schätzungsweise 300000 t Epichlorhydrin, fast ausschließlich vom Allylchlorid ausgehend, im Weltmaßstab erzeugt.

13.2.2.2. Eigenschaften des Epichlorhydrins

Eigenschaften		Wert
Schmelzpunkt	°C	−57,2
Siedepunkt	°C	116,11
Dichte	g/cm³ D_0^0	1,2040
	D_4^0	1,2031
	D_4^{25}	1,1732
	D_{50}^{50}	1,1633
Viskosität	bei 0° Poise	0,0156
	bei 25°	0,0103
Entzündungstemperatur	°C	40,5
Verbrennungswärme	cal/g	4524,4
Latente Verdampfungswärme	cal/Mol	9060
Brechungsindex	n_D^{20}	1,43805
	n_D^{25}	1,43580
Oberflächenspannung	bei 12,5° dyn/cm	39,13
	bei 31,0°	35,48
	bei 89,0°	27,72
Elektrische Leitfähigkeit	$Ohm^{-1}cm^{-1}$/25 °C	34.10^{-9}
Dielektrizitätskonstante bei	21,5°/(λ = 60 cm)	20,8

Zur Löslichkeit von Wasser in Epichlorhydrin vgl. LEONE [40], Azeotrope mit verschiedenen Lösungsmitteln s. L. A. HORSLEY [41].

13.2.2.3. Verwendung von Epichlorhydrin

Epichlorhydrin ist eine sehr reaktionsfreudige Verbindung, bei der sowohl die Epoxygruppe als auch das Chloratom sehr aktiv sind. Epichlorhydrin gewinnt deshalb ständig an Bedeutung als ein vielseitiges Zwischenprodukt in der Organischen Chemie. Neben dem Einsatz zur Glycerinsynthese wird Epichlorhydrin in großem Umfange bei der Herstellung von Epoxidharzen eingesetzt, die durch Umsetzung von 4.4'-Dihydroxydiphenylpropan-(2.2), dargestellt aus Aceton und Phenol, mit Epichlorhydrin hergestellt werden. Bei den Epoxidharzen steigt die Produktion auf Grund ihrer ausgezeichneten Eigenschaften laufend an. In den USA betrug 1965 die Produktion 65000 t, für 1980 rechnet man dort mit einer Produktion von 80000 t.

Wie Tab. 56 [42] zeigt, ist in den USA die Kapazität für die Epoxidharzerzeugung laufend angestiegen.

Tabelle 56:

Übersicht über die Epoxidharzkapazitäten in den USA

Firma	Werk	Epoxidharzkapazitäten in Tt 1958	1962	Ende 1964
Ciba	Toms River, N. J.	5,4	8,1	8,1
Dow	Freeport, Tex.	2,7	9,0	15,8
Jones Dabny	Louisville, Ky.	5,4	5,4	5,4
Reichhold	Ballard Vale	—	4,5	4,5
Shell	Houston, Tex.	22,5	22,5	33,8
Union Carbide	Marietta	1,4	8,1	8,1
	Insgesamt	37,4	57,6	75,7

Außer den USA erzeugen England, die Niederlande, Westdeutschland, die Schweiz, Belgien, Frankreich, Japan, die CSSR und die UdSSR je etwa 4000 bis 10000 t/a Epoxidharze. Epichlorhydrin findet außerdem für die Herstellung von Ionenaustauschern Verwendung.

Neuerdings wird Epichlorhydrin zur Herstellung eines Kautschuks (Hydrinkautschuk) eingesetzt, hierzu wird Epichlorhydrin mit Aluminiumalkylen in Gegenwart eines Metallchelats teilweise zusammen mit Äthylenoxid polymerisiert [43, 44].

Für diese neuen Produkte, die unter der Bezeichnung „Chlorhydrin-Kautschuk" [45] $(-CH_2-\underset{\displaystyle CH_2-Cl}{\underset{|}{CH}}-O-)_n$ bekannt geworden sind, zeichnet sich eine neue, sehr interessante Verwendungsmöglichkeit ab. Die „Hercules Powder" (USA) hat diesen neuen Kautschuktyp, der durch Polymerisation von Epichlorhydrin erhalten wird, entwickelt.

Unter dem Handelsnamen „Hydrin 100" wird ein Homopolymerisat und unter der Bezeichnung „Hydrin 200" ein Copolymerisat mit Äthylenoxid in den Handel gebracht (neuerdings Herclor H bzw. Herclor C). Die erste Produktionsanlage soll 1970 in Hattiesburg (Miss.) in Betrieb gehen.

Nach Firmenangaben sollen die Hydrintypen eine Kombination von Eigenschaften aufweisen, die bisher mit keinem anderen Synthesekautschuk erzielt werden konnte. Beide Typen haben eine Hitzebeständigkeit und eine Widerstandsfähigkeit gegen Ozon sowie gegen das andere Oxydationsmittel, die der von Äthylen-Propylen-Terpolymeren gleichkommt.

In der Ölbeständigkeit erreichen sie den Nitrilkautschuk und in der Gasdurchlässigkeit entsprechen sie dem Butylkautschuk.

Ferner werden bei der Reaktion von Epichlorhydrin mit Phenolen oder Alkoholen Glycidäther erhalten, die für verschiedene Zwecke als reaktive Lösungsmittel oder als Stabilisatoren für halogenhaltige Polymere eingesetzt werden.

Die Polykondensationsfähigkeit der Reaktionsprodukte aus Epichlorhydrin und Ammoniak wurde zur Herstellung hochmolekularer Harze ausgenutzt.

13.2.3. Allylalkohol

Durch Verseifung von Allylchlorid entsteht Allylalkohol [46]. Dieser besitzt eine sehr große Bedeutung.

Im Laboratorium erfolgt die Verseifung von Allylchlorid zweckmäßig mit wäßriger Calciumhydroxidlösung im Rührautoklaven bei 150 °C. Im technischen Maßstab wird die Verseifung mit 5—10%iger Natronlauge bei etwa 150 °C und 13—14 at Druck durchgeführt [8, 47, 48]. Die Ausbeute erreicht dabei 85—95%, Nebenprodukte sind vor allem Diallyläther (5—10%) sowie nicht umgesetzte Chlorpropene und hochsiedende Polymere des Allylalkohols und Propionaldehyds. Die Menge an Nebenprodukten, besonders Diallyläther, kann zurückgedrängt werden, wenn bei der Druckverseifung mit möglichst geringer Konzentration an Natronlauge gearbeitet wird und evtl. kleine Mengen Natriumcarbonat zugesetzt werden (vgl. nachfolgende Aufstellung).

Abb. 53 zeigt im Schema eine Anlage zur Allylalkoholherstellung.

Tabelle 57:

Abhängigkeit der Hydrolyse von Allylchlorid zu Allylalkohol von der Alkalikonzentration

% NaOH	Verseifungs-temperatur °C	Alkohol-ausbeute %	Allyläther %	Unumgesetztes Allylchlorid %
10	158	82,5	11,5	6,0
5	157	87,5	7,6	4,9
2,5	158	93,5	3,0	3,3

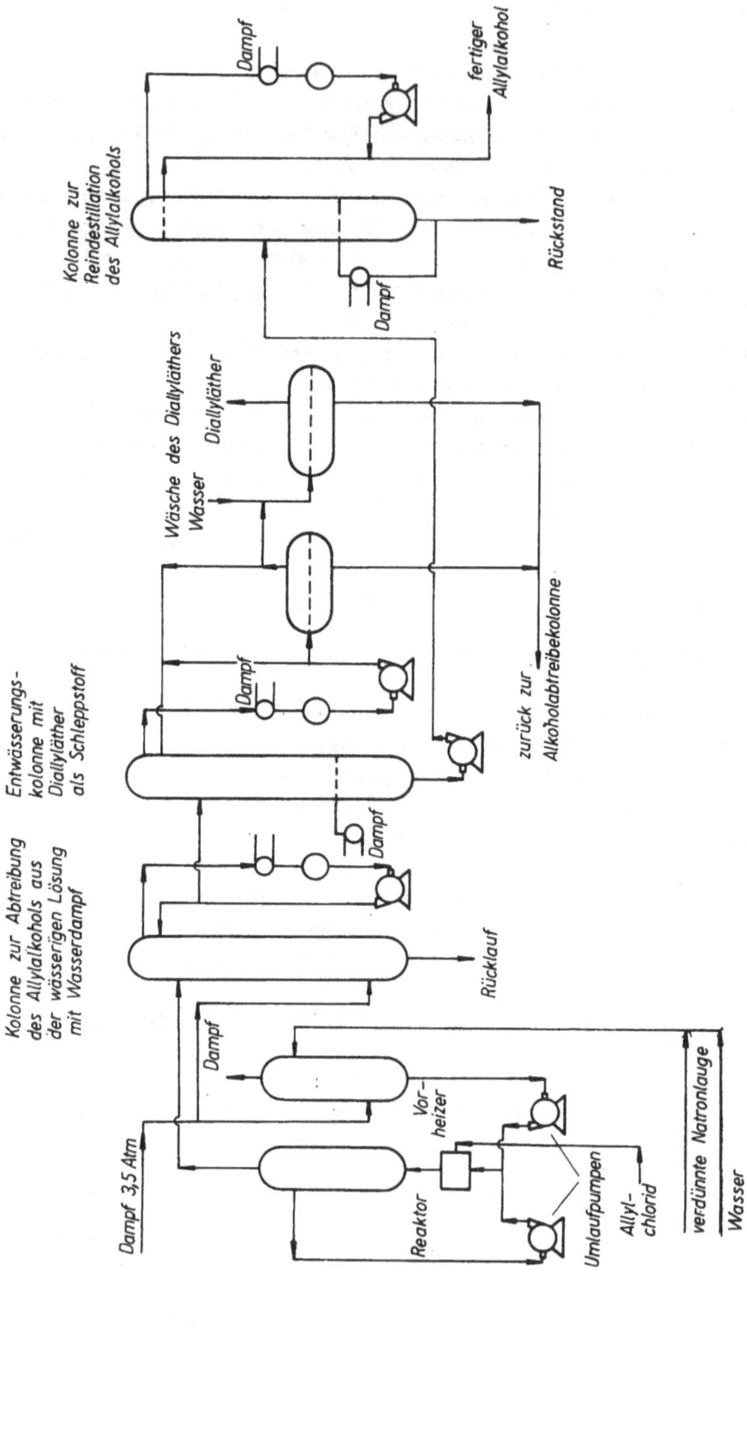

Abb. 53: Schema der Herstellung von Allylalkohol

Ein Verfahren, das in Zukunft Bedeutung erlangen dürfte, besteht in der Isomerisierung von Propylenoxid zu Allylalkohol in Gegenwart von Lithiumphosphatkatalysatoren [49], eine weitere Möglichkeit, um ohne Einsatz von Chlor zu Allylalkohol zu gelangen, besteht in der selektiven Hydrierung von Acrolein an einem Cd-Zn-Kontakt auf Bimsstein [50].

Physikalische Eigenschaften von Allylalkohol

Eigenschaften			Wert
Schmelzpunkt		°C	−129
Siedepunkt	Kp_{760}	°C	96,9
Dichte		D_4^{15}	0,8564
		D_4^{20}	0,8520
		D_4^{25}	0,8476
Brechungsindex		n_D^{20}	1,4133
		n_D^{25}	1,4111
Kritische Temperatur		°C	271,9
Verdampfungswärme bei 760 mm Hg		cal/Mol	9550
Spezif. Wärme des Dampfes bei 20 °C		cal/g	0,58
Spezif. Wärme der Flüssigkeit bei 20,5—95,5 °C		cal/g	0,665
Verbrennungswärme		kcal/Mol	442,4
Zündgrenzen in Luft		Vol.-%	2,5—18,0
Flammpunkt		°C	22,2
Viskosität bei 15 °C		P	0,01486
Viskosität bei 30 °C		P	0,01072
Dipolmoment		(Debye)	1,63
Dielektrizitätskonstante bei 16,2 °C		(λ = 60 cm)	20,3

Allylalkohol-Dampfdruckformel:

$$\log P_{mm} = 32{,}62580 - 3451{,}8/T - 7{,}94975 \log T$$

Azeotrop mit Wasser:

Kp_{760} 88,89°, enthält 72,3 Gew.-% Allylalkohol.

Allylalkohol wird als Bodendesinfektionsmittel eingesetzt, zur Bekämpfung von Nematoden sowie weiterhin als Konservierungsmittel für Blutpulver.

Wichtiger ist jedoch seine Bedeutung als Zwischenprodukt für die Synthese anderer Stoffe. Bei der Polymerisation von Allylalkohol selbst entsteht ein wasserlöslicher Polyalkohol, der zur Polyester- und Alkydharzsynthese eingesetzt werden kann. Unter den Estern hat das Diallylphthalat eine besondere Bedeutung erlangt. Das polymere Diallylphthalat eignet sich sowohl zur Herstellung von

Thermo- als auch von Duroplasten. Weiterhin findet es als Lackrohstoff u. a. Verwendung. Weitere Ester von einer gewissen Bedeutung sind der Cyanursäure-, Malein-, Fumar- und Acrylsäureester. Durch Einwirkung von SO_2 auf Allylalkohol in Gegenwart von Lösungsmitteln und Peroxiden werden polymere Allylsulfonsäuren erhalten, Zwischenprodukte zur Herstellung von Textilhilfsmitteln und Weichmachern [51].

Neuerdings hat Allylalkohol als Zwischenprodukt für die chlorlose Glycerinsynthese Bedeutung erlangt, wobei in einer Reaktionsstufe durch Umsetzung mit Wasserstoffperoxid das Glycerin erhalten wird.

$$CH_2{=}CH{-}CH_2OH + H_2O_2 \xrightarrow[50-70\,°C]{WO_3} \underset{OH}{CH_2}{-}\underset{OH}{CH}{-}\underset{OH}{CH_2}$$

13.2.4. Glycerin

Glycerin wurde 1779 von K. W. Scheele [52] bei der Verseifung von Olivenöl entdeckt.

13.2.4.1. Herstellung aus nicht petrolchemischen Rohstoffen

Bis zur Einführung synthetischer Verfahren wurde Glycerin durch alkalisches Verseifen von Ölen und Fetten gewonnen.

Bei der Verseifung fällt ein Gemisch der Seifen (Natriumsalze der Fettsäuren) mit einer wäßrigen Glycerinlösung an. Die Seife wird durch Zusatz von Natriumchlorid ausgesalzt. Glycerin wird aus der Lösung durch wiederholtes Einengen und Kristallisieren des ausfallenden Natriumchlorids gewonnen. Das anfallende etwa 80%ige dunkel gefärbte Glycerin wird durch Destillation und Behandeln mit Aktivkohle gereinigt.

Ein Verfahren [53—58], das zwar nicht zur Gewinnung von reinem Glycerin dient, bei dem vielmehr ein Gemisch von Glycerin mit anderen Glykolen anfällt, geht von Kohlenhydraten aus (Stärke, Holzmehl und Zucker, besonders Rohrzucker). Aus den Kohlenhydraten werden durch Hydrolyse zunächst Hexosen gewonnen, die in 40—50%iger wäßriger Lösung in Gegenwart von 6% Nickel bei einem Wasserstoffdruck von 300 at und Temperaturen von 80 °C ansteigend auf 180 °C hydriert werden. Nach Eindampfen wird ein Reaktionsgemisch, Glycerogen, erhalten, das aus etwa 35—40% Glycerin, 25—30% Propylenglykol, 5—10% Äthylenglykol, 1—6% Wasser sowie Hexiten besteht.

Industriell hat sich die fermentative Glycerinherstellung bisher noch nicht eingeführt. Lediglich in Deutschland wurden während des 1. Weltkrieges größere Glycerinmengen durch Hefegärung von Hexosen in Gegenwart von Na_2SO_3 neben Acetaldehyd gewonnen. Das Verfahren scheitert an einer rentablen Glyceringewinnung, besonders, falls billige Rohstoffe, wie Melasse, eingesetzt werden.

13.2.4.2. Glycerin aus Propylen

Der vermehrte Bedarf an Glycerin, verbunden mit dem verminderten Anfall bei der Seifenherstellung (Einsatz synthetischer Detergentien), führte zu einer Verknappung von Glycerin. Im Jahre 1948 errichtete daher die Shell Chemical Corp. in Houston, Tex., die erste Anlage zur Herstellung von synthetischem Glycerin [59–60], das Verfahren durchlief die Stufen:

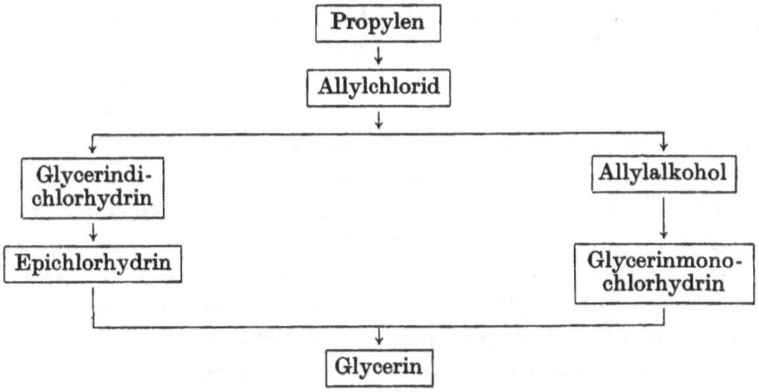

Ein zweites technisches Verfahren arbeitet ohne den Einsatz von Chlor. Es wird bisher nur in einer Anlage der Shell Chemical Corp. in Norco, La., ausgeübt und verläuft über die Stufen:

$$\text{Propylen} \rightarrow \text{Acrolein} \rightarrow \text{Allylalkohol} \rightarrow \text{Glycerin}$$

Ein drittes Verfahren, das im Maßstab einer Pilotanlage durchgeführt wird, ist von der Olin Mathieson Chemical Corp. entwickelt worden und verläuft über die Stufen:

$$\text{Propylen} \rightarrow \text{Propylenchlorhydrin} \rightarrow \text{Propylenoxid} \rightarrow \text{Allylalkohol} \rightarrow \text{Glycerin}$$

Hierbei wird also ein Teil des nach dem 1. Verfahren erforderlichen Chlors eingespart.

Eine Übersicht über die verschiedenen Verfahren gibt Abb. 51.

13.2.4.2.1. Synthesen über Allylchlorid

Die Synthese des Glycerins über Allylchlorid kann in zwei Varianten durchgeführt werden:

a) Allylchlorid wird mit unterchloriger Säure in Glycerindichlorhydrin überführt, dieses mit Kalkmilch zu Epichlorhydrin umgesetzt und das Epichlorhydrin schließlich mit verdünnter Natronlauge in Glycerin umgewandelt (vgl. Abb. 52).

b) Allylchlorid wird durch saure oder alkalische Hydrolyse zu Allylalkohol verseift, dieser in wäßriger Lösung mit Chlor zu einem Gemisch von Glycerinchlorhydrinen umgesetzt und letztere mit wäßrigem Alkali schließlich in Glycerin überführt. Welches der beiden Verfahren angewandt wird, hängt von wirtschaftlichen Überlegungen ab.

Schließlich wird Glycerin auch erhalten durch Verseifung von Glycerindichlorhydrin direkt mit Natronlauge. Doch zieht man es aus Ersparnisgründen vor, das Dichlorhydrin zunächst mit der billigeren Kalkmilch in Epichlorhydrin überzuführen (vgl. Kap. 13.2.2.1.).

Epichlorhydrin wird [61] mit einer 10—15%igen Natronlauge verseift, nachdem es vorher durch Destillation gereinigt wurde. Diese Destillation ist erforderlich, da beim Eindampfen der später anfallenden Glycerinlösung keine Kalksalze vorhanden sein dürfen. Es fällt eine 5—10%ige Glycerinlösung an, die ähnlich wie die Unterlaugen der Seifenfabrikation eingedampft wird.

Eine höhere Glycerinendkonzentration kann erreicht werden, wenn Epichlorhydrin bei 65—100 °C verseift wird und während der Reaktion Glycerinchlorhydrine zugegeben werden [62]. Untersuchungen von M. Yoshino [63] zeigen, daß die Glycerinausbeute mit absinkender Natronlaugekonzentration ansteigt, doch kann dieses Ergebnis nicht industriell ausgewertet werden, da zu niedrige Endkonzentrationen an Glycerin anfallen. Die absinkenden Glycerinausbeuten sind auf die Polymerisation des Zwischenproduktes Glycidol zu Polyglycerinen (Polyglycidol) zurückzuführen, diese Nebenreaktionen treten mit steigendem pH stärker in Erscheinung. Um stark alkalische Lösungen zu vermeiden, wird neuerdings die Hydrolyse des Epichlorhydrins bei höheren Temperaturen (150—180 °C) mit Alkalimetallcarbonaten unter Druck durchgeführt [64—65]. Es ist auch möglich, an basischen Anionenaustauschern zu hydrolysieren [66] sowie eine kombiniert sauer-alkalische Hydrolyse mit 0,1 n HCl bei 80—105 °C sowie mit 30%iger Sodalösung durchzuführen [67]. In einem Patent [68] wird vorgeschlagen, die Hydrolyse von Glycerindichlorhydrin mit Natronkalk oder NaOH derart durchzuführen, daß nur teilweise Epichlorhydrin gebildet wird, während der Rest sofort zu Glycerin hydrolysiert wird, vgl. auch [69—72].

13.2.4.2.2. Synthese über Allylalkohol

Auch aus Allylalkohol kann, wie bereits vorstehend angekündigt wurde, Glycerin hergestellt werden. Dabei gibt es ebenfalls mehrere Möglichkeiten:

a) über das Chlorhydrin,
b) durch Oxydation mit Wasserstoffperoxid.

Bei der Chlorhydrinierung von Allylalkohol wird am günstigsten in verdünnter (5%ig) wäßriger Lösung bei 15 °C gearbeitet, da sich herausgestellt hat, daß die zu gewinnende Glycerinmenge um so größer ist, je verdünnter die eingesetzte Allylalkohollösung ist. Zur Abhängigkeit der Glycerinausbeute von der Allylalkoholkonzentration vgl. Williams [73].

Es entsteht ein Gemisch von α- und β-Glycerinmonochlorhydrin sowie α.β-Glycerindichlorhydrin. Die Reaktion wird durch die H- und Cl-Ionen, die bei der Reaktion von Chlor mit Wasser gebildet werden, beschleunigt und verläuft daher schneller als beim Einsatz von reiner unterchloriger Säure.

Von Myszkowski [74] werden als optimale Bedingungen für die Glycerinchlorhydrinbildung aus Allylalkohol mit Chlor angegeben: 4,5–5,5%ige wäßrige Allylalkohollösung, Reaktionstemperatur 50–60 °C, molare Mengen an Allylalkohol und Chlor, Reaktionsdauer 5 sec; Ausbeute 88% Glycerinmono- und 9% Glycerindichlorhydrine.

Aus den Chlorhydrinen wird durch alkalische Verseifung eine verdünnte wäßrige Lösung von Glycerin gewonnen, die auf 99%iges Glycerin aufgearbeitet wird. Die Ausbeute an Glycerin, bezogen auf Allylalkohol, beträgt 90%. Das Verseifungsprodukt enthält etwa 93,5% Glycerin, 1,5% unumgesetzte Chlorhydrine und 3,5% höhersiedende Bestandteile (Polyglycerine).

Für die Verseifung ist es günstig, nicht mit reiner verdünnter Natronlauge zu arbeiten, sondern in Gegenwart von Soda. Es wurden früher Lösungen von 10%iger Natronlauge und 1% Soda angewandt [75, 76]. Neuerdings wird jedoch der Einsatz eines größeren Anteils an Sodalösung empfohlen. Myszkowski [77] schlägt den Einsatz von Lösungen mit einem Anteil von 75% Soda und 25% Natronlauge vor. Auch der alleinige Einsatz von Soda wird beschrieben. In diesem Fall muß die Hydrolyse jedoch bei höherer Temperatur durchgeführt werden: Mit 10%iger Sodalösung bei 200–220 °C [78], mit 20%iger Sodalösung bei 150 °C [79–80].

Eine Druckhydrolyse von α-Glycerinmonochlorhydrin ist auch mit Wasser bei 135 °C/25 at möglich [81]. Auch stark basische Anionenaustauscher (Amberlite IRA 400, Dowex 2) werden als hydrolysierende Agenzien vorgeschlagen [82]. In diesem Falle ist eine Nachbehandlung mit katalytischen Mengen an Kationenaustauschern (Amberlite IR-112, IR-120, Dowex 50) bei 50 °C erforderlich, um gebildetes Glycidol zu hydrolysieren. Eine schonende Hydrolyse kann auch durch stufenweise Zugabe der Basen bei ansteigenden Temperaturen erreicht werden [83].

Eine weitere Möglichkeit, von Allylalkohol zu Glycerinen zu gelangen, besteht in der Chlorierung von Allylalkohol. Hierzu führte H. R. Ing [84] 1948 Untersuchungen durch. Bei Chlorierung in wäßriger Salzsäure erhielt er 72% Glycerindichlorhydrin. Eine ähnliche Ausbeute wird in einem amerikanischen Patent [85] angegeben, bei dem die Chlorierung zusätzlich noch im Dunkeln durchgeführt wird. Schließlich gelingt auch in Gegenwart von Soda eine Chlorierung [86]. Allerdings scheint sich dieses Verfahren nicht allgemein durchzusetzen, da es schwierig zu handhaben ist und nicht ganz befriedigende Ausbeuten liefert.

13.2.4.2.3. Glycerin aus Propylen ohne Verwendung von Chlor

Da im Weltmaßstab Chlor ein knappes Rohmaterial ist, wurden Anstrengungen unternommen, um den hohen Chlorverbrauch bei der zunächst entwickelten Glycerinsynthese einzuschränken oder ganz ohne Chlor auszukommen. Von der

Shell Chemical Corp. wurde ein derartiges Verfahren entwickelt, das jedoch bisher erst in einer einzigen größeren Anlage in Norco, La., angewandt wird.

Die einzelnen Schritte dieses Verfahrens sind [87—88]:

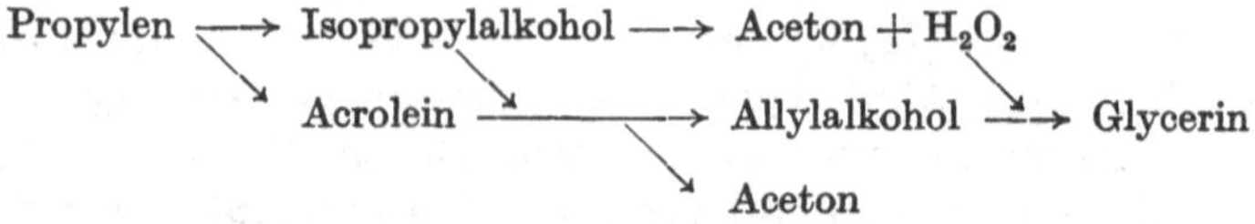

Die Rentabilität dieses Verfahrens hängt in großem Maße von der Verwendbarkeit des anfallenden Acetons, 2 Mol auf 1 Mol Glycerin, ab.

Eine der wichtigsten und schwierigsten Stufen bei diesem Verfahren ist die Hydrierung von Acrolein zum Allylalkohol.

Gereinigtes Acrolein wird hierfür mit der 2—3fachen molaren Menge an Isopropylalkohol bei 391—401 °C über einen Magnesiumoxid-Zinkoxid-Katalysator geleitet unter Bildung von 77,4% Allylalkohol [89—90], als weitere Katalysatoren werden vorgeschlagen [91] ZnO-CaO, MgO-Ta_2O_5, Fe_2O_3-MgO, MgO-Cu_2O. Als vorteilhaft bei dieser Stufe wird auch der Einsatz des Aluminiumalkoholats eines sek. Alkohols als Katalysator empfohlen (Reaktionsdurchführung nach MEERWEIN-PONNDORF [92]). Ausbeute bei der Darstellung von Allylalkohol 84,2—92,1%.

Die partielle Oxydation von Isopropylalkohol zu Aceton unter gleichzeitiger Bildung von Wasserstoffperoxid kann in der Flüssigphase und in der Gasphase durchgeführt werden.

a) Oxydation in der Flüssigphase

Bei der Flüssigphaseoxydation [93] sekundärer Alkohole wirkt H_2O_2 selbst als Initiator der Reaktion; es wird in einer Konzentration von 0,5—1% dem frischen Isopropylalkohol zugegeben, als Reaktionsbedingungen werden 90—140 °C, als Sauerstoffdruck 2,5 at angegeben. Sauerstoff setzt sich zu 80—95% um. Die Ausbeute kann erhöht und die Oxydationsdauer verkürzt werden, falls etwas Eisessig [94] oder Schwermetallsalze [95] (Kobalt-, Eisen(III)-, Nickel-, Mangan-, Chromsalze), allerdings in Gegenwart von H_2O_2-Stabilisatoren [96] (Sauerstoffsäuren des Zinns, Antimons, Siliciums oder Aluminiums oder deren Alkalisalze), zugesetzt werden, auch eine Auskleidung des Reaktors mit Na-stannat oder Na-phosphat wirkt ähnlich [97—98]. Eine Beschleunigung der Oxydation ist auch durch UV-Bestrahlung möglich (Stabilisator TiO_2) [99]. Das Reaktionsprodukt muß vor der Destillation mit Wasser verdünnt werden, um keine explosionsartigen Reaktionen zwischen H_2O_2 und den organischen Verbindungen auszulösen. Durch Abtoppen werden Aceton und Isopropylalkohol entfernt. Es bleibt eine 6—10%ige wäßrige H_2O_2-Lösung zurück, die noch kleinere Mengen an Alkoholen, Aldehyden und Ketonen enthält [100 bis 102]. Wenn man sich mit relativ geringen Alkoholumsätzen begnügt (15%), kann H_2O_2 in einer Ausbeute von 87—93% erhalten werden.

Umfangreiche Untersuchungen über die Bildung von H_2O_2 bei der Oxydation von Isopropylalkohol wurden von A. BURGHARDT et al. [106] durchgeführt. Die Reaktionsgeschwindigkeit stieg mit steigender Temperatur an, doch sank die Ausbeute an H_2O_2 ab. Als Initiatoren der Reaktion eignen sich am besten H_2O_2, tert.-Butylperoxid sowie tert.-

Butylperbenzoat. Es muß bei der Oxydation mit einem gewissen Sauerstoffüberschuß gearbeitet werden, da es in Abwesenheit von O_2 in stärkerem Maße als in Anwesenheit von O_2 zu einer Reaktion zwischen Isopropylalkohol und H_2O_2 unter Verminderung der Ausbeuten kommen kann.

Als Neben- und wahrscheinliche Zwischenprodukte wurden dimeres und trimeres Acetonperoxid sowie weitere Peroxide dünnschichtchromatographisch nachgewiesen.

b) Oxydation in der Gasphase

Erstmals wurde 1949 über die Oxydation von Isopropylalkohol in der Gasphase berichtet [103]. Die Reaktion wird bei 460 °C bei einem Verhältnis Luft : Isopropylalkohol wie 10 : 7 in Gegenwart von 3 Tln. Wasserdampf oder bei 400 °C mit Luft : Isopropylalkohol im Verhältnis 1 : 1 durchgeführt [104]. Es wird ein 60—80%iger Sauerstoffumsatz erreicht, dabei liegen die Verweilzeiten bei 0,5—1 sec. Der Reaktor soll mit säurefestem Email ausgekleidet sein. Ferner ist es wichtig, das Reaktionsgemisch schnell auf Temperaturen unterhalb 100 °C abzukühlen. Dies geschieht vorteilhaft durch Einspritzen von Wasser. Die H_2O_2-Ausbeute bei der Gasphaseoxydation liegt bei etwa 70%, wobei gleichzeitig 90% Aceton anfallen. Untersuchungen von A. R. Burgess [105—106] geben als optimale Bedingungen eine Temperatur von 420 °C und eine Kontaktzeit von 50—80 sec an. Umsatz 40%, Ausbeute an H_2O_2 80%, Aceton 90% neben 1—2% Methanol, 1—2% Glyoxal sowie 5% Form- und Acetaldehyd, doch können für die Technik kürzere Kontaktzeiten bei niedrigerem Umsatz noch günstiger sein.

Die Hydroxylierung von Allylalkohol durch H_2O_2 zu Glycerin [107] wird durch verschiedene Schwermetallverbindungen (V_2O_5, CrO_3, Fe(II)-Salze, OsO_4, Wolframsäure, Na_2WO_4, Phosphorwolframsäure, Phosphormolybdänsäure u. a.) [108—109] katalysiert.

Bei der technischen Durchführung hat sich die Verwendung von Wolframsäure als geeignet erwiesen. Die Oxydation des Allylalkohols erfolgt mit 2-molarer H_2O_2-Lösung bei 60—70°C in Gegenwart von 0,2% des Katalysators, wobei am günstigsten im Verhältnis Allylalkohol : H_2O_2 = 1 : 1 gearbeitet wird [110]. Die Ausbeute an Glycerin, bezogen auf Allylalkohol, liegt bei 80—90%.

Zur Verbesserung der Ausbeute wird vorgeschlagen, die Oxydation in mehreren Stufen durchzuführen, entweder in 2 Stufen bei 40 °C und 70 °C [111], bei 50 °C und 70°C [112], in Gegenwart von $NaHWO_4$ in 3 Stufen bei 30—45 °C, 40—60 °C und 70—90 °C (90% Ausbeute) [113] oder in mehreren Reaktoren unter allmählichem Temperaturanstieg stufenweise zwischen 50 und 70°C [114].

Auch eine stufenweise Veränderung des pH-Wertes während der Reaktion ist möglich, zunächst wird bei einem pH-Wert von 3,5 und 45 °C gearbeitet. In der 2. Phase wird bei Raumtemperatur gearbeitet, wobei teilweise Glycidol entsteht. Bei anschließendem Verseifen durch Ansäuern auf pH 2 [115] oder Erwärmen auf 70 °C entsteht Glycerin [116]. Hydrolyse ist auch durch Erwärmen des bei 45 °C oxydierten Reaktionsgemisches auf 145 °C möglich [117]. Die Wolframsäure kann zur Erhöhung der Aktivität auf Al_2O_3- oder SiO_2-Gel bzw. auf Aktivkohle aufgebracht werden [118]. Auch freies WO_3, suspendiert in Essigsäure, kann zur Reaktion gebracht werden [119]. Über die Rückgewinnung von WO_3 vgl. [120].

Auch die Oxydation mit Iso- oder Heteropolywolframsäuren [121] und besonders mit Phosphorwolframsäuren [122] (sowie Beryllium- oder Manganwolframsäure

[123]) verläuft bei 70 °C mit Ausbeuten von 89—90%. Ebenso werden Heteropolysäuren, die Mo oder Cr sowie S, Se oder Te enthalten, als Katalysatoren vorgeschlagen [124].

Als Katalysator mit ähnlich guten Eigenschaften wie Wolframsäure erwies sich auch OsO_4, das schon bei 30 °C allein und in Gegenwart von reaktionsbeschleunigenden Mangan- bzw. Cersalzen [125] Glycerin in Ausbeuten von 74—90% liefert. In gleicher Weise ist die Umwandlung von Acrolein zu Glyceraldehyd möglich [126]. Ohne zusätzlichen Katalysator kommt ein Verfahren aus, das mit Ameisensäure als Hydroperoxidüberträger (vermutlich in Form von Perameisensäure) arbeitet. 10tägige Reaktion bei 30 °C bzw. Erwärmen auf 46 °C lieferten 82—94% Glycerin [127—128]. Analog ist es möglich, Allylalkohol mit H_2O_2 und Allylformiat zur Reaktion zu bringen (75—80%) [129]. Auch die Verwendung von Isopropylformiat als Lösungsmittel bei der Reaktion dürfte auf einem ähnlichen Reaktionsverlauf beruhen [130].

Einen ähnlichen Verlauf nimmt auch die Epoxydation von Allylalkohol mit Peressigsäure in Essigsäure unter gleichzeitiger Hydrolyse zu Glycerin [131—132].

Theoretische Untersuchungen über die Hydroxylierung von Allylalkohol zeigen, daß als Katalysatoren nur Oxide geeignet sind, welche Persäuren zu bilden vermögen, wie z. B. WO_3, OsO_4 [133], MoO_3, V_2O_5 [134], die dann ihre oxydierende Wirkung entfalten, wie z. B. H_2WO_5, das auch bei anderen Oxydationen, wie z. B. der Oxydation von Acrolein zu Acrylsäure, als Sauerstoffträger wirksam ist [135].

In einem neueren Patent [136] wird ein Reaktionsweg direkt vom Propylen zum Glycerin vorgeschlagen:

$$\text{Propylen} \xrightarrow[\text{(Abschrecken)}]{O_2,\ 550\,^{\circ}C} \text{Allylhydroperoxid} \xrightarrow[20-100\,^{\circ}C]{WO_3 \text{ od. } OsO_4} 75\%\ \text{Glycerin}$$

Die von der F.M.C.-Corporation (Food Machinery and Chemical Corp.) in Bayport, Tex., neu in Betrieb genommene 18,5 kt-Glycerin-Anlage arbeitet nach einem neuen Verfahren, den das nachstehende Schema wiedergibt [205, 206]:

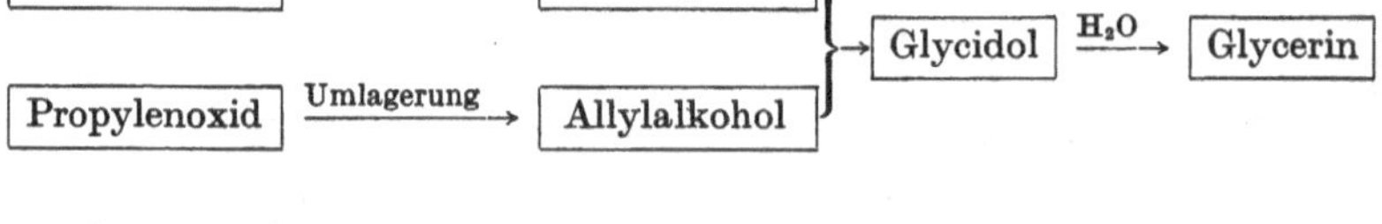

Eine geplante 12 kt-Anlage der Daicel Ltd., Ohtake, scheint nach einem ähnlichen Prinzip zu arbeiten.

Eine ökonomische Betrachtung von A. A. Banciu [137] kommt zu dem Ergebnis, daß das Verfahren ohne Einsatz von Chlor ökonomisch günstiger ist, besonders, falls das Wasserstoffperoxid nach dem oben angegebenen Verfahren im Betrieb selbst hergestellt wird und der erforderliche Absatz von Aceton gesichert ist.

13.2.4.3. *Eigenschaften des Glycerins*

Eigenschaft				Wert
Schmelzpunkt		°C		+18,18
Siedepunkt (760 mm)		°C		290,5
Dichte	D_{15}^{15}	g/cm³		1,26557
	D_{20}^{20}	g/cm³		1,26362
	D_{25}^{25}	g/cm³		1,26201
Viskosität		cP 20 °C		1499
		25 °C		945
		30 °C		624
Bildungswärme	kcal/Mol	18 °C/760 mm		−157,9
Verdampfungswärme		kcal/Mol (55 °C)		21,1
		(165 °C)		18,74
Schmelzwärme		kcal/Mol (18 °C)		4,414
Verbrennungswärme (Konst. Vol.) kcal/Mol				396,8
	(Konst. Druck) kcal/Mol			397,2
Flammpunkt (geschl. Gefäß)		°C		177
Brennpunkt		°C		204
Zündtemperatur (Luft, 760 mm Hg) °C				520
Spez. Wärme		cal/g	−250 °C	0,0471
			−200 °C	0,115
			0 °C	0,540
			+ 50 °C	0,600
			+100 °C	0,669
Oberflächenspannung dyn/cm			0 °C	88,0
			20 °C	63,4
			90 °C	58,6
			150 °C	51,9
			202 °C	45,3
Brechungsindex	n_D^{20}			1,47399
Dielektrizitätskonstante			−140 °C	2,8
			−1 °C	3,6
			+21 °C	15,3
			+40 °C	33,1
			+50 °C	35,8
			+94,9 °C	30,5
			+225 °C	25,3
Dipolmoment	D			2,56

Siedepunkte von Glycerin bei verschiedenen Drücken [138]:

mm Hg	760	500	300	100	70	50
°C	290,0	274,23	256,32	222,41	212,52	203,62

mm Hg	30	20	10	5
°C	190,87	181,34	166,11	152,03

Dampfdrücke von Glycerin [139]:

mm Hg	1	5	10	20	40	60
°C	125,5	153,8	167,2	182,2	198,0	208,0

mm Hg	100	200	400	760
°C	220,1	240,0	263,0	290,0

Über weitere physikalische Daten vergleiche die folgenden Literaturangaben:

Viskosität von Glycerin bei verschiedenen Temperaturen [140]
Thermische Ausdehnung von Glycerin [141]
Siedepunkte wäßriger Glycerinlösungen bei 760 mm Hg [142]
Erstarrungspunkte und Dichten wäßriger Glycerinlösungen [143]
Viskositäten wäßriger Glycerinlösungen [144]
Brechungsindices wäßriger Glycerinlösungen bei 20 °C [141]
Thermische Ausdehnung wäßriger Glycerinlösungen [141]

Angaben über physikalische Daten von Glycerin vgl. auch Ullmann [145].

13.2.4.4. Verwendung von Glycerin

Wichtigster Verwendungszweck von Glycerin ist die Herstellung des Trinitrats, des sogenannten Nitroglycerins, dem z. Z. wichtigsten Sprenggrundstoff. Weiterhin wird Glycerin zusammen mit Phthalsäureanhydrid zur Herstellung von Harzen (Glyptal-Harze) eingesetzt und ist außerdem ein wichtiges Zwischenprodukt der chemischen Industrie (Herstellung von Chinolin, Benzanthron und Alizarinblau).

In der kosmetischen Industrie wird es als Salbengrundlage sowie in Hautpflegemitteln und Zahnpasten eingesetzt, weiterhin dient es zum Süßen von Getränken und zur Extraktion von Geruchstoffen. Sehr wichtig ist die Verwendung von Glycerin zum Feuchthalten von Tabak.

Die Textilindustrie benötigt Glycerin zur Herstellung von Schlichten und Appreturen.

In der Technik wird Glycerin als Wärmeüberträger in Heizsystemen, als Kühlflüssigkeit, Sperrflüssigkeit, Gefrierschutzmittel, Schmiermittel, Weichmachungsmittel, als Drucküberträger in hydraulischen Systemen, bei der Herstellung von Elektrolytkondensatoren, Kopiertinten, Hektographenmassen, Stempel- und Druckfarben eingesetzt, in Verbindung mit PbO auch als Kitt. Allerdings wird Glycerin in vielen Fällen durch andere Stoffe ersetzt, die für das spezielle Aufgabengebiet besser geeignet sind. Zu diesen Ersatzstoffen gehören Äthylenglykol, 1.2- oder 1.3-Propylenglykol, Polyglykole, Trimethyloläthan, Trimethylolpropan, Hexantriole, Pentaerythrit, Zuckeralkohole, Polyglycerin u. a.

Eine größere Bedeutung besitzen Glycerintriacetat und -tributyrat als Weichmachungsmittel für Celluloseester und -äther.

Die Monophosphate besitzen Bedeutung in der pharmazeutischen Industrie. Die Chlorhydrine sind wichtige Zwischenprodukte zur Herstellung von Glycerin, sie haben aber auch Bedeutung für Synthesezwecke.

Polyglycerine, erhältlich beim Erhitzen von Glycerin mit Alkalien auf Temperaturen oberhalb 200 °C, dienen anstelle von Glycerin zur Herstellung von Schlichten und Appreturen, als Weichmacher, Schmiermittel sowie zur Erzeugung von Kosmetika und Alkydharzen.

Der Glycerinverbrauch in den USA betrug 1950 nach Anwendungsgebieten aufgegliedert [146]:

Tabelle 58:

Alkydharze	31 800 t	Papier	2 500 t
Tabak	13 600 t	Druckerei	2 500 t
Sprengstoffe	13 600 t	Lebensmittel	2 390 t
Cellophan	12 200 t	Klebemittel	2 350 t
Kosmetik	5 600 t	Margarine	2 180 t
Pharmazeutika	5 600 t	Textilindustrie	1 820 t
Kork und Dichtungsmaterial	5 000 t	fettdichtes Papier	1 360 t
Kautschuk	680 t	Verschiedenes	6 380 t
		Gesamt	109 560 t

13.3. Perchlorierung des Propylens

Das Verfahren zur Perchlorierung [161—167] von Propylen und ähnlichen Kohlenwasserstoffen wurde bearbeitet, um ein billiges Verfahren zur Herstellung von Perchloräthylen, einem Lösungsmittel von immer mehr ansteigender Bedeutung, zu entwickeln, das unabhängig vom Acetylen ist. Der gleichzeitig anfallende Tetrachlorkohlenstoff ist ebenfalls ein begehrtes Produkt, überschüssige Mengen können weiter zu Perchloräthylen umgesetzt werden, da letzteres Tetrachlorkohlenstoff an Bedeutung weit überflügelt hat.

13.3.1. Herstellung von Tetrachlorkohlenstoff

Tetrachlorkohlenstoff wurde erstmals 1840 gewonnen von I. Dumas (aus Methan und Chlor) sowie von V. Regnault (aus Methylchlorid und Chlor). In der Folgezeit wurde Tetrachlorkohlenstoff durch Chlorierung von Schwefelkohlenstoff dargestellt, ein Verfahren, das rentabel wurde, als erkannt worden war, daß S_2Cl_2 mit CS_2 in Gegenwart von Eisen ebenfalls zu CCl_4 umgesetzt werden kann [168]:

$$CS_2 + 3\,Cl_2 \rightarrow CCl_4 + S_2Cl_2$$
$$2\,S_2Cl_2 + CS_2 \rightarrow CCl_4 + 6\,S$$

Eine weitere Möglichkeit, Tetrachlorkohlenstoff herzustellen, ist gegeben durch die Chlorierung von Methan oder chlorierten Methanen, die bei der Methanchlorierung anfallen. Die erste technische Methanchlorierungsanlage, die 1923 von den Farbwerken Hoechst in Betrieb genommen wurde, lieferte Tetrachlorkohlenstoff neben Methylchlorid, Methylenchlorid (dem Hauptprodukt) und Chloroform in variablen Verhältnissen. Um eine vollständige Chlorierung bis zum CCl_4 zu erreichen, werden vorteilhaft mehrere Chlorierer in Kaskade geschaltet und Chlor sowie Methanchlorierungsprodukte im Gegenstrom gefahren.

Über das in neuerer Zeit wichtig gewordene Verfahren zur Hochtemperaturchlorierung von Erdgas oder niederen Methanchlorierungsprodukten wird unter 13.3.3. berichtet. Eine Direktsynthese von Tetrachlorkohlenstoff aus den Elementen war bisher technisch noch nicht möglich.

13.3.2. Darstellung von Perchloräthylen

Perchloräthylen (Tetrachloräthylen) wurde erstmals von M. Faraday durch Chlorabspaltung aus Hexachloräthan dargestellt.

Die früheren Verfahren zur Herstellung von Perchloräthylen basierten mittelbar im wesentlichen auf Acetylen, das zunächst in Tetrachloräthan überführt wurde (Wacker-Prozeß). Vom Tetrachloräthan ausgehend wurden folgende Varianten ausgearbeitet:

a) Pyrolyse oder Chlorwasserstoffabspaltung durch schwache Basen zum Trichloräthylen, Chlorieren zum Pentachloräthan in Anwesenheit von $FeCl_3$ und nochmalige Pyrolyse bei 220–300 °C an $BaCl_2$ oder $CuCl_2$ auf Aktivkohle [169] oder HCl-Abspaltung mittels $Ca(OH)_2$ [170] unter Bildung von Perchloräthylen.

b) Dehydrierung von Tetrachloräthan mit Chlor bei 300 °C an $BaCl_2$ oder $CuCl_2$ auf Aktivkohle [171] oder mittels Sauerstoff an $CuCl_2$, $ZnCl_2$ oder $CaCl_2$ auf Bimsstein oder Celite [172].

c) Chlorieren von Trichloräthylen bei 300 °C an Aktivkohle mit Chlor [173].

Bei der direkten Chlorierung von Acetylen erfordert die große Wärmeentwicklung (117 kcal/Mol), daß Acetylen und Chlor durch Inertgase verdünnt werden [174] oder die Reaktion zwischen Acetylen und der 3–3,5fachen Menge an Chlor bei 750–950 °C in einer Flammenreaktion abläuft (80–85% Perchloräthylen) [175]. Sehr aussichtsreich scheint ein Verfahren der Soc. d'Ugine zu sein, das auf folgenden Reaktionsgleichungen basiert [176]:

$$C_2Cl_4 + 2\,Cl_2 \xrightarrow{650-700\,°C} 2\,CCl_4 \text{ (vgl. auch [177])}$$

$$C_2Cl_4 + Cl_2 \xrightarrow[\text{Aktivkohle}]{200-250\,°C} C_2Cl_6$$

$$3\,C_2Cl_6 + C_2H_2 \xrightarrow[\text{CuCl/Aktivkohle}]{300-350\,°C} 4\,C_2Cl_4 + 2\,HCl$$

Es ist hiernach jedes Verhältnis zwischen Tetrachlorkohlenstoff und Perchloräthylen einstellbar.

Aus Tetrachlorkohlenstoff kann Perchloräthylen durch thermische Spaltung im elektrischen Ofen bei 900 °C erhalten werden. Man arbeitet in Gegenwart von Tetrachloräthan oder Trichloräthylen, um das freiwerdende Chlor unter Bildung chlorierter Verbindungen abzufangen [178].

Interessant ist neuerdings der Einsatz von 1.2-Dichloräthan als Zwischenprodukt, das durch Chlorieren von Äthylen in Gegenwart von $FeCl_3$, $CuCl_2$ oder $SbCl_5$ [179] auf Aktivkohle mit Chlor oder mit HCl und Sauerstoff an $CuCl_2$ bei 150 °C [180] erhältlich ist. 1.2-Dichloräthan wird bei 300 °C an $CuCl_2$ auf Aktivkohle [181], mit einem Gemisch von $AlCl_3$, NaCl und $FeCl_3$ [182] oder im Wirbelschichtverfahren an einem Gemisch von $CuCl_2$, $ZnCl_2$ und $CdCl_2$ auf Celite bei 350—450 °C zu Perchloräthylen chloriert, ähnlich arbeitet auch ein Oxychlorierungsverfahren an $CuCl_2$-KCl/Bleicherde.

Ein direkt vom Äthylen ausgehendes Verfahren arbeitet mit einem Äthylen/O_2/Cl_2-Verhältnis von 1:2:1 bei 413—419 °C und einer Verweilzeit von 9,8 sec unter Verwendung eines Katalysators auf Basis $CuCl_2$-KCl auf Bleicherde, Umsatz 94,1%, Selektivität 53,8% Perchloräthylen. Ähnlich ist ein Oxyhydrochlorierungsverfahren mit einem Katalysator aus CuCl, $CuCl_2$, KCl und 0,2% $NiCl_2$ bei 442 °C, Einsatzprodukte 1.2-Dichloräthan/O_2/HCl = 1:1,30:1,04, Ausbeute an Tri- und Perchloräthylen 71%.

13.3.3. Perchlorierung

13.3.3.1. Perchlorierung verschiedener aliphatischer Kohlenwasserstoffe, insbesondere Propylen

Die Hochtemperaturchlorierung niedrigmolekularer aliphatischer Kohlenwasserstoffe, wobei vor allem Methan, Äthan, Propan, n- und Isobutan, Äthylen und Propylen sowie deren Chlorderivate Verwendung finden, bei Temperaturen von 450—700 °C verläuft nicht mehr als reine Substitutionsreaktion, sondern zu einem großen Teil als „spaltende“ und „aufbauende“ Crackung. Im Falle von Methan überwiegt hierbei die Verknüpfung von C_1-Bruchstücken unter Bildung von Perchloräthylen, bei den Propanen und Propenen die Spaltung unter Bildung von Tetrachlorkohlenstoff und Perchloräthylen, während der Anteil der Spaltung bei den Äthanen und Äthenen durch die Reaktionsbedingungen beeinflußt werden kann [183—186].

Die ersten Hochtemperaturchlorierungsverfahren arbeiteten mit Methan und seinen Chlorierungspunkten. Methan oder später Erdgas wird hierbei mit überschüssigem Chlor bei 450—700 °C bis zum Tetrachlorkohlenstoff chloriert, nach Verbrauch des Chlors wandelt sich ein großer Teil in Perchloräthylen um (Nebenprodukte Hexachloräthan, Hexachlorbenzol) [187, 188]. Mit Steigerung der Temperatur steigt die Ausbeute an Perchloräthylen, durch Belassen eines gewissen Restpartialdruckes an Chlor kann dagegen die Ausbeute zugunsten von Tetrachlorkohlenstoff erhöht werden [189]. Ein Zusatz von Inertgas (N_2) begünstigt den Übergang von Tetrachlorkohlenstoff in Perchloräthylen [190]. Eine katalytische Chlorierung von Methan in der Wirbelschicht an einem Material großer Oberfläche arbeitet bei etwas tieferen Temperaturen, optimal ~ 360 °C [191]. Es ist möglich, durch Chlorieren von Methan in Anwesenheit eines größeren Überschusses an Tetrachlorkohlenstoff bei 500—700 °C Ausbeuten von 96% Perchloräthylen zu erreichen [192]. Technisch erlangten die Verfahren eine größere Bedeutung, als C_3-Kohlenwasserstoffe als Rohstoffe eingesetzt wurden. Anlagen hierfür arbeiten seit 1954 bei der Progil-Electrochimie Cie. in Pont de Claix (Kapazität 35000 t/Jahr) und bei der Péchiney Cie. in St. Auban (Kapazität 8000 t/Jahr), letztere nach dem Verfahren der Scientific Design Co. [193], bei dem wechselweise C_1—C_4-Kohlenwasserstoffe eingesetzt werden können.

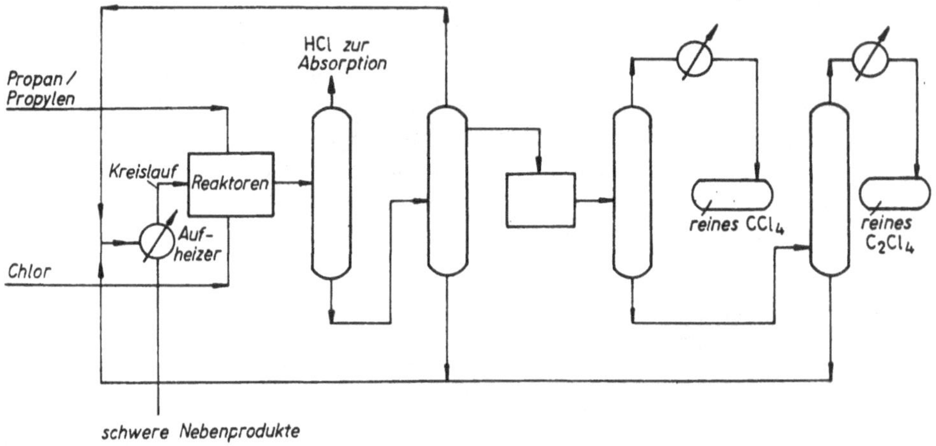

Abb. 54: Darstellung von Tetrachlorkohlenstoff und Perchloräthylen durch Perchlorierung eines Propan-Propylen-Gemisches

Nach dem Verfahren der Scientific Design Co. werden Chlor, Kohlenwasserstoff und Tetrachlorkohlenstoff als Kreislaufgas in einen Reaktor bei 500—650 °C eingegeben. Das Verfahren arbeitet ohne Katalysator und ohne äußere Wärmezuführung. Das austretende Gas wird mit 21—36%iger Salzsäure abgeschreckt, die hierbei nicht absorbierten Gase werden durch einen HCl-Absorber geleitet, der 20%ige Salzsäure liefert, die anschließend wieder in das Quenchgefäß zurückgegeben wird. Die den HCl-Absorber verlassenden Gase werden einer Chlorrückgewinnungsanlage zugeführt. Die Flüssigkeit aus dem Quenchgefäß wird in ein Dekantiergefäß überführt, die obere Schicht auf HCl aufgearbeitet und aus der unteren Tetrachlorkohlenstoff und Cl_2 herausdestilliert [194], die in den Kreislauf zurückgeführt werden. In einer Endkolonne destilliert über Kopf Perchloräthylen ab. Das Verfahren arbeitet praktisch ohne Verluste.

Die Anlage der Progil-Electrochimie Cie. (Abb. 54) arbeitet mit einem Propan-Propylen-Gemisch und Chlor, das nur wenig O_2 enthalten darf. Zwei Reaktoren werden hierbei in Serie geschaltet. Chlor wird lediglich in den 1. Reaktor eingeführt, das C_3-Gemisch dagegen auf beide Reaktoren verteilt. Die Temperaturregelung erfolgt durch Zugabe eines Verdünnungsmittels und durch äußere Kühlung. Im 1. Reaktor wird eine Temperatur von 450 °C, im 2. Reaktor von 550°C aufrecht erhalten (auch eine Variante mit drei Reaktoren, bei denen Temperaturen von 460, 530 und 560 °C aufrecht erhalten werden, ist möglich) [195—196]. Die Mengen an Perchloräthylen können zwischen 30 und 65% variiert werden, sowohl Tetrachlorkohlenstoff wie Perchloräthylen sind sehr rein. Verbrauchsziffern pro t Perchloräthylen: 0,185 t Propylen und 1,83 t Cl_2; es entstehen 0,93 t HCl. Pro t Tetrachlorkohlenstoff Verbrauch von 0,10 t Propylen und 1,48 t Chlor, es entstehen 0,502 t HCl.

Folgende Varianten sind für die Perchlorierung von Propylen oder Propan noch bekannt geworden: Als Verdünnungsmittel werden bei der Durchführung als Wirbelschichtverfahren Hexachloräthan, CCl_4 und Perchloräthylen selbst vorgeschlagen [197], auch als Quenchmittel sind CCl_4 und C_2Cl_4 geeignet. Besonders in letztem Fall wird eine sehr hohe Ausbeute von 55,8% Tetrachlorkohlenstoff und 44% Perchloräthylen neben nur 0,2% Nebenprodukten erhalten [198]. Es ist auch möglich, das Verfahren in zwei Stufen aufzuteilen, einer Chlorierungs- und einer Pyrolysestufe [199, 200]. Als Katalysatoren werden vorgeschlagen $FeCl_3$ [201] bei 425—525°C, $CuCl_2$-$BaCl_2$ auf Aktivkohle, teilweise in Gegenwart von Co-, Ni- oder Ce-Salzen als Promotoren [202], auch Bestrahlung durch photochemisch aktives Licht wird empfohlen [203]. Eine Teerbildung während der Pyrolyse kann durch Verwendung von Tetrachlorkohlenstoff und Perchloräthylen als Verdünnungsmittel vermieden werden [202]. Um eine günstige Chlorbilanz zu erreichen, wird das bei der Pyrolyse freiwerdende Chlor mit frischem Kohlenwasserstoff umgesetzt und das dabei gebildete Gemisch chlorierter Kohlenwasserstoffe bei 425—525°C pyrolysiert [204].

13.3.3.2. Einschätzung der Verfahren zur Herstellung von Tetrachlorkohlenstoff und Perchloräthylen

Nach dem Verfahren der Progil-Electrochimie Cie. werden folgende Rohstoffe benötigt:

Propylenanteil des Rohstoffs	pro 1 t C_2Cl_4	pro 1 t CCl_4
Propylen	0,185	0,100
Chlor	1,830	1,480
HCl (Nebenprodukt)	0,930	0,502
Propananteil des Rohstoffs		
Propan	0,194	0,104
Chlor	2,135	1,643
HCl (Nebenprodukt)	1,240	0,668

Eine detaillierte Einschätzung der verschiedenen Verfahren zur Herstellung von Tetrachlorkohlenstoff und Perchloräthylen ist nicht möglich, da die beeinflussenden Faktoren kaum eine Verallgemeinerung zulassen. Entscheidend ist, welche Rohstoffe am Anlagenort zur Verfügung stehen.

Eine Umwandlung von Tri- in Perchloräthylen ist lediglich in den Fällen attraktiv, in denen Trichloräthylen nicht als solches abgesetzt werden kann. Verfahren, die von Acetylen und auch den anderen Kohlenwasserstoffen ausgehen, liefern stets HCl als Nebenprodukt. Sie erfordern teilweise ein Arbeiten in mehreren Stufen, Chlorreaktionen bei höheren Temperaturen und umfangreiche Trennungsverfahren. Der HCl-Anfall ist größer bei den direkt vom Acetylen ausgehenden Verfahren, daher ist die Rentabilität von der Verwertung der anfallenden HCl, eventuell durch Überführung nach dem Deacon-Prozeß in Chlor, abhängig. Die Herstellung von Perchloräthylen aus Acetylen wird weiterhin eine gewisse Rolle spielen, wenn auch die anderen Kohlenwasserstoffe und insbesondere die C_3-Fraktion, in immer stärkerem Maße an dessen Stelle treten werden.

13.3.4. Eigenschaften von Tetrachlorkohlenstoff und Perchloräthylen

Tetrachlorkohlenstoff:

Eigenschaft		Wert
Schmelzpunkt	°C	−22,9
Siedepunkt bei 10 mm Hg	°C	−20,7
bei 100 mm Hg	°C	22,5
bei 760 mm Hg	°C	76,7
bei 10 at	°C	176,0
Verdampfungszahl (Äther = 1)		4,0
Dichte bei 20 °C	g/cm^3	1,592
Dynamische Zähigkeit bei 20 °C	$kg \cdot s/cm^2$	$99{,}45 \cdot 10^{-6}$
Dynamische Zähigkeit des Dampfes bei 76,7 °C	$kg \cdot s/cm^2$	$1{,}175 \cdot 10^{-6}$
Kritische Temperatur	°C	283,1
Kritischer Druck	kg/cm^2	46,5
Kritische Dichte	g/cm^3	0,558
Wärmeleitzahl bei 20 °C	kcal/m · Std.°C	0,1017
Wärmeleitzahl des Dampfes bei 76,7 °C	kcal/m · Std.°C	0,0069
Spezifische Wärme bei 20 °C	kcal/kg · °C	0,2028
Spezifische Wärme des Dampfes bei 76,7 °C	kcal/kg · °C	0,1440
Schmelzwärme	kcal /Mol	0,577
Verdampfungswärme bei 76,7 °C	kcal/Mol	7,04
Normalentropie	Cl/Mol	52
Bildungsenthalpie	kcal/Mol	−33,8
Ausdehnungskoeffizient/Grad		$4{,}5 \cdot 10^{-4}$
Oberflächenspannung bei 20 °C	kg/cm	$27{,}295 \cdot 10^{6}$
Brechungsindex	n_D^{20}	1,4607

Eigenschaft		Wert
Molrefraktion	R_D	26,51
Dielektrizitätskonstante		2,25
Magnetische Suszeptibilität		$-0{,}429 \cdot 10^{-6}$
Parachor		219,0
Löslichkeit von CCl_4 in Wasser bei 25 °C	g/kg	1,16
Löslichkeit von Wasser in CCl_4 bei 20 °C	g/kg	0,080

Azeotrope Gemische:

Zweite Komponente	Siedepunkt (°C)	% CCl_4
Wasser	66	95,9
Ameisensäure	66,65	81,5
Methanol	55,7	79,4
Äthylalkohol	65,1	84,1
Isopropylalkohol	68,95	82,0
Aceton	56,1	11,5
Nitromethan	71,3	83,0
Acetonitril	65,1	83,0
1.2-Dichloräthan	75,3	78,4

Perchloräthylen:

Eigenschaft		Wert
Schmelzpunkt	°C	−22,35
Siedepunkt bei 10 mm Hg	°C	13,0
bei 100 mm Hg	°C	59,5
bei 760 mm Hg	°C	121,1
Dichte bei 20 °C	g/cm^3	1,623
Viskosität bei 20 °C	cP	0,88
Oberflächenspannung bei 20 °C	dyn/cm	32,3
Spezifische Wärme bei 20 °C	cal/g · °C	0,216
Molwärme bei 0 °C	cal/Mol · °C	32,8
Verbrennungswärme	kcal/Mol	−162,5
Verdampfungswärme bei 121,1 °C	kcal/Mol	8,30
Ausdehnungskoeffizient/Grad		$1{,}08 \cdot 10^{-3}$
Wärmeleitzahl bei 20 °C	cal/cm · g · Sek · °C	$0{,}39 \cdot 10^{-3}$
Kritische Temperatur	°C	347
Dampfdichte bei 121 °C	g/*l*	5,13
Brechungsindex	n_D^{20}	1,5058
Molrefraktion	R_D	26,51
Dielektrizitätskonstante bei 20 °C		2,37
Parachor		244,5
Magnetische Suszeptibilität		$-0{,}508 \cdot 10^{-6}$
Löslichkeit in Wasser bei 25 °C	%	0,01
Löslichkeit von Wasser in C_2Cl_4 bei 25 °C	%	0,01

Azeotrope Gemische:

Zweite Komponente	Siedepunkt (°C)	% C_2Cl_4
Wasser	87,1	84,1
Methanol	63,75	36,5
Äthanol	76,75	37,0
n-Propylalkohol	94,05	52,0
n-Butanol	108,95	71,0
Ameisensäure	88,15	50,0
Essigsäure	107,35	61,5

13.3.5. Verwendung von Tetrachlorkohlenstoff und Tetrachloräthylen

Tetrachlorkohlenstoff hat sein Hauptanwendungsgebiet in der chemischen Reinigung dank seines hohen Lösevermögens für Harze, Öle, Fette, Wachse, Pech, Bitumen u. a. und seiner Unbrennbarkeit gefunden. Außerdem dient es zur Entfettung feiner Metallteile und im Haushalt als Fleckenentfernungsmittel und Fußbodenreinigungsmittel. Von seiner Unbrennbarkeit wird bei seiner Verwendung als Feuerlöschmittel Gebrauch gemacht. Weiterhin wird es als Begasungsmittel zur Bekämpfung von Kornlagerschädlingen, zur Entwesung des Ackerbodens und als Lösungsmittel für natürliche und synthetische Schädlingsbekämpfungsmittel eingesetzt. Als Rohstoff in der Chemie ist Tetrachlorkohlenstoff Ausgangsmaterial zur Herstellung der als Kältemittel eingesetzten Fluorchlormethane. In der Gummiindustrie findet er schließlich noch Verwendung als Quellungs- und Lösungsmittel für Rohgummi sowie als Verdünnungsmittel für S_2Cl_2 bei der Kaltvulkanisation.

Perchloräthylen beherrscht jetzt den Markt für Trockenreinigungsmittel, hierfür werden in den USA und in Großbritannien 75% der Gesamtmenge verwendet. Es hat hierbei weitgehend das Trichloräthylen ersetzt, das jetzt lediglich noch zur Metallentfettung eingesetzt wird. Perchloräthylen wird speziell bei der Reinigung von Aluminium dem Trichloräthylen vorgezogen. Außerdem wird es für die verschiedensten Zwecke als Lösungs- und Extraktionsmittel eingesetzt sowie in der Medizin als wirksames Mittel gegen Würmer. Als chemischer Rohstoff ist es Ausgangsmaterial zur Herstellung von Hexachloräthan.

Literatur

[1] S. A. Miller: Chem. Process Engng. **47** (1966), 268–75
[2] D. A. S. 1210801 (1966), Scientific Design Co. (D. Brown und J. W. Colton)
[3] T. D. Stewart und B. J. Weidenbaum: J. Amer. chem. Soc. **58** (1936), 98–99
[4] U. S. P. 2130084 (1938), Shell Development Co. (H. P. A. Groll, G. Hearne und J. Burgin);

U. S. P. 2077382 (1937) und 2321472 (1943), Shell Development Co. (W. ENGS, A. H. REDMOND und S. N. WIK);
D. R. P. 736315 (1936), N. V. de Bataafsche Petroleum Maatschappij
[5] H. P. A. GROLL und G. HEARNE: Ind. Engng. Chem. **31** (1939), 1530–37
[6] D. R. P. 740986 (1938) und D. R. P. 720079 (1938), IG Farbenindustrie (W. FLEMMING und G. STEIN)
[7] E. C. WILLIAMS: Chem. metallurg. Engng. **47** (1940) 834–38; **48** (1941), 87–89
[8] E. C. WILLIAMS: Trans. Amer. Inst. Chem. Engr. **37** (1941), 157–207
[9] A. W. FAIRBAIRN, H. A. CHENEY und A. J. CHERNIAVSKY: Chem. Engng. Progress **43** (1947), 280–90
[10] Belg. P. 611644–611646 (1962), Scientific Design Co. (D. BROWN und J. W. COLTON)
[11] D. A. S. 1211151 (1966), 1215691 (1966), Halcon International, Inc. (D. BROWN)
[12] D. R. P. 720545 (1937), IG Farbenindustrie, U. S. P. 2410647 (1938), General Aniline and Film Corp.
[13] J. DYKYJ, P. KLUČOVSKY, J. HASPRA und I. ONDRUS; Chem. prumysl **11** (1961), 281–84
[14] P. KLUČOVSKY und J. DYKYJ: Acta Chim. Acad. Sci. Hung. **36**, 1–4 (1963), 145–55
[15] Tschech. P. 94473 (1960) (J. DYKYJ, P. KLUČOVSKY und J. HASPRA)
[16] Holl. P. 84704 (1957), N. V. de Bataafsche Petroleum Maatschappij (F. J. F. VAN DER PLAS und CHR. P. VAN DIJK)
[17] Brit. P. 762153 (1956), Naamloze Venootschap de Bataafsche Petroleum Maatschappij
[18] U. S. P. 2763699 (1956), Shell Development Co. (CHR. P. VAN DIJK und F. J. F. VAN DER PLAS)
[19] Brit. P. 901680 (1962), Columbia-Southern Chemical Corp. (D. H. EISENLOHR und C. E. LOEHR)
[20] U. S. P. 3054831 (1962), Union Carbide Corp. (R. H. SAMPLES und L. E. HILBERT)
[21] D. A. S. 1114184 (1961) BASF (H. ENGELBACH, H. NONNENMACHER und H. OSTERMAYER)
[22] L. A. REED und W. F. STEVENS; Can. J. Chem. Engng. **41**, *4* (1963), 182–86
[23] D. A. S. 1147219 (1963), R. KLAR
[24] U. S. P. 2207193 (1937), Shell Development Co.; U. S. P. 1477047 (1919) Du Pont de Nemours und Co.
[25] E. GALITZENSTEIN und C. WOOLF: J. Soc. chem. Ind. **69** (1950), 298
[26] E. T. MCBEE, H. B. HASS, T. H. CHAO, Z. D. WELCH und L. E. THOMAS: Ind. Engng. Chem. **33** (1941), 180
[27] Belg. P. 572902 (1959) Solvay und Cie.
[28] Brit. P. 495900 (1937) IG. Farbenindustrie
[29] U. S. P. 2966529 (1960), Monsanto Chemical Co. (D. E. STEEN)
[30] U. S. P. 2494034 (1950), Shell Development Co. (D. J. CARLSON)
[31] Chem. Engng. Progress **43** (1947), 280
[32] M. BERTHELOT und S. DE LUCA: Ann. Chimie [3] **41** (1854), 299
[33] D. L. YABROFF und J. ANDERSON: Proc. 3rd. World Petrol. Congress Section V., S. 22 bis 30 (1950)
[34] Brit. P. 784620 (1957), Union Carbide Corp. (B. PHILLIPS und P. S. STARCHER), U. S. P. 3150154 (1964), Union Carbide Corp. (B. PHILLIPS und P. S. STARCHER)
[35] Brit. P. 754359 (1956), N. V. de Bataafsche Petroleum Maatschappij, U. S. P. 2786854 (1957), Shell Development Co. (C. W. SMITH und G. B. PAYNE)
[36] F. P. 1376471 (1964), Inst. Francaise du Petrole, des Carburants et Lubrificants (F. LANOS und J. ALAGY)

[37] U. S. P. 3053856 (1962), Shell Oil Co. (G. B. PAYNE und PH. D. DENNING)
[38] Niederld. A. S. 6408316 (1965), Inst. Francaise du Petrole, des Carburants et Lubrificants
[39] T. KIRYU und H. KOMATSU: Mem. Fac. Technol. [Tokyo] Metropol. Univ. **12** (1962), 963—76; ref. C. A. **59** (1963), 7019h
[40] P. LEONE und M. BENELLI: Gazz. chim. Ital. **52** (II) (1922), 77
[41] L. A. HORSLEY: Ind. Engng. Chem., Anal. Ed. **19** (1947), 508—600
[42] Chem. Industrie **16** (1964) 484
[43] E. J. VANDENBERG: Rubber Plastics Age **46**, *10* (1965), 1139—53;
E. J. VANDENBERG: Rev. gén. Caoutchouc Plastiques **43** (1966), 76—81
[44] W. D. WILLIS, L. O. AMBERG, A. E. ROBINSON und E. J. VANDENBERG: Rubber Wrld., **153**, *1* (1965), 88—97;
P. FOURNIER: Rev. gén. Caoutchouc Plastiques **43** (1966), 1469—78
[45] Chem. Industrie **17**, *10* (1965), 583;
D. P. [DDR] 55828 (1967), F. WOLF und H. SPIESS;
D. A. S. 1237313 (1967), Hercules Powder Co. (A. E. ROBINSON)
[46] „*Allylalcohol*" (Monographie), Shell Chemical Corp., San Francisco (1946), 95 S.
[47] U. S. P. 2072016 (1936), Shell Development Co. (M. W. TAMELE und H. P. A. GROLL)
[48] U. S. P. 2318033 (1939), Shell Development Co. (G. H. VAN DE GRIENDT, K. W. MARPLE und L. M. PETERS)
[49] U. S. P. 2426264 (1947), Brit. P. 603815 (1948), Union Carbide and Carbon Corp.; U. S. P. 2479632 (1945), Wyandotte Chemicals Ltd. (L. G. LUNDSTEDT und E. C. JAKOBS); U. S. P. 1917179 (1933, 1945), Union Carbide and Carbon Corp.;
P. G. SERGEEW, L. M. BUKREEVA und A. G. POLKOVNIKOVA: J. angew. Chem. (UdSSR) **31** (1958), 1415—19;
L. G. LUNDSTEDT, E. C. JAKOBS, E. J. SCHWOEGLER und TH. H. VAUGHAN: Ind. Engng. Chem. **43** (1951), 728—30;
P. G. SERGEEW, L. M. BUKREEVA und A. G. POLKOVNIKOVA: Chim. Nauka i Prom. **2** (1957), 133; ref. C. A. **52** (1958), 6150g;
U. S. P. 2986585 (1961), Olin Mathieson Chemical Corp. (W. I. DENTON);
Brit. P. 902953 (1962), Olin Mathieson Chemical Corp.;
Can. P. 690646 (1964), D. A. S. 1197077 (1965), Schwz. P. 403742 (1966), F. P. 1271563 (1962), Progil S. A. (A. THIZY, M. E. DEGEORGES und E. CHARLES), vgl. auch Zusatzpatent F. P. 79905 (1963);
F. P. 1344311 (1964), Progil S. A. (G. SCHNEIDER);
U. S. P. 3238264 (1966), Jefferson Chemical Co., Inc. (R. L. ROWTON);
U. S. P. 3209037 (1965), Shell Oil Co. (R. W. FOURIE, R. L. MAYCOCK und G. H. RIESSER);
F. P. 1316720 (1963), Sicedison S. p. A. (J. HERZENBERG und P. GRATTONI)
[50] Holl. P. 56516 (1940), D. B. P. 858247 (1952), Degussa (H. BRENDLEIN); Brit. P. 734247 (1955); N. V. de Bataafsche Petroleum Mij.; U. S. P. 2763696 (1956), Shell Development Co. (H. DE V. FINCH und K. E. FURMAN); Belg. P. 623031 (1963), Kyowa Fermentation Ind. Co. Ltd.; S. KUNICHIKA, SH. OKA und M. SAKAI: Bull. Inst. chem. Res., Kyoto Univ. **44**, *3* (1966), 215—20;
Niederld. A. S. 6409479 (1966), Stamicarbon N. V.;
UdSSR. P. 175928 (1965), Sci.-Res. Inst. of Synthetic Alcohols and Organic Products (L. A. IWANOWA und T. P. POTAPOWA);
S. D. MECHTIEW und O. A. NARIMANBEKOW: Neftechimija **5** (1965), 237—45

[51] F. P. 894673 (1943), IG. Farbenindustrie, U. S. P. 2198936 (1938), Phillips Petroleum Co.
[52] K. W. SCHEELE: Crells Chem. Journal **4** (1779), 190
[53] D. R. P. 541362 (1927), IG. Farbenindustrie
[54] D. B. P. 892590 (1941), Degussa
[55] U. S. P. 2852570 (1958), Inventa AG
[56] D. A. S. 1077203 (1960), Inventa AG
[57] D. A. S. 1077204 (1960), Inventa AG
[58] G. NATTA, R. RIGAMONTI und E. BEATI: Ber. dtsch. chem. Ges. **76** (1943), 643, 655
[59] L. S. CASLIN: Oil Gas J. **47**, *20* (1948), 88–90, 128–30; J. W. CUTCHEON: Soap sanit. Chemical **24**, *9* (1948), 37–39, 44
[60] D. P. THORNTON jr.; Petroleum Processing **3** (1948), 931–34
[61] Petr. Refiner **32**, *11* (1953), 138
[62] Niederld. P. 83256 (1956), N. V. de Bataafsche Petroleum Maatschappij
[63] M. YOSHINO, M. SHIBATA, T. IKEDA, Y. NAMBA und E. MIYAUCHI: Yukagaku **13**, *11* (1964), 582–85; **14**, *3* (1965), 113–19; **14**, *4*, 182–85, ref. C. A. **63** (1965), 17821b–e
[64] Brit. P. 768779 (1957), N. V. de Bataafsche Petroleum Maatschappij
[65] Niederld. P. 93903 (1960). N. V. de Bataafsche Petroleum Maatschappij
[66] J. VIRIOT: Bull. Assoc. Franc. Techniciens Petrole **151** (1962), 17–42
[67] Tschech. P. 104347 (1962), J. ONDRUS und O. LUSTIK
[68] U. S. P. 2858345 (1958), Olin Mathieson Chemical Corp. (R. M. THOMAS und B. F. DANNELS)
[69] U. S. P. 2873298 (1959), Shell Development Co. (K. B. COFER)
[70] U. S. P. 2605293 (1952), Shell Development Co. (F. T. TYMSTRA)
[71] F. P. 1328311 (1963), Scientific Design Co., Inc. (D. BROWN)
[72] D. A. S. 1156774 (1964), Halcon Internat., Inc.
[73] E. C. WILLIAMS: Trans. Amer. Inst. chem. Engng. **37** (1941), 157–207
[74] J. MYSZKOWSKI und A. Z. ZIELINSKI: Przemysl chem. **44**, *5* (1965), 249–52
[75] E. C. WILLIAMS: Chem. Metallurg. Engng. **47** (1940), 835
[76] U. S. P. 2318032 (1939), Shell Development Co.
[77] J. MYSZKOWSKI, A. Z. ZIELINSKI und E. LASKOWSKA: Przemysl chem. **44**, *10* (1965), 565–69
[78] Brit. P. 940284 (1963), Olin Mathieson Chemical Corp.
[79] Brit. P. 889613 (1962), Olin Mathieson Chemical Corp.
[80] K.-SH. CHIA, T.-H. KU und CH.-T. CHOU: Union Ind. Res. Inst. Rept. (Taiwan) **37** (1958), 15
[81] U. S. P. 2311741 (1940), Celanese Corp. of America
[82] Brit. P. 971633 (1964), Standard Oil Co. (Ohio)
[83] Brit. P. 773436 (1957), N. V. de Bataafsche Petroleum Maatschappij
[84] H. R. Ing., J. Chem. Soc. [London] **1948**, 1395
[85] U. S. P. 3037059 (1962), Olin Mathieson Chemical Corp. (D. W. KAISER)
[86] D. B. P. 840236 (1952), BASF (H. JACOBI)
[87] Petr. Refiner **34**, *12* (1955), 160
[88] M. MUGDAN und D. P. YOUNG: J. Chem. Soc. [London] **1949**, 2988
[89] Brit. P. 619014 (1949), N. V. de Bataafsche Petroleum Maatschappij (S. A. BALLARD, H. DE V. FINCH und E. A. PETERSON)
[90] Niederld. P. 65211 (1950), N. V. de Bataafsche Petroleum Maatschappij

[91] U. S. P. 2767221 (1956), Shell Development Co. (S. A. BALLARD, H. DE V. FINCH und F. A. PETERSON)
[92] Brit. P. 755600 (1956), N. V. de Bataafsche Petroleum Maatschappij; U. S. P. 2779801 (1957), Shell Development Co. (H. de V. FINCH und A. DE BENEDICTIS)
[93] Brit. P. 708339 (1954), Niederld. P. 76939 (1954); Belg. P. 499726 (1956), N. V. de Bataafsche Petroleum Maatschappij, U. S. P. 2871104 (1959), Shell Development Co.
[94] D. B. P. 935303 (1955), N. V. de Bataafsche Petroleum Maatschappij
[95] Brit. P. 751508 (1956), D. B. P. 962069 (1957), Niederld. P. 84609 (1956), N. V. de Bataafsche Petroleum Maatschappij
[96] Brit. P. 731238 (1955), N. V. de Bataafsche Petroleum Maatschappij
[97] Belg. P. 525653 (1956), Niederld. P. 83355 (1956), N. V. de Bataafsche Petroleum Maatschappij
[98] U. S. P. 2871101 (1959), 2871102 (1959), 2871103 (1959), Shell Development Co.
[99] U. S. P. 2910415 (1959), Fine Organics Inc.
[100] P. W. SHERWOOD: Chemie-Ing.-Techn. **32** (1960), 461
[101] Brit. P. 760605 (1956); D. B. P. 962065 (1957), Niederld. P. 86525 (1957), N. V. de Bataafsche Petroleum Maatschappij
[102] D. B. P. 940349 (1956), N. V. de Bataafsche Petroleum Maatschappij
[103] U. S. P. 2479111 (1949), E. I. du Pont de Nemours und Co.
[104] M. BACCAREDA und C. PEDRAZZINI: Riv. combustibili 8 (1954), 417–28
[105] A. R. BURGESS, C. F. CULLIS und E. J. NEWITT: J. Chem. Soc. [London] **1961**, 1884 bis 1893;
A. R. BURGESS: J. appl. Chem. **11**, *7* (1961), 235–43
[107] D. B. P. 863492 (1940), BASF
[108] D. B. P. 890943 (1943), 892589 (1943), 908135 (1943), BASF
[109] U. S. P. 2414385 (1947), Research Corp., N. Y. C. (N. A. MILAS)
[110] S. D. MECHTIEW. A. A. BAKSHI-ZADE und S. J. MECHTIEW: Azerbajdzanskij chim. Ž. **1961** (*5*), 47–58
[111] UdSSR. P. 166009 (1964), N. G. MARKINA, B. D. KRUTSCHALOW und S. T. MESCHTCHERIAKOW
[112] U. S. P. 2731502 (1956), Shell Development Co. (C. W. SMITH)
[113] Poln. P. 48251 (1964), Inst. Ciezkiej Synt. Organ. (L. JAKUBOWICZ und N. LAPACZ)
[114] Brit. P. 725375 (1955), N. V. de Bataafsche Petroleum Maatschappij
[115] D. A. S. 1212056 (1966), Chem. Werke Hüls AG (K.-H. SIMMROCK und G. KRÜGER)
[116] UdSSR. P. 107762 (1957), P. G. SERGEEW, L. M. BUKREEVA und A. G. POLKOVNIKOVA
[117] U. S. P. 2862978 (1958), Shell Development Co. (J. R. SKINNER, CH. H. WILCOXEN und G. J. CARLSON)
[118] U. S. P. 2776301 (1957), Shell Development Co. (G. B. PAYNE und C. W. SMITH)
[119] Brit. P. 654764 (1951), Distillers Co., Ltd. (D. P. YOUNG)
[120] D. A. S. 1198806 (1965), Soc. d'Electrochimie, d'Electrometallurgie et des Acieries Electriques d'Ugine (F. WEISS und A. ISARD)
[121] U. S. P. 2838575 (1958), Shell Development Co. (C. W. SMITH)
[122] T. MAZONSKI, D. GASZTYCH und W. ŻIELINSKI: Przemysl Chem. **41** (1962), 251–54
[123] U. S. P. 2773909 (1956), Shell Development Co. (C. W. SMITH)
[124] U. S. P. 2754325 (1956), Shell Development Co. (C. W. SMITH)
[125] D. B. P. 907774 (1954), BASF (K. PIEROH und W. JORDE)
[126] U. S. P. 2718529 (1955), Shell Development Co. (C. W. SMITH und R. T. HOLM)

[127] U. S. P. 2500599 (1950), Shell Development Co. (I. Bergsteinson, Th. W. Evans und J. R. Scheibli)
[128] U. S. P. 2739173 (1956), Allied Chemical and Dye Corp. (A. E. Corey und J. N. Crosby)
[129] Brit. P. 771346 (1957), Niederld. P. 83175 (1956), N. V. de Bataafsche Petroleum Maatschappij (J. J. Tjepkama)
[130] Brit. P. 799753 (1958), Ruhrchemie AG
[131] Brit. P. 917747 (1963), D. A. S. 1222028 (1966), F. P. 1287162 (1962), Uddeholms Aktiebolag (S. H. Persson, S. E. L. Nord, P. E. Larberg und St. M. Herbertson)
[132] T. Suzuki und Y. Mizumura: J. Chem. Soc. Japan, Ind. Chem. Sect. **69** (1966), 434—40
[133] L. V. Sulima: Ž. org. Chim. **1** (1965), 75—78
[134] Brit. P. 730431 (1955), N. V. de Bataafsche Petroleum Maatschappij
[135] P. G. Sergeew und L. M. Bukreeva: Ž. obšč. chim. **28** (1958), 101—03
[136] D. A. S. 1158951 (1963), Union Rheinische Braunkohlen- und Kraftstoff-AG (G. Nettesheim)
[137] A. S. Banciu: Rev. chim. [Bucuresti] **13** (1962), 628—33
[138] C. v. Rechenberg: „*Einfache und fraktionierte Destillation*", L. Staackmann, Leipzig 1963
[139] D. R. Stull: Ind. Engng. Chem. **39** (1947), 520
[140] G. Tammann und W. Hesse: Z. anorg. allg. Chem. **17** (1932), 1060—64; V. Vand: Research **1** (1947), 44—45
[141] C. S. Miner und N. N. Dalton: „*Glycerol*", Reinhold Publ. Corp., New York 1953
[142] E. Schlenker: „*Das Glycerin*", Wissenschaftl. Verlagsanstalt, Stuttgart 1932
[143] L. B. Laue: Ind. Engng. Chem. **17** (1925), 294;
W. L. Bosart und A. Snoddy: ibid. **19** (1927), 506—10
[144] M. L. Shelly: ibid. **24** (1932), 1060—64
[145] Ullmann: „*Encyklopädie der technischen Chemie*", Bd. 8, S. 194—95, Urban und Schwarzenberg, München-Berlin 1957
[146] C. S. Miner und N. N. Dalton: „*Glycerol*", Reinhold Publ. Corp., New York 1953
[147] U. S. P. 2216548 (1938), Shell Development Co.
[148] L. M. Peters und K. E. Marple: Ind. Engng. Chem. **40** (1948), 2046
[149] Org. Syntheses, Coll. Vol. **2** (1943), 24
[150] U. S. P. 2405973 (1944), 2406369 (1944), U. S. Secretary of Agriculture
[151] F. P. 954646 (1947), 954702 (1947), C. W. Hamilton und E. Yanovsky
[152] M. Zief und E. Yanovsky; Ind. Engng. Chem. **41** (1949), 1697
[153] U. S. P. 2443741 (1944), American Cyanamid Co.
[154] Chem. metallurg. Engng. **57**, *6* (1950), 111; Manufact. Chemist pharmac. fine chem. Trade J. **21** (1950), 343—46; Chemie-Ing.-Techn. **22** (1950), 338
[155] U. S. P. 2263654 (1938) Standard Oil Development Co.; U. S. P. 2331869 (1941), Shell Development Co.
[156] D. R. P. 706510 (1938), Röhm und Haas;
P. D. Bartlett und R. Altschul: J. Amer. chem. Soc. **67** (1945), 816; vgl. auch U. S. P. 2533425 (1946), Phillips Petroleum Co.
[157] U. S. P. 2259470 (1939), IG Farbenindustrie
[158] U. S. P. 2485107 (1943), Thiokol Corp.
[159] Chem. Engng. News **25** (1947), 2712
[160] U. S. P. 2424520 (1947), Shell Development Co. (C. J. Tomkin)
[161] S. A. Miller: Chem. Process Engng. **47** (1966), 268—75

[162] R. Tanaka: Yuki Gosei Kagaku Kyokai Shi **20** (1962), 482–94; ref. C. A. **58** (1963), 2355a
[163] W. U. Seiler: Chem. Engng. News **38**, *22* (1960), 124–29
[164] J. Kraft, R. Thermet und L. Parvi: Chim. Ind. [Paris] **83** (1960), 557–63
[165] J. J. Lukes: Chem. Engng. Progr. **54**, *3* (1958), 75–78
[166] C. H. Chilton: Chem. Engng. **65**, *9* (1958), 116–19
[167] S. A. Miller: Chem. Process Engng. **48**, *4* (1967), 79–84
[168] D. R. P. 72999 (1893), Müller und Dubois
[169] D. B. P. 846847 (1942), Wacker GmbH
[170] D. B. P. 901774 (1940), Wacker GmbH
[171] D. R. P. 679389 (1935), Wacker GmbH;
U. S. P. 2342100 (1940), Du Pont de Nemours und Co.
[172] D. R. P. 757142 (1939), Kali-Chemie
[173] D. B. P. 806456 (1949), Wacker GmbH
[174] D. R. P. 725276 (1937), Wacker GmbH
[175] D. R. P. 734024 (1940), Donau-Chemie
[176] Brit. P. 749408 (1956), D. B. P. 935965 (1956), F. P. 1073631 (1954); Soc. d'Electrochimie, d'Electrometallurgie et des Aciéries Electriques d'Ugine; vgl. auch Brit. P. 788828 (1958), und F. Zusatz-P. 69061 (1958)
[177] U. S. P. 2305821 (1938), J. Wimmer
[178] Oe. P. 166909, (1948), Donau-Chemie
[179] D. R. P. 298931 (1915), Th. Goldschmidt GmbH;
D. R. P. 442342 (1917), IG. Farbenindustrie
[180] U. S. P. 2644846 (1948), Shell Development Co.
[181] U. S. P. 1947491 (1933), Dow Chemical Co.
[182] U. S. P. 2034292 (1933), Dow Chemical Co.
[183] E. T. McBee, H. B. Hass, T. H. Chao, Z. D. Welch und L. E. Thomas: Ind. Engng. Chem. **33** (1941), 176
[184] W. Hirschkind: Ing. Engng. Chem. **41** (1949), 2749–52
[185] U. S. P. 2442323 (1948), Dow Chemical Co. (C. W. Davis, Ph. H. Dirstine und Wm. E. Brown)
[186] U. S. P. 2442324 (1948), Dow Chemical Co. (R. G. Heitz und Wm. E. Brown)
[187] Ullmann: „*Encyklopädie der technischen Chemie*“, Urban u. Schwarzenberg, München 1954, Bd. 5, S. 412
[188] Belg. P. 449037 (1943), IG. Farbenindustrie AG
[189] F. P. 1406470 (1965), Niederld. A. S. 6506177 (1965), Halcon International., Inc. (P. H. Spitz und Th. W. Stein)
[190] H. Stegner: Przemysl Chem. **42**, *6* (1963), 306–09
[191] Brit. P. 710244 (1953), Diamond Alkali Co.; vgl. auch U. S. P. 2806768 (1957), H. Bender
[192] Brit. P. 772126 (1957), 794408 (1958), Chempatents Inc.
[193] D. A. S. 1228245 (1966), U. S. P. 2746998 (1956), Halcon International, Inc. (D. Brown, J. W. Colton und R. Landau)
[194] F. P. 1356229 (1964), Scientific Design Co.
[195] Brit. P. 819987 (1959), Progil-Electrochimie Cie.
[196] D. A. S. 1074027 (1960), Chemische Werke Hüls AG (F. Krüll, R. Baumbach, O. Nitzschke und W. Krumme)

[197] F. P. 1147756 (1957), Soc. d'Electrochimie, d'Electrometallurgie et des Aciéres Electriques d'Ugine; vgl. auch F. P. 1493131 (1967), Halcon International, Inc.
[198] U. S. P. 2857438 (1958), Stauffer Chemical Co.
[199] E. T. McBee und L. W. Devaney: Ind. Engng. Chem. **41** (1949), 803—06
[200] F. P. 1373709 (1964), Solvay und Cie.
[201] Brit. P. 960022 (1964), Solvay und Cie.
[202] U. S. P. 2919296 (1959), Soc. d'Electrochimie, d'Electrometallurgie et des Aciéres Electriques d'Ugine (R. Thermet und L. Parvi); vgl. auch F. P. 1166211 (1958)
[203] Oe. P. 164479 (1949), Donau-Chemie AG
[204] Belg. P. 614382 (1962), F. P. 1292994 (1962), Solvay und Cie.
[205] Oil Gas J. **66**, *14* (1968), 80
[206] Hydrocarbon Processing **47**, *4* (1968), 17

14. Isopren aus Propylen

Isopren [1—12] wurde erstmals 1860 von C. G. WILLIAMS [13] durch trockene Destillation von Kautschuk gewonnen. Schon bald, nachdem erkannt worden war, daß Isopren der Grundbaustein des Naturkautschuks ist, wurden Versuche zu seiner Synthese unternommen.

Die Entwicklung stagnierte jedoch für einige Zeit, nachdem es gelungen war, auf der Basis von Butadien synthetisch Kautschuk von zunächst ausreichender Qualität zu erzeugen. Erwähnt seien hier Styrol-Butadien- und Styrol-Acrylnitril-Kautschuk. Diese Typen genügten jedoch insbesondere den in jüngster Zeit angestiegenen Anforderungen nicht, so daß Naturkautschuk für spezielle Anwendungsgebiete weiterhin benötigt wurde. Einen beachtlichen Aufschwung erhielten diese Untersuchungen durch die Arbeiten von K. ZIEGLER und G. NATTA, denen es gelang, Diene stereospezifisch zu polymerisieren. Auf dieser Basis wurde zunächst großtechnisch Polybutadien gewonnen. Diese erfolgreichen Arbeiten wiesen aber auch den Weg zur Herstellung eines preisgünstigen Polyisoprens. Dies wiederum gab Veranlassung, nach einer rentablen Isoprensynthese zu suchen. Die Untersuchungen der Firmen Goodyear Tire & Rubber Co. und Scientific Design Co., die ab 1960 gemeinsam durchgeführt wurden, führten zur Entwicklung eines technischen Verfahrens, das als „Goodyear-SD-Verfahren“ weltbekannt geworden ist.

Die erste Anlage auf dieser Basis wurde etwa 1961 in Beaumont, Tex., mit einer Kapazität von 20000 t errichtet und vermag, ausgehend von reichlich aus Raffinerien zur Verfügung stehendem Propylen, Polyisopren zu einem Preis von 25 cts/lb., d. h. billiger als Naturkautschuk, zu erzeugen.

Außer dieser jüngsten Entwicklung sind einige andere Möglichkeiten für eine Isoprensynthese untersucht worden. Nachfolgend soll ein kurzer Überblick über die möglichen Isoprensynthesen gegeben werden, die für einen technischen Einsatz interessant sind [10]:

a) Methyläthylketon wird mit Formaldehyd kondensiert, das entstandene 2-Methylbutanol-(1)-on-(3) zum 2-Methylbutylenglykol-(1.3)· hydriert und dieses über einem Phosphatkatalysator zum Isopren dehydratisiert [14].

$$CH_3{-}CO{-}CH_2{-}CH_3 + CH_2O \rightarrow$$

$$\rightarrow CH_2OH{-}\underset{CH_3}{\overset{H}{C}}{-}CO{-}CH_3 \xrightarrow{+H_2} \underset{OH}{CH_2}{-}\underset{CH_3}{\overset{H}{C}}{-}\underset{OH}{CH}{-}CH_3 \rightarrow CH_2{=}\underset{CH_3}{C}{-}CH{=}CH_2 + 2\,H_2O$$

b) Aceton wird mit Acetylen in Gegenwart von Natrium zu Methylbutinol kondensiert, dieses zum Methylbutenol hydriert. Letzteres geht unter Wasserabspaltung in Isopren über [15, 16, 17].

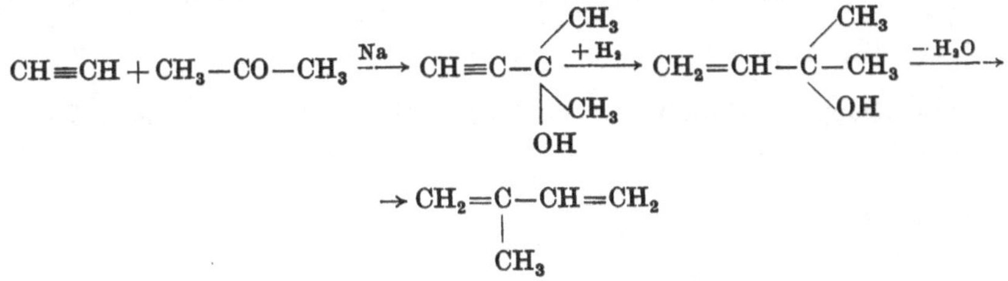

c) Kondensation von Formaldehyd mit Isobutylen zu Dimethyl-m-dioxan und Zersetzung zu Isopren, Formaldehyd und Wasser [18, 19] (Verfahren des Institute Francaise du Petrole).

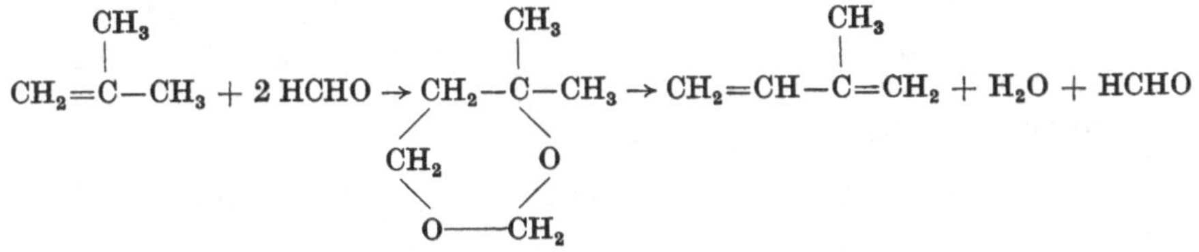

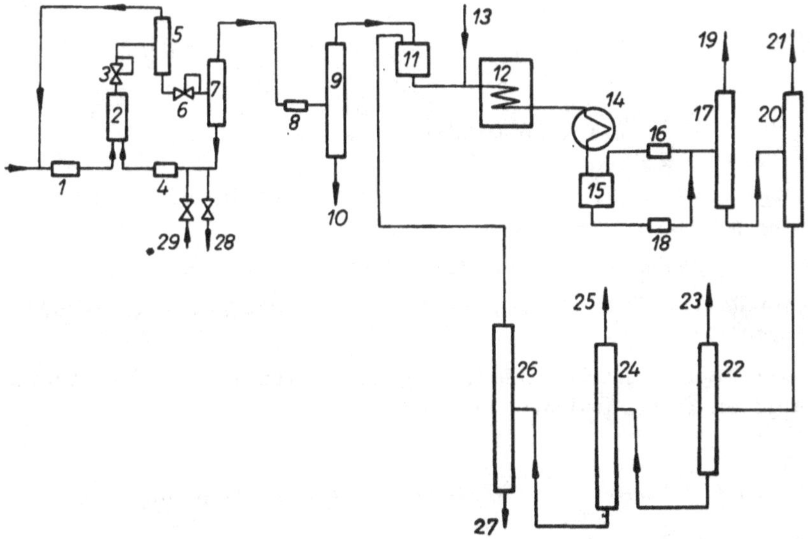

Abb. 55: Verfahren zur Herstellung von Isopren

1 – Pumpe; *2* – Reaktor; *3* – Ventil; *4* – Pumpe; *5* – Entgasungsturm; *6* – Ventil; *7* – Kolonne; *8* – Pumpe; *9* – Kolonne; *10* – Kohlenwasserstoffe $> C_6$; *11* – Vorratsbehälter; *12* – Crackofen; *13* – überhitzter Dampf; *14* – Kühlsystem; *15* – Behälter; *16* – Kompressor; *17* – Kolonne; *18* – Pumpe; *19* – leichte Kohlenwasserstoffe (C_3); *20* – Kolonne; *21* – Propylen; *22* – Kolonne; *23* – Isobuten; *24* – Kolonne; *25* – Isopren; *26* – Kolonne; *27* – Kohlenwasserstoffe $> C_6$; *28* – verbrauchter Katalysator; *29* – frischer Katalysator *d)* Dehydrierung von Isopentan über Isopenten zu Isopren [20–22] (Verfahren der Shell Chemical Corp.)

$$CH_3-\underset{\substack{|\\ CH_3}}{CH}-CH_2-CH_3 \xrightarrow{-2H_2} CH_2=\underset{\substack{|\\ CH_3}}{C}-CH=CH_2$$

Das von Propylen ausgehende Verfahren führt über folgende 4 Reaktionsstufen zum Isopren (Abb. 55):

a) Dimerisierung:

$$2\,CH_2=CH-CH_3 \rightarrow H_2C=\underset{\substack{|\\ CH_3}}{C}-CH_2-CH_2-CH_3$$

b) Isomerisierung

$$H_2C=\underset{\substack{|\\ CH_3}}{C}-CH_2-CH_2-CH_3 \rightarrow H_3C-\underset{\substack{|\\ CH_3}}{C}=CH-CH_2-CH_3$$

c) Thermische Spaltung

$$H_3C-\underset{\substack{|\\ CH_3}}{C}=CH-CH_2-CH_3 \rightarrow H_2C=\underset{\substack{|\\ CH_3}}{C}-CH=CH_2 + CH_4$$

d) Extraktivdestillation

14.1. Dimerisierung des Propylens

Für die Dimerisierung des Propylens [23] werden in der Hauptsache zwei Katalysatorgruppen vorgeschlagen:

a) Aluminiumorganische Verbindungen (Ziegler-Natta-Katalysatoren)

b) Alkalimetalle (bzw. Verbindungen, aus denen leicht Alkalimetalle entstehen) auf verschiedenen Trägern.

Technisch haben hierbei Verbindungen der 1. Gruppe, besonders Aluminium-tri-n-propyl, die größte Bedeutung erlangt.

14.1.1. Dimerisierung mit aluminiumorganischen Verbindungen

Aus Untersuchungen von Ziegler geht hervor, daß Olefine unter dem Einfluß von AlR_3 Oligomerisationsreaktionen zeigen. Beim Propylen führt dies (5a) in Gegenwart von Aluminium-tri-n-propyl, das in einem inerten Lösungsmittel gelöst ist, in exothermer Reaktion bei 150–250 °C (optimal 200–210 °C) und einem Druck von 200 at mit einem Umsatz von 60–95% vorwiegend zur Dimerisierung.

Wie nachfolgendes Reaktionsschema zeigt, entsteht als Hauptdimerisierungsprodukt hierbei 2-Methylpenten-(1)

$$(C_3H_7)_3Al + CH_3{-}CH{=}CH_2$$

$$\rightarrow CH_3{-}CH_2{-}CH_2{-}\underset{|}{\overset{CH_3}{CH}}{-}CH_2Al(C_3H_7)_2$$

$$\rightarrow CH_3{-}CH_2{-}CH_2{-}\overset{CH_3}{\overset{|}{C}}{=}CH_2 + (C_3H_7)_2AlH$$

$$(C_3H_7)_2AlH + CH_3{-}CH{=}CH_2 \rightarrow Al(C_3H_7)_3$$

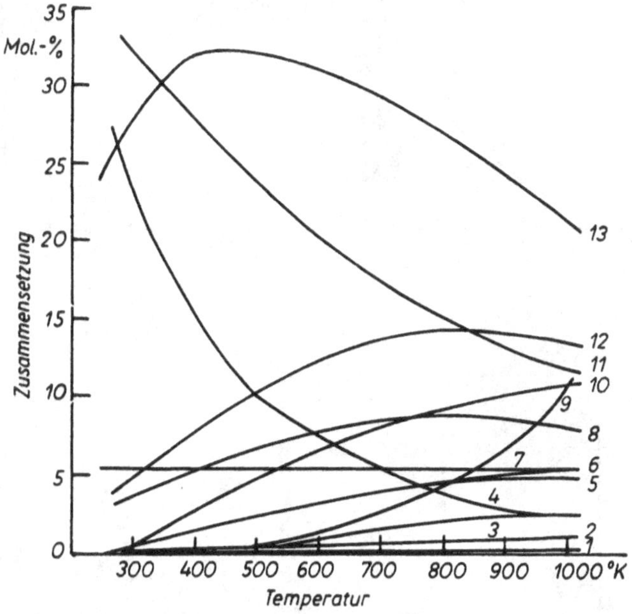

Abb. 56: Die Gleichgewichtsverhältnisse eines Hexengemisches als Funktion der Temperatur

Nr.	Hexen	Siedepunkt °C (760 mm Hg)
1:	3,3-Dimethylbuten-1	41,2
2:	4-Methylpenten-1	53,9
3:	Hexen-1	63,5
4:	2,3-Dimethylbuten-2	73,2
5:	2-Äthylbuten-1	64,7
6:	Hexen-3-cis	66,4
	Hexen-3-trans	67,1
7:	2,3-Dimethylbuten-1	55,7
8:	4-Methylpenten-2-cis	56,3
	4-Methylpenten-2-trans	58,6
9:	3-Methylpenten-1	54,1
10:	Hexen-2-cis	68,8
	Hexen-2-trans	67,9
11:	2-Methylpenten-2	67,3
12:	2-Methylpenten-1	60,7
13:	3-Methylpenten-2-cis	70,5
	3-Methylpenten-2-trans	67,6

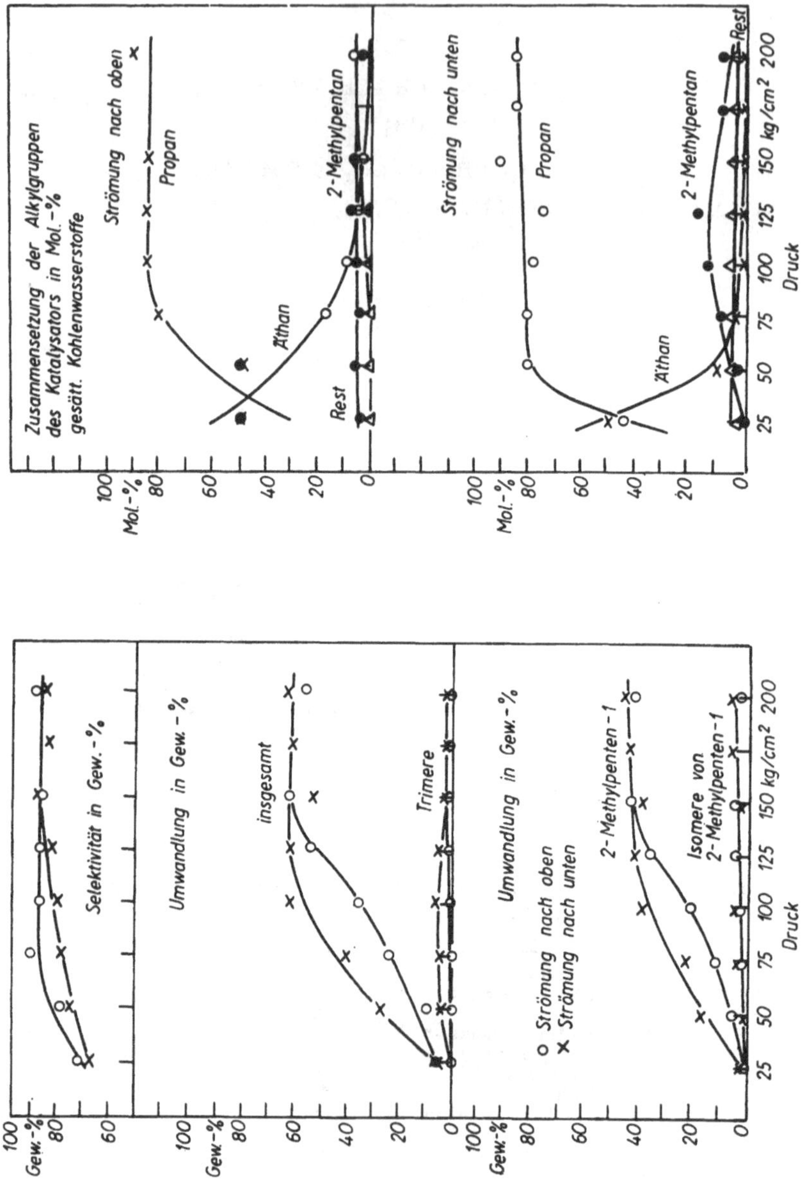

Abb. 57: Der Einfluß des Druckes auf die Dimerisation

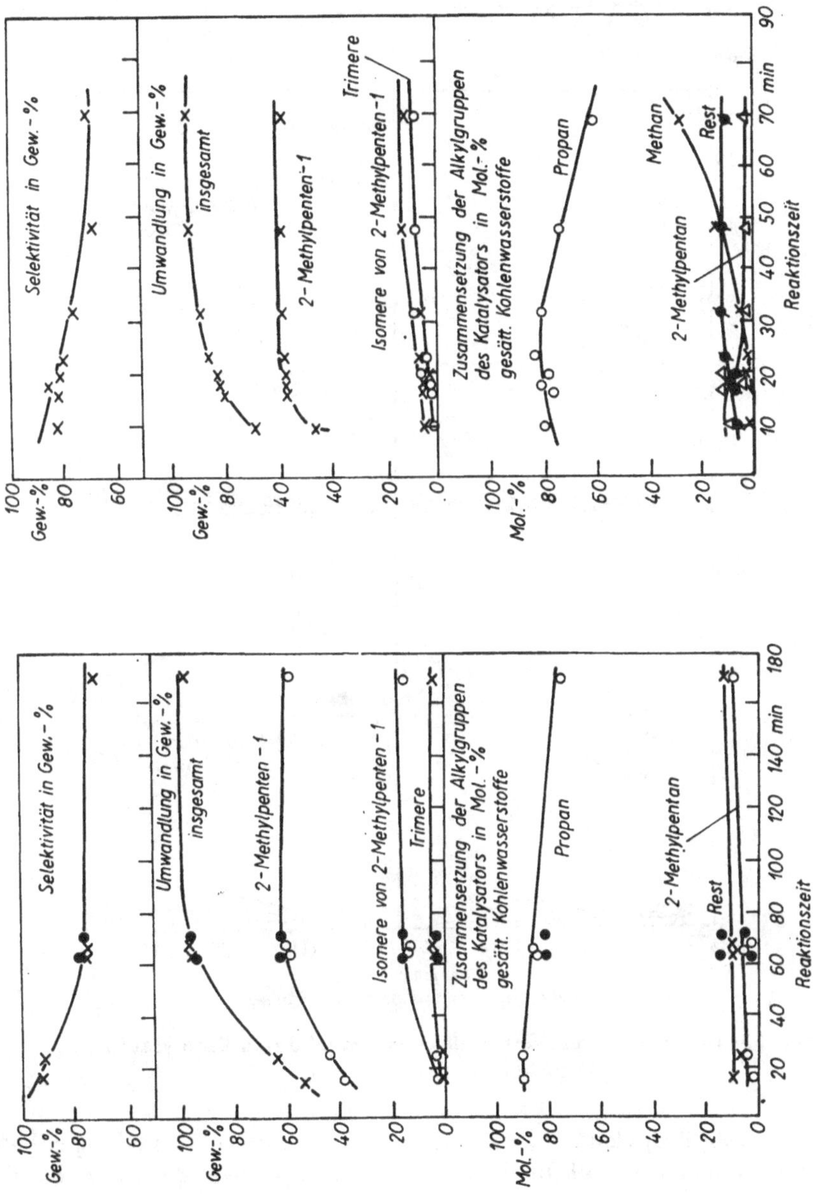

Abb. 58: Der Einfluß der Verweilzeit im Reaktor

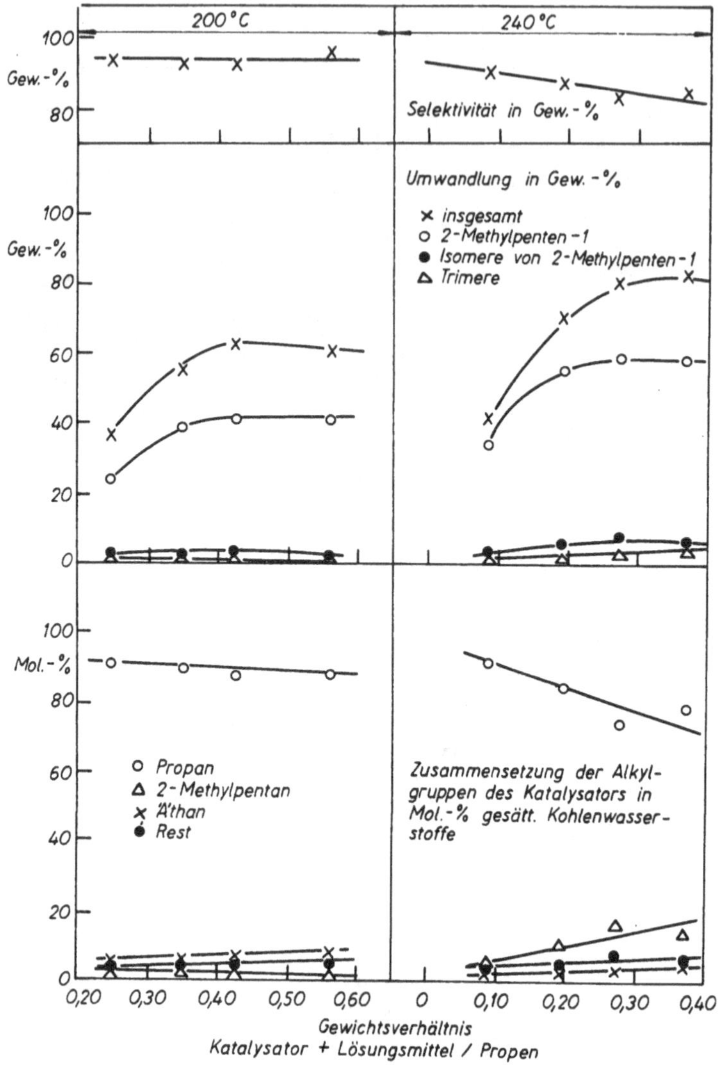

Abb. 59: Der Einfluß des Verhältnisses der zugeführten Katalysatorlösung zu eingesetztem Propylen

Das eingesetzte Propylen muß weitestgehend von polaren Verbindungen befreit werden, auch Sauerstoff muß hierbei ausgeschlossen werden, da bereits die Oxydation einer einzigen Alkylgruppe zur Alkoxygruppe den Katalysator für die Derimisation inaktiv macht. In einer Reihe von Veröffentlichungen wird deshalb die laufende Erneuerung der eingesetzten Katalysatoren empfohlen. Bewährt als Katalysatoren haben sich auch Aluminium-tri-n-propylat [24], Titantetra-

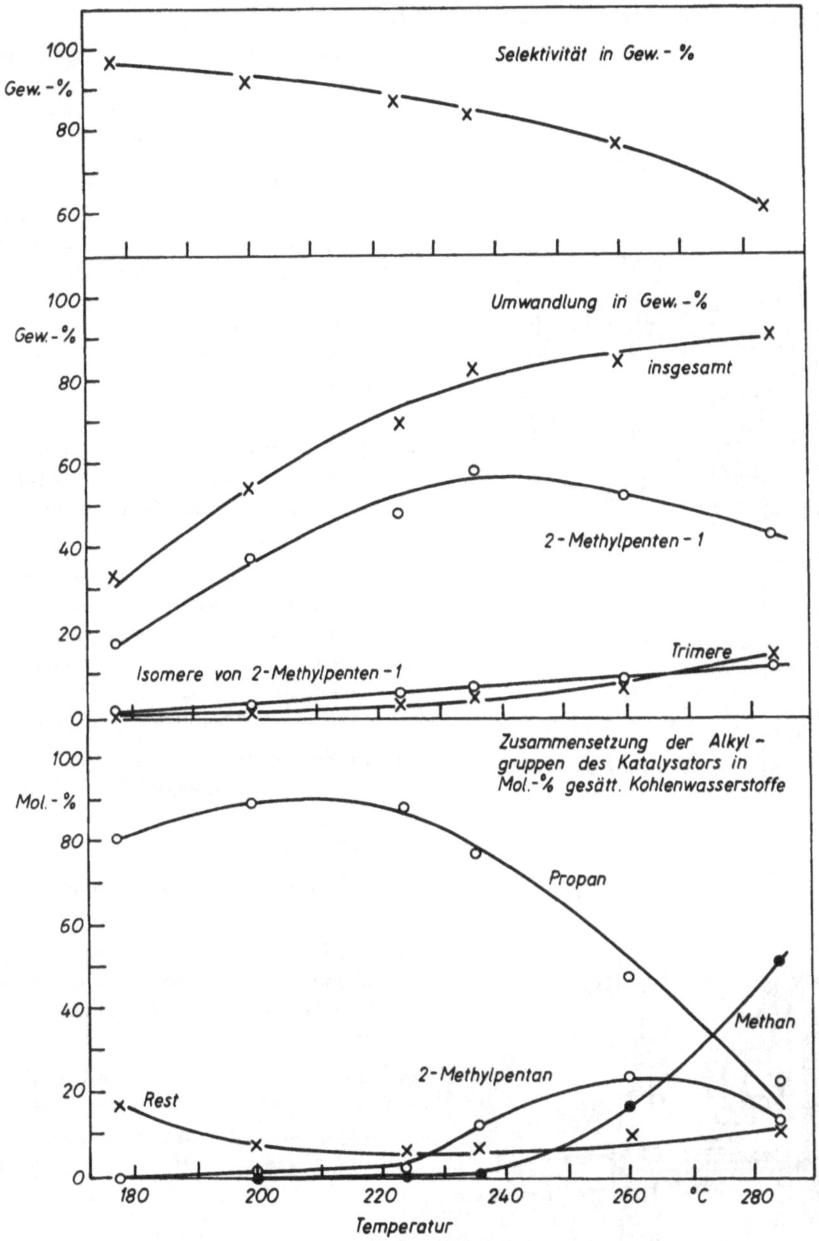

Abb. 60: Der Einfluß der Temperatur auf die Dimerisation

n-propylat + Aluminiumtriäthyl [25] sowie Aluminium-tri-n-propyl + Aluminium-tri-n-propylat + Nickelacetylacetonat in Gegenwart von Phenylacetylen (zur Verlängerung der Katalysatorlebensdauer). Beim Einsatz solcher Katalysatoren kann mit Ausbeuten von 53% 2-Methylpenten-(1) und 41% 2-Methylpenten-(2) [26] gerechnet werden.

C. J. Baas und J. C. Vlugter [5] untersuchten die Reaktionsbedingungen und ermittelten dabei folgende optimale Parameter (vgl. Abb. 56—60):

a) Um eine hohe Selektivität zu erreichen, muß die Katalysatorkonzentration niedrig und die Verweilzeit kurz gewählt werden.

b) Die Reaktion verläuft mit Aluminium-tri-n-propyl bei 200 °C unterhalb 90 at Druck in einem Zwei-, darüber in einem Einphasensystem.

c) In dem senkrecht stehenden Reaktor (Abb. 61) ergeben sich unterhalb 175 at, bedingt durch die unterschiedliche Verweilzeit, unterschiedliche Ergebnisse. Reaktionsgeschwindigkeitsbestimmend ist die Stoffübertragung.

d) Im Zweiphasengebiet verläuft die Dimerisation in der Flüssigphase, während sich Propylen hauptsächlich in der Gasphase befindet.

e) Bei längerer Verweilzeit steigt der Umsatz, doch wird die Selektivität geringer.

f) Mit Erhöhung der Temperatur nimmt der Gesamtumwandlungsgrad zu, jedoch die Selektivität durch Isomerisierung und Trimerisierung ab.

g) Oberhalb von 240 °C kommt es zu einer allmählichen Zersetzung der Aluminiumalkyle, wobei über $Al(CH_3)_3$, Al-methylen- und Al-methin-Verbindungen schließlich Al_4C_3 entsteht.

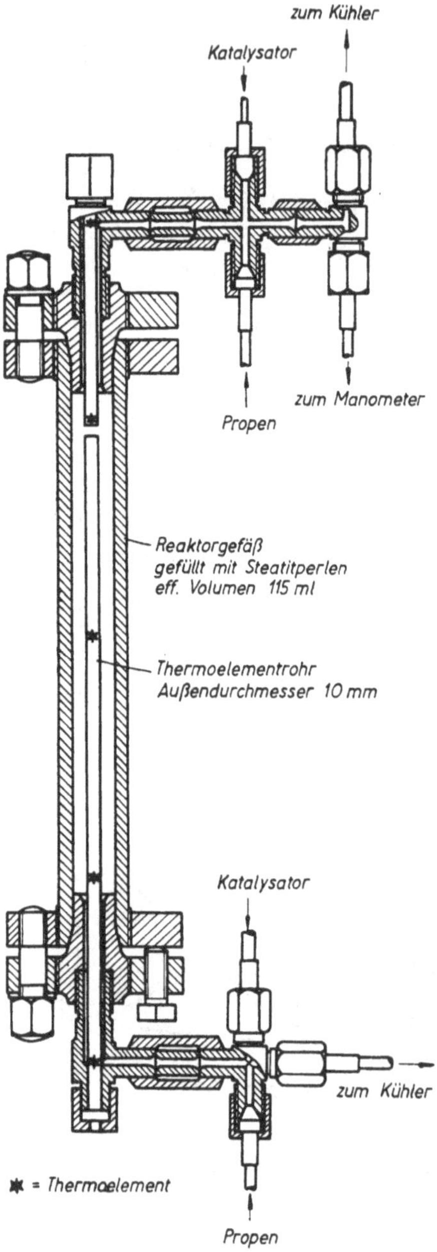

Abb. 61: Der Dimerisationsreaktor

W. S. Feldbljum [27, 28] untersuchten die Dimerisierung in Gegenwart von Al-tri-n-propyl und Al-triisobutyl. Die Aktivierungsenergie der Reaktion lag bei 14,0 kcal/Mol (150–230 °C). Die Reaktion ist von 1. Ordnung, wobei die Anfangsgeschwindigkeit direkt proportional der Katalysatorkonzentration ist. Die Nebenprodukte werden dagegen durch einen Mechanismus gebildet, der von 2. Ordnung in bezug auf Propylen ist.

Umfangreiche Untersuchungen wurden bisher im wesentlichen nur mit aluminiumorganischen Katalysatoren durchgeführt [5a]. In Gegenwart von Aluminiumtri-n-propyl scheinen (auch jedes andere Aluminiumalkyl kann als Katalysator verwendet werden, da, wie sich ergeben hat, während der Dimerisation die Alkylgruppen am Aluminium durch Propylgruppen ersetzt werden) bei der Dimerisierung die folgenden Reaktionen abzulaufen:

Zu allererst findet folgende Verkettung statt:

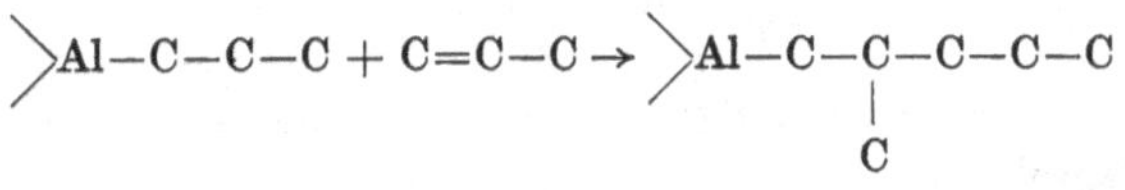

Diese Verkettungsreaktion kann sich noch einmal vollziehen, wobei

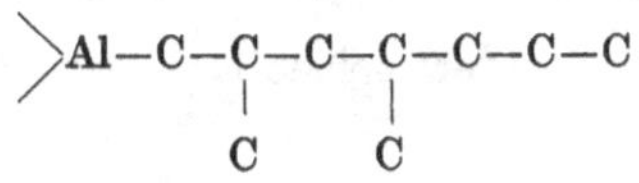

entsteht. Daneben ist Dissoziation des in der ersten Stufe gebildeten Aluminiumisohexyls möglich:

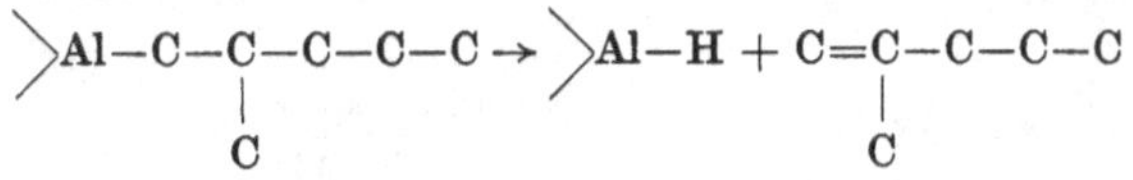

Al-H reagiert ferner direkt mit Propylen zu >Al—C—C—C.
Eine Kombination der beiden letzten Reaktionen ergibt:

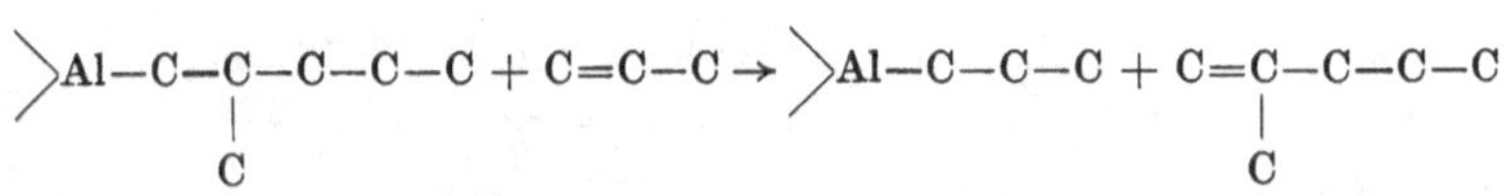

Dieser Brutto-Reaktionsablauf gibt die Verdrängungsreaktion wieder. Es stellte sich nun heraus, daß diese Verdrängung sehr viel schneller abläuft als eine weitere Verkettung von Aluminiumisohexyl zu Aluminiumisononyl. Das gibt eine Erklärung für die selektive Bildung von 2-Methylpenten-(1) während dieser Oligomerisierung. Die Art und Weise der Verkettung kann verständlich gemacht werden, wenn man die Verteilungen der relativen Ladungen in dem metallorganischen Molekül und in dem Propylenmolekül einer Betrachtung unterzieht:

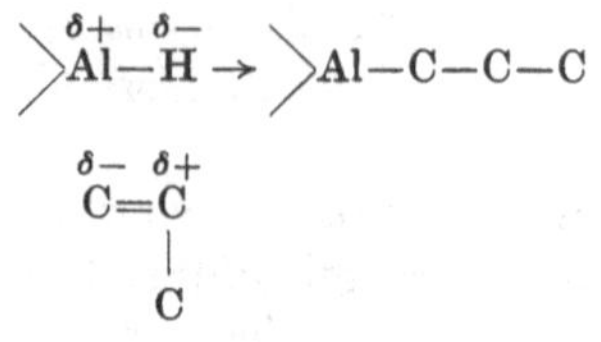

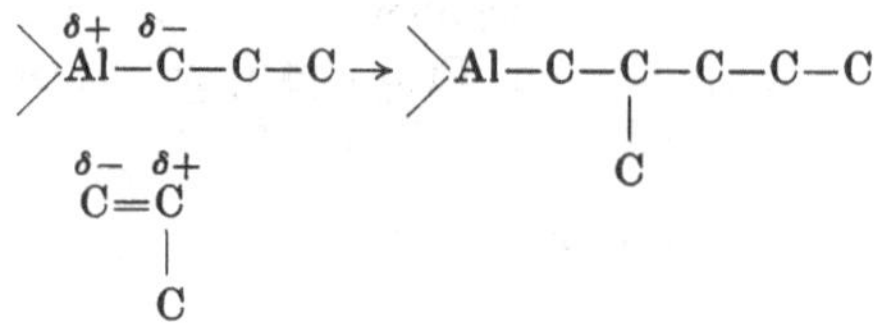

Zu einem geringen Prozentsatz treten Abweichungen auf, hieraus ergeben sich zwei Arten von Isomeren:

a) Isomere mit einer Strukturformel, die von derjenigen des 2-Methylpentens-(1) abweicht; diese werden während der Verkettungsreaktion durch anomale Addition von Propylen gebildet, sei es an >Al—H, sei es an >Al—C—C—C (Nebenreaktionen).

b) Isomere mit derselben Strukturformel wie 2-Methylpenten-(1); diese werden dadurch gebildet, daß >Al—H noch eine gewisse Affinität zu 2-Methylpenten-(1) besitzt, wobei diese Addition auch wie folgt verlaufen kann:

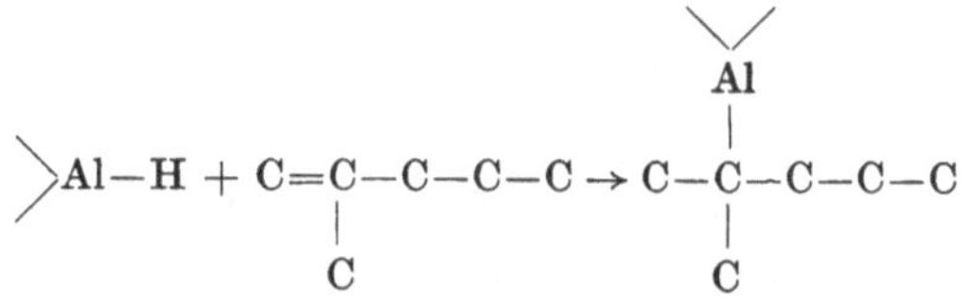

Die Dissoziation dieses Aluminiumhexyls kann die Bildung von 2-Methylpenten-(2) zur Folge haben. Aluminiumalkyle können also Verschiebungen der Doppelbindungen verursachen.

Die Selektivität liegt nach C. J. Baas [5a] bei etwa 88% 2-Methylpenten-(1), daneben entstanden noch etwa 2% 4-Methylpenten-(1), 1,2% 4-Methylpenten-(2), 5,2% n-Hexen und 3,6% 2-Methylpenten-(2).

Im folgenden wird eine kurze tabellarische Übersicht (Tab. 59) über weitere metall-, bes. aluminiumorganische Verbindungen, gegeben, die als Dimerisierungskatalysatoren für Propylen empfohlen werden:

Tabelle 59:

Katalysator	Temperatur (°C)	Druck (at)	Literatur zitat
Al-triäthyl in Decalin	300	250	[29, 30]
Al-triäthyl oder Al-tributyl	225—250	120—200	[31]
Al-tri-n-propyl	180	—	[32]
Al-tri-n-propyl	—	—	[33]
Al-triisobutyl [bei 180 °C 70—75% Umsatz; 80,7% 2-Methylpenten-(1)]	180—250	—	[34]
Al-trihexyl	180	120	[35]
Al-trialkyl	—	—	[36]
Al-trialkyl in Gegenwart von Ni- oder Pt-Verbindungen (z. B. Al-triisobutyl und Ni-acetylacetonat)	250	130	[37]
Diäthyl-AlCl	290	60—95	[38]
Verschiedene Alkylorganometallverbindungen, u. a. Al-triäthyl, Be-diäthyl, Be-diphenyl, AlH_3, Dimethyl-Al-hydrid, Al-triphenyl, Al-trihexyl, $LiAlH_4$, LiAl-tetraäthyl, NaAl-tetraphenyl	200	350	[39]
Verbindungen MeR_n, wobei Me = Be, Al, Ga, In; R = H, Alkyl, Aryl	—	—	[40]
Al-, Be-, Ga-, In-Alkyle, z. B. Al-tri-n-propyl	180	120	[41]
Li-Alkyl, Li-Aryl und freies Alkalimetall	—	—	[42]
AlH_3	—	—	[43]
Alkylchlorid und Natrium	150	—	[44]
Triäthyl-Al-trichlorid + Ni-acetylacetonat + Triphenylphosphor, weiterhin Bis-(π-allyl)-Ni, π-Allyl-NiCl	60	10	[45]
Triäthyl-Al-trichlorid + Ni-diisopropylsalicylat	—20 bis +20	—	[46]
Verbindungen $AMeR_3$, A = Alkalimetalle; Me = Zn, Sn, Cd, Pb; R = Alkyl, z. B. KZn-Triäthyl	160	110	[47]
Gemisch von Alkalimetall und MeR_2; Me = Zn, Cd, Hg; R = Aryl, Alkyl, allgemein (K, Rb, Cs) (Cd, Zn, Sn, Cd) R_3	100—250	—	[48]

14.1.2. Dimerisierung des Propylens an Katalysatoren auf der Basis von Alkalimetallen

14.1.2.1. Alkalimetall-Graphit-Verbindungen

Im Jahre 1962 wurde durch Untersuchungen der British Petroleum Co., Ltd. bekannt, daß die lamellenartig aufgebauten Alkalimetall-Graphit-Verbindungen ausgezeichnete Dimerisierungskatalysatoren für Propylen sind [49—52].

Die verschiedenen Typen der Alkalimetall-Graphit-Verbindungen verhalten sich sehr unterschiedlich, als besonders geeignet wird NaC_{64} vorgeschlagen.

Tabelle 60:

	Temperatur	Hauptprodukt
NaC_{40}	150 °C	4-Methylpenten-(2)
NaC_{64}	< 140 °C	4-Methylpenten-(1)
	140—160 °C	4-Methylpenten-(2)
	> 160 °C	2-Methylpenten-(2)
$KC_{24,36,48,60}$	150—160 °C	2-Methylpenten-(2)
$KC_{8,16,24}$	100—160 °C	4-Methylpenten-(1)

Es wurden im einzelnen Hexengemische der folgenden Zusammensetzung erhalten:

Tabelle 61:

Produkt	KC_{16} (160 °C/80—110 at)	KC_{36} (160 °C/80—110 at)	NaC_{64} (126 °C/110 at)	NaC_x (160 °C/130 at)
4-Methylpenten-(1)	85,8%	1,6%	51,3%	21%
4-Methylpenten-(2)	6,3%	16,3%	43,9%	56%
2-Methylpenten-(2)	0,6%	62,7%	3,8%	18%
2-Methylpenten-(1)	3,0%	12,0%	—	3%
n-Hexene	3,8%	8,4%	—	2%

Die Reaktionszeiten liegen bei einigen Minuten. Bei Temperaturen oberhalb 200 °C werden mit NaC_{64} bevorzugt Trimere und Tetramere gegenüber verringerter Dimerenbildung erhalten [49].

14.1.2.2. Dimerisierung des Propylens mit Alkalimetallen auf verschiedenen Trägern

Alkalimetalle selbst wie auch ihre Hydride zeigen ebenfalls eine ausgezeichnete Aktivität und wurden daher sehr oft als Katalysatoren, besonders auf den verschiedensten Trägern, vorgeschlagen. Im folgenden wird eine tabellarische Übersicht (Tab. 62) über derartige Katalysatoren gegeben, von denen besonders die Kombination Natrium auf Kaliumcarbonat sehr aussichtsreich erscheint.

Die Dimerisierung in Gegenwart von K, Rb oder Cs führt in der Hauptsache zur Bildung von 4-Methylpenten-(1), das langsam zu 4-Methylpenten-(2) isomerisiert wird. Eine Dimerisierung in Gegenwart von Na führt dagegen zu einem thermodynamischen Gleichgewicht der Methylpentene [89]. Der Reaktionsverlauf, der

Tabelle 62:

Katalysator	Träger	Temp. (°C)	Druck (at)	Bemerkungen	Lit.-Angabe
K, Rb oder Cs	Dispersion in n-Heptan	300	—	Hauptprodukt 4-Methylpenten-(1)	[53]
K, Rb oder Cs	Dispersion in Kohlenwasserstoffen, Äthern, Aminen, NH_3 u. a.	200	5—300	Umsatz 60—84%, davon ~60% 4-Methylpenten-(1)	[54, 55]
K	Dispersion in Paraffin	150	41	—	[56]
K	Promotoren sind langkettige aliphatische Alkohole, Säuren, Amine oder Mercaptane	—	—	—	[57]
K	Dispersion in Benzol	150	—	—	[58]
K + KOH	Dispersion in Paraffinöl	170—173	60	Hauptprodukt 4-Methylpenten-(1)	[59]
KH, RbH oder CsH	—	120—125	6—500	Hauptprodukt 4-Methylpenten-(1)	[60]
KH	Dispersion in Mineralöl	150—198	—	Umsatz 59,5%	[61]
K + Organometallverbindung (z. B. Butyl-Li)	Dispersion in Dieselöl	180	180—200	Hauptprodukt 4-Methylpenten-(1)	[62]
K, Rb oder Cs und Organometallverbindungen MeR_2 (z. B. Diäthyl-Hg)	Natriumchlorid	180	—	Ausbeute 28%; Selektivität 81%	[63]
K und aliphatisches Amin	Aktivkohle	150	—	Umsatz 43,6%; 43% 4-Methylpenten-(1) 47,9% 4-Methylpenten-(2)	[64]
Reaktionsprodukt aus K und K_2O_2	Ohne	190	30	79% 4-Methylpenten-(1)	[65]

(Fortsetzung von Tabelle 62)

Katalysator	Träger	Temp. (°C)	Druck (at)	Bemerkungen	Lit.-Angabe
Reaktionsprodukt aus K und einem Äther, z. B. Anisol	Ohne	150	—	Umsatz 70%; 78% 4-Methylpenten-(1), 16% 4-Methylpenten-(2)	[66]
Na oder NaH	Aktivkohle	140—145	42	Selektivität > 90%; 85% Methylpentene	[67]
Alkalimetall	Alkalifluorid	150—200	20—110	Hauptprodukt 4-Methylpenten-(1)	[68]
Kalium	CaH_2, $NaBH_4$ $LiAlH_4$ u. ä.	150	37	37,6% 4-Methylpenten-(2); 52% 4-Methylpenten-(1); 7,2% 2-Methylpenten-(2)	[69]
Na oder Li	K_2CO_3	160	120	—	[70, 71]
Na	K_2CO_3	160	140	Hauptprodukt 4-Methylpenten-(1)	[72]
Na	K_2CO_3	170	110	Einsatzprodukte sind Äthylen und Butene	[73]
Na	K_2CO_3	160	110	Die Dimerisierung wird in Gegenwart anderer Paraffine durchgeführt	[74]
Na	K_2CO_3	160	119	Hauptprodukt 4-Methylpenten-(1)	[75]
Na oder Li	K_2CO_3	160	110	—	[76]
Na	K_2CO_3	155	105	Na wird in NH_3 gelöst, K_2CO_3 zugegeben und das Gemisch eingedampft: 70% 4-Methylpenten-(1), 18% 4-Methylpenten-(2) u. a.	[77]
NaH	K_2CO_3	140	105	99% Umsatz, davon 76,5% 3- und 4-Methylpenten-(1), 10,8% 4-Methylpenten-(2), 8,2% n-Hexen u. a.	[78]

(Fortsetzung von Tabelle 62)

Katalysator	Träger	Temp. (°C)	Druck (at)	Bemerkungen	Lit.-Angabe
Na	K_2CO_3	153	103	Entfernung der n-Alkene durch $AlCl_3$-Polymerisation	[79]
K, Rb oder Cs	K_2CO_3 auf MgO	175	70	74% Umsatz; 35% 4-Methylpenten-(1), 44% 4-Methylpenten-(2) u. a.	[80]
K	Al_2O_3	150	85	85% 4-Methylpenten-(1)	[81]
K	Mg_2SiO_4	180	70	80% Umsatz; 90% Selektivität; 47% 4-Methylpenten-(1); 40% 4-Methylpenten-(2); 7% 2-Methylpenten-(2); 5% n-Hexene u. a.	[82]
K, KH oder Kaliumorganische Verbindung	Al_2O_3	65–205	10–100	Hauptprodukt 2-Methylpenten-(2), maximal 68,8%	[83]
LiOH + KNH_2	γ-Al_2O_3	50–300	5–200	—	[84]
LiOH + K oder KNH_2	γ-Al_2O_3	151	70	48% Umsatz; 96% Selektivität	[85]
LiOH + K in fl. NH_3	Al_2O_3	200–206	55–60	33% Umsatz; 75% Selektivität	[86]
LiOH + KNH_2	γ-Al_2O_3	—	—	31% Umsatz	[87]
Na-, K-, Rb- oder Cs-organische Verbindung	Ohne	180–205	30	Mit Phenyl-Na: 65% 2-Methylpenten-(2); mit Amyl-K: 75,6% 4-Methylpenten-(1)	[88]

hauptsächlich zur Bildung von 4-Methylpenten-(1) führt, wird durch folgenden Mechanismus erläutert:

$$CH_2{=}CH{-}CH_3 \rightarrow [CH_2 \cdots CH \cdots CH_2]^{(-)}Me^{(+)} \xrightarrow{+CH_2=CH-CH_3}$$

$$CH_2{=}CH{-}CH_2\underset{\underset{CH_3}{|}}{CH}{-}CH_2^{(-)}Me^{(+)} \xrightarrow{+CH_2=CH-CH_3}$$

$$CH_2{=}CH{-}CH_2{-}\underset{\underset{CH_3}{|}}{CH}{-}CH_3 + [CH_2 \cdots CH \cdots CH_2]^{(-)}Me^{(+)}$$

14.1.3. Dimerisierung von Propylen an verschiedenen Katalysatoren

Zur Dimerisierung von Propylen können auch Kaolin [90] oder Siliciumdioxid-Aluminiumoxid-Katalysatoren [91—92] vom Zeolithtyp eingesetzt werden. Es ist jedoch hierbei erforderlich, zur Erzeugung maximaler Mengen an Dimeren bei hohen Temperaturen (> 288 °C) zu arbeiten und den Katalysator durch Waschen mit Sodalösung zu neutalisieren. Man arbeitet bei 454 °C/3,5 at mit niedrigen Umsätzen (3,5%). Es wird dabei eine hohe Selektivität (95%) erzielt. Durch Zusatz von wenig Wasser oder niedrigen Alkoholen kann der Umsatz ohne wesentliche Verminderung der Selektivität erhöht werden [93]. Auch ein Zusatz von Nickeloxid zu einem Al_2O_3-SiO_2-Katalysator [94] (316 °C/13 at) oder von C_1—C_4-Fettsäuren bei Verwendung eines MgO-SiO_2-Katalysators (310—450 °C) [95] wird empfohlen.

WO_3 oder reduzierte Wolframoxide, auch in Gegenwart von NiO, eignen sich ebenfalls zur Dimerisierung von Propylen, wobei in der Hauptsache 2-Methylpenten-(2) gebildet wird (277—282 °C/43,2 at) [95a].

Bei Raumtemperatur ist eine relativ selektive Dimerisierung hauptsächlich zu 4-Methylpenten-(1) mit einer 90—92%igen H_2SO_4 möglich [96], ähnlich ist die Wirkung von $BF_3 \cdot 2\,H_2O$ [97], das schon bei 4—12 °C mit einem Umsatz von 81,3% und einer Selektivität von 93,1% Propylen dimerisiert. Eine relativ selektive Dimerisierung des Propylens ist außerdem mit H_3PO_4 an einem durch H_3PO_4 aktivierten Kupferkatalysator möglich [98]. Bei höheren Temperaturen (270—305 °C/270—410 at) [99] kann auch Phosphorsäure als Katalysator für eine bevorzugte Dimerisierung von Propylen, an einem SiO_2-MoO_3-Träger in Gegenwart von Wasserstoff auch unter milderen Bedingungen (290—315 °C/14 at), eingesetzt werden.

Als Katalysatoren werden weiterhin empfohlen Halogenide der Platingruppe [100], wobei Ru- und Rh-Halogenide schon unterhalb 100 °C arbeiten, Pt-, Pd-, Os- und Ir-Salze dagegen Temperaturen von 130—225 °C erfordern.

Schließlich wird noch vorgeschlagen, Olefine in Gegenwart von Schwefel oder einer schwefel- bzw. halogenhaltigen organischen Verbindung (z. B. 1-Bromhexan) auf 325—350 °C zu erhitzen, doch entstehen hier in erheblichem Maße auch Tri- und Tetramere [101].

Neuerdings wird Kobaltoxid auf Aktivkohle für eine Propylendimerisierung in Vorschlag gebracht [102—103].

14.2. Isomerisierung von Methylpenten

Die zweite Stufe dieses neuen Verfahrens zur Erzeugung von Isopren besteht in der Isomerisierung von 2-Methylpenten-(1) zu 2-Methylpenten-(2)

$$\underset{\displaystyle CH_3}{CH_2{=}\overset{|}{C}}{-}CH{-}CH_3 \rightarrow CH_3{-}\underset{\displaystyle CH_3}{\overset{|}{C}}{=}CH{-}CH_3$$

Die Isomerisierung erfolgt unter Verwendung von Katalysatoren vom Säuretyp. Die erforderlichen Temperaturen liegen zwischen 150 und 300 °C mit Kontaktzeiten von 0,5 bis 15,0 *l* Kohlenwasserstoff (flüssig)/h je *l* Katalysator.

Durch Einsatz von Katalysatoren mit optimaler Wirksamkeit können unerwünschte Nebenreaktionen, wie Polymerisation, vermieden werden. Bei einem hohen Umwandlungsgrad lassen sich Ausbeuten bis zu 99% erreichen.

Die Isomerisierungskatalysatoren können durch oxydative Regeneration reaktiviert werden.

C. J. Baas und J. C. Vlugter [5b] haben die Isomerisierung von 2-Methylpenten-(1) zu 2-Methylpenten-(2) eingehend beschrieben.

Anhand der von Rossini [104] berechneten thermodynamischen Gleichgewichtsverhältnisse der verschiedenen Hexenisomeren zwischen 300 und 1000 °K (vgl. Abb. 56) zeigen Baas und Mitarb., daß für eine möglichst hohe Umwandlung von 2-Methylpenten-(1) zu 2-Methylpenten-(2) je Durchgang die Temperatur so niedrig wie möglich gehalten werden muß. Die Untersuchungen von H. P. Emmett [105] bestätigen, daß eine derartige Isomerisierung leicht unter milden Bedingungen mit schwach sauren Katalysatoren [10] möglich ist und daß dabei die Doppelbindungsverschiebung sehr selektiv verläuft. Die Ergebnisse werden auch von anderen Autoren bestätigt.

Whitmore [107] beschreibt ein Verfahren, mit dem 2-Methylpenten-(1) bei Raumtemperatur mit einer 50%igen Schwefelsäurelösung zu einem Gleichgewichtsgemisch von 2-Methylpenten-(1) und 2-Methylpenten-(2) isomerisiert werden kann.

B. A. Kasanskij und Mitarb. [110] haben Al_2O_3, das durch Überleiten von Luft bei 450 °C aktiviert worden war, als Katalysator für Doppelbindungsver-

Tabelle 63:

Katalysator	Temperatur °C	Bemerkungen	Lit.-Angabe
50%ige Schwefelsäure	Raumtemp.	Reaktionsprodukt: Gemisch von 2-Methylpenten-(1) und -(2)	[107]
60—70%ige Schwefelsäure	0—15	—	[108]
H_3PO_4 auf Bimsstein	130	—	[35]
Al_2O_3	200	—	[109]
Silicagel	Raumtemp.	Längere Reaktionsdauer	[109]
SiO_2-Al_2O_3	—	—	[37]
Aktiviertes Al_2O_3	80	—	[110]
Molekularsieb 5 Å	80—260	—	[112]
25% Al_2O_3, 75% SiO_2	170	Umwandlungsgrad > 80%	[5b]
Molekularsieb 4 Å	200	Umwandlungsgrad 70%	[5b]
$Al_2(SO_4)_3 \cdot H_2O$	150	Umwandlungsgrad > 70%	[5b]
Wolframtrioxid	50—400	Isomerisierung von 2- und 4-Methylpenten-(1) möglich	[112]

schiebungen geprüft. Bei 80 °C ergibt 2-Methylpenten-(1) rasch 62% 2-Methylpenten-(2). Hexen-(1) dagegen zeigt bei 80 °C keine Reaktion.

Nach W. J. Oldham [111] und K. J. Frech [106] ist es möglich, bei 80—260 °C mit Molekularsieb 5 Å 2-Methylpenten-(1) selektiv in 2-Methylpenten-(2) zu verwandeln. Eine Übersicht über die Vielzahl der Isomerisierungsmöglichkeiten gibt Tab. 63. Man kann der Aufstellung entnehmen, daß sowohl flüssige Katalysatoren als saure Trägerkatalysatoren geeignet sind.

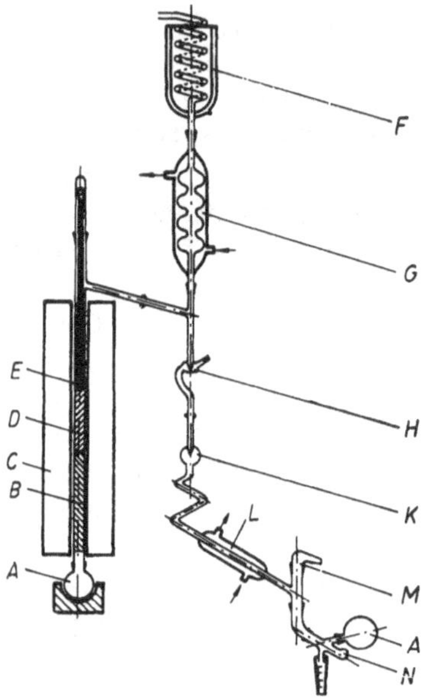

Abb. 62: Schematische Darstellung der Isomerisierungsapparatur

A — Rundkolben; *B* — Vorwärmer; *C* — Röhrenofen; *D* — Reaktor; *E* — Thermometer; *F* — Dewargefäß, gekühlt mit einem CO_2-Alkohol-Gemisch; *G* — Kugelkühler; *H* — Vorrichtung zur Entnahme von Flüssigkeitsproben; *K* — Tropfer; *L* — Kühler; *M* — Entlüftung durch einen mit Watte gefüllten Stopfen; *N* — Spinne mit Meßzylinder und Rundkolben (*A*)

Baas und Mitarb. konnten bei ihren in einer Laboratoriumsapparatur (vgl. Abb. 62) durchgeführten eingehenden Versuchen die Ergebnisse ihrer Vorgänger vollauf bestätigen. Nachfolgend sei die Kleinapparatur kurz beschrieben:

Das 2-Methylpenten-(1) wird mit Hilfe eines Heizmantels in dem kleinen Kolben *A* (100 m*l*) zum Sieden gebracht; die elektrische Belastung dieses Heizmantels bestimmt die Durchgangsgeschwindigkeit des Hexengemisches durch den Reaktor. Ein Röhrenofen *C* erwärmt ein Pyrexrohr (Durchmesser = 2 cm), das aus zwei Teilen besteht: einem Vorwärmteil *B* und einem Reaktionsteil *D*. Die Länge des Vorwärmteils und des Reaktionsteils beträgt 10—15 bzw. 20—15 cm. Die Temperatur wird mittels des Thermometers *E* gemessen. Die Hexendämpfe werden in den Kühlern *G* und *F* abgekühlt, und das Kondensat fließt über eine Vorrichtung zur Entnahme von Flüssigkeitsproben *H*, einen Tropfer *K* und einen Kühler *L* nach einer Spinne mit einem Meßzylinder und einem kleinen Rundkolben *A* (100 m*l*). Die Hexene können in diesem Rundkolben oder in dem kalibrierten Meßzylinder aufgefangen werden, mit dem die „Raumgeschwindigkeit" (L.H.S.V. = liquid hourly space velocity), bezogen auf das kalte flüssige Hexengemisch und das mit Katalysator gefüllte Reaktorvolumen, gemessen werden kann. Schließlich ist es möglich, das gesamte Produkt in dem Rundkolben aufzufangen. Etwaige in dem Reaktor zurückgebliebene Hexene können mit einem schwachen Stickstoffstrom aus dem Reaktor ausgetrieben und ebenfalls in dem kleinen Rundkolben *A* aufgefangen werden.

Ferner ist es möglich, mit dieser Apparatur Rezirkulationsversuche durchzuführen. Zu diesem Zweck muß die Spinne mit einem Krümmer und einer Entlüftungsvorrichtung versehen werden. Kühler *L* kann dann um 180° um die Achse von Kühler *F* und *G* gedreht und an das Pyrexrohr des Reaktors angeschlossen werden. Der kleine Kolben *A* wird dann an der Stelle befestigt, an der vorher der Krümmer war. Auf diese Weise kann man Hexene rezirkulieren lassen; sie fließen über den Kühler *L* in den kleinen Rundkolben *A* zurück. Mit Hilfe des Tropfers *K* erhält man einen Einblick in die Rezirkulationsgeschwindigkeit (L.H.S.V.); durch die mit einem Gummistopfen verschlossene Probenahme *H* kann man mittels einer Injektionsspritze kleine Flüssigkeitsproben entnehmen und anschließend mit dem Gaschromatographen analysieren.

Nach Beendigung des Versuchs werden die Produkte wieder in dem kleinen Kolben *A* gesammelt. Von diesem Kolben aus wird die Fraktion direkt in einem Wasserbad mit einer Mikrodestillationsapparatur in siedendem Zustand bis 75 °C abdestilliert und anschließend mit dem Gaschromatographen analysiert. Hieraus läßt sich die Zusammensetzung des Isomerengemischs berechnen. Im Kolben *A* bleiben als Rückstand Polymere und gegebenenfalls, in Abhängigkeit von der Menge der gebildeten Polymere, Hexene als „Hold up" der Destillationsapparatur zurück. Hiervon wird der Brechungsindex (n_D^{20}) bestimmt. Daneben wurde eine graphische Darstellung angefertigt, die den Zusammenhang zwischen dem Brechungsindex und dem Verhältnis des Polymerisats und des Isomerisats in synthetischen Rückstandsgemischen wiedergibt, so daß man in der Lage ist, den Gehalt an Polymeren in dem Rückstande zu bestimmen. Aus der Zusammensetzung des Isomerisats und der Menge der gebildeten Polymere lassen sich die verschiedenen Umwandlungen berechnen. Unter Umwandlung wird das gebildete Produkt im Verhältnis zu dem zugeführten Agens verstanden. Die Analysen wurden mit Hilfe eines Gaschromatographen (Dimethylsulfolan-Säule) durchgeführt.

Das für die Versuche verwendete 2-Methylpenten-(1) hatte einen Reinheitsgrad von mindestens 90%. Als Verunreinigungen waren Hexene, zuweilen auch geringe Mengen von 2-Methylpenten-(2) vorhanden. In den Berechnungen wurde das berücksichtigt.

Tabelle 64:

Die verwendeten Isomerisierungskatalysatoren

Nr.	Katalysator	Al_2O_3 Gew.-%	Herkunft	Besonderheiten
4	Kieselsäure-Aluminiumoxid	13,3	Ketjen N. V.	F. C. C. Nr. 1823; Oberfläche = 405 m^2/g
7	Kieselsäure-Aluminiumoxid	25	selbst hergestellt	
8	Kieselsäure	100	Ketjen N. V.	CK 200; Oberfläche = 163 m^2/g; 0,23% Cl-Geh.
9	Calciumaluminosilikat		Linde Co.	Molekularsieb 4 Å
10	Calciumaluminosilikat		Linde Co.	Molekularsieb 5 Å
12	$Al_2(SO_4)_3 \cdot 1\ H_2O$	29,8	selbst hergestellt	24 Stunden lang auf 180°C erhitzt

Tab. 64 gibt eine Übersicht über die hier untersuchten Katalysatoren. Der selbst hergestellte Katalysator aus 25% Al_2O_3 und SiO_2 wurde nach Angaben von CIAPETTA und PLANK zubereitet. Sämtliche Katalysatoren auf der Basis von

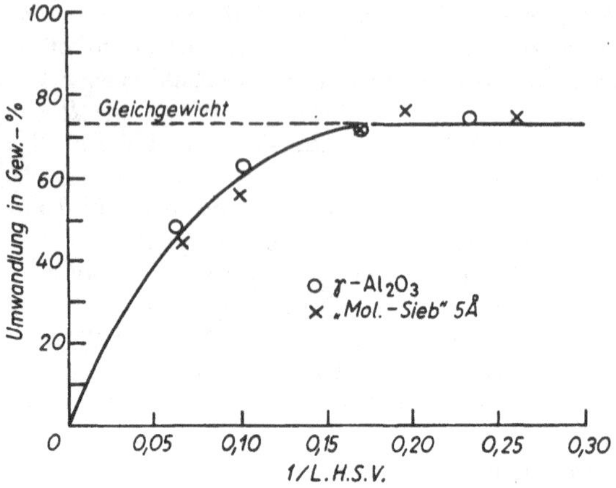

Abb. 63: Der Einfluß der Raumgeschwindigkeit auf die Isomerisierung von 2-Methylpenten-(1) zu 2-Methylpenten-(2)

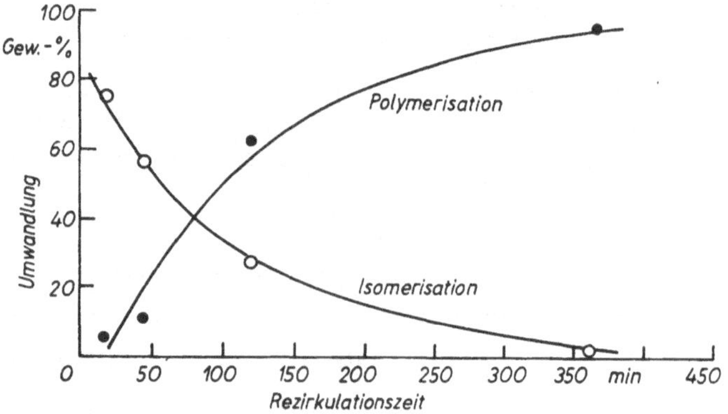

Abb. 64: Der Einfluß der Rezirkulation auf die Isomerisierung von 2-Methylpenten-(1) zu 2-Methylpenten-(2) mittels eines Crackkatalysators (Kat. Nr. 4)

Kieselsäure-Aluminiumoxid wurden vor Gebrauch ungefähr 8 Stunden lang auf 500—550 °C unter Durchleiten von Luft erhitzt. Die Molekularsiebe wurden vor Gebrauch ungefähr 5 Stunden lang unter Luftdurchleiten auf 400—450 °C erhitzt. Der $Al_2(SO_4)_3$-Katalysator wurde zubereitet, indem man $Al_2(SO_4)_3 \cdot 18\,H_2O$ 24 Stunden lang auf 180 °C erhitzt; bei 180 °C enthält das stabile Hydrat ein Molekül Kristallwasser.

Von allen Katalysatoren wurden, sofern sie nicht schon in Pillenform vorhanden waren, Pillen gepreßt (Abmessungen: rund 3 × 2,5 mm); Abmessungen der Molekularsiebe: 1—2 × 2—5 mm („Hagelschlag").

Die erhaltenen Versuchsergebnisse sind in den Abb. 63—65 wiedergegeben. Aus diesen Ergebnissen geht hervor, daß es sehr gut möglich ist, die Doppelbindungsisomerisierung derart durchzuführen, daß Polymerisation und andere Isomerisierungen noch nicht eintreten. Für diese sehr selektive Isomerisierung ist hauptsächlich der Platz der Verzweigung in den Kohlenstoffketten in bezug auf die Doppelbindung von Einfluß. Hierdurch erklärt sich auch, daß Katalysatoren mit schwach sauren Eigenschaften bei milden Reaktionsbedingungen hierfür bereits ausreichen, wie auch bereits aus der Literaturübersicht geschlossen werden kann. Namentlich Crackkatalysatoren, die stark saure Eigenschaften besitzen,

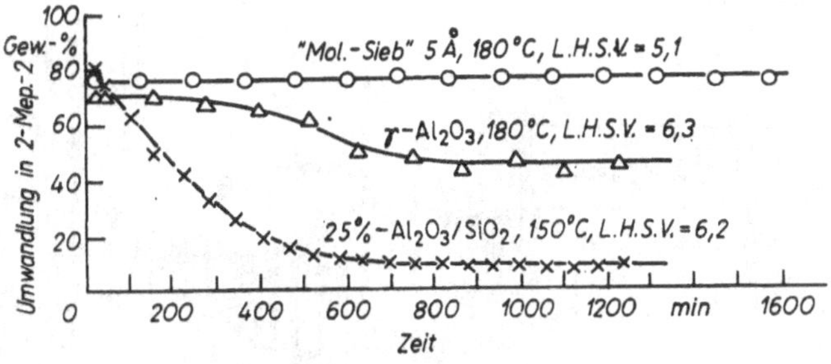

Abb. 65: Der Einfluß der Verwendungsdauer des Katalysators auf die Isomerisierung von 2-Methylpenten-(1) zu 2-Methylpenten-(2) für verschiedene Katalysatoren

bewirken, daß das 2-Methylpenten-(1) nach einer gewissen Zeit beinahe ganz polymerisiert. Aus der Untersuchung des Destillats ging hervor, daß diese Polymerisation sich fast ausschließlich auf eine Dimerisierung des Hexens beschränkt. Falls eine Umwandlung zu Polymeren nicht angegeben wird, erreicht sie höchstens 1 Gew.-%. Andere Isomerisierungen als die angestrebte Verschiebung der Doppelbindung beginnen erst bei höheren Temperaturen als 200°C eine bedeutendere Rolle zu spielen.

Nach längerem Gebrauch ist ein Nachlassen der Wirksamkeit des Katalysators zu beobachten, was durch eine teilweise Bedeckung der Oberfläche des Katalysators mit Polymeren verursacht sein kann. Eine Regeneration des Katalysators durch Abbrennen dieser Polymere ist möglich, vorausgesetzt, daß es sorgfältig geschieht.

Wie aus den Veröffentlichungen und den Untersuchungen von BAAS und Mitarb. hervorgeht, ist es sehr leicht möglich, 2-Methylpenten-(1) mit schwach sauren Katalysatoren unter milden Versuchsbedingungen bei hohen Umwandlungen außerordentlich selektiv zu 2-Methylpenten-(2) zu isomerisieren. Diese Verschiebung der Doppelbindung wird deshalb bei diesem neuen Verfahren auch nicht kostenbestimmend sein.

14.3. *Pyrolyse der Methylpentene zum Isopren*

Die dritte Stufe der modernen Isoprensynthese ist die Pyrolyse von 2-Methylpenten-(2) zu Isopren und Methan. Hierfür sind hohe Temperaturen mit kurzen Kontaktzeiten erforderlich. Das Isopren ist infolge von Resonanz verhältnismäßig stabil. Durch geschickte Wahl der Reaktionsbedingungen kann man einer Aromatenbildung entgegenwirken. Ebenso lassen sich durch richtige Wahl der Reaktionsbedingungen unerwünschte Zwischenprodukte vom Acetylentyp vermeiden.

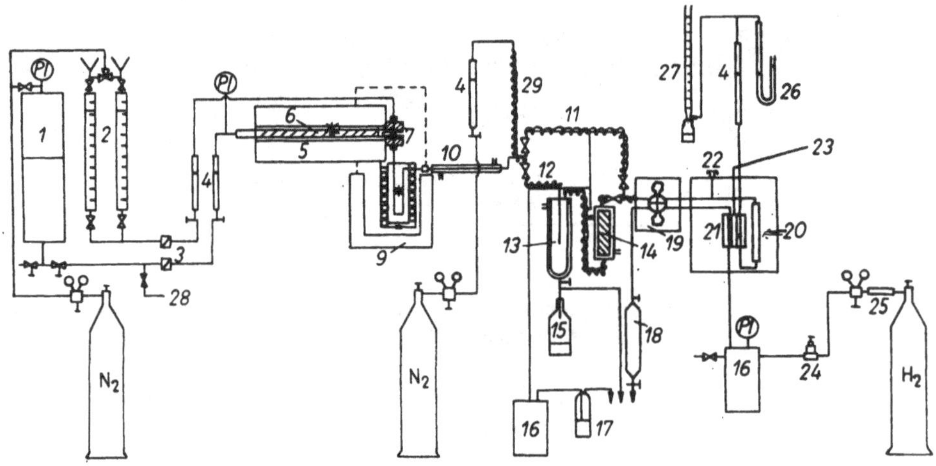

Abb. 66: Schema der Pyrolyse-Apparatur

1 – Vorratsbehälter mit destilliertem Wasser; *2* – Vorratsbüretten mit flüssigen Reaktanten (mit Einfülltrichtern versehen); *3* – Filter; *4* – Flüssigkeitsmesser (Fischer & Porter), gegebenenfalls mit darunter befindlichen Feinregulierhähnen; *5* – Vorwärmer; *6* – Vorwärmerrohr (rostfreier Stahl), mit Spänen aus rostfreiem Stahl gefüllt; *7* – Mischgefäß (rostfreier Stahl); *8* – Reaktor; *9* – Tiegelofen; *10* – Liebig-Kühler (Kupfer); Höchsttemperatur 70 °C; *11* – Kupferleitung, mit Heizdraht „Pyrotenax" umwickelt; *12* – Glasleitung, mit Heizband umwickelt; *13* – Wasserabscheider; Temperatur 40 °C; *14* – Trockenturm mit BaO; Temperatur 40 °C; *15* – Wasserauffanggefäß; *16* – Puffergefäß; *17* – Quecksilbersicherung; *18* – Gasprobenflasche; *19* – Achtwegehahn mit Gasprobenrohr in Thermostat von 40 °C; *20* – G.L.C.-Säule; *21* – Katharometer in Thermostat von 40 °C; *22* – Flüssigkeitseinspritzung; *23* – Signal vcm Katharometer zur Meßtafel und zum Registriergerät; *24* – Feinregulierhahn (Negretti-Zambra); *25* – Trockenkerze; *26* – offenes Flüssigkeitsmanometer; *27* – Seifenblasenmsser; *28* – Anschlußmöglichkeit für Druckgefäß mit Verdünnungsgas oder gasbildendem Reaktanten; *29* – Vorwärmer für die Erwärmung des Verdünnungsstickstoffs auf die richtige Temperatur; Thermoelement (Platin/Platin-Rhodium); angebracht in Vorwärmer, Mischgefäß und Reaktor

Die Pyrolyse von 2-Methylpenten-(2) zu Isopren wird in einem Crackofen ausgeführt. Um die Umwandlung des Olefins bei guten Ausbeuten und mit einem Minimum von Nebenreaktionen zu erreichen, wird Bromwasserstoff als Katalysator und Dampf als Verdünnungsmittel eingesetzt.

Die Pyrolyse von 2-Methylpenten-(2) wird bei Temperaturen von 650–800 °C und Kontaktzeiten von 0,05–0,3 sec durchgeführt. Isopren, Methan, andere Gase und nicht umgesetztes 2-Methylpenten-(2) werden durch Destillation getrennt. Das zurückgewonnene 2-Methylpenten-(2) wird zum Crackofen zurückgeleitet.

Als Katalysatoren haben sich saure Mittel bewährt. Empfohlen werden u. a. γ-Al_2O_3 oder HBr. Der eingesetzte Bromwasserstoff wird in dem „quench"-System gewonnen und ebenfalls in den Pyrolyseofen zurückgeführt.

Baas und Mitarb. [5c] haben auch diese Reaktion im kleintechnischen Maßstab eingehend untersucht.

In der in Abb. 66 dargestellten Apparatur erhielten sie bei der Pyrolyse von 2-Methylpenten-(1) (gewonnen durch Dimerisierung von Propylen unter Einwirkung von AlR_3; Reinheitsgrad 98,9%), 2-Methylpenten-(2) (gewonnen durch Isomerisierung von 2-Methylpenten, Reinheitsgrad > 98,5%) und 3-Methylpenten-(2) (gewonnen durch Dehydrierung von 3-Methylpentanol-(3)] folgende Isoprenmengen (Tab. 65—67).

Tabelle 65:
Die Pyrolyse von 2-Methylpenten-(1)

Versuch Nr.	H 1	H 2	H 3	H 4	H 5
Verdünnung	—	—	—	—	—
Temperatur (°C)	750	800	800	800	800
Kontaktzeit (sec)	0,02	0,01	0,01	0,02	0,02
Umwandlung (Mol.-%)	19,6	17,7	24,1	53,3	52,9
Isopren	18,4	18,1	16,9	14,6	15,7

Tabelle 66:
Die Pyrolyse von 2-Methylpenten-(2)

Versuch Nr.	K 1	K 2	K 3	K 4	K 5	K 6	K 7	P 14	P 22
Verdünnung	—	—	N_2 1:3	N_2 1:3	—	—	—	H_2O 1:3	H_2O 1:3
Temperatur (°C)	650	700	750	750	760	760	800	700	800
Kontaktzeit (sec)	0,10	0,01	0,005	0,02	0,02	0,15	0,04	0,06	0,005
Umwandlung (Mol.-%)	11,4	12,8	4,8	38,8	45,8	93,4	74,3	12,1	22,2
Isopren	60,3	60,2	61,2	57,3	52,3	34,7	47,8	62,5	60,0

Tabelle 67:
Die Pyrolyse von 3-Methylpenten-(2)

Versuch Nr.	L 1	L 2	L 3	L 4	L 5
Verdünnung	—	—	—	—	—
Temperatur (°C)	750	800	800	800	800
Kontaktzeit (sec)	0,02	0,005	0,01	0,02	0,015
Umwandlung (Mol.-%)	20,6	6,0	16,6	48,7	39,0
Isopren	71,0	81,6	74,9	60,1	65.2

Die erhaltenen Resultate zeigen, daß es zweckmäßig ist, 2-Methylpenten-(1) vor der Pyrolyse zunächst zu 2-Methylpenten-(2) zu isomerisieren. Es wäre aber noch günstiger, von 3-Methylpenten-(2) auszugehen. Leider ist dies sehr schwer zugänglich.

Der Nutzeffekt dieses neuen Verfahrens zur Erzeugung von Isopren wird in erster Linie durch die letzte Stufe, die Demethanisierung, bedingt.

Vor der letzten Stufe liegt die Ausbeute an Isopren bei etwa 65 Mol.-%. Aus den Versuchen geht hervor, daß die Spaltung gänzlich oder beinahe nach einem Prozeß erster Ordnung abläuft, während fast immer von einem Bruch einer oder mehrerer C-C-Bindungen gesprochen wird. Die zu diesen Prozessen erster Ordnung gehörenden Aktivierungsenergien sind jedoch beträchtlich niedriger als die Dissoziationsenergien dieser C-C-Bindungen.

Rice und Herzfeld [113] haben nachgewiesen, daß derartige bei Versuchen gefundene Gesetzmäßigkeiten theoretisch sehr gut zu verstehen sind, wenn man von der Annahme ausgeht, daß diese Zerfallsreaktionen über Kettenreaktionen ablaufen, die von Radikalen unterhalten werden.

Eine Pyrolysereaktion besteht aus drei Teilen: Initiierung, Fortpflanzung (Kettenreaktion) und Abbruch. In der Initiierungsreaktion werden Radikale gebildet, die auf dem Wege der Abspaltung von Wasserstoff Anlaß zu einer Vielfalt aufeinanderfolgender Kettenreaktionen geben. Diese Kettenreaktionen bestehen aus zwei Teilen: H-Abspaltung und Stabilisierung der nach der H-Abspaltung gebildeten Radikale. Insbesondere die H-Abspaltungen beeinflussen die endgültige Zusammensetzung des Pyrolyseproduktes. Durch Rekombination von Radikalen tritt der Kettenabbruch ein, wodurch die Kettenreaktionen gestoppt werden.

In nachstehendem Schema wird eine Zusammenfassung gegeben (M = Molekül, R = Radikal):

Initiierung:

$$M_1 \rightarrow 2 R_1$$

Fortpflanzung:

$$R_1 + M_1 \rightarrow R_1\text{H} + R_2 \quad \text{(Wasserstoffabspaltung)}$$
$$R_2 \rightarrow M_2 + R_1 \quad \text{(Radikalstabilisierung)}$$
$$R_1 + M_1 \rightarrow R_1\text{H} + R_2$$
$$R_2 \rightarrow M_2 + R_1$$

usw.

Abbruch:

$$R_1 + R_2 \rightarrow M_3$$

Meistens unterstellt man, daß die Anfangsreaktionen durch Zusammenstoß mit der Reaktorwand zustande kommen. Es ist auch möglich, daß die Initiierung bimolekular abläuft, wie es KÜCHLER und THEILE [114] für die Pyrolyse von Äthan annehmen:

$$M_1 + X \rightarrow 2R_1 + X, \text{ wobei } X \text{ gleich } M_1 \text{ sein kann.}$$

Auf jede Anfangsreaktion folgen unmittelbar schnell ablaufende Kettenreaktionen, die durch die Bildung neuer Radikale selbst für die weitere Fortpflanzung sorgen. Das Verhältnis zwischen Fortpflanzung und Initiierung (die mittlere Kettenlänge) ist sehr groß.

Die Beendigung, wie sie in dem Schema angegeben ist, wurde willkürlich gewählt. Es ist z. B. auch möglich, daß sie über die Reaktorwand oder trimolekular verläuft:

$$R_1 + R_2 + (\text{Gasmolekül}) \rightarrow M_1$$

Im stationären Zustand kann man für das angegebene Schema berechnen, daß die betrachtete Pyrolyse nach einem Prozeß erster Ordnung abläuft. Das hängt jedoch von dem gewählten Pyrolyseschema ab.

14.4. Eigenschaften des Isoprens

Eigenschaft		Wert
Schmelzpunkt	°C	−145,95
Siedepunkt (760 mm)	°C	34,076
(1 mm)		−79,8
(10 mm)		−51,6
Schmelzwärme (15 °C)	cal/g	16,8
Verdampfungswärme (34 °C)	kcal/Mol	6,7
Dichte (D_4^{20})	g/cm³	0,6805
(D_4^{-75})		0,7732
(D_4^{25})		0,6754
Oberflächenspannung (20 °C)	dyn/cm	16,9
Wärmekapazität (25,3 °C)	cal/g Mol (fest u. flüssig)	36,63
Wärmekapazität C_P (−23,16 °C)	cal/g Mol (gasförmig)	19,57
(1227 °C)	cal/g Mol (gasförmig)	60,30
Verbrennungswärme (25 °C; gasförmig)	kcal/Mol	760,83
(25 °C; flüssig)	kcal/Mol	754,28
Brechungsindex	n_D^{20}	1,42160
	n_D^{25}	1,41852
Dielektrizitätskonstante bei −75 °C		2,343
bei +25 °C		2,098
Dipolmoment	(in Hexan)	0,15
	(gasförmig)	0,38

14.5. Verwendung von Isopren

Obwohl in allen Industrieländern die Kapazitäten für synthetischen Kautschuk nach dem Kriege beträchtlich ausgebaut wurden und die Weltproduktion an Synthesekautschuk sich der Naturkautschukproduktion anzugleichen begann, ging die Suche nach einem neuen synthetischen Kautschuk weiter. Dies geschah, weil die synthetischen Stoffe nicht vollkommen dem Naturkautschuk entsprachen.

In dieser Situation erfolgte unter Ausnutzung der von ZIEGLER entwickelten metallorganischen Verbindungen (Basis Li-Organoverbindungen) die Auffindung des „cis-1.4-Polyisoprens“, der als stereospezifischer Kautschuk praktisch nicht von dem Naturprodukt zu unterscheiden ist. Mit der Entwicklung von „cis-1.4-Polyisopren“ erfolgte ein wichtiger Schritt in der Kautschuk-Technologie. Die Entwicklung einer preisgünstigen Isopren-Synthese verhalf der neuen Kautschuktype zu einem vollen Erfolg, und bis 1965 erreichte die Weltproduktion an „cis-1.4-Polyisopren“ eine Höhe von 125000 t.

14.6. Poly-[4-methylpenten-(1)]

Bei Verwendung eines speziellen Zinkkatalysators läßt sich Propylen bei 100 bis 150 atü und 160 °C in der Weise dimerisieren [47, 115, 116], daß, wie Tab. 68 zeigt, bevorzugt 4-Methylpenten-(1) $(CH_2{=}CH{-}CH_2{-}\underset{\displaystyle CH_3}{\underset{|}{CH}}{-}CH_3)$ entsteht.

Tabelle 68:

4-Methylpenten-(1)	57 Gew.-%
4-Methylpenten-(2)	36 Gew.-%
2-Methylpenten-(1)	1 Gew.-%
2-Methylpenten-(2)	3 Gew.-%

Für die Herstellung des Monomeren hat die British Petroleum Co. ein Verfahren entwickelt.

Durch Polymerisation hat die ICI aus 4-Methylpenten-(1) einen neuen Kunststoff [117, 118], das Poly-[4-methylpenten-(1)], mit sehr vorteilhaften Eigenschaften entwickelt.

$$
\begin{array}{l}
-(CH_2-CH-)_n-\\
|\\
CH_2\\
|\\
CH-CH_3\\
|\\
CH_3
\end{array}
$$

Seit geraumer Zeit werden hiervon größere Mengen hergestellt und unter der Bezeichnung „TPX“ abgegeben.

Der neue Kunststoff hat mit 0,83 die niedrigste Dichte aller bisher bekannten thermoplastischen Kunststoffe, sein Schmelzpunkt liegt bei 240 °C. Preßteile daraus hergestellt bleiben bis gegen 200 °C formstabil.

„TPX" besitzt außerdem hohe Transparenz. Die Lichtdurchlässigkeit ist mit 90% nur wenig geringer als die von Plexiglas (Polymethylmethacrylat 92%). Von Nachteil ist, daß dieser neue Kunststoff vom Licht abgebaut wird. In nicht stabilisierter Form ist deshalb seine Anwendung auf den Innengebrauch beschränkt.

„TPX" ist gegen viele chemische Medien beständig. Starke Säuren und Laugen greifen das Polymerisat nicht an. In einigen organischen Lösungsmitteln, wie z. B. Benzol, Tetrachlorkohlenstoff und Petroläther, löst sich „TPX" jedoch.

Die Schlagzähigkeit des neuen Thermoplasts entspricht der von hochschlagfestem Polystyrol. Auch die elektrischen Eigenschaften sind günstig (Dielektrizitätskonstante 2,12).

Trotz des hohen Schmelzpunktes läßt sich „TPX" nach den üblichen Strangpreß-, Spritzguß- oder Blasverfahren verarbeiten. Das Polymerisat ist thixotrop und fließt gut.

Diese Thixotropie wird auf die innere Weichmacherwirkung der Isobutylseitenketten zurückgeführt.

Die genannten Eigenschaften ermöglichen eine vielseitige Verwendung. So eröffnet die Formbeständigkeit bei hohen Temperaturen die Möglichkeit, „TPX" für hitzesterilisierbare chirurgische Instrumente zu verwenden. Folien aus dem neuen Kunststoff eignen sich aus den gleichen Gründen als Verpackungsmaterial für vorgekochte Lebensmittel. Die hohe Transparenz der Folien macht sie für die Lebensmittelverpackung besonders geeignet.

Die ICI errichtet 1968 in Wilton eine Anlage zur Erzeugung von 2000 t/a von diesem neuen Kunststoff [119].

14.7. Die Mischdimerisierung des Propylens mit Äthylen und Isobuten

14.7.1. Die Mischdimerisierung mit Äthylen

Eine Art Mischdimerisierung von Propylen mit Äthylen unter Bildung von Isopentenen ist möglich durch Reaktion von Aluminiumtriäthyl (als Quelle für Äthylen) mit Propylen [120] in aliphatischen oder aromatischen Kohlenwasserstoffen als Lösungsmittel. Das Hauptreaktionsprodukt hierbei ist 2-Methylbuten-(1). Die Reaktion wird vorzugsweise bei 100—180 °C und einem Druck von 13 bis 65 at durchgeführt, die Reaktionsdauer beträgt 30 Min. bis 6 Std., das Verhältnis Aluminiumtriäthyl zu Propylen 1:3—8.

Neben dem Hauptreaktionsprodukt, 2-Methylbuten-(1), entstehen noch Butene und Hexene, von denen das Produkt durch Fraktionieren getrennt wird.

Eine Codimerisierung ist auch möglich durch gemeinsames Überleiten eines Äthylen-Propylen-Gemisches bei $\sim$ 140 °C über einen Katalysator auf Basis KH und Propylen in n-Heptan [121] [91% n-Penten-(1)] bzw. durch Überleiten eines

Äthylen-Propylen-Gemisches bei 220—300 °C/80-150 at über Triäthylaluminium [122]. Weiter kann als Katalysator das System Alkyl-Al/Tetraalkyltitanat [123] Verwendung finden.

Die Synthese von 2-Methylbuten-(1) aus Propylen und Triäthylaluminium soll in Japan in einer Pilotanlage ausgeprüft werden [124].

Eine Freisetzung des Kohlenwasserstoffs aus dem Reaktionsprodukt von Propylen mit Triäthylaluminium kann durch eine Reaktion mit Co, Pt oder Ni erfolgen [125].

Eine modifizierte Codimerisierung ist möglich durch Reaktion von Propylen mit Triäthylaluminium bei 130—140 °C, Zugabe von Äthylen und kolloidalem Nickel unter Erwärmen auf 160—170 °C. Das hierbei freigesetzte 2-Methylbuten-(1) kann bei 700 °C an $MgO\text{-}Fe_2O_3$ zu Isopren dehydriert werden [126]. Über das Verfahren wurde genauer von T. Amemiya, K. Matsumoto, H. Ando, O. Inomata, H. Nishikata, M. Enomoto und Y. Shimizu [127] berichtet.

2-Methylbuten-(1) kann durch Dehydrieren in Isopren überführt werden. Jedoch dürfte diese Synthese technisch keine Bedeutung erlangen, da Aluminiumtriäthyl nicht nur katalytisch wirksam ist, sondern direkt in die Reaktion eintritt.

14.7.2. Die Mischdimerisierung mit Isobuten

Die Mischdimerisierung von Propylen und Isobuten wurde erstmals von V. N. Ipatieff [128] untersucht. Die hierbei entstandenen Isoheptene können durch Oxosynthese in Isooctanol, eine wichtige Weichmacherkomponente, überführt werden. Ob das Verfahren großtechnisch durchgeführt wird, ist unbekannt.

Nach Ipatieff sind die günstigsten Reaktionsbedingungen für die Isoheptenherstellung: 135 °C, 38 at; Belastung 375 *l* Gasgemisch/*l* Std. Als Katalysator wird der gleiche Kontakt wie für die Oligomerisierung von Propylen, Phosphorsäure auf Diatomeenerde, vorgeschlagen. Der Umsatz liegt bei Einsatz äquimolekularer Mengen der beiden Gase bei 93%, wobei sich Propylen leichter als Butylen umsetzt. Das anfallende Gemisch besteht zu 40—45% aus Heptenen, 10—15% Octenen u. a. Olefinen. Die Heptenfraktion besteht hauptsächlich aus 2.3-Dimethylpentenen. Pro *l* Katalysator und Std. werden 1040 cm^3 Polymerprodukt gebildet (vgl. auch [129]).

Eine Copolymerisation zwischen Propylen und n-Buten ist bei 190 °C möglich.

Literatur

[1] J. J. Garmon, W. E. Morrow und V. J. Anhorn: Chem. Engng. Progr. **61**, *6* (1965), 57—61
[2] H. J. Osterhof: Trans. Inst. Rubber Ind. **41**, *2* (1965), T 53—T 79
[3] Oil in Canada **13**, *19* (1961), 28—32
[4] C. J. Baas und J. C. Vlugter: Chem. Weekblad **57** (1961), 389—95
[5a] C. J. Baas und J. C. Vlugter: Brennstoff-Chem. **45** (1964), 161—65

[5b] C. J. Baas und J. C. Vlugter: Brennstoff-Chem. **45** (1964), 258—61
[5c] C. J. Baas und J. C. Vlugter: Brennstoff-Chem. **45** (1964), 295—99
[5d] C. J. Baas und J. C. Vlugter: Brennstoff-Chem. **45** (1964), 321—30
[6] P. W. Sherwood: Ind. Engng. Chem. **55**, *3* (1963), 29—31
[7] I. Ja. Tjurjajew, W. S. Feldbljum, B. A. Grigorowitsch und I. M. Galperin: Chim. Prom. **1963**, 647—50
[8] V. J. Anhorn, K. J. Frech, J. J. Tazuma, P. W. Wise und W. E. Morrow: Chem. Engng. Progr. **57**, *5* (1961), 41—45
[9] M. Suzuki: Nenryo Kyokaishi **41** (1962), 114—28; ref. C. **1962**, 15017
[10] R. Landau, G. S. Schaffel und A. C. Deprez: Erdöl Kohle-Erdgas-Petrochem. **16**, *7* (1963), 754—59
[11] Chem. Week **1961** (6. 5.), 73—74, 78
[12] R. B. Stobaugh: Hydrocarbon Processing **46**, *7* (1967), 149—57
[13] C. G. Williams: Jahresber. Fortschr. Chem. **1860**, 495
[14] Brit. P. 320362 (1928), IG. Farbenindustrie
[15] D. R. P. 246241 (1910), Farbenfabriken Bayer und Co.
[16] M. de Malde: Chim. e Ind. [Milano] **45**, *6* (1963), 665—73
[17] G. Coppa-Zuccari: Chim. et Ind. [Paris] **85**, *3* (1961), 363; J. Morrison: Oil Gas International **7**, *10* (1967), 56—57
[18] A. Giraud: Rev. gén. Caoutchouc Plastiques **38** (1961), 1598—1600
[19] F. Coussemant und M. Hellin: Erdöl und Kohle **15** (1962), 274, 348
[20] R. W. King: Hydrocarbon Processing **45**, *11* (1966), 189
[21] Chem. Age **84** (1960), 898
[22] A. A. di Giacomo et al.: Chem. Engng. Progr. **57**, *5* (1961), 35
[23] D. Ja. Muchinskij, W. N. Zlotschenko und Ju. F. Semenow: Izvest. Akad. Nauk Turkm. SSR, Ser. fiz.-techn., Chim. geol. Nauk **1965**, 133—34; ref. C. **1967**, 9-2759
[24] F. P. 1419670 (1965), Etablissements Kuhlmann (S. Mercier und M. Michiels)
[25] It. P. 586452 (1957), Montecatini Societa Generale per l'Ind. Mineraria e Chimica
[26] D. A. S. 1178419 (1964), BASF (H. Kroeper und K. Schloemer)
[27] W. S. Feldbljum, G. P. Kommissarowa, L. D. Mjasnikowa, S. J. Krjukov, M. I. Farberov, A. W. Golovko, I. Ja. Tjurjajev und A. G. Pankov: Neftechimija **3** (1963), 13—19, 20—27
[28] W. S. Feldbljum, L. D. Mjasnikowa, A. M. Kutin, S. J. Krjukov und M. I. Farberov: Neftechimija **5** (1965), 493—97
[29] Brit. P. 876680 (1961), ICI Ltd. (P. Smith und R. E. Goddard)
[30] Brit. P. 853187 (1960), ICI Ltd. (R. E. Goddard und P. Smith)
[31] S. I. Krjukov, A. M. Kutin, G. P. Komissarowa, L. D. Mjasnikowa und M. I. Farberov: Izvest. vyssich ucebnych Zavedenij [Ivanovo], Chim. i. Chim. Technol. **7** (1964), 821—26
[32] F. P. 1269563 (1961), Pechiney Comp. de Prod. Chim. et Electrometallurgiques (A. Bergier und G. Wetroff)
[33] F. P. 1356224, 1356225 (1964), Halcon International, Inc. (D. Brown, R. Muller, J. W. Colton und L. Neerenberg)
[34] V. S. Feldbljum, L. D. Mjasnikowa, S. I. Krjukov und M. I. Farberov: Neftechimija **4** (1964), 257—61
[35] F. P. 1250416 (1958), Pechiney Comp. de Prod. Chim. et Electrometallurgiques (G. Wetroff und A. Bergier)

[36] UdSSR. P. 107121 (1957), M. I. FARBEROV, S. I. KRJUKOV, E. P. TEPENITSYNA und A. M. KUTIN
[37] Brit. P. 840028 (1960), Scientific Design Co., Inc.; U. S. P. 3104269 (1963), Halcon International (G. S. SCHAFFEL)
[38] Brit. P. 896822 (1962), Brit. Petroleum Co. (A. A. YEO und J. K. HAMBLING)
[39] Brit. P. 775384 (1957), K. ZIEGLER
[40] Aust. P. 247253 (1963), Goodyear Tire and Rubber Co. (K. J. FRECH); Brit. P. 975454 (1964), Goodyear Tire and Rubber Co.
[41] Belg. P. 575326 (1959), Brit. P. 831249 (1960), F. P. 1250416, 1269563 (1961), Oe. P. 212295 (1960), Pechiney Comp. de Prod. Chim. et Electrometallurgiques (A. BERGIER und G. WETROFF)
[42] Brit. P. 979877 (1965), U. S. P. 3278634 (1967), Vereinigte Glanzstoff-Fabriken AG (H. MÄGERLEIN, G. MEYER, W. RÖSNER und E. SIGGEL)
[43] U. S. P. 3076047 (1963), Collier Carbon and Chemical Corp. (F. H. SEUBOLD jr.)
[44] U. S. P. 3219723, 3219724 (1965), Sun Oil Co. (L. W. HALL jr.)
[45] J. EWERS: Angew. Chem. 78 (1966), 593; F. P. 1497673 (1967), Scholven-Chemie AG (J. EWERS)
[46] F. P. 1385503 (1965), Shell Internat. Res. Maatschappij, N. V.: ähnlich W. S. FELDBLJUM, N. V. OBEŠČALOVA und A. J. LEBEŠČEVA :Neftechimija 7 (1967), 379—88
[47] Brit. P. 914144 (1962), U. S. P. 3182096 (1965), Brit. Petroleum Co., Ltd. (A. A. YEO und J. K. HAMBLING)
[48] U. S. P. 3094573 (1963), Sun Oil Co. (L. W. HALL jr.)
[49] Aust. P. 256952 (1962), 256759 (1962), Brit. P. 912822 (1962), D. A. S. 1215131 (1966), F. P. 1284455 (1962), Oe. P. 231414 (1964), U. S. P. 3084206 (1963), Brit. Petroleum Co., Ltd. (A. A. YEO, J. K. HAMBLING und G. W. ALDERSON), ähnlich F. P. 1284453 (1962), Oe. P. 226659 (1963), Brit. Petroleum Co., Ltd. (A. A. YEO, J. K. HAMBLING und G. W. ALDERSON)
[50] Aust. P. 256758 (1965), Belg. P. 614921 (1962), Brit. P. 912823—26 (1962), F. P. 1284456—57, 1301836 (1962), U. S. P. 3325559 (1967), Brit. Petroleum Co., Ltd. (A. A. YEO, J. K. HAMBLING und G. W. ALDERSON)
[51] Brit. P. 903014 (1962), Brit. Petroleum Co., Ltd. (A. A. YEO und J. K. HAMBLING), vgl. auch Brit. P. 932342 (1963), Brit. Petroleum Co., Ltd. (A. A. YEO und J. K. HAMBLING)
[52] F. P. 1315324 (1963), Goodyear Tire and Rubber Co.
[53] U. S. P. 2986588 (1961), Calif. Res. Corp. (R. M. SCHRAMM)
[54] Brit. P. 868945 (1961), Shell Internat. Res. Maatschappij N. V.
[55] U. S. P. 3075027 (1963), Shell Oil Co. (C. W. BITTNER et al.)
[56] F. P. 1410776 (1965), Chevron Res. Co. (H. P. WEBER und J. B. WILKES)
[57] Brit. P. 889268 (1962), D. A. S. 1227446 (1966), Shell Internat. Res. Maatschappij N. V. (G. HOLZMAN und A. W. SHAW)
[58] Brit. P. 824917 (1959), Calif. Res. Corp.
[59] U. S. P. 3255272 (1966), Ethyl Corp. (K. L. LINDSAY)
[60] Brit. P. 978590 (1964), Ethyl Corp., N. Y.
[61] F. P. 1356267 (1964), Ethyl Corp. (R. D. CLOSSON und J. C. WOLLENSAK)
[62] F. P. 1364460 (1964), U. S. P. 3340323 (1967), Vereinigte Glanzstoff-Fabriken AG
[63] U. S. P. 3094573 (1963), Sun Oil Co. (L. W. HALL jr.), ähnlich U. S. P. 3311673 (1967), Sun Oil Co. (L. W. HALL jr. und W. E. MCCOQUORDALE)
[64] Belg. P. 641774 (1964), El Paso Natural Gas Prod. Co. (W. O. BEAVERS)

[65] U. S. P. 3185745 (1965), Ethyl Corp. (K. L. LINDSAY)
[66] Jap. A. S. 20373/1965, Toyo Rayon Co., Ltd. (R. NAKANISHI und A. MIYOKE)
[67] Belg. P. 618384 (1962), F. P. 1359070 (1964), Scientific Design Co., Inc. (CH. N. WINNICK)
[68] U. S. P. 3104271 (1963), Ethyl Corp. (K. L. LINDSAY)
[69] U. S. P. 3275706 (1966), Phillips Petrol. Co. (P. R. STAPP)
[70] Belg. P. 611534 (1962), Brit. Petroleum Co., Ltd. (G. W. ALDERSON, J. K. HAMBLING und A. A. YEO)
[71] Belg. P. 616564 (1962), Brit. Petroleum Co., Ltd. (J. K. HAMBLING und G. W. ALDERSON)
[72] Belg. P. 619715 (1962), Brit. P. 991705 (1965), F. P. 1318568 (1963), U. S. P. 3260770 (1966), Brit. Petroleum Co., Ltd. (J. K. HAMBLING)
[73] Belg. P. 614789 (1962), Brit. Petroleum Co., Ltd. (J. K. HAMBLING und G. W. ALDERSON)
[74] Brit. P. 1003576 (1965), Brit. Petroleum Co., Ltd. (J. K. HAMBLING, G. W. ALDERSON und A. A. YEO)
[75] F. P. 1343359 (1963), Brit. Petroleum Co., Ltd. (J. K. HAMBLING und P. D. HOLMES)
[76] Belg. P. 631742 (1963), Brit. Petroleum Co., Ltd. (J. K. HAMBLING und I. GREBBELL)
[77] F. P. 1382602 (1964), Brit. Petroleum Co., Ltd. (J. K. HAMBLING und L. B. WITTEN)
[78] F. P. 1377787 (1964), Brit. Petroleum Co., Ltd. (J. K. HAMBLING)
[79] Niederld. A. S. 6509224 (1966), Brit. Petroleum Co., Ltd., ähnlich F. P. 1501379 (1967), Farbwerke Hoechst AG
[80] Brit. P. 1011354 (1965), Niederld. A. S. 6402598 (1964), Goodyear Tire and Rubber Co.
[81] U. S. P. 3175020 (1965), Calif. Res. Corp. (J. B. WILKES)
[82] Brit. P. 1012077 (1965), F. P. 1385927 (1965), Niederld. A. S. 6402587 (1964), Goodyear Tire and Rubber Co. (J. J. TAZUMA und M. D. ZADRA)
[83] Brit. P. 993035 (1965), D. A. S. 1201329 (1965), U. S. P. 3175201 (1965), Calif. Res. Corp. (R. D. VANSELOW und J. B. WILKES), ähnlich D. A. S. 1244155 (1967), Calif. Res. Corp.
[84] D. A. S. 1248640 (1967), U. S. P. 3163612 (1964), Universal Oil Products Co. (E. E. MEISINGER und E. L. POLLITZER)
[85] U. S. P. 3148157 (1964), Universal Oil Products Co. (E. L. POLLITZER und E. E. MEISINGER)
[86] U. S. P. 3128318 (1964), Universal Oil Products Co. (E. E. MEISINGER und H. S. BLOCH)
[87] U. S. P. 3154595 (1964), Universal Oil Products Co. (G. R. DONALDSON, E. L. POLLITZER und R. S. COREY), vgl. auch D. A. S. 1253263 (1967), Universal Oil Products Co. (E. E. MEISINGER, H. S. BLOCH und E. L. POLLITZER)
[88] Brit. P. 933700 (1963), Ethyl Corp.
[89] A. W. SHAW, C. W. BITTNER, W. V. BUSH und G. HOLZMAN; J. Org. Chem. 30 (1965), 3286–89
[90] U. S. P. 2482008 (1949), Sharples Chemicals Inc. (E. V. KLEBER)
[91] Brit. P. 935288 (1963), F. P. 1244497 (1961), Scientific Design Co., Inc., D. A. S. 1201331 (1965), Halcon International, Inc. (R. E. LIDOV)
[92] U. S. P. 2404056 (1944), 2430137 (1946), Socony Vacuum Oil Co.
[93] F. P. 1244499 (1961), U. S. P. 3047644 (1962), Scientific Design Co., Inc. (CH. N. WINNICK), D. A. S. 1218430 (1966) Halcon International, Inc.
[94] U. S. P. 2507864 (1950), The Texas Co. (E. J. MOORE und M. W. STEWART)

[95] U. S. P. 3133127 (1964), Texaco, Inc. (R. Y. HEISLER, H. V. HESS und G. W. ECKERT)
[95a] Belg. P. 632055 (1963), Goodyear Tire and Rubber Co. (L. M. BECKER und K. L. FRECH): U. S. P. 3268617 (1966), Goodyear Tire and Rubber Co. (H. R. MENAPACE und R. R. SMITH)
[96] B. T. BROOKS: J. Amer. chem. Soc. **56** (1934), 1998
[97] Brit. P. 933235 (1963), Scientific Design Co., Inc.
[98] U. S. P. 3246046 (1966), Goodyear Tire and Rubber Co. (J. J. GARMON)
[99] Brit. P. 940682 (1963), Scientific Design Co., Inc., U. S. P. 2446619 (1948), Texas Co. (M. M. STEWART und F. J. MOORE)
[100] Brit. P. 849393 (1960), U. S. P. 3013066 (1961), E. I. du Pont de Nemours (TH. ALDERSON). vgl. auch F. P. 1499833 (1967), W. R. Grace u. Co. (A. KETLEY)
[101] F. P. 1364531 (1964), Monsanto Co. (R. A. FRANZ und R. N. MOORE)
[102] R. G. SCHULTZ, J. M. SCHUCK und B. S. WILDI: J. Catalysis **6** (1966), 385—96
[103] F. P. 1406158 (1965), Monsanto Co. (R. M. ENGELBRECHT, J. M. SCHUCK und R. G. SCHULTZ)
[104] F. D. ROSSINI u. a.: „*Selected Values of Physical and Thermodynamic Properties of Hydrocarbons and Related Compounds*", Pittsburgh 1953
[105] H. P. EMMETT et al.: „*Advances in Catalysis and related Subjects*", New York 1958; Bd. 6, S. 98
[106] Schwz. P. 398547 (1966), Goodyear Tire and Rubber Co. (K. J. FRECH und R. A. HIVELY)
[107] F. C. WHITMORE et al.: J. Amer. chem. Soc. **72** (1950), 51
[108] U. S. P. 3268616 (1966), Humble Oil and Refining Co. (W. R. EDWARDS, R. D. WESSELHOFT und B. B. WILLIAMS)
[109] H. KOCH und H. VAN RAAY: Brennstoff-Chem. **32** (1951), 161
[110] B. A. KASANSKIJ, I. W. GOSTUNSKAJA und N. B. DOBROSERDOWA: Dokl. Akad. Nauk SSSR **130** (1960), 82—85
[111] Brit. P. 886716 (1962), Brit. Hydrocarbon Chemicals Ltd. (W. J. OLDHAM)
[112] U. S. P. 3268617 (1966), Goodyear Tire and Rubber Co. (M. L. BECKER und K. L. FRECH)
[113] F. O. RICE und K. F. HERZFELD: J. Amer. chem. Soc. **56** (1934), 284
[114] L. KÜCHLER und H. THEILE: Z. physik. Chem. B **42** (1939), 359
[115] Chem. Industrie **17** (1965), 266
[116] Chem. Engng. News **43**, *13* (1965), 44
[117] L. A. MUIRHEAD: Rubber and Plastics Age **40** (1959), 501
[118] R. D. DEANIN: SPE-Journal **23**, *2* (1967), 39—42
[119] Chem. Engng. News **44**, *46* (1966), 39
[120] U. S. P. 3080411 (1963), Continental Oil Co. (M. T. ATWOOD et al.)
[121] Jap. A. S. 26887/65 (1965), Toyo Rayon Co., Ltd.
[122] D. A. S. 1218431 (1966), Studiengesellschaft Kohle mbH
[123] Brit. P. 856288 (1960), Du Pont of Canada, Ltd. (T. E. C. KNEE)
[124] Petrol. Chem. Engng. **37**, *1* (1965), 16
[125] Brit. P. 837350 (1960), Petrolchemicals Ltd. (E. W. DUCK)
[126] Jap. A. S. 2662/1959, Bureau of Industrial Technics (T. AMEMIYA, A. TOUNEYA, M. SUZUKI und Y. BABA)
[127] Proc. 7th World Petrol. Congr., Vol. 5, S. 107—13 (1967)
[128] N. IPATIEFF und R. E. SCHAAD: Ind. Eng. Chem. **37** (1945), 362—64
[129] B. BLOURI: Chim. et Ind. [Paris] **71** (1954), 706—12

15. Oligomerisierung des Propylens

Im folgenden wird im wesentlichen die Trimerisierung und die Tetramerisierung des Propylens abgehandelt. Über die Dimerisierung wurde bereits im Kapitel „Isoprensynthese" berichtet.

Wie schon häufig in der Literatur erwähnt, können Olefine thermisch durch Erhitzen auf höhere Temperaturen unter Druck sowie katalytisch unter milden Bedingungen oligomerisiert werden. Thermisch wird am leichtesten Äthylen, katalytisch am leichtesten Isobutylen umgesetzt. Die thermische Oligomerisierung spielt jedoch bis heute in der petrolchemischen Industrie keine Rolle. Lediglich zur Herstellung von Polymerbenzin hat die thermische Oligomerisierung in geringem Maße Bedeutung erlangt.

Die katalytische Oligomerisierung des Propylens kann sowohl in der Flüssig- wie in der Gasphase erfolgen. Beide Verfahren werden in der Technik angewandt.

15.1. Thermische Oligomerisierung des Propylens

Erste Versuche zur thermischen Polymerisation von Propylen [1] wurden von V. N. Ipatieff [2] durchgeführt. Er fand, daß unter hohem Druck bei 330—370 °C ein Polymerisat folgender Zusammensetzung entsteht.

8% Paraffine
26% Olefine
22% Cycloolefine
44% Cycloparaffine.

Aromaten fand er bei seinen Versuchen nicht. Umfangreichere Untersuchungen an verschiedenen Olefinen ermöglichten es F. W. Sullivan [3], optimale Bedingungen für die Herstellung von Oligomeren des Benzinsiedebereichs zu ermitteln. Die Tab. 69 zeigt Ergebnisse, die mit Propylen erhalten wurden.

Die Ergebnisse zeigen, daß durch Druckerhöhung die gebildete Polymerisatmenge kaum ansteigt. Die Raum-Zeit-Ausbeute kann aber wesentlich erhöht werden. Temperatur und Verweilzeit beeinflussen die thermische Oligomerisierung nur geringfügig.

Ein thermisches Verfahren zur technischen Oligomerisierung von Crackgasen u. a. wurde von der Pure Oil Co. und der Alco Products Inc. (Alco-Verfahren) [4]

Tabelle 69:

Druck in at	Temperatur in °C	Verweilzeit in Min.	Flüssigkeitsausbeute Gew.-%	Benzin Vol-%	Octanzahl
35	450	5,7	16,3	80,3	78
70	430	22,6	46,9	73,1	87
140	430	16,9	64,0	69,5	75
140	450	10,6	62,8	66,2	80
210	400	27,3	62,6	59,5	75
210	430	16,4	61,0	63,4	74
210	450	8,7	61,2	67,1	74

entwickelt. Nach diesem Verfahren wird ein C_3—C_4-Schnitt auf 480—540 °C unter 50 at erhitzt, wobei nur die Olefine umgesetzt werden. Die Paraffine bleiben unverändert.

Durch eine anschließende Pyrolyse des nicht umgesetzten paraffinischen Anteils bei 700 °C können auch diese Kohlenwasserstoffanteile in die Oligomerisierung einbezogen werden (Multiple Coil-Verfahren).

15.2. Katalytische Oligomerisierung des Propylens

15.2.1. Dampfphaseoligomerisierung des Propylens an Phosphorsäurekontakten

Die wichtigste Art der Oligomerisierung gasförmiger Olefine besteht in deren Überleitung über auf Kieselgur, Aktivkohle oder Asbest aufgetragene Phosphorsäure.

Der eigentliche Katalysator besteht aus einem Gemisch von Ortho- und Pyrophosphorsäure, die beide katalytisch aktiv sind. Oberhalb 240—260 °C werden diese Säuren zur Metaphosphorsäure dehydratisiert, die katalytisch inaktiv ist. Um eine Dehydratisierung der beiden Säuren zu verhindern und somit die Lebensdauer des Katalysators möglichst zu verlängern, müssen bei den erforderlichen Oligomerisierungstemperaturen von etwa 300 °C dem Gasgemisch 2—10 Vol.-%, optimal 5% Wasserdampf zugesetzt werden [5]. Ein wesentlich höherer Wasserdampfgehalt ist nicht empfehlenswert, da hierbei die Katalysatorfestigkeit leidet und außerdem in geringem Maße Hydratisierung zu Isopropylalkohol eintritt.

Es ist vorteilhaft, als Träger für den Katalysator saure Verbindungen zu verwenden, da es beim Einsatz neutraler Träger, wie z. B. Aktivkohle, zur Bildung von Alkylphosphaten kommen kann, die sich dann verflüchtigen. Bei Verwendung von Kieselgur bzw. Asbest, den gebräuchlichsten Trägern, nimmt man dagegen die Bildung von Silikophosphaten an, die nicht flüchtig sind. In diesen Fällen können bis zu 75% Phosphorsäure aufgetragen werden.

Das Phosphorsäureverfahren wurde seit 1933 im wesentlichen von der amerikanischen Universal Oil Products Co. [6—13] entwickelt (UOP-Verfahren). Die Produktion nahm vor allem im 2. Weltkrieg zur Herstellung hochwertiger Flugkraftstoffe einen großen Aufschwung. Das UOP-Verfahren arbeitet mit Phosphorsäure (62—65% P_2O_5) auf Diatomeenerde bzw. Asbest als Katalysator. Aktivkohle findet aus oben erwähnten Gründen kaum Verwendung.

Der Katalysator wird erhalten, indem 74—76%ige H_3PO_4 auf 260 °C (Gemisch von Ortho- und Pyrophosphorsäure 65:35) erhitzt und mit Asbest verknetet wird. Nach Abkühlen auf 20—30 °C und anschließender Trocknung bei 150 °C ist der Katalysator einsatzfähig.

Eine Regeneration des Katalysators, die nach Durchsatz von etwa der 100-fachen Menge Polymerisat erforderlich ist (≙ 60 Arbeitstage), wird durch kontrollierte Oxydation mit einem Luft-Abgas-Gemisch bei 480—540 °C sowie nachfolgende Hydratisierung gebildeter Metaphosphorsäure bei 285 °C erreicht. Ein Auswechseln des Katalysators ist nach Durchsatz des 700- bis maximal 1300fachen Volums an Polymerisat erforderlich [14—15].

Zur Oligomerisierung von Propylen wurden von der Universal Oil Products Co. zwei Verfahren entwickelt:

a) Niederdruck-Kammerofen-Verfahren,
b) Hochdruck-Kammerofen-Verfahren.

15.2.1.1. Die Oligomerisierung des Propylens nach dem Niederdruck-Kammerofen-Verfahren

Bei der großtechnischen Durchführung dieses Verfahrens passiert das je nach Olefingehalt auf 170—210 °C vorerwärmte Gasgemisch (zur Herstellung von Polymerbenzin eine C_3—C_4-Fraktion) unter einem Druck von 14—20 at eine Reihe

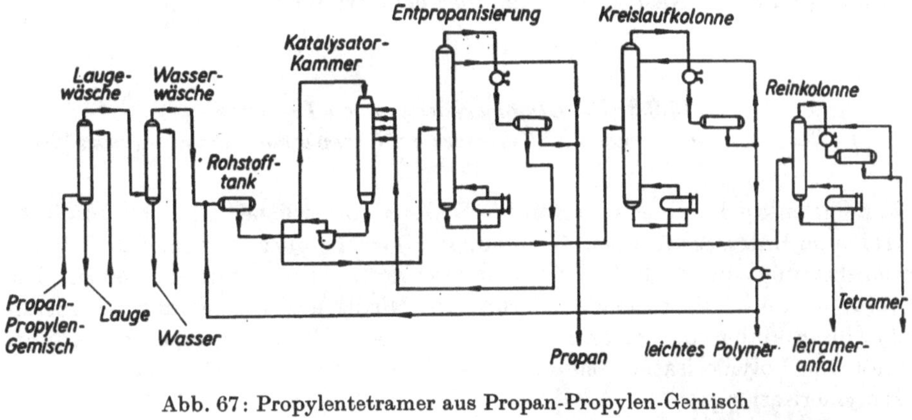

Abb. 67: Propylentetramer aus Propan-Propylen-Gemisch

von Kontakttürmen, in denen sich der in Form von Stücken oder Pillen vorliegende Phosphorsäurekatalysator befindet. Das olefinreiche Eingangsgemisch wird zuerst in den Turm mit dem Katalysator der geringsten Aktivität geleitet. Zum Schluß wird derjenige Turm beschickt, in dem sich der aktivste Katalysator befindet, was einen möglichst hohen Umsatz bzw. eine gute Temperaturkontrolle ermöglicht. Die Oligomerisierungsreaktion ist exotherm (Reaktionswärme 16,5 kcal/Mol Propylen [16]), infolgedessen tritt im Ofen eine Temperaturerhöhung von 60–65 °C ein. Ein allmähliches Nachlassen der Katalysatoraktivität wird durch fortlaufende Temperaturanhebung beim Katalysator kompensiert.

Die in den Ofen eintretenden Gase müssen schwefel- und stickstofffrei sein. Dies wird durch eine vorherige Lauge- [17] und Wasserwäsche erreicht. Die Umwandlung der Olefine des Ausgangsgemisches liegt bei etwa 90%. Die austretenden Gase werden nach Abkühlung mit einem Absorptionsöl (hochsiedende Polymerfraktion) behandelt, die nicht kondensierbaren Anteile verlassen den Absorber, die gelösten Anteile werden in einer Stabilisierungskolonne (bei 24,5 at) und einer Druckkolonne (bei 7 at) aufdestilliert. Das Polymerbenzin fällt als mittlere Fraktion an und das Absorptionsöl bleibt als Sumpf zurück. Es ist auch möglich, ohne eine Zwischenabsorption zu arbeiten. In diesem Falle wird das aus der Reaktion austretende Produkt in einer Depropanisierkolonne vom Propan befreit und dann wie üblich aufdestilliert.

15.2.1.2. Die Oligomerisierung nach dem Hochdruck-Kammerofen-Verfahren

Derartige Anlagen (Midget-Polymerisation) arbeiten bei 250 °C und 35 at Druck. Sie werden vor allem bei geringeren Produktionen [18–19] (3500 bis 30000 m³/Std. Crackgas) eingesetzt und benötigen nur geringe Wartung. Eingesetzt wird das Gas aus dem Stabilisator von Crackanlagen, das etwa $^2/_3$ der polymerisierbaren Olefine enthält. Die Ausbeuten liegen hier bei etwa 90%.

15.2.2. Die Oligomerisierung von Propylen unter Bildung von Trimer und Tetramer an Phosphorsäurekatalysatoren [20]

Eine gelenkte Polymerisation unter Bildung einheitlicher Di-, Tri- und Tetramerer muß unter schonenden Bedingungen durchgeführt werden. Die Polymerisationsneigung ungesättigter Kohlenwasserstoffe nimmt mit steigender Temperatur ab und mit steigendem Druck zu. Niedrige Temperaturen begünstigen daher die Bildung von Dimeren und evtl. Trimeren, höhere Temperaturen führen zu höheren Polymerisationsstufen, bei 500 °C und niedrigem Druck überwiegt die Depolymerisation.

Beim Einsatz von Orthophosphorsäure als Katalysator sind Temperaturen von 130–205 °C einzuhalten, bei höheren Temperaturen (besonders oberhalb 300 °C) treten die Erscheinungen der Hydropolymerisation (gleichzeitige Bildung höherer Paraffine neben den Olefinen) und der Heteropolymerisation (Bildung von höheren Olefinen, deren C-Zahlen nicht einem Vielfachen von C_3 entsprechen) auf.

Zur Herstellung des Propylentetramers wurde zunächst in Deutschland ein Verfahren entwickelt, das bei 180—200 °C und einem Druck von 40—60 at mit einem Gemisch aus 75% H_3PO_4 und 25% $H_4P_2O_7$ arbeitet [21]. Es wurden hierbei 15—20% Hexene und Nonene, 35—40% Propylentrimer, 29% Propylentetramer und 16% höhere Olefine erhalten.

Heute wird dagegen (Abb. 67, S. 289) wie bei der Herstellung von Polymerbenzin mit Phosphorsäure auf Trägern wie Kieselgur, Bleicherde oder Asbest nach dem Kammerofen-Prinzip gearbeitet, wobei es besonders wichtig ist, die Temperatur im Ofen möglichst konstant zu halten. Zur Herstellung einer einheitlichen Fraktion von Propylen-Tetrameren wird das Einsatzprodukt, ein Propan-Propylen-Gemisch, mit dem dimeren und trimeren Anteil aus dem Kreislauf vermischt und bei 170—220 °C/14—42 at zur Reaktion gebracht. Die Temperatur wird durch Einblasen von Propan an verschiedenen Stellen des Katalysatorbettes möglichst konstant gehalten. Die Reaktionsprodukte werden destillativ aufgetrennt und als Tetramer die Fraktion von 177—230 °C (bzw. 188—200 °C bei höheren Ansprüchen [14]) abgenommen. Tab. 70 gibt einen Überblick über die Reaktionsprodukte [15] einer UOP-Anlage:

Tabelle 70:

Ausgangsprodukt	m^3/Tag	Vol.-%
Propan-Propylen-Fraktion	95	100
% Propylen		49,3
Polymerprodukte		
verbrauchtes Ausgangsprodukt	51,5	45,6
Polymer für Benzinzusatz	0,3	0,3
Tetramer	28,5	24,3
hochsiedende Polymere als Rückst.	1,3	1,1
Umsatz des Propylens		92,3

Das Propylen muß für die Tetramerisierung insbesondere frei von Isobutylen sein.

15.2.3. Die Oligomerisierung von Propylen nach verschiedenen Verfahren auf der Basis von Phosphorsäurekatalysatoren [22—32]

Als Trägermaterial werden empfohlen Kaolin [33], Silicium, Siliciumcarbid, Marmor und Glas [34], Silicagel [35], Fullererde nach Behandeln mit Bor- bzw. Aluminiumhalogeniden [36], Quarz [37]. Die Träger dienen meist dazu, die Katalysatorstabilität zu erhöhen.

Als die Oligomerisierung begünstigende Zusätze werden empfohlen: Kupfer- [38, 41, 43] und Calciumsalze [38], Amin- oder Ammoniumphosphatzusätze [39, 40], Nickelsalze [41, 42] sowie Manganverbindungen [44].

Zur Herstellung engerer Fraktionen im Hinblick auf ein bestimmtes Oligomer wird vorgeschlagen, den Umsatz mehrstufig vorzunehmen [45, 46]. Zur Erhöhung des Anteils niedriger Oligomerer vom Kp. $< 400\,°C$ kann die Oligomerisierung in Gegenwart eines gesättigten Kohlenwasserstoffs (z. B. Cetan) durchgeführt werden [47].

Lüder [48] beschreibt die Möglichkeit, eine Tetrapropylenanlage automatisch durch einen Computer steuern zu lassen.

Umfangreichere Untersuchungen über die Oligomerisierung in Gegenwart flüssiger Phosphorsäure wurden von V. N. Ipatieff [49] durchgeführt und in ähnlicher Form auch von der Calif. Res. Corp. technisch ausgearbeitet. Man arbeitet auf einem Quarzträger, doch bleibt die Säure in flüssiger Form auf diesem Träger haften (Säurefilmkatalysator), zur Regeneration muß der Säurefilm ausgewaschen und neu aufgetragen werden [50, 51].

15.2.4. Die Oligomerisierung des Propylens an verschiedenen Katalysatoren

Die Oligomerisierung des Propylens ist außer an Phosphorsäure noch an vielen anderen sauren Kontakten möglich. Hierüber gibt die nachstehende Tab. 71 Auskunft:

Tabelle 71:

Katalysator	Bemerkungen	Lit.-Angabe
Mineralsäuren	205–315 °C	[52]
H_2SO_4	99%ig bei 25 °C; 96%ig bei 50 °C	[53]
Silikophosphat	—	[54]
Phosphorsäure/Al_2O_3-SiO_2/Al_2O_3	Zweistufiges Verfahren	[55]
Tetraborhypophosphorsäure	$B_4O_7\,(H_3P_2O_6)_2$	[56]
Al_2O_3-SiO_2 (Al-silikat)	120 °C/32 at	[57]
Al_2O_3-SiO_2	180–220 °C/1 at	[58]
Al_2O_3-SiO_2	Promotor Cr_2O_3; 170 °C für Herstellung von Tetramer, 190 °C für Trimer und 210 °C für Dimer optimal	[59]
Aktivierte Bleicherde	—	[60]
Al_2O_3-Cr_2O_3 (6%)-SiO_2	Statt Cr_2O_3 als Promotoren vorgeschlagen: NiO; ThO_2; Fe_2O_3; MnO_2; UO_3; V_2O_5; WO_3; MoO_2; MoO_3. Letztere liefern im wesentlichen höhermolekulare Verbindungen	[61]

(Fortsetzung von Tabelle 71)

Katalysator	Bemerkungen	Lit.-Angabe
BF_3	Promotion durch TiO_2	[62]
BF_3-H_3PO_4; BF_3-HPO_3; 2 BF_3-$H_4P_2O_7$ auf Aktivkohle	Am günstigsten BF_3-HPO_3	[63]
BF_3-H_3PO_4	100 °C/1 at; Tri- bis Hexamer	[64]
BF_3-H_3PO_4	60–70 °C; vor allem Tetramer	[65]
HF-BF_3	4–60 °C/Druck, vor allem Tetra- und Pentamer	[66]
$ZnCl_2$	Hauptsächlich Trimer	[67–69]
$AlCl_3$	—	[70]
$AlBr_3$	−50 bis −100 °C	[71]
$AlBr_3$-HBr	—	[72, 73]
$Al_2(SO_4)_3$/Silicagel	—	[74]
TiO_2/Silicagel	—	[75]
$TiCl_3$	95–315 °C	[76]
$Cu_2P_2O_7$	150 °C (Kellogg-Verfahren)	[77–79]
Silicowolframsäure	150–160 °C/Druck	[80]
Übergangsmetalloxide auf Al-Silikat	z. B. MoO_3, WO_3, UO_3, Cr_2O_3, NiO, FeO, ZnO	[81]
Molsiebe	—	[82]

15.3. Untersuchungen zur Propylenoligomerisierung

Bei der Polymerisation von Propylen in Gegenwart von Aluminiumchlorid [70] (70 °C; Nitromethanlösung) entstehen im Vergleich zur Reaktion in Gegenwart von Phosphorsäure Produkte von einem höheren durchschnittlichen Polymerisationsgrad, deren Schwerpunkt oberhalb von C_{24} liegt und deren Verzweigungsgrad größer ist. Das dabei entstandene Trimere wurde als 3-Isopropylhexen-(2) identifiziert.

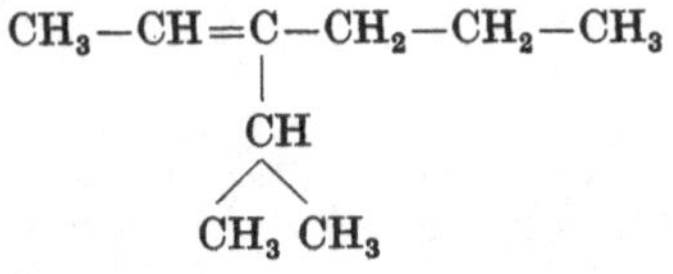

Für die mit $AlCl_3$ erhaltene C_{12}-Fraktion konnte eine 3-Isopropyl-4-äthylstruktur wahrscheinlich gemacht werden.

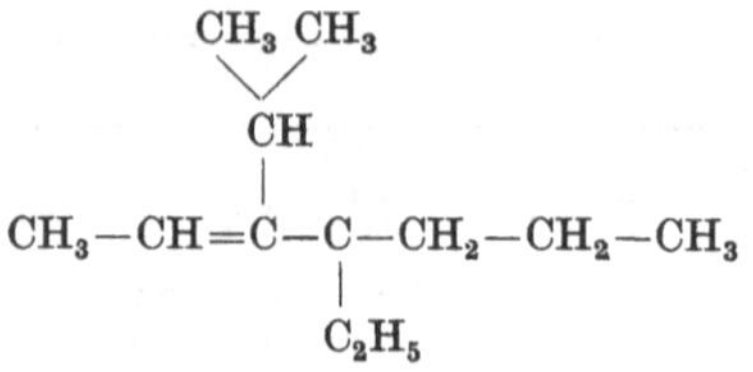

Die höheren Oligomeren sollen aus den primär entstandenen Dimeren nach Doppelbindungsisomerisierung entstehen.

Bei der Polymerisation mit flüssiger Phosphorsäure (Halbhydrat der Metaphosphorsäure) bei 160—170 °C und einem Druck von 50—60 at wurden von E. TERRES [83]

2-Methylpentan

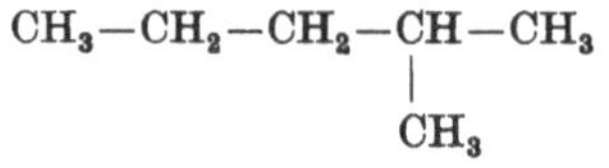

2.4-Dimethylheptan

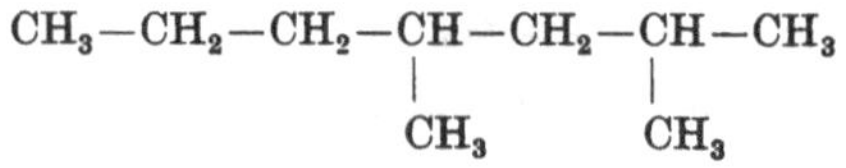

2.4.6-Trimethylnonan

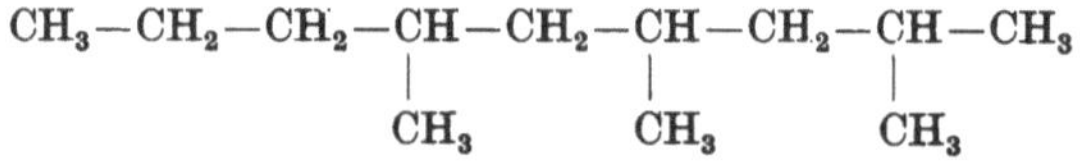

2.4.6.8-Tetramethylundekan

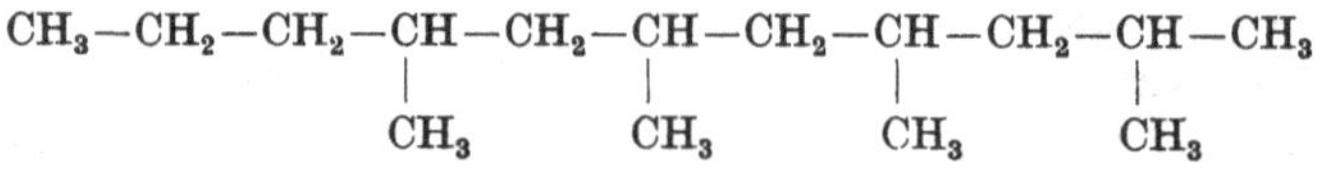

2.4.6.8.10-Pentamethyltridekan

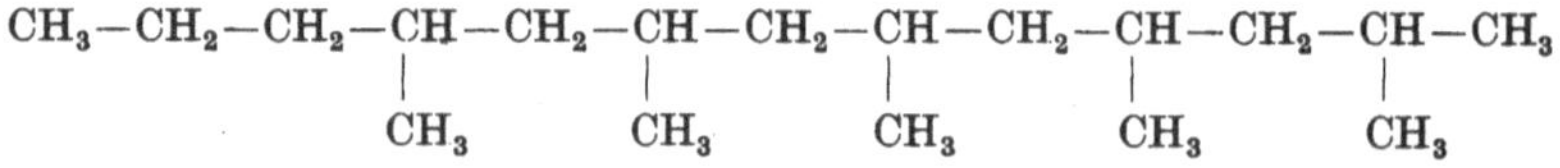

identifiziert. Ein höherer Oligomerisierungsgrad war nicht erreichbar. Versuche mit festen und flüssigen Phosphorsäurekatalysatoren zeigten eine weitgehende

Übereinstimmung der Struktur der Oligomeren. Allerdings kamen H. KOCH et al. [84] zu anderen Ergebnissen als TERRES. Sie fanden in der Trimerfraktion:

2-Methylocten-(1)

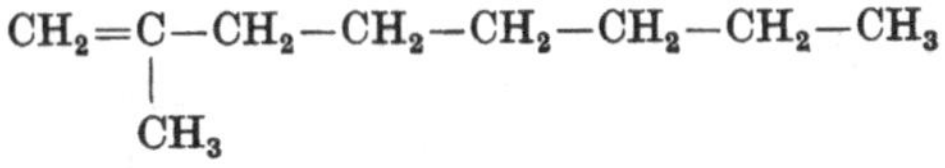

3-Methylocten-(2)

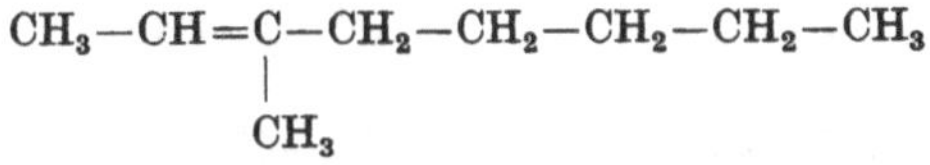

4-Äthylhepten-(3)

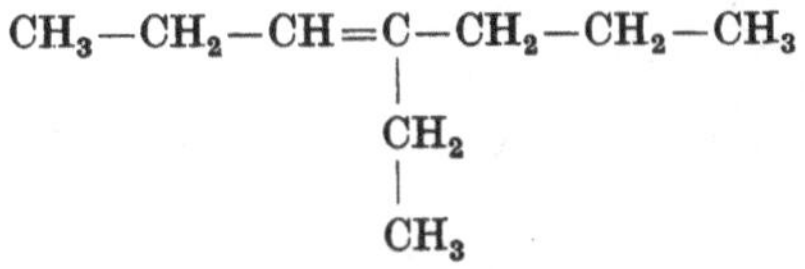

3-Propylhexen-(2)

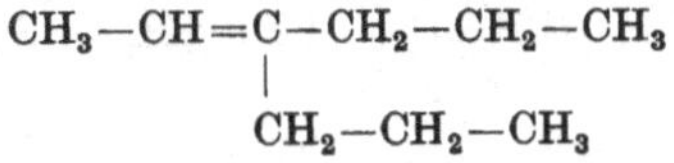

2.3-Dimethylhepten-(2)

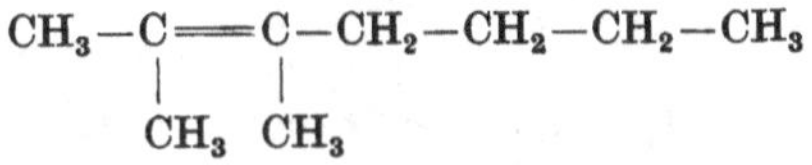

2.4-Dimethylhepten-(2)

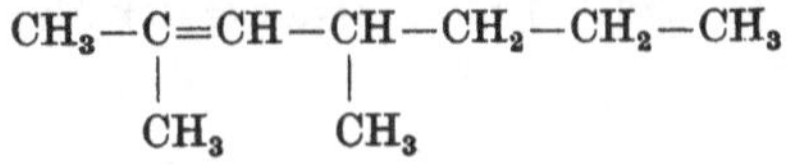

2.4-Dimethylhepten-(4)

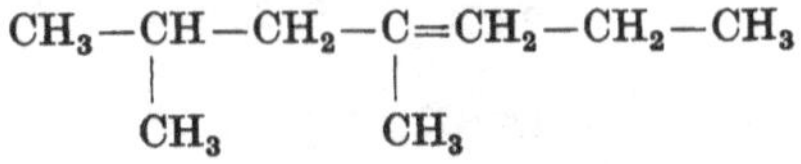

2.5-Dimethylhepten-(2)

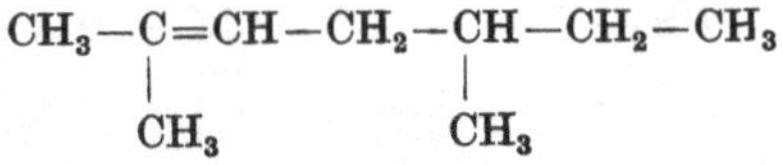

3.6-Dimethylhepten-(2)

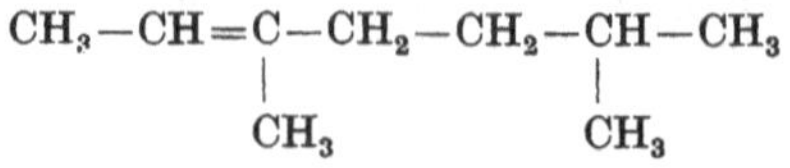

3.6-Dimethylhepten-(3)

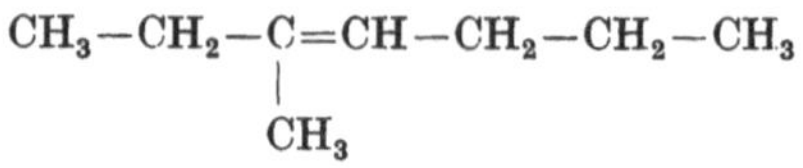

3.4-Dimethylhepten-(2)

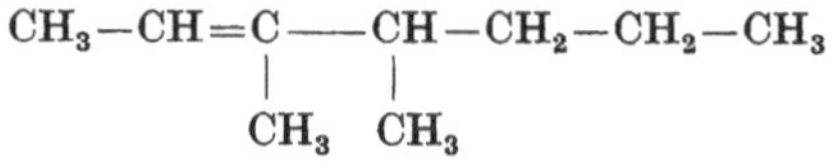

4.5-Dimethylhepten-(3)

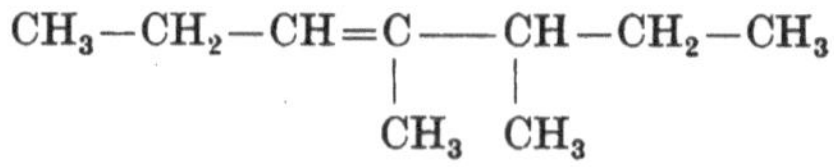

3-Methyl-4-äthylhexen-(2)

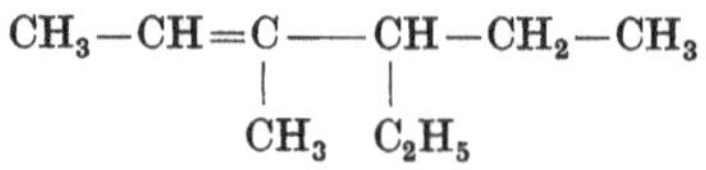

3-Äthyl-4-methylhexen-(2)

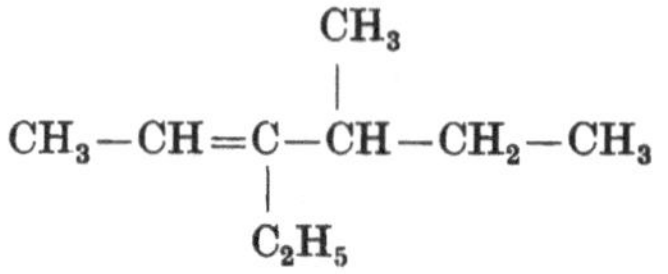

In der Tetramerfraktion wurden trotz schonender Reaktionsbedingungen

50% C_{12}-Fraktion
2% C_{10}-Fraktion
29% C_{11}-Fraktion
17% C_{13}-Fraktion
2% C_{14}-Fraktion

festgestellt [85].

Untersuchungen von A. PETROW [67, 86] mit $ZnCl_2$ zeigten die Bildung von

2.3.5-Trimethylhexen-(2)

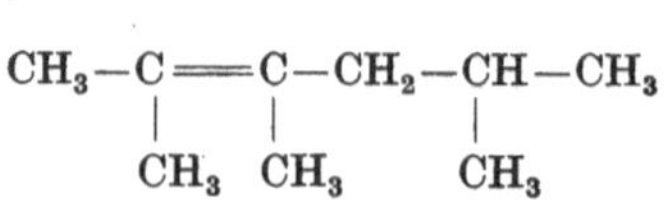

2.4-Dimethylhepten-(1)

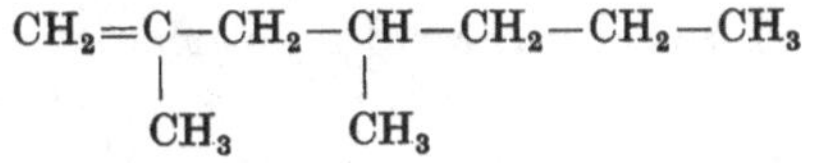

2.6-Dimethylhepten-(2)

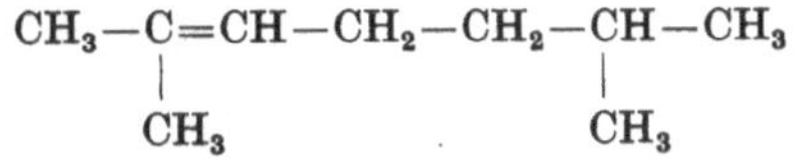

7-Methylocten-(3)

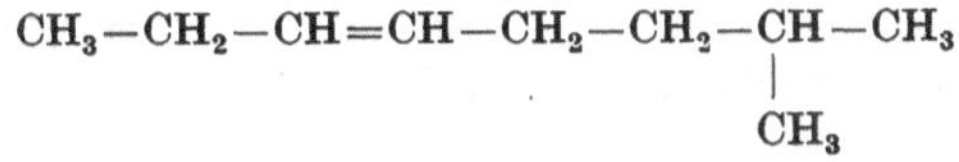

Untersuchungen an einem festen Phosphorsäurekatalysator ergaben [87], daß die Propylenoligomerisierung bei Propylenkonzentrationen oberhalb von 3,1 Mol/20 g Katalysator der 1. Ordnung folgt.

Untersuchungen von M. REPAS [88] an Phosphorsäure/Silicagel-Katalysatoren haben gezeigt, daß der Anteil an Dimeren und Trimeren mit steigendem Wassergehalt ansteigt. Die Ergebnisse werden von REPAS so gedeutet, daß sich im ersten Stadium Propylen an den sauren Katalysator anlagert und Phosphorsäureester entstehen, die dann weiter mit Propylen reagieren. Hierbei entstehen Carboniumionen, die sich an weitere Olefinmoleküle addieren oder durch Abgabe je eines Protons an Phosphorsäureanionen stabilisieren, wobei die Oligomeren freigesetzt werden.

Daß die Säurefunktion für die Oligomerisierung von Bedeutung ist, zeigt eine von O. JOHNSON [89] gefundene Beziehung zwischen der Acidität eines Aluminiumsilikat-Katalysators und der Oligomerisierungsgeschwindigkeit.

15.4. Die Verwendung der Propylenoligomeren

Die Oligomerisierungsverfahren wurden zunächst entwickelt, um Zusatzkomponenten für hochoctanige Kraftstoffe zu entwickeln. Man geht jedoch in diesem Falle nicht von reinen C_3-Fraktionen aus, sondern von C_3—C_4-Fraktionen, um Oligomere von geeignetem Siedeverlauf zu erhalten — nichtselektive Polymerisation. Unter den Produkten der selektiven Oligomerisierung nimmt das Tetrapropylen eine beherrschende Stellung ein. Es diente vor einigen Jahren als Alkylierungskomponente für Aromaten zur Herstellung von Isododecylbenzol, das nach Sulfonierung und Neutralisation zu Alkylarylsulfonaten umgesetzt wurde. Bis 1961/62 waren derartige Tenside die bei weitem wichtigsten Waschgrundstoffe. Die Bedeutung des Tetrapropylens geht auf diesem Sektor jedoch zurück, da mangelnde biologische Abbaubarkeit des daraus hergestellten Alkylarylsulfonats zu einer starken Verschmutzung der Abwässer führte und in den meisten Ländern gesetzlich dessen Verwendung verboten wurde.

Das als Nebenprodukt bei der Tetrapropylenherstellung anfallende Trimer wird als Komponente zur Herstellung von nichtionogenen Waschgrundstoffen verwendet. Hierbei wird Phenol mit dem Propylentrimer alkyliert und das Reaktionsprodukt mit Äthylenoxid umgesetzt.

Literatur

[1] JA. T. EJDUS und K. V. PUTZITZKIJ: Usp. Chim. **22** (1953), 838–77
[2] V. N. IPATIEFF und H. PINES: Ind. Eng. Chem. **28** (1936), 684–86
[3] F. W. SULLIVAN jr., R. F. RUTHRUFF und W. E. KUENTZEL: Ind. Engng. Chem. **27** (1935), 1072–77
[4] M. B. COOK, H. R. SWANSON und C. R. WAGNER: Refiner **14**, *11* (1935), 506; Oil Gas J. **34**, *26* (1935), 56
[5] A. E. DUNSTAN und D. A. HOWES: J. Inst. Petrol. Technologists **22** (1936), 347–413
[6] D. B. P. 886302 (1948), Anglo-Iranian Oil Co.
[7] U. S. P. 2163275 (1936), Universal Oil Products Co.
[8] U. S. P. 2202104 (1936), Universal Oil Products Co.
[9] D. B. P. 876990 (1943), IG. Farbenindustrie, Ludwigshafen
[10] U. S. P. 1933513 (1935), V. N. IPATIEFF
[11] U. S. P. 2020649 (1936), F. P. 773654, V. N. IPATIEFF
[12] U. S. P. 1993512 (1935), V. N. IPATIEFF
[13] U. S. P. 2018065 (1936), Universal Oil Products Co. (V. N. IPATIEFF)
[14] E. K. JONES: Petrol. Refiner **33**, *12* (1954), 186–87
[15] F. L. RESEN: Oil Gas J. **52**, *46* (1954), 203–11; **53**, *46* (1955), 163
[16] C. M. FONTANA und G. A. KIDDER: J. Amer. chem. Soc. **70** (1948), 3745
[17] U. S. P. 2843639 (1958), Calif. Res. Corp. (G. E. LANGLOIS und P. E. FISCHER)
[18] V. N. IPATIEFF, B. B. CORSON und E. EGLOFF: Ind. Engng. Chem. **27** (1935), 1077–81
[19] F. F. LOBAN: Oil Gas J. **52**, *19* (1953), 104, 108, 138, 139
[20] U. S. P. 2572724 (1949), Shell Development Co., Brit. P. 675816 (1952), (G. P. HINDS jr., W. K. MEERBOTT und G. J. RENO)
[21] FIAT Nr. 1141, Final Rept., J. D. BRANDNER, W. H. LOCKWOOD, R. H. NAGEL und K. L. RUSSELL: *„Synthetic Detergents and related Surface Active Agents in Germany"*
[22] Brit. P. 696568 (1953), N. V. de Bataafsche Petroleum Maatschappij
[23] U. S. P. 2500307 (1950), Calif. Res. Corp. (L. F. BROOKE, WM. E. ELWELL und R. L. MEIER)
[24] U. S. P. 2814655 (1957), Calif. Res. Corp. (G. E. LANGLOIS und P. E. FISCHER)
[25] U. S. P. 2486533 (1949), Universal Oil Products Co. (H. C. MAYLAND und C. G. GERHOLD)
[26] U. S. P. 3041386 (1962), Monsanto Chemical Co. (A. A. FEERICK und K. I. GLASS)
[27] U. S. P. 3046316 (1962), Esso Res. Engng. Co. (D. A. GUDELIS)
[28] U. S. P. 2755324 (1956), Esso Res. Engng. Co. (R. H. MUELLER)
[29] D. JA. MUCHINSKIJ: Izvest. Akad. Nauk Turkmen. SSR, Ser. Fiz.-Techn., Chim i. Geol. Nauk **1960** (6), 58–70; ref. C. A. **55** (1961), 15902e
[30] D. B. P. 939149 (1956), Esso Res. Engng. Co.

[31] U. S. P. 2517720 (1950), Universal Oil Products Co. (R. E. SCHAAD)
[32] U. S. P. 2952428 (1952), Brit. P. 681042 (1952), Calif. Res. Corp. (J. D. KEMP und L. F. BROOKE)
[33] U. S. P. 2586852 (1952), J. C. MORRELL
[34] U. S. P. 2619512 (1952), Shell Development Co. (WM. K. MEERBOTT)
[35] O. JA. SCHKEIDZE, L. A. POTOLEVSKIJ, T. P. WISCHNIAKOWA, JA. M. PAUSCHkin, L. A. AKISCHINA und L. M. BUROWA: Neftepererabotka i Neftechim. **1966**, *3*, 28—31
[36] U. S. P. 2596497 (1952), Universal Oil Products Co. (J. M. MAVITY)
[37] U. S. P. 2770665 (1956), Gulf Oil Corp. (L. H. CORN)
[38] D. B. P. 885701 (1948), Anglo-Iranian Oil Co.
[39] U. S. P. 2537282 (1946), Universal Oil Products Co.
[40] U. S. P. 2826622 (1958), Calif. Res. Corp. (J. D. KEMP)
[41] Brit. P. 710537 (1954), Standard Oil Devel. Co.
[42] U. S. P. 2778804 (1957), Esso Res. Engng. Co. (E. S. CORNER und CH. S. LYNCH)
[43] U. S. P. 2618614 (1952), Universal Oil Products Co. (M. S. BIELAWSKI und J. M. MAVITY)
[44] U. S. P. 2692241 (1964), Universal Oil Products Co. (J. M. MAVITY und M. S. BIELAWSKI)
[45] U. S. P. 2728804 (1955), Esso Res. Engng. Co. (R. H. MUELLER)
[46] U. S. P. 2802890 (1957), Sun Oil Co. (CH. H. BROOKS)
[47] U. S. P. 3256359 (1966), Sinclair Res. Inc. (ST. M. KOVACH)
[48] H. LÜDER: Chemie-Ing.-Techn. **34** (1962), 133—39
[49] V. N. IPATIEFF: Ind. Engng. Chem. **27** (1935), 1067—71
[50] U. S. P. 2852579 (1958), Calif. Res. Corp. (J. E. WALHEY)
[51] ULLMANN: „*Enzyklopädie der Technischen Chemie*", Bd. 6, S. 665 München-Berlin 1955
[52] U. S. P. 2870217 (1959), Calif. Res. Corp. (WM. G. TOLAND)
[53] H. OHTSUKA, N. TOMITA und H. SATO: Mem. Fac. Engng. Hokkaido Univ., 8, *1* (1950), 23—40; ref. C. A. **46** (1952), 6075f
[54] F. P. 1268601 (1961), Esso Standard Societe Anon. Française (CH. BOST)
[55] Brit. P. 969403-4 (1964), Shell Intern. Research Maatschappij N. V.
[56] U. S. P. 2559576 (1951), Universal Oil Products Co. (W. W. JOHNSTONE)
[57] Brit. P. 945021 (1963), Shell Intern. Research Maatschappij N. V.; U. S. P. 3137739 (1964), Shell Oil Co. (B. PAULIS et al.)
[58] G. M. PANCHENKOW, CH. S. KAWGEW und S. W. ALTSCHULER: Izvest. Akad. Nauk Turkmen. SSR, Ser. Fiz.-Techn., Chim. i. Geol. Nauk **1960**, *2*, 109—12: ref. C. A. **55** (1961), 21653a
[59] G. M. PANCHENKOW, CH. S. KAWGEW und Chien-Chih Hsia; ibid. **1961**, *3*, 97—104; ref. C. A. **56** (1962), 1671i; U. S. P. 3188360 (1965), Esso Res. Engng. Co. (D. A. GUDELIS)
[60] E. J. HOUDRY, W. F. BURT, A. E. PEW jr. und W. A. PETERS jr.; Refiner and nat. Gasoline Manufacturer **17** (1938), 574—82
[61] Brit. P. 790195—96 (1958), Phillips Petrol. Co.
[62] U. S. P. 2766312 (1956), Esso Res. Engng. Co. (G. E. SERNIUK)
[63] A. W. TOPTSCHIEW und JA. M. PAUSCHKIN: Doklady Akad. Nauk SSSR **58** (1947), 1057—60
[64] Brit. P. 727944 (1955), Standard Oil Devel. Co.
[65] U. S. P. 2816944 (1957), Esso Res. Engng. Co. (C. W. MUESSIG und S. B. LIPPINCOTT)
[66] U. S. P. 2528876 (1950), Standard Oil Co. of Indiana (B. L. EVERING und E. F. PETERS)
[67] A. PETROW: Fette-Seifen-Anstrichmittel **57** (1955), 798—99
[68] L. J. ANSZUS und A. D. PETROW: Doklady Akad. Nauk SSSR **70**, (1950), 425

[69] O. L. Brandes, W. A. Gruse und A. Lowy: Ind. Engng. Chem. **28** (1936), 554—59; J. Inst. Petr. Techn. **22** (1936), 256a
[70] E. Terres, R. Ebert, K.-H. Loebmann, G. Rauth, R. Seekircher und Chr. Wulf; Erdöl und Kohle **12** (1959), 547—49
[71] U. S. P. 3071634 (1963), Sinclair Res., Inc. (J. W. Nelson und D. W. Young)
[72] U. S. P. 2525787 (1950), Socony Vacuum Oil Co. (C. M. Fontana, A. G. Oblad und G. A. Kidder)
[73] C. M. Fontana: Cationic Polymerisation and related Complexes **1952**, 121—28; ref. C. A. **48** (1954), 5625d
[74] Brit. P. 993008 (1965), Universal Oil Produts Co.
[75] U. S. P. 2458818 (1949), Standard Oil Devel. Co. (D. W. Young)
[76] U. S. P. 3193596 (1965), Esso Res. Engng. Co. (D. E. Brown, H. G. Schutze und A. T. Watson)
[77] Petr. Refiner **33**, *9* (1954), 193
[78] J. D. Waddell: Oil Gas J., August 1941
[79] J. H. Steffens, M. V. Zimmerman und H. J. Laituri: Chem. Engng. Progr. **45** (1949), 269—78
[80] J. J. Verstappen und H. J. Waterman: J. Inst. Petr. Techn. **41**, *383* (1955), 343—51
[81] A. Clark: Ind. Engng. Chem. **45** (1953), 1476—80
[82] C. J. Norton: Chem. and Ind. **1962**, 258—59
[83] E. Terres: Brennstoff-Chem. **34** (1953), 355—58
[84] H. Koch, J. Franke, W. Haaf und G. Schomburg: Brennstoff-Chem. **44** (1963), 331—37
[85] D. Ja. Muchinskij, W. N. Zlotschenko, Ju. F. Semenow: Izvest. Akad. Nauk Turkm.SSR, Ser. Fiz-Techn., Chim. i. Geol. Nauk **1965** (2), 133—34; ref. C. A. **63** (1965), 1630a
[86] L. I. Anszus und A. D. Petrow: Izvest. Akad. Nauk SSSR, Otdel. Chim. Nauk **1950**, 599—607
[87] M. Repas: Chem. Prumysl **15**, *9* (1965), 543—46
[88] M. Repas: Chem. Technik **17**, *4* (1965), 222—26
[89] O. Johnson: J. Phys. Chem. **59** (1955), 827—31

16. Alkylierung des Propylens

Die Möglichkeit, Paraffinkohlenwasserstoffe mit Olefinen zur Reaktion zu bringen, wurde vor etwa dreißig Jahren entdeckt. Diese Umsetzung, unter der Bezeichnung „Alkylierung“ bekannt geworden, ist seit dieser Zeit in mannigfaltiger Weise entwickelt worden.

Die größte Bedeutung erlangte diese Reaktion bei der Umsetzung der in den Raffineriegasen enthaltenen Olefine mit Isoparaffinen, um Treibstoffe von hoher Octanzahl zu gewinnen. Hauptsächlich werden für die Alkylierung als Paraffine bzw. Isoparaffine Isobutan sowie Isopentan und als Olefine Äthylen, Propylen [1—4] sowie die Butylene eingesetzt.

Die Alkylierung kann thermisch oder katalytisch erfolgen. Technische Bedeutung hat jedoch bisher lediglich das katalytische Verfahren erlangt. Hierbei finden in der Hauptsache Schwefelsäure und Fluorwasserstoff, in untergeordnetem Maße auch Aluminiumchlorid (besonders bei der Alkylierung mit Äthylen) Verwendung.

Einen Überblick über in Betrieb befindliche Anlagen in den USA gibt die Tab. auf S. 425 [5] (vgl. Kap. 21).

Tabelle 72:

Kapazitäten der Alkylierungsanlagen in den USA

Katalysator	H_2SO_4	HF	Gesamt
Gesamtkapazität 1956 in 1000 t/a	2240	610	2850
Gesamtkapazität 1965 in 1000 t/a	4140	1420	5560
Gesamtkapazität 1966 in 1000 t/a	4140	1540	5680
Anzahl der Anlagen 1965	67	50	117
Anzahl der Anlagen 1966	67	54	121
Durchschnittliche Anlagekapazität bbl./Tag	5900	2700	—

Die Bedeutung der Alkylierung steigt immer mehr, da in den Industrieländern Polymerbenzin zunehmend durch Alkylatbenzin ersetzt wird [6], dies demonstrieren die in der Tab. 72 zusammengefaßten Zahlen eindeutig. Danach stieg in den USA die Produktion an Alkylatbenzin von 2,85 Mill. t im Jahre 1956 auf 5,68 Mill. t im Jahre 1966 an.

16.1. Die thermische Alkylierung

Die thermische Alkylierung wurde von F. E. Frey [7—9] zuerst näher untersucht. Paraffine vermögen mit Olefinen bei höheren Temperaturen unter Bedingungen zu reagieren, bei denen noch keine Crackung stattfindet. Die Alkylierungen verlaufen unter Druck besonders günstig, n- und Isoparaffine reagieren mit etwa gleicher Geschwindigkeit. Technisch wurde dieses Verfahren besonders zur Herstellung von Neohexan (2.2-Dimethylbutan) eingeführt [7], wobei Äthylen mit Isobutan umgesetzt wird.

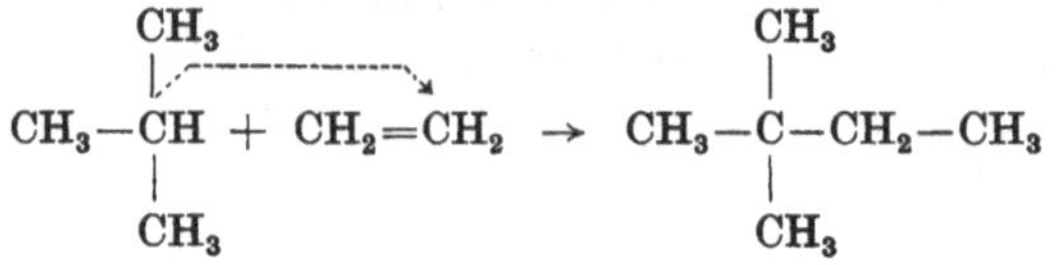

Die beiden Komponenten werden bei 500 °C und 300 at zur Reaktion gebracht, Isobutan wird in großem Überschuß eingesetzt. Über die entstandenen Produkte gibt die Tab. 73 Auskunft [8].

Tabelle 73:

Zusammensetzung des Anfalls bei der thermischen Alkylierung

Reaktionspartner	Äthylen und Isobutan	
%-Verhältnis (Äthylen; Isobutan)	11,8:88,2	25,6:74,4
Druck in at	315	315
Temperatur in °C	515	505
Gesamtreaktionszeit in Min.	2,2	4
Benzinmenge bezogen auf Gesamtprodukt	14,8	35,4
Anteil der flüssigen Produkte in Gew.-%		
Isopentan (Äthylen; Isobutan)	5,0	3,1
n-Pentan	5,0	2,7
n-Hexen	5,2	2,7
Neohexan	42,1	31,3
2.3-Dimethylbutan	17,5	9,9
2-Methylpentan	17,5	9,9
n-Hexan	17,5	2,9
Heptene	2,4	2,0
Heptane	4,1	4,1
Octene	3,2	2,9
Octane	12,7	13,7
C_9 und höher	5,9	26,2

Die thermische Alkylierung verläuft nach einem Radikalkettenmechanismus, daher erniedrigt ein Zusatz von Radikalbildnern die Reaktionstemperatur von 500 auf 400 °C. Als Radikalbildner spielen hierbei organische Chlorverbindungen eine wichtige Rolle.

Untersuchungen über die Alkylierung von Propylen mit Isobutan wurden bei 400 °C und Drücken von 280—1050 at in Gegenwart von 1.2.3-Trichlorpropan und 1.2-Dichlorpropan durchgeführt [10], hierbei entstanden als Alkylierungsprodukte 2.2-Dimethylpentan und 2-Methylhexan. Mit steigendem Druck bildet sich mehr 2-Methylhexan, was zeigt, daß die relative Reaktionsgeschwindigkeit des tertiären C-Atoms kleiner wird. Weitere Katalysatoren für die thermische Alkylierung unter Druck sind Bleitetraäthyl [11] und Peroxide (Dibenzoylperoxid [12], Di-tert.-Butylperoxid [13]).

16.2. Die katalytische Alkylierung

16.2.1. Die katalytische Alkylierung mit Schwefelsäure

Die Alkylierung mit Schwefelsäure als Katalysator hat besondere Bedeutung für die Herstellung von Alkylatbenzin erlangt, wobei insbesondere Isobutan mit den C_3—C_5-Olefinen alkyliert wird.

Drei Verfahren sind für die Alkylierung mit Schwefelsäure bekannt geworden:

a) Das „Cascade Autorefrigeration Verfahren" — Kellogg-Prozeß,
b) das „Effluent Refrigeration Verfahren" — Stratford Engineering-Prozeß,
c) das „Time-Tank Verfahren".

Das zuletzt genannte Verfahren ist verhältnismäßig alt. Neuerdings werden wahrscheinlich nach diesem Verfahren keine Anlagen mehr errichtet. Bei den anderen beiden Prozessen werden Anlagen in einer Größe von 10000—20000 t Alkylat pro Jahr gebaut.

a) Das „Cascade Autorefrigeration Verfahren" — Kellogg-Prozeß

In Abb. 68 ist ein einfaches Schema einer Cascade Autorefrigeration Anlage [2, 28, 29, 30] dargestellt worden. Hierbei gelangt ein olefinreiches Einspritzprodukt über eine Vorbehandlung und einen Wärmeaustauscher in den Kaskadenreaktor, wo von links nach rechts das Gemisch Schwefelsäure-Iso-butan fließt. Im allgemeinen werden 3—8 Kaskaden installiert. Die Durchlaufzeit durch die Kaskaden beträgt etwa 30—50 Min. Der Isobutan- und Säurestrom wird am unteren Ende des Reaktors zugeführt. In den einzelnen Kaskaden, die mit schnell laufenden Rührern versehen sind, werden die 3 Reaktionskomponenten innig verrührt und zur Reaktion gebracht. Am Ausgang des Reaktors trennen sich Säure und Alkylat, vermischt mit Isobutan. Während die Säure größtenteils in die Reaktion zurückgeführt wird, gelangt das Gemisch aus Alkylat und Isobutan in die unter Druck betriebene Entbutanisierungskolonne, wo am Kopf nicht umgesetztes Iso-

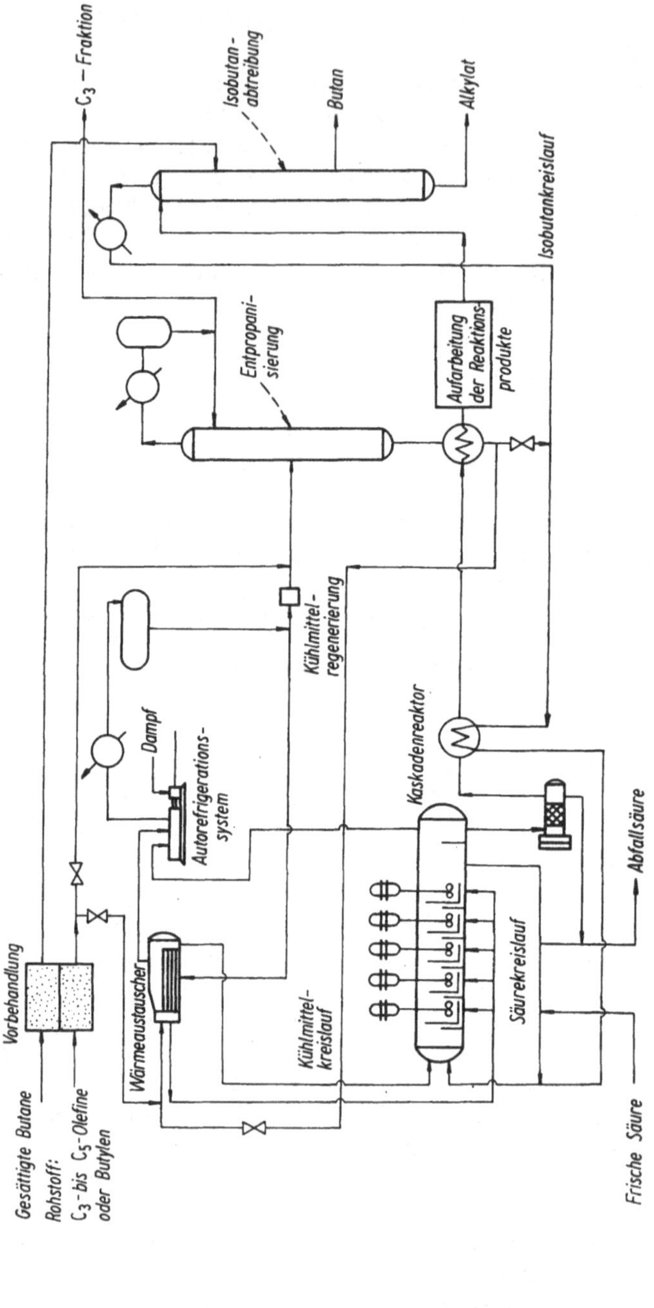

Abb. 68: Cascade-Autorefrigeration-Prozeß (M. W. Kellogg Co.)

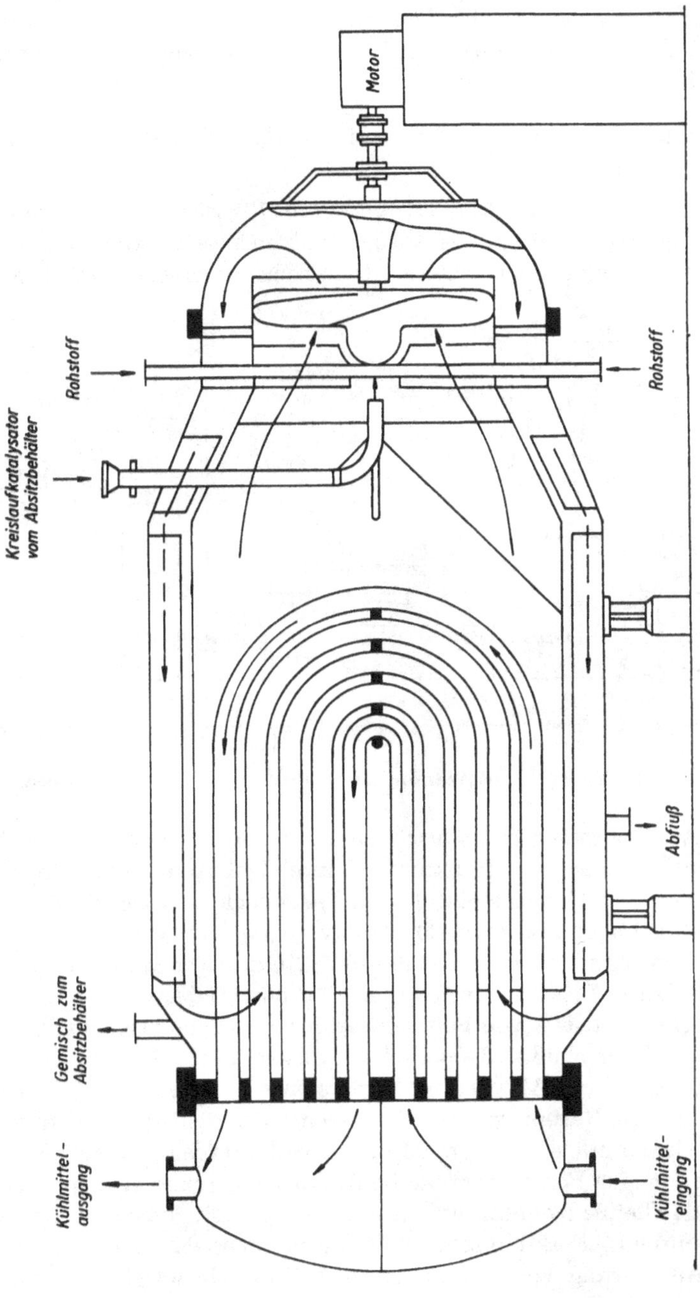

Abb. 69: STRATCO-Alkylierungs-Kontaktor

butan abgenommen wird, das ebenfalls in den Prozeß zurückkehrt. Als Sumpfprodukt fällt Alkylat an. In der Druckkolonne wird nicht umsetzbares Propan abdestilliert. Das Sumpfprodukt wird vorzugsweise wieder mit der Propylenfraktion in die Anlage zurückgeführt.

b) Das „Effluent Refrigeration Verfahren" — Stratford Engineering-Prozeß

Bei diesem Verfahren [29, 31—34] (vgl. Abb. 70) wird nur mit einem Reaktor gearbeitet. Die frische Säure, der frische Kohlenwasserstoff und die Kreislaufemulsion (Säure und Kohlenwasserstoff) werden an einem Ende des liegenden

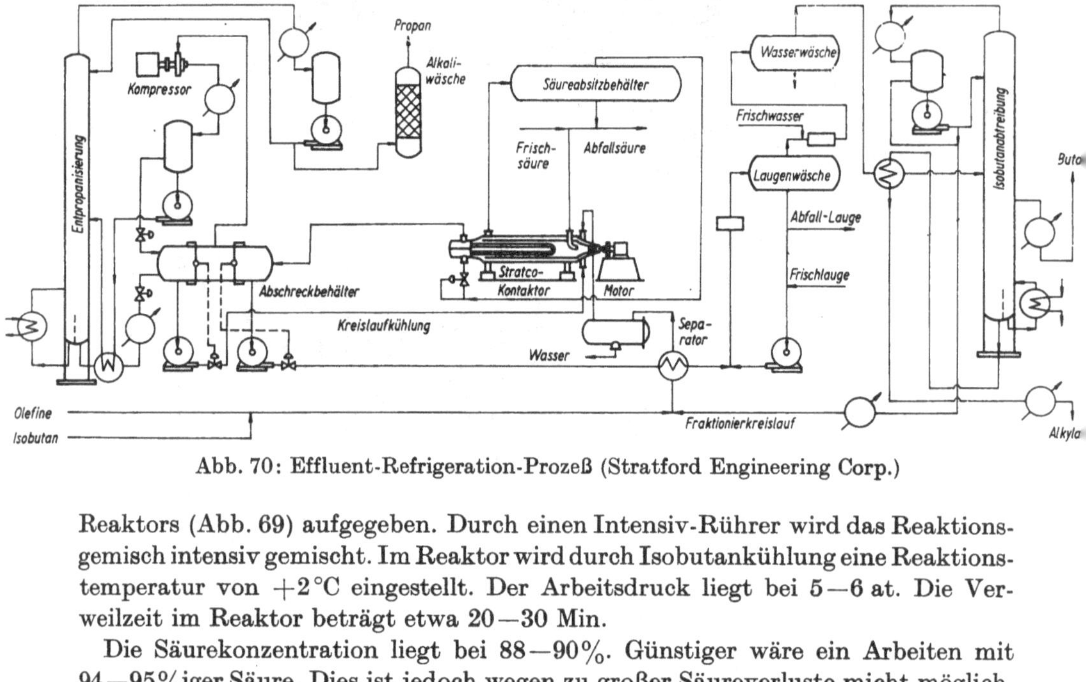

Abb. 70: Effluent-Refrigeration-Prozeß (Stratford Engineering Corp.)

Reaktors (Abb. 69) aufgegeben. Durch einen Intensiv-Rührer wird das Reaktionsgemisch intensiv gemischt. Im Reaktor wird durch Isobutankühlung eine Reaktionstemperatur von +2 °C eingestellt. Der Arbeitsdruck liegt bei 5—6 at. Die Verweilzeit im Reaktor beträgt etwa 20—30 Min.

Die Säurekonzentration liegt bei 88—90%. Günstiger wäre ein Arbeiten mit 94—95%iger Säure. Dies ist jedoch wegen zu großer Säureverluste nicht möglich.

Die Alkylierung ist stets von Polymerisationsvorgängen begleitet. Diese werden mit steigendem Überschuß an Isoparaffin zurückgedrängt. Da Isobutan als hauptsächlichste paraffinische Alkylierungskomponente in wesentlich geringerer Menge als n-Butan in den Raffinierie- und Erdgasen zu finden ist, werden vielfach die n-Butanfraktionen mit Aluminiumchlorid zu Isobutan isomerisiert. Es ist außerdem möglich, an eine Polymerisation die Alkylierung anzuschließen, da durch den Verbrauch der Olefine Isobutan bereits angereichert ist. Auch durch katalytisches Cracken kann die C_4-Fraktion sehr an Isobutan angereichert werden [14].

Für die Alkylierung von Isobutan mit n-Buten benötigt man eine 90%ige Schwefelsäure, mit der hierbei freigesetzten 85%igen Säure kann anschließend Isobutan mit Propylen zu Isoheptanen alkyliert werden [15—16]. Die danach noch stärker verdünnte Säure kann schließlich zur Alkylierung von Isopentan mit C_6- bzw. C_7-Olefinen Verwendung finden sowie zum selektiven Auswaschen von Diolefinen, bis sie schließlich zur Regeneration gelangt. Die Schwefelsäureregeneration bedingt eine gewisse Mindestkapazität der Alkylierung, um rentabel zu arbeiten, kleinere Anlagen arbeiten nur mit HF ökonomisch [17]. (Bei einer Nichtaufarbeitung sind die Katalysatorverluste in Gegenwart von Fluorwasserstoff wesentlich geringer [18].)

Die im folgenden abgehandelten Ergebnisse der Isoparaffin-Olefin-Alkylierung wurden im wesentlichen am Beispiel Isobutan-n-Buten ermittelt, doch gelten sie sinngemäß auch für das System Isobutan-Propylen.

Mit steigendem Isobutan-Olefin-Verhältnis steigt die Gesamtausbeute an Alkylat an, während der Säureverbrauch geringer wird. Als optimal hat sich in der Technik das Verhältnis Isoparaffin:Olefin = 5:1 erwiesen, durch die Rückführung des Isobutans stellt sich jedoch ein noch höheres Verhältnis ein. Die Reaktionsdauer beträgt bei 0—10 °C und einer Schwefelsäurekonzentration von 98—100% bei C_4-Kohlenwasserstoffen etwa 5 Minuten. Für Propylen liegt das Temperaturoptimum etwas höher (10—15 °C), da mit nur einer etwa 90%igen Schwefelsäure gearbeitet wird. Die Temperatur beträgt teilweise sogar 16—32 °C, da gebildetes Isopropylsulfat bei tieferen Temperaturen stabil ist [19]. Im allgemeinen beträgt das Volumverhältnis von Schwefelsäure zu Kohlenwasserstoffgemisch etwa 1:1, in diesem Falle emulgiert sich das Kohlenwasserstoffgemisch in der Säure, was zu besseren Alkylaten als umgekehrt führt. Ein wesentlicher Faktor für eine maximale Ausbeute und eine optimale Qualität ist die Rührgeschwindigkeit. Deshalb arbeiten die Verfahren mit guter Rührvorrichtung am besten [19].

Tabelle 74:

Ausbeute und Qualität des Alkylats beim H_2SO_4-Verfahren unter Verwendung verschiedener Olefine

	Olefinisches Ausgangsprodukt			
	Propylen	40% Propylen 60% Butene	Buten	Amylen
Ausbeute an Gesamtalkylat in Vol.-% berechnet auf Olefin	178	174	172	160
auf Flugbenzinalkylat, Endpkt. 170 °C	150—60	156—62	153—65	140—49
Isobutanverbrauch in Liter pro Liter Olefin	1,275	1,17	1,106	0,965
Säureverbrauch in kg 98%iger H_2SO_4 pro 100 Ltr. Gesamtalkylat	21—23	11,5—15,5	4,8—7,2	11,5
Qualität des Alkylats für Flugbenzin				
Research-OZ	89—92	93—95	94—97	92—93
ASTM-OZ	87—90	91—93	92—95	90—92
Research-OZ bei Zusatz von 1,5 cm^3 Bleitetraäthyl	100,5—102,5	102,5—104,5	103—105,5	102—103

Für die Rentabilität des Prozesses ist der Säureverbrauch entscheidend. Er liegt bei der Alkylierung mit Propylen relativ hoch. Um den H_2SO_4-Bedarf zu senken, ist es möglich, evtl. gebildetes Isopropylsulfat mit Isobutan und Butenen unter Alkylatbildung umzusetzen [20, 21, 22]. Hierzu erfolgt zunächst Alkylierung mit einem propylenreichen und in einem zweiten Reaktor mit einem butylenreichen Strom [23].

Das qualitativ hochwertigste Alkylat bei niedrigstem Säureverbrauch wird erhalten, wenn Isobutan und Olefin im Verhältnis 1:1 reagieren. Zu Verlusten kommt es durch Polymerisation der Olefine und durch Selbstkondensation des Isobutans unter gleichzeitiger Propanbildung [24].

Die Tab. 74 zeigt typische Ausbeute- und Qualitätsdaten bei Alkylierung verschiedener Olefine in Gegenwart von konzentrierter Schwefelsäure [25, 26, 27].

16.2.2. Die katalytische Alkylierung mit Fluorwasserstoff

Fluorwasserstoff wurde zunächst in der aromatischen Reihe als Alkylierungskatalysator [3, 35—43] eingesetzt. Daß Fluorwasserstoff heute auch für die Verwendung als Alkylierungskatalysator in der aliphatischen Reihe eine große Rolle spielt, liegt am hohen Schwefelsäureverbrauch, insbesondere bei der Propylen-Isobutan-Alkylierung. Er beträgt hier etwa das 3,5fache wie bei der n-Butylen-Isobutanalkylierung. Bei der Verwendung von HF ergeben sich keine derartigen Unterschiede.

Die Octanzahl der Alkylate auf Basis Propylen-Isobutan liegt bei etwa 90, die Ausbeute beträgt 1,7 Vol.-Teile Alkylat auf je 1 Vol. Propylen und Isobutan [44]. Pro kg HF werden etwa 840 *l* Alkylat gebildet. Störend bei der Alkylierung ist die in geringem Maße auftretende Addition von HF an die Olefine unter Alkylfluoridbildung (etwa 0,01% im Alkylat), die zu Fluorverlusten sowie zu Verunreinigungen des Alkylats, die jedoch nicht korrosiv sind, führen kann. Dieses Restfluor kann als HF beim Überleiten über CaF_2 oder Bauxit bei 175—250 °C abgespalten werden, auch eine extraktive Abtrennung ist möglich [45].

Die Alkylierung in Gegenwart von HF wird bei 20—30 °C vorgenommen, bei niedrigerer Temperatur findet dagegen bevorzugt eine Polymerisation statt, außerdem addieren sich merkliche Mengen an Fluor. Bei höheren Temperaturen kommt es zur Bildung größerer Mengen an hochsiedenden höheralkylierten Kohlenwasserstoffen. Die Verweilzeit beträgt 5—15 Min., das günstigste Verhältnis Isobutan/Propylen liegt bei 4—5:1, das Vol.-Verhältnis Säure zu Kohlenwasserstoff bei etwa 1—4:1. HF wird in möglichst wasserfreier Form (maximal 1,5% Wasser) eingesetzt, sie kann leicht durch azeotrope Destillation erhalten werden, da das Azeotrop aus 37% HF und 63% Wasser erst bei 120 °C siedet. Wasserfreies Arbeiten ist vor allem wegen der Korrosion und wegen der verstärkten Addition von HF an die Olefine in Gegenwart von Wasser erforderlich.

Folgende Verfahren haben sich bei der Alkylierung mit Flußsäure in der Praxis bewährt:

a) Das Verfahren der Phillips Petroleum Co. (vgl. Abb. 71) [46–49]

Hierbei wird ein Gemisch von Olefin und Isobutan turbulent mit HF bei –20 °C vermischt. Im Verlaufe der Reaktion in einem Röhrenreaktor steigt die Temperatur auf 0–5 °C an. Bei Einsatz von Propylen oder Amylenen sind höhere Temperaturen (10–32 °C) erforderlich. Die Verweilzeit beträgt nur 20–40 Sekunden. Flußsäure wird im Kreislauf gefahren, das Alkylat in einem Trenngefäß abgeschieden und HF nach Kühlung wieder mit Einsatzprodukt versetzt. Eine besondere Variante wurde entwickelt für den Fall, daß ein Propylen-Butylen-Gemisch eingesetzt wird [50]. In diesem Falle wird zunächst Butylen bei tieferer Temperatur zur Reaktion gebracht. Nach stattgefundener Alkylierung, die zu einer Erwärmung führt, erfolgt Reaktion mit Propylen.

b) Das Verfahren der Universal Oil Products Co. (vgl. Abb. 72) [51, 52]

Die Reaktionstemperatur beträgt 32–43°C, und die Verweilzeit liegt bei etwa 17 Sekunden. Die Einsatzprodukte werden innig vermischt, das Verhältnis HF zu Kohlenwasserstoff beträgt 1,42:1. Der Verlust an HF liegt bei 1 kg auf 1790 *l* Alkylat. Weiterhin wurden in früheren Jahren horizontale Stratco-Reaktoren [53] sowie vertikale zylindrische Reaktoren [54, 55] eingesetzt. Die größte Anlage der UOP produziert 1300 m³ Alkylat/Tag [50]. In drei USA-Patenten [56, 57, 58] wird besonders die Prozeßkontrolle bei Alkylierungsanlagen behandelt.

In sowjetischen Versuchen [59–61] wurden als optimale Bedingungen ermittelt: Verhältnis Propylen + Isobutan/HF = 1:0,6–1; Propylen/Isobutan 1:12,5, Reaktionstemperatur 25 °C.

16.2.3. Die katalytische Alkylierung in Gegenwart verschiedener Katalysatoren

Hierbei ist insbesondere die Alkylierung in Gegenwart von Aluminiumchlorid zu erwähnen. Sie wird vor allem bei der Reaktion von Isobutan mit Äthylen zur Herstellung von 2.3-Dimethylbutan durchgeführt. Aber auch Äthylen-Propylen-Gemische können auf diese Weise umgesetzt werden [50]. Das Verfahren weist bei der Alkylierung von Propylen mit Isobutan gegenüber den Verfahren mit H_2SO_4 bzw. HF keine Vorteile auf. Der tatsächliche aktive Katalysator ist ein Komplex aus $AlCl_3$, HCl sowie organischer Substanz. Patentiert wurden spezielle Komplexe auf der Basis Kerosin-$AlCl_3$-HCl [62] und $AlCl_3$-Diäthyl- bzw. $AlCl_3$-Dimethyläther [63].

Mehrfach sind Angaben zu finden über den Einsatz von Bortrifluorid, meistenteils als Komplex, doch scheint das Verfahren nicht technisch durchgeführt zu werden. Empfohlen werden ferner BF_3 auf Al_2O_3-Gel [64] und HBF_4 [65]. Dies erfolgt insbesondere, um Propylen zunächst zu einem Gemisch von Äthylen, Propylen und Butylen zu disproportionieren und anschließend zu alkylieren. Die Komplexe $BF_3 \cdot H_2O$ [66], BF_3-Alkylfluorid [67] sowie spezielle Komplexe mit Phosphorsäuren: BF_3, H_3PO_4, $BF_3 \cdot H_4P_2O_7$ [68–70] und schließlich Fluoborate

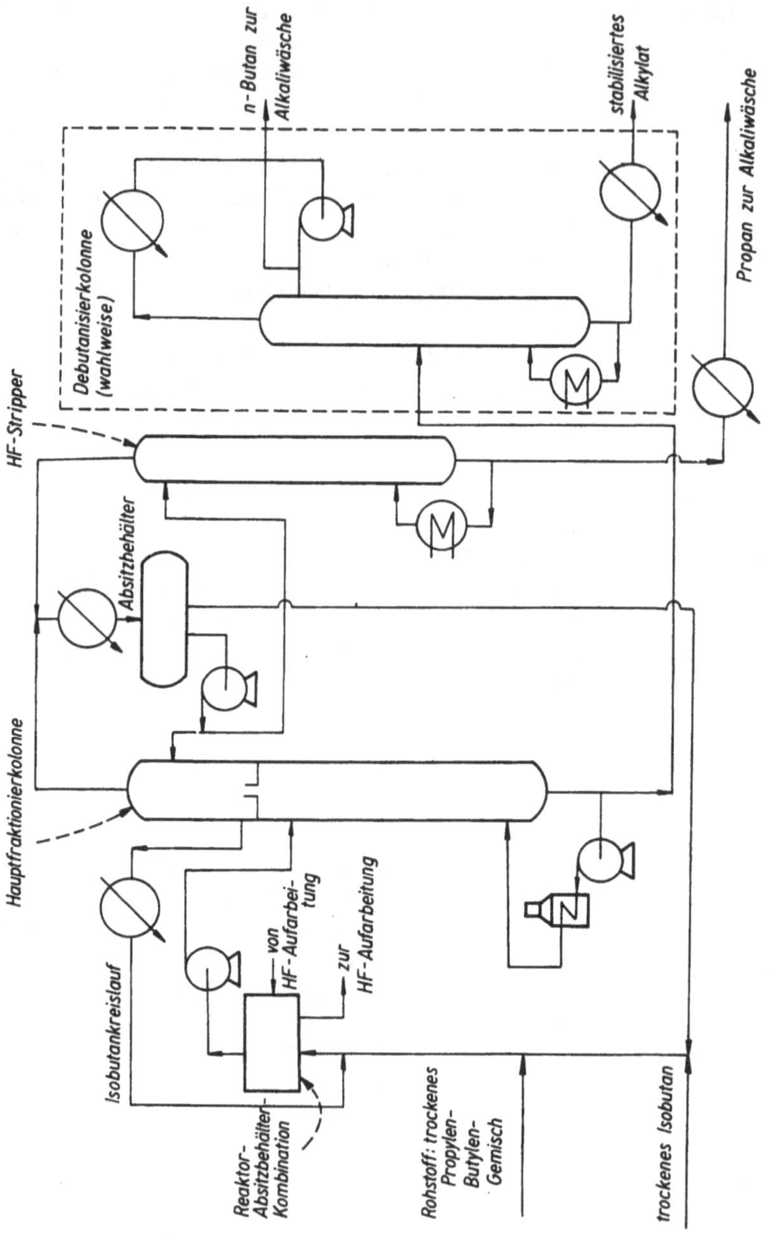

Abb. 71: HF-Alkylierungsprozeß (Phillips Petroleum Co.)

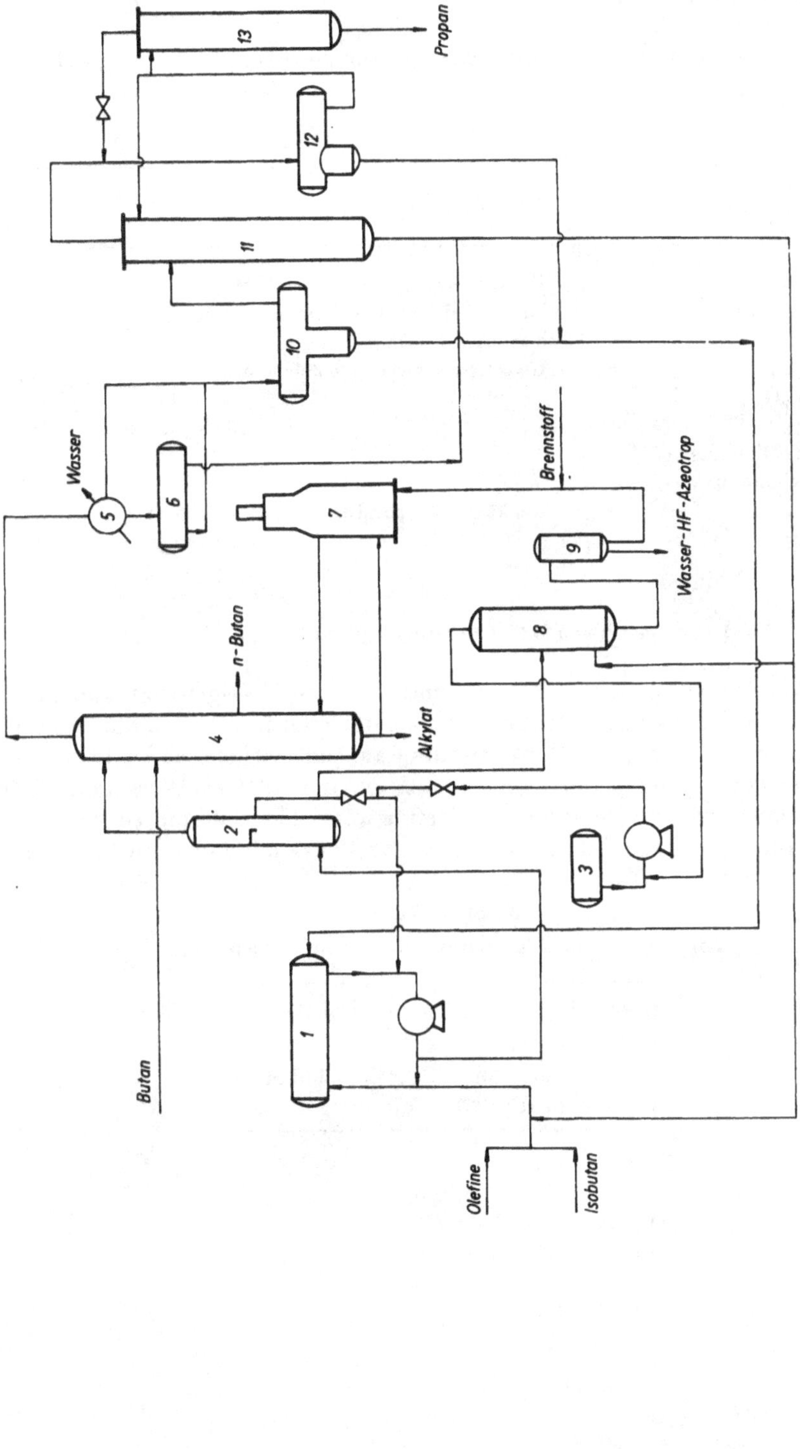

Abb. 72: Isobutan-Olefin-Alkylierung (Universal Oil Products Co.)

1 – Reaktor; *2* – Misch- und Absitzbehälter; *3* – Lagertank für frische HF; *4* – Isobutanabstreifer; *5* – Kondensator; *6* – Auffangbehälter; *7* – Aufheizer; *8* – Säureregenerator; *9* – Teerabscheider; *10* – Absitzbehälter; *11* – Entpropanisierung; *12* – Auffangbehälter; *13* – HF-Abstreifer des Zinks sowie des Kupfers sind ebenfalls patentiert [64]. Spezielle Tieftemperaturalkylierungskatalysatoren wurden auf der Basis von Eisen, BF_3 und HF ($FeF_2 \cdot BF_3$) entwickelt [71—73].

In Tab. 75 wird ein Überblick über weitere, für die Alkylierung vorgeschlagene Katalysatoren gegeben:

Tabelle 75:

Katalysator	Bemerkungen	Lit.-Angabe
Aluminiumbromid	Reaktionstemperatur 30—70 °C	[74]
Aluminiumbromid	Unter gleichzeitiger Isomerisierung verlaufende Alkylierung	[75]
B_2O_3 auf Al_2O_3	Reaktionstemperatur 200 °C unter Druck	[76]
Platin auf Al_2O_3	250 °C/7 at	[77]
Wasser	455 °C/32 at	[78]
Na-Salze von Diolefinen oder Acetylenen u. a.	—	[79]
γ-Bestrahlung	Reaktionstemperatur 300—400 °C/55 at	[80]
γ-Bestrahlung	36 °C/30 at	[81]

16.3. Einige Grundprobleme einer optimalen Alkylierung

Obwohl die Reaktion zwischen Olefin und Isobutan in Gegenwart von saurem Katalysator sehr schnell abläuft [82—83], wendet man in der Technik doch normalerweise Verweilzeiten von 5—20 Minuten an, um ein höheres Verhältnis von Isobutan zu Olefin in der sauren Phase zu erzielen und auf diese Weise eine Olefinpolymerisation bzw. eine Reaktion der Olefine unter Esterbildung zu vermeiden. Bei einer vorhergehenden Sättigung der sauren Phase mit Isobutan (Löslichkeit

Tabelle 76:
Löslichkeiten von Flußsäure in Isobutan und umgekehrt

Gegenseitige Löslichkeit von Isobutan und HF		
Temp. (°C)	Isobutan in HF (%)	HF in Isobutan (%)
0	1,95	0,22
5	2,1	0,25
10	2,2	0,29
15	2,4	0,32
50	3,6	0,87
60	4,0	1,20

0,10% in 99,5%iger H_2SO_4 [84], unter technischen Bedingungen Löslichkeit 0,4%) sind auch kürzere Reaktionszeiten, besonders bei turbulenter Vermischung in Röhrenreaktoren, möglich.

Die Löslichkeit von Isobutan in HF liegt höher als in H_2SO_4 (vgl. Tab. 76), umgekehrt sind die Olefine in HF schlechter als in H_2SO_4 löslich. Die relativen Absorptionsgeschwindigkeiten der einzelnen Olefine sind aus Tab. 77 zu ersehen [85, 86].

Tabelle 77:

Absorption von Olefinen in konzentrierter Schwefelsäure

Absorption von Olefinen in konzentrierter Schwefelsäure	
Olefin	Relative Geschwindigkeit
Äthylen	0,002
Propylen	0,6
Buten-(1)	1
Buten-(2)	2
Isobuten	30—40

Intensives Rühren ist erforderlich, um einen guten Kontakt zwischen den Reaktionspartnern, eine hohe Zirkulationsgeschwindigkeit und einen guten Wärmeübergang zu erreichen.

Die Qualität des erhaltenen Alkylats ist besser und der Säureverbrauch geringer, wenn mit einer Kohlenwasserstoff-in-Säure-Emulsion statt mit einer Säure-in-Kohlenwasserstoff-Emulsion gearbeitet wird.

Im allgemeinen ergeben niedrige Temperaturen eine bessere Alkylatqualität. Besonders Alkylierungen in Gegenwart von H_2SO_4 sind temperaturempfindlich, optimal 5—13 °C, bei niedrigeren Temperaturen steigt die Viskosität der H_2SO_4, bei höheren Temperaturen der H_2SO_4-Verbrauch an und die Alkylatqualität sinkt ab. Alkylierungen mit HF werden optimal bei 27—43 °C durchgeführt.

Im Falle von Propylen ist der Einsatz einer hochkonzentrierten H_2SO_4 am vorteilhaftesten [87]. HF wird am zweckmäßigsten mit einer Konzentration von 86—91% eingesetzt.

16.4. Verwendung der Alkylate

Die Alkylate aus Olefinen und Isobutan werden im wesentlichen als hochoctanige Treibstoffe verwendet. Ihr Verbrauch steigt immer mehr an, da in zunehmendem Maße die Tendenz besteht, Polymerbenzin durch Alkylatbenzin zu ersetzen.

Literatur

[1] F. ALBRIGHT: Chem. Engng. **73**, *14* (1966), 119—26
[2] F. ALBRIGHT: ibid. **73**, *17* (1966), 143—50
[3] F. ALBRIGHT: ibid. **73**, *19* (1966), 205—10
[4] F. ALBRIGHT: ibid. **73**, *21* (1966), 209—15
[5] Anonym: Oil Gas J. **64**, *1* (1966), 58
[6] Chem. Engng. **73**, *13* (1966), 98—100; Oil Gas J. **65**, *16* (1967), 130
[7] F. E. FREY und H. J. HEPP: Ind. Engng. Chem. **28** (1936), 1439
[8] G. G. OBERFELL und F. E. FREY: Refiner and nat. Gasoline Manufacturer **18** (1939), 486—93, 503
[9] H. J. HEPP und F. E. FREY: Ind. Engng. Chem. **45** (1953), 410
[10] J. E. KNAP, E. W. COMINGS und H. G. DRICKAMER: Ind. Engng. Chem. **46** (1954), 708—13
[11] Holl. P. 60768 (1948), N. V. de Bataafsche Petroleum Mij.
[12] U. S. P. 2519072 (1950), Standard Oil Development Co. (F. R. RUSSELL)
[13] U. S. P. 2909581 (1959), Gulf Res. and Development Co. (K. J. FRECH und R. C. ODIOSO)
[14] Anonym: Oil Gas J. **54** (21.3.) (1955), 166
[15] U. S. P. 2417251 (1947), Standard Oil Development Co. (C. E. HEMMINGER)
[16] Brit. P. 591544 (1948), Standard Oil Development Co.
[17] Anonym: Chemical Engng. **61**, *1* (1954), 114
[18] Petrol. Refiner **30**, *9* (1951), 151
[19] J. O. IVERSON und L. SCHMERLING: „*Advances in Petroleum Chemistry and Refining*", New York 1958
[20] U. S. P. 3227774, 3227775 (1966), 3234301 (1966), A. R. GOLDSBY
[21] Oil Gas J. **65**, *1* (1967), 48—51
[22] U. S. P. 3083247 (1963), Texaco Development Corp. (A. R. GOLDSBY und H. H. GROSS)
[23] U. S. P. 2967208 (1961) Texaco Inc. (F. A. CLAUSON und D. K. BEAVON)
[24] J. E. HOFMANN: J. Org. Chem. **29** (1964), 1497
[25] S. R. STILES: Petrol. Refiner **34**, *2* (1955), 103—06
[26] E. C. ODEN, W. J. BUSCH jr. und G. R. JONES: Petrol. Refiner **29**, *4* (1950), 103—08
[27] E. C. ODEN und W. J. BUSCH: Ind. Engng. Chem. **42** (1949), 2524—30
[28] U. S. P. 2859259 (1958), M. W. Kellogg Co. (S. R. STILES)
[29] Hydrocarbon Processing, Petrol. Refiner **43**, *9* (1964), 165—70
[30] S. R. STILES: Petrol. Refiner **34**, *2* (1955), 103
[31] A. R. GOLDSBY und D. H. PUTNEY: Petrol. Refiner **34**, *9* (1955), 148
[32] U. S. P. 3027242 (1962), O. WEBB
[33] D. H. PUTNEY und O. WEBB: Petrol. Refiner **38**, *9* (1959), 166—68
[34] U. S. P. 3175023 (1965), Texaco Development Corp. (H. H. GROSS und A. R. GOLDSBY), U. S. P. 3121126 (1964), Texaco Inc. (A. R. GOLDSBY, D. K. BEAVON und H. FLYNN)
[35] C. B. LINN und A. V. GROSSE: Ind. Engng. Chem. **37**, *10* (1945), 924—29
[36] F. E. FREY: Chem. Met. Engng. **50**, *11* (1953), 126—28
[37] D. P. THORNTON jr.: Petrol. Processing **6** (1951), 488—91
[38] C. G. GERHOLD, J. O. IVERSON, H. J. NEBECK und R. I. NEWMAN: Trans. Amer. Inst. Chem. Engrs. **39** (1943), 793—812

[39] G. M. Webb und W. S. Gallaway: Petrol. Refiner **33**, *9* (1954), 201; Oil Gas J. **53**, *46* (1955), 166–68
[40] J. A. Scott und R. M. Cooper: Oil Gas J. **44**, *47* (1946), 204; Petrol. Refiner **26** (1947), 180, 280, 354
[41] F. L. Resen: Oil Gas J. **56** (24.11.) (1958), 73–75
[42] U. S. P. 2430333 (1947), Socony Vacuum Oil Co., Inc. (St. T. Hadden)
[43] U. S. P. 2436483 (1948), Universal Oil Products Co. (R. J. Newman)
[44] Natl. Petrol. News **34** (1942), R-131
[45] U. S. P. 3204011 (1965), Phillips Petroleum Co. (G. R. Hettick jr., J. van Pool und Ch. C. Chapman)
[46] U. S. P. 3080438 (1963), Phillips Petroleum Co. (H. R. Sailors)
[47] U. S. P. 3169152 (1965), Phillips Petroleum Co. (J. van Pool und D. G. Blacker)
[48] U. S. P. 3169153 (1965), Phillips Petroleum Co. (K. E. Walker und Th. Hutson)
[49] U. S. P. 3233007 (1966) Phillips Petroleum Co.
[50] Hydrocarbon Processing Petrol. Refiner **43**, *9* (1964), 165–70
[51] U. S. P. 3249650 (1966), Universal Oil Products Co. (E. R. Fenske)
[52] K. Forry und C. Schrage: Hydrocarbon Processing Petrol. Refiner **45**, *1* (1966), 107
[53] A. R. Orr: Petrol. Refiner **34**, *7* (1955), 165.
[54] E. K. Jones: Petrol. Refiner **38**, *7* (1959), 157
[55] G. W. G. McDonald: Hydrocarbon Processing Petrol. Refiner **41**, *3* (1962), 137
[56] U. S. P. 3002818 (1962), Phillips Petroleum Co. (D. E. Berger)
[57] U. S. P. 2881235 (1959), Phillips Petroleum Co. (J. van Pool)
[58] U. S. P. 2416395 (1947), Socony Vacuum Oil Co., Inc. (C. S. Kuhn jr.)
[59] N. I. Plotkina und V. G. Pljusmin: Izvest. Sibir. Otdel. Akad. Nauk SSSR **1958** (*11*), 17–27; ref. C. A. **53** (1959), 16923b
[60] V. G. Telegin, V. A. Kobelew und D. V. Muschenko: Trudy Vsesojus Nauch. Issledovatel. Inst. Neftechim. Prozessow **1960** (*3*), 187–92; ref. C. A. **56** (1962), 3722d
[61] N. I. Plotkina und G. V. Pljusmin: Trudy Inst. Chim., Akad. Nauk SSSR, Ural Filial **1960** (*4*), 59–71; ref. C. A. **56** (1962), 6234h
[62] U. S. P. 2488602, 2488603 (1949), Texas Co. (E. F. Pevese)
[63] U. S. P. 2897248 (1959), Standard Oil Co. (Ind.), (A. K. Roebuck und B. L. Evering)
[64] U. S. P. 2945907 (1960), American Oil Co. (H. M. Knight und E. V. Kirkland)
[65] U. S. P. 3236912 (1966), Phillips Petroleum Co. (J. E. Phillips)
[66] Cl. Speranta und Gh. Andrescu: Petrol. si Gaze [Bukarest] **7** (1956), 639–46
[67] U. S. P. 2653982 (1953), Sun Oil Co. (R. M. Kennedy und C. K. Donnell)
[68] A. V. Toptschiew und Ja. M. Pauschkin: Dokl. Akad. Nauk SSSR **62** (1948), 641–44
[69] A. V. Toptschiew und Ja. M. Pauschkin: Neftjanoe Choz. **25**, *6* (1947), 54–59
[70] A. V. Toptschiew, Ja. M. Pauschkin und F. F. Machus: Dokl. Akad. Nauk SSSR **58** (1947), 815–18
[71] D. A. S. 1139821 (1962), Universal Oil Products Co. (C. B. Linn)
[72] U. S. P. 2830958 (1958), Universal Oil Products Co. (M. J. Murray und C. B. Linn)
[73] U. S. P. 2886535 (1959), Universal Oil Products Co. (C. B. Linn)
[74] U. S. P. 2539350 (1951), Socony Vacuum Oil Co. (M. H. Gorin und L. G. Sharp)
[75] Brit. P. 861797 (1961), Esso Res. Engng. Co.
[76] U. S. P. 2972642 (1961), Engelhard Ind., Inc. (W. C. Pfefferle und P. N. Rylander)
[77] Belg. P. 626447 (1963), Brit. Petroleum Co., Ltd. (A. G. Goble und J. V. Fletcher)
[78] U. S. P. 2460719 (1949), Socony-Vacuum Oil Co., Inc. (Wm. A. Stover)

[79] U. S. P. 2834818 (1958), Universal Oil Products Co. (L. Schmerling und V. Haensel)
[80] P. J. Lucchesi und C. E. Heath: J. Amer. chem. Soc. **81** (1959), 4770—73
[81] Brit. P. 861183 (1961), Esso Res. Engng. Co.
[82] J. E. Hofmann und A. Schriesheim: J. Amer. chem. Soc. **84** (1962), 953
[83] J. F. Mosby und L. F. Albright: Ind. Engng. Chem. Product Res. Development **5** (1966), 183
[84] C. R. Cupit, J. E. Gwyn und E. C. Jernigan: Petro/Chem. Engineer, Dezember **1961**, S. 47; Januar **1962**, S. 49
[85] H. S. Davis: J. Amer. chem. Soc. **50** (1928), 2780
[86] H. S. Davis und K. Schuler: J. Amer. chem. Soc. **52** (1930), 721
[87] U. S. P. 3133975 (1964), Standard Oil Co. (Ind.) (W. Brewer und J. E. Hinman)

17. Die Cumol-Phenol-Synthese

Die Synthese von Phenol und Aceton aus Benzol und Propylen über Cumol und seinem Hydroperoxid [1—13] wurde erstmalig von H. Hock [14] beschrieben.

Die erste industrielle Anlage wurde im Frühjahr 1953 von der B. A. Shawinigan Co. in Montreal (Canada) mit einer Kapazität von 8000 t in Betrieb genommen. Seither sind jedoch viele neue Anlagen hinzugekommen.

17.1. Die Alkylierung von Benzol mit Propylen

Cumol, Isopropylbenzol, [15—19], wurde erstmals 1841 von Gerhardt [20] bei der Destillation von p-Cuminsäure mit Calcium- oder Bariumhydroxid erhalten. Isopropylbenzol besaß bis zum Jahre 1942 keine technische Bedeutung. Es erhielt während des II. Weltkrieges jedoch wachsende Bedeutung als Komponente von Fliegerbenzin mit hoher Oktanzahl und sehr niedrigem Stockpunkt (—96 °C).

Die Darstellung im Laboratorium erfolgte durch Reaktion von Benzol mit Isopropylchlorid [21] bzw. Isopropylbromid [22] nach einer Friedel-Crafts-Reaktion in Gegenwart von Aluminiumchlorid, Aluminiumbromid oder Aluminiumspänen im HCl-Strom.

Auch die technische Synthese geht vom Propylen aus, das nach Friedel-Crafts in Gegenwart verschiedener Katalysatoren mit Benzol zur Reaktion gebracht wird. Diese Reaktion wurde erstmals von Berry [23] beschrieben, der bei 70 °C in Gegenwart von $AlCl_3$ arbeitet.

Technisch werden für die Cumolsynthese zwei Hauptwege eingeschlagen: *a)* die Flüssigphasealkylierung in Gegenwart von $AlCl_3$, H_2SO_4 oder HF, und *b)* die Dampfphasealkylierung an festen Phosphorsäure-Kieselgur-Katalysatoren [16].

17.1.1. Flüssigphasealkylierung

Die Flüssigphasealkylierung von Benzol mit Propylen wird in der Technik normalerweise in Gegenwart von Schwefelsäure durchgeführt [24—30]. Im Folgenden wird die Arbeitsweise einer Anlage der Petroleum Ind. Maatschappij beschrieben. Es wird ein äthylenfreies Propylen eingesetzt. Dies ist erforderlich zur Vermeidung der Bildung von Äthylschwefelsäure. Dagegen eignet sich durchaus Benzol, das schwach thiophenhaltig ist.

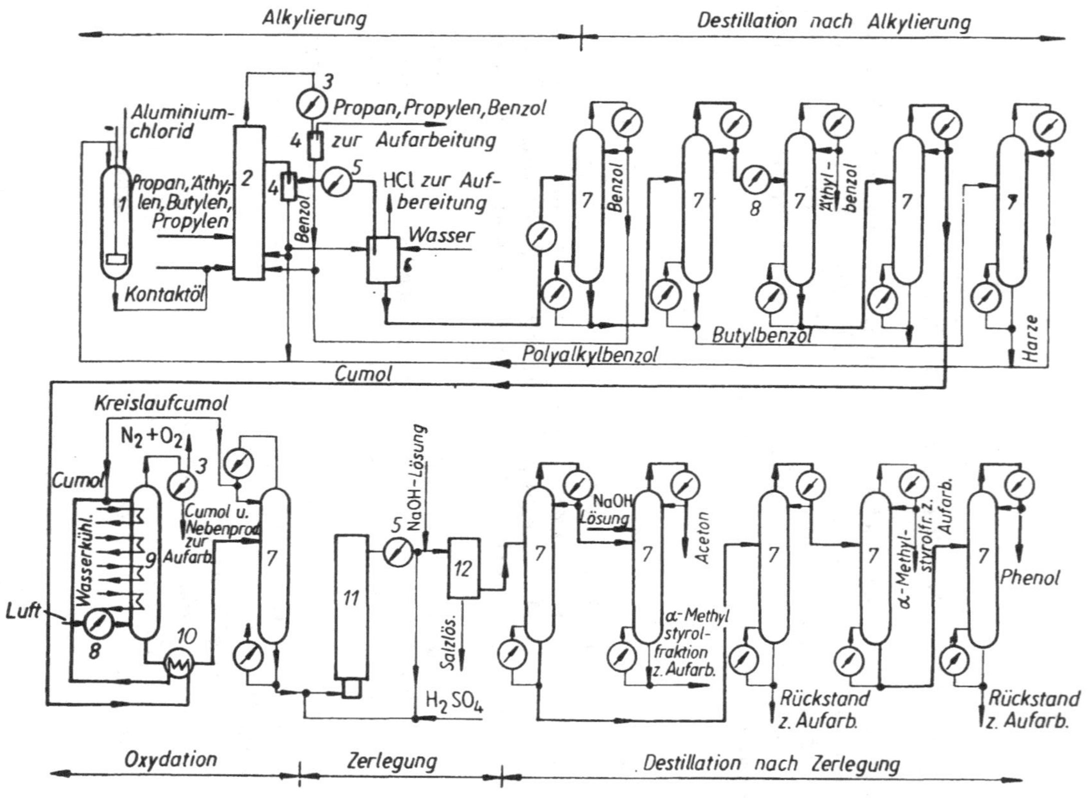

Abb. 73: Einfaches Schema einer Cumolphenolsyntheseanlage

1 – Rührwerk; *2* – Alkylator; *3* – Kondensator; *4* – Abscheider; *5* – Kühler; *6* – Mischbehälter; *7* – Destillationskolonne mit Kondensator und Umlaufverdampfer; *8* – Vorwärmer; *9* – Oxydator; *10* – Wärmeaustauscher; *11* – Zerlegungsapparat; *12* – Neutralisationsapparat

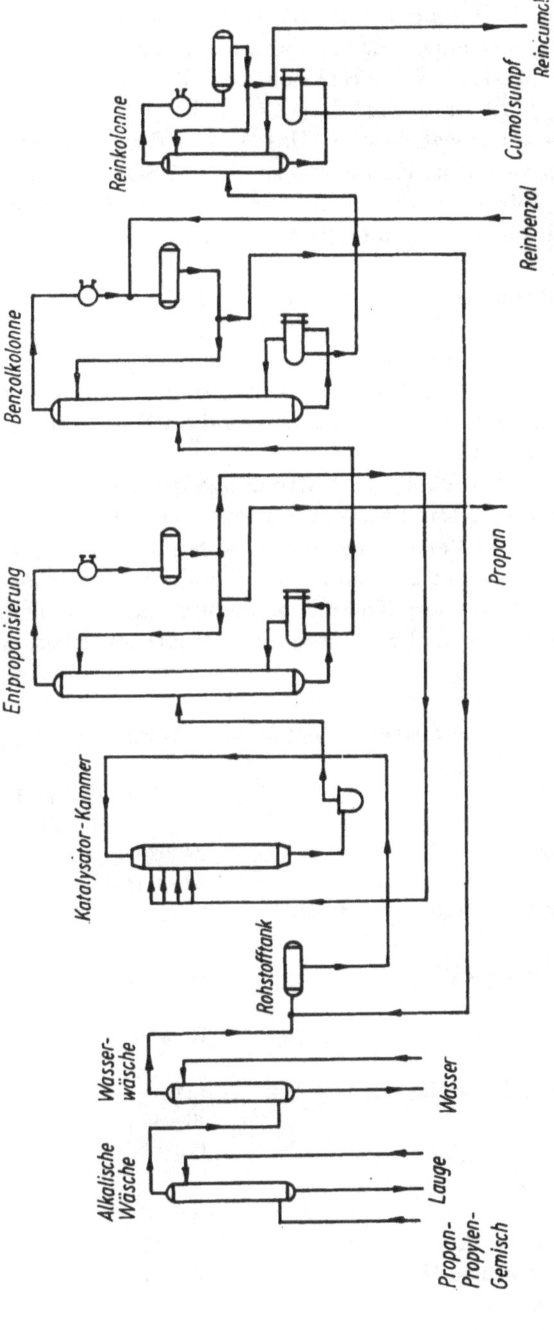

Abb. 74: Herstellung von Cumol aus Benzol und Propan-Propylen-Gemisch

Bei einer Arbeitstemperatur von 20 °C kommt optimal eine 90%ige, bei 40 °C eine 88%ige und bei 50 °C eine 86%ige Säure zum Einsatz. Säurekonzentrationen über 90% sind zu vermeiden, da es dann zu einer Sulfonierung des Benzols kommen kann, der einzigen Nebenreaktion der Alkylierung.

Die Alkylierung wird unter Druck (11,5 at) bei 30—40 °C durchgeführt, um eine flüssige Phase zu gewährleisten. Das Molverhältnis Propylen : Benzol liegt bei 1 : 5, das Volumverhältnis Kohlenwasserstoff : H_2SO_4 bei 1 : 1. Die Alkylierung ist bei intensivem Rühren nach 20—30 Min. beendet, der Propylenumsatz liegt bei etwa 100%. Mit einem Volumen H_2SO_4 können 12—16 Volumen Rohcumol erzeugt werden.

Bei der technischen Durchführung der Cumol-Synthese wird ein Propan-Propylen-Gemisch in eine Emulsion von Benzol und H_2SO_4 eingeleitet und gleichzeitig laufend ein gewisser Teil der Alkylatemulsion abgezogen. Nach Abtrennung der Schwefelsäure, die zum größten Teil wieder in die Alkylierung zurückgegeben wird (nur ein Teil der Schwefelsäure gelangt in die Regeneration) wird dieser Teil durch neue H_2SO_4 ersetzt.

Das Rohalkylat wird mit 5%iger Natronlauge gewaschen und anschließend in Gegenwart von 5%iger Natronlauge das Propan (170 °C/14 at) abdestilliert, die hohe Temperatur ist zur Verseifung von Schwefelsäureestern (aus Propylen und H_2SO_4) erforderlich. In einer 2. Kolonne wird unter 1,7 at Druck das Benzol abdestilliert und in einer dritten Kolonne schließlich das Cumol rein fraktioniert.

In der Tab. 78 finden sich Ergebnisse einer großtechnischen Anlage [24].

Tabelle 78:

Ergebnisse einer technischen Anlage

Ausgangsprodukte:		
Benzol	63,5 Gew.-%	21,3% Frischbenzol
		44,0% Kreislaufbenzol
Propan-Propylen-Fraktion	34,7%	
H_2SO_4-Konzentration	88—90%	
Konzentration der laufend zugegebenen H_2SO_4	90%	
Reaktionsbedingungen:		
Molverhältnis Benzol : Propylen	Reaktor 1	6,2 : 1
	2	5,2 : 1
Verweilzeit	Reaktor 1	35 Min.
	2	30 Min.
Volumverhältnis H_2SO_4/KW-Stoffgemisch	1 : 1	
Temperatur	30—40 °C	
Druck	11,5 at	
Ergebnisse der Alkylierung:		
Propylenumsatz	99%	
Vol. Rohcumol/Vol. 90%ig. H_2SO_4	10—12	
H_2SO_4-Gehalt der verbrauchten H_2SO_4	81—82%	
Wassergehalt der Säure	11—12%	
Reincumol in Rohcumol	95%	

Die Alkylierung von Benzol mit Propylen ist auch in Gegenwart von $AlCl_3$ durchführbar. Die Alkylierung hiermit kann unter Normal- oder erhöhtem Druck durchgeführt werden [31]. Als Einsatzprodukt eignet sich auch hier ein thiophenhaltiges Benzol [32]. Zur Erzielung optimaler Umsetzungen muß in Gegenwart geringer Mengen Feuchtigkeit gearbeitet werden.

Folgende Nachteile werden für das Arbeiten mit $AlCl_3$ angegeben:

a) Es muß ein äthylenfreies Propan-Propylen-Gemisch eingesetzt werden.

b) Es kommt in größerem Ausmaß zu Disproportionierungen und Isomerisierungen beim gebildeten Alkylat.

c) Durch die notwendige Anwesenheit geringer Feuchtigkeitsmengen wird HCl gebildet, erhöhte Korrosion und erhöhter Katalysatorverbrauch sind die Folge.

d) Das Reaktionsprodukt und die Abgase müssen alkalisch gewaschen werden.

Die Alkylierung in Gegenwart von $AlCl_3$ ist schwieriger durchzuführen als mit Schwefelsäure. Eine Reihe von Vorschlägen wurden zur Verbesserung der Technologie und zur Erhöhung der Cumolausbeute [33—36] bzw. zur Verlängerung der Katalysatorhaltbarkeit [37] gemacht.

Trotz der genannten Schwierigkeiten wird die Arbeitsweise mit Aluminiumchlorid in immer stärkerem Maße angewandt (Abb. 73). Die Reaktion erfolgt praktisch drucklos bei 50—70 °C in 15 m hohen Reaktionstürmen. Unter diesen Bedingungen wird auch die Umalkylierung katalysiert, so daß es zweckmäßig ist, die höher alkylierten Produkte wieder in den Prozeß zurückzuführen. Das günstigste Benzol-Propylen-Verhältnis liegt bei 4,5—4,7:1. Die Ausbeute beträgt hierbei 98%, bezogen auf Benzol und der Katalysatorverbrauch 0,025 kg/kg Cumol.

Aluminiumchlorid wird technisch wegen der höheren Ausbeute an Polyalkylbenzolen in größerem Maße angewandt, falls Polyisopropylbenzole dargestellt werden sollen [38—40]. Die Diisopropylbenzolfraktion enthält vorwiegend m- und p-Verbindung. Beide Verbindungen können durch kontinuierliche Oxydation mit Luft oder Oxydationsmitteln in Isophthalsäure [41] bzw. Terephthalsäure [42—47] überführt werden. Die als einziges Triisopropylderivat entstandene 1.3.5-Verbindung kann über das Trishydroperoxid durch saure Spaltung in Phloroglucin [48—49] überführt werden. Analog können aus dem 1.3- bzw. 1.4-Diisopropylbenzol Resorcin [50] bzw. Hydrochinon [51] gewonnen werden.

Aluminiumchlorid ist ebenso geeignet, Polyisopropylbenzole nach Zugabe von Benzol durch Disproportionierung in Cumol überzuführen [52, 53].

Die Aktivierungsenergie der ionischen Alkylierung, die in Abwesenheit von Katalysatoren 21,4 kcal/Mol [54] beträgt, besitzt in Gegenwart von $AlCl_3$ je nach Umsatz einen Wert von 3,4—4,3 kcal/Mol [55].

Vorteilhaft läßt sich auch Fluorwasserstoff als Alkylierungskatalysator verwenden. In diesem Falle kann das einzusetzende Propylen auch Äthylen enthalten, da letzteres wesentlich reaktionsträger ist. Zum Beispiel ergibt ein Gemisch, das neben Äthan und Methan 19% Propylen und 77% Äthylen enthält, bei der Alkylierung mit Benzol bei Raumtemperatur und Normaldruck mit Flußsäure nur Isopropylbenzol. Wird unter einem Druck von 20—35 at gearbeitet, so kann das

Restgas zu Äthylbenzol umgesetzt werden [56—61]. Die Reaktion verläuft nach der 1. Ordnung [62].

17.1.2. *Dampfphasealkylierung*

Die Dampfphasealkylierung von Benzol mit Propylen kann unter den gleichen Bedingungen wie die Propylenoligomerisierung unter Verwendung von Phosphorsäure als Katalysator durchgeführt werden.

Nach diesem Verfahren wurde während des zweiten Weltkrieges in den USA der größte Teil des Cumols hergestellt. Die Arbeitsweise wurde von der Universal Oil Products Comp. entwickelt und von anderen Firmen übernommen (Abb. 74).

Diese bei der Oligomerisierung von Propylen eingeführte Arbeitsweise mit Phosphorsäure auf Trägern als Katalysator [24, 63—66] konnte angewandt werden, da für Fliegerbenzin keine sehr hohe Reinheit des Cumols erforderlich war, und die bei diesem Verfahren entstandenen nur schwer abtrennbaren Nebenprodukte ohne Schwierigkeit mit eingesetzt werden.

Für die Dampfphasealkylierung findet ein Katalysator aus 62—65% P_2O_5 und 25% SiO_2 (in Form von Kieselgur oder Asbest) Verwendung [67]. Die Lebensdauer des Katalysators beträgt bei Zuführung geringer Mengen Wasser zwecks Hydratation des Kontakts 700 Std. Ein Kilo Katalysator liefert etwa 750—800 *l* Cumol. Eingesetztes Benzol und Propylen müssen weitgehend schwefelfrei sein. Der Thiophengehalt des Benzols darf 0,14% nicht übersteigen. Benzol wird mit Schwefelsäure vorgereinigt.

Tabelle 79:

Ergebnisse der technischen Gasphasealkylierung von Benzol mit Propylen

Ausgangsprodukte:		
Benzol	52,54%	17,98% Frischbenzol 34,56% Kreislaufbenzol
Propan-Propylen-Fraktion	47,46%	(Propylengehalt ca. 20%)
Molverhältnis Benzol:Propylen	3,05:1	(bei verdünntem Propylen höher)
Wasser zur Kontakthydratisierung	0,06 Gew.-%	
Reaktionsbedingungen:		
Temperatur	255 °C	
Kontaktbelastung (Vol.-Produkt pro Std. u. *l*)	3,5	
Druck	25 at	
Ergebnisse der Alkylierung:		
Propylenumsatz	94%	
Reincumol in Rohcumol	88,3%	
Liter Reincumol pro Liter Propylenverbrauch	1,70	
Liter Reincumol pro Liter Benzolverbrauch	1,54	
Liter Cumol pro kg Katalysator	780	

Auch bei diesem Verfahren kann das verwendete Propylen Äthylen enthalten. Letzteres setzt sich unter den Reaktionsbedingungen kaum um.

Die Reaktionstemperatur liegt optimal bei 250 °C, der Druck bei 28—35 at. Die Reaktionswärme beträgt +23,4 kcal/Mol. Es resultiert ein Umsatz von 95%, bezogen auf eingesetztes Propylen.

Nach der Methode der Shell Oil Co. werden gereinigtes Benzol und das Propan-Propylen-Gemisch miteinander vermischt und über einen Verdampfer dem Reaktor zugeleitet, dessen Maximaltemperatur bei 300 °C liegt und der bei einem Arbeitsdruck von 18—28 at betrieben wird. Die Reaktionswärme wird durch äußeres Kühlen abgeführt. Die austretenden Dämpfe werden nach Abkühlung der Entpropanisierungskolonne zugeleitet, die bei 200 °C und 12 at arbeitet. Der Sumpf gelangt in die Benzolabtreibekolonne und der dabei verbleibende Sumpf wird in die Reincumolkolonne gegeben zur Destillation.

Die Bedingungen und die Ergebnisse einer technischen Gasphasealkylierung sind aus der Tab. 79 ersichtlich.

Eingehende Untersuchungen über den Reaktionsmechanismus haben Koleš-nikow und Mitarb. durchgeführt [68].

17.1.3. Alkylierung in Gegenwart verschiedener Katalysatoren

Im folgenden soll ein kurzer tabellarischer Überblick gegeben werden über weitere in der Literatur beschriebene Katalysatoren zur Cumolherstellung (Tab. 80).

Vergleichende Alkylierungsversuche mit verschiedenen Katalysatoren ergaben nach Ja. M. Pauschkin et al. [131—135], daß $BF_3 \cdot H_3PO_4$ im Vergleich zu $AlCl_3$, H_2SO_4, $AlCl_2 \cdot HSO_4$, $AlCl_2 \cdot H_2PO_4$ sowie $BF_3 \cdot H_2O$ der aktivste Katalysator ist; im Gegensatz zu S. W. Zawgorodnij et al. [136], die bei ähnlichen Untersuchungen $AlCl_3$ als aktivste Verbindung ermittelten.

Die Alkylierung von Benzol mit Propylen läßt sich nach Untersuchungen von H. Pines [137—138] auch ohne Katalysatoren bei 350—500 °C und 70 at in einem Kupferrohr erreichen.

Um die bei der Cumoldarstellung anfallenden Polyisopropylbenzole nutzbringend in den Prozeß zurückzuführen, werden sie gemeinsam mit Benzol einer Disproportionierung unterworfen. Eine derartige Reaktion ist in Gegenwart der normalen Alkylierungskatalysatoren möglich, empfohlen werden hierbei $AlCl_3$ [139—141], H_2SO_4 [141], H_3PO_4 [141], HF [142], Aluminiumsilikat bei 400 °C [143—144] sowie Al-, Mg- oder Zr-Silikat [145]. Untersuchungen zur Ermittlung des Gleichgewichts zwischen Benzol, Cumol und Polyisopropylbenzolen wurden von Ja. M. Pauschkin [146] durchgeführt. Thermodynamische Untersuchungen über die Alkylierung von Benzol mit Propylen [148] ergaben, daß bei niedrigen Temperaturen die Bildung von Diisopropylbenzol gegenüber Cumol begünstigt ist, erst oberhalb 220—230 °C sind die Verhältnisse umgekehrt, vgl. auch analoge Untersuchungen an Toluol [147].

Tabelle 80:

Katalysator	Reaktionsparameter	Literatur-angabe
H_3PO_4	Flüssigphasealkylierung	[69]
BF_3 + HF	40–45 °C/Druck	[70]
BF_3 + Isopropylalkohol	30 °C	[71]
BF_3	45 °C/23 at	[72]
$BF_3 \cdot 1{,}6\,H_2O$	45 °C/1 at	[73]
BF_3 auf γ-Al_2O_3	121 °C/37,4 at, bes. geeignet für ein äthylenhaltiges Propylen	[74]
BF_3 auf modifiz. Al_2O_3-SiO_2	–	[75]
BF_3 auf SiO_2-MgO	20–250 °C/200 at	[76]
BF_3 auf γ- oder Θ-Al_2O_3	Modifizierung des Al_2O_3 durch BF_3	[77]
BF_3 auf Al_2O_3	Modifizierung durch Schwefelverbindung (z. B. Thiophen)	[78]
BF_3 mit ZrO_2; Al_2O_3 + ZrO_2 + SiO_2; Al_2O_3 + B_2O_3	–	[79]
BF_3	Verfahren arbeitet in Gegenwart von Luft und n-Pentan	[80]
$BF_3 \cdot H_3PO_4$	–	[81–83]
$BF_3 \cdot H_2PO_3F$	–	[84]
$BF_3 \cdot H_2O$ (11,3%) + $BF_3 \cdot H_3PO_4$	–	[85]
BF_3 + H_2SO_4	–	[86]
Borphosphorsäure	275 °C/175 at	[87]
Metallisches Al	Verfahren arbeitet in Gegenwart von Heptylbromid	[88]
$AlCl_3$ + Äthylchlorid	200 °C/Druck	[89]
$AlCl_3$ in Nitromethan	0–40 °C	[90]
$AlCl_2$-H_2PO_4	sehr wirksamer Katalysator	[91]
$AlCl_3$ + H_3PO_4	–	[92]
$AlCl_3$ + Triäthylaluminium	–	[93]
Alkylaluminiumchlorid + $TiCl_4$ oder $ZrCl_4$	Verfahren arbeitet in Gegenwart von Spuren Sauerstoff	[94]

(Fortsetzung von Tabelle 80)

Katalysator	Reaktionsparameter	Literaturangabe
Alkyl-AlCl	Arbeiten in Gegenwart von Äthylen möglich	[95]
$AlBr_3$-Kohlenwasserstoffkomplex	—	[96]
$Al_2(SO_4)_3$ auf SiO_2	120—170 °C	[97]
Triisobutylaluminium + $TiCl_4$ auf saurem Al_2O_3	68—78 °C; Flüssigphaseverfahren in n-Hexan	[98]
Al_2O_3, SiO_2 oder ZnO in Gegenwart von HCl	300—350 °C/100 at H_2	[99]
$AlPO_4$ auf Aluminiumsilikat	—	[100]
Al_2O_3	Aktivierung durch CCl_4; 133 °C/3,5 at	[101]
Al_2O_3	Modifizierung durch BF_3 und Schwefelverbindung (z. B. Thiophen)	[102]
Aluminiumsilikat	150—200 °C/Druck	[103]
Aluminiumsilikat	350—450 °C	[104—107]
Aluminiumsilikat	—	[108—109]
Aluminiumsilikat	300 °C/10 at; Wirbelschichtalkylierung	[110]
Aluminiumsilikat	20—80 °C	[111—112]
SiO_2-Al_2O_3 und HCl	250—260 °C/Druck	[113]
Bentonit	—	[114]
Montmorillonit-Tonerde	—	[115]
Montmorillonit oder Fullererde	saure Vorbehandlung	[116]
Aluminiumsilikat	Aktivierung durch Zusatz von 13% seltenen Erden; 200—350 °C	[117]
$MgCl_2$ oder $FeCl_2$ auf Al_2O_3	300—350 °C/100 at H_2	[118]
$FeCl_3$	Raumtemperatur	[119]
Wolframoxide oder -sulfide zusammen mit Phosphor- oder Kieselsäure	260—280 °C/Druck in Gegenwart von 0,1—1% Wasser	[120]
Wolframoxid unter Zusatz weiterer Oxide (ZnO, TiO_2, P_2O_5, Co_3O_4)	280 °C/48 at	[121]
$ZnCl_2$ auf Al_2O_3 u. a. Trägern	200 °C	[122—123]

(Fortsetzung von Tabelle 80)

Katalysator	Reaktionsparameter	Literatur-angabe
Gemisch aus $TiCl_2$ und $TiCl_3$ auf Al_2O_3	—	[124]
Schwermetallhalogenide in salzsaurer Lösung	50 °C; Flüssigphaseverfahren	[125]
$Mg(H_2PO_4)_2$, $Ca(H_2PO_4)_2$, $Zn(H_2PO_4)_2$, $Cu_2P_2O_7$ oder $Ag_4P_2O_7$ auf Kieselgur	180—350 °C/Druck	[126]
Natriumzeolith	Aktivierung durch Propylchlorid	[127]
Calciumzeolith	250—300 °C	[128]
saurer Ionenaustauscher	Basis sulfoniertes Harz oder sulfonierte Kohle	[129]
Phosphorpentafluorid	—	[130]

17.2. Die Autoxydation des Cumols

Über die Autoxydation des Cumols [149], der zweiten Stufe der Phenol- und Acetonsynthese aus Cumol, wurden erstmals 1944 genauere Untersuchungen von H. Hock und S. Lang [14, 150] durchgeführt. Es gelang ihnen unter dem Einfluß von ultraviolettem Licht, Cumol bis zu 7% in das α-Hydroperoxycumol (im Folgenden als CMHP bezeichnet) zu überführen. Diese Versuche wurden durch Arbeiten der Firmen Distillers Co., Ltd. (Edinburgh) und Hercules Powder Co. (Wilmington) bis zur technischen Reife entwickelt. Im wesentlichen haben sich in der Technik zwei Arbeitsweisen eingebürgert, die Oxydation im Emulsion und die Oxydation in reinem Cumol.

17.2.1. Die Autoxydation des Cumols in Emulsion

Das in die Oxydation eingesetzte Cumol muß weitestgehend frei von den Hemmstoffen Thiophen und Isopropylthiophen sein. Deshalb wird für die technische Durchführung des Verfahrens ein 99,9%iges Cumol eingesetzt. Bei der Oxydation wird nur ein Teil oxydiert. Nicht umgesetztes Cumol wird abgetrennt und fortlaufend in die Reaktion zurückgeführt. Das aus dem Kreislauf abgetrennte Cumol muß vor der Rückführung einer hydrierenden Raffination, zwecks Hydrierung von gebildetem α-Methylstyrol, unterworfen werden. Das frisch eingeschleuste Cumol wird zur Oxydationserleichterung ebenfalls raffiniert. Hierfür wird eine Behandlung mit Natronlauge [151, 152, 155, 267], mit Kalilauge oder fester Soda [153, 154], Destillation über Natrium [151], Behandlung mit aktivem Aluminiumoxid [155] sowie eine kombinierte saure und alkalische Wäsche [156] vorgeschlagen.

Das so vorgereinigte Cumol wird in Rührbehältern [157—158] oder Reaktortürmen von 8—10 m Höhe mit Luft, die von unten in die Aggregate eingeblasen wird, bei Temperaturen von 110—130 °C und einem Druck von 5—10 at oxydiert bis zu einem Gehalt von 25% CMHP. Um eine Zersetzung des CMHP durch spurenweise während der Oxydation sich bildende Säuren (z. B. Ameisensäure, Benzoesäure u. a.) zu vermeiden, muß der Reaktionsmischung eine geringe Menge Alkali zugesetzt werden. Die Explosionsgefahr im Gasraum der Oxydationsanlage (Explosionsgenzen eines Cumoldampf-Sauerstoff-Gemisches liegen bei 1,5—43 Vol.-% Cumol) kann durch einen Wasserdampfgehalt von 10—20% in der Gasphase behoben werden [159—160]. Der wäßrige Anteil der Oxydationslösung ist etwa 2—3mal so groß wie die Cumolmenge. Der wäßrigen Lösung werden Emulgatoren zugesetzt, um die Oxydation in Emulsion durchzuführen. Diese Emulgatoren beschleunigen überraschenderweise die Oxydation und beeinflussen die Ausbeute günstig [161]. Besonders günstig wirken anionenaktive Tenside (Natriumstearat [157, 162—168], Natriumricinoleat [165], Natriumcaprylat [167], Bentonit [169, 265], Teepol [157], Natriumlaurylsulfat) und nichtionische Emulgatoren [170]. Kationenaktive Emulgatoren dagegen hemmen anfänglich die Oxydationsgeschwindigkeit. Erst nach Überwindung der Startreaktion beschleunigen auch sie die Umsetzung [171]. Die Oxydation des Cumols ist auch ohne Zusatz spezieller Emulgatoren möglich, da die zugesetzten Alkalien, wie verdünnte Natronlauge [172—174], Soda [175, 176, 269], Calciumhydroxid [177, 178], Calciumoxid [275] oder Alkali- bzw. Erdalkalimetalloxide sowie Alkalisalze schwacher Säuren [179—180] bereits selbst emulgierend wirken.

Der pH-Wert der Lösung soll möglichst 8,5—10,5 betragen, weil sich bei höheren pH-Werten die Ausbeute an CMHP durch Zersetzung verschlechtert, im neutralen bzw. sauren Bereich verläuft die Autoxydation zu langsam. Von großer Bedeutung für die Ausbeute ist das Verhältnis von wäßriger Phase zum Kohlenwasserstoffanteil. Die Reaktionsgeschwindigkeit nimmt mit zunehmender Verdünnung des Cumols zu. Andererseits vermindert sich mit der Verdünnung die Raum-Zeit-Ausbeute. Das als optimal ermittelte Verhältnis beträgt, wie schon angegeben, 3:1 [158, 163]. Nach Beendigung der Oxydation wird das Reaktionsgemisch in einen Absitzbehälter gegeben und getrennt. Die Kohlenwasserstoffschicht kann entweder direkt der sauren Spaltung zugeführt oder aber vorher in Gegenwart von Soda aufkonzentriert werden bis zu einem Gehalt von 70—90% CMHP. Die Aufkonzentrierung ist durch ein- oder mehrstufige Rektifikation unter Vakuum oder Atmosphärendruck in einer normalen Kolonne oder durch Dünnschichtverdampfung möglich. Ein säurefreies Arbeiten während der Destillation verhindert vorzeitige Hydroperoxidspaltung.

17.2.2.2. Die homogene Autoxydation des Cumols

Die homogene Autoxydation von Cumol arbeitet bei 100—130 °C, hierbei wird nur eine geringe Menge Sodalösung oder feste Soda zugesetzt, um die sauren Nebenprodukte abzufangen [181, 182] und eine neutrale Wasserdampfatmosphäre zu schaffen. Bei dieser Arbeitsweise oxydiert man häufig bei verschiedenen Temperaturen, z. B. bis 10% CMHP bei 120 °C, bis 15% CMHP bei 117 °C, bis 20% CMHP bei 115 °C und bis 27% CMHP bei 110 °C [183], der Druck beträgt hierbei konstant 4—6 at. Es ist auch vorgeschlagen worden, bei einer konstanten Temperatur und abnehmendem Sauerstoffdruck zu arbeiten [184]. Auch eine schnelle Oxydation ist von Vorteil [185].

In der Phenolchemie GmbH, Gladbeck [5], wird ohne Alkalizusatz bei 130 °C und 6 at bis zu CMHP-Konzentrationen von 15% oxydiert, wobei sich ein pH-Wert von 3,5—4,0 einstellt. Die kurzen Verweilzeiten verhindern weitgehend die Bildung von Nebenprodukten [186]. Das Verfahren arbeitet mit Rührgefäßen von 5—10 m^3 Inhalt. Das Reaktionsprodukt wird bei 90—100 °C/90 mm Hg auf 20% (Abtreiben von Formaldehyd und Ameisensäure) und bei 90—100 °C/50 mm Hg auf 60% angereichert. Nach Befreien des Kopfprodukts der 2. Stufe von mitgerissenem CMHP kann es sofort wieder der Oxydation zugeführt werden [187].

17.2.3. Die „trockene“ Oxydation von Cumol

Eine dritte Arbeitsweise [188—190] wurde von der Bataafschen Petroleum Maatschappij entwickelt. Hiernach wird säureraffiniertes Cumol bei 120—130 °C in Kupfertürmen mit Sauerstoff autoxydiert. Das Kupfer (in Form von Ringen) wird unter speziellen Bedingungen mit Salpetersäure angeätzt. Es wirkt dann als Oxydationsbeschleuniger (Verringerung der Induktionsperiode) und gleichzeitig als Stabilisator für das gebildete CMHP. Eine Kühlung ist nicht erforderlich, da die Wärmetönung nur 100 kcal/kg entstandenes CMHP beträgt. Über den Aufbau technischer Anlagen, die nach diesem Verfahren arbeiten, ist aus der Literatur nichts bekannt geworden.

Ein ähnliches Verfahren, das zwar erst im Labormaßstab erprobt wurde, hat Z. Leszynski [191—192] entwickelt. In diesem Falle wird die Oxydation in Gegenwart von durch rauchende HNO_3 oder O_2 bei 200—300 °C, aktiviertem Kupfer (Spiralen, Feilspäne, Raney-Kupfer) sowie Kupferoxiden oder -salzen durchgeführt.

17.2.4. Die Beschleunigung der Oxydation durch Peroxyverbindungen

Um die bei der Autoxydation des Cumols ohne Zusätze auftretende Inkubationsperiode zu verkürzen oder völlig auszuschalten, werden insbesondere bei der Oxydation von reinem Cumol Peroxyverbindungen zugesetzt. Gebräuchlich ist es, 0,2—1% CMHP aus früheren Ansätzen zuzusetzen [193—198], noch günstiger ist der Zusatz des Natriumsalzes von CMHP [193, 199] (0,05—0,5%). Es kann in Gegenwart stabilisierender Zusätze, wie Natrium-tert.-butylat [195], $BaSO_4$ [196], Soda oder Natriumstearat [197] bzw. Alkali- oder Erdalkaliformiat, -oxalat oder -benzoat [198] gearbeitet werden.

Außer CMHP sind als Zusätze auch BaO_2 [200], H_2O_2 [201—203] sowie Ozon [204—205) vorgeschlagen worden, doch wird durch diese Verbindungen neben der Oxydation auch die Zersetzung beschleunigt, so daß der technische Nutzeffekt dieser Zusätze zweifelhaft ist.

17.2.5. Verschiedene Zusätze bei der Oxydation von Cumol

Im folgenden soll ein Überblick gegeben werden über Zusätze, die in der Literatur empfohlen werden zur Beschleunigung der Oxydation bzw. zur Erhöhung der Ausbeute an CMHP. Es ist nicht bekannt, ob diese Zusätze irgendwelche technische Bedeutung erlangt haben, da sie in mehr oder weniger großem Maße neben der Oxydation des Cumols auch die Zersetzung des CMHP beschleunigen (Tab. 81):

Tabelle 81:

Zusätze	Bemerkungen	Literaturangabe
Kobaltstearat	beschleunigt Zersetzung relativ stark, Bildung von α-Cumylalkohol in größeren Mengen	[164] [194, 206]
Cernaphthenat, Cerstearat	günstiger als Kobaltstearat	[207—209)
Kupferstearat	—	[210]
Mangannaphthenat	im wesentlichen Bildung von α-Cumylalkohol (bes. in alkal. Lösung)	[211]
Co(II)- oder Co(III)-Salze	in alkal. Lösung, geringe Erhöhung der CMHP-Ausbeute	[212]
Komplexe des Typs $[Co\cdot(NH_3)_6]X_3$	günstig	[213]
Cumollösliche Schwermetallsalze	—	[214]
Metalloxide, bes. PbO_2	—	[215, 274]
Cu-, Zn-, Mg-Phthalocyanin, weiterhin Mn-, Fe(II)- und Co-Phthalocyanin	beschleunigen stark die Oxydation, nur wenig die Zersetzung; ungünstiger sind Mn-, Fe(II)- und Co-Phthalocyanin (Bildung von α-Cumylalkohol)	[217]
	Ohne Zersetzung Autoxydation mit Cu-Phthalocyanin maximal bei 100—105 °C mit Co-Phthalocyanin bei 80—85 °C, mit Ni-Phthalocyanin bei 85—90 °C	[218]
Mg-Phthalocyanin	günstig; ebenso ist eine Reinigung der Phthalocyanine vorteilhaft	[219]

(Fortsetzung von Tabelle 81)

Zusätze	Bemerkungen	Literaturangabe
V-Phthalocyanin	Untersuchungen über den Reaktionsmechanismus zeigen, daß die bei der Zersetzung von CMHP gebildeten Radikale beschleunigend wirken	[220]
Cu-Phthalocyanin	Alkalihydroxid- bzw. -carbonatzusatz beschleunigt Oxydation und Zersetzung	[221, 274]
Ni-Phthalocyanin	Katalyse wird durch Adsorption von α-Methylstyrolperoxid an dem Katalysator nach kurzer Dauer gehemmt	[222]
Poly-Cu-phthalocyanin	nicht günstiger als das Monomere	[223]
Poly-Cu-phthalocyanin, Polytetracyanoäthylen, Polyacrylnitril	organische Halbleiter, bes. Polyacrylnitril, wirken schwach katalytisch	[224]
$NaHCO_3$	—	[226]
$CaCO_3$	Verkürzung der Induktionsperiode	[227]
Chelatpolymere des Cu, Cd, Mn und Ni	Chelatpolymere von Co, Fe und Zn sind inaktiv	[225]
Cu-Polychelat von α-Thioamiden und Na-dithiocarbonat; Mn-Polychelat des 5.5′-Methylenbissalicylaldehyds, Ni- und Mn-bis-Ketonchelate	Zusatz von Chelaten mit enzymähnlicher Struktur, am wirksamsten das Cu-Chelat des α-Thiopicolinamidodiphenyls	[228, 229]
HBr + Alkali- oder Erdalkalisalz einer organischen Säure	*Beispiel*: Natriumbenzoat + HBr	[230]
NaBr + Benzoesäure	—	[231, 232]
Natriumäthylhexanoat u. a. Na-Salze verzweigter Fettsäuren	—	[233, 234]
Mononatriumsalz einer Dicarbonsäure	*Beispiel*: Mononatriumadipat	[235]
Cu- und Ag-Salze organischer Säuren	*Beispiele*: Ag-Acetat, Ag-Benzoat, Ag-Stearat, Ag-Naphthenat, Cu-Formiat, Cu-Acetat	[236]
Salze schwacher Säuren von Übergangsmetallen	*Beispiel*: Fe(II)-Formiat	[237, 238]

(Fortsetzung von Tabelle 81)

Zusätze	Bemerkungen	Literatur-angabe
Cu-, Hg-, Sn-, Pb-, Bi-, Fe-, Co- oder Ni-Salze	*Beispiel*: Blei-tert.-butylbenzoat	[239]
Hg(II)-Salze	—	[240]
Triton B	—	[241]
Na-Salz der Äthylendiamintetraessigsäure	—	[242]
Na-stannat, Na-plumbat, Na-bismutat, Na-antimonat	—	[243]
Ammoniak	NH_3 stabilisiert CMHP	[244]
Amine	*Beispiel*: Pyridin	[245]
Primäres Amin eines tertiären Alkans	*Beispiel*: Primene JTM bzw. 81-R	[246]
Tetraalkylammonium-hydroxide	günstiger als andere Alkalien	[247]
KNO_3 auf Al_2O_3	Calcinieren bei 550°	[248]
$KClO_4$, $KClO_3$ u. ä. Halogenide	—	[249]
Verschiedene anorganische Salze	*Beispiele*: NaCl, $BaSO_4$, $CaCl_2$, NaBr, KNO_3, $CaCO_3$	[250]
β-Ketoester	*Beispiel*: Acetessigester	[251]
β-Diketone, α-Arylketone	*Beispiele*: Phenylaceton, Tetralon-(2) u. a.	[252]
Phenol	Phenol soll die Cumoloxydation beschleunigen	[253]
Formaldehyd	Formaldehyd ist Antiinhibitor der Cumoloxydation	[254]
Methanol	—	[255]
Azo-bis-(isobutyronitril)	soll günstiger als Zusatz von CMHP sein	[256, 283]

17.2.6. Photochemische Cumoloxydation

Die ersten Oxydationsversuche von Cumol durch H. Hock [10] wurden photochemisch durchgeführt. Zusammenfassend über die photochemische Oxydation berichten J. A. Howard [257] und M. Durup [258]. Der zuletzt genannte Autor behandelt auch die radiochemische Oxydation.

Die Geschwindigkeit der Oxydation nimmt mit der Wurzel der Strahlungsintensität zu [258]. Die photochemische Oxydation gelingt nur in Gegenwart von Sensibilisatoren, unter denen Anthrachinon und einige seiner Derivate besonders geeignet sind [259—260]. Aber auch TiO_2 mit anderen Metalloxiden wird empfohlen [261]. Die Untersuchungen zeigen, daß normalerweise die Ausbeute nicht erhöht, vielmehr nur die Oxydationsgeschwindigkeit vergrößert wird [262].

Von M. Durup [263—264] wurden Untersuchungen über die Oxydation von Cumol unter γ-Bestrahlung durchgeführt, im Hinblick auf die Zersetzung des CMHP müssen die Oxydationen unterhalb von 70 °C durchgeführt werden (Aktivierungsenergie 6,7 kcal/Mol).

17.2.7. Untersuchungen zum Verlauf der Cumoloxydation

Untersuchungen über die Emulsionsoxydation von Cumol wurden besonders durch R. W. Kutscher et al. [265] durchgeführt. Sie fanden, daß die Oxydationsgeschwindigkeit mit steigendem pH und zunehmender Wassermenge erhöht wird. Der Emulgator wirkt durch die Erhöhung der Löslichkeit von Sauerstoff, Cumol und CMHP in der wäßrigen Phase. Die Initiierung der Oxydation findet dort statt [265, 266]. Radikale werden nach den Gleichungen

$$RH + O_2 \rightarrow R\cdot + HO_2,$$
$$R\cdot + O_2 \rightarrow ROO\cdot + RH \rightarrow ROOH + R\cdot$$

gebildet. Die Peroxyradikale scheinen Komplexe mit Wasser zu bilden [268]. Das Natriumstearat erhöht gleichzeitig die Stabilität des CMHP [267].

Die Geschwindigkeit der Oxydation nimmt ähnlich wie bei der Oxydation von reinem Cumol mit dem Druck zu, jedoch ist der Einfluß des Druckes in letzterem Falle wesentlich größer. Dies wird aber ausgeglichen durch die Tatsache, daß die Geschwindigkeit der Emulsionsoxydation von vornherein größer ist als die Oxydation in reinem Cumol [270—272]. Oberhalb 10 at bleibt der Druck ohne Einfluß. Im Falle der Oxydation in Gegenwart von metallischem Kupfer erwies sich dagegen die Oxydationsgeschwindigkeit als unabhängig vom Druck [188].

Untersuchungen über die Inhibierung der Cumoloxydation zeigen, daß bei der Flüssigphaseoxydation Phenol der stärkste Inhibitor ist, bei der alkalischen Emulsionsoxydation wirkt p-Benzochinon stärker inhibierend [267], da Natriumphenolat wesentlich schwächer als Phenol inhibiert. Außerdem hemmen sehr stark Isopropylthiophen, Hydroxysäuren (z. B. Hydroxybenzoesäuren aus der normalen Cumoloxydation) [273], α-Methylstyrol [275], Acetophenon, 2-Methyl-2-phenyloxiran [290]. Die Wirkung der Inhibitoren ist anfangs stärker als später, wenn schon genügend CMHP gebildet wurde [274].

Bei der Oxydation von reinem Cumol durchläuft die CMHP-Ausbeute ein Maximum [275], da es zu einer steigenden Zersetzung des CMHP kommt. Die Oxydationsgeschwindigkeit steigt dagegen laufend an (proportional der Wurzel der

Hydroperoxidkonzentration [276]). Die zu Anfang zu beobachtende Inhibierungsperiode ist eine Funktion der Reinheit des Cumols, die spurenweise vorhandenen Inhibitoren müssen zunächst zerstört werden [277].

Die scheinbaren Geschwindigkeitskonstanten (zusammengesetzt aus Geschwindigkeitskonstante der Initiierung, der Fortpflanzung und des Abbruchs) der Cumoloxydation wurden von P. BELTRAME [278] ermittelt:

Tabelle 82:

Temperatur	unkatalysierte Reaktion	mit Natronlauge katalysierte Reaktion
100 °C	$7{,}37 \cdot 10^{-6}$	$7{,}62 \cdot 10^{-6}$
110 °C	$13{,}49 \cdot 10^{-6}$	$14{,}30 \cdot 10^{-6}$
120 °C	$22{,}10 \cdot 10^{-6}$	$23{,}00 \cdot 10^{-6}$

Daraus errechnet sich eine scheinbare Aktivierungsenergie von 15,9 kcal/Mol ohne und 16,3 kcal/Mol mit Natronlauge als Katalysator. Untersuchungen über die thermische Zersetzung von CMHP, die auch während der Oxydation eintritt, ergaben die folgenden Zersetzungsprodukte [279] (bei 120 °C):

a) Phenol
b) Acetophenon
c) Cumol
d) Säuren (u. a. Ameisensäure, Benzoesäure).

Während der Cumoloxydation wird zusätzlich noch α-Cumylalkohol (*V*) beobachtet, der sekundär aus CMHP, dem primären Oxydationsprodukt, gebildet wird [280]. Ein Reaktionsschema zur Deutung der Nebenprodukte wird von W. L. ANTONOWSKIJ [281] aufgestellt. Auch H. S. BLANCHARD nimmt die Bildung eines Cumylradikals als Voraussetzung für die Bildung der Nebenprodukte an [282 bis 283]:

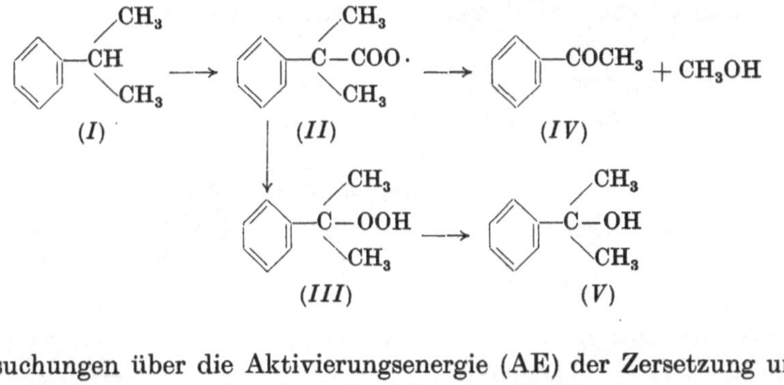

Untersuchungen über die Aktivierungsenergie (AE) der Zersetzung unter verschiedenen Bedingungen erbrachten die folgenden Resultate:

Tabelle 83:

Zusatz	Aktivierungsenergie in kcal/Mol	Lit.-Angabe
Ohne	30,4	[284]
(AE für Kettenwachstum	8,6)	[284]
Cumol	31	[285]
Cumol	41	[286]
Cumol	27	[287]
Methanol	31	[285]
Styrol	20	[285]
Radikalbildner	6,5	[285]
Benzoesäure	29	[286]

Untersuchungen über die thermische Zersetzung von CMHP in Cumol und Benzol bei 110–160 °C [287] ergaben in Benzol als Zersetzungsprodukte bei 160 °C:

Tabelle 84:

CO_2	8,0 Mol-%
Äthylen	3,0
CH_4	30,0
Acetophenon	49,0
Säuren (Benzoesäure)	7,4
Diphenyl	2,9
α-Methylstyrol	2,3
Phenol	0,9
α-Cumylalkohol	37.0
Wasser	60,0

Der Kettenzerfall von CMHP folgt den nachstehenden Gleichungen:

Start: $R\text{OOH} \rightarrow R\text{O}\cdot + \cdot\text{OH}$

Kette: $R\text{O}\cdot + R\text{H} \rightarrow R\text{OH} + R\cdot$

$\text{OH}\cdot + R\text{H} \rightarrow H_2O + R\cdot$

$R\cdot + R\text{OOH} \rightarrow R\text{OH} + R\text{O}\cdot$

Abbruch: $2\,R\cdot \rightarrow R{-}R$

(R = Cumylrest)

Die Radikale reagieren in Benzol kaum, viel stärker in Cumol (RH) mit dem Lösungsmittel. In Abhängigkeit von der Temperatur wurden folgende Zersetzungsprodukte ermittelt:

Tabelle 85:

Zersetzungsprodukt (in Mol-%)	110 °C	137 °C	160 °C
CH_4	27	39	52
Acetophenon	30	50	63
Säure (als Benzoesäure)	—	0,9	2,4
Dicumyl	21	26	29
α-Methylstyrol	0	2,5	0
α-Cumylalkohol	141	130	106
Wasser	—	31,9	25,6

Die Untersuchung der Zersetzung von CMHP bei Temperaturen, bei denen die thermische Zersetzung noch nicht in Erscheinung tritt (60 °C), in Gegenwart von Co(II)-Salzen zeigte, daß die Zersetzung nach der 1. Ordnung verläuft [251] und unabhängig von der CMHP-Konzentration ist. Das Lösungsmittel beeinflußt dagegen die Geschwindigkeit. Unter dem Einfluß der Co-Salze erfolgt die Zersetzung des CMHP unter Radikalbildung [288]. In wäßrigem Medium ist die Zersetzungsgeschwindigkeit in 0,1 n-H_2SO_4 7mal größer als in 0,1 n-NaOH und 60mal größer als in Wasser. Der Zusatz eines Tensids erhöht im sauren und neutralen Medium die Zersetzungsgeschwindigkeit [289].

Die Wirkung von Oxydationsinhibitoren beruht auf ihrer Wasserstoffdonatorwirkung.

Peroxyradikale werden hierdurch abgefangen. Untersuchungen über die Cumoloxydation in Gegenwart von Antioxydantien zeigten [290, 291], daß die Menge der beobachteten Zersetzungsprodukte: Acetophenon, Cumylalkohol, α-Methylstyrol und 2-Methyl-2-phenyloxiran, von der Stärke der Antioxydationswirkung abhängt.

V. J. Karnojitzky [294] gibt einen Überblick über den Chemismus der radikalischen, sauren und alkalischen Zersetzung des CMHP (bei der alkalischen Zersetzung bildet sich α-Cumylalkohol unter Freiwerden von Sauerstoff).

Bei der Hochtemperaturoxydation von Cumol bei 500 °C werden als Zersetzungsprodukte Formaldehyd, Styrol, α- und β-Methylstyrol, Benzaldehyd, Acetophenon, Methylbenzylketon sowie Wasser gefunden [292].

Über die Verwendung von CMHP berichtet ausführlich T. D. Manly [293].

17.3. Die Spaltung von α-Cumolhydroperoxid zu Phenol und Aceton

Das Verfahren der Cumoloxydation und der sauren Spaltung des gebildeten CMHP wurde vor allem im Hinblick auf die Phenolgewinnung entwickelt. Seine Rentabilität hängt von dem Absatz des gleichzeitig gebildeten Acetons ab.

Im folgenden soll ein kurzer Überblick über die anderen technisch durchgeführten Phenolsynthesen gegeben werden:

a) Sulfonierung von Benzol und Alkalischmelze der gebildeten Benzolsulfonsäure:

$$C_6H_5SO_3Na + 2\,NaOH \rightarrow C_6H_5ONa + Na_2SO_3 + H_2O$$

b) Chlorierung von Benzol und alkalische Hydrolyse des gebildeten Chlorbenzols:

$$C_6H_6 + Cl_2 \rightarrow C_6H_5Cl + HCl$$
$$C_6H_5Cl + 2\,NaOH \rightarrow C_6H_5ONa + NaCl + H_2O$$

c) RASCHIG-Verfahren: Chlorieren von Benzol mit HCl und Luft an $CuCl_2$—$FeCl_3$—Al_2O_3-Kontakten und Hydrolyse des gebildeten Chlorbenzols an $Ca_3(PO_4)_2$ oder SiO_2 mit Wasser:

$$C_6H_6 + HCl + {}^1/_2\,O_2 \rightarrow C_6H_5Cl + H_2O$$
$$C_6H_5Cl + H_2O \rightarrow C_6H_5OH + HCl$$

Das RASCHIG-Verfahren scheint neuerdings wegen seiner preislichen Vorteile neue Bedeutung zu gewinnen.

d) Dow-Verfahren: Toluol wird mit Luft in Gegenwart von Kobaltsalzen zu Benzoesäure oxydiert und diese in Gegenwart von Kupferbenzoat und MgO (bzw. von Molybdän(III)- und Magnesiumbenzoat) oxydativ decarbonyliert:

$$C_6H_5CH_3 \rightarrow C_6H_5COOH \rightarrow C_6H_5OH$$

Die Direktoxydation von Benzol scheint demgegenüber noch keine größere technische Bedeutung erlangt zu haben [295]. Ebensowenig konnte sich bisher die Säurespaltung des aus Cyclohexylbenzol (aus Benzol und Cyclohexen) erhältlichen tert. Hydroperoxids zu Cyclohexanon und Phenol [296] durchsetzen.

17.3.1. Technische Durchführung der sauren Spaltung

Die Spaltung des CMHP wird normalerweise mit konzentrierter H_2SO_4 durchgeführt. Für die technische Durchführung sind mehrere Varianten bekannt (vgl. Abb. 73).

Nach dem zunächst von der Distillers Co. [297] und der Hercules Powder Co. [298] entwickelten Verfahren wird die CMHP-Lösung im Vakuum durch Destillation auf 75% aufkonzentriert, hierbei anwesendes Alkali soll stabilisierend wirken. Die saure Spaltung erfolgt kontinuierlich in einer Acetonlösung bei 60—65 °C, wobei die Reaktionswärme von 400 kcal/kg CMHP durch siedendes Aceton abgeführt wird. Das Verhältnis Aceton:CMHP liegt bei 1,5:1, die zugesetzte H_2SO_4-Menge liegt bei 0,1—2%.

Nach dem Verfahren der Phenolchemie GmbH, Gladbeck, gelingt die Spaltung des auf 60% angereicherten CMHP mit 40%iger H_2SO_4 bei einem Verhältnis von Konzentrat:Säure wie 1:4. Die Reaktionstemperatur wird durch Kühlung bei 40°C gehalten und die Verweilzeit liegt bei 90—120 Sek. [299]. Die Säure kann nach Abtrennen wieder der Spaltung zugeführt werden. Die organische Phase wird mit 2%iger Natronlauge gewaschen [300]. Die Zerlegung des Reaktionsanfalls erfolgt destillativ unter Auftrennung in Rohaceton, Cumol und Phenol. Das Rohaceton wird in einer speziellen Kolonne nach Waschen mit Natronlauge in Reinaceton überführt [301]. Cumol wird als Azeotrop mit Wasserdampf abgetrennt. Anschließend wird es bei 140°C und 10 at an Nickelkatalysatoren zur Zerstörung von α-Methylstyrol hydrierend raffiniert [302]. Das als Rückstand verbleibende Phenol wird zur Entfernung von Mesityloxid mit H_2SO_4 behandelt und nach Neutralisation zu Reinphenol destilliert [303, 304]. Der Rohphenolrückstand wird bei 270—290 °C gecrackt, wobei nach der Destillation weitere Mengen Phenol und α-Methylstyrol gewonnen werden können. Diese werden zur weiteren Reinigung wieder der Hauptdestillation zugeführt [305].

In der Technik wird die Spaltung, soweit bekannt ist, lediglich mit H_2SO_4 durchgeführt, doch bestehen in der tatsächlichen Ausführung der Spaltung, wie auch aus Patenten ersichtlich ist, verschiedene mögliche Varianten.

Heterogene Spaltung: *a)* Spaltung mit überschüssiger 10%iger H_2SO_4 unter Druck bei 120 °C ([157], vgl. auch [306]); *b)* Spaltung mit 60%iger H_2SO_4 bei 60 °C [307, 308]; *c)* Spaltung mit 20fachem Überschuß an H_2SO_4 bei etwa 30 °C [309]; *d)* mit Wasserdampf und 10—25%iger H_2SO_4 bei 110—120 °C [310].

Homogene Spaltung: Hierbei werden nur geringe Mengen konzentrierter H_2SO_4 angewandt (0,2—1%) und Aceton im Überschuß vorgelegt, um durch dessen Verdampfung die Reaktionswärme abzuführen [311—317].

Es ist zur Wärmeabführung weiterhin möglich, Phenol im Überschuß vorzulegen [318—320] (Reaktionstemperatur 55—65 °C) oder aber die Spaltung in einem Phenol-Aceton-Gemisch [321—323] durchzuführen.

Eine Spaltung an einem festen Katalysator ist durch den Einsatz von H_2SO_4 auf Bimsstein (Reaktionstemperatur unter 50 °C) möglich [324].

Weitere Verbindungen, die als Katalysatoren für die sauren CMHP-Spaltung vorgeschlagen wurden, sind: Perchlorsäure [325], Chlorwasserstoff [326], Schwefel, Selen, Phosphor oder Arsen [327] (niedriger Umsatz), Schwefeldioxid [328, 329], Polythionsäuren [330] $CuSO_4$ [331], $NiSO_4$, Trichlormethansulfonsäure [332, 333], Phenolsulfonsäure [334], p-Toluolsulfonsäure und Phosphorsäure. Ferner werden saure Silikate [335—338] (Wirbelschichtverfahren vgl. [336]) sowie saure Kationenaustauscher [183, 195, 256, 339, 340] und Zeolithe [341] empfohlen.

Durch Zusatz von H_2O_2 ist es möglich, α-Cumylcarbinol bei der sauren Spaltung oxydativ in Phenol und Aceton zu überführen [342, 343], doch dürfte dieses Verfahren relativ teuer werden.

Ein mathematisches Modell der Spaltung wird von V. A. Lopatin [344] beschrieben.

17.3.2. Aufarbeitung der Reaktionsprodukte

Zur Entfernung der H_2SO_4 aus dem Phenol-Aceton-Gemisch kann dieses entweder mit $CaCO_3$ [345—347], einem basischen Anionenaustauscher [348] oder einer schwachen organischen Säure [349] behandelt werden.

Die Zersetzung und die destillative Aufarbeitung der Reaktionsprodukte können kontinuierlich gestaltet werden [350—352], auch eine extraktive Reinigung des Phenols [353—356] sowie eine Raffination an Aluminiumsilikat [357] ist möglich.

Die Reinigung von Cumol aus der Spaltung kann durch raffinierende Hydrierung an Palladium-Kohle [358], an MoS_2 oder WS_2 [359] sowie an Kobalt-Molybdän/Al_2O_3-Katalysatoren (gleichzeitig Verbesserung der Phenolqualität) [360, 361], außerdem durch Natronlaugebehandlung unter Druck erfolgen [362]. Cumylalkohol kann wieder reduzierend in Cumol überführt werden [363].

Bei der Spaltung entstehen durch unerwünschte Kondensationen von Phenol mit α-Methylstyrol und α-Cumylalkohol Harze, die nach Literaturangaben noch auf verschiedene Art nutzbringend verwertet werden können: *a)* Reaktion des Rückstandes mit konzentrierter H_2SO_4 und hydrierende Spaltung bei 350 °C/50 at an einem Kobalt-Molybdän/Al_2O_3-Kontakt unter Bildung von Phenol sowie verschiedenen Kohlenwasserstoffen [364—365]; *b)* Sulfonieren der Rückstände mit H_2SO_4 und Kondensation mit Formaldehyd zu Kationenaustauschern [366]; *c)* thermische Spaltung des Rückstandes bei 240 °C ansteigend auf 400 °C unter Bildung von weiterem Phenol [367].

17.3.3. Theoretische Untersuchungen

Die Untersuchungen zeigen [294], daß die saure Spaltung von CMHP von 1. Ordnung ist in Bezug auf CMHP und gleichzeitig von 1. Ordnung in bezug auf die Wasserstoffionenkonzentration:

$$\frac{-d[\text{CMHP}]}{dt} = K_2[\text{H}^+].$$

Diese Kinetik konnte für Untersuchungen in Gegenwart von $HClO_4$ [368], p-Toluolsulfonsäure [369], Benzolsulfonsäure [370] und H_2SO_4 [368, 371] bestätigt werden.

Die Aktivierungsenergie der sauren Zersetzung ergab sich in Gegenwart von $HClO_4$ zu 19 kcal/Mol [368], von H_2SO_4 zu 17 kcal/Mol [368], von p-Toluolsulfonsäure zu 21,3 kcal/Mol [369] und von H_2SO_4 in Eisessig zu 20,0 kcal/Mol [371], ein Wert, der durch Zusatz von Aceton auf 16,1 kcal/Mol [371] reduziert wird.

Die Zersetzung wird durch Wasserzusatz verlangsamt [322, 371], Aceton Acetophenon und Acetanhydrid beschleunigen sie. Bei der Zersetzung mit H_2SO_4 in Eisessig wird die Reaktion oberhalb von 0,02 Mol CMHP/l autokatalytisch.

17.3.4. Wirtschaftlichkeit des Cumol-Phenol-Verfahrens

In der folgenden Tabelle wird ein Wirtschaftlichkeitsvergleich zwischen einer 20000 t-Raschig-Hooker-Anlage und einer Cumol-Phenol-Anlage gleicher Größe durchgeführt (Preise in Pf/kg Phenol):

Tabelle 86:

	Cumol-Phenol-Verfahren Ausbeute 84%	Raschig-Hooker-Prozeß Ausbeute 90%
Rohstoffe: Benzol, Propylen	39,5	28,05
Chemikalien, Katalysatoren, Energiekosten	13,1	1,45 12,3
Lohnkosten, Instandhaltung, allgemeine Unkosten	8,05	9,4
Gesamtverarbeitungskosten	60,65	51,2
Gutschrift für Aceton	20,15	
	40,50	
Abschreibung und Verzinsung	10,6	12,6
	51,1	63,8

Der auf amerikanischen Preisen basierende Vergleich dürfte in ähnlichen Relationen auch für Europa zutreffen. Entscheidend ist es, einen ausreichenden Absatz für Aceton zu finden und ein billiges Propylen (das z. B. in Äthylenerzeugungsanlagen als billiges Nebenprodukt anfällt). Das Dow-Verfahren wird nur dann interessant, wenn der Toluolpreis wesentlich unter dem des Benzols liegt.

Literatur

[1] P. W. Sherwood: Petroleum Processing 8 (1953), 1348—54
[2] P. W. Sherwood: Petroleum Engng. **30**, *6* (1958), 32—37
[3] H. Hock und H. Kropf: Angew. Chem. **69** (1957), 313—21
[4] E. Goto: Kagaku **10** (1955), 541—48
[5] H. Kropf: Chemie-Ing.-Technik **36** (1964), 759—65
[6] J. Aleman Vega und N. L. Manzanares Bonnail: Rev. cienc. apl. Madrid 8 (1954), 234—38
[7] J. A. O'Connor: Chem. Engng. **58**, *10* (1951), 215
[8] J. Pospisil: Chemie [Prag] **9** (1957), 885
[9] V. G. Solonetzkij, J. K. Turetskij, R. A. Tichomirova und A. Ya. Bruk: Chim. Prom. **42**, *7* (1966), 509—16

[10] Ind. Chemist **36**, *5* (1960), 215—19

[11] H. Hock: Erdöl und Kohle **14** (1961), 892—93

[12] P. G. Sergeew und B. D. Krutschalow: Chim. Prom. **1957**, 201—10

[13] „*Die gleichzeitige Produktion von Aceton und Phenol*" (B. D. Krutschalow und B. J. Golowanenko, Moskau 1963)

[14] H. Hock und S. Lang: Ber. dtsch. Chem. Ges. **76** (1943), 1130; **77** (1944), 257

[15] P. W. Sherwood: Petr. Refiner **32**, *1* (1953), 97—102

[16] P. W. Sherwood: Ind. Chemist **30** (1954), 25—28, 71—74; Erdöl und Kohle **7** (1954), 23—30, 156—66

[17] A. Tomita: Yuki Gosei Kagaku Kyokai Shi **14** (1956), 20—33

[18] E. K. Jones: Petr. Refiner **33**, *12* (1954), 186—87

[19] N. J. Shuikin und N. A. Pozdnjak: Bull. Acad. Sci. USSR, Div. Chem. Sci. **1957**, 713—17 (engl. Ausgabe)

[20] Ch. Gerhardt und A. Cahours: Liebigs Ann. Chem. **38** (1841), 88

[21] C. Radziewanowski: Ber. dtsch. chem. Ges. **28** (1895), 1137

[22] G. Gustavson: Ber. dtsch. chem. Ges. **11** (1878), 1251

[23] T. M. Berry und E. E. Reid: J. Amer. chem. Soc. **49** (1927), 3148

[24] S. H. Mc Allister, J. Anderson und E. F. Bullard: Chem. Engng. Progr. **43**, *4* (1947), 189T—196T (Trans. Am. Inst. chem. Engrs.)

[25] Brit. P. 486520 (1936), Distillers Co., Ltd.

[26] U. S. P. 1994249 (1932), Universal Oil Products Co.

[27] N. V. Ipatieff, B. B. Corson und H. Pines: J. Amer. chem. Soc. **58** (1936), 919—20; Ž. obšč. Chim. **6** (1936), 1519

[28] H. L. Wunderly, F. I. Sowa und J. A. Nieuwland: J. Amer. chem. Soc. **58** (1936), 1007

[29] U. S. P. 2143493 (1937), (Stanley, Minkoff und Youell)

[30] U. S. P. 2572701 (1951), Koppers Co., Inc. (B. B. Corson und W. M. Kutz)

[31] U. S. P. 1953702 (1929), Carbide and Carbon Chem. Corp. (J. Davidson)

[32] W. G. Rawdin: Neftepererabotka i Neftechim. **1965** (*9*), 29—31; **1963** (*12*), 31—33; ref. C. A. **61** (1964), 1686e

[33] Brit. P. 794570 (1958), ICI Ltd. (E. C. Crisp und N. H. Keir)

[34] N. N. Lebedew, J. K. Kolchin und I. S. Markovitch: Trudy Moscov Kkim.-Tekhnol. Inst. im. D. I. Mendelejeva **1956** (*23*), 52—60; ref. C. A. **53** (1959), 9104c

[35] UdSSR. P. 130041 (1960), A. V. Chertoritzkij, P. S. Nazarov und N. B. Glazunova

[36] Sh. Iwai: J. Chem. Soc. Ind. [Japan] **45**, Suppl. binding (1942), 97—98; ref. C. A. **45** (1951), 2430b

[37] T. Mazonski und D. Gasztych: Przemysl Chem. **41** (1962), 137—40

[38] U. S. P. 3109037 (1963), Esso Res. and Engng. Co. (A. J. Shmidl)

[39] A. Newton: J. Amer. chem. Soc. **65** (1943), 320—23

[40] E. P. Babin und V. P. Marshtupa: Ž. fiz. Chim. **37** (1963), 656—58

[41] F. P. 1103464 (1954), Chempatents., Inc.

[42] F. P. 1088332 (1953), 1110261, 1110262 (1954), Chempatents., Inc.

[43] Belg. P. 536664 (1955), ICI Ltd.

[44] F. P. 961030 (1948), F. Zusatz-P. 59916 (1949), Du Pont de Nemours u. Co.

[45] D. A. S. 1004603 (1954), 1005505 (1955), 1007761, 1007762 (1955), 1008279 (1955), 1079046 (1958), 1087589 (1955), 1117558 (1959), Bataafsche Petroleum Maatschappij N. V.

[46] J. P. FORTUIN, M. J. WAALE, und R. P. VAN OOSTEN: „5. *Welterdölkongreß*", 1959, Vol. IV, Paper 18
[47] R. VAN HELDEN und E. C. KOOYMAN: Recueil Trav. chim. Pays-Bas **89** (1961), 57–81, 1237–53, 1257–77
[48] Brit. P. 751598 (1952), Hooker Electrochemical Co.
[49] F. SEIDEL, M. SCHULZE und H. BALTZ: J. prakt. Chem. [4] **3** (1956), 278–98; D. P. [DDR] 12239 (1955), VEB Filmfabrik Wolfen
[50] Brit. P. 641250 (1947), Distillers Co., Ltd.
[51] F. P. 1079454 (1953), Soc. de Usines Chimiques Rhône-Poulenc
[52] G. ZOLLNER, I. WURDITS und I. MARTON: Magyar Kemikusok Lapja **9** (1954),199–201
[53] T. FIRLA: Rozniki Chem. **14** (1934), 87
[54] N. M. CHIRKOV und K. R. RUSTANOV: Ž. fiz. Chim. **32** (1958), 219–23
[55] YA. M. PAUSCHKIN und I. G. MIRGALEEV: Izvest. vyssich ucebnych Zavedenij [Baku], Neft Gaz. **1962** (*2*), 77–80; ref. C. A. **57** (1962), 1595f
[56] J. H. SIMONS und S. ARCHER: J. Amer. chem. Soc. **60** (1938), 2952
[57] U. S. P. 2423470 (1938), Du Pont de Nemours u. Co.
[58] U. S. P. 2408173 (1943), Phillips Petrol. Co.
[59] W. S. CALCOTT, J. M. TINKER und V. WEINMAYR: J. Amer. chem. Soc. **61** (1939), 1010 bis 1012
[60] F. E. CONDON und M. P. MATUSZAK: ibid., **70** (1948), 2539
[61] Brit. P. 782084 (1957), Chempatents, Inc.
[62] K. G. PLJUSMIN, E. P. BABIN, N. M. RODIGIN und N. I. NASAKINA: Tr. Inst. Khim., Akad. Nauk SSSR, Ural Filial **1960** (*4*), 3–20; ref. C. A. **58** (1963), 4395d
[63] U. S. P. 2382318 (1942), Universal Oil Products Co.
[64] E. GUCCIONE: Chem. Engng. **70**, *9* (1963), 92–94
[65] Brit. P. 769383 (1957), Universal Oil Products Co.
[66] B. D. KRUTSCHALOW und P. G. SERGEEW: Chim. Nauka i Prom. **1** (1956), 287–97
[67] Chem. Engng. Progr. **43** (1947), 190
[68] J. M. KOLEŠNIKOW und G. M. PANCHENKOW: Tr. Mosk. Inst. Neftekhim. i Gaz. Prom. **37** (1962), 85–92; ref. C. A. **58** (1963), 2884b
[69] U. S. P. 2713600 (1955), Calif. Res. Corp. (G. E. LANGLOIS)
[70] U. S. P. 2408753 (1943), 2442342 (1942), Standard Oil Co. of Ohio
[71] U. S. P. 2425839 (1942), Phillips Petrol. Co.
[72] U. S. P. 3197522 (1965), Gulf Res. and Development Co. (H. L. DIMOND und A. C. WHITAKER)
[73] U. S. P. 3046315 (1962), Gulf Res. and Development Co. (H. L. DIMOND)
[74] D. A. S. 1148220 (1963), Universal Oil Products Co. (H. S. BLOCH)
[75] U. S. P. 3068301 (1962), Universal Oil Products Co. (G. L. HERVERT und C. B. LINN)
[76] U. S. P. 3050570 (1962), Universal Oil Products Co. (G. L. HERVERT und C. B. LINN)
[77] U. S. P. 2939890 (1960), Universal Oil Products Co. (G. L. HERVERT und C. B. LINN)
[78] U. S. P. 3086998 (1963), Universal Oil Products Co. (G. L. HERVERT und C. B. LINN)
[79] U. S. P. 3054834–36 (1962), Universal Oil Products Co. (G. L. HERVERT)
[80] U. S. P. 2488752 (1949), Universal Oil Products Co. (R. C. WACKER und C. B. LINN)
[81] U. S. P. 2412595 (1948), Phillips Petroleum Co. (WM. AXE)
[82] JA. M. PAUSCHKIN und A. W. TOPTSCHIEW: Ž. prikl. Chim. **21** (1948), 1065–70
[83] JA. M. PAUSCHKIN, A. W. TOPTSCHIEW und L. I. SSERGATSCHEWA: Doklady Akad. Nauk SSSR **64** (1949), 81

[84] A. W. Toptschiew und W. W. Andronow: Doklady Akad. Nauk SSSR **111** (1956), 365—68; **113** (1957), 1076—79
[85] A. W. Toptschiew, M. W. Kuraschow und Ja. M. Pauschkin: Doklady Akad. Nauk SSSR **93** (1953), 839—42
[86] S. J. Slanina, F. J. Sowa und J. A. Nieuwland: J. Amer. chem. Soc. **57** (1935), 1547
[87] U. S. P. 2652434 (1953), Universal Oil Products Co. (W. W. Johnstone)
[88] N. J. Shuikin, N. A. Pozdnjak und T. P. Dobrynina: Izvest. Akad. Nauk SSSR, Ser. chim. **1966** (*7*), 1244—47
[89] U. S. P. 2403785 (1943), Dow Chemical Co.
[90] U. S. P. 2385303 (1941), Universal Oil Products Co.
[91] E. P. Babin und I. Marshkina: Neftechimija **4**, *1* (1964), 26—29
[92] U. S. P. 2467326 (1949), Universal Oil Products Co. (J. M. Mavity)
[93] M. Ichikawa und A. Kogure: J. Chem. Soc. Japan, ind. chem. Sect. [Kogyo Kagaku Zasshi] **67**, *11* (1964), 1890—96
[94] U. S. P. 3129255—56 (1964), Gulf Res. and Development Co. (R. G. Hay und L. F. Meyer)
[95] Brit. P. 997303 (1965), Shell Internat. Res. Maatschappij N. V.
[96] U. S. P. 2438211 (1948), Socony Vacuum Oil Co., Inc. (M. H. Gorin und L. G. Sharp)
[97] Y. Ogino und I. Kawakami: J. Chem. Soc. Japan, ind. Chem. Sect. [Kogyo Kagaku Zasshi] **68** (1965), 45—49
[98] U. S. P. 3031514 (1962), Monsanto Chemical Co. (M. Kosmin)
[99] U. S. P. 2357978 (1941), Universal Oil Products Co.
[100] F. P. 1341111 (1963), Farbenfabriken Bayer AG (W. Schwerdtel und W. Kroenig)
[101] Belg. P. 621879 (1962), Brit. Petroleum Co., Ltd. (A. G. Goble und J. V. Fletcher)
[102] U. S. P. 3120958 (1965), Universal Oil Products Co. (G. L. Hervert und C. B. Linn)
[103] U. S. P. 2419599 (1942), Phillips Petroleum, Co.
[104] Ju. G. Mamedaliew: Izvest. Akad. Nauk SSSR, Otdel chim. **1946**, 458
[105] A. A. O'Kelly, J. Kellett und J. Plucker: Ind. Engng. Chem. **39** (1947), 154—57
[106] U. S. P. 2410111 (1939), Universal Oil Products Co.
[107] U. S. P. 2448160 (1946), Universal Oil Products Co.
[108] W. Celler, M. Popovicz und E. Treszczanowicz: Przemysl Chem. **42**, *8* (1963), 430—32
[109] G. M. Panchenkow und I. M. Kolešnikow: Izvest. vyssich ucebnych Zavedenij [Baku], Neft Gaz. **1959** (*5*), 55—62; ref. C. A. **54** (1960), 4126g
[110] Ju. G. Mamedaliew, W. S. Aliew und S. A. Sultanow: Doklady Akad. Nauk Azerbaidz. SSR **14** (1958), 681—85
[111] S. A. Sultanow, Ju. G. Mamedaliew und A. B. Terterijan: Sbornik Trudov, Azerbaidz. Nauk-Issledovatel Inst. po Pererabotke Nefti **1958** (*3*), 296—305; ref. C. A. **55** (1961), 6834f
[112] A. W. Toptchiew, M. W. Kuraschow, Ja. M. Pauschkin und I. F. Gawrilenko: Doklady Akad. Nauk SSSR **130** (1960), 587—90
[113] U. S. P. 2408167 (1944), Phillips Petroleum Co.
[114] U. S. P. 2881227 (1959), Shell Development Co.
[115] U. S. P. 2930819 (1960), R. S. Aries
[116] U. S. P. 2945072 (1960), Allied Chemical Co. (G. G. Joris)
[117] Ch. Minatschew und Ja. I. Isakow: Dokl. Akad. Nauk SSSR **170**, *1* (1966), 99—102
[118] U. S. P. 2329585, 2402847 (1941), Universal Oil Products Co.

[119] W. M. POTTS und L. L. CARPENTER: J. Amer. chem. Soc. **61** (1939), 663
[120] F. P. 1307006 (1963), Farbenfabriken Bayer AG (W. KRÖNIG und K.-H. VÖPEL)
[121] Belg. P. 610802 (1962), Farbenfabriken Bayer AG (W. KRÖNIG und K.-H. VÖPEL)
[122] N. J. SHUIKIN und N. A. POZDNJAK: Izvest. Akad. Nauk SSSR, Otdel. chim. Nauk **1957**, 697–701
[123] A. B. KUTSCHKAREW: Dokl. Akad. Nauk Uzbek. SSR **1957**, (*1*), 21–25; ref. C. A. **53** (1959), 9104g
[124] U. S. P. 2965686 (1960), Monsanto Chemical Co. (E. J. PRILL)
[125] Brit. P. 870772 (1961), Inst. franc. du petrole, des carburants et lubrificants (R. JENNY)
[126] U. S. P. 2290211 (1940), 2387948 (1942), 2412229 (1942), Universal Oil Products Co.
[127] I. M. KOLEŠNIKOW, G. M. PANTSCHENKO und W. A. TRETJAKOWA: Ž. fiz. chim. **40**, *6* (1966), 1426
[128] CH. M. MINATSCHEW, JA. I. ISAKOW, V. I. GARANIN, L. I. PIGUSSOWA, V. I. BOGOMOLEW und A. S. VITUSCHINA: Neftechimija **5**, *5* (1965), 676–82; CH. M. MINATSCHEW, JA. I. ISAKOW und V. I. GARANIN: ibid. **6** (1966), 53–57
[129] F. P. 1335216 (1963), Socony Mobil Oil Co., Inc. (W. O. HAAG und V. J. FRILETTE)
[130] U. S. P. 2767230 (1956), Standard Oil Co. (Ind.) (H. C. BROWN und W. S. HIGHLEY)
[131] A. W. TOPTSCHIEW, I. F. BAJEW, JA. M. PAUSCHKIN, L. A. MOROSOW, O. M. SCHULESCHOW und M. W. KURASCHOW: Tr. Vses. Sowjetch. po Chim. Pererabotke Neft. Uglewodorodow u. Poluprod. dlja Sinteza Wolokon i Plast. Mass., Baku **1957**, 51–69; ref. C. A. **56** (1962), 13156a
[132] JA. M. PAUSCHKIN und M. W. KURASCHOW: Izvest. Akad. Nauk SSSR, Otdel chim. Nauk **1956**, 1006–15; ibid. Bull. Acad. Sci. UdSSR, Div. Chem. Sci. (engl.) **1956**, 1027–35
[133] A. W. TOPTSCHIEW, JA. M. PAUSCHKIN, J. F. BAJEW, M. W. KURASCHOW und O. I. SCHULESCHOW: Tr. Moskow. Inst. Neftechimija i Gaz. Prom. im. I. M. Gubkina, **1959** (*24*), 269–85; ref. C. A. **54** (1960), 14155g
[134] JA. M. PAUSCHKIN, A. W. TOPTSCHIEW und M. W. KURASCHOW; Doklady Akad. Nauk SSSR **91** (1953), 1141–44
[135] I. M. KOLEŠNIKOW, I. G. MIRGALEEV und JA. M. PAUSCHKIN: Chim. Prom. **1964** (*3*), 174–79
[136] S. W. ZAWGORODNIJ und T. B. GONSOWSKAJA: Izvest. vyssich ucebnych Zavedenij [Ivanovo], Chim. i. chim. Technol. **4**, *1* (1961), 128–32; ref. C. A. **55** (1961), 17548b
[137] U. S. P. 2758140 (1956), Universal Oil Products Co. (N. IPATIEFF, H. PINES und B. KVETINSKAS)
[138] H. PINES und J. T. ARRIGO: J. Amer. chem. Soc. **79** (1957), 4958–67
[139] T. FIRLA: Rozniki Chem. **14** (1934), 87
[140] F. P. 1020129 (1953), Gaz. de France Soc. national (E. BELLET, C. DEDEYSTERE und A. SALVADORI)
[141] Brit. P. 763179–83 (1956), Distillers Co., Ltd.
[142] U. S. P. 2420073 (1942), Phillips Petroleum Co.
[143] W. M. KUTZ und B. B. CORSON: Ind. Engng. Chem. **38** (1946), 761–64
[144] U. S. P. 2589057 (1952), Koppers Co., Ltd. (B. B. CORSON und W. M. KUTZ)
[145] Brit.P. 791317 (1958), N. V. de Bataafsche Petroleum Maatschappij
[146] A. W. TOPTSCHIEW, JA. M. PAUSCHKIN und M. V. KURASCHOW: Dokl. Akad. Nauk SSSR 88 (1953), 849–52
[147] N. M. KOLEŠNIKOW, M. PANCHENKOW, G. M. MAMEDALIEW, S. M. ALIEW und N. I. GUSEJNOV: Azerbajdzanskij chim. Ž. **1965** (*6*), 66–69

[148] N. A. Smirnowa, A. A. Bakshi-Zade und I. I. Pisman; Azerbajdzanskoe neftjanoe Choz. **45**, *11* (1966), 37–39
[149] V. J. Karnojitzky: Chim. Ind. [Paris] **93**, *1* (1965), 56–62
[150] G. A. Russell: J. Amer. chem. Soc. **78** (1956), 1047–54
[151] Y. Tsunoda und Y. Matsumoto: Tokai Denkyoku Giho **17**, *1* (1956), 17–22; **17**, *2* (1956), 20–25; ref. C. A. **51** (1957) 8032hi; Tokai Technol. J. **16** (1955), 22–25; ref. C. A. **50** (1956), 13770g
[152] Brit. P. 999441 (1965), Allied Chemical Corp.
[153] Brit. P. 695717 (1953), U. S. P. 2619509 (1952), Allied Chemical and Dye Corp.
[154] U. S. P. 2621213 (1952), Allied Chemical and Dye Corp.
[155] U. S. P. 2629744 (1953), Allied Chemical and Dye Corp.
[156] U. S. P. 2633476 (1953), Shell Development Co. (F. H. Seubold jr.)
[157] G. P. Armstrong, R. H. Hall und D. C. Quinn: J. chem. Soc. [London] **1950**, 666–70
[158] Aust. P. 138871, Brit. P. 610293 (1948), D. B. P. 924449 (1953), Distillers Co., Ltd. (R. H. Hall und D. C. Quinn)
[159] Brit. P. 653761 (1951), D. B. P. 819092 (1949), 899501 (1951), 699047 (1953), Distillers Co., Ltd. (G. P. Armstrong, Th. Bewley und K. H. W. Türck)
[160] Brit. P. 681990 (1952), Distillers Co., Ltd.
[161] R. W. Kutscher, M. Kowbuz und A. I. Jurzenko: Sbornik nauchni Rabot, Inst. fiz.-org. Chimij, Akd. Nauk Beloruss. SSR **1960** (*8*), 22–31; ref. C. A. **56** (1962), 3390i
[162] G. P. Armstrong, R. H. Hall und D. C. Quinn: Nature **164** (1949), 834
[163] Aust. P. 143548, Brit. P. 630286 (1949), D. B. P. 926426 (1953), U. S. P. 2632772 (1949), Distillers Co., Ltd. (G. P. Armstrong, R. H. Hall, D. C. Quinn und K. H. W. Türck)
[164] T. Kato: Kogyo Kagaku Zasshi **66**, *2* (1963), 209–11
[165] H. Osmolski; Przemysl Chem. **9** (1953), 142–44
[166] T. Takahashi: J. Chem. Soc. Japan **57** (1954), 363–64
[167] R. W. Kutscher, A. I. Jurzenko und M. A. Kowbuz; Doklady Akad. Nauk SSSR **117** (1957), 638–40
[168] U. S. P. 2547938 (1951), Hercules Powder Co. (R. H. Hall und D. C. Quinn)
[169] R. W. Kutscher, T. M. Polonskij und M. A. Kowbuz: Dopovidi Akad. Nauk Ukr. SSR **1957**, 42–45; ref. C. A. **51** (1957), 10792i
[170] Japan. P. 7019 (1961), Kurcha Chemical Ind. Co., Ltd. (T. Arai, M. Yoshida und N. Sakauchi)
[171] R. W. Kutscher, A. I. Jurzenko und M. A. Kowbuz; Kolloidnyj Ž. **21** (1959), 309–14
[172] U. S. P. 2663740 (1953), Hercules Powder Co. (G. M. Calhoun und J. E. Reese)
[173] U. S. P. 2632773 (1953), Hercules Powder Co. (G. P. Armstrong, R. H. Hall, D. C. Quinn und K. H. W. Türck)
[174] S. A. Sultanow, M. A. Mardanow, K. G. Welijew und S. M. Markaseva: Azerbajdzanskoe neftjanoe Choz. **36**, *7* (1957), 34–36; ref. C. A. **52** (1958), 12782e
[175] U. S. P. 2681936 (1954), Allied Chemical and Dye Corp. (G. G. Joris)
[176] Brit. P. 823325 (1959), Calif. Res. Corp.
[177] U. S. P. 2632774 (1953), Hercules Powder Co. (J. C. Connor jr. und A. D. Lohr)
[178] A. Dierichs und E. Preu, Freiberger Forsch.-Hefte **A 51** (1956), 109–24
[179] Y. Tsunoda und K. Matsumoto: J. Chem. Soc. Japan, ind. Chem. Sect. [Kogyo Kagaku Zasshi] **62** (1959), 1555–59
[180] Ind. P. 66197 (1960), Council of Scientific and Industrial Research (N. G. Basak, J. M. Sagar und A. Lahiri)

[181] Brit. P. 676770 (1952), HERCULES POWDER Co.
[182] Brit. P. 653761 (1951), Belg. P. 498028, D. B. P. 819092 (1949), Distillers Co., Ltd.
[183] J. A. O'CONNOR: Chem. Engng. News **1951**, 215
[184] Brit. P. 922379 (1963), F. P. 1287252 (1962), It. P. 663419—20 (1964), Soc. Italiana Resine S. p. A.
[185] D. A. S. 1131674 (1962), Phenolchemie GmbH (H. SODOMANN und B. HAUSCHULZ)
[186] F. P. 1322469 (1963), Phenolchemie GmbH
[187] D. A. S. 1134376 (1962), 1175236 (1964), Phenolchemie GmbH (H. SODOMANN und B. HAUSCHULZ)
[188] J. P. FORTUIN und H. J. WATERMAN: Chem. Engng. Sci. **2** (1953), 182—92; ibid., Spec. Suppl. **3** (1954), 60—66
[189] P. W. SHERWOOD: Petr. Refiner **33**, *12* (1954), 144
[190] J. H. de BOER, J. P. FORTUIN und H. J. WATERMAN: Koninkl. Med. Akad. Wetenschap., Proc. **61 B** (1958), 170—75; ref. C. A. **53** (1959), 2144e
[191] Z. LESZYNSKI: Przemysl Chem. **37** (1958), 30—34
[192] Z. LESZYNSKI: Przemysl Chem. **43** (1964), 255—59, 321—24
[193] O. A. KOLMAKOW, G. A. RASUWAJEW, B. A. REDOŠKIN und W. A. ŠUŠUNOW: Trudy Chim. i. chim. Technol. **1**, *1* (1958), 36—49; ref. C. A. **54** (1960), 5224e
[194] P. T. HUANG, M.-K. KUO und P.-F. TAN: Hua Kung Hsueh Pao **1959** (*1*), 50—61; ref. C. A. **58** (1963), 4397a
[195] Brit. P. 676770—72 (1952), Distillers Co., Ltd. (E. O. ERKKO, R. S. GEORGE, E. J. VANDENBERG, E. J. LORAND und J. E. REESE)
[196] It. P. 663421 (1964), Societa Italiana Resine S. P. A.
[197] Brit. P. 758934 (1956), ICI Ltd. (K. H. BERNEIS)
[198] U. S. P. 2681937 (1954), Brit. P. 711392 (1954), Soc. des Usines chim. Rhône-Poulenc
[199] Brit. P. 922379 (1963), Societa Italiana Resine S. p. A.
[200] SH. YAMADA: J. Chem. Soc. Japan., ind. Chem. Sect. [Kogyo Kagaku Zasshi] **60** (1957) 65—68
[201] W. D. ENALEW, S. D. KASMIN und R. W. KUTSCHER: Sbornik Nauch Robot, Inst. Fiz.-org. Chimij, Akad. Nauk Beloruss. SSR 8 (1960), 126—31; ref. C. A. **55** (1961), 27207g
[202] R. W. KUTSCHER, S. D. KASMIN und W. D. ENALEW: Ž. Fiz. Chim. **35** (1961), 2322—27
[203] R. W. KUTSCHER, S. D. KASMIN und W. D. ENALEW: Doklady Akad. Nauk SSSR **132** (1960), 1348—51
[204] Brit. P. 731002 (1955), 730896 (1955), Bergwerksgesellschaft Hibernia AG
[205] G. WAGNER: J. prakt. Chem. **27**, *5—6* (1965), 297—305
[206] T. KATO: J. Chem. Soc. Japan, ind. Chem. Sect. [Kogyo Kagaku Zasshi] **66**, *2* (1963), 209—11
[207] Brit. P. 745128 (1956), Farbenfabriken Bayer AG
[208] Brit. P. 712708 (1954), Farbenfabriken Bayer AG
[209] D. B. P. 889443 (1953), Farbenfabriken Bayer AG (E. BRÜNING, G. SPIELBERGER und D. DELFS)
[210] P. GEORGE, E. K. RIDEAL und A. J. B. ROBERTSON: Proc. Roy. Soc. [London] A, **185** (1946), 288, 297
[211] T. KATO: J. Chem. Soc. Japan, ind. Chem. Sect. [Kogyo Kagaku Zasshi] **66** (1963), 399—400
[212] R. W. KUTSCHER: Ž. fiz. Chim. **33** (1959), 617—26
[213] Japan. P. 2372 (1955), Mitsui Chemical Ind. Co. (U. TANABE und I. YAJIMA), ref. C. A. **51**, 14804c (1957)

[214] Brit. P. 665897–98 (1962), Distillers Co., Ltd.
[215] H. Hock und H. Kropf: J. prakt. Chem. **6**, *4* (1958), 120–28
[216] H. Hock und H. Kropf: J. prakt. Chem. **9**, *4* (1959), 173–86
[217] D. A. S. 1128847 (1962), Ruhrchemie AG
[218] H. Kropf: Liebigs Ann. Chem. **637** (1960), 73–93, 110–18
[219] D. A. S. 1041960 (1958), 1076132 (1960), Ruhrchemie AG
[220] H. Kropf: Tetrahedron Letters **1962**, 577–82
[221] H. Hock und H. Kropf: J. prakt. Chem. **13** (1961), 285–90
[222] H. Kropf: Erdöl und Kohle **15** (1962), 78–81
[223] S. Z. Roginski, A. A. Berlin, L. N. Kutsewa, R. M. Asejewa, L. G. Tscherkaschina, A. I. Scherle und N. G. Matwejewa: Doklady Akad. Nauk SSSR **148** (1963), 118–20
[224] S. Z. Roginski, A. A. Berlin und M. M. Sacharov: Katalititscheskie Reaktsii v. Zidkoi Faze, Akad. Nauk Kasach. SSR, Kasach. Gos. Univ., Kasach. Resp. Pravlenie Mendelejewskowo Obščestwa, Tr. Yses. Konf., Alma-Ata **1962** 334–41; ref. C. A. **61** (1964), 6440h
[225] N. P. Kreier, G. M. Alikina und M. G. Troitskaja: ibid. **1962**, 342–46; ref. C. A. **60** (1964), 11412g
[226] U. S. P. 2577768 (1951), Allied Chemical and Dye Corp. (G. G. Joris)
[227] U. S. P. 2613227 (1952), Brit. P. 701298 (1953), Allied Chemical and Dye Corp.
[228] UdSSR. P. 168265 (1965), Inst. of Catalysis, Sib. Dept., Acad. of Sci. UdSSR (N. P. Kreier, G. M. Alikina, E. K. Mamajewa, Ju. M. Gridnew und N. I. Fedosejewa)
[229] N. P. Kreier: Naučno Osnovij Podbora i Proisv. Katalysatorow, Akad. Nauk SSSR, Sibirsk Otd. **1964**, 218–24; ref. C. A. **63** (1965), 7681c
[230] Brit. P. 838029 (1960), ICI Ltd. (G. H. Whitfield)
[231] F. P. 1032010 (1953), Soc. des Usines Chimiques Rhône-Poulenc
[232] U. S. P. 2973310 (1961), ICI Ltd. (G. H. Whitfield)
[233] D. P. [DDR] 25265 (1963), F. P. 1218577 (1958), Oe. P. 214912 (1959), Soc. des Usines Chimiques Rhône-Poulenc (G. Bichet und G. Poilane)
[234] F. Zusatz-P. 76585 (1962), Soc. des Usines Chimiques Rhône-Poulenc
[235] Brit. P. 895 622 (1962), Soc. Italiana Resine
[236] Brit. P. 760367 (1956), ICI Ltd. (K. H. Berneis)
[237] U. S. P. 2655545 (1953), Farbenfabriken Bayer AG (E. Brüning, D. Delfs und G. Spielberger)
[238] R. W. Kutscher, S. D. Kasmin und M. A. Kowbuz: Zavedenij Chim. i. chim. Technol. **4** (1961), 971–76; ref. C. A. **56** (1962), 14977d
[239] Niederl. A. S. 6504559 (1965), Chemische Werke Hüls AG
[240] Brit. P. 719895 (1954), Niederl. P. 78094 (1955), N. V. de Bataafsche Petroleum Maatschappij (J. M. Goppel und G. E. Rumscheidt)
[241] K. Maruyama, R. Goto und T. Kominami: Nippon Kagaku Zasshi **85**, *2* (1964), 145–46
[242] Jap. A. S. 6361 (1957), U. S. P. 2861107 (1958), Edogawa Chemical Co. (K. Hiratsuka, E. Yonemitsu, N. Date, T. Itabashi und K. Keimatsu)
[243] Niederld. A. S. 6408468 (1965), Allied Chemical Corp.
[244] U. S. P. 2632026 (1953), Hercules Powder Co. (J. C. Connor jr.)
[245] Brit. P. 713138 (1954), Niederl. P. 77402 (1955), U. S. P. 2743086 (1956), N. V. de Bataafsche Petroleum Maatschappij (J. M. Goppel und S. H. Zonneveld)
[246] U. S. P. 3160668 (1964), Pittsburgh Chemical Co. (W. R. Davie und J. C. E. Schult)
[247] Brit. P. 741507 (1955), Koppers Co., Inc.

[248] F. P. 1392364 (1965), Universal Oil Products Co. (J. J. LOUVAR)
[249] Japan. A. S. 5919 (1957), Tokai Elektrode Manuf. Co. (H. SAFUE, A. TOMITO, M. OKAMI, E. YAMADA und T. KATO)
[250] U. S. P. 2776999 (1957), Allied Chemical and Dye Corp. (G. G. JORIS)
[251] Brit. P. 729132 (1955), U. S. P. 2674629 (1954), Soc. des Usines Chimiques Rhône-Poulenc
[252] U. S. P. 2792424—26 (1957), Monsanto Chemical Co. (WM. E. WEESNER)
[253] Brit. P. 697776 (1953), U. S. P. 2697121 (1954), Soc. des Usines Chimiques Rhône-Poulenc
[254] D. B. P. 928230 (1953), U. S. P. 2680139 (1954), Soc. des Usines Chimiques Rhône-Poulenc (M. FENOGLIO und A. PACOUD)
[255] D. A. S. 1000024 (1958), Montecatini Soc. Gen. par l'Industria Mineraria e Chimica
[256] O. A. KOLMAKOW, N. A. GOLITSINA, I. S. ISMAILOWA und E. A. KULEW: Trudy chim. i. chim. Technol. **1**, *3* (1958), 693—700; ref. C. A. **54** (1960), 8688gh
[257] J. A. HOWARD und J. C. ROBB: Trans. Faraday Soc. **59** (487), Tl. 7, (1963), 1590—99
[258] M. DURUP: Actions chim. et biol. radiations **4** (1958), 18—26; ref. C. A. **53** (1959), 881c
[259] A. ETIENNE und A. LE BERRE: Compt. rend. **249** (1959), 105—07
[260] F. P. 1239348 (1960), Centre Nat. de la Recherche Scientifique (A. ETIENNE und A. LE BERRE)
[261] U. S. P. 2955996 (1960), Fine Organics Ind. (F. MASUO und SH. KATO)
[262] A. LE BERRE: Bull. Soc. chim. France **1959**, 1933—39
[263] U. S. P. 3113085 (1963), Compagnie Francaise de Raffinage (B. A. G. BESANCON und M. L. DURUP)
[264] M. DURUP, J. DURUP, G. KUFFER und M. MAGAT: Proc. U. N. Intern. Conf. Peaceful Uses At. Energy, 2nd, Geneva **29** (1958), 143—51; ref. C. A. **54** (1960), 20432g
[265] R. W. KUTSCHER, A. I. JURZENKO und M. A. KOWBUZ: Okislenie Uglewodorodow v Zidkoi Faze, Akad. Nauk SSSR, Inst. Chim.-Fiz. Sbornik Statei **1959**, 212—19; ref. C. A. **55** (1961), 439a
[266] S. D. KASMIN und R. W. KUTSCHER: Neftechimija **3**, *3* (1963), 371—75
[267] V. A. SIMONOW und M. S. NEMTSCHOW: Ž. obšč. Chim. **32**, (1962), 2914—29
[268] R. W. KUTSCHER, M. A. KOWBUZ, E. M. BUGROWA und I. M. WASSILKEWITSCH: Ž. prikl. Chim. **35** (1962), 170—76
[269] R. W. KUTSCHER, M. A. KOWBUZ und S. D. KASMIN: Ukrainskij chim. Ž. **27** (1961), 658—63
[270] S. D. KASMIN: Ž. prikl. Chim. **35** (1962), 422—29
[271] P.-T. HUANG und J.-CH. YANG: Hua Hsueh Hsueh Pao **29**, *3* (1963), 159—65; ref. C. A. **59** (1963), 9861c
[272] W. L. ANTONOWSKIJ, B. J. MAKALETSCH, N. B. RYABINSKAJA und L. W. SOLUTSEWA: Ž. prikl. Chim. **37** (1964), 2453—56
[273] W. A. SIMONOW und M. S. NEMTSCHOW: Ž. obšč. Chim. **32** (1962), 3179—83
[274] V. J. KARNOJITZKY: Chim. Ind. [Paris] **93** (1965), 56—62
[275] W. A. ŠUŠUNOW, B. A. REDOŠKIN und JU. D. GOLUBEW: Ž. prikl. Chim. **35** (1962), 832—38
[276] S. D. KASMIN und R. W. KUTSCHER: Kinetika i Kataliz **2**, (1961), 422—28
[277] B. W. EROFEJEW und T. I. SOROKO: Ž. prikl. Chim. **33** (1960), 903—10
[278] P. BELTRAME: Chim. e Ind. [Milano] **41** (1959), 202—07

[279] B. A. Redoškin und W. A. Šušunow: Chim. perekisnych Soedin., Akad. Nauk SSSR Inst. obšč. i Neorgan. Chim. **1963**, 207—18, ref. C. A. **60** (1964), 14359h
[280] W. L. Antonowskij, B. J. Makaletsch, G. P. Golyschewa und W. A. Terentjew: ibid. **1963**, 219—25; ref. C. A. **60** (1964), 14360c
[281] W. L. Antonowskij und B. J. Makaletsch: Doklady Akad. Nauk SSSR **140**, 1070—72
[282] H. S. Blanchard: J. Amer. chem. Soc. **81** (1959), 4548—52
[283] H. S. Blanchard: J. Amer. chem. Soc. **82** (1960), 2014—22
[284] S. D. Kasmin und R. W. Kutscher: Ž. obšč. Chim. **31** (1961), 3171—74
[285] J. W. L. Fordham und H. L. Williams: Canad. J. Res. **27 B** (1949), 943—60; ref. C. A. **44** (1950), 3775c
[286] Y. Tsunoda, K. Matsumoto und T. Kato: Tokai Denkyo-ku Giho **19**, *1* (1958), 41—45, ref. C. A. **52** (1958), 17154d
[287] G. H. Twigg, G. W. Godin, H. C. Bailey und J. Holden: Erdöl und Kohle **15** (1962), 74—78
[288] E. A. Kusmina, W. A. Šušunow und M. K. Ščennikowa: Chim. perekisnych Soedin., Akad. Nauk SSSR, Inst. obšč. i Neorgan. Chim. **1963**, 231—39; ref. C. A. **60** (1964), 14360h
[289] R. W. Kutscher und A. I. Jurzenko: Kolloidnyj Ž. **18** (1956), 555—61
[290] W. G. Lloyd und R. G. Zimmerman: Ind. Eng. Chem. Product Res. Development **4** (1965), 180
[291] W. G. Lloyd, R. G. Zimmerman und A. J. Dietzler: ibid. **5** (1966), 327
[292] F. P. 1404636 (1965), Centre National de la Recherche Scientifique (J. Jullien)
[293] T. D. Manly: Ind. Chemist **32** (1956), 271—76
[294] V. Karnojitzky; Chim. Ind. [Paris] **93**, *5* (1965), 529—36
[295] Chem. Engng. **66**, *23* (1959), 94
[296] G. Caprara und G. Lemetre: Chim. e Ind. [Milano] **42**, (1960), 974
[297] D. B. P. 861251(1950), Distillers Co., Ltd.
[298] Belg. P. 500289, Hercules Powder Co.
[299] D. A. S. 1112527 (1959), Phenolchemie GmbH
[300] D. A. S. 1128859 (1957), Phenolchemie GmbH
[301] D. A. S. 1128848 (1958), Phenolchemie GmbH
[302] D. A. S. 1134361 (1960), Phenolchemie GmbH
[303] D. A. S. 1126887 (1959), Phenolchemie GmbH
[304] UdSSR. P. 164297 (1964), (W. S. Solonetzkij, P. S. Nasarow, A. P. Litwin, M. E. Ajerow, A. V. Chertoritzkij, N. I. Timofejew, A. F. Skamarakus, A. Ju. Bruk und R. A. Tichomirowa)
[305] D. A. S. 1121621 (1959), Phenolchemie GmbH
[306] H. Osmolski: Przemysl Chem. **9** (1953), 142—44
[307] Brit. P. 629429 (1947), 626095 (1947), The Distillers Co., Ltd.
[308] Brit. P. 689734 (1953), The Distillers Co., Ltd. (G. P. Armstrong, Th. Bewley und R. H. Smith)
[309] Brit. P. 754862 (1956), Bergwerksgesellschaft Hibernia AG
[310] Brit. P. 748565—66 (1956), Niederl. P. 76525 (1954), Stamicarbon N. V.
[311] Brit. P. 684039 (1952), The Distillers Co., Ltd. (L. J. Filar und M. A. Taves), U. S. P. 2663735 (1949), Hercules Powder Comp.
[312] U. S. P. 2957921 (1960), Calif. Res. Corp. (R. T. Adams, J. R. B. Ellis und J. A. Robbers)
[313] Brit. P. 748287 (1956), The Distillers Co., Ltd.

[314] Brit. P. 802524 (1958), The Distillers Co., Ltd. (M. D. COOKE und D. J. G. LONG)
[315] Brit. P. 791759 (1958), U. S. P. 2904592 (1959), Calif. Res. Corp. (J. R. B. ELLIS, J. A. ROBBERS und WM. J. ROSSI)
[316] Ital. P. 572864 (1958), Soc. Italiana Resine
[317] Brit. P. 930161 (1963), The Distillers Co., Ltd. (TH. BEWLEY und M. D. COOKE)
[318] U. S. P. 2993407 (1961), Hooker Chemical Corp. (A. F. SHEPARD)
[319] F. P. 1037198 (1953), Soc. des Usines Chimiques Rhône-Poulenc (M. M. MOSNIER und R. V. J. ACHARD)
[320] Brit. P. 721700 (1955), U. S. P. 2761877 (1956), Soc. des Usines Chimiques Rhône-Poulenc
[321] Brit. P. 846516 (1960), The Distillers Co., Ltd. (M. D. COOKE)
[322] G. BURTZLAFF, U. FELBER, K. HÜBNER, W. PRITZKOW und W. ROLLE: J. prakt. Chem. **28**, *5–6* (1965), 305–14
[323] W. L. ANTONOWSKIJ und L. M. DJAGILEWA: Chim. Perekisnych Soedin., Akad. Nauk SSSR, Inst. obšč. i Neorgan. Chim. **1963** 226–30; ref. C. A. **60** (1964), 14361e
[324] Brit. P. 754783 (1956), Stamicarbon N. V.
[325] Brit. P. 735229 (1955), U. S. P. 2737527 (1956), Soc. des Usines Chimiques Rhône-Poulenc
[326] Brit. P. 942982 (1963), Soc. Italiana Resine
[327] Brit. P. 704121 (1954), U. S. P. 2668859 (1954), Soc. des Usines Chimiques Rhône-Poulenc
[328] Brit. P. 673576 (1952), U. S. P. 2626281 (1953), Allied Chemical and Dye Corp. (G. G. JORIS)
[329] Niederl. P. 77510 (1955), N. V. de Bataafsche Petroleum Maatschappij
[330] Jap. A. S. 6360 (1957), Edogawa Chemical Co. (K. HIRATSUKA, E. YONEMITSU, N. DATE, T. ITABASHI und K. KEIMATSU)
[331] U. S. P. 2671809 (1954), Brit. P. 736715, 708602 (1954), Shell Development Co. (J. P. FORTUIN und H. J. WATERMAN)
[332] U. S. P. 2889368 (1959) (K. HIRATSUKA, E. YONEMITSU, T. ITABASHI, K. ISHIKAWA, N. DATE und K. KEIMATSU)
[333] Brit. P. 803480 (1958), Edogawa Chemical Ind. Co.
[334] Tschech. P. 87048 (1957), K. HOMOLA
[335] Z. LESZCZYNSKI: Przemysl Chem. **44**, *11* (1965), 626–30; **44**, *9* (1965), 488–93
[336] S. CARRA: Chim. e Ind. [Milano] **45**, *9* (1963), 1087–88
[337] R. W. Kutscher und W. A. Soroka; Ž. prikl. Chim. **34** (1961), 1573–77
[338] Z. LESZCZYNSKI und E. TRESZCZANOWICZ: Przemysl Chem. **13** (1957), 664–69; W. CELLER: ibid. **13** (1957), 701–03; Z. LESZCZYNSKI, H. RADONIEWICZ und A. TEICHERT: ibid. **13** (1957), 703–08
[339] Pol. P. 42393 (1959), Inst. Chemii Ogolnej (A. TEICHERT, Z. LESZCZYNSKI und H. RADONIEWICZ)
[340] JU. A. ŠLJAPNIKOW, W. A. ŠUŠUNOW, W. A. JABLOKOW und A. A. KWASOW: Trudy Chim. i. chim. Technol. **2**, *1* (1959), 13–28; ref. C. A. **54** (1960), 10480ghi
[341] E. G. BERESKOVA, K. V. TOPTSCHIEWA und L. I. PIGUSSOWA: Kinetika i Kataliz **5** (1964), 903–09
[342] Jap. A. S. 13824 (1960), Tokai Electrode Co. (H. SOBUE, Y. SUMITA, A. KATO und Y. MATSUMOTO)
[343] D. B. P. 930637 (1955), Soc. des Usines Chimiques Rhône-Poulenc (G. J. ROY)
[344] A. LOPATIN, L. S. SARKISJANC und D. N. FRIED: Chim. prom. **43** (1967), 671–73

[345] W. G. Solonetzkij, J. K. Turetskij, R. A. Tichomirowa und A. Ju. Bruk: Chim. prom. **42** (1966), 509–10;
R. E. Gurovic und G. L. Matina: ibid., **42** (1966), 661–64
[346] Brit. P. 819026 (1959), Calif. Res. Corp.
[347] Ital. P. 625785 (1961), Soc. Italiana Resine
[348] UdSSR. P. 118415 (1959), (A. V. Chertoritzkij, G. G. Gorachewa und A. Ju. Bruk)
[349] Brit. P. 768715 (1957), Soc. des Usines Chimiques Rhône-Poulenc (M. Fenoglio, A. Pacoud und E. Alvarado)
[350] U. S. P. 3205272 (1965), Universal Oil Products (E. L. Pollitzer)
[351] Tschech. P. 101816 (1961), F. Horak und F. Hrncirik
[352] D. A. S. 1102172 (1953), Rütgerswerke AG
[353] Brit. P. 649286 (1951), U. S. P. 2663743 (1963), The Distillers Co., Ltd. (Th. Bewley und F. J. Wilkins)
[354] Brit. P. 756408 (1956), U. S. P. 2744143 (1956), Hercules Powder Co. (L. J. Filar)
[355] U. S. P. 2744144 (1956), Hercules Powder Co. (D. H. Sheffield)
[356] F. P. 1503079 (1967), J. Vaček, J. Mostečky und K. Pečka
[357] F. P. 1501638 (1967), ICI Ltd.
[358] Belg. P. 672051 (1966), Soc. Italiana Resine S. p. A.
[359] F. P. 1484288 (1967), K. Pečka, J. Mostečky und Z. Heja
[360] UdSSR. P. 166709 (1964), Ju. N. Bocarow, A. B. Wol-Epstein, B. J. Makaletsch, S. M. Markewitsch und W. A. Janschewskij
[361] Ju. N. Bocarow, A. B. Wol-Epstein und L. J. Gamaga: Nefteperorabotke i Neftechim. **1967** (*3*), 23–26
[362] Ital. P. 663418 (1964), Soc. Italiana Resine S. p. A.
[363] U. S. P. 3337646 (1967), Halcon International, Inc. (S. Khoobiar)
[364] A. B. Wol-Epstein, M. N. Zarowa und A. D. Berents: Neftepererabotka i Neftechim., Nauchn.-Techn. Sb. **1965** (*10*), 37–39; ref. C. A. **64** (1966), 9481e;
A. B. Wol-Epstein und M. N. Zarowa: Neftechimija **7**, *2* (1967), 191–98
[365] D. A. S. 1219035 (1966), Inst. of Mineral Fuels (A. B. Wol-Epstein); Brit. P. 931377 (1962), F. P. 1289852 (1962)
[366] E. A. Krawtsowa und E. W. Petrowa: Ž. prikl. Chim. **39**, *8* (1966), 1831–36
[367] Brit. P. 670444–45 (1952), The Distillers Co., Ltd. (Th. Bewley, P. L. Bramwyche, B. E. V. Bowen, G. W. Jackson, G. P. Armstrong, F. J. Bellringer und F. J. Wilkins)
[368] Y. Tsunoda und T. Kato: Nippon Kagaku Zasshi **80** (1959), 575–78
[369] F. H. Seubold jr. und Wm. E. Vaughan: J. Amer. chem. Soc. **75** (1953), 3790–92
[370] W. A. Šušunov und V. P. Maslennikov: Doklady Akad. Nauk SSSR **176**, *6* (1967), 1355–58
[371] W. A. Šušunov, M. K. Ščennikowa, I. W. Wolkow und Ju. A. Šljapnikow: Trudy Chim. i. chim. Technol. **1**, *1* (1958), 50–54, 55–59; ref. C. A. **54** (1960), 4127bd

18. Polypropylen

Die Entwicklung der Polyolefine begann gleichzeitig in Deutschland und England. In Deutschland wurde zuerst die Polymerisation von Isobuten zu Polyisobutylen untersucht und erfolgreich durchgeführt. In England beschäftigte sich die ICI seit 1930 mit der Polymerisation von Äthylen [5]. Im Jahre 1938 wurde dort die erste Hochdruckpolyäthylenanlage in Betrieb genommen. Weitere Anlagen, bei denen Äthylen unter hohem Druck polymerisiert wurde, folgten sehr bald.

Im Jahre 1955 veröffentlichte K. Ziegler [6—8] erste Ergebnisse über die Polymerisation von Äthylen bei Normaldruck mit Hilfe metallorganischer Verbindungen. Diese Katalysatorsysteme wurden in der Folgezeit in abgewandelter Form in vielfältigster Weise für die Polymerisation der verschiedensten Vinylverbindungen herangezogen.

Auf dem Gebiet der Polymerisationsprozesse wurde in der Zeit von 1950 bis 1960, unter Verwendung spezieller von Ziegler und Natta entwickelter Katalysatoren, ein neues Kapitel von erheblichem theoretischem und praktischem Interesse erschlossen. Es ist die stereospezifische Polymerisation.

Die verschiedenen stereoisomeren Polymeren, die sich von ein und demselben Monomeren ableiten können, unterscheiden sich je nach Polymerisationsverlauf erheblich in ihren physikalischen Eigenschaften (Schmelztemperatur, Kristallinität, mechanische Eigenschaften usw.).

Auch Propylen [1—4] kann nach diesem neuen Prozeß zu interessanten Produkten polymerisiert werden.

Es werden je nach den Reaktionsbedingungen die folgenden Polymerisationsprodukte erhalten:

isotaktisch

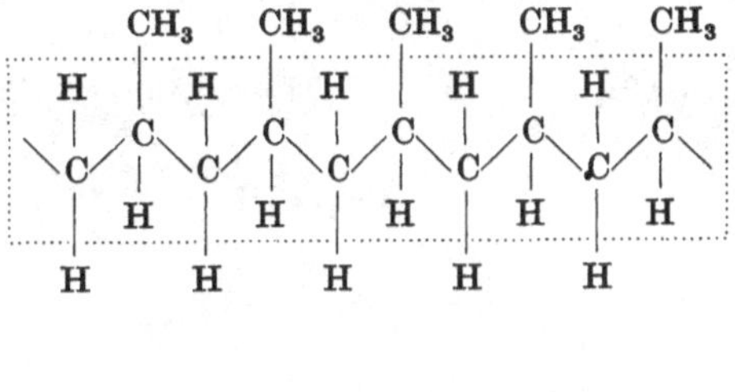

syndiotaktisch

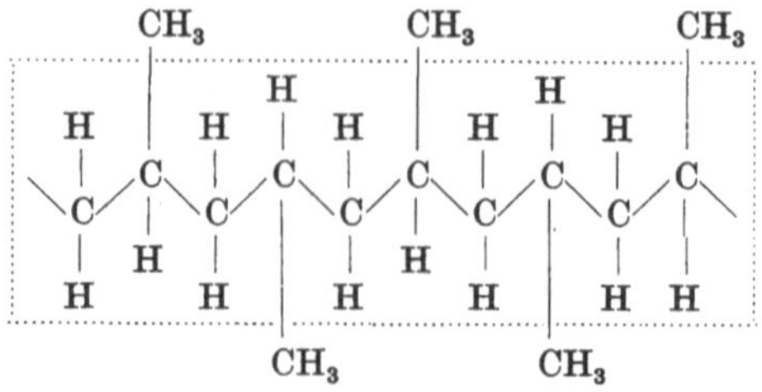

ataktisch

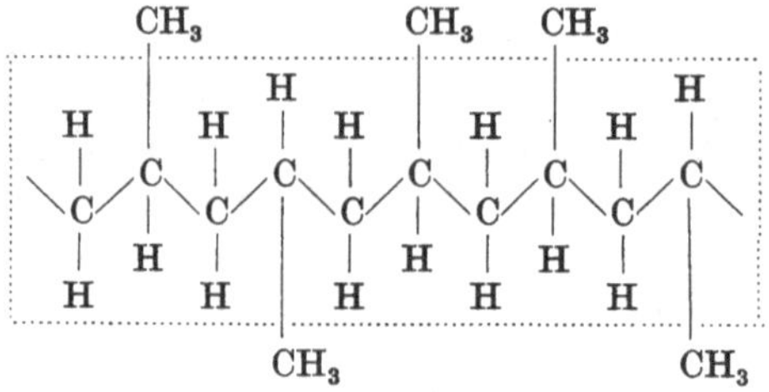

Die stereospezifische Polymerisation verläuft in 3 Etappen:

a) Initiierung
b) Kettenreaktion
c) Kettenabbruch.

Als ein sehr zweckmäßiger Katalysator hat sich bei der Polymerisation von Propylen der von Ziegler-Natta entwickelte Katalysator R_3Al + $TiCl_3$ erwiesen.

Bei diesem Katalysatorsystem ist Chlor im $TiCl_3$, dem eigentlichen Katalysator, die kettenübertragende Komponente und Aluminiumhydrid (bzw. die Organoaluminiumverbindung) der Cokatalysator.

Natta hat zur Erklärung der stereospezifischen Polymerisation einen Brückenmechanismus vorgeschlagen.

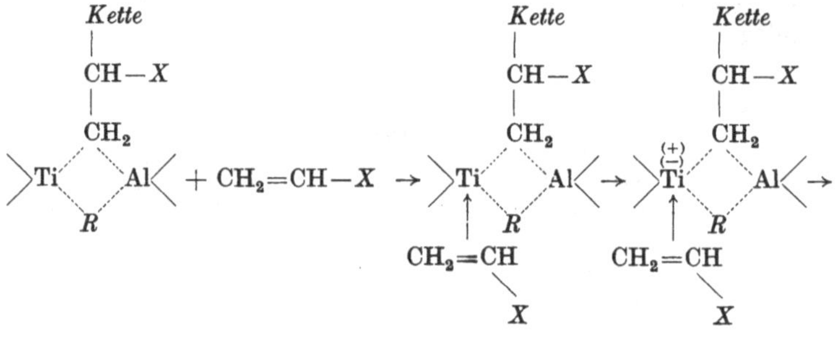

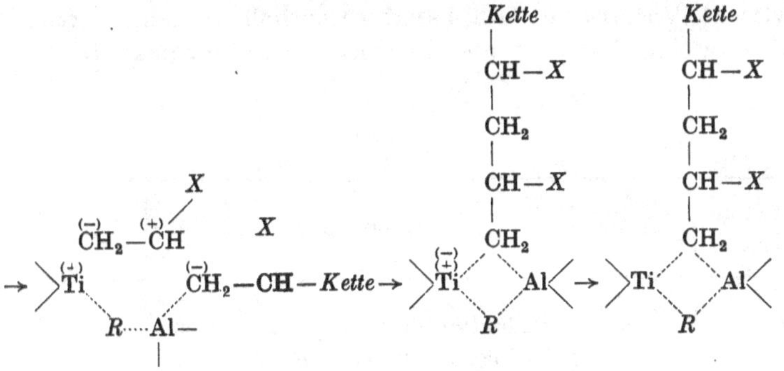

Von G. Natta [10—18] wurden derartige Systeme im Jahre 1954 zur Polymerisation von Propylen mit großem Erfolg herangezogen. Auf Grund der großen Erfolge konnte bereits 1957 die erste Produktionsanlage für Polypropylen in Ferrara durch die Firma Montecatini in Betrieb genommen werden.

In den USA folgte bald darauf die erste Anlage bei der Hercules Powder Co. und in Deutschland kam in Zusammenarbeit mit K. Ziegler die erste Anlage durch die Farbwerke Hoechst AG in Betrieb.

Der chemische Apparatebau nahm sich dieses Werkstoffes mit besonderem Interesse an, weil er neben den guten physikalischen und chemischen Eigenschaften der Polyolefin-Familie eine bisher von keinem der anderen bekannten korrosionsfesten Thermoplaste erreichte Temperaturbeständigkeit verspricht. Maßgeblich für den Einsatz des Werkstoffes im Hinblick auf die Temperaturbeständigkeit ist der Erweichungspunkt, der bei etwa 140 °C liegt.

Apparate und Anlagen aus Polypropylen sind für den Einsatz von Kunststoffen eine wertvolle Ergänzung, weil dadurch die Heraufsetzung der Temperaturgrenze auf 100 °C und darüber ermöglicht wird.

Übersichtsartikel über Polypropylen werden in den Zitaten [19—43] aufgeführt, die Herstellung von Polypropylen wird in den Zitaten [44, 45] erwähnt.

18.1. Herstellung von Polypropylen

18.1.1. Reinigung des Propylens

Einsatzprodukt ist ein hochreines Propylen, Reinheit > 99%. Besonders wichtig ist dabei die Abwesenheit von Schwefelverbindungen, Wasser und Methylacetylen [9]. Die Reinigung erfolgt destillativ über mehrere Kolonnen (vgl. Kap. 4) sowie durch anschließende Trocknung mittels Molsieben.

18.1.2. Herstellung und Eigenschaften des Katalysators

Von den vielen Katalysatorkombinationen, die bisher vorgeschlagen wurden, hat sich in der Technik allgemein das System Aluminiumtriäthyl/$TiCl_3$ durchgesetzt.

Die katalytische Wirkung des $TiCl_3$ hängt wesentlich von seiner Kristallstruktur ab. Tabelle 87 gibt eine Übersicht über die Wirkungsweise von $TiCl_3$.

Tabelle 87:

Bezeichnung	Kristallstruktur	Farbe	Darstellung	Bemerkungen
α	hexagonal	violett	Reduktion von $TiCl_4$ mit H_2 oder Reduktion von $TiCl_4$ mit Titan bei 400 °C	Hohe Stereospezifität (80—90% unlöslicher Anteil in n-Heptan)
β	linear	braun	Reduktion von $TiCl_4$ mit H_2 im elektrischen Lichtbogen; oder Zersetzung von CH_3TiCl_3 in Kohlenwasserstoffen	Mäßige Stereospezifität (40—50% unlöslicher Anteil)
γ	kubisch	violett	Erhitzen der β-Form 2—3 Stunden auf 250—300 °C oder Zersetzung von CH_3TiCl_3 in Abwesenheit von Lösungsmitteln	Ähnlich aktiv wie α-Form
δ	teilweise ungeordnet	violett	Reduktion von $TiCl_4$ mit Al-Metall, wobei das Endprodukt noch $AlCl_3$ enthält	Stereospezifität ähnlich oder besser als α-Form, hohe Reaktionsgeschwindigkeit [15]

In der Technik werden im wesentlichen die α-, γ- und δ-Form verwendet, genauere Angaben über die in den Anlagen eingesetzten Typen sind nicht zugänglich.

Die Verwendung von $TiCl_3$ statt $TiCl_4$ bietet folgende Vorteile:

a) Höhere Kristallinität des festen Polypropylens
b) Höhere Erweichungs- und Schmelzpunkte
c) Verdreifachung der Zugfestigkeit
d) Größere Steifigkeit
e) Geringere Dehnbarkeit
f) Geringere Durchlässigkeit für Gase und Dämpfe

Aluminiumtriäthyl erwies sich als der beste Aktivator. $TiCl_3$ allein ist unwirksam. Es müssen für eine erfolgreiche Polymerisation auf jeden Fall geringe Mengen der Organoaluminiumverbindung anwesend sein.

18.1.3. Durchführung der Polymerisation

Zur Zeit wird Polypropylen nur im Niederdruckverfahren erzeugt. Eine größere Sicherheit bei der Verarbeitung, eine leichtere kontinuierliche Fahrweise und niedrigere Kosten haben diesem Verfahren gegenüber dem Hochdruckverfahren den Vorzug gegeben. Das Molgewicht des erzeugten Polypropylens ist unabhängig von dem Druck [16]. Die Polymerisationstemperaturen liegen normalerweise bei 50—100 °C, bei diesen Temperaturen fällt das Polymer im Reaktionsmedium unlöslich an. Die Reaktionstemperatur hat einen großen Einfluß auf die Polymerstruktur, wobei sich der Effekt in Gegenwart von $TiCl_4$ anders als in Gegenwart von $TiCl_3$ äußert. Die Polymerisationsdauer schwankt zwischen $^1/_2$ bis 10 Stunden [17]. Die Reaktionsgeschwindigkeit ist nach Ablauf der Initiierungsperiode unabhängig von der Polymerisationsdauer [18]. Sie ist ebenfalls unabhängig von der Konzentration der Organoaluminiumverbindung. Die Reaktionsgeschwindigkeit wird stark beeinflußt von der Konzentration an $TiCl_3$ und Propylen, von der Reaktionstemperatur und der Art der Herstellung des $TiCl_3$. Letzteres muß weitgehend frei von $TiCl_4$ sein, weil sonst der Gehalt an ataktischem Polypropylen ansteigt.

Als Lösungsmittel für den Polymerisationsprozeß werden allgemein gesättigte Kohlenwasserstoffe, wie z. B. n-Hexan, n-Heptan usw. herangezogen, da diese Lösungsmittel gleichzeitig Fällungsmittel für gebildetes Polypropylen sind. In Systemen, in denen Polypropylen löslich ist, entsteht hauptsächlich amorphes Polymer [46].

Durch eine intensive Rührung soll ein höhermolekulares Polypropylen darstellbar sein [47].

Für die Propylenpolymerisation müssen die Lösungsmittel weitestgehend befreit sein von Katalysatorgiften wie z. B. Wasser, Carbonylverbindungen, Peroxiden, Stickstoff- sowie Schwefelverbindungen und kettenabbrechenden Substanzen wie z. B. Alkylchloride, Olefine sowie Aromaten. Der Katalysator wird entweder gelöst oder suspendiert eingesetzt. Die Herstellung einer solchen Katalysatorlösung erfolgt meist chargenweise.

Zur Durchführung der Polymerisation (vgl. Abb. 75) werden reines Propylen, die Katalysatorsuspension und das Verdünnungsmittel in den Polymerisationskessel gegeben, dann das Gemisch unter Rühren auf die Reaktionstemperatur von 50—100 °C angeheizt, dabei steigt der Druck auf maximal 5 at. Die Verweilzeit beträgt normalerweise $^1/_2$ bis mehrere Stunden. Die zugesetzte Katalysatormenge hängt in gewissem Umfang von der Monomer- und der Lösungsmittelreinheit ab, sie schwankt zwischen 0,25 und 0,50 Gew.-% bezogen auf eingesetztes Lösungsmittel. Dem Katalysator werden etwa gleiche Mengen an Aktivator zugesetzt.

Während der Polymerisation fällt das gebildete Polypropylen aus. In den meisten Anlagen wird die Konzentration an Propylen im Kohlenwasserstoff so gewählt, daß die umgesetzte Lösung etwa 20—30% ausgefallene Feststoffe enthält. In einer Austreibekolonne werden nicht umgesetztes Propylen sowie ein Teil des Lösungsmittels abgetrieben. Es bleibt hierbei ein Polypropylenbrei zurück.

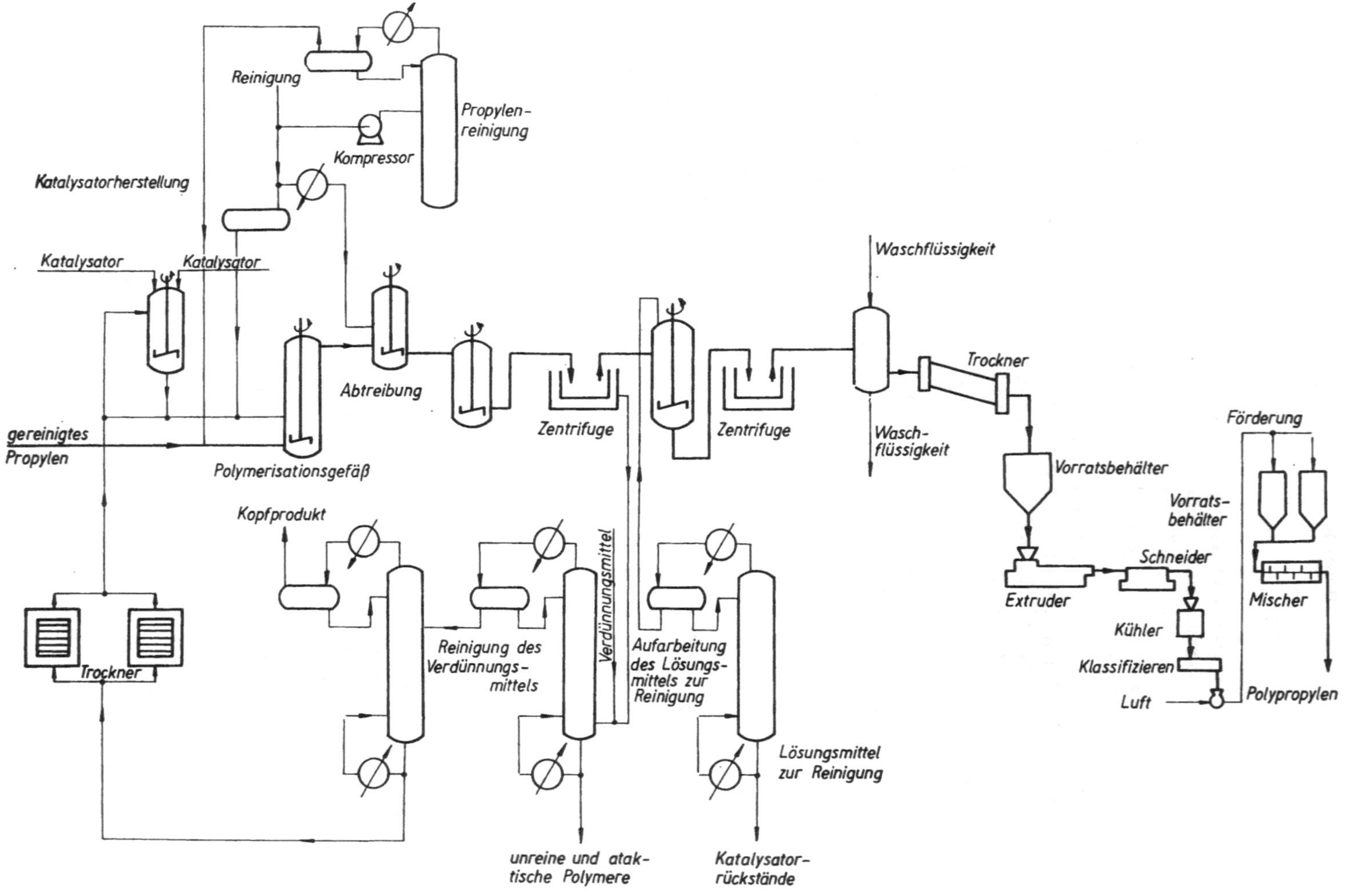

Abb. 75: Herstellung von Polypropylen nach dem Verfahren von NATTA

Das Lösungsmittel wird nach der Destillation entweder direkt wieder in den Reaktor zurückgegeben oder vor seinem Wiedereinsatz nochmals destilliert. Das abgetriebene Propylen wird nach Kompression und Destillation wieder in den Reaktor zurückgeführt. Der Polypropylenbrei wird über einen Zwischentank einer Zentrifuge zugeleitet und das Polypropylen vom restlichen Lösungsmittel befreit. Das abgesaugte Verdünnungsmittel wird ebenfalls über eine Kolonne gereinigt und in die Reaktion zurückgeführt. Das rohe, auf der Zentrifuge abgeschiedene Polypropylen wird in niederen Alkoholen (insbesondere Methanol und Isopropylalkohol) suspendiert. Zur Zersetzung des im Polypropylen noch enthaltenen Katalysators wird den Lösungsmitteln Salzsäure zugesetzt. Die Alkohol-Propylen-Suspension wird dann anschließend zentrifugiert und der abgesaugte Alkohol durch Destillation von Katalysatorresten und Verdünnungsmitteln befreit. Nach dem Waschen mit Wasser, Trocknen und Lagern sowie nach Zusatz von Antioxydantien ist das Polypropylen fertig zur weiteren Verarbeitung.

18.1.4. Herstellung von Polypropylen mit Hilfe verschiedener Katalysatorsysteme

Die erfolgreiche Durchführung der Propylenpolymerisation ist stark abhängig vom verwendeten Katalysator-System. Außer dem bisher als sehr wirksam bekanntgewordenen Katalysatorsystem Triäthylaluminium/$TiCl_3$ sind in Patenten und anderen Literaturangaben noch eine Reihe weiterer Katalysatorsysteme bekannt geworden. In folgender Tab. 88 sind die wichtigsten erfaßt worden [35]:

Tabelle 88:

Komponente *A*	Komponente *B*	Komponente *C*	Lit.-Angabe
$TiCl_4$	$AlCl_3$	$P(OR)_3$	[48]
—	Li	—	[49]
$TiCl_3$	Li	—	[49]
$TiCl_3$	Amyl-Na	$PO(NR_2)_3$	[50]
$TiCl_4$	AlR_3, $ROAr$	—	[51]
$TiCl_3$	Triäthyl-Al_2Cl_3	Äther, Dibutyläther, Epichlorhydrin	[45]
$TiCl_4$	Triäthyl-Al	Diäthyl-AlCl	[52]
$TiCl_3$	Triäthyl-Al	Alkanolamin	[53]
Diphenyl-bis-cyclopentadienyl-Ti	AlR_3	—	[54]
$TiCl_3$	Trialkyl-Al_2X_3	(N, P, As, Sb) R_3	[55]
$TiCl_4$	Diäthyl-AlCl	Diäthyl-Cd	[56]
$TiCl_4$	Al	$Ti(OR)_4$	[57]
TiX_4	Al	Pt oder Pd	[58]
—	Trialkyl-Al_2X_3	Al	[59]
$TiCl_4$	Alkyl-Na	Dialkyl-Cd	[60]

(Fortsetzung von Tabelle 88)

Komponente *A*	Komponente *B*	Komponente *C*	Lit.-Angabe
$TiCl_4$ oder TiJ_4	Äthyl-$AlCl_2$	Triäthyl-Al	[61]
$TiCl_4$	Al	MoO_3	[62]
$TiCl_4$	Triäthyl-Al	$Si_2H_2O_3$	[63]
$Ti(OR)_4$	Diäthyl-AlCl	—	[64]
$CaTiF_6$	Dialkyl-Al*X*/Alkyl-AlX_2	—	[65]
V_2O_5	Al	$AlCl_3$	[66]
MoS_2	Trialkyl-Al	—	[67]
$TiCl_4$	Äthyl-$AlCl_2$	$InCl_3$	[68]
$TiCl_3$	Hexaphenyläthan	—	[69]
$V(OR)_3$	Trialkyl-Al	—	[70]
$TiCl_3$	Dicyclopentadienyl-$TiCl_2$	Na	[71]
$Ti(OR)_4$	$SbCl_5$	Na	[72]
Bauxit	O_2	—	[73]
$TiCl_4$	Al	NaF	[74]
$TiCl_4$	Trialkyl-GeH	—	[75]
Fe	O_2	—	[76]
$TiCl_4$	Na	$Al(CN)_3$	[77]
$TiCl_4$	Trialkyl-Al	$SiCl_4$	[78]
$TiCl_4$	C	—	[79]
$IrCl_4$	Diäthyl-AlCl	—	[80]
$TiCl_3$	Triäthyl-Al	Kohlenwasserstoff mit saurem H-Atom	[81]
ZrH_4	HCl	—	[82]
$TiCl_4$	Al	Tetraalkyl-N*X*	[83]
TiO_2/SiO_2	Trialkyl-Al	—	[84]
$TiCl_3$	Trialkyl-Al_2Cl_3	KCl	[85]
$TiCl_3$	Diäthyl-AlCl	NaCl	[86]
$TiCl_4$	Li	—	[87]
MoO_3	Al_2O_3	Alkyl-Na	[88]
$TiCl_4$	Alkyl-Al(O*R*)*X*	—	[89]
Ti-Al-Legierung	Alkylhalogenid	—	[90]
$TiCl_4$	Ionisierende Strahlung	—	[91]
$TiCl_3$	Trialkyl-Al	Ultraschall	[92]
$TiCl_4$	Al und $AlCl_3$	NaF	[93]
$TiCl_4$	Dialkyl-Al(O*R*)	—	[94]
α-$TiCl_3$	Diäthyl-Zn, Diäthyl-Be	—	[95]
$TiCl_3$	Triäthyl-Al	—	[96]
Cu-, Ag-, Hg-Acetylid	—	—	[97]
MoO_3	Al_2O_3	Alkyl-Na	[98]
VCl_4	Dialkyl-AlCl	Anisol	[100]
$FeCl_3$	Dialkyl-AlCl	—	[99]
$TiCl_3$	Diäthyl-AlBr	—	[101]
$TiCl_4$	Na	—	[102]

(Fortsetzung von Tabelle 88)

Komponente *A*	Komponente *B*	Komponente *C*	Lit.-Angabe
$TiCl_4$	Triäthyl-Al	—	[103]
$TiCl_4$	Triisobutyl-Al	—	[104]
$Ti(OR)_4$	Alkyl-AlX_2	—	[105]
$Ti(OR)_4$	Trialkyl-Al_2X_3	—	[106]
$TiCl_4$	Tetraalkyl-Sn_2O	—	[107]
$CrCl_3$	Trialkyl-Al	—	[108]
$TiCl_2$	—	—	[109]
Al_2F_6	—	—	[110]
$TiCl_4$	Al	$AlCl_3$	[111]
$TiCl_3$	Al	—	[109]
$TiCl_4$	K	$AlCl_3$	[112]
$TiCl_3$	Äthyl-$AlCl_2$	$(R_2N)_3PO$, R_2O, R_3N, R_2S, R_3P	[113]
$ZrCl_4$	Al oder Ti	—	[114]
$TiCl_4$, $ZrCl_4$	Fe, Co oder Ni	—	[114]

Obwohl der Preis für das Ausgangs-Propylen niedriger liegt als für viele andere Ausgangsstoffe, hat das erhaltene Polypropylen den höchsten Preis (vgl. Tab. 89).

Tabelle 89:
Produktionskosten für einige Polymere (cents/kg)

	Monomer	Polymer	Polymerisationskosten
Polyvinylchlorid	12	22	10
Polystyrol	12	20	8
Polypropylen	6	31	25

Die Ursachen für die hohen Herstellungskosten sind einmal der hohe Propylenverbrauch (1,2—1,3 t/t) und zum anderen die Kompliziertheit der Verfahrenstechnik sowie die Verwendung eines diffizilen Katalysatorsystems.

Der hohe Propylenverbrauch ist hauptsächlich bedingt durch die Bildung von etwa 10% ataktischem neben ca. 90% erwünschtem isotaktischem Polypropylen. Hier kann durch die Erhöhung der Stereospezifität der Katalysatorsysteme eine Verbesserung erreicht werden. Außerdem muß das ataktische Polymere, das in seinen Eigenschaften dem Polyisobutylen sehr ähnlich ist, einer nutzbringenden Anwendung zugeführt werden.

18.2. Eigenschaften des Polypropylens

Die Eigenschaften des Polypropylens hängen stark von seinem Molekulargewicht, seiner Molekulargewichtsverteilung und seiner Taktizität und damit Kristallinität ab. Für die verschiedenen Polypropylenfabrikate werden daher verschiedene Eigenschaftswerte angegeben, von denen die folgende Tabelle einige Durchschnittswerte enthält:

Eigenschaft		Werte
Dichte	g/cm³	0,90–0,91
Kristallitschmelzpunkt	°C	170–175
Umwandlungstemperatur 2. Ordnung	°C	–35
Versprödungstemperatur	°C	–10 bis +20
Erweichungspunkt nach Vicat (1 kg)	°C	140–155
Erweichungspunkt nach Vicat (5 kg)	°C	85–105
Zugfestigkeit (50 mm/Min.)	kp/cm²	300–360
Zerreißfestigkeit	kp/cm²	300–400
Streckdehnung	%	5–15
Bruchdehnung	%	500–700
Elastizitätsmodul (Zugversuch)	kp/cm²	12–18000
Elastizitätsmodul (Biegung)	kp/cm²	10400
Biegeelastizitätsmodul	kp/cm²	9–15000
Rockwell-Härte (Skala R)		85–95
Schlagfestigkeit nach Izod	kp cm/cm²	>80
Kugeldruckhärte nach 10 und 60 Sekunden	kp/cm²	650/580
Druckfestigkeit	kp/cm²	700–1000
Kerbschlagzähigkeit nach Izod	kp cm/cm²	4–6,5
Shore-Härte D		70–75
Thermischer Ausdehnungskoeffizient	(linear) cm/cm · °C	0,00018
Spezifische Wärme bei 23°	cal/g °C	0,46
Wärmeleitfähigkeit	cal/cm · sec · °C	$3{,}3 \cdot 10^{-4}$
Durchschlagfestigkeit	KV/cm	350–800
Oberflächenwiderstand	Ohm	$\sim 5 \cdot 10^{13}$
Durchgangswiderstand	Ohm	10^{15}–10^{17}
Dielektrizitätskonstante (10^6 Hz)		2,0–2,1
Dielektrischer Verlustfaktor (10^6 Hz)		0,0002–0,0003
Dielektrischer Verlustfaktor (10^5 Hz)		0,0009
Dielektrischer Verlustfaktor (10^4 Hz)		0,0019
Dielektrischer Verlustfaktor (10^3 Hz)		0,0019
Dielektrischer Verlustfaktor (10^2 Hz)		0,0025
Wasserabsorption nach 24 Std.	%	0,03

Die thermodynamischen Eigenschaften von isotaktischem Polypropylen werden von W. GRISKEY [115] beschrieben.

Die Eigenschaften des Polypropylens in Abhängigkeit vom Molekulargewicht zeigt die nachfolgende Tab. 90, die Daten für verschiedene Polypropylentypen vom annähernd gleichen Isotaktizitätsgrad enthält [33].

Tabelle 90:

	Maßeinheit							
Intrinsic-Viskosität	dl/g	2,5	3,0	3,0	4,2	5,0	5,5	9,3
Schmelzindex	g/10 min	9,8	7,4	3,4	1,7	1,0	0,4	0,1
Fließspannung	kp/cm^2	400	380	390	368	365	330	336
Youngscher Modul (1 Hz)	10^8 dyn/cm^2	—	71	65	63	59	60	53
Schlagbiegezähigkeit nach Izod (20 °C)	$kp \cdot cm/cm^2$	3,1	4,0	5,1	6,8	8,3	10,0	15,8
Extrahierbares	%	2	2	3	4	3	5	2

Wichtig ist auch die Resistenz des Polypropylens gegenüber vielen gebräuchlichen Chemikalien [116] (Tab. 91).

Tabelle 91:

Medium	Beständigkeit bei Raumtemperatur
Wäßrige Salz-, Seifen- und Waschmittellösungen	beständig
verdünnte und konzentrierte Mineralsäuren	beständig
Peroxidlösung	beständig
verdünnte und konzentrierte Laugen	beständig
Kohlenwasserstoffe	unterschiedliche Quellung
Alkohole	beständig
Chlorkohlenwasserstoffe	unterschiedliche Quellung
Stark konzentrierte Oxydationsmittel (z. B. Oleum, rauchende HNO_3, Bromwasser, Bleichlaugen)	z. T. starke Quellung, Verfärbung, Zersetzung
Jod- und Permanganatlösung	Verfärbung
pflanzliche und Mineralöle	beständig

18.3. Verwendung von Polypropylen

Mit Polypropylen ist ein neuer Thermoplast entwickelt worden, der gegenüber den bekannten Thermoplasten neue Eigenschaften besitzt, so daß altbewährte Kunststoffe nicht verdrängt, sondern vielmehr neue Anwendungsgebiete erschlossen wurden, für die viele andere Kunststoffe nicht einsetzbar sind. Auf Grund seiner besonderen Eigenschaften wurde Polypropylen sehr bald im Spritzguß- und Strangpreßverfahren sowie für die Herstellung von Fasern und Folien erfolgreich eingesetzt.

In Tab. 92 sind einige Eigenschaften dieses neuen Kunststoffes anderen Polymeren gegenübergestellt.

Tabelle 92:

Eigenschaften von Polypropylen im Vergleich zu Nylon und Polyäthylen

Materialeigenschaft		Polypropylen	Nylon	Polyäthylen hohe Dichte	Polyäthylen niedrige Dichte
Dichte	g/cm³	0,90—0,91	1,13—1,14	0,93—0,97	0,91—0,93
Zugfestigkeit	kp/cm²	250—400	500—700	200—350	100—150
Elastizitätsmodul	$kp/cm^2 \cdot 10^5$	0,1—0,15	0,04—0,35	0,04—0,1	0,01—0,03
Schlagfestigkeit (20/25 °C) Kerblänge	cm · kp/cm	10—26	2,5—25	5,5—33	88
Erweichungsp. (Vicat)	°C	150	210—220	120—128	88—90
Schrumpfen beim Schmelzen	in %	1—2	1—4	1—4	2—5

In der Technik wird fast ausschließlich isotaktisches Polypropylen verarbeitet. Die Verarbeitungseigenschaften des Polypropylens ähneln im allgemeinen denen des Polyäthylens hoher Dichte.

Aus Polypropylen hergestellte Gegenstände sind bis zu 150 °C formbeständig, doch weist der Festigkeitsmodul bei 140 °C nur noch 10% des Wertes bei Raumtemperatur auf, so daß die praktische Gebrauchstemperatur maximal 135 °C beträgt.

Die Verwendung von Polypropylen bei niedrigen Temperaturen ist durch den relativ hohen Versprödungspunkt begrenzt (—10 bis +20 °C). Für die meisten praktischen Verwendungszwecke ist die Schlagzähigkeit hoch genug. Es gibt andererseits auch Mittel und Wege, die Schlagbiegezähigkeit bei niedrigen Temperaturen zu verbessern (Modifizierung mit Kautschuk oder Polyisobutylen, Blockcopolymerisation mit 2—10% Äthylen).

Setzt man unstabilisiertes Polypropylen bei erhöhten Temperaturen dem Sauerstoff aus, so kommt es unter Oxydation und Kettenabbau des Materials zu einer sehr schnellen Versprödung. Eine normale Stabilisierung mit Antioxydationsmitteln erlaubt den Dauereinsatz bei 120 °C für 100 Tage, durch spezielle Stabilisatoren kann die Stabilität auf 2 Jahre bei 120 °C und auf 60—80 Tage bei 140 °C erhöht werden. Für die Lichtstabilisierung von Polypropylen ist ein Zusatz von 1—2% Gasruß besonders wertvoll. Die Neigung zur Spannungsrißkorrosion ist bei Polypropylen wesentlich weniger ausgeprägt als bei Polyäthylen. Für die meisten Verwendungszwecke kann daher eine Spannungsrißbildung normalerweise ausgeschaltet werden.

Polypropylen wird im Spritzgußverfahren zu Gegenständen der verschiedensten Verwendungszwecke, zu Haushalt- und Industriewaren, Behältern usw. verarbeitet. Es vermag auf gewissen Gebieten Metalle, Holz und Glas zu ersetzen [117]. Es wird wegen des höheren Preises im Vergleich zu Polyäthylen bisher meist nur dann eingesetzt, wenn größere Steifigkeit, besserer Glanz und höhere Formbeständigkeit gefordert werden. Die leichte Verpreßbarkeit macht Polypropylen geeignet zur Herstellung von Preßlingen von hoher Formbeständigkeit und sehr dünnwandigen Artikeln. Die Verarbeitungstemperaturen liegen bei 200–280 °C. Sie müssen so niedrig als möglich liegen, da Polypropylen im Vergleich zu Polyäthylen weniger stabil ist.

Zur Herstellung eines durchsichtigen Materials ist es erforderlich, das extrudierte Material schnell abzukühlen, um möglichst kleine Kristalle zu erhalten. Langsames Abkühlen führt zu größeren Sphärolithen [118].

Folien aus Polypropylen werden am günstigsten durch Extrudieren mit einer Breitschlitzdüse hergestellt, da beim Blasen nur Folien mit einem geringeren Glanz und einer stärkeren Trübung entstehen.

Die Eigenschaften einer Polypropylenfolie können durch Recken 10–20 °C unterhalb des Kristallitschmelzpunktes erheblich verbessert werden, hierbei hat besonders die biaxial gereckte Folie Bedeutung erlangt. Die Anwendung des Spritzgußverfahrens auf Polypropylen bereitet keine besonderen Schwierigkeiten. Die Massentemperatur wird hierbei zwischen 200 und 280 °C gehalten. Einmal gefertigte Spritzgußteile verziehen sich nur sehr wenig oder überhaupt nicht. Die

Tabelle 93:

Eigenschaft der Folie		Blasfolie	Extrusionsfolie
Dichte	g/cm^3	0,900–0,908	0,885–0,908
Klarsicht		schlecht bis ziemlich gut	ziemlich gut bis ausgezeichnet
Zugfestigkeit, allgemein		hoch	hoch
Streckgrenze	kp/cm^2	200–400	200–450
Streckdehnung	%	5–20	5–20
Bruchfestigkeit	kp/cm^2	300–700	300–700
Bruchdehnung	%	100–800	100–800
Weiterreißfestigkeit, allgemein		schlecht	ziemlich gut bis gut
Weiterreißfestigkeit	kp/cm	20–500	90–450
Schlagbiegezähigkeit, allgemein		ziemlich gut	ziemlich gut
Schlagzugfestigkeit	$kp\ cm/cm^2$	20–300	20–300
Wasserdampfdurchlässigkeit (∅ 0,05 mm)	$\frac{g}{24\ Std.:m^2}$	–	1,1
Sauerstoffdurchlässigkeit	$10^{-10}\ \frac{cm^3 \cdot cm}{cm^2 \cdot s \cdot Torr}$	–	10
CO_2-Durchlässigkeit		–	30
Heißsiegelbereich	°C	140–175	140–175
Gebrauchstemperaturbereich	°C	–15 bis +130	–15 bis +130

Schrumpfneigung kann durch Druckerhöhung und Verlängerung der Nachdruckzeit verringert werden.

Über die Eigenschaften von Polypropylenfolien unterrichtet die Tab. 93 [119—121].

Im Hinblick auf die Gebrauchseigenschaften und den Preis kann Polypropylenfolie mit Zellglas konkurrieren. Es war jedoch erforderlich, spezielle Verfahren für die Heißsiegelung von Polypropylen zu entwickeln (kurze Siegelzeit, niedrige Siegeltemperatur, hoher Schweißdruck) [122—123]. Die Folien werden vor allem als Sichtverpackung für Lebensmittel und Textilien, weniger für Beutel und Säcke eingesetzt, weiter als Einwickelmaterial. In der Industrie ist sie als Isoliermaterial und als Kaschierung für andere Werkstoffe einsetzbar.

Für das Ziehen von Rohren wird Polypropylen von sehr niedrigem Schmelzindex eingesetzt und dabei bei Temperaturen von 240—250 °C gearbeitet.

Die Umfangsspannungen für Polypropylenrohre werden mit 60—80 kp/cm² angegeben. Die Zeitstandfestigkeit liegt wahrscheinlich zwischen der von Niederdruckpolyäthylen (50 kp/cm²) und der von Hart-PVC (100 kp/cm²), sie verspröden bei Temperaturen um 0 °C. Besonders interessant dürften die Rohre für den Transport von Flüssigkeiten bei höheren Temperaturen sein.

Wie Folien und Rohre sind auch Platten aus Polypropylen durch Extrusion herstellbar. Extrudierte Platten dienen zum Auskleiden von Behältern, vakuumverformtes Prolypropylen für Gehäuse, Koffer u. a. Die hohe Beständigkeit gegenüber Spannungsrissen und Abrieb machen es interessant für die Isolierung von Kabeln und Drähten. Blasverformte Gegenstände, wie Behälter und Flaschen, weisen schon sehr dünnwandig große Härte und Formbeständigkeit auf [124].

Durch Schmelzspinnen kann Polypropylen ohne große Schwierigkeiten zu Fasern und Einzelfäden verarbeitet werden [125—129]. Hierbei ist die Konstruktion der Düse von wesentlicher Bedeutung. Der ausgepreßte Strang wird sofort im Wasserbad abgekühlt. Die zunächst nicht orientierten Fäden werden bei 150 °C durch Verstrecken bis zum Achtfachen orientiert. In kochendem Wasser kann der Faden jedoch erheblich schrumpfen, was durch eine Nachbehandlung, z. B. für einige Sekunden Erwärmen auf 150 °C unter Spannung, vermieden wird.

Tabelle 94:

Eigenschaft		HD-Polyäthylen	ND-Polyäthylen	Polypropylen	Nylon 6
Dichte	g/cm³	0,92—0,93	0,95—0,96	0,90—0,91	1,14
Reißlänge	g/denier	1—3	5—8	5—9	4—9
Bruchfestigkeit	kp/cm²	1000—3000	4500—6500	6500	5000—8500
Bruchdehnung	%	25—50	10—20	15—25	15—30
Steifigkeitsmodul	kp/cm²	1500—3500	5000—10000	10000—13000	30000—55000
Schrumpfung in % bei 100 °C		25—60	5—10	10—15	5—10
Erweichungsbereich	°C	85—120	125—135	150—160	210—220

Normalerweise werden für die Faserherstellung Polymere von nicht allzu hohem Molekulargewicht eingesetzt, lediglich bei der Produktion von Fasern hoher textiler Zähigkeit finden höhermolekulare Produkte Verwendung.

Über die Eigenschaften von Polypropylenfäden im Vergleich zu anderen Polyolefinfasern und Nylon 6 gibt Tab. 94 Auskunft [130].

Das hohe Verhältnis Festigkeit/Gewicht, die ausgezeichnete Chemikalienbeständigkeit und die hohe Geschmeidigkeit begünstigen die Verwendung von Propylen für Fäden zu technischen Zwecken (z. B. Schiffsseile). Ein weiteres Verwendungsgebiet sind Filtertücher in der chemischen Industrie. In der Textilindustrie wird Polypropylen wegen des geringen Gewichtes, der hohen Rückprallelastizität und der ausgezeichneten Abriebfestigkeit zur Herstellung von Decken und Teppichen eingesetzt. Schwierigkeiten macht im Augenblick noch die Einfärbung, daher wird meist mit Pigmenten eingefärbt und die Fasern werden besonders für Teppichrücken eingesetzt. Eine Möglichkeit zur Einfärbung besteht im Zusatz von Metallsalzen und der Einfärbung als Chelat mit dem Farbstoff.

Hochgefülltes Polypropylen (Füllstoffe sind Asbest, Talcum, ZnO, Kaolin u. a.) zeigt eine verbesserte Hochtemperaturfestigkeit. Es war auch möglich, Polypropylen zu verschäumen. Die hierbei entwickelten Typen sind besonders geeignet zur Ummantelung von Fernsprech- und Fernsehkabeln [131] sowie als schalldämpfendes Material. Es ist außerdem gelungen, Polypropylen mit Glasfasern zu verstärken [132—133]. Eine Neuentwicklung sind aus gereckten Polypropylenfolienbändchen hergestellte Säcke [134].

Literatur

[1] K. Mehnert und H. Becher: Kunststoffe **55** (1965), 438—42
[2] E. M. Honeycutt: Chem. Engng. Progr. **61**, *8* (1965), 88—95
[3] K. Vesely: Österreich. Chemiker-Ztg. **68**, *3* (1967), 91—65
[4] M. Farber; Amer. Dyestuff Reporter **55** (1966), P 536—P 541
[5] Brit. P. 471590 (1937), ICI Ltd. (E. W. Fawcett, R. O. Gibson, M. W. Perrin, J. G. Paton und E. G. Williams)
[6] K. Ziegler, E. Holzkamp, H. Breil und H. Martin: Angew. Chem. **67** (1955), 541—47
[7] D. B. P. 878560 (1950), K. Ziegler und H. Gellert
[8] E. Grahms und E. Gaube: Angew. Chem. **67** (1955), 548—56
[10] G. Natta: J. Amer. chem. Soc. **77** (1955), 1708
[11] G. Natta: J. Polymer Sci. **16** (1955), 143
[12] G. Natta: Atti Acad. naz. Lincei, Mem. (VIII), Bd. 4, II. Section **19** (1955), 61
[13] G. Natta und P. Corradini: ibid. **19** (1955), 73
[14] G. Natta: Makromolekulare Chem. **35** (1960), 93—121
[15] G. Natta: Chim. e Ind. [Milano] **42** (1960), 1207
[16] G. Natta: SPE-Journal **15**, *5* (1959), 373—82
[17] R. A. Labine: Chem. Engng. **67**, *13* (1960), 96—99
[18] G. Natta: J. Polymer Sci. **34** (1959), 21—48
[19] T. O. J. Kresser: „*Polypropylen*", New York 1960
[20] M. Sittig: „*Polyolefin Resin Processes*", Houston, Tex. 1961, Gulf Publishing Co.

[21] A. W. Toptschiew und B. A. Krentsel: Polyolefins — „*New Synthetic Materials*“, Moskau 1958, New York 1962
[22] N. G. Gaylord und H. F. Mark: „*Lineare und stereoreguläre Additionspolymere*“, New York 1959
[23] J. M. Goppel: Brit. Plastics **32** (1959), 207—12
[24] A. V. Galanti und Ch. L. Mantell: „*Polypropylen, Fibers and Films*“, New York 1965
[25] D. Ja. Muchinskij und L. A. Potolevskij: „*Die Polymerisation von Propylen*“, Moskau 1964
[26] J. Cech: Chemie (Prague) **9** (1957), 897—905
[27] M. Ottolenghi und C. Crespi: Modern Plastics **35**, *7* (1958), 89—92
[28] G. Bier: Kunststoffe **48** (1958), 354—62
[29] T. Inoue: Yuki Gosei Kagaku Kyokai Shi **17** (1959), 205—12
[30] J. Obloj, J. Beres und M. Szczureh: Przemysl Chem. **38**, (1959), 78—81
[31] A. Gumboldt und H. Schmidt: Chemiker-Ztg. **83** (1959), 636—42
[32] C. E. Farnsworth und C. W. Virgin: Chem. Engng. Progr. **55**, *11* (1959), 166—70
[33] G. W. van Raamsdonk: Kunststoffe **51** (1961), 269—76
[34] Plastics [London] **26**, *285* (1961), 157—63; ibid. **26**, *286*, (1961), 107—12
[35] M. Sittig: Petr. Refiner **40**, *3* (1961), 129—36
[36] M. Compostella, A. Coen und F. Bertinotti: Angew. Chem. **74** (1962), 618—24
[37] G. Szlekys-Gorecka: Polymeri-Tworzywa wielkoczasteczkowe **9** (1964), 293—98; ibid. **9** (1964), 411; ibid. **9** (1964), 458—63
[38] G. Campbell: Plastics [London] **29**, *321* (1964), 59—61, 71; ibid. **29**, *322* (1964), 52—54
[39] B. Gilodo: Kim. Sanayi **12**, *60* (1964), 176—81; ref. C. A. **62** (1965), 13317c
[40] W. R. O'Donnel: Amer. Dyestuff Reporter **54**, *25* (1965), 109—11; ibid. **54** (1965), P-1060 bis P-1062
[41] O. Pesta: Plaste und Kautschuk **12** (1965), 682—88
[42] P. Pesta: Kunststoff-Rdsch. **12** (1965), 461—64
[43] H. W. Haines jr.: Ind. Engng. Chem. **55**, *2* (1963), 30—37
[44] T. Kakagi und S. Yoshioka: Plastics Age [Osaka] **11**, *9* (1965), 51—58; ref. C. A. **63** (1965), 18349f
[45] H. Ikegami, H. Kumura und K. Machida: Kogyo Kagaku Zasshi **69**, *2* (1966), 321—26
[46] A. A. Harban, E. Field, und H. N. Friedlaender: „*15th Annual Tech. Conference of SPE*“, New York, Jan. 1959
[47] P. W. Sherwood: Industrial Chemist **36**, *430* (1960), 595—98
[48] U. S. P. 2962487 (1960), Eastman Kodak Co. (H. W. Coover)
[49] U. S. P. 2962472 (1960), Sun Oil Co. (A. P. Stuart)
[50] U. S. P. 2958688 (1960), Eastman Kodak Co. (H. W. Coover und F. B. Joyner)
[51] U. S. P. 2956992 (1960), DP [DDR] 16980 (1959), VEB Leuna-Werke „Walter Ulbricht“ (G. Geiseler und W. Knothe)
[52] Brit. P. 795182 (1958), U. S. P. 2954367 (1960), Hercules Powder Co.
[53] Brit. P. 1035207 (1966), Dow Chemical Co.
[54] U. S. P. 2952670 (1960), Shell Oil Co. (R. G. Tischer)
[55] U. S. P. 2951066 (1960), Eastman Kodak Co. (H. W. Coover und N. H. Shearer)
[56] Japan. P. 25910 ('65), Mitsui Petrochemical Industries Ltd. (Ch. Tanaka, T. Tokuzumi und H. Fujimara)
[57] U. S. P. 2948712 (1960), Eastman Kodak Co. (H. W. Coover)
[58] U. S. P. 2945845 (1960), Universal Oil Products Co. (L. Schmerling)

[59] U: S. P. 2945018 (1960), Shell Oil Co. (R. G. TISCHER)
[60] U. S. P. 2940962 (1960), Union chimique Belge S. A. (A. VERHEYDEN und P. OCHSNER)
[61] U. S. P. 2938019 (1960), Sun Oil Co. (A. P. STUART)
[62] U. S. P. 2938018 (1960), Universal Oil Products Co. (L. SCHMERLING)
[63] U. S. P. 2938000 (1960), Esso Res. and Engng. Co. (G. G. WANLESS und CH. W. SEELBACH)
[64] U. S. P. 2936302 (1960), Petro-Tex Chemical Corp. (R. H. JONES, R. M. NAGEL und C. N. WOLF)
[65] U. S. P. 2935500 (1960), Phillips Petroleum Co. (G. NOWLIN und H. D. LYONS)
[66] U. S. P. 2935498 (1960), Eastman Kodak Co. (H. J. HAGEMEYER und M. B. EDWARDS)
[67] U. S. P. 2935497 (1960), Sun Oil Co. (A. P. STUART)
[68] U. S. P. 2935496 (1960), Sun Oil Co. (I. L. JEZL)
[69] U. S. P. 2933483 (1960), Eastman Kodak Co. (H. W. COOVER)
[70] U. S. P. 2933482 (1960), Union Carbide Corp. (G. B. STAMPA und A. G. FARNHAM)
[71] K. AZUMA, K. SHIKATA, K. YOKOGAWA und S. NAKAO: Kogyo Kagaku Zasshi 68, 7 (1965), 1245–48
[72] U. S. P. 2930785 (1960), Phillips Petroleum Co. (J. T. EDMONDS)
[73] U. S. P. 2928814 (1960), Sun Oil Co. (I. W. MILLS und WM. A. GALLUP)
[74] U. S. P. 2925410 (1960), Eastman Kodak Co. (H. W. COOVER)
[75] U. S. P. 2925409 (1960), Eastman Kodak Co. (H. W. COOVER und N. H. SHEARER)
[76] U. S. P. 2925408 (1960), Sun Oil Co. (I. W. MILLS)
[77] U. S. P. 2921056 (1960), Sun Oil Co. (A. P. STUART)
[78] U. S. P. 2920062 (1960), Du Pont de Nemours und Co. (R. MC FARLAND)
[79] U. S. P. 2919266 (1959), Sun Oil Co. (J. L. LAUER)
[80] U. S. P. 2918458, 2918459 (1959), Phillips Petroleum Co. (G. NOWLIN und H. D. LYONS)
[81] U. S. P. 2914515 (1959), Sun Oil Co. (A. P. STUART)
[82] U. S. P. 2913442 (1959), Hercules Powder Co. (A. S. MATLACK)
[83] U. S. P. 2912424 (1959), Eastman Kodak Co. (G. O. CASH)
[84] U. S. P. 2912421 (1959), Standard Oil Co. (O. O. JUVELAND und W. S. HIGHLEY)
[85] U. S. P. 2909511 (1959), Hercules Powder Co. (W. W. THOMAS)
[86] U. S. P. 2909510 (1959), Hercules Powder Co. (W. W. THOMAS)
[87] U. S. P. 2908670 (1959), Eastman Kodak Co. (H. J. HAGEMEYER und M. B. EDWARDS)
[88] U. S. P. 2908669 (1959), Eastman Kodak Co. (H. J. HAGEMEYER und M. B. EDWARDS)
[89] U. S. P. 2905661 (1959), BASF (H. MÜHLBAUER und H. WEBER)
[90] U. S. P. 2905646 (1959), Montecatini Soc. (G. NATTA, G. MAZZANTI und P. LONGI)
[91] U. S. P. 2903404 (1959), Standard Oil Co. (K. OITA und TH. D. NEVITT)
[92] U. S. P. 2899414 (1959), Sun Oil Co. (TH. S. MERTES)
[93] U. S. P. 2899413 (1959), Eastman Kodak Co. (H. J. HAGEMEYER und M. B. EDWARDS)
[94] U. S. P. 2898328 (1959), ICI Ltd. (H. W. B. READ und WM. E. A. MITCHELL)
[95] A. P. FIRSSOW, A. D. TER-GASARJAN, B. N. KASCHPOROW und N. M. TSCHIRKOW: Vysokomolekuljarnye Soedinenija 6 (1964), 352–61
[96] U. S. P. 2893984 (1959), Esso Res. and Engng. Co. (C. W. SEELBACH und W. J. G. MCCULLOCH)
[97] U. S. P. 2890212 (1959), Sun Oil Co. (J. G. MURRAY)
[98] U. S. P. 2887471 (1959), Eastman Kodak Co. (N. H. SHEARER und H. W. COOVER)
[99] U. S. P. 2882263 (1959), Montecatini Soc. (G. NATTA, P. PINO und G. MAZZANTI)
[100] A. ZAMBELLI, G. NATTA und I. PASQUON: J. Polymer Sci. C **1963** (*4*), 411–26

[101] I. L. Mateo, R. Garzon und J. L. Yufiesta: Rev. Platicos Mod. **16**, *103* (1965), 1—10
[102] U. S. P. 2881156 (1959), Standard Oil Co. (Indiana) (F. L. Pilar, H. N. Friedlaender, O. O. Juveland und E. Field)
[103] U. S. P. 2874153 (1959), Esso Res. and Engng. Co. (L. W. Bowman und R. F. Leary)
[104] Wm. J. Bailey und E. T. Yates: J. org. Chem. **25** (1960), 1800—04
[105] U. S. P. 2833755 (1958), Eastman Kodak Co. (H. W. Coover)
[106] U. S. P. 2824090 (1958), Eastman Kodak Co. (M. B. Edwards und H. J. Hagemeyer)
[107] U. S. P. 2820778 (1958), BASF (H. Spänig und H. R. Hensel)
[108] J. F. Gillespie und J. W. L. Fordham: Ind. Engng. Chem. **51**, *11* (1959), 1365—68
[109] U. S. P. 3050471 (1962), A. W. Anderson, J. M. Bruce, N. G. Merckling und L. W. Truett
[110] U. S. P. 3138578 (1964), D. F. Hoeg
[111] D. B. P. 874215 (1953), M. Fischer
[112] R. van Helden, H. P. Braendlin, A. F. Bickel und E. C. Kooyman: Tetrahedron Letters **1959** (*12*), 24
[113] H. W. Coover jr. und F. B. Joyner: J. Polymer Sci. **A 3** (1965), 2407
[114] T. J. Miranda und G. F. D'Alelio: Proc. Indiana Acad. Sci. **75** (1965), 73—80; ref. C. A. **66** (1967) 18899x
[115] R. G. Griskey und N. Waldman: Modern Plastics **43**, *8* (April 1966), 160—61, 218
[116] P. Parrini und L. Pinto: Materie plast. Elastomeri **31** (1965), 268—79, 1207—19, 1244
[117] Anonym: Mod. Plastics **38**, *12* (1961), 72
[118] P. W. O. Wijga: Rubber J. and Internat. Plastics **134**, *19* (1958), 754
[119] Mod. Packaging Encycl. **1960**, 149
[120] Mod. Plastics Encycl. **1959**, 696, 700
[121] H. Mark: Chem. Industrie **16** (1964), 701—04
[122] K. Richard, G. Diederich und E. Gaube: Kunststoffe **49** (1959), 671
[123] R. L. van Boskirk: Mod. Plastics **37**, *9* (1960), 41
[124] P. C. Webbs: Plastics, Dezember 1965, 54—55
[125] B. C. M. Dorset: Textile Manufacturing **87** (1961), 503—07
[126] E. Z. Cohen: Amer. Dyestuff Reporter **51**, *16* (1962), 43—47
[127] J. E. McIntyre and R. J. B. Marsden: Rev. Textile Progr. **16** (1964), 50—69
[128] P. van Oost: Chemiefasern **16**, *6* (1966), 480—84
[129] Mod. Textiles Magazin **43**, *12* (1962), 21, 46—47
[130] V. L. Ehrlich: Mod. Textiles Magazin **39**, *11* (1958), 59; Text. Res. J. **29** (1959) 209. 679
[131] F. Scalari: Materie plast. Elastomeri **28** (1962), 570—73
[132] Anonym: Plastics **31**, *344* (1966), 719—21
[133] Plastica **5**, (1966), 190—93
[134] O. Pesta: Österreich. Chem.-Ztg. **68**, *3* (1967), 95

19. Äthylen-Propylen-Copolymere [1—26, 135]

Die Grundlagen für die Synthese dieser neuartigen makromolekularen Produkte waren durch die Arbeiten von K. Ziegler und G. Natta über die Verwendung metallorganischer Mischkatalysatoren oder Koordinationskatalysatoren geschaffen worden.

Mit solchen Katalysatorsystemen war neben der Polymerisation von Äthylen und Propylen auch die stereospezifische Polymerisation von 1.4-Butadien und Isopren zu Stereokautschuken ermöglicht worden. Diese neuen Produkte sind im sterischen Aufbau dem Naturkautschuk sehr ähnlich. Sie besitzen demzufolge in vielfacher Hinsicht auch die günstigen Eigenschaften des Naturkautschuks.

Mit metallorganischen Katalysatorsystemen, beispielsweise solchen aus Titan- oder Vanadiumverbindungen und Beryllium-, Zink- oder Aluminiumorganoverbindungen gelang es schließlich, durch Copolymerisation von Äthylen und Propylen [27] einen weiteren außerordentlich interessanten Kunststoff mit den Eigenschaften eines Elastomeren herzustellen.

Diese Äthylen-Propylen-Copolymeren, bekannt geworden unter der Bezeichnung EPR, sind im Bereich mittlerer Zusammensetzung bei statistischer Verteilung der Monomereinheiten über das Makromolekül amorphe Substanzen, welche dem unvulkanisierten Naturkautschuk in ihrem Aussehen ähneln. Derartige Polyolefin-Kautschuke erhalten jedoch die interessanten mechanischen Eigenschaften ebenso wie der Naturkautschuk erst nach Vulkanisation.

Eine Vernetzung von Äthylen-Propylen-Copolymeren ist auf Grund ihres gesättigten Charakters mit den in der Gummiindustrie üblichen Schwefel-Vulkanisationsbeschleuniger-Systemen nicht möglich. Man kann sie zwar durch Verwendung organischer Peroxide ebenfalls vernetzen, doch ist die peroxidische Vernetzung nicht in allen Fällen anwendbar.

Es mußten daher die Copolymeren so abgewandelt werden, daß eine Vulkanisation mit den konventionellen Schwefel-Beschleuniger-Systemen möglich wurde.

Es wurde nun gefunden, daß die für eine Vernetzungsreaktion notwendigen Doppelbindungen durch Einbau eines mehrfach ungesättigten aliphatischen oder cycloaliphatischen Kohlenwasserstoffs in die Copolymeren geschaffen werden können.

So gewonnene Terpolymere können, ähnlich dem natürlichen Kautschuk, mit Schwefel u. a. vulkanisiert werden. Diese Produkte werden zur Unterscheidung gegenüber den reinen Copolymeren mit EPDM oder EPT bezeichnet.

Erstmals wurde die Herstellung von amorphen bzw. vorwiegend amorphen Mischpolymerisaten von G. NATTA [28] im Jahre 1955 beschrieben, nachdem schon im Jahre 1954 von ZIEGLER und MONTECATINI [29] die Mischpolymerisation von Äthylen mit α-Olefinen zum Patent angemeldet worden war.

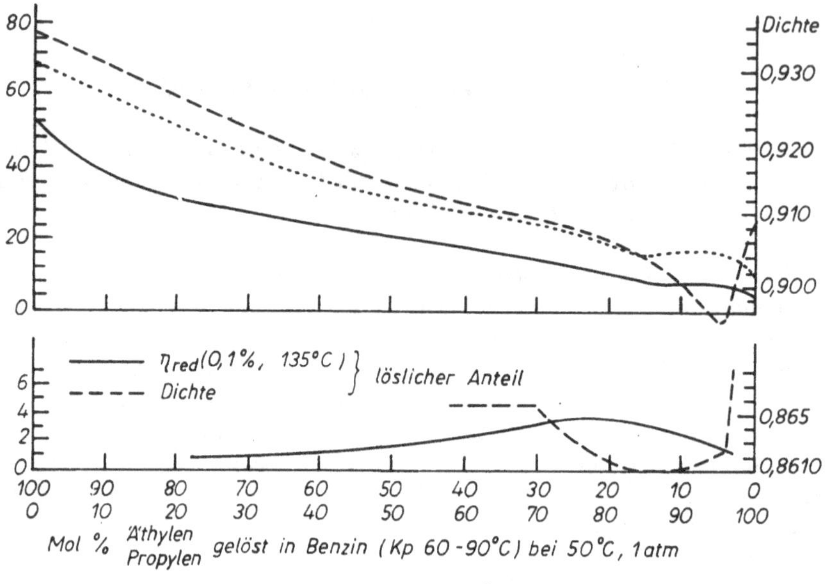

Abb. 76: Mischpolymerisation Äthylen/Propylen

.... Polymerisationsgeschwindigkeit [g/h]
——— η_{red} (0,1% Dekalin, 135 °C) } Schema 1: unlöslicher Anteil; Schema 2: löslicher Anteil
– – – Dichte

Bei eingehender Untersuchung der Mischpolymerisation wurden auch die unterschiedlichen Äthylen-Propylen-Kombinationen überprüft. Dabei zeigte sich, daß bei Verwendung der üblichen ZIEGLER-Katalysatorsysteme bei Einsatz von viel Äthylen mit wenig Propylen und bei Einsatz von Propylen mit wenig Äthylen viel kristallines und wenig amorphes Polymerisat entsteht. Bei mittleren Mischbereichen entstehen dagegen sehr hohe Anteile an löslichem amorphen Mischpolymerisat.

Je propylenreicher das eingesetzte Olefinmischgas ist, desto höher ist dessen Löslichkeit im Dispergiermittel.

Trotz der höheren Monomerenkonzentration nimmt bei Verwendung des gleichen Katalysators die Polymerisationsgeschwindigkeit mit Zunahme des Verhältnisses Propylen zu Äthylen ab (Abb. 76). Ebenfalls verringert sich das Molekulargewicht (*η red*). Auf der Polyäthylen-Seite wird der lösliche Anteil in geringerem Maße durch Zugabe von Propylen beeinflußt, als es auf der Polypropylen-Seite bei Zugabe von Äthylen der Fall ist (Abb. 77). Die ungelösten äthylen- bzw. propylenreichen Polymerisate sind kristallin, die löslichen amorph oder wenig kristallin.

Ausgehend von den oben genannten Veröffentlichungen begann zunächst die technische Entwicklung des hauptsächlich mit Peroxiden vulkanisierbaren Äthylen-Propylen-Kautschuks. Jedoch bereits im Jahre 1962 [30, 31, 32] erschienen dann die ersten Veröffentlichungen über die Verwendung eines Diens als 3. Komponente der Copolymerisation und der dadurch möglichen Vulkanisation mit Schwefel.

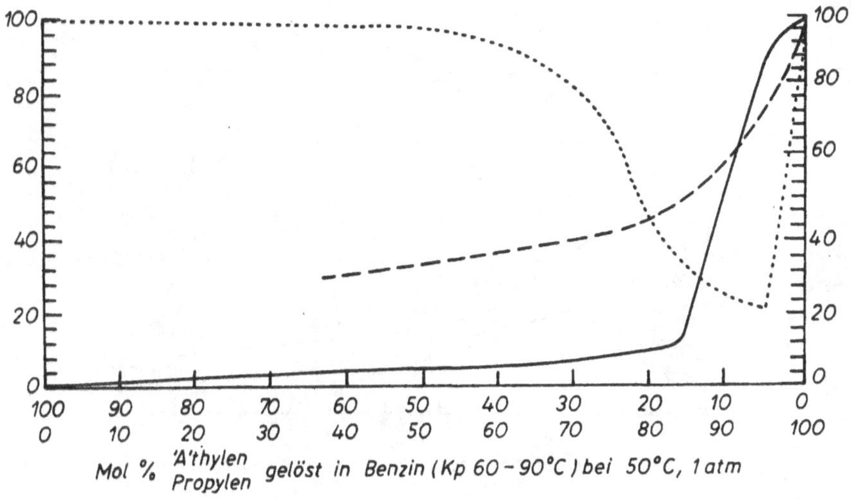

Abb. 77: Mischpolymerisation Äthylen/Propylen

.... Gew.-% unlöslicher Anteil (Benzin, 50 °C)
——— Gew.-% Propylen (CH_3-Gehalt aus IR-Analyse) } vom unlöslichen Anteil
– – – Fehler: ± 0,2 – 2% } vom löslichen Anteil

Die Weltproduktion an Äthylen-Propylen-Kautschuk und insbesondere Äthylen-Propylen-Terpolymer lag 1966 bei etwa 50000 t und dürfte 1969 auf etwa 120 000 t ansteigen [33].

19.1. Thermoplastische Propylencopolymere

Durch nicht statistische Copolymerisation von Propylen mit geringen Mengen an Äthylen gelingt es, Copolymere zu erhalten [34], bei denen Härte, Steifheit, Erweichungspunkt, Dimensionsstabilität und das gute Kriechverhalten des Polypropylens sowie das gute Spannungsrißkorrosionsverhalten und die Hitzestabilität erhalten bleiben. Einen Überblick über die Abhängigkeit der Eigenschaften von der Zusammensetzung gibt Abb. 78. Die Schlagzähigkeit bei Raum- und niedrigeren Temperaturen und die Schmelzflußeigenschaften werden sogar noch verbessert. Derartige Copolymere eignen sich besonders für die Spritzgußverarbeitung in großen Mengen an Stelle des reinen Polypropylens [35]. Von der ICI werden derartige Copolymere bereits ab 1960 unter dem Namen „Propathen-Copolymer GWM-101", bevorzugt für die Spritzgußverarbeitung (Herstellung von Flaschenkörben und ähnlichen Behältern), und „Propathen-Copolymer GWM-102", bevorzugt für die Verarbeitung nach dem Blasverfahren (zur Herstellung von Milch-, Bier-, Limonadeflachen) in den Handel gebracht [36]. Die Entwicklung auf

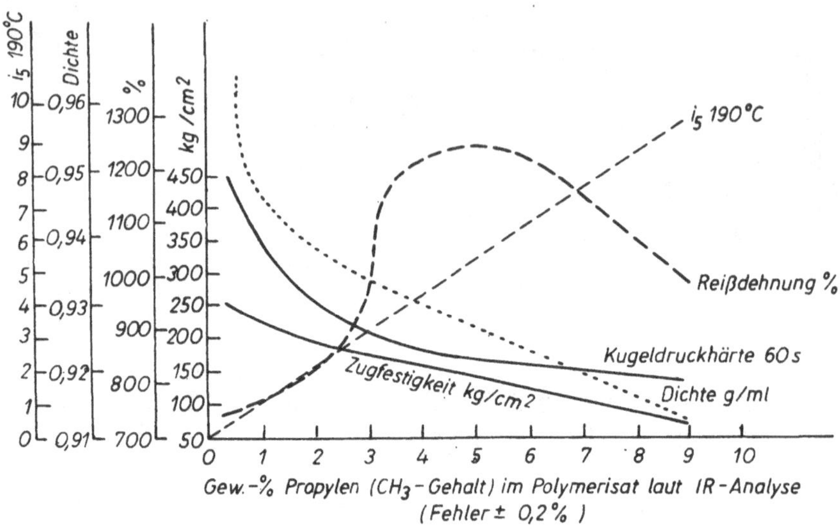

Abb. 78: Beeinflussung der Eigenschaften der Polymerisate durch Zugabe von Propylen bei der Äthylen-Polymerisation

diesem Gebiet wird vor allem durch die Firma ICI Ltd. bearbeitet, ein starker Produktionsanstieg ist hier zu erwarten. Es wird angenommen, daß schon 1970 50% des gesamten Polypropylens als Copolymer ausgeliefert wird [134].

19.2. Elastomere Äthylen-Propylen-Copolymere

19.2.1. Untersuchungen zur Copolymerisation

Für die Herstellung der Copolymerisate werden unterschiedliche Katalysatorsysteme eingesetzt:

a) Katalysatorsysteme, die in Kohlenwasserstoffen löslich sind,
b) Katalysatorsysteme, die in Kohlenwasserstoffen unlöslich sind.

Einen Überblick über verschiedene, in Kohlenwasserstoffen unlösliche Katalysatorsysteme gibt die Tab. 95.

Tabelle 95:

In Kohlenwasserstoffen unlösliche Katalysatorsysteme

1. Komponente	2. Komponente	Kristallinität des erhaltenen Copolymers	Lit.-Angabe
Triäthyl-Al	$TiCl_4$	10%	[37–39]
Triisobutyl-Al	$TiCl_4$	—	[40–41]
Trihexyl-Al	$TiCl_4$	0%	[37, 42]
Trihexyl-Al	$TiCl_3$	0%	[37]
Diäthyl-AlCl	$TiCl_3$	—	[28, 43]
Trihexyl-Al	$TiCl_2$	—	[37]
Trihexyl-Al	VCl_3	0%	[44]
Diäthyl-AlCl	VCl_3	—	[45]
$TiCl_3$/n $AlCl_3$	Komplexbildner (Äther, Thioäther, tert. Amin oder Phosphin)	—	[46]
VCl_4	$HAlCl_2$-Diäthyläther	—	[47]
VCl_4	H_3Al-Trimethylamin	—	[48]
VCl_4	$HAlCl_2$-Trimethylamin	—	[48]
VCl_4	$H_2AlN(CH_3)_2$	—	[48]
VCl_4	$HAlBr \cdot N(CH_3)_2$	—	[48]

Als in Kohlenwasserstoffen lösliche Katalysatorsysteme werden vorgeschlagen (Tab. 96):

Tabelle 96:

In Kohlenwasserstoffen lösliche Katalysatorsysteme

1. Komponente	2. Komponente	Lit.-Angabe
Triisobutyl-Al	VCl_4	[49, 50]
Trihexyl-Al	VCl_4	[51–54]
Diisobutyl-AlH	VCl_4	[55]
Diäthyl-AlCl	VCl_4	[56]
Triäthyl-Al_2Cl_3	VCl_4	[57]
Triisobutyl-Al	$VOCl_3$	[58–62]
Trihexyl-Al	$VOCl_3$	[63–65]
Diäthyl-AlCl	$VOCl_3$	[56, 66, 67]
Triäthyl-Al_2Cl_3	$VOCl_3$	[57, 68]
Triäthyl-Al_2Cl_3	Äthoxy-$VOCl_2$	[68, 69]
Diäthyl-AlCl	Äthoxy-$VOCl_2$	[69, 70]
Triäthyl-Al_2Cl_3	Triisobutyl-VO	[68, 71]
Diäthyl-AlCl	VO(*Acac*)$_2$	[70, 72]
Diäthyl-AlCl	V(*Acac*)$_3$	[73]
Diäthyl-AlCl	VCl(*Acac*)$_2$	[72]
Triäthyl-Al_2Cl_3	VO(*Acac*)$_2$	[74]
Triäthyl-Al_2Cl_3	V(*Acac*)$_3$	[74]

(*Acac*) = Acetylacetonatrest

Die verschiedenen Katalysatorsysteme verhalten sich bei der Homopolymerisation von Äthylen und Propylen sowie bei deren Copolymerisation miteinander unterschiedlich. Während Trihexyl-Al/$TiCl_3$ [37] und Trihexyl-Al/VCl_3 [44] bei der Homopolymerisation kristallisierte Polymere liefern, ergeben sie bei der Copolymerisation ein amorphes Produkt. Dagegen entstehen in Gegenwart von Trihexyl-Al/$VOCl_3$ [64] und Trihexyl-Al/VCl_4 [51] sowie von Diäthyl-AlCl/V(*Acac*)$_3$ [73] sowohl bei der Homo- als auch bei der Copolymerisation amorphe Polymere. Die Alkylkette der Al-Organoverbindungen muß für die Entstehung eines amorphen Produktes eine gewisse Mindestlänge besitzen. Die Reaktivitätsverhältnisse bei der Copolymerisation sind für die verschiedenen Katalysatorsysteme unterschiedlich. Die Tab. 97 zeigt dies an einigen Beispielen [28, 37, 46].

Tabelle 97:

Reaktivitätsverhältnisse verschiedener Katalysatorsysteme

Katalysator	$r_{C_2H_4}$	$r_{C_3H_6}$
Trihexyl-Al/$TiCl_4$	33,36	0,032
Trihexyl-Al/$TiCl_3$	15,72	0,110
Trihexyl-Al/$TiCl_2$	15,72	0,110
Trihexyl-Al/VCl_3	5,61	0,146
Trihexyl-Al/VCl_4	7,08	0,088
Trihexyl-Al/$VOCl_3$	17,95	0,065
Diäthyl-AlCl/V(*Acac*)$_3$	15,0	0,04
Äthyl-$AlCl_2$/VO(O*R*)Cl_2	17,5	0,05

Die maximale Aktivität des Katalysators wird bei einem Verhältnis Al/*Me* von 1:2 erhalten, als Lösungsmittel eignen sich aliphatische Kohlenwasserstoffe mehr als aromatische. Die Polymerisationstemperaturen liegen bei 0 bis —30 °C, auch die Katalysatorherstellung erfolgt vorzugsweise bei diesen Temperaturen. Will man die in Kohlenwasserstoffen löslichen Katalysatoren noch oberhalb 0 °C einsetzen, so fügt man komplexbildende Agentien wie z. B. Äther, Thioäther, tert. Amine oder Phosphine, die wenigstens einen verzweigten Alkylrest oder einen aromatischen Kern enthalten, hinzu.

Eine Alterung des Katalysatorsystems hat unterschiedliche Auswirkungen auf die Copolymerisation. Im Falle des Systems Trihexyl-Al/$VOCl_3$ ändert sich die Zusammensetzung des Copolymeren bei wechselnder Alterung kaum [37, 44, 51, 63, 73]. Ebenso ist es der Fall bei Verwendung von Trihexyl-Al/VCl_3. Wird aber Trihexyl-Al/V(*Acac*)$_3$ verwendet, so fällt die Viskosität nach Alterung des Katalysators ab [73].

Während wechselnde Katalysatorkonzentrationen kaum die Zusammensetzung des Copolymers beeinflussen, kommt es bei fallender Konzentration an VCl_4 zu einer Zunahme der Intrinsic-Viskosität, wie Tab. 98 zeigt (System Trihexyl-Al/VCl_4; 25 °C; Lösungsmittel Heptan).

Tabelle 98:

Copolymerisation mit Trihexyl-Aluminium/VCl_4 bei verschiedenen Konzentrationen und verschiedenen Polymerisationszeiten in Heptan

Konzentration an VCl_4 (Mol)	Polymerisationsdauer (Min)	Intrinsic-Viskosität (in Tetralin bei 135 °C)
$12{,}7 \cdot 10^{-4}$	4	2,14
$8{,}44 \cdot 10^{-4}$	6	2,83
$5{,}65 \cdot 10^{-4}$	8	3,90
$3{,}75 \cdot 10^{-4}$	10	4,44

Die Copolymerausbeute durchläuft in vielen Fällen in Abhängigkeit vom Verhältnis Al/V ein Maximum (vgl. Tab. 99), es liegt bei Verwendung von Trihexyl-Al/VCl_4 bei Al/V = 2,5 [75]. Auch die Polymerisationsgeschwindigkeit durchläuft ein Maximum, das bei unterschiedlichen Al/V-Verhältnissen liegen kann [48].

Tabelle 99:

Übersicht über einige optimale Al/V-Verhältnisse bei der Copolymerisation

1. Komponente	2. Komponente	3. Komponente	Optimales Al/V-Verhältnis
VCl_4	$AlHCl_2$	Diäthyläther	2,5—3
VCl_4	$AlHCl_2$	Triäthylamin	1,8
VCl_4	$HAlBr \cdot N(CH_3)_2$	—	1,25
$TiCl_4$	$AlHCl_2$	Diäthyläther	1,5
VCl_4	$H_2AlN(CH_3)_2$	—	0,8—1,0
$TiCl_4$	$H_2AlN(CH_3)_2$	—	1,0
VCl_4	AlH_3	Trimethylamin	0,6—0,8
$TiCl_4$	AlH_3	Trimethylamin	0,5
V(*Acac*)$_3$	Diäthyl-AlCl	—	3,5 [73]

Ebenso verändert eine wechselnde Polymerisationsdauer die Zusammensetzung der Copolymeren nicht. Es kommt jedoch nach einer gewissen Zeit, insbesondere bei den löslichen Kontakten, zu einer Abnahme der Katalysatoraktivität. Durch Zugabe von Hexachlorcyclopentadien [75] ist hier eine Reaktivierung möglich, so daß sich die Katalysatorausnutzung auf das Mehrfache steigern läßt. Ebenso gelingt eine Reaktivierung durch Erhitzen des Katalysatorsystems [76].

Eine Regulierung des Molgewichts der Äthylen-Propylen-Copolymeren kann durch Zugabe von Dialkyl-Zn-Verbindungen [77] erreicht werden; diese wirken durch Organoalkylaustausch. Auch durch Zugabe von Wasserstoff [78], der den aktiven Katalysatorkomplex hydrogenolytisch spaltet, läßt sich eine Regulierung des Molgewichts erreichen.

19.2.2. Technische Durchführung der Copolymerisation

Die Copolymerisation kann in ähnlicher Weise wie die Polymerisation von Propylen (vgl. Abb. 75) durchgeführt werden. Beim diskontinuierlichen Verfahren arbeitet man in einem Autoklaven, indem bei —65 °C zunächst Propylen flüssig eingegeben wird und anschließend Äthylen bis zu einem Druck, der der gewünschten Gaszusammensetzung entspricht, zugeführt wird. Die beiden Komponenten können auch in Heptan, Cyclohexan oder Benzol gelöst werden. Die Katalysatorkomponenten werden getrennt, gelöst in Kohlenwasserstoffen, zugegeben. Die Polymerisation dauert etwa 10—40 Minuten, abgestoppt wird die Reaktion durch Zugabe eines Alkohols. Das Reaktionsgemisch wird zur Entfernung von Vanadium- und Aluminiumverbindungen mit Säuren behandelt und nach Reinigung eines Antioxydans zugegeben, um das Copolymer zu stabilisieren.

Ein kontinuierlich arbeitendes Verfahren wird in einem italienischen Patent beschrieben [79]. Es arbeitet mit dem Katalysatorsystem Triisobutyl-Al/$VOCl_3$, Verhältnis Al/V = 4:1, gelöst in Benzol. Ein Äthylen-Propylen-Gemisch (1:3,45) und gleichzeitig die Katalysatorlösung werden zugegeben. Die Reaktion erfolgt bei einer Temperatur von 39 °C und einem Druck von 5 at.

19.2.3. Die Vulkanisation des Äthylen-Propylen-Kautschuks

19.2.3.1. Die Vulkanisation durch Peroxide

Die Vulkanisation durch Peroxide erfolgt durch freie Radikale [80], die durch Erwärmen der mit Peroxid versetzten Mischung auf 130—150 °C entstehen. Diese freien Radikale entziehen den Polymerketten Wasserstoff. Die Vereinigung der in dieser Weise gebildeten Polymer-Radikale führt zur gewünschten Vernetzung der Polymerketten. Die entstehenden Brücken sind Kohlenstoff-Kohlenstoff-Bindungen:

$$R{-}O{-}O{-}R \rightarrow 2\,RO^*$$
$$2\,RO^* + 2\,PH \rightarrow 2\,P^* + 2\,ROH$$
$$P^* + P^* \rightarrow P{-}P \quad (P = \text{Polymerisat})$$

Die Peroxidvulkanisation kann durch gleichzeitige Zugabe von Schwefel gefördert werden [81]. Hierbei reagiert der Schwefel mit dem Polymerradikal unter Bildung eines Persulfenylradikals, das sich an durch Disproportionierung des Polymerradikals entstandene Doppelbindungen anzulagern vermag unter Ausbildung einer Schwefelbrücke. Aus dem Verbrauch von 3 Schwefelatomen auf ein Mol Peroxid kann auf das Vorliegen von Trisulfidbrücken geschlossen werden [82], doch auch Pentasulfidbrücken werden vermutet.

Das wichtigste Peroxid für die Vulkanisation des Äthylen-Propylen-Kautschuks ist das Dicumylperoxid [80, 83—93]. Die Vulkanisation wird normalerweise bei 155 °C durchgeführt. Die Vulkanisationsdauer beträgt im allgemeinen

45 Minuten. Für eine wirkungsvolle Nachvulkanisation kann noch kurze Zeit (etwa 1—2 Min.) auf 200 °C erhitzt werden. Die Temperatur von 145 °C muß überschritten werden, da Dicumylperoxid darunter stabil ist [81]. Die Tab. 100 gibt die Eigenschaften eines unter verschiedenen Bedingungen erhaltenen Vulkanisats an.

Tabelle 100:

Übersicht über die Eigenschaften eines unter verschiedenen Bedingungen erhaltenen Äthylen-Propylen-Copolymer-Vulkanisats

	Dicumylperoxid 4 Teile	Dicumylperoxid 4 Teile Schwefel 1 Teil	Dicumylperoxid 4 Teile Schwefel 2 Teile Mennige 10 Teile G. M. F. 2 Teile
Vulkanisationstemperatur (°C) und -dauer (Min.)	160°/30	154°/40	154°/40
Zugfestigkeit (psi)	2690	3320	3340
Modul bei 300% Dehnung (psi)	1310	1135	1375
Bruchdehnung (%)	320	420	415

G. M. F. = Chinondioxim

Als weitere Peroxide für die Vulkanisation wurden vorgeschlagen: Dibenzoylperoxid [84, 93, 94], 2.5-Dimethyl-2.5-bis-[benzoylperoxy]-hexan [84], tert.-Butylperacetat [84], 4.4-Bis-[tert.-butylperoxy]-valeriansäure-n-butylester [84], tert.-Butylperbenzoat [84, 93], 2.5-Dimethyl-2.5-bis-[tert.-butylperoxy]-hexan [84], 2.5-Dimethyl-2.5-bis-[tert.-butylperoxy]-hexin-(3) [84], Di-tert.-butylperoxid [84, 92, 93, 95—97], Cumyl-tert.-butylperoxid [75], Tetrachlor-tert.-butylperoxid [96, 98], Peroxyphthalsäure [99], Bis-[4.4-bis-(tert.-butylperoxy)-cyclohexyl]-propan [100], 4.4-Bis-(tert.-butylperoxy)-pentansäuremethylester [100], Ketalperoxide [101] usw.

Durch Zumischen von Coagenzien, wie amorphes Polypropylen oder ternäre Copolymere des Propylens, ist eine Modifizierung des Grades der Peroxidvernetzung möglich [82]. Als weitere Modifikatoren der Vernetzung werden vorgeschlagen: Chinondioxim, Dinitrosobenzol, Diphenylguanidin, Divinyladipat, Triallylcyanurat, Diallylphthalat, Chinon, Polybutadien, (Buton 150), Äthylendimethacrylat [84], N.p-Dinitroso-N-methylanilin (Elastopar; Monsanto Chemical Co.), Dibenzoyl-p-chinondioxim (Dibenzo G.M.F.), m-Phenylenbismaleinimid [102]. Von Lenas [103] werden eine Reihe mono- und polyfunktioneller Monomerer und Polymerer vorgeschlagen, die als Coagenzien bei der Peroxidvulkanisation eingesetzt werden können.

Eine Beschleunigung der Vulkanisation ist möglich durch Zusatz einer der folgenden Verbindungen: Eisensalze verschiedener organischer Säuren (Tallat, Stearat, Naphthenat, Äthyl-2-hexanoat, Oxalat), $FeCl_2$, $FeCl_3$, $AlCl_3$, Kombination von Fe_2O_3 mit einer der vorstehend genannten Säuren. Optimale Rußtype für die Verbesserung der Eigenschaften des Äthylen-Propylen-Kautschuks ist S.A.F.-Ruß (Super abrasion furnace) [80, 104]. Weiterhin werden als Vulkanisationshilfsmittel noch Weichmacher (aromatische Öle), Silicagel oder Ton zugesetzt, letztere, um restliches Peroxid und andere Verunreinigungen zu adsorbieren.

19.2.3.2. Weitere Vulkanisationsverfahren

Eine Vulkanisation durch Basen ist möglich durch Aufpfropfen saurer Gruppen (Maleinsäureanhydrid, Maleinsäure usw.) auf Äthylen-Propylen-Kautschuk.

19.2.3.3. Vulkanisation chlorierter Äthylen-Propylen-Copolymerer

Äthylen-Propylen-Copolymere können leicht chloriert werden [105]. Ein Copolymer mit 40% Chlor ist weich, ein solches mit 30% noch flexibel. Eine Vulkanisation solcher Produkte gelingt mit Schwefel und Tetramethylthiuramdisulfid vorteilhaft in Gegenwart von ZnO, sie wird vollständig unter nochmaliger Verbesserung der Eigenschaften nach Zusatz von Mercaptobenzthiazol [106]. Auch durch Bromierung von Äthylen-Propylen-Kautschuk wird ein ausgezeichnet vulkanisierbares Produkt erhalten [107]. Weiterhin wurden ZnO allein, Polythiole + ZnO, Dithiocarbamate, Trithiocarbonate usw. für die Vulkanisation derartiger Produkte vorgeschlagen [108]. Ein Nachteil des Einsatzes der chlorierten Vulkanisate ist ihre verminderte Ozonresistenz, da es während der Chlorierung auch zu einer Dehydrochlorierung unter Ausbildung von Doppelbindungen kommen kann.

19.3. Elastomere Äthylen-Propylen-Terpolymere

19.3.1. Durchführung der Terpolymerisation

Wegen der Unzulänglichkeiten der Vulkanisation von Äthylen-Propylen-Copolymeren durch Peroxide und der einfacheren Durchführung der Polymerisation mittels Schwefel wurde, wie bereits erwähnt, eine dritte Komponente, nämlich ein Dien, einpolymerisiert, um auf diese Weise Doppelbindungen in das Copolymer einzuführen.

Einen Überblick über bisher vorgeschlagene Diene als 3. Komponente gibt die Tab. 101.

Die endständige Doppelbindung der aliphatischen Diene reagiert bei der Copolymerisation, während die im Inneren des Moleküls befindliche Doppelbindung für die spätere Vulkanisation zur Verfügung steht. Man bevorzugt Diene mit nur einer endständigen Doppelbindung, weil es bei Verwendung von Dienen mit zwei endständigen Doppelbindungen teilweise zu einer Cyclisierung und damit zur

Tabelle 101:

Diene, die als 3. Komponente für Äthylen-Propylen-Terpolymere vorgeschlagen wurden

Dien	Lit.-Angabe
Pentadien-(1.4)	[30]
2-Methylpentadien-(1.4)	[30]
Hexadien-(1.5)	[30]
Hexadien-(1.4)	[30]
2-Methylhexadien-(1.5)	[30]
Decatrien-(1.4.9)	[109]
11-Äthyltridecadien-(1.11)	[30]
6-Methylheptadien-(1.5)	[30]
Cycloheptadien-(1.4)	[109]
cis.cis-Cyclooctadien-(1.5)	[108, 110—113]
cis.cis-Methylcyclooctadien-(1.5)	[114]
1-Methyl-cis.cis-cyclopentadien	
Dicyclopentadien	[30, 110, 115—121]
4.7.8.9-Tetrahydroinden	[109]
Norbornen	[110]
2-Methylennorbornen	[30, 122]
Norbornadien	[110]
Alkyl-2-norbornadien (*Alkyl* = C_8—C_{24})	[108]
5-Äthylidennorbornen	[116]
4-Vinylcyclohexen	[117]
Cyclooctatetraendimer	[117]
Bicyclo-[3.2.0]-heptadien-(2.6)	[109]
1.2-Divinylcyclobutan	[109]
1.2.4-Trivinylcyclohexan	[109]
Alkylidentetrahydroinden	—

Verunreinigung des Elastomeren durch eine unlösliche Fraktion kommt. Bei den cyclischen Dienen ist jeweils die Doppelbindung im Bicyclus die aktivere.

Für die Terpolymerisation können die gleichen Katalysatorsysteme wie bei der Äthylen-Propylen-Copolymerisation eingesetzt werden. Die Möglichkeit, ein drittes Monomer bei Verwendung des Katalysatorsystems Trialkyl/Al-$VOCl_3$ erfolgreich einzubauen, fällt in nachstehender Reihenfolge ab:

Norbornene	Leicht
11-Äthyl-tridecadien-(1.11)	
5-Methylheptadien-(1.5)	
Pentadien-(1.4)	
Isopren	Schwer

1.3-Diene, wie Isopren oder Butadien, sind unter den normalen Reaktionsbedingungen bei der Terpolymerisation inaktiv.

Eine technische, mit dem Katalysatorsystem Trialkyl-Al/VCl_3 und cis.cis-Octadien bzw. Dicyclopentadien als Terkomponente erfolgreich durchgeführte

Mischpolymerisation, wird von P. J. Brennan beschrieben [123] (vgl. Abb. 79). Im wesentlichen werden bei der Terpolymerisation als Katalysatorkomponenten eingesetzt VCl_4 und $VOCl_3$ sowie Diäthyl-AlCl und Triäthyl-Al_2Cl_3 [114].

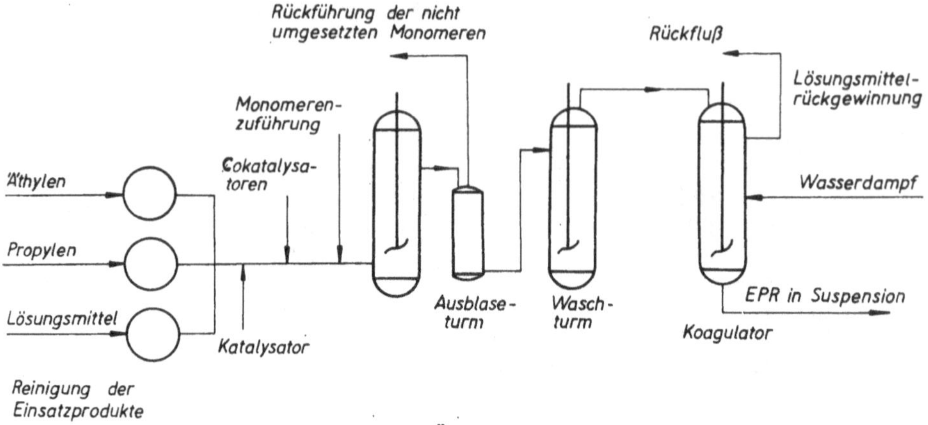

Abb. 79: Herstellung von Äthylen-Propylen-Terpolymer nach dem Verfahren der U. S. Rubber Co., Geismar, La.

19.3.2. Vulkanisation der Äthylen-Propylen-Terpolymeren

Die Vulkanisation der Terpolymeren verläuft ähnlich wie die normale Dien-Kautschuk-Vulkanisation.

Als Aktivatoren werden CdO und besonders ZnO empfohlen [32] oder ZnO und Stearinsäure [124]. Es wird so ein Vulkanisat mit guten mechanischen Eigenschaften erhalten.

Die angewandten Vulkanisationsbeschleuniger zeigt die Tab. 102.

Tabelle 102:

Übersicht über einige Vulkanisationsbeschleuniger

Beschleuniger	Lit.-Angabe
2-Mercaptobenzthiazol	[32, 108, 110, 125]
2-Mercaptobenzthiazolin	[32]
N.N.-Diäthylthiocarbamyl-2-mercapto-benzthiazol	[32]
Thiuramsulfid	[32, 126]
Tetramethylthiuramdisulfid	[108, 110, 111, 115, 118]
Tetramethylthiurammonosulfid	[32, 125]
Dithiocarbamate	[32, 111, 126]
Pentamethylendithiocarbaminsaures Piperidin	[32]
Dipentamethylenthiuramtetrasulfid	[111]

Am üblichsten ist die gemeinsame Verwendung von Tetramethylthiuramdisulfid und 2-Mercaptobenzthiazol zusammen mit ZnO und S [127]. Am schnellsten vulkanisieren Terpolymere, welche mit Cyclooctadien-(1.5) erhalten werden. Terpolymere, die unter Verwendung von Hexadien-(1.4), 2-Methylennorbornen und Dicyclopentadien dargestellt wurden, vernetzen langsamer [100].

Das schnellste bisher bekannt gewordene Vulkanisationssystem enthält als eine der Komponenten Tellur-diäthyldithiocarbaminat [128].

19.4. Eigenschaften der Äthylen-Propylen-Copolymere und Äthylen-Propylen-Terpolymere

Die viskoelastischen Eigenschaften des Äthylen-Propylen-Copolymeren hängen von der chemischen Zusammensetzung des Copolymeren, der Verteilung seiner Monomeren (ein Einfluß wird nur beobachtet beim Vorliegen kristallisierter Kettensegmente), dem mittleren Molekulargewicht und der Molgewichtsverteilung ab [129].

Die Zusammensetzung des Copolymeren beeinflußt vor allem die dynamischen Eigenschaften (z. B. Rückprallelastizität) und die Umwandlungstemperatur 2. Ordnung (den Übergangspunkt zwischen kautschuk- und glasartigem Verhalten). In der Rückprallelastizität ähnelt Äthylen-Propylen-Kautschuk dem Naturkautschuk und ist dem Styrol-Butadien- und noch stärker dem Butylkautschuk überlegen (vgl. Tab. 103).

Tabelle 103:

Vergleich der Eigenschaften eines Äthylen-Propylen-Terpolymeren mit anderen Kautschuktypen

	EPT	Naturkautschuk	Butadien-Styrol-Kautschuk	Butylkautschuk	Polybutadien
Reißfestigkeit kp/cm²	210	285	265	140	150
Bruchdehnung %	450	600	550	600	500
Modul 300% kp/cm²	130	90	105	75	80
Härte (Shore)	65—70	60	62	65	60
Elastizität 22 °C %	45	43	41	8	49
Elastizität 75 °C %	50	57	56	36	58
Strukturfestigkeit kp/cm	15	32	14	11	14
Rückprallelastizität 20 °C %	50	55	40	20	30

Die Temperatur mit minimaler Rückprallelastizität verschiebt sich linear mit steigendem Propylengehalt nach tieferen Temperaturen (bei einem Gehalt von 72% Äthylen Minimum bei —50 °C, bei einem Gehalt von 30% Äthylen bei —22 °C) [130].

Das Molgewicht des Äthylen-Propylen-Kautschuks darf nicht zu hoch liegen, da zu hochmolekulare Copolymere schwer verarbeitbar sind, optimal sind Mooney-

Viskositäten zwischen 30 und 50. Hochmolekulare Produkte können außerdem nach Verschneiden mit weichmachenden Mineralölen verarbeitet werden. Die Molgewichtsverteilung sollte sehr eng sein und neben den hohen auch die niedrigen Molekulargewichte ausschließen, da sonst besonders die dynamischen Eigenschaften nachteilig beeinflußt werden. Bei den Copolymeren mit reguliertem Molekulargewicht und enger Verteilung ist dagegen eine gute Verarbeitbarkeit auf Mischern möglich (leichte Aufnahme von Füllstoffen, ausreichende Klebrigkeit, Extrusion von kalibrierten Profilteilen möglich).

Die Dichte von unvulkanisiertem Äthylen-Propylen-Kautschuk liegt bei 0,86—0,87, die Glasübergangstemperatur bei —95 °C und die Versprödungstemperatur bei etwa —100 °C.

Äthylen-Propylen-Kautschuk ist löslich in aromatischen, aliphatischen und Chlorkohlenwasserstoffen. Die elektrischen Isoliereigenschaften sind ausgezeichnet, besonders nach der Vulkanisation. Die Gasdurchlässigkeit ist mit der von Naturkautschuk vergleichbar.

Die Äthylen-Propylen-Copolymeren können ausgezeichnet mit Ölen verschnitten werden, besonders paraffinische oder naphthenische Öle sind hierfür geeignet, die als ausgezeichnete Weichmacher wirksam sind.

Tab. 104 gibt die Eigenschaften eines vulkanisierten Äthylen-Propylen-Kautschuks für den Einsatz als elektrischer Isolator sowie die Zusammensetzung des Vulkanisationsgemisches wieder (Vulkanisationsdauer 20 Min. bei 160 °C).

Tabelle 104:

Thermodynamische Eigenschaften der Äthylen-Propylen-Copolymeren, vgl. [133, 135]

Zusammensetzung des Vulkanisatgemisches in Teilen.	
Äthylen-Propylen-Kautschuk 404	100
Ruß	10
Tonerde	125
Polyäthylen	10
Bleistearat	2,5
Elastoper	0,5
Petrolatum	5
Zinkoxid	5
Dicumylperoxid 40 C	7
Schwefel	0,3
Mechanische Eigenschaften des Vulkanisats	
Dichte (g/cm^3)	0,86
Zugwiderstand (psi)	800
Dehnung (%)	620
Zugspannung bei 300% Dehnung (psi)	330
Shore-Härte A	64
Thermische Eigenschaften des Vulkanisats	
Glasübergangstemperatur (°C)	—94
Therm. Leitfähigkeit (cal/cm · sec · °C)	$8{,}5 \cdot 10^{-4}$

(Fortsetzung von Tabelle 104)

Elektrische Eigenschaften des Vulkanisats (unbehandelt und nach sechswöchiger Lagerung in Wasser bei 75 °C)		
Durchschlagfestigkeit (V/mm)	$28 \cdot 10^3$	
Volumwiderstand (Ω cm)	$20{,}4 \cdot 10^{14}$	$1{,}4 \cdot 10^{14}$
Elektrischer Widerstand (Ω cm)	$5 \cdot 10^{18}$	
Leistungsfaktor	0,5	2,3
Verlustfaktor bei 1000 Hz	$1{,}5 \cdot 10^{-3}$	—
Dielektrizitätskonstante	3,7	4,2

Sowohl bei den Vulkanisaten von Äthylen-Propylen-Kautschuk wie von Äthylen-Propylen-Terpolymeren ist die wichtigste Eigenschaft die ausgezeichnete Ozonfestigkeit, da beide Vulkanisate frei von Doppelbindungen sind.

Das vulkanisierte Terpolymer quillt in verschiedenen Kohlenwasserstoffen und Chlorkohlenwasserstoffen, die Resistenz gegenüber polaren Lösungsmitteln ist dagegen ausgezeichnet. Das Terpolymer ist auch gegen Säuren und Alkalien beständig, doch ist die Resistenz gegenüber oxydierenden Substanzen (Salpetersäure, Chromsäure) relativ gering.

Die elektrischen Eigenschaften eines Äthylen-Propylen-Terpolymer-Vulkanisats sind der Tab. 105 zu entnehmen.

Tabelle 105:

Zusammensetzung und elektrische Eigenschaften eines Äthylen-Propylen-Terpolymer-Vulkanisats

Zusammensetzung des Vulkanisatgemisches	
Terpolymer	100
Zinkoxid	5
Stearinsäure	1
Schwefel	1
Tetramethyl-thiuram-disulfid	0,75
Tellur-dimethyl-dithiocarbamat	1,5
Elektrische Eigenschaften	
Elektrischer Widerstand (Ω/cm)	$2{,}4 \cdot 10^{15}$
Durchschlagfestigkeit (V/mm)	$3 \cdot 10^4$
Dielektrizitätskonstante bei 1000 Hz	2,5
Verlustfaktor bei 1000 Hz	0,002

Der Sprödpunkt von vulkanisiertem Äthylen-Propylen-Terpolymer liegt bei -68 °C und die Glasübergangstemperatur bei -60 ± 1 °C.

Die Gasdurchlässigkeit entspricht etwa der von Naturkautschuk. G. Natta [129] untersuchte die Eigenschaften der Terpolymeren in Abhängigkeit vom Zusatz der 3. Komponente. Mit steigenden Mengen an nichtkonjugiertem Dien nahm beim unvulkanisierten Produkt die intrinsic-Viskosität ab, die Mooney-Viskosität nahm bis zu einem Minimum (bei 2,2% Doppelbindungsgehalt) ab, um dann wieder anzusteigen. Beim Vulkanisat veränderte sich die Zugfestigkeit nicht, die Bruchdehnung nahm ab, der 300%-Dehnungsmodul zu, wogegen die Rückprallelastizität etwa konstant blieb.

19.5. Verwendung von Äthylen-Propylen-Kautschuk und Äthylen-Propylen-Terpolymer

Die Eigenschaften der Vulkanisate von Äthylen-Propylen-Kautschuk und Äthylen-Propylen-Terpolymer sind denen der besten Synthesekautschuksorten vergleichbar. Besonders hervorstechend sind die durch den gesättigten Charakter bedingte Alterungsbeständigkeit, auch bei höheren Temperaturen, und die ausgezeichnete Ozonbeständigkeit. Auch bei sehr langer Einwirkung von Ozon in höherer Konzentration wird kein merklicher Abfall der guten Eigenschaftswerte beobachtet. Besonders gut ist auch die Resistenz gegenüber vielen Chemikalien.

Die Tab. 106 gibt einen Überblick über die Eigenschaften von Äthylen-Propylen-Terpolymer im Vergleich zu anderen Kautschuksorten [131/120a].

Tabelle 106:

Vergleich der Äthylen-Propylen-Terpolymer-Vulkanisate mit anderen Kautschuktypen

	Natur-Kautschuk	Styrol-Butadien-Kautschuk	Butyl-Kautschuk	Polybutadien
Zugdehnungsverhalten	=	=	+	+
Weiterreißwiderstand	–	=	=	=
Rückprallelastizität	–	+	++	–
Dynamisches Verhalten	–	=	++	–
Tieftemperaturverhalten	–	+	++	–
Hitzebeständigkeit	+	+	=	+
Alterungsbeständigkeit	++	++	+	++
Ozonbeständigkeit	++	++	+	++
Lösungsmittelbeständigkeit	=	=	=	=
Elektrische Eigenschaften	+	+	–	+
Abriebwiderstand	+	=	+	–

Hierbei bedeuten:
++ Äthylen-Propylen-Terpolymer zeigt wesentlich bessere Eigenschaften
+ Äthylen-Propylen-Terpolymer zeigt bessere Eigenschaften
= Äthylen-Propylen-Terpolymer ist gleichwertig
— Äthylen-Propylen-Terpolymer ist unterlegen

Die Äthylen-Propylen-Copolymeren und -Terpolymeren werden vor allem auf dem Nichtreifensektor im Automobil- (Pedalüberzüge, Matten) und Maschinenbau, zur Kabelummantelung, zur Herstellung gummierter Stoffe, für Transportbänder und -riemen, für Schläuche mit Einlagen sowie zur Herstellung von Moos-

und Zellgummi eingesetzt. Der Einsatz für Autoreifen ist noch begrenzt, da die Klebrigkeit bei der Konfektionierung und die Haftung an Reyon-, Polyester- und Polyamidcord sowie Stahldrähten noch zu wünschen übrig läßt. Doch sind schon Reifen aus 100% Äthylen-Propylen-Terpolymer produziert worden, und es ist zu erwarten, daß dieses Gebiet in der Zukunft noch wesentlich größere Bedeutung erlangen kann. Insbesondere PKW-Reifen dürften als Einsatzgebiet in Frage kommen, da die Hitzebildung durch Reibung für LKW-Reifen zu hoch ist. Für die Reifenproduktion scheint besonders günstig ein Äthylen-Propylen-Dicyclopentadien-Terpolymer zu sein von hoher Viskosität, niedrigem Ungesättigtheitsgrad und hohem Schwefelgehalt, verarbeitet mit SAF-Ruß [132].

Literatur

[1] G. Natta: Rubber Plastics Age **38** (1957), 495
[2] Anonym: Chem. Engng. Progr. **55**, *6* (1959), 16
[3] W. L. Carrick, F. J. Karol, G. L. Karapinka und J. J. Smith: J. Amer. chem. Soc. **82** (1960), 1502
[4] L. Berti: Chim. e Ind. [Milano] **43** (1961), 644—48
[5] G. Crespi: Chim. e Ind. [Milano] **43** (1961), 769—74
[6] L. O. Amberg und A. E. Robinson: Ind. Engng. Chem. **53** (1961), 368—70
[7] W. W. Crouch und C. M. Tucker: Oil Gas J. **60**, *36* (1962), 101—06
[8] F. Zeppernick: Gummi Asbest Kunststoffe **14** (1961), 1006—20, 1922
[9] W. S. Fedor: Chem. Engng. News **40**, *11* (1962), 88—104
[10] H. E. Haxo jr., W. R. Bingham und W. G. Whitehouse: Rubber Age **94** (1963), 255—67
[11] A. R. Gardner: Product Engng. **34**, *9* (1963), 46—50
[12] J. M. Mitchell, R. R. Barnhart, H. E. Haxo jr. und W. R. Bingham: Rubber Age **94** (1963), 427
[13] E. Schmidt: Kautschuk Gummi Kunststoffe **17** (1964), 8
[14] N. M. Seidow, J. A. Arutjunov und M. A. Dalin: Izvest. Vyssich Ucebnych Zavedenij Baku Neft. Gaz. **8**, *10* (1965), 59; ref. C. A. **64** (1966), 12799c
[15] R. R. Garrett: Rubber Plastics Age **46** (1965), 915
[16] Shu-ko Chiao: Hua Hsueh Tung Pao **1965** (*4*), 193—201; ref. C. A. **63** (1965), 10149d
[17] F. Innes: Rubber J. Intern. Plastics **147**, *7* (1965), 30—33; **147**, *8* (1965), 31—34; ref. C. A. **63** (1965), 16581h
[18] G. Alliger und F. C. Weissert: Ind. Engng. Chem., int. Edit. **57**, *8* (1965), 61—69
[19] J. E. Hauck: Materials Design. Engng. **62**, *1* (1965), 101—08
[20] W. Cooper: Encycl. Polym. Sci. Technol. **5** (1966), 406—82; ref. C. A. **66** (1967), 76681f
[21] R. German, R. Hank und G. Vaughan: Kautschuk Gummi Kunststoffe **19**, *2* (1966), 67—76
[22] G. P. Below: Kaučuk i Rezina **1964**, *2*, 38
[23] E. E. Schroeder: Chem. Engng. **73**, *24* (1966), 132—38
[24] D. J. Angier und R. J. Lauria: Rev. gen. Caoutchouc Plastiques **43** (1966), 691—97
[25] St. Zalwert und J. Obloj: Polimery **11**, *2* (1966), 61—64; ref. C. A. **65** (1966), 13917e
[26] P. P. Brown: Rubber Wld. **153**, *5* (1966), 78—83

[27] G. Bier: Angew. Chem. **73** (1961), 186–97
[28] It. P. 554803 (1955), Montecatini Soc. (G. Natta)
[29] Belg. P. 538782 (1954), It. P. 537164 (1954), K. Ziegler und Montecatini Soc. (G. Natta)
[30] E. K. Gladding, B. S. Fisher und J. W. Collette: Ind. Engng. Chem. Product Res. Development **1**, *2* (1962), 65–70
[31] G. Natta und G. Mazzanti: Rubber Age **45** (1961), 636
[32] J. J. Verbanc, M. S. Fawcett und E. J. Goldberg: Ind. Engng. Chem. Product Res. Development **1**, *2* (1962), 70–78
[33] Chem. Industrie **19**, *4* (1967), 190
[34] E. C. A. Horner: Trans. Plastics Inst. **35**, *116* (1967), 415–21
[35] Anonym: Modern Plastics **1965** (Oktober), 47
[36] Anonym: Chem. Industrie **15** (1963), 478; Plaste und Kautschuk **14** (1967), 178
[37] G. Natta, G. Mazzanti, A. Valvassori und G. Sartori: Chim. e Ind. [Milano] **40** (1958), 896–906
[38] It. P. 581418 (1957), Montecatini Soc.
[39] N. M. Seidow, M. A. Dalin, A. A. Bakshi-Zade und Ju. G. Kambarow: Azerb. Chim. Ž. **4** (1963), 37–43
[40] Brit. P. 851002 (1957), Union Carbide Co.
[41] Belg. P. 614644 (1962), Dunlop Rubber Co.
[42] It. P. 602970 (1957), Montecatini Soc.
[43] C. Bier, L. Lehmann und J. Lengering: Makromolekulare Chem. **44** (1961), 347
[44] G. Natta, G. Mazzanti, A. Valvassori und G. Sartori: Chim. e Ind. [Milano] **40** (1958), 717–24
[45] Belg. P. 631164 (1963), Montecatini Soc.
[46] Belg. P. 631995 (1962), Snia Viscosa
[47] W. Marconi, S. Cesca und G. Sella Fortuna: Chim. e Ind. [Milano] **46** (1964), 1131–42
[48] W. Marconi, S. Cesca und G. Sella Fortuna: ibid. **46** (1964), 1287–96
[49] Brit. P. 898261 (1957), Montecatini Soc. und K. Ziegler
[50] It. P. 615556 (1959), Montecatini Soc.
[51] G. Mazzanti, A. Valvassori und G. Pajaro: Chim. e Ind. [Milano] **39** (1957), 825–31
[52] G. Natta, G. Mazzanti, A. Valvassori, G. Sartori und D. Moreo: ibid. **45** (1960), 125–32
[53] F. P. 1353179 (1962), Montecatini Soc.
[54] Can. P. 690531 (1959), Hercules Powder Co.
[55] It. P. 621604 (1959), Montecatini Soc.
[56] Brit. P. 857938 (1959), Hercules Powder Co.
[57] R. E. Cunningham: J. Polymer Sci. **A 3** (1965), 3157
[58] It. P. 587666 (1967), Montecatini Soc.
[59] U. S. P. 3147230 (1964), Du Pont de Nemours und Co. (E. K. Gladding)
[60] U. S. P. 3047551 (1962), Sun Oil Co. (Ch. L. Thomas)
[61] R. J. Kelly, H. K. Garner, H. E. Haxo jr. und W. R. Bingham: Ind. Engng. Chem. Product-Res. Development **1** (1962), 210–16
[62] E. Innghavivan, A. Gouldt und C. Bier: Makromolekulare Chem. **58** (1962), 18–42
[63] G. Natta, G. Mazzanti, A. Valvassori und G. Pajaro: Chim. e Ind. [Milano] **39** (1957), 733–43
[64] G. Mazzanti, A. Valvassori und G. Pajaro: ibid. **39** (1957), 743–81

[65] Brit. P. 856736 (1960), Montecatini Soc.
[66] Brit. P. 886368 (1959), U. S. Rubber Co.
[67] F. P. 1374265 (1963), Avisun Co.
[68] F. P. 1370358 (1962), Farbwerke Hoechst AG
[69] F. P. 1359982 (1962), It. P. 638656 (1962), Montecatini Soc.
[70] U. S. P. 3153023 (1964), Hercules Powder Co. (C. A. Lukach, H. M. Spurlin und S. G. Olson)
[71] F. P. 1367508 (1962), Polymer Co.
[72] It. P. 638375 (1962), Montecatini Soc.
[73] G. Natta, G. Mazzanti, A. Valvassori und D. Fumani: Ind. Polymer Sci. **51** (1961), 411–27
[74] R. E. Cunningham: J. Polymer Sci. **A 1** (1966), *4*, 1203
[75] A. Gumboldt, J. Helberg und G. Schleitzer: Makromolekulare Chem. **101** (1967), 229–45
[76] G. Natta, G. Mazzanti, A. Sartori und A. Barbagallo: J. Polymer Sci. **51** (1961), 429–54
[77] G. Natta, I. Pasquon und L. Giuffre: Chim. e Ind. [Milano] **43** (1961), 871
[78] G. Natta, G. Mazzanti, P. Longi und F. Bernardini: ibid. **41** (1959), 519
[79] It. P. 587666 (1957), Montecatini Soc., vgl. auch F. P. 1295575 (1960) Du Pont de Nemours; Brit. P. 933551 (1963), Dunlop Rubber Co.
[80] G. Natta, G. Crespi, E. Digiulio, G. Ballini und M. Bruzzone: Rubber Plastics Age **42**, *1* (1963), 53
[81] L. O. Amberg und A. E. Robinson: Rubber Plastics Age **42** (1961), 875, 1211
[82] A. E. Robinson, J. V. Marra und L. O. Amberg: Ind. Engng. Chem. Product Res. Development **1**, *2* (1962), 78–82
[83] S. B. Robinson und G. I. Ziarnik: Rubber Plastics Age **43**, *10* (1962), 1117
[84] L. P. Lenas: Ind. Engng. Chem. Product Res. Development **3**, *4* (1964), 269
[85] M. D. Stemmet: Kautschuk und Gummi **14** (1961), 146, 154
[86] Brit. P. 887763 (1959), Montecatini Soc.
[87] U. S. P. 3041321 (1963), Shell Oil Co. (E. A. Youngman und W. A. Hewett)
[88] U. S. P. 3047552 (1963), Shell Oil Co. (Ch. L. Thomas)
[89] Belg. P. 617498 (1961), Stamicarbon N. V.
[90] Belg. P. 617191 (1961), Stamicarbon N. V.
[91] V. N. Reich, K. Ju. Salnis, V. V. Samoletova, L. S. Inova und S. A. Michailowa: Kaučuk i Rezina **20**, *6* (1961), 1–5
[92] L. T. Eby und J. V. Fusco: Rubber Age **91** (1962), 949–54
[93] It. P. 587681 (1959), Montecatini Soc.
[94] Belg. P. 613626 (1961), Shell Internat. Res. Mij.
[95] Brit. P. 896598 (1957), Montecatini Soc.
[96] Brit. P. 898264 (1959), Montecatini Soc.
[97] Brit. P. 852035 (1960), Godfrey L. Cabot Inc.
[98] It. P. 606492 (1959), Montecatini Soc.
[99] It. P. 587681 (1959), Montecatini Soc.
[100] A. Valvassori und G. Sartori: Rev. gen. Caoutchouc Plastiques **43**, *11* (1966), 1458–66
[101] L. P. Lenas: Ind. Engng. Chem. Product Res. Development **5**, *2* (1966), 138–44
[102] R. J. Kelly, H. K. Garner, H. E. Haxo und W. R. Bingham: Rubber Chem. Technol. **35**, *4* (1962), 1101

[103] L. P. LENAS: Ind. Engng. Chem. Product Res. Development **2**, *3* (1963), 202
[104] L. O. AMBERG und A. E. ROBINSON: Rubber Plastics Age **42**, *7* (1961), 875
[105] M. BRUZZONE und G. CRESPI: Chim. e Ind. [Milano] **42** (1960), 1226
[106] G. CRESPI und M. BRUZZONE: Preprints A. C. S. Div. J. Petrol. Chem. **6**, *4* (1961), 105
[107] Brit. P. 883731 (1958), Esso Res. Engng. Co.
[108] Belg. P. 631580 (1964), Montecatini Soc.
[109] G. SARTORI, A. VALVASSORI und G. MAZZANTI: Mater. plast. Elastomeri **32**, *1* (1966), 3–15
[110] G. SARTORI, A. VALVASSORI und M. FARINA: Atti Acad. Nazl. Lincei, Rend. Classe Sci. Fis., Mat. Nat. **35**, *6* (1963), 563–74
[111] G. NATTA, G. MAZZANTI, G. CRESPI, A. VALVASSORI und G. SARTORI: Rubber Chem. Technol. **36**, *4* (1963), 988–99
[112] Belg. P. 633763 (1963), Montecatini Soc.
[113] G. NATTA, G. CRESPI, G. MAZZANTI, A. VALVASSORI und G. SARTORI: Chem. e Ind. [Milano] **45**, *6* (1963), 651–56
[114] A. VALVASSORI, G. SARTORI, V. TURBA und M. P. LACHI: J. Polymer Sci. **C 1967** (*16*), 23–31
[115] U. S. P. 3000866 (1963), E. I. Du Pont de Nemours und Co. (R. E. TARNEY)
[116] Chem. Industrie **19** (3) 122 (1967)
[117] Niederld. A. S. 6511068 (1966), United States Rubber Co.
[118] Belg. P. 622040 (1962), U. S. Rubber Co.
[119] Belg. P. 636343 (1963), Avisun Co.
[120] L. O. AMBERG und B. F. BROWN: Rubber World **147**, *6* (1962), 52–59
[121] Chem. Age **89**, *2272* (1963), 146
[122] Brit. P. 953662 (1964), E. I. Du Pont de Nemours und Co.
[123] P. J. BRENNAN: Chem. Engng. **72**, *14* (1965), 94–96
[124] Brit. P. 934742 (1963), E. I. Du Pont de Nemours und Co.
[125] G. NATTA, G. CRESPI und G. MAZZANTI: „*Proc. Rubber Technol. 4th Conf.*", London (Preprint) 1962, S. 12
[126] I. D. ROCHE: Rubber Age **93**, *6* (1963), 921–28
[127] P. P. BROWN: Rubber World **153**, *5* (1966), 78–83
[128] J. BIGGS, T. COLCLOUGH und J. T. KEHN: Rev. gen. Caoutchouc Plastiques **43** (1966), 1631–37
[129] G. NATTA, G. CRESPI, A. VALVASSORI und G. SARTORI: Rubber Chem. Technol., Rubber Rev. **36** (1963), 1583
[130] G. NATTA und G. CRESPI: Rev. gen. Caoutchouc Plastiques **37** (1960), 1003
[131] A. GUMBOLDT: Öl, Ztschr. für Mineralölwirtschaft **4**, *2* (1966), 50–52
[132] R. W. KINDLE und S. VAN DER BURG: Rubber Age **98**, *4* (1966), 65
[133] G. N. FOSTER, N. WALDMAN und R. G. GRISKEY: Mod. Plastics **43**, *9* (1966), 245–53
[134] Chem. Industrie **20** (1968), 81–83
[135] N. H. PHUNG, G. S. BHARGAVA und G. LEFEBRE: Rev. Inst. franç., Pétrole Ann. Combustibles liquides **22**, *4* (1967), 642–88

20. Disproportionierung des Propylens

(Triolefinverfahren)

Im Jahre 1964 wurde erstmals von R. L. Banks [1] festgestellt, daß es möglich ist, Propylen zu Äthylen und C_4-Olefinen (neben höheren Olefinen) zu disproportionieren. Als Katalysator für die Reaktion wurde ein mit $Mo(CO)_6$ bzw. $W(CO)_6$ imprägniertes aktives Al_2O_3, das anschließend bei 540—580 °C aktiviert wurde, eingesetzt. Außerdem sind als Katalysator wirksam MoO_3 auf Al_2O_3 und ein aktivierter Katalysator auf der Basis 3,4% CoO; 11,0% MoO_3 und 85,6% Al_2O_3 [2—4]. Tab. 107 gibt die Ergebnisse wieder, die die Abhängigkeit vom Umsatz mit einem CoO-MoO_3-Al_2O_3-Katalysator bei 160 °C/31,5 at bei Veränderung der Belastung charakterisieren.

Tabelle 107:

Abhängigkeit der Reaktionsprodukte von der Belastung des Katalysators

Raumgeschwindigkeit WHSV	4,0	8,5	14,5	33,8	62,0	110,0
Umsatz in %	41,0	42,9	37,2	26,2	17,3	6,9
Selektivität (C_2 + C_4) in %	86,6	94,1	91,2	93,6	95,9	98,0
Produktverteilung in Gew.-%						
Äthylen	23,7	29,8	32,4	30,2	35,0	35,5
Buten-(1)	6,6	3,6	1,7	1,9	0,9	0,5
trans-Buten-(2)	37,0	39,9	36,9	40,0	36,0	38,0
cis-Buten-(2)	19,3	20,8	20,2	21,5	24,0	24,0
C_5 und höhere Produkte	13,4	5,9	8,8	6,4	4,1	2,0

Tab. 108 gibt den Einfluß der Temperatur auf die Propylendisproportionierung wieder.

In den folgenden Jahren wurde das Verfahren bis zur technischen Reife entwickelt, woran besonders die beiden Firmen Phillips Petroleum Co. und British Petroleum Co., Ltd., beteiligt waren. Neben Katalysatoren auf Molybdän- bzw. Wolframbasis, zu denen neben den schon aufgeführten auch MoS_2 und WS_2 zählen [5], wurden Katalysatoren auf der Basis Re_2O_7 auf Al_2O_3 vorgeschlagen [6—9], die bereits bei 25 °C und 1,8 Sek. Kontaktdauer Propylen zu 34,7% umsetzen, wobei 11,8% Äthylen und 22,4% Buten-(2) entstehen, was einer Selektivität von 98,5% entspricht; wesentlich geringer sind die Umsätze bei Verwendung von SiO_2, TiO_2, ZrO_2, ThO_2 oder SnO_2 als Träger.

Tabelle 108:

	95 °C	160 °C	205 °C	300 °C
Propylenumsatz in %	17,9	37,9	42,6	14,6
Selektivität ($C_2 + C_4$) in %	93,9	91,4	86,2	58,9
Produktverteilung in Gew.-%				
Äthylen	6,0	10,0	11,6	1,9
Propylen	82,1	62,8	57,4	85,4
Propan	Spur	0,1	0,2	1,5
Buten-(1)	0,1	1,9	3,4	2,5
trans-Buten-(2)	7,3	14,6	13,9	2,7
cis-Buten-(2)	3,4	7,5	7,8	1,5
Isobutan	—	Spur	Spur	0,1
Penten-(1)	—	Spur	0,2	0,2
Penten-(2)	—	0,8	1,7	1,1
2-Methylbuten	—	0,4	0,5	0,2
n-Pentan	—	0,1	Spur	—
C_6 und Rückstand	1,1	1,8	3,3	2,9

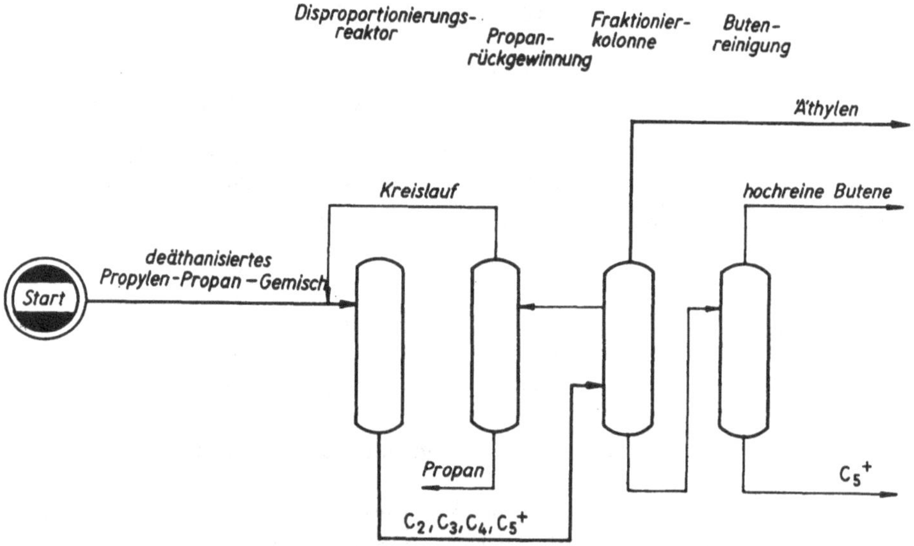

Abb. 80: Triolefin-Prozeß (*Phillips Petroleum Co.*)

Durch Verlängerung der Reaktionsdauer ist es möglich, an $CoO-MoO_3-Al_2O_3$ bei 210 °C/31,5 at längerkettige Olefine aufzubauen (bis zu $C_{16}H_{32}$), die zur Herstellung biologisch abbaubarer Waschgrundstoffe eingesetzt werden können [10], ebenso sind die Disproportionierungsprodukte geeignet zur Alkylierung mit BF_3/HF [11].

Es ist möglich, außer Propylen auch andere Olefine, z. B. Butene, zu disproportionieren, um hierdurch einfach zu längerkettigen Olefinen zu gelangen. Beispielsweise ergab ein CoO-MoO_3-Al_2O_3-Katalysator bei 163 °C nach $^1/_2$stündiger Reaktion aus Buten ein Gemisch, bestehend aus 23,2 Teilen Äthylen, 32,2 Teilen Propylen, 26,1 Teilen Penten, 17,2 Teilen Hexen, 1,2 Teilen Hepten und 0,1 Teilen Octen [12].

Seit Mitte 1966 wird von der Shawinigan Chemicals Ltd. in Varennes (Quebec) eine Großanlage zur Disproportionierung von Propylen errichtet (Abb. 80), um den zur Zeit noch auf dem Weltmarkt vorhandenen Propylenüberschuß in die gefragteren Butene und Äthylen umzuwandeln.

Das Einsatzprodukt Propylen muß sehr rein sein ($>$ 99,5%ig), insbesondere dürfen kein Wasser, keine Stickstoff-, Phosphor- und Schwefelverbindungen und keine Acetylene anwesend sein. Das Verfahren arbeitet mit einer Raum-Zeit-Ausbeute von etwa 100, der Katalysator, über den keine genaueren Angaben zugänglich waren, muß aller 2—10 Tage regeneriert werden. Es ist möglich, Propan-Propylen-Gemische einzusetzen. Bei Einsatz von reinem Propylen liegt der Umsatz bei 43—44%, die Selektivität bei 94—98%. Nach der Destillation fallen die Folgeprodukte sehr rein an [Äthylen, 99,8%ig; Buten-(2) 96,43%ig, neben 3,46% Buten-(1)]. Das anfallende Buten-(2) kann entweder in die Alkylierung eingesetzt werden oder zu Butadien dehydriert werden, was im Augenblick der Hauptverwendungszweck sein dürfte. Die Dehydrierung kann thermisch oder noch besser katalytisch [13] erfolgen (Ausbeute 76,9%), wobei allerdings der Gehalt an Buten-(1) störend wirkt [14—16].

Technisch vorteilhaft [16—17] kann die Propylendisproportionierung, das Triolefin-Verfahren, mit einer Erdölpyrolyseanlage gekoppelt werden. Beim Tieftemperaturcracken soll hierbei die Äthylenausbeute um 57%, beim Mitteltemperaturcracken um 40% und beim Hochtemperaturcracken um 28% ansteigen. Der Preis für das Äthylen würde bei Kombination einer Pyrolyse- und einer Triolefinanlage (100000 jato Kapazität) von 12,4 auf 5,3 Pfg./kg Äthylen absinken.

Es muß allerdings betont werden, daß in der Zukunft der jetzt noch vorhandene Propylenüberschuß voraussichtlich erheblich zusammenschrumpfen wird und damit der Triolefin-Prozeß seine Bedeutung verlieren könnte.

Literatur

[1] R. L. Banks und G. C. Bailey: Ind. Engng. Chem. Product Res. Development 3 (1964), 170—73

[2] U. S. P. 3261879 (1966), Phillips Petroleum Co. (R. L. Banks)

[3] Niederl. A. S. 6410487 (1965), Phillips Petroleum Co.

[4] Niederl. A. S. 6400549 (1964), Phillips Petroleum Co.

[5] U. S. P. 3340322 (1967), Phillips Petroleum Co. (L. Heckelsberg)

[6] Niederl. A. S. 6610196 (1967), Brit. Petroleum Co., Ltd.

[7] Niederl. A. S. 6511659 (1966), Brit. Petroleum Co., Ltd.

[8] Niederl. A. S. 6605328 (1966), Brit. Petroleum Co., Ltd.
[9] Niederl. A. S. 6611840 (1967), Brit. Petroleum Co., Ltd.
[10] U. S. P. 3296330 (1967), Phillips Petroleum Co. (F. T. Sherk)
[11] Brit. P. 1056980 (1967), Brit. Petroleum Co., Ltd. (L. Turner, E. J. Howman und Ch. P. C. Bradshaw)
[12] U. S. P. 3236912 (1966), Phillips Petroleum Co., Ltd. (J. E. Phillips)
[13] U. S. P. 3345285 (1967), Phillips Petroleum Co. (J. F. Hutto, R. E. Dixon, J. W. Davison, Ch. A. Ayres, G. A. Renberg und D. K. McQueen); Brit. P. 1050558 (1966), Phillips Petroleum Co.
[14] Hydrocarbon Processing **46**, *11* (1967), 232
[15] European Chemical News **11**, *264* (17. 2. 1967), 34
[16] P. H. Johnson: „*Proc. 7th World Petrol. Congr.*", Vol. 5, S. 247–58
[17] P. W. Sherwood: Gas- und Waserfach, Ausg. Gas–Erdgas (München) **108** (1967), 936–37

21. Produktion, Kapazitäten und Verbrauch an Propylen und seinen Folgeprodukten

Im folgenden soll in tabellarischer Form eine Übersicht gegeben werden über Produktion, Kapazitäten und Verbrauch an Propylen und seinen Folgeprodukten in den verschiedenen Ländern, soweit hierfür Unterlagen zugänglich sind.

21.1. Produktion, Kapazitäten und Verbrauch an Propylen

Tabelle 109:

Produktionskapazitäten in den USA (Ende 1966) in 1000 t [1]

Firma	Ort	Quelle	Kapazität
Ashland Oil and Refining Co.	Catlettsburg, Ky.	*G*	59
Atlantic Richfield Co.	Watson, Calif.	*G*	114
Amoco Chemicals Corp.	Whiting, Ind.	*G*	181
Amoco Chemicals Corp.	Wood River, Ill.	*G*	50
Chevron Chemical Co.	El Segundo, Calif.	*G*	72
Cities Service Oil Co.	Lake Charles, La.	*G*	145
Clark Oil and Refining Co.	Blue Island, Ill.	*G*	32
Dow Chemical Co.	Bay City, Mich.	*E* und *G*	27
Dow Chemical Co.	Freeport, Tex.	*E*	123
Dow Chemical Co.	Midland, Mich.	*E*	23
Dow Chemical Co.	Plaquemine, La.	*E*	27
Du Pont de Nemours	Orange, Tex.	*E*	90
El Paso Products Co.	Odessa, Tex.	*E*	27
Enjay Chemical Co.	Baton Rouge, La.	*E* und *G*	436
Enjay Chemical Co.	Baytown, Tex.	*G*	200
B. F. Goodrich Chemical Co.	Calvert City, Ky.	*E*	41
Gulf Oil Corp.	Cedar Bayou, Tex.	*E*	59
Gulf Oil Corp.	Philadelphia, Pa.	*G*	118
Gulf Oil Corp.	Port Arthur, Tex.	*E* und *G*	200
Jefferson Chemical Co.	Port Neches, Tex.	*E*	68
Marathon Oil Co.	Texas City, Tex.	*G*	32
Mobil Chemical Co.	Beaumont, Tex.	*E* und *G*	236
Monsanto Co.	Alvin, Tex.	*E*	136
Monsanto Co.	Texas City, Tex.	*E*	27

(Fortsetzung von Tabelle 109)

Firma	Ort	Quelle	Kapazität
Petroleum Chemicals Inc. (Cities Service)	Lake Charles, La.	*E*	23
Petro Gas Producing Co.	Groves, Tex.	*E*	2,7
Phillips Petroleum Co.	Sweeney, Tex.	*E* und *G*	81
Shell Chemical Co.	Deer Park, Tex.	*E* und *G*	127
Shell Chemical Co.	Norco, La.	*E* und *G*	145
Shell Chemical Co.	Wilmington, Calif.	*G*	59
Signal Oil and Gas Co.	Houston, Tex.	*G*	41
Sinclair Petrochemicals, Inc.	Houston, Tex.	*G*	100
Sinclair Petrochemicals, Inc.	Marcus Hook, Pa.	*G*	72
Sinclair-Koppers	Houston, Tex.	*E*	45
Skelly Oil Co.	El Dorado, Kan.	*G*	41
Sohio Chemical Co.	Lima, Ohio	*G*	50
Sun Oil Co.	Marcus Hook, Pa.	*G*	136
Suntide (Sunray D-X) Co.	Corpus Christi, Tex.	*G*	32
Texaco, Inc.	Westville, N. J.	*G*	63
Texas City Refining Co.	Texas City, Tex.	*G*	45
Texas Eastman Co.	Longview, Tex.	*E*	45
Tidewater-Oil Co.	Delaware City, Del.	*G*	113
Union Carbide Corp.	Institute, W.Va.	*E*	23
Union Carbide Corp.	Seadrift, Tex.	*E*	45
Union Carbide Corp.	South Charleston, W.Va.	*E*	23
Union Carbide Corp.	Taft, La.	*E*	91
Union Carbide Corp.	Texas City, Tex.	*E*	45
Union Carbide Corp.	Whiting, Ind.	*E*	23
Union Oil	Los Angeles, Calif.	*G*	63
Gesamtkapazität für petrolchemische Zwecke, Ende 1966		*G* und *E*	4054
Gesamtanfall aus Äthylenanlagen		*E*	1000
Gesamtanfall aus Benzinanlagen		*G*	7160
Gesamtproduktion		*G* und *E*	8160
Wahrscheinlicher Kapazitätszuwachs 1967		—	227

G = Anfallprodukt bei der Herstellung von Benzin
E = Anfallprodukt bei der Herstellung von Äthylen

Tabelle 110:

Propylenbedarf in den USA für chemische Zwecke [2—9] *in 1000 t*

Folgeprodukt	1961	1962	1963	1964	1965	1966	1970	1975	1980
Acrylsäure	—	—	—	—	—	—	45,4	90,8	200
Acrylnitril	16	21	65,8	106,6	242,7	265,4	458,1	648,6	1000
Butyraldehyd	86	93	93	115,7	142,9	179,2	222,3	315,3	400
Cumol	53	73	97,5	131,5	165,6	183,7	294,8	519,4	700
Dodecen	218	235	335,7	283,5	145,2	163,3	181,4	129,3	140
Nonen	86	99	79,4	88,5	122,5	133,8	156,4	186,0	230
Epichlorhydrin	18	20	22,7	27,2	31,8	38,6	61,2	97,5	130
Äthylen-Propylen-Kautschuk	—	—	2,3	4,5	4,5	9,1	40,8	63,5	100
Glycerin	39	35	49,9	56,7	61,2	63,5	79,4	83,9	90
Hepten	14	16	186,0	299,4	331,3	353,8	353,8	340,2	350
Isopren	—	—	18,1	36,2	43,1	49,9	56,7	56,7	60
Isopropylalkohol	485	508	564,7	580,6	591,9	621,4	764,3	873,2	1000
Polypropylen	46	69	104,3	142,9	199,6	294,8	587,4	936,7	1500
Propylenoxid	152	165	206,4	238,1	254,0	299,4	408,2	612,4	800
Verschiedenes	—	—	—	—	—	—	4,5	45,4	90
Gesamt	1213	1334	1825,8	2111,4	2336,3	2655,9	3717,4	4998,9	6790

Tabelle 111:

Gesamtverbrauch an Propylen in den USA in Mio. t [4]

Verwendungszweck	1965	1970	1975
Raffinerien (Benzinverbesserung)	5,0	5,0	5,9
Petrolchemische Zwecke	2,3	3,7	5,0
Gesamt	7,3	8,7	10,9

Tabelle 112:

Aufkommen an Propylen in den USA in 1000 t [4, 6]

Aufkommen	1965	1970	1975
durch thermisches Cracken	1100	1100	1100
durch katalytisches Cracken	5700	6200	6200
durch Äthanspaltung	90	150	230
durch Propanspaltung	540	1150	770
durch Naphtacrackung	320	500	900—1800
Gesamt	7750	9100	9200—10100

Tabelle 113:

Propylenverbrauch in Japan in 1000 t

Folgeprodukt	1965	1966	1968	1970
Aceton, Isopropylalkohol	52	72	110	125
Acrylnitril	173	236	284	360
Alkylbenzol	30	34	34	34
Octanol	38	39	50	64
Polypropylen	78	100	173	280
Propylenoxid	43	44	59	75
Verschiedenes	43	63	71	91
Gesamt	457	588	781	1029

Tabelle 114:

Propylenverbrauch in Westeuropa [11] *(in 1000 t)*

Folgeprodukt	1964	1970	1975
Waschmittel	230	100	20
Isopropylalkohol	200	260	305
Oxo-Alkohole	75	95	110
Cumol	160	215	260
Propylenoxid	81	125	165
Polypropylen	55	370	860
Tri- und Perchloräthylen	25	25	25
Glycerin	33	45	65
Epoxidharze und Acrylate	18	30	40
Isopren	13	40	60
Äthylen-Propylen-Kautschuk und Verschiedenes	19	30	70
Acrylnitril	—	90	200
Gesamt	909	1425	2180

Tabelle 115:

Propylenkapazitäten anderer Länder 1967 [12—15] *in 1000 t*

Land	Firma	Ort	Kapazität
Westdeutschland:	Badische Anilin- und Sodafabrik	Ludwigshafen	120
	Caltex Deutschland GmbH	Raunheim	185
	Deutsche Erdöl AG	Heide	50
	Erdölchemie GmbH	Dormagen	120 (1969: 350)

(Fortsetzung von Tabelle 115)

Land	Firma	Ort	Kapazität
	Esso AG Hamburg	Köln	110 (1970: 200)
	Chemische Werke Hüls AG	Marl	38
	Scholven Chemie AG	Gelsenkirchen-Buer	130
	Saarland-Raffinerie GmbH	Klarenthal	90
	Rheinische Olefinwerke GmbH	Wesseling	300
	Union Rheinische Braunkohlen-Kraftstoff-AG	Wesseling	50
Frankreich:	Ammoniac Sarro-Lorrain	Carling	140
	Antar Petroles de l'Atlantique	Donges	15
	Compagnie Francaise de Raffinage	Gonfreville	90
	Compagnie Francaise de Raffinage	La Mede	20
	Esso Standard S. A. F.	Port Jerome	150 (1969: 280)
	Naphthachimie S. A.	Lavera (Bouches-du-Rhône)	104
	Usines Chimiques de Mazingarbe	Mazingarbe	12
	Rhône-Alpes	Feyzin	140
	Compagnie de Raffinage	Berre	90
	Shell-Berre	Berre	25
	Totalchimie	Le Havre	100 (1971)
Groß-britannien:	British Celanese Ltd.	Spondon	18,4
	British Hydrocarbon Chemicals Ltd.	Baglan Bay/Port Talbot	200 (1971)
	British Hydrocarbon Chemicals Ltd.	Grangemouth	330
	Esso Chemical Ltd.	Fawley	80
	Imperial Chemical Industries, Ltd.	Wilton	345
	Shell Chemical Co., Ltd.	Carrington	178,5
	Shell Refining Co., Ltd.	Stanlow	40
Italien:	Asfalti, Bitumi, Cementi e Derivati SpA	Ragusa	12
	Anic, SpA	Gela (Sizilien)	60
	Celene, SpA	Priolo (Sizilien)	25
	Monteshell Petrochimica	Brindisi	100
	Monteshell Petrochimica	Ferrara	57
	Rumianca, SpA	Cagliari	37
	Sicedison, SpA	Mantua	40
	Montecatini Edison SpA	Porto Marghera	300 (1970)
	Societa Industriale Catanese	Priolo (Sizilien)	140
	Societa Italiana Resine	Porto Torres (Sardinien)	90
Belgien:	Cobenam, S. A.	Antwerpen	17
	Societa Chimique des Derives du Petrole (Petrochim) S. A.	Antwerpen	200

(Fortsetzung von Tabelle 115)

Land	Firma	Ort	Kapazität
Niederlande:	Gulf Oil Raffinerie	Europoort	150 (1970)
	Shell Nederland Chemie N. V.	Pernis	95
	Shell Nederland Chemie N. V.	Pernis	95
	Dow Chemical N. V.	Terneuzen	250 (1969)
	DSM Chemicals (Staatsmijnen Limburg)	Beek	85
Dänemark:	Maersk Refinery	Kopenhagen	45
Schweden:	Svenska Esso A. B.	Stenungsund	120 (1970)
Spanien:	Etileno	Barcelona	75 (1969)
	Empresa Nacional (Calvo Sotelo) de Combustibles Liquidos y Lubricantes, S. A.	Puertollano	100 (1969)
	Union Espanola de Explosivos	Tarragona	24
	Industrias Quimicas Asociadas, S.A.	Tarragona	25
Österreich:	Petrochemie Schwechat	Schwechat	70 (1970)
Australien:	Altona Petrochemical Co. Pty. Ltd.	Altona	15
	Shell Refining (Australia)	Clyde, N. S. W.	
Kanada:	Dow Chemical of Canada Ltd.	Sarnia, Ont.	
	Imperial Oil Ltd.	Sarnia, Ont.	100
	Shawinigan Chemicals Ltd.	Montreal East, Que.	125
	Shell Canada Ltd.	Corunna, Ont.	
Columbien:	Empresa Colombina de Petroleos	Barrancabermeja	10
Indien:	Herdillia Chemicals Ltd.	Thana Creek	50
	National Organic Chemical Industries	Bombay	20
Japan:	Daikyowa Sekiku Kagaku K. K.	Yokkaichi	22
	Idemitsu Sekiyu Kagaku K. K.	Tokuyama	75,6
	Japan Olefin Chemicals	Oita	30
	Kasei Mizushima K. K.	Mizushima	105
	Maruzen Sekiyu Kagaku K. K.	Chiba	72
	Mitsubishi Yuka K. K.	Yokkaichi	176
	Mitsui Sekiyu Kagaku Kogyo K. K.	Chiba	60
	Mitsui Sekiyu Kagaku Kogyo K. K.	Iwakuni u. Otake	112
	Sumitomo Chemical Co.	Niihama, Anegasaki	200
	Tonen Sekiyu Kagaku K. K.	Kawasaki	175
	Nippon Petrochemicals Co.	Kawasaki	154

(Fortsetzung von Tabelle 115)

Land	Firma	Ort	Kapazität
Südafrika:	South African Coal, Oil and Gas Corp.	Sasolburg	15
Türkei:	Petkim Petrokhimiya A. S.	Izmit	20
Venezuela:	Instituto Venezolano de Petroquimia	Zulia	82
DDR:	Leuna-Werke „Walter Ulbricht"	Leuna	18
	VEB Erdölverarbeitungswerk	Schwedt	140 (1970)
Argentinien:	Industrias Petroquimicas Argentinas Koppers S. A.	Ensenada	12
	Yacimientos Petroliferos Fiscales	La Plata	8
	Petroquimica Argentina S. A.	San Lorenzo	10
VR Polen:	Polimex	Plozk	52,4
	—	Blachownia	26
UdSSR:	Techmashimport	Polotsk	30
	Techmashimport	Kasan	30
Brasilien:	Union Carbide do Brasil S. A.	Cubatao, Sao Paulo	130 (1970)
	Petroquimica Uniao SA	Uniao, Santo André	100 (1972)
VR Rumänien:	Erdöl-Kombinat	Pitesti	51
Puerto Rico:	Union Carbide Caribe, Inc.	Ponce	
	Phillips Puerto Rico Corp.	Las Mareas	31,5
	Commonwealth Oil/PPG	Penuelas	270
VR Bulgarien:	—	Burgas	53
	—	Pleven	30 (1971)
ČSSR:	—	Bratislava	35
	—	Most	30
VR Ungarn:	—	Tiszaszederkeny	
Jugoslawien:	Organsko Kemijska Industrija (OKJ)	Zagreb	
Chile:	Petroquimia Dow	Concepcion	20
Taiwan:	Chinese Petroleum Corp.	Kaohsiung	20
Südkorea:	Corea Oil Co.	Ulsan	43,1
Finnland	Neste Oy	Porvoo	75 (1971)

Tabelle 116:

Herstellung von Propylen in verschiedenen Ländern (in 1000 t)

Land	1953	1955	1957	1958	1959	1960	1961	1962	1963	1964	1965	1966	1967	1968	1970
USA	553	594	815	862	902	1124	1213	1334	1524	1620	2360	2660	3110	3400	3720
Japan	—	—	—	3	10	25	63,5	105	270	333	460	610	730	820	1100
Westdeutschland	8	18	39	59	79	113	142	176	220	240	251	360	457		
Großbritannien										252	260	311	378		
Frankreich		25	32,5	58,5	107,6	113,2	126	152,5	163	180	250				400
Italien				18			133	140	150	171		314			
Kanada						45									
Österreich										2	10	17	18		
Niederlande										60	100	120			240
Indien										42		50			140
Brasilien										2,6	3,5	2,4			
Belgien										15					
Spanien														25	60
Argentinien											3				40
Mexiko												51	58		

21.2. Produktion, Verbrauch und Kapazitäten an Isopropylalkohol

Tabelle 117:
Produktionskapazitäten in den USA (Ende 1966) in 1000 t

Firma	Ort	Kapazität
Enjay	Baton Rouge, La.	218
Shell Chemical Co.	Dominguez, Calif.	82
	Houston, Tex.	150
	Martinez, Calif.	23
Union Carbide	South Charleston, W.Va.	59
	Texas City, Tex.	112
	Whiting, Ind.	127
Gesamt		771

Tabelle 118:
Produktionskapazitäten in anderen Ländern (1967) in 1000 t

Land	Firma	Ort	Kapazität
Argentinien:	Carboclor Industrias Quimicas	Campana	12
	Yacimientos Petroliferos Fiscales	La Plata	8
	Yacimientos Petroliferos Fiscales	San Lorenzo	1,2
Australien:	Shell Chemical (Australia) Pty. Ltd.	Clyde, N. S. W.	15
Brasilien:	Rhodia Industrias Quimicas e Textels	Campinas, Sao Paulo	4,2
Kanada:	Shawinigan Chemicals Ltd.	Montreal East, Que.	
Frankreich:	Naphthachimie S. A.	Lavera	30
	Cie. Francaise de Produits Chim. Shell	Berre	70
Westdeutschland:	Rheinpreußen AG	Homberg	70
	Hibernia-Chemie	Wanne-Eickel	30
	Badische Anilin- und Sodafabrik	Ludwigshafen	6
	Scholven-Chemie	Gelsenkirchen	50
Italien:	Monteshell Petrochimica SpA	Ferrara	15
Japan:	Nippon Petrochemicals Co. Ltd.	Kawasaki	13
Mexiko:	Petroleos Mexicanos	Salamanca, Gto.	22,7
Niederlande:	Shell Nederland Chemie N. V.	Pernis	120
Spanien:	Union Espanola de Explosivos S. A.	Tarragona	15
	Industrias Quimicas Asociados	Tarragona	15

(Fortsetzung von Tabelle 118)

Land	Firma	Ort	Kapazität
Groß-britannien:	British Celanese Ltd.	Spondon Derby	20
	British Hydrocarbon Chemicals Ltd.	Grangemouth	30,6
	Imperial Chemical Industries Ltd.	Wilton/Billingham	45
	Shell Chemical Co. Ltd.	Carrington (stillgelegt)	25,5
	Shell Chemical Co. Ltd.	Stanlow	130
	BP Chemicals	Baglan Bay	50
Indien:	Union Carbide India Ltd.	Trombay	12
Sowjetunion:	—	Sumgait	

Tabelle 119:

Verbrauch von Isopropylalkohol in den USA in 1000 t [2]

	1963	1968
Acetonproduktion	340	386
Lösungsmittel	82	95
Chemikalienherstellung	52	59
Drogen und Pharmazeutika	34	50
Export	13	18
Verschiedenes (u. a. Forschung)	54	54
Gesamt	575	662

Tabelle 120:

Produktion von Isopropylalkohol in verschiedenen Ländern in 1000 t

Land	1954	1956	1958	1960	1962	1963	1964	1965	1966	1967	1970
USA	390	440	466	535	580	665	680	700	720	795	902
Westdeutschland				30		60	60				
Großbritannien						123	121	130			
Frankreich				32,4	32,4	34,5	36				
Italien					7	8	8		10		
Niederlande							60				
Japan	—	—	2	5,1	6,7	8,3	9,1	13	16	16	20
Kanada				6,5							

21.3. Produktion, Verbrauch und Kapazitäten an Acrylnitril

Tabelle 121:
Produktionskapazitäten in den USA (Ende 1966) in 1000 t [1, 18]

Firma	Ort	Kapazität	Verfahren
American Cyanamide Co.	Fortier, La.	54	Sohio
Du Pont de Nemours und Co.	Beaumont, Tex.	91	Propylen + NO
Du Pont de Nemours und Co.	Memphis, Tenn.	82	Sohio
Goodrich	Calvert City, Ky.	20	Sohio
Monsanto	Alvin, Tex.	145	Sohio
Monsanto	Texas City, Tex.	56	C_2H_2 + HCN
Sohio	Lima, Ohio	91	Sohio
Union Carbide	Institute, W. Va.	41	Äthylencyanhydrin
Gesamt		580	

Tabelle 122:
Produktionskapazitäten in verschiedenen Ländern in 1000 t (1967) [17, 18]

Land	Firma	Ort	Kapazität	Verfahren
Kanada:	Imperial Oil Co.	Sarnia, Ont.	14	Sohio
Frankreich:	Ugilor	Saint-Avold	30	Distillers
	Ugilor	Feyzin	30	Ugilor-BP
	Sté, Chimique de Carbonnages	Carling	40	—
Westdeutschland:	Erdölchemie GmbH	Dormagen	85 (1970: 130)	Bayer/Sohio
	Badische Anilin- und Sodafabrik	Ludwigshafen	25	Sohio
	Knapsack-Griesheim AG	Knapsack	25	C_2H_2 + HCN
Indien:	Indian Government	Koyali, Gujarat	16	C_2H_2 + HCN
Italien:	Acrilsarda, Rumianca SpA	Cagliari	25	Sohio
	Anic	Gela	16	SNAM-Progetti
	Societa Industriale Catanese (Sincat)	Priolo (Syracuse)	65/1968	Edison
	Societa Edison-Azienda Chimica (Sicedison)	Porto Marghera	17	Sicedison
Japan:	Asahi Kasei Kogyo K. K.	Kawasaki	103 (1970)	Asahi/Sohio
	Kasei Mizushima K. K. (Mitsubishi)	Mizushima	46,8	Sohio
	Mitsui Sekiyu Kagaku Kogyo K. K.	Iwakuni	21,6	Sohio
	Nitto Chemical Industry Co.	Yokohama	32	Sohio
	Sumitomo Chemical Co.	Niihama	60 (1970)	Sohio

(Fortsetzung von Tabelle 122)

Land	Firma	Ort	Kapazität	Verfahren
Japan:	Showa Denko K. K.	Kawasaki	25	Sohio
	Toyo Koatsu Industries Co.	Osaka	10	Sohio
	Toyo Koatsu Industries Co.	Sakai	11	Sohio
Mexiko:	Petroleos Mexicanos	Minatitlan, Ver.	26	Distillers
Niederlande:	DMS Netherlands/Sohio	Geleen	45	Sohio
	Nederlandse Stikstof Maatschappij N. V.	Sluiskil	40	—
Groß-britannien:	Border Chemicals Ltd.	Grangemouth	120	Distillers
	Monsanto Chemical Ltd.	Seal Sands	68	—
Südkorea:	Chung-Ju Fertilizer	Chung-Ju	12	—
	Corea Oil Co.	Ulsan	26,7	
DDR:	VEB Erdölverarbeitungswerk	Schwedt/Oder	20	Sohio
	Chemische Werke Buna	Schkopau	15	C_2H_2 + HCN
Bulgarien:	Technoimport	Burgas	22	Sohio
Rumänien:	Industrialimport	Pitesti	22	Sohio
UdSSR:	Techmashimport	Polotsk	50	Sohio-Asahi
	Techmashimport	Saratow	25	Distillers/ Ugine
VR Polen:	Polimex	Tarnow	10	Ugine
VR China:	China National Technical Import		10	ÖSW-Lurgi
Türkei:	Petkim Petrokimya	Izmit	5,5	—
Spanien:	Paular	Puertollano	20 (1969)	Sohio
Puerto Rico:	Commonwealth Oil Refining	Penuelas	45	Sohio
Österreich:	Österreichische Stickstoff-werke	Linz	(1970)	ÖSW
Pakistan:	—	—	5	Sohio
Ägypten:	—	Alexandria	6	—

Tabelle 123:
Verbrauch von Acrylnitril in Japan [19] *in 1000 t*

Verwendungszweck	1965	1966	1967	1969	1971
Fasern	87	93	123,8	169,4	201,3
ABS- und SAN-Harze	6	10	13,5	19,7	25,9
Nitrilkautschuk	3	4	4	5,2	6,0
Sonstiges	8	9	14,1	16,6	19,3
Export	47	41	15	12	12
Gesamt	151	157	170,4	222,9	264,5

Tabelle 124:

Produktion von Acrylnitril in verschiedenen Ländern in 1000 t
(sowohl aus Acetylen wie aus Propylen)

Land	1961	1962	1963	1964	1965	1966	1967	1968	1970
USA:	135	166	206,5	269,5	350	422	500	530	600
Japan:	25	29		78	153	166	190	210	
Frankreich:		10			18	25			70
Italien:							32		

21.4. Produktion, Kapazitäten und Verbrauch an Propylenoxid und Propylenglykol

Tabelle 125:

Produktionskapazitäten in den USA (Ende 1966) in 1000 t [1]

Firma	Ort	Kapazität
Oxiran Corp. (Styrol-Propylenoxid-Verf.)	Bayport, Tex.	75
Celanese Chemical Co.	Bishop, Tex.	5
Dow Chemical Co.	Freeport, Tex.	55
Dow Chemical Co.	Midland, Mich.	9
Dow Chemical Co.	Plaquemine, La.	27
Jefferson Chemical Co., Inc.	Port Neches, Tex.	90
Olin Mathieson Chemical Co.	Brandenburg, Ky.	36
Union Carbide Corp.	South Charlestone, W. Va.	86
Wyandotte Chemicals Corp.	Wyandotte, Mich.	36
Gesamt		419

Tabelle 126:

Produktionskapazitäten in verschiedenen Ländern (1967) [17] *in 1000 t*

Land	Firma	Ort	Kapazität
Belgien:	Carbochimique S. A.	Tertre	6
	Marles-Kuhlmann-Wyandotte S. A.	Rieme-Zelzaete	30
Kanada:	Dow Chemical of Canada Ltd.	Sarnia, Ont.	
Frankreich:	Marles-Kuhlmann-Wyandotte S. A.	Chocques	9
	Naphtachimie S. A.	Lavera (Bouches-du-Rhône)	27
	Progil-Electrochimie	Pont-de-Claix	7

(Fortsetzung von Tabelle 126)

Land	Firma	Ort	Kapazität
Westdeutschland:	Badische Anilin- und Sodafabrik	Ludwigshafen	30
	Erdölchemie GmbH	Dormagen	45
	Farbwerke Hoechst AG	Höchst	10
	Chemische Werke Hüls	Marl	12
Italien:	Celene S. p. A.	Priolo	20
	Montecatini	Ferrara	2
Japan:	Asahi Denka Kogyo K. K.	Ogu, Tokio	8,4
	Asahi Glass Co. Ltd.	Yodogawa	11,5
	Mitsui Kagaku Kogyo K. K.	Nagoya	12
	Showa Denko K. K.	Kawasaki	27
	Shunan Sekiyu Kagaku K. K.	Tokuyama	9
	Nippon Soda	Kawasaki	7,2
Niederlande:	Dow Chemical International N. V.	Terneuzen	30
Spanien:	Olin Quimica	Torrelavega	8
	Alcudia S. A. (Styrol-Propylenoxid-Verfahren)	Puertollano	24
Schweden:	Mo och Domsjö Aktiebolag	Örnsköldsvik	3
Großbritannien	Imperial Chemicals Ltd.	Wilton/Billingham	35
	Pfitzer Ltd./BP Chemicals	Baglan Bay	15
	Shell Chemical Co. Ltd.	Carrington	35
Argentinien:	Dow Quimica Argentina S. A.		10

Tabelle 127:

Verwendung von Propylenoxid in den USA [20, 21]

Verwendungszweck	1959	1960	1965	1966	1971
Propylenglykol	59	57	97	100	113
Polyglykole und Polyäther zur Polyurethanherstellung	20	32	94	126	285
Polypropylenglykole als Bremsflüssigkeiten	9	9,5	10	10	11
Oberflächenaktive Stoffe	5,5	6	9	11	20
Verschiedenes (u. a. Isopropanolamine)	11	42	72	57	25
Gesamt	105	147	282	304	454

Tabelle 128:

Produktion von Propylenoxid in verschiedenen Ländern in 1000 t

Land	1958	1960	1962	1964	1965	1966	1967	1968	1970
USA:	59	140	185	258	274	323	372	427	445
Japan:	—	2,9	13,3	33,9		87,8	87,8	87,8	
Frankreich:	1,5	4,6	9,1	14	17				
Westdeutschland:				33		50			
Italien:				8					
Großbritannien:				26					
Belgien:		3		4					

Tabelle 129:

Propylenoxidbedarf in Japan [22] *in 1000 t*

Verwendungszweck	1966	1967	1968	1969	1970
Propylenglykol	13,6	15,2	16,9	18,7	20,8
Polypropylenglykol	34,6	38,8	43,2	47,2	51,3
Verschiedenes	0,6	0,7	0,8	0,9	1,0
Gesamt	48,8	54,7	60,9	66,8	73,1

Tabelle 130:

Propylenglykolbedarf in Japan [22] *in 1000 t*

Verwendungszweck	1966	1967	1968	1969	1970
Ungesättigte Polyesterharze	8,0	9,1	10,3	11,6	13,1
Andere industrielle Zwecke	1,8	2,0	2,2	2,4	2,6
„Dentifrice"	0,56	0,59	0,62	0,65	0,68
Kosmetika	1,0	1,1	1,21	1,33	1,46
Lebensmittelindustrie	1,5	1,65	1,82	2,0	2,2
Medizin	0,36	0,4	0,44	0,48	0,53
Tabakbefeuchtung	1,0	1,05	1,1	1,15	1,2
Verschiedene pharmazeutische Zwecke	0,39	0,43	0,47	0,52	0,57
Gesamt	14,61	16,32	18,16	20,13	22,34

Tabelle 131:
Polypropylenglykoldebarf in Japan [22] *in 1000 t*

Verwendungszweck	1966	1967	1968	1969	1970
Flexible Schäume	28,0	30,8	33,6	36,4	39,2
Steife Schäume	1,02	1,32	1,74	2,28	2,94
Lacke	0,75	0,9	1,05	1,2	1,32
Elastomere	0,02	0,04	0,13	0,23	0,38
Anderes	2,4	2,7	3,1	3,5	3,9
Gesamter Inlandsbedarf	32,19	35,76	39,62	43,61	47,74
Export	2,4	3,0	3,6	3,6	3,6
Gesamt	34,59	38,76	43,22	47,21	51,34

Tabelle 132:
Kapazitäten an Propylenglykol in 1000 t (1967)

Land	Firma	Ort	Kapazität
USA:	Celanese Chemical Co.	Bishop. Tex.	3
	Dow Chemical Co.	Freeport, Tex.	50
	Jefferson Chemical Co., Inc.	Port Neches, Tex.	50
	Olin-Mathieson Chemical Corp.	Brandenburg, Ky.	15
	Union Carbide Corp.	South Charlestone, W. Va.	40
	Wyandotte Chemicals Corp.	Washington, N. J.	10
	Wyandotte Chemicals Corp.	Wyandotte, Mich.	8
Westdeutschland:	BASF	Ludwigshafen	24
	Erdölchemie GmbH	Dormagen	27
	Chemische Werke Hüls AG	Marl	11
Belgien:	Carbochimique S. A.	Tetré	5
Kanada:	Chemcell Ltd.	Clover Bar	
	Dow Chemical of Canada Ltd.	Sarnia, Ont.	
Frankreich:	Naphtachimie S. A.	Lavera	
Italien:	Celene SpA	Priolo Melilli	
Japan:	Asahi Denka Kogyo K. K.	Ogu, Tokio	6,0
	Asahi Glass Co., Ltd.	Yodogawa	2,4
	Mitsui Kagaku Kogyo K. K.	Omuta	2,4
	Showa Denko K. K.	Kawasaki	6,5
Mexiko:	Polioles S. A. de C. V.	Lerma	
Schweden:	Mo och Domsjö Aktiebolag	Stenungsund	5
Großbritannien:	ICI Ltd.	Wilton	13
	Shell Chemical Ltd.	Carrington	
Argentinien:	Dow Quimica Argentina S. A.		10

21.5. Produktion, Kapazitäten und Verbrauch an Cumol sowie Kapazitäten von Cumol-Phenol-Anlagen

Tabelle 133:

Kapazitäten an Cumol in den USA in 1000 t [30] *(1967)*

Firma	Ort	Kapazität
Gulf Oil Co.	Philadelphia, Pa.	140
Gulf Oil Co.	Port Arthur, Tex.	200
Monsanto Co.	Chocolate Bayou, Tex.	90
Texaco Inc.	Westville, N. J.	64
Clark Oil and Refining Corp.	Blue Island, Ill.	54
Marathon Oil Co.	Texas City, Tex.	68
Coastal States Petrochemical	Corpus Christi, Tex.	45
DX-Sunray Oil	Corpus Christi, Tex.	43
Shell Chemical	Houston, Tex.	36
Chevron	Richmond, Calif.	36
Skelly Oil	El Dorado, Kans.	36
Hercules, Inc.	Gibbstown, N. J.	27
Amoco Chemical	Texas City, Tex.	23
Dow Chemical Co.	Midland, Mich.	55
Gesamt		917

Tabelle 134:

Kapazitäten an Cumol in anderen Ländern in 1000 t (1967)

Land	Firma	Ort	Kapazität
Belgien:	Societe Chimique des derives du petrole	Antwerpen	30
Kanada:	British American Oil Co. Ltd.	Montreal, Que.	50
Frankreich:	Atlantique Progil Electrochimie	Pont-de-Claix	80
	Rhône-Poulenc	Le Peage de Roussilon	100
Westdeutschland:	Chemische Werke Hüls AG	Marl	90
	Badische Anilin- und Sodafabrik	Ludwigshafen	10
	Farbenfabriken Bayer AG	Dormagen	20
	Scholven-Chemie AG	Gelsenkirchen-Buer	50
Indien:	Herdilla Chemicals Ltd.	Thana Creek, Bombay	14,5
Italien:	Societa Industriale Catanese	Priolo Melilli	100 (1969)
	Societa Italiana Resine	Solbiate Olona (Varese)	
	Societa Italiana fenolo acetone	Porto Torres, Sard.	70

(Fortsetzung von Tabelle 134)

Land	Firma	Ort	Kapazität
Japan:	Mitsui Sekiyu Kagaku Kogyo K. K.	Iwakuni u. Otake	60
Großbritannien:	British Hydrocarbon Chemicals Ltd.	Grangemouth	115
DDR:	Leuna-Werke „Walter Ulbricht“	Leuna	45 (1969)
Sowjetunion:	—	Ufa	95
	—	Grozny	83
	—	Novokuibyschev	25
Rumänien:	Werk „George-Gheorgiu-Dej“	—	50
ČSSR:	—	Bratislava	45
Niederlande:	Gulf Oil Raffinaderij	Europoort	150 (1970)

Tabelle 135:

Produktion an Cumol in 1000 t

Land	1956	1958	1960	1962	1964	1965	1966	1967	1968	1970
USA:	73	79	118	145	250	300	448	613	795	758
Westdeutschland:					140					
Großbritannien:					60					
Frankreich:			31,8	44,5	136,5	150				
Kanada:			9,5							
Italien:					50					
Belgien:					15					

Tabelle 136:

Kapazitäten von Cumol-Phenol-Anlagen in 1000 t

Land	Firma	Ort	Phenol-Kapazität	Aceton-Kapazität
USA:	Allied Chemical Corp.	Philadelphia, Pa.	113	62
	California Chemical Corp.	Richmond, Calif.	23	13,5
	Clark Oil and Refining Corp.	Chicago, Ill.	23	13,5
	Hercules, Inc.	Gibbstown, N. J.	23	13,5
	Monsanto Co.	Alvin, Tex.		
	Monsanto Co.	Chocolate Bayou, Tex.	63	37
	Shell Chemical Co.	Deer Park, Tex.	23	13,5
	Union Carbide Co.	Bound Brooks, N. J.	125	74
	Skelly Oil Co.	El Dorado, Kans.	23	13,5
	U. S. Steel Co.	Haverhill, Ohio	90	54

(Fortsetzung von Tabelle 136)

Land	Firma	Ort	Phenol-Kapazität	Aceton-Kapazität
Kanada:	Shawinigan Chemicals Ltd.	Montreal East, Que.	44	26
Frankreich:	Progil Electrochimie	Pont de Claix, Isere	20	12
	Rhône-Poulenc	Le Peage de Roussilon	50	30
Italien:	Societa Italiana Resine	Solbiate Olona (Varese)		
	Societa Italiana fenolo acetone	Porto Torres, Sard.	40	24
	Societa Edison Chimica	Mantua	130	80
Großbritannien:	ICI Ltd.	Billingham	20	12
	Hydrocarbon Chemicals Ltd.	Grangemouth (1970)	40	24
Westdeutschland:	Phenolchemie GmbH	Gladbeck	156	96
Indien:	Herdilla Chemical Ind.	Thana Creek, Bombay	15	9
Japan:	Mitsui Sekiyu Kagaku Kogyo	Iwakuni	36	21
Sowjetunion:	—	Grozny	45,7	27
	—	Novokuibyschew	40,6	24
	—	Kasan	41,2	24
	—	Ufa	40,6	24
	—	Omsk	30	18
	—	Saratow	45	27
	—	Krasnodarsk	60	36
	—	Dserschinsk	45	26
ČSSR:	Slovnaft	Bratislava	22	13
VR Polen:	—	Plock	30	18
Rumänien:	Werk „Gheorge-Gheorgiu-Dej“	—	33	19,5
Bulgarien:	—	Burgas Pleven (1971)	30	18
Jugoslawien:	—	Zagreb	6	3,5
DDR:	Leuna-Werke „Walter Ulbricht“	Leuna	30	18
Brasilien:	Rhodia Industrias Quimica e Textels	Santo Andres	45,4	27

Tabelle 137:

Phenolproduktion (gesamt) in verschiedenen Ländern in 1000 t

Land	1960	1962	1963	1964	1965	1966	1967	1968	1970
USA:	331	351	401	482	532	578	650	720	880
Japan:					84	99	118		
Westdeutschland:	102	106	124	130	156	165		175	190
Großbritannien:				47,2	48,3	77,2	81		
Italien:					105	115	120	120	
Frankreich:	54,0	72,1	83	89	93,6				
Spanien:			2,2	2,2	2,2	2,3			
Niederlande:					24				

Tabelle 138:

Aufteilung von Kapazität und Produktion auf die einzelnen Phenol-Syntheseverfahren in den USA (in %) [31, 32]

Verfahren	Kapazität	Produktion	
	1965	1959	1965
Sulfonierung	20	27	23
Chlorierung	19	30	22
Raschig-Verfahren	20	20	21
Cumol-Phenol-Synthese	32	23	29
Toluoloxydation	3	—	5 (Toluoloxydation und Cyclohexanoxydation zusammen)
Cyclohexanoxydation	4	—	

Tabelle 139:

Verwendung von Phenol in den USA [9, 33] *in 1000 t*

Verwendungszweck	1962	1963	1968	1970	1980
Phenolharze	201	182	295	285	455
Alkylphenole	24	36	40	41	84
Bisphenol A	23	27	33	45	100
Caprolactam	23	27	33	36	45
Adipinsäure	16	16	20	21	23
Petroleumraffination	19	20	25	26	27
2.4-D	16 (2.4-D und Pentachlorphenol)	11	24 (2.4-D und Pentachlorphenol)	14	18
Pentachlorphenol		11		14	18
Weichmacher	47 (Weichmacher bis Verschiedenes)	14	70 (Weichmacher bis Verschiedenes)	21	29
Salicylsäureester		11		14	18
Export		21		21	18
Verschiedenes		11		27	45
Gesamt	369	387	540	565	880

Tabelle 140:
Entwicklung des Phenolverbrauchs in Japan [34]

Verwendungszweck	1966	1967	1968	1969	1970
Phenolharze	29	33	37,4	42,4	47,9
Alkylphenole	7,1	9,4	10,8	12,4	14,3
Bisphenol A	4,4	5,3	5,8	6,4	7,0
Nylon	34	18,4	12	—	—
Pentachlorphenol	2,8	2,9	2,9	2,9	2,9
Verschiedenes	10,2	11,0	11,0	12,9	13,9
Export	2	2,5	3	3,5	4
Gesamt	89,5	82,5	82,9	80,5	90,0

21.6. Kapazitäten, Verbrauch und Produktion an Aceton

Tabelle 141:
Acetonkapazitäten in den USA Anfang 1967 in 1000 t [35]

Firma	Ort	Kapazität	Verfahren
Shell Chemical Corp.	Houston, Tex.	95	Cumol
Shell Chemical Corp.	Dominguez, Calif.	68	Isopropylalkohol
Shell Chemical Corp.	Horko, La.	45	Isopropylalkohol
Union Carbide and Chemicals Co.	Texas City, Tex.	59	Isopropylalkohol
Union Carbide and Chemicals Co.	Whiting, Ind.	54	Isopropylalkohol
Union Carbide and Chemicals Co.	Institute, W. Va.	9	Isopropylalkohol
Union Carbide and Chemicals Co.	Bound Brooks, N. J.	74	Cumol
Allied Chemical Corp.	Philadelphia, Pa.	64	Cumol
Humble Oil (Enjay) Co.	Linden, N. J.	50	Isopropylalkohol
Puplickers Industries Co.	Philadelphia, Pa.	23	Fermentation
Tennessee Eastman Co.	Kingsport, Tenn.	20	Isopropylalkohol
Monsanto Chemical Co.	Chocolate Bayou, Tex.	36	Cumol
Celanese Corp. of America	Bishop, Tex.	16	Kohlenwasserstoffoxydation
Chevron Chemical Co.	Richmond, Calif.	16	Cumol
Clark Oil and Refining Co.	Blue Island, Ill.	14	Cumol
Skelly Oil Co.	El Dorado, Kans.	14	Cumol
Hercules Inc.	Gibbstown, N. J.	14	Cumol
Gesamt		671	

Tabelle 142: *Acetonkapazitäten in anderen Ländern in 1000 t*

Land	Firma	Ort	Kapazität	Verfahren
Argentinien:	Carboclor Industrias Quimicas S.A.I.C.	Campana	10,5	Isopropylalkohol
Brasilien:	Rhodia-Industrias Quimicas e Textels	Campinas, Sao Paulo	4,2	Isopropylalkohol
Kanada:	Shawinigan Chemicals Ltd.	Montreal East, Que.	26	Cumol
	Shell Canada Ltd.	Montreal, Que.		Isopropylalkohol
Frankreich:	Naphtachimie S. A.	Lavera (Bouches-du-Rhône)	15	Isopropylalkohol
	Progil-Electrochimie	Pont-de-Claix (Isere)	12	Cumol
	Rhone-Poulenc	Le Peage de Roussilon	30	Cumol
	Ugine	Le Chambre		
	Cie. Francaise de Produits Chim. Shell	Berre	30	Isopropylalkohol
Westdeutschland:	Phenolchemie GmbH	Gladbeck	96	Cumol
	Rheinpreußen AG	Homberg, Meerbeck	96	Isopropylalkohol
Indien:	Herdilla Chemicals Ltd.	Thana Creek, Bombay	9	Cumol
			10	Fermentation
Italien:	Societa Italiana fenolo-acetone	Porto Torres, Sard.	24	Cumol
	Societa Edison Chimica	Mantua	80	Cumol
Japan:	Daikyowa Sekiku Kagaku K.K.	Yokkaichi	27	Fermentation
	Kasei Mizushima K. K.	Mizushima	15	Isopropylalkohol
	Mitsui Sekiyu Kagaku Kogyo K. K.	Iwakuni	21	Cumol
	Nippon Petrochemicals Co. Ltd.	Kawasaki	26,5	Isopropylalkohol
	Kyowa Yuka Co.	Kasumagauri/Yokkaichi	60,3 (1972)	Propylenoxydation
Mexiko:	Quimica General S. A.	Mexico City	10	Isopropylalkohol
Spanien:	Union Espanola de Explosivos S. A.	Tarragona	13	Isopropylalkohol
	Industrias Quimicas Asociados	Tarragona	8	Isopropylalkohol
Großbritannien:	British Hydrocarbon Chemicals Ltd.	Grangemouth	40	Cumol
	ICI Ltd.	Billingham	30	Isopropylalkohol
			12	Cumol

(Fortsetzung von Tabelle 142)

Land	Firma	Ort	Kapazität	Verfahren
Großbritannien	Shell Chemical Co. Ltd.	Stanlow	25,5	Isopropylalkohol
	Courtaulds Ltd.	Spondon	14,3	Isopropylalkohol
	Distillers Co., Ltd.	Hull	37,8	Isopropylalkohol
Sowjetunion:	—	Grozny	27	Cumol
	—	Nowokuibyschew	24	Cumol
	—	Kasan	24	Cumol
	—	Ufa	24	Cumol
	—	Omsk	18	Cumol
	—	Saratow	27	Cumol
	—	Solawat		Cumol
	—	Krasnodarsk	36	Cumol
	—	Dserschinsk	27	Cumol
ČSSR:	Slovnaft	—	13	Cumol
VR Polen:	—	Plock	18	Cumol
Rumänien:	Werk „Gheorge-Gheorgiu-Dej"	—	19,5	Cumol
Bulgarien:	—	Burgas	18	Cumol
Jugoslawien:	—	Zagreb	3,5	Cumol
DDR:	Leuna-Werke „Walter Ulbricht"	Leuna	18	Cumol
Niederlande:	Shell Nederland Chemie N.V.	Pernis	40	Isopropylalkohol

Tabelle 143:

Produktion an Aceton in verschiedenen Ländern in 1000 t

Land	1958	1960	1962	1963	1964	1965	1966	1967	1968	1970
USA:	280	345	385	427,2	457,2	505	562	626	680	780
Großbritannien:				103,2	116,9	117,7	124,5	130		
Frankreich:	31,4	49,0	57,0	63,0	69,3	72,0	76,3		100	
Japan:	8,1	11,1	17,5	26,2	34,0	59,0	83,0	96,0		
Indien:			0,5	0,9	0,6	0,7		11	12	20
Westdeutschland:					55					
Italien:					30					
Spanien:					1					
Mexiko:						7				
Pakistan:										9

Tabelle 144:

Verbrauch an Aceton in den USA in 1000 t [2, 9]

Verwendungszweck	1963	1968	1970	1980
Methylisobutylketon	77	110	136	168
Methylisobutylcarbinol	25	26	27	32
Methylmethacrylat	59	88	120	254
Bisphenol A	9	11	15	35
Verschiedene Derivate (Isophoron, Hexylenglykol, Mesityloxid, Diacetonalkohol)	33	36	36	40
Lösungsmittel gesamt	100	115	122	155
für Lacke und Farben	45	48	—	—
für Celluloseacetat	18	18	—	—
für Vinylharze	20	29	—	—
für Acetylen	17	20	—	—
Pharmazeutika	20	29	36	50
Export	15	8	9	9
Verschiedenes und Forschung	56	48	41	50
Gesamt	394	471	542	793

Tabelle 145:

Kapazitäten an Epoxidharzen in 1000 t

Land	Firma	Ort	Kapazität
Australien:	Shell Chemical (Australia) Pty. Ltd.	Clyde, N. S. W.	
Kanada:	Shell Canada Ltd.	Montreal, Que.	
Westdeutschland:	Rheinische Olefinwerke GmbH	Wesseling	4
	Ruhrchemie AG	Oberhausen	
	Dow Chemical Co.	Greffern	(1969)
Japan:	Asahi-Ciba-Ltd.	Mizushima	4
	Mitsubishi Yuka K. K.	Yokkaichi	8
Niederlande:	Shell Nederland Chemie N. V.	Pernis	10
Schweiz:	CIBA Ltd.	Basel	8
Großbritannien:	Shell Chemicals UK	Stanlow	8
USA:	Celanese Corp.	Louisville, Ky.	11,3
	CIBA Products	Toms River, N. J.	22,7
	Dow Chemical Co.	Freeport, Tex.	15,9
	Reichhold Chemicals Ltd.	Ballardvale, Mass.	4,5

(Fortsetzung von Tabelle 145)

Land	Firma	Ort	Kapazität
	Shell Chemical Co.	Houston, Tex.	31,8
	Union Carbide Corp.	Marietta, Ohio	11,3
Mexiko:	Productora Quimica de Jalisco S. A.	Atotonilquillo	1,0
Brasilien:	Cloroquimica SA	Nähe Sao Paulo	(1969)
Frankreich:	Prochal (Péchiney-Saint-Gobain)	Montlucon	
DDR:	Leuna-Werke „Walter Ulbricht“	Leuna	1

Tabelle 146:

Produktion und Absatz von Bisphenol A, Epoxidharzen und Polycarbonaten in den USA [37] *in 1000 t*

Jahr	Produktion an Bisphenol A	Absatz an Epoxidharzen	Absatz an Polycarbonaten
1958	13,9	18,7	—
1960	22,9	30,0	0,2
1962	28,2	39,2	1,8
1963	32,8	39,6	3,6
1964	42,2	47,7	5,0
1965	44,1	54,1	6,9
1966	54,1	60,0	8,2
1970	84,0	90,0	23—30

21.7. Kapazitäten, Verbrauch und Produktion an Glycerin

Tabelle 147:

Land	Firma	Ort	Kapazität in 1000 t	Verfahren
USA:	Atlas Chemical Ind.	Wilmington, Del.	11,5	Allylchlorid
	Dow Chemical Co.	Freeport, Tex.	32	Allylchlorid
	Olin Mathieson Chemical	Brandenburg, Ky.	18	Propylenoxid
	Shell Chemical Co.	Houston, Tex.	50	Allylchlorid
	Shell Chemical Co.	Norco, La.	16	Acrolein
	F. M. C.	Bayport, Tex.	18,5	Allylalkohol + Peressigsäure

(Fortsetzung von Tabelle 147)

Land	Firma	Ort	Kapazität in 1000 t	Verfahren
Niederlande:	Shell Nederland Chemie N. V.	Pernis	25	Allylchlorid (60 kt) 45 Epichlorhydrin
Sowjetunion:	Techmashimport	Sterlitamac	60	Allylchlorid
	—	Sumgait	11	Allylchlorid
Italien:	Anic SpA	Gela	48	
	Rumianca SpA	Cagliari	5	Allylchlorid Endprodukt
DDR:	Leuna-Werke „Walter Ulbricht“	Leuna	1,2	Allylchlorid
Frankreich:	Solvay und Cie.	Tavaux	6	Allylchlorid
Japan:	Showa Denko K. K.	Kawasaki, Oita	8,8	Allylchlorid
	Daicel Ltd.	Ohtake	12	Allylalkohol + Peressigsäure
VR Polen:	—	Blachownia	13	Allylchlorid
Westdeutschland:	Deutsche Solvay-Werke	Rheinberg	(1970)	Allylchlorid

Tabelle 148:
Verbrauch an Glycerin in den USA in 1000 t [9]

Verwendungszweck	1963	1970	1980
Alkydharze	35	36	36
Cellophan	27	23	18
Drogen, Kosmetika	27	41	57
Tabakbefeuchtung	21	30	43
Nahrungsmittelindustrie	13	16	23
Explosivstoffe	9	9	11
Verschiedenes	11	15	25
Gesamt	143	170	213

Tabelle 149:

Produktion an synthetischem Glycerin sowie Gesamt in den USA

Jahr	1960	1962	1963	1964	1965	1966	1967	1968
Synthetisch	65	63	72	81	91	93	104	114
Gesamt	136	111	137	148	157	163	172	180

21.8. Kapazitäten an Oxoalkoholen auf Basis Propylen

Tabelle 150:

Land	Firma	Ort	Kapazität in 1000 t	Endprodukt
Westdeutschland:	BASF	Ludwigshafen	150	Butanol
	Farbwerke Hoechst AG	Höchst/Frankfurt a. M.	140	Butanol
	Erdölchemie GmbH	Dormagen	12	Butanol
	Chemische Werke Hüls AG	Marl	120	Butanol
	Ruhrchemie	Oberhausen/Holten	150	
Japan:	Daikyowa Sekiku Kagaku K. K.	Yokkaichi	25	Butanol
	Daikyowa Sekiku Kagaku K. K.	Yokkaichi	12	Octanol
	Japan Butanol	Yokkaichi	30	Butanol
	Mitsubishi Kasei Kogyo K. K.	Yokkaichi	7,9	Butanol
	Mitsubishi Kasei Kogyo K. K.	Yokkaichi	38	Octanol
	Kasei Mizushima	Mizushima	12	Octanol
	Tonen Sekiyu Kagaku K. K.	Kawasaki	5,4	Butanol
	Nissan Petrochemicals	Chiba	40	Butanol
	Tonen Petrochemical Co.	Kawasaki	10	Octanol (Aldox)
	Chisso Corp.	Chiba	42	Octanol
Niederlande:	Konam N. V.	Europoort	25	Butanol
Puerto Rico:	Union Carbide Caribe Inc.	Ponce		Butanol
	W. R. Grace und Co.	Penuelas	113	Octanol

(Fortsetzung von Tabelle 150)

Land	Firma	Ort	Kapazität in 1000 t	Endprodukt
Großbritannien:	ICI Ltd.	Billingham		Butanol
	Shell Chemicals UK	Stanlow		Butanol, Octanol
Australien:	CSR Chemical	Rhodes, N. S. W.	20	Alkohole
USA:	Air Products and Chemicals, Inc.	Delaware City, Del.		
	Enjay Chemical Co.	Baton Rouge, La.	50	Butanol, Octanol
	Shell Chemical Co.	Houston, Tex.	35 56	Butanol, Octanol
	Texas Eastman Co.	Longview, Tex.		Butanol
	Tidewater Oil Co.	Delaware City, Del.	20	Alkohole
	Dow Badische Co.	Freeport, Tex.	91	Octanol
	Union Carbide Corp.	S. Charlestone, W. Va.	100 (zusammen mit Texas City)	Octanol
	Union Carbide Corp.	Texas City, Tex.		Octanol
Italien:	Celene SpA	Priolo, Siz.	38	Butanol, Octanol
	Montecatini Edison SpA	Ferrara	30	Butyraldeh.
Österreich:	Petrochemie Schwechat AG	Schwechat	45 (1969)	Butanol, Octanol
Frankreich:	Courrieres Kuhlmann	Harnes	80	C_5-C_{13}-Alkohole
	Oxochimie	Lavera	45 56	Octanol Butanol
VR Polen:	—	Blachownia		—
VR Rumänien:	—	Rimnico Vilcea	20	Butanol, Octanol
Schweden:	Mo och Domsjö	Stenungsund		Butanol, Octanol
Sowjetunion:	—	Kasan		Octanol
Spanien:	BASF Espanola SA		28 (1970)	Butanol, Octanol
CSSR:	Chemicke Zavody	Zaluzi	20 (1969)	—
VR Bulgarien:	—		30 (1971)	Butanol
Koreanische VR:	Korea Industrial Epuipment	Hamheung	4	Octanol
Kanada:	BASF Canada Ltd.	—	45 (1971)	Butanol, Octanol

21.9. Kapazitäten an Acrylsäure und Acrylaten

Tabelle 151:

Land	Firma	Ort	Kapazität	Verfahren
Kanada:	Chemcell Ltd.	Clover Bar, Edmonton	10	Propiolacton
Frankreich:	Ugilor	Saint-Avolde	8	Acrylnitril
	Ugilor	Yours	28	Propylen
Westdeutschland:	BASF	Ludwigshafen	50	Acetylen
	Röhm und Haas	Darmstadt	2	Acetylen
Japan:	Mitsubishi Yuka K. K.	Yokkaichi	6,5	Propylen
	Japan Acrylic Chemical Co.	Nagoya	20	Acetylen
	Osaka Gas	Hokko	6	Propylen
	Osaka Gas	Torishima	6	Propylen
	Japan Catalytic Chemical Ind. Co.	Osaka	10	Propylen
	Tokai Gas and Chemical Co.	Yokkaichi	6,3	Acrylnitril
Großbritannien:	Border Chemicals Ltd.	Grangemouth	15	Propylen
	Border Chemicals Ltd.	Wilton	15	Propylen
	Lennig Chemicals, Ltd.	Jarrow (Durham)	6	Acetylen
Italien:	Montecatini	Rho	2	
USA:	Celanese Corp.	Pampa, Tex.	15,9	Propiolacton
	Röhm und Haas Co.	Deer Park, Tex.	36,3	Acetylen
	Röhm und Haas Co.	Bristol, Pa.	18,1	Acetylen
	Union Carbide Corp.	Taft, La.	90	Propylen
	Union Carbide Corp.	Institute, W.Va.	20,4	Äthylencyanhydrin
	Dow-Badische Chemical Corp.	Freeport, Tex.	18,2	Acetylen
	B. F. Goodrich Chemical Co.	Calvert City, Ky.	2,3	
	Minnesota Mining and Manufacturing Co.	St. Paul, Minn.	1,4	

Tabelle 152:

Produktion und Absatz von Acrylsäure, Äthyl- und 2-Äthylhexylacrylat in den USA in 1000 t [36]

Jahr	Acrylsäure		Äthylacrylat		2-Äthylhexylacrylat	
	Produktion	Absatz	Produktion	Absatz	Produktion	Absatz
1959		0,3		5,6		
1960		0,5		7,4		
1961	5,5	1,0	28,4	8,9		
1962	8,0	1,9	32,6	10,9		
1963	11,2	2,2	36,2	13,6	7,0	6,3
1964	14,7	2,0	41,2	16,4	10,3	9,3
1965	15,8	4,5	45,4			13,6

Tabelle 153:

Verbrauch an Acrylaten in den USA 1965 in 1000 t [36]

Ester	Menge
Äthylacrylat	45,5
2-Äthylhexylacrylat	13,6
Methylacrylat	6,8
Butylacrylat	4,5
Andere Ester	2,3
Gesamt	72,6

Tabelle 154:

Verbrauch an Acrylaten in den USA [36] *in 1000 t*

Verwendungszweck	Menge
Anstrichmittel (einschließlich Latexfarben und Finishes)	32,7
Textilindustrie	13,6
Fußbodenpflege	4,5
Lederzurichtung	4,5
Papierveredlung	4,5
Klebstoffe	2,7
Andere Zwecke	10,1
Gesamt	72,6

21.10. Kapazitäten an Propylenoligomeren und Dodecylbenzol

Tabelle 155:
Kapazitäten an Propylenoligomeren

Land	Firma	Ort	Kapazität in 1000 t
Kanada:	Imperial Oil Ltd.	Sarnia, Ont.	
Formosa:	Chinese Petroleum Corp.	Kaohsing	26
Frankreich:	Cie Francaise de Raffinage	Gonfreville	36 (9 + 27)
	Esso Standard S. A. F.	Port Jerome	42
Westdeutschland:	Esso AG	Köln	35
	Chemische Werke Hüls AG	Marl	50
Italien:	Societa Industriale Catanese	Priolo Melilli (Syracuse)	14
	Soc. Montecatini-Edison	Mantua	35
	Societa Italiana Resine	Porto Torres, Sard.	14
Trinidad:	Texaco Trinidad, Inc.	Pointe-a-Pierre	
Großbritannien:	Grange Chemicals Ltd.	Grangemouth	20,4
	Esso Chemical	Fawley	10
USA:	Apple River Chemical Co.	Watson, Calif.	
	Continental Oil Co.	Lake Charles, La.	
	Continental Oil Co.	Ponca City, Okla.	
	Enjay Chemical Co.	Baytown, Tex.	30
	Enjay Chemical Co.	Bayway, N. J.	
	Gulf Oil Corp.	Port Arthur, Tex.	
	Marathon Oil Co.	Texas City, Tex.	
	Sun Oil Co.	Marcus Hook, Pa.	
	Texaco Inc.	Port Arthur, Tex.	
	Union Oil Co. of Calif.	Nederland, Tex.	11
Mexiko:	Pemex	Atzcapotzalco	24
	Pemex	Ciudad Madero	24

Tabelle 156:
Kapazitäten an Dodecylbenzol in 1000 t

Land	Firma	Ort	Kapazität
Argentinien:	Yazimientos Petroliferos Fiscales	La Plata	15
Formosa:	Chinese Petroleum Corp.	Kaohsiung	2,5
Frankreich:	Esso Standard S. A. F.	Port Jerome	32
	Chevron Chemical Co. S. A. Francaise		
	Petrosynthese CFR	Gonfreville	35
Westdeutschland:	Chemische Werke Hüls AG	Marl	60
	Rheinpreußen AG	Homberg	25
Iran:	National Petrochemical Co. of Iran	Abadan	10
Italien:	Societa Italiana Resine	Mailand	50
	Sicedison SpA	Mantua	30
Japan:	Mitsubishi Yuka K. K.	Yokkaichi	32
	Nippon Petroleum Detergent Co. Ltd.	Kawasaki	30
	Sumitomo Kagaku Kogyo K. K.	Niihama u. Kikumoto	15
	Nissan Petrochemical Co.	Chiba	
	Toyo Koatsu Industries Co.	Sakai	20
Mexiko:	Pemex	Azcapotzalco, D. F.	30,9
	Pemex	Ciudad Madero, Tam.	27,6
Brasilien:	Empresa Carioca de Produtos Quimicos S. A.	Santo André (Sao Paulo)	12—15
Großbritannien:	Grange Chemicals Ltd.	Grangemouth	24
	Shell Chemical Co., Ltd.	Stanlow	
Venezuela:	Quimica Venoco	Carabobo	10
Südafrika:	Karbochem (Pty) Ltd.	Sasolburg	7,7
USA:	Allied Chemical Corp.	Buffalo, N. J.	
	Continental Oil Co.	Baltimore, Md.	
	Continental Oil Co.	Chicago, Ill.	
	Monsanto Co.	Alvin, Tex.	70
Türkei:	Petkim Petrokimya	Izmit	10 (1969)
Kolumbien:	Empresa Colombiana de Petroleos	Barrancabermeja	16,5
Pakistan:	Fanji Foundation	Karachi	5

21.11. Gesamtalkylierungskapazität (C_3- und C_4-Alkylierung) in den USA und Kanada

Tabelle 157: (s. [39])

Firma	Ort	Kapazität in 1000 t (1967)	Verfahren
USA:			
American Oil Co.	El Dorado, Ark.	144	HF
Lion Oil, Div. of Monsanto Co.	El Dorado, Ark.	210	H_2SO_4
Atlantic Richfild Co.	Watson, Calif.	420	H_2SO_4
Gulf Oil Corp.	Santa Fe Springs, Calif.	150	HF
Mobil Oil Corp.	Torrance, Calif.	252	HF
Phillips Petroleum Co.	Avon (Martinez), Calif.	630	H_2SO_4
Shell Oil Co.	Martinez, Calif.	390	H_2SO_4
Shell Oil Co.	Wilmington, Calif.	432	H_2SO_4
Signal Oil and Gas Co.	Bakersfield, Calif.	90	H_2SO_4
Standard Oil Co. of Calif.	El Segundo, Calif.	324	H_2SO_4
Standard Oil Co of Calif.	Richmond, Calif.	270	H_2SO_4
Texaco Inc.	Wilmington, Calif.	264	H_2SO_4
Union Oil Co. of Calif.	Wilmington, Calif.	300	H_2SO_4
Tidewater Oil Co.	Delaware City, Del.	300	H_2SO_4
Standard Oil Co. of Calif.	Honolulu, Hawai	228	H_2SO_4
American Oil Co.	Wood River, Ill.	318	H_2SO_4
Clark Oil and Refining Co.	Blue Island, Ill.	308	HF
Marathon Oil Co.	Robinson, Ill.	156	H_2SO_4
Mobil Oil Co.	East St. Louis, Ill.	144	HF
Shell Oil Co.	Wood River, Ill.	1200	H_2SO_4
Texaco, Inc.	Lawrenceville, Ill.	150	H_2SO_4
Texaco, Inc.	Lockport, Ill.	324	H_2SO_4
Union Oil Co. of Calif.	Lemont, Ill.	96	HF
American Oil Co.	Whiting, Ind.	930	H_2SO_4
Cities Service Oil Co.	East Chicago, Ind.	252	H_2SO_4
Indiana Farm Association, Inc.	Mount Vernon, Ind.	60	HF
Mobil Oil Co.	East Chicago, Ind.	180	H_2SO_4
Sinclair Refining Co.	East Chicago, Ind.	300	H_2SO_4
American Oil Co.	Neodesha, Kans.	96	H_2SO_4
Apco Oil Corp.	Arkansas City, Kans.	132	HF
Century Refining Co.	Shallow Water, Kans.	48	HF
CRA, Inc.	Coffeeville, Kans.	111	HF
CRA, Inc.	Phillipsburg, Kans.	94	HF
Derby Refining, Co.	Wichita, Kans.	120	HF
Mobil Oil Co.	Augusta, Kans.	238	HF
National Cooperative Refinery ASS	McPherson, Kans.	150	H_2SO_4
Phillips Petroleum Co.	Kansas City, Kans.	396	HF
Skelly Oil Co.	El Dorado, Kans.	396	HF

(Fortsetzung von Tabelle 157)

Firma	Ort	Kapazität in 1000 t (1967)	Verfahren
Cities Service Oil Co.	Lake Charles, La.	1020	H_2SO_4
Continental Oil Co.	Westlake, La.	264	H_2SO_4
Humble Oil and Refining Co.	Baton Rouge, La.	1350	H_2SO_4
Murphy Oil Corp.	Meraux, La.	96	HF
Shell Oil Co.	Norco, La.	720	H_2SO_4
Tenneco Oil Co.	Chalmette, La.	240	HF
Bay Refining Co.	Bay City, Mich.	45	HF
Leonard Refineries, Inc.	Alma, Mich.	72	HF
Marathon Oil Co.	Detroit, Mich.	150	H_2SO_4
Mobil Oil Co.	Trenton, Mich.	204	H_2SO_4
Great Northern Oil Co.	Pine Bend, Minn.	222	H_2SO_4
Northwestern Refining Co.	St. Paul Park, Minn.	150	HF
Gulf Oil Corp.	Purvis, Miss.	216	H_2SO_4
Standard Oil Co. (Kentucky)	Pascagoula	510	H_2SO_4
American Oil Co.	Sugar Creek, Missouri	276	H_2SO_4
Continental Oil Co.	Billings, Mont.	16	HF
Humble Oil and Refining Co.	Billings, Mont.	156	HF
Chevron Oil Co.	Perth Amboy, N. J.	500	H_2SO_4
Hess Oil and Chemical Corp.	Port Reading, N. J.	180	H_2SO_4
Humble Oil and Refining Co.	Bayonne Linden, N. J.	640	H_2SO_4
Mobil Oil Co.	Paulsboro, N. J.	138	HF
Texaco Inc.	Westville, N. J.	180	H_2SO_4
Continental Oil Co.	Artesia, N. Mex.	90	HF
Shell Oil Co.	Ciniza, N. Mex.	90	HF
Mobil Oil Corp.	Buffalo, N. Y.	147	H_2SO_4
American Oil Co.	Mandan, N. Dak.	144	HF
Ashland Oil and Refining Co.	Canton Findlay, Ohio	240	HF
Gulf Oil Corp.	Cincinnati, Ohio	238	HF
Gulf Oil Corp.	Toledo, Ohio	306	HF
Standard Oil Co. of Ohio	Toledo, Ohio	372	H_2SO_4
Sun Oil Co.	Toledo, Ohio	360	H_2SO_4
Union Oil Co. of Calif.	Newark, Ohio	86	HF
Union Oil Co. of Calif.	Toledo, Ohio	108	H_2SO_4
Bell Oil and Gas Co.	Ardmore, Okla.	180	HF
Champlin Petroleum Co.	Enid, Okla.	120	HF
Continental Oil Co.	Ponca City, Okla.	346	HF
Midland Cooperatives, Inc.	Cushing, Okla.	80	HF
Sunray DX Oil Co.	Duncan, Okla.	300	HF
Sunray DX Oil Co.	Tulsa, Okla.	150	H_2SO_4
Sunray DX Oil Co.	Tulsa, Okla.	270	HF
Texaco Inc.	West Tulsa	150	H_2SO_4
Atlantic Richfield Co.	Philadelphia, Pa.	450	H_2SO_4

(Fortsetzung von Tabelle 157)

Firma	Ort	Kapazität in 1000 t (1967)	Verfahren
Gulf Oil Corp.	Philadelphia, Pa.	480	H_2SO_4
Sun Oil Co.	Marcus Hook, Pa.	600	H_2SO_4
United Refining Co.	Warren, Pa.	66	H_2SO_4
Delta Refining Co.	Memphis, Tenn.	96	HF
American Oil Co.	Texas City, Tex.	1640	H_2SO_4
American Petrofina Co. of Texas	Mount Pleasant, Tex.	90	HF
Atlantic Richfield Co.	Port Arthur, Tex.	164	HF
Chevron Oil Co.	El Paso, Tex.	210	H_2SO_4
Coastal States Petrochemical Co.	Corpus Christi, Tex.	72	HF
Cosden Oil and Chemical Co.	Big Spring, Tex.	240	HF
Crown Central Petroleum Corp.	Pasadena, Tex.	228	HF
Gulf Oil Corp.	Port Arthur, Tex.	1102	H_2SO_4
Hess Oil and Chemical Corp.	Corpus Christi, Tex.	180	HF
Humble Oil and Refining Co.	Baytown, Tex.	1500	H_2SO_4
La Gloria Oil and Gas Co.	Tyler, Tex.	144	H_2SO_4
Marathon Oil Co.	Texas City, Tex.	99	H_2SO_4
Mobil Oil Corp.	Beaumont, Tex.	1060	H_2SO_4
Phillips Petroleum Co.	Borger, Tex.	540	HF
Phillips Petroleum Co.	Sweeny, Tex.	360	HF
Pontiac Refining Corp.	Corpus Christi, Tex.	114	HF
Shamrock Oil and Gas Corp.	Sunray, Tex.	270	H_2SO_4
Shell Oil Co.	Deer Park, Tex.	360	H_2SO_4
Shell Oil Co.	Odessa, Tex.	162	HF
Signal Oil and Gas Co.	Houston, Tex.	270	H_2SO_4
Southwestern Oil and Refining Co.	Corpus Christi, Tex.	120	HF
Suntide Refining Co.	Corpus Christi, Tex.	216	HF
Texaco, Inc.	Amarillo, Tex.	72	H_2SO_4
Texaco, Inc.	El Paso, Tex.	90	H_2SO_4
Texaco, Inc.	Port Arthur, Tex.	900	H_2SO_4
Texas City Refining, Inc.	Texas City, Tex.	210	HF
Union Oil Co. of Calif.	Nederland, Tex.	298	H_2SO_4
American Oil Co.	Salt Lake City, Utah	300	H_2SO_4
Beeline Refining Co.	North Salt Lake, Utah	56	HF
Phillips Petroleum Co.	Woods Cross, Utah	96	HF
Mobil Oil Corp.	Ferndale, Wash.	198	HF
Shell Oil Co.	Anacortes, Wash.	510	H_2SO_4
Texaco Inc.	Anacortes, Wash.	180	H_2SO_4
Murphy Oil Corp.	Superior, Wis.	66	HF
American Oil Co.	Casper, Wyo.	78	H_2SO_4
Sioux Oil Co.	Newcastle, Wyo.	48	HF
Gesamt		35354	

(Fortsetzung von Tabelle 157)

Firma	Ort	Kapazität in 1000 t (1967)	Verfahren
Kanada:			
Imperial Oil Ltd.	Calgary, Alberta	102	H_2SO_4
Imperial Oil Ltd.	Edmonton, Alberta	114	HF
British American Oil Co. Ltd.	Port Moody, Brit. Columb.	63	H_2SO_4
Pacific Petroleum Ltd.	Taylor Flats	42	HF
Imperial Oil Ltd.	Winnipeg, Manitoba	66	HF
BP Refinery Canada Ltd.	Oakville, Ont.	120	H_2SO_4
British American Oil Co. Ltd.	Clarkson, Ont.	180	HF
Regent Refining (Canada) Ltd.	Oakville, Ont.	60	H_2SO_4
Canadian Petrofina Ltd.	Pointe-aux-Trembles, Que.	90	H_2SO_4
Shell Canada Ltd.	Montreal East, Que.	90	HF
Texaco Canada Ltd.	Montreal East, Que.	120	H_2SO_4
Gesamt		1047	

21.12. Produktion, Kapazitäten und Verbrauch an Polypropylen

Tabelle 158:

Polypropylen-Kapazitäten in den USA [1] *in 1000 t (Mitte 1969)*

Firma	Ort	Kapazität
Alamo Industries, Inc. (Diamond Alcali Co.)	Houston, Tex.	32
Avisun Corp. (Amoco Chemicals)	New Castle, Del.	115
Enjay Chemical Co. (Standard Oil Co. of New Jersey)	Baytown, Tex.	68
Hercules Powder Co.	Lake Charles, La.	165
Novamont Corp. (Montecatini-Edison)	Neal, W. Va.	36
Rexall-El Paso Chemical Co.	Odessa, Tex.	34
Shell Chemical Co.	Woodbury	54
Texas Eastman Co.	Longview, Tex.	40
Monsanto Co.	Texas City, Tex.	23
Gesamt		557

Tabelle 159:
Polypropylenkapazitäten anderer Länder in 1000 t (Mitte 1968)

Land	Firma	Ort	Kapazität
Österreich:	„Danubia“ Petrochemie AG	Schwechat	20
Frankreich:	Naphtachimie S. A.	Lavera (Bouches-du-Rhône)	60 (mit ND-PÄ)
	Sté. Normande de Matieres Plastiques	Lillebonne	10
Westdeutschland:	Hibernia	Herne	
	Chemische Werke Hüls AG/ Scholven-Chemie	Marl	20
	Chemische Werke Hüls AG/ Scholven-Chemie	Wesseling	24
	BASF	Ludwigshafen	3
	Scholven-Chemie AG	Gelsenkirchen/Buer	13
	Farbwerke Hoechst AG	Höchst/Frankfurt a. M.	36
	Esso Chemie	Kelsterbach	35
	Schwab Hall Gaswerke	Schwab, Hall	13
Italien:	Monteshell Petrochimica SpA	Ferrara	50
	Monteshell Petrochimica SpA	Brindisi	25
	ANIC	Gela	40 (1970)
	Polymer SpA	Terni	40
Japan:	Chisso Sekiyu Kagaku K. K.	Chiba	110 (1970)
	Mitsubishi Yuka K. K.	Yokkaichi	110 (1969)
	Mitsui Kagaku Kogyo K. K.	Otake	110 (1970)
	Shin Nippon Chissoshiryo K. K.	Goi	26
	Sumitomo Kagaku Kogyo K. K.	Niihama u. Kikumoto	110 (1970)
	Sumitomo Kagaku Kogyo K. K.	Chiba	
	Tokuyama Soda K. K.	Tokuyama	10
	Nippon Petrochemicals Co. Ltd.	Kawasaki	55 (1970)
	Ube Kosan K. K.	Sakai	30
	Showa Denko K. K.	Oita	35
Niederlande:	Rotterdamse Polyolefinen Maatschappij N. V.	Pernis	30 (1970)
Spanien:	Paular S. A.	Puertollano	18
	Dow-Uniquesa S. A.		8
Schweden:	Svenska Esso A. B.	Stenungsund	3
Groß-britannien:	ICI Ltd.	Wilton	90 (1970)
	Shell Chemical Co., Ltd.	Carrington	15,3
VR China:	National Technical Import	Lantschau	5
VR Polen:	—	Plock	20 (1968)
Pakistan:	Fanji Foundation	Karachi	5
Südkorea:	Corea Oil Co.	Ulsan	20
CSSR:	Slovnaft	Bratislava	30 (1971)

(Fortsetzung von Tabelle 159)

Land	Firma	Ort	Kapazität
Australien:	Hoechst Chemicals (Australia) Ltd.	Altona	
	Shell Co. of Australia Ltd.	Clyde	
Kanada:	Imperial Oil Ltd.		27

Tabelle 160:

Produktion an Polypropylen in den einzelnen Ländern in 1000 t

Land	1959	1960	1961	1962	1963	1964	1965	1966	1967	1968	1970
USA:	9	16,5	46	65	89,3	122,6	169,7	251	280	360	500
Japan:	—	—	—	5	21,2	39,5	57	99,7	170,2	261	240
Westdeutschland:	3	5,5				10	22			40	
Italien:	4	5	7			20	26	35	42		
Großbritannien:	—	—				11	19,5	26			
Niederlande:	—	—	—	—	2	5	9,5				
VR Polen:	—	—	—	—	—	—	—	—	—	—	4
Indien:	—	—	—	—	—	—	—	—	—	5	20
Österreich:						5					
Frankreich:						2	4				
Pakistan:	—	—	—	—	—	—	—	—	—	—	16
Spanien:	—	—	—	—	—	—	—	—	5	10	18

Tabelle 161:

Verbrauch an Polypropylen in den USA in 1000 t [25—28]

Verwendungszweck	1962	1964	1965	1966	1967	1970
Spritzguß	23,5	45	70	95	125	215
Fasern und Filamente	9,5	25	41	52	94	147
Folien und Platten	8	18	25	27	25	54
Blasverformung	}	1,8	2	4	2	7
Draht- und Kabelisolierung	} 2	0,5	1	2	2	5
Rohre und Profile	}	2,3	5	5	9 }	} 8
Extrusionsbeschichtung	}		—	—	2 }	
Export		11	14	23	23	34
Verschiedenes (Schaum u. a.)	4	13,6	5	12	8	6
Gesamt	47	117,2	163	222	290	476

Tabelle 162:

Verbrauch an Polypropylen in Japan in 1000 t [23, 24]

Verwendungszweck	1965	1966	1967	1968	1969	1970
Spritzguß	26	40	38,5	46	55	66
Flachgarn	—	7,1	12	21	27	35
Folien	19,2	25,7	27	35	44	53
Blasverfahren	1,5	1,6	3	4	5	6,5
Fasern	9	18,1	20	25	30	36
Export	1,2	2,5	2	3	4	5
Verschiedenes	1,3	1,5	2,5	3	4	5
Gesamt	58,2	96,5	105	137	169	206,5

Tabelle 163:

Produktions- und Verbrauchsentwicklung für Polypropylen in 1000 t [29]

Land bzw. Region	Prod. 1960	Prod. 1965	Verbrauch 1965	Kapazität 1968	Bedarf 1968	Bedarf 1970	Bedarf 1975
USA:	16,5	170	150	290	330	475	900
Süd- und Mittelamerika:	—	—	3	—	19	40	100
EWG-Staaten:	5,1	63	50	150	130	210	450
EFTA-Staaten:	0,4	24	30	95	90	150	320
Übriges Westeuropa:	—	—	3	—[1])	11	20	50
Sozialistische Staaten Europas:	—	—	4	—[1])	30	70	220
Japan:	—	57	50	185	120	180	360
Übrige Welt:	—	1	15	80	70	135	350
Welt, gesamt	22	315	305	800	800	1280	2750

[1]) Unter „Übrige Welt“

21.13. *Kapazitäten zur Herstellung von Äthylen-Propylen-Copolymeren*

Tabelle 164:

Land	Firma	Ort	Kapazität
USA:	Dow Chemical Co.	Plaquemine, La.	
	Humble Oil and Refining Co.		10
	Du Pont de Nemours u. Co.	Beaumont, Tex.	32
	Enjay Chemical Co.	Baton Rouge, La.	22,7
	U. S. Rubber Co.	Geismar, La.	17,5
	Copolymer Rubber Co.	Addis, La.	25

(Fortsetzung von Tabelle 164)

Land	Firma	Ort	Kapazität
Westdeutschland:	Chemische Werke Hüls AG	Marl	20 (1969)
Italien:	Monteshell Petrochimica SpA	Ferrara	15 (1969: 40)
Japan:	Mitsubishi Yuka K. K. (Japan EPR Co.)	Yokkaichi	10
	Sumitomo Chemical	Chiba	22
	Mitsui Petrochemical Ind.	Osaka	
Niederlande:	DMS Netherlands, Chemical Division	Beek	10 (1969: 33)
Kanada:			10 (1969)
Österreich:	Danubia Petrochemie	Schwechat	15

Tabelle 165:
Produktion von Äthylen-Propylen-Kautschuk in den USA in 1000 t

	1962	1963	1964	1965	1966	1967	1970
Produktion	2	5	8	15	20	25	50

21.14. Kapazitäten an Perchloräthylen

Tabelle 166:

Land	Firma	Ort	Kapazität in 1000 t	Rohstoff
Argentinien:	Electroclor S. A.	Capitan Bermudez		Erdgas
Australien:	ICI of Australia and New Zealand Ltd.	Botany, N. S. W.		Äthylen
Kanada:	Dow Chemical of Canada Ltd.	Sarnia, Ont.		Propan
Frankreich:	Pechiney-Saint Gobain	Saint Auban	20	Propylen, Dichlorpropan
	Progil-Electrochimie	Pont-de-Claix (Isere)	15	Propylen
Italien:	Rumianca SpA	Cagliari, Sard.	10	Erdgas
	Sincat	Priolo Melilli (Syracuse)	20	Äthylen

(Fortsetzung von Tabelle 166)

Land	Firma	Ort	Kapazität in 1000 t	Rohstoff
Japan:	Asahi-Penn Chemical Yugen Kaisha	Chiba	10	Äthylen
	Kanto Denko	Mizushima	3	
	Sumitomo Chemical Co.	Niihama	16,8	
Südafrika:	African Explosives and Chemical Ind. Ltd.	Sasolburg	8,7	Äthylen
USA:	Detrex Chemical	Ashtabula, Or.	11,3	Acetylen
	Diamond Alcali Corp.	Deer Park, Tex.	22,7	Acetylen
	Dow Chemical Co.	Freeport, Tex.	31,7	Erdgas
	Dow Chemical Co.	Pittsburgh, Calif.	13,6	Erdgas
	Dow Chemical Co.	Plaquemine, La.	32,7	Erdgas
	Du Pont de Nemours u. Cie.	Niagara Falls, N. J.	27,2	Acetylen
	Ethyl Corp.	Baton Rouge		Äthylen
	Frontier Chemicals Co.	Wichita, Kans.	8,2	
	Pittsburgh Plate Glass Co.	Barberton, Or.	20,4	Erdgas
	Pittsburgh Plate Glass Co.	Lake Charles, La.	2	Erdgas
USA:	Vulcan Materials	Geismar, La.		Erdgas
	Hooker Chemical	Tacoma, Wash.	3,2	Acetylen
	Hooker Chemical	Taft, La.		Acetylen
	Stauffer Chemical Co.	Louisville, Ky.	20,4	Propylen
	Stauffer Chemical Co.	Dominguez, Calif.		Propylen
Mexiko:	Pemex	Pajaritos	6,6	Erdgas
Schweden:	Mo och Domsjö	Örnsköldsvik	20	
Niederlande:	Koninklijke Nederlandse Zoutindustrie	Delfzije	40	Propylen
Sowjetunion:	Technomashimport	Sterlitamak	20	Propylen

21.15. Kapazitäten an Isopren

Tabelle 167: (s. [38])

Land	Firma	Ort	Kapazität in 1000 t	Verfahren
USA:	Enjay Chemical Co.	Baton Rouge, La.	4,5	Cracken
	Enjay Chemical Co.	Baytown, Tex.	4,5	Cracken
	Goodyear Tire and Rubber Co.	Beaumont, Tex.	49,5	Propylendimerisierung
	Shell Chemical Co.	Marietta, Ohio	45	Isopentendehydrierung
	Shell Chemical Co.	Torrance, Calif.	18	Isopentendehydrierung

(Fortsetzung von Tabelle 167)

Land	Firma	Ort	Kapazität in 1000 t	Verfahren
USA:	Goodrich-Gulf Chemicals Inc.	Port Neches, Tex.	60	Isopentendehydrierung (?)
Westdeutschland:	Chemische Werke Hüls AG	Marl	10	Isopentendehydrierung
Großbritannien:	British Petroleum Co.	Grangemouth	2	Propylendimerisierung
	ICI Ltd.	Wilton	2	Propylendimerisierung (für Polymethylpenten)

21.16. *Tabellarischer Anhang*

Tabelle 168:
Propylen-Verbrauch Europas für organische Synthesen (in 1000 t) [41]

Land	1965	1967
Westdeutschland	280	398
Österreich	5	10
Spanien	—	—
Frankreich	218	292
Italien	170	190
Norwegen	—	—
Niederlande	112	135
Großbritannien	?	?
Schweden	2	3
Finnland	—	—
Gesamt	787	1028

Tabelle 169:
Propylenbedarf für Oxo-Synthese in Westeuropa (in 1000 t) [41]

Land	Kapazität jetzt	Kapazität nach Ausbau	Propylenbedarf jetzt	Propylenbedarf nach Ausbau
Westdeutschland	534	644	320	390
Frankreich	48	60	29	36
Großbritannien	86	110	52	66
Italien	110	110	66	66
Niederlande	76	76	46	46
Österreich	50	50	30	30
Gesamt	904	1050	543	634

Tabelle 170:

Propylenbedarf für Isopropylalkohol in Westeuropa (in 1000 t) [41]

Land	Kapazität jetzt	nach Ausbau	Propylenbedarf jetzt	nach Ausbau
Westdeutschland	136	136	116	116
Frankreich	100	100	85	85
Großbritannien	225	225	191	191
Italien	15	15	13	13
Niederlande	130	130	110	110
Spanien	15	28	13	24
Gesamt	621	634	528	539

Tabelle 171:

Propylenbedarf für Cumol in Westeuropa (in 1000 t) [41]

Land	Kapazität jetzt	nach Ausbau	Propylenbedarf jetzt	nach Ausbau
Belgien	30	30	12	12
Westdeutschland	160	210	62	82
Frankreich	180	180	70	70
Großbritannien	115	115	45	45
Italien	170	270	66	105
Niederlande	0	150	0	59
Besamt	655	955	255	373

Tabelle 172:

Propylenbedarf für Acrylnitril in Westeuropa (in 1000 t) [41]

Land	Kapazität jetzt	nach Ausbau	Propylenbedarf jetzt	nach Ausbau
Westdeutschland	92	155	98	164
Frankreich	85	100	90	106
Großbritannien	40	220	42	233
Italien	32	72	34	76
Niederlande	0	85	0	90
Gesamt	249	632	264	669

Tabelle 173:

Propylenbedarf für Propylenoxid in Westeuropa (in 1000 t) [41]

Land	Kapazität jetzt	Kapazität nach Ausbau	Propylenbedarf jetzt	Propylenbedarf nach Ausbau
Belgien	30	30	27	27
Westdeutschland	97	117	88	106
Frankreich	42	41	37	37
Großbritannien	45	80	41	72
Italien	38	40	35	36
Niederlande	30	30	27	27
Schweden	3	3	3	3
Spanien	0	24	0	22
Gesamt	284	365	258	330

Tabelle 174:

Propylenbedarf Westeuropas im Jahr 1968 (in 1000 t) [41]

Land	Oxo	Isopropylalkohol	Cumol	Acrylnitril	Propylenoxid	Polypropylen[1])	Sonstiges	Gesamt
Belgien	0	0	10	0	22	(0)		32
Westdeutschland	256	93	50	78	70	(30)		577
Frankreich	23	68	56	72	30	(10)		249
Großbritannien	42	153	36	34	33	(26)		298
Italien	53	10	53	27	28	(35)		171
Niederlande	37	88	0	0	22	(5)		147
Österreich	24	0	0	0	0	(6)		24
Schweden	0	0	0	0	2	(3)		2
Spanien	0	10	0	0	0	(5)		10
Gesamt	435	422	205	211	207			1480
PP + Sonstiges						120	100	220
							Summe	1700

[1]) Eigene Schätzungen sowie Gesamtschätzung der Verfasser

Literatur

[1] R. B. STOBAUGH: Hydrocarbon Processing **46**, *1* (1967), 143—54
[2] Chem. Engng. News **41**, *19* (1963), 92—105
[3] Chem. Engng. News **44**, *24* (1966), 34—36
[4] A. THEURER: Chem. Industrie **19**, *11* (1967), 757—60
[5] Chem. Industrie **15**, *9* (1963), 551—54
[6] N. E. OCKERBLOOM und A. P. STUART: Hydrocarbon Processing **46**, *5* (1967), 225—26
[7] Oil Gas J. **65**, *16* (1967), 130
[8] Chem. Engng. News **45**, *18* (1967), 30—31
[9] R. N. RICKLES: Future Chemicals Growth Patterns, Noyes Development Corp.
[10] Gummi-Asbest-Kunststoffe **20**, *6* (1967), 685
[11] R. N. RICKLES: Future European Chemical Growth, Noyes Development Corp.
[12] Chem. Engng. News **42**, *31* (1964), 118, 132
[13] Chem. Engng. News **42**, *35* (1964), 76, 86
[14] Chem. Engng. News **42**, *39* (1964), 97, 101, 107
[15] K. W. SCHNEIDER: Chem. and Ind. **1967** (*42*), 1764—79
[16] Oil Gas J. **64**, *36* (1966), 144—77
[17] Oil Gas International **6**, *10* (1966), 54—77, 121
[18] R. SCHÖNBECK: Österreich. Chem.-Zeitung **68** (1967), 79—87
[19] Chem. Industrie **19** (1967), 128; Gummi-Asbest-Kunststoffe **20**, *11* (1967), 1239
[20] Chem. Engng. News **38**, *41* (1960), 20
[21] Chem. Engng. News **73**, *23* (1966), 102—03
[22] T. C. PONDER: Hydrocarbon Processing **45**, *12* (1966), 176C—176R
[23] Chem. Industrie **18** (1966), 713
[24] Gummi-Asbest-Kunststoffe **20** (1967), 860
[25] Chem. Industrie **18** (1966), 325—26
[26] Kunststoffe **56** (1966), 379—80
[27] ibid. **53** (1963), 266
[28] Gummi-Asbest-Kunststoffe **20** (1967), 1014
[29] G. BRAUER: Plaste und Kautschuk **14** (1967), 534—35
[30] Bjull. inostr. Komm. inform., Moskau **19**, *24* (1967), 4
[31] Chem. Engng. Progr. **48**, *1* (1967), 31
[32] Oil Gas J. **64**, *1* (1966), 83
[33] Chem. Industrie **16** (1964), 395
[34] Gummi-Asbest-Kunststoffe **20** (1967), 685
[35] Marktinformationen **11**, *28* (1967), 7
[36] Chem. Industrie **19** (1967), 345—48; Chem. Engng. **45**, *7* (1967), 48—50, 53
[37] Chem. Industrie **19** (1967), 349
[38] W. STOBAUGH: Hydrocarbon Processing **46**, *7* (1967), 149—57
[39] Oil Gas J. **65**, *14* (1967), 183—209
[40] European Chemical News, Supplementband 1. 3. 1968 „*Ethylen, Propylen and their derivatives*“
[41] Chem. Industrie **20**, *8* (1968) 537—39

22. Register

22. 1. Autorenregister

Die Zahl vor der Klammer gibt die Seitenzahl der betreffenden Literaturstelle, die Zahl in der Klammer die Ziffer des betreffenden Literaturzitats an.

22.2. Sachregister

Lfd. Nr.	Pyrolyseanlagen				Rohstoff	R	
	Art des Verfahrens	Verfahren der Erhitzung		Name des Verfahrens		t °C	Dr a
		Art der Erhitzung	Mittel				
0	1	2	3	4	5	6	
1	therm.	direkt	Röhrenerhitzer	STONE-WEBSTER	Propan	790	3
2	therm.	indirekt	Granuliertes bewegliches Agens (Kugeln)	Phillips Petroleum (Steinerhitzer)	Äthan	960–835	1
3	therm.	indirekt	Granuliertes bewegliches Agens (Kies)	Socony Vac. Oil (Thermofor)	Propan	820	-
4	therm.	indirekt	Granuliertes bewegliches Agens (Koks)	Farbwerke Hoechst	Heizöl	580	1
5	therm.	indirekt	Granuliertes bewegliches Agens (Sand)	LURGI-Ruhrgas (Sandcracker)	Propan	825–760	1
					Benzin		
					Rohöl		
6	therm.	indirekt	Gepulvertes bewegliches Agens (Koks)	LAVROVSKI-BRODSKIJ	Äthan	1000	-
7	therm.	indirekt	Gasförmiges Agens (Dampf)	Kellogg	Propan	690	1-
					Benzin	630	1-
					Dieselöl	575	1-
8	therm.	indirekt u. direkt	Gasförmiges Agens (Verbrennungsgase)	Eastman	Propan	1980	1
					Benzin	2000	1
9	thermo-katalyt.	direkt	Festbettkatalysator (Cu-Draht)	Catarol	Benzin	650	1
					Leichtöl	640	1
10	thermo-katalyt.	indirekt	Gepulverter beweglicher Kat. (SiO_2)	TSUTSUMI	Rohöl	950–800	0,
11	thermo-katalyt.	indirekt	Gepulverter beweglicher Kat. (Koks)	Az NJJ-Aliev	Rohölrückstand	700	1,
					C. T.	680	1,
12	oxydativ	direkt	Festbettgranulat (Kugeln)	Autotherm Bartholomè	Äthan	850–900	0,
13	oxydativ	direkt	Granuliertes bewegliches Agens (Koks)	Autotherm (BASF)	Rohöl	725	-

…eträger, …alysator	Ausbeute auf 100 kg Rohstoff: gasförmig %	gasförmig Komponente	flüssig %	flüssig Komponente	fest %
9	10	11	12	13	14
	81,3	Alkene 36,1 C_2 25,7 C_3 8,3	15,7	—	3,0
…d	92,5	Alkene 58,0 C_2 56,2 C_3 1,0	6,1	Hauptsächlich Aromaten	0,8
	92,7	Alkene 50,8 C_2 37,5 C_3 12,2	6,3	—	0,3
…(35:1)	14,0	Alkene 7,0 C_2 1,8 C_3 0,5	75,0	—	10,0
	90,9	Alkene 55,0 C_2 39,0 C_3 12,0	8,5	Kp. >200°C 6,2	0,6
	58,0	Alkene 42,0 C_2 23,0 C_3 13,0	39,0	Kp. <200°C 17,0	
…(20:1)	bis 92	Alkene 63,8 C_2 59,2 C_3 4,0	5,0	—	2,7
	88	Alkene 65 C_2 44,0 C_3 16,1	10,5	Hauptsächlich Aromaten	0
	66	Alkene 40 C_2 22,5 C_3 12,0	33,0	Hauptsächlich Aromatem	0
	56	Alkene 40 C_2 21,3 C_3 14,6	43,0	Hauptsächlich Aromaten	0
CO_2	80	Alkene 35 C_2 30,0 Acetylen 25,0 C_3 1,0	18,0	—	0
CO_2	70	Alkene 50 C_2 40,0 C_3 4,0 Acetylen 18,0	25,0	—	0
…r	62,4	Alkene 26,7 C_2 11,6 C_3 10,6	37,0	Hauptsächlich Aromaten	0
…r	49,4	Alkene 26,4 C_2 11,6 C_3 10,9	50,0	Hauptsächlich Aromaten	Spuren
	70,1	Alkene 57,6 C_2 23,4 C_3 34,2	29,2	25,2% Aromaten	0,4
…4 h − 1	47,3	Alkene 27,6 C_2 15,7 C_3 8,7	39,4	Kp. <200°C 26,0 Kp. >200°C 13,4	13,3
…5 h − 1	36,2	Alkene 19,6 C_2 10,0 C_3 7,8	37,0	Kp. <200°C 11,0 Kp. >200°C 26,0	26,8
… + O_2	—	— —	—	—	—
…öhl =	109,1	Alkene 45,0 C_2 23,0 C_3 12,5	— 24,4	Kp. <200°C 14,0 Kp. >200°C 4,0	4,5 (2,0)
…,0		CO_2 + CO 49,3 andere Kohlenw. 14,6		Wasser 6,5	—

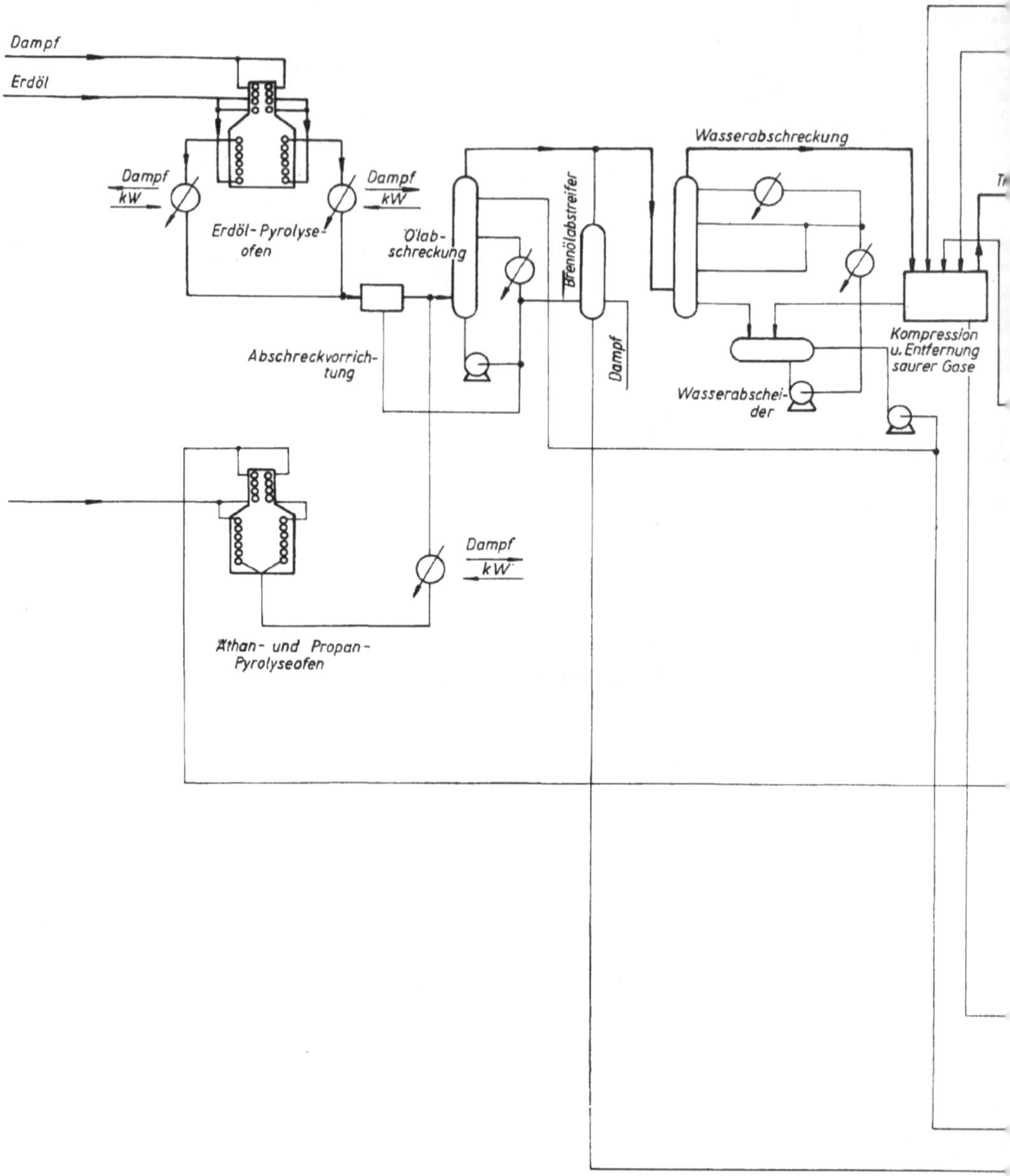

Abb. 16: Herstellung von Propylen

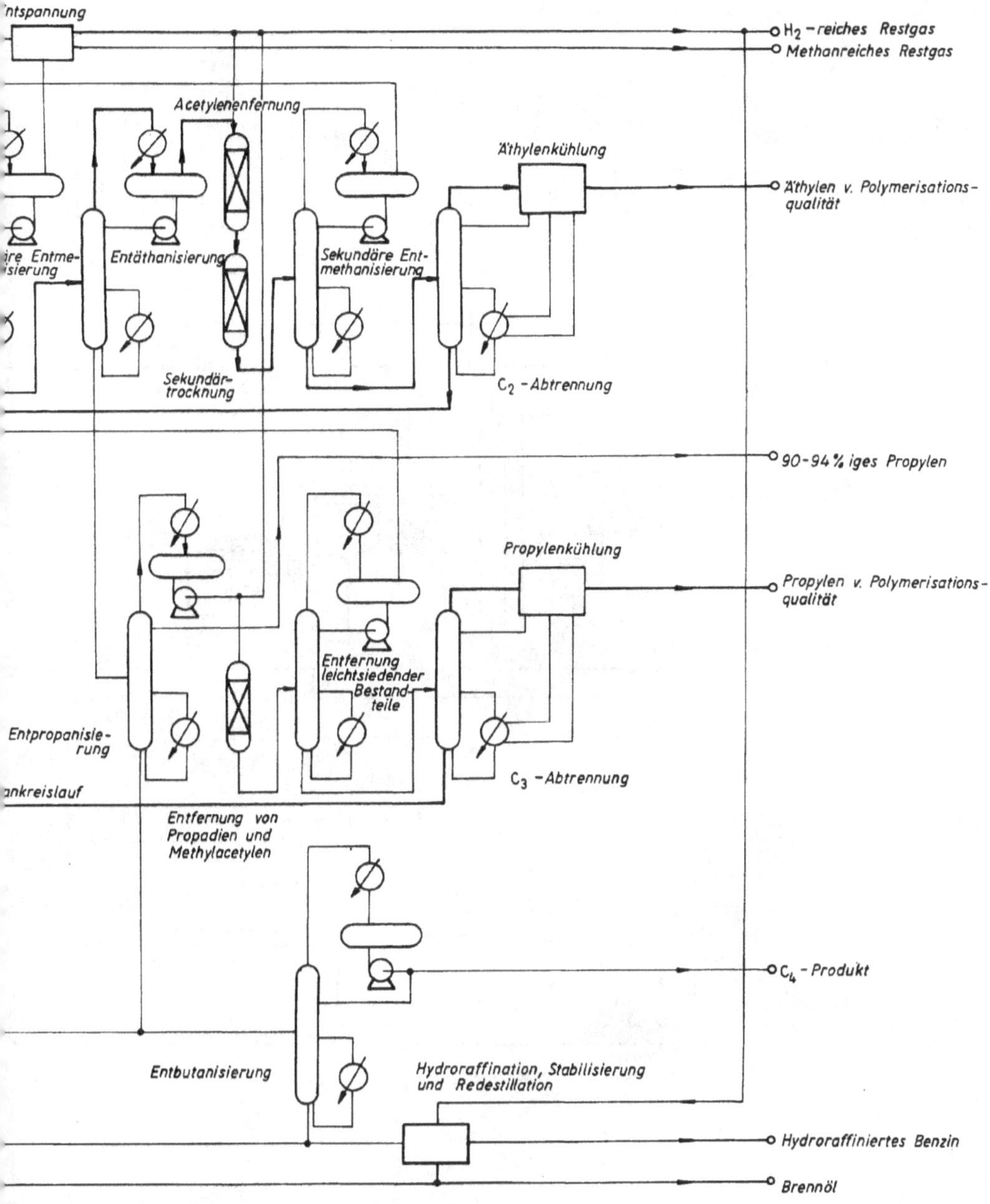

inheitsgrad aus Propan und Erdöl

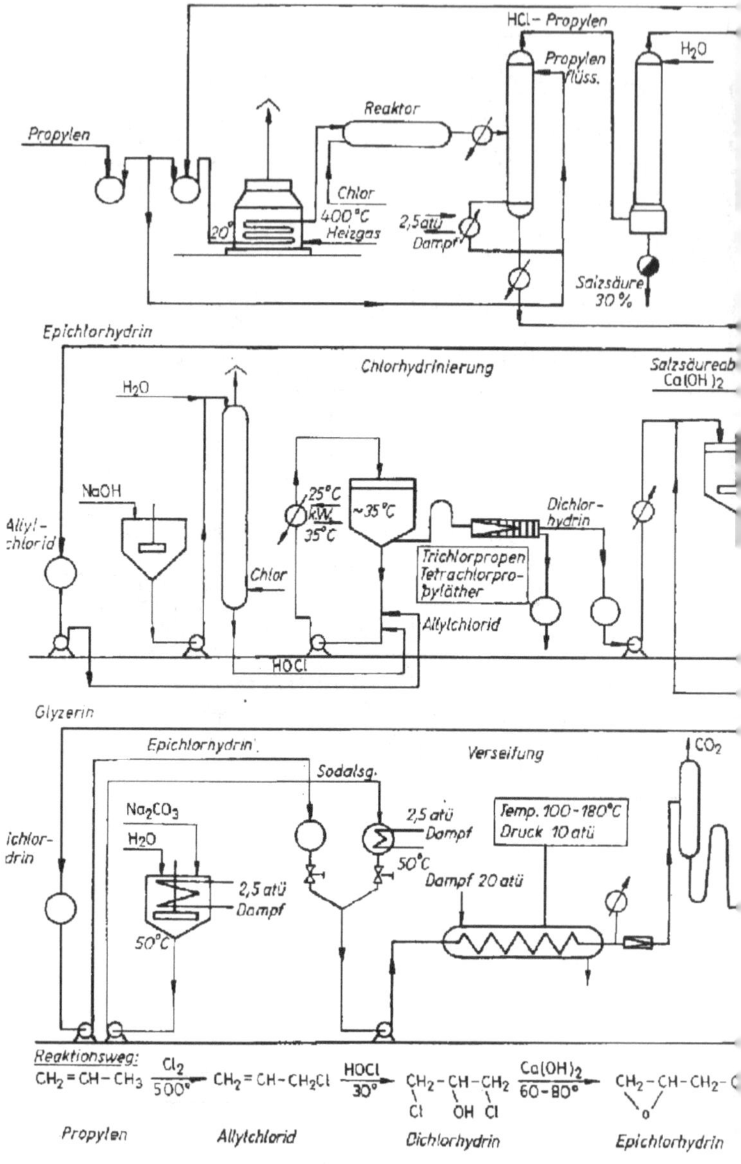

Abb. 52: Technologisches Sc

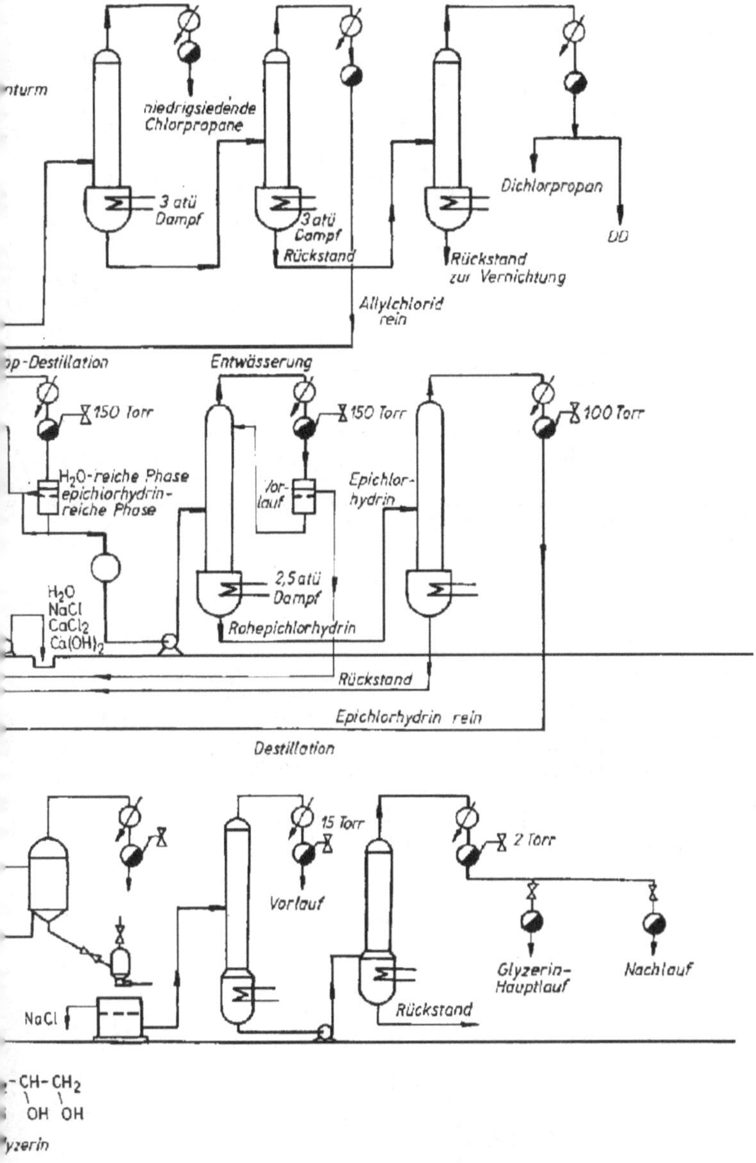

ydrin- und Glycerin-Anlage

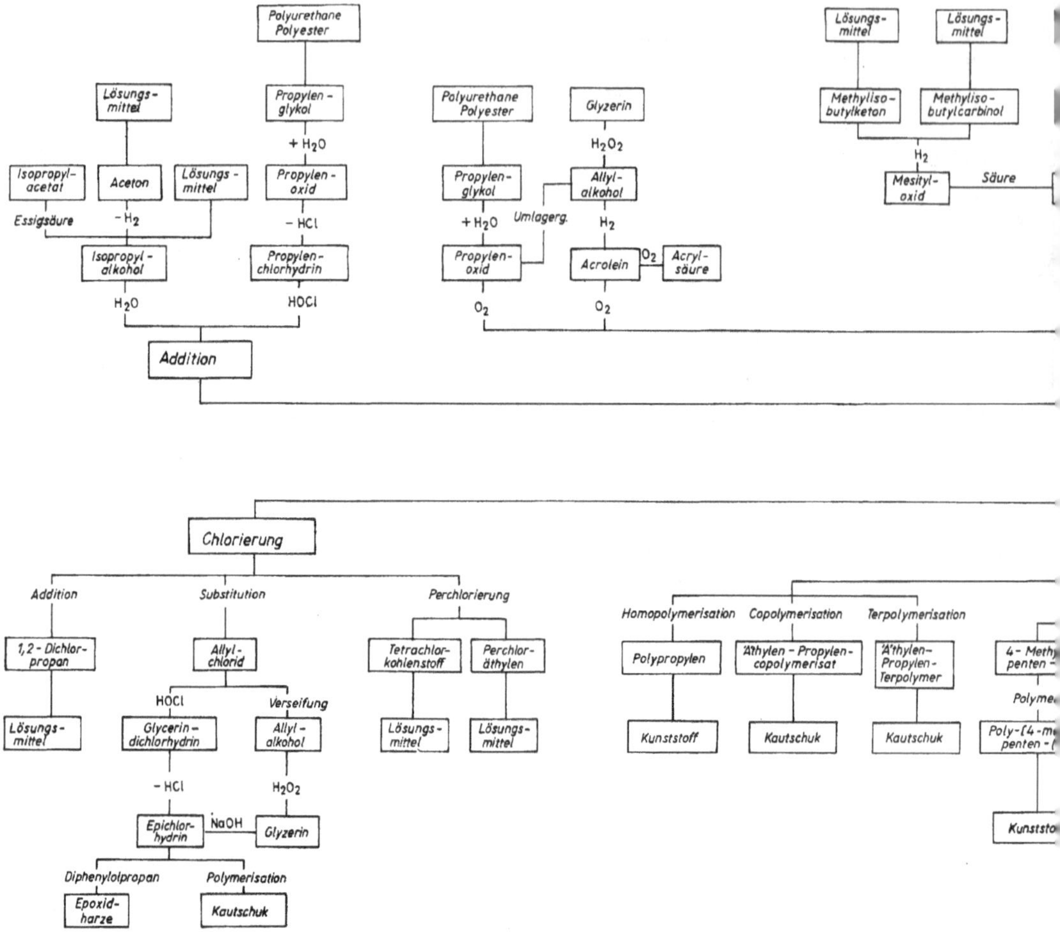
Polyurethane Polyester
Lösungs-mittel
Propylen-glykol
+ H_2O
Isopropyl-acetat
Aceton
Lösungs-mittel
Propylen-oxid
Essigsäure
- H_2
- HCl
Isopropyl-alkohol
Propylen-chlorhydrin
H_2O
HOCl
Addition
Polyurethane Polyester
Glyzerin
H_2O_2
Propylen-glykol
Allyl-alkohol
+ H_2O
Umlagerg.
H_2
Propylen-oxid
Acrolein
O_2
Acryl-säure
O_2
O_2
Lösungs-mittel
Lösungs-mittel
Methyliso-butylketon
Methyliso-butylcarbinol
H_2
Mesityl-oxid
Säure
Chlorierung
Addition
Substitution
Perchlorierung
1,2-Dichlor-propan
Allyl-chlorid
Tetrachlor-kohlenstoff
Perchlor-äthylen
Lösungs-mittel
HOCl
Verseifung
Glycerin-dichlorhydrin
Allyl-alkohol
Lösungs-mittel
Lösungs-mittel
- HCl
H_2O_2
Epichlor-hydrin
NaOH
Glyzerin
Diphenylolpropan
Polymerisation
Epoxid-harze
Kautschuk
Homopolymerisation
Copolymerisation
Terpolymerisation
Polypropylen
Äthylen - Propylen-copolymerisat
Äthylen-Propylen-Terpolymer
Kunststoff
Kautschuk
Kautschuk

Abb.

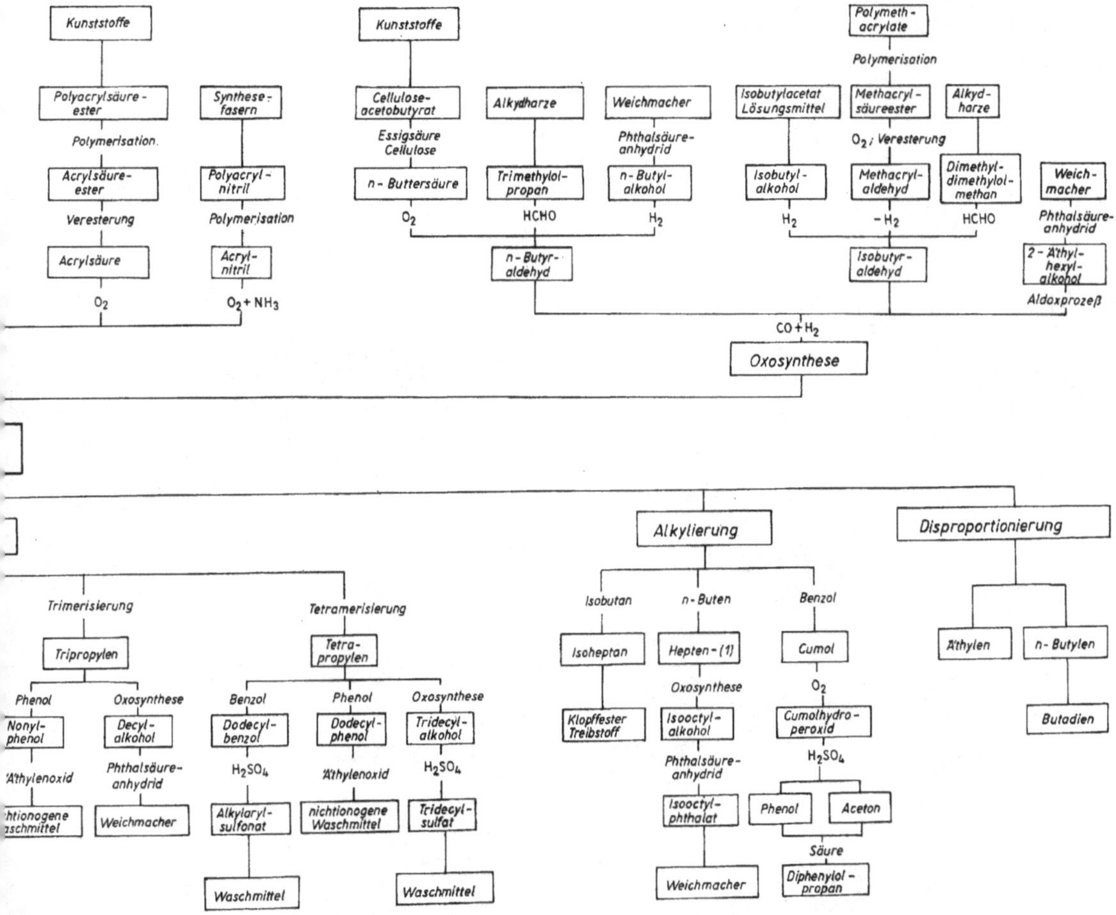

les Propylens

Kolibri 360 GmbH
Ferdinand-Jühlke-Straße 7
99095 Erfurt, Deutschland
produktsicherheit@kolibri360.de